普通高等教育农业部“十二五”规划教材

全国高等农林院校生物科学类专业“十二五”规划系列教材

动物生物学

周 波 王宝青 主编

Animal Biology

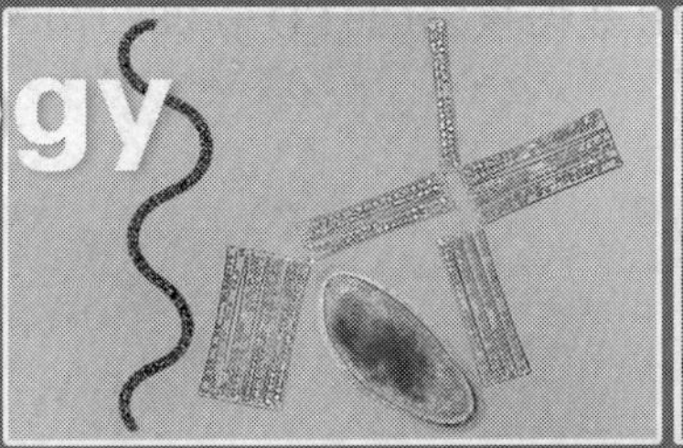

中国农业大学出版社
CHINA AGRICULTURAL UNIVERSITY PRESS

内 容 简 介

本教材分为:动物的细胞组成及其遗传、动物的进化和多样性、动物体的生命活动以及动物与环境四大部分,共计36章。本教材较为系统地阐述了动物的种类、划分、机能、行为以及动物和环境之间相互关系等相关内容和知识点,涉及广泛的生物学知识,如动物学、动物解剖学、动物组织学、动物生理学、发育生物学、保护生物学、动物行为学、动物生态学以及动物的进化等,从宏观和微观层面、结构和功能等不同角度对动物进行研究和阐述。

本书适合生物科学、生物技术、生物工程、动物科学、动物医学、农学、林学、植保、环境科学等相关专业的一、二年级学生学习,也可以供其他大专院校教师和学生及中学生物学教师参考使用。

图书在版编目(CIP)数据

动物生物学/周波,王宝青主编. —北京:中国农业大学出版社,2014.2(2020.6 重印)
ISBN 978-7-5655-0863-9

Ⅰ.①动… Ⅱ.①周… ②王… Ⅲ.①动物学 Ⅳ.①Q95

中国版本图书馆CIP数据核字(2013)第287970号

书　　名　动物生物学
作　　者　周　波　王宝青　主编

策划编辑　孙　勇　潘晓丽　　　责任编辑　王艳欣
封面设计　郑　川　　　责任校对　王晓凤　陈　莹
出版发行　中国农业大学出版社
社　　址　北京市海淀区圆明园西路2号　　　邮政编码　100193
电　　话　发行部 010-62818525,8625　　　读者服务部 010-62732336
　　　　　编辑部 010-62732617,2618　　　出　版　部 010-62733440
网　　址　http://www.cau.edu.cn/caup　　　e-mail cbsszs @ cau.edu.cn
经　　销　新华书店
印　　刷　北京鑫丰华彩印有限公司
版　　次　2014年4月第1版　　2020年6月第2次印刷
规　　格　787×1 092　16开本　24.5印张　600千字　彩插4
定　　价　59.00元

全国高等农林院校生物科学类专业“十二五”规划系列教材编审指导委员会

（按姓氏拼音首字母排序）

姓　名	所在院校	姓　名	所在院校
蔡庆生	南京农业大学	刘国琴	中国农业大学
蔡永萍	安徽农业大学	刘洪章	吉林农业大学
苍　晶	东北农业大学	彭立新	天津农学院
曹贵方	内蒙古农业大学	秦　利	沈阳农业大学
陈雯莉	华中农业大学	史国安	河南科技大学
董金皋	河北农业大学	宋　渊	中国农业大学
冯玉龙	沈阳农业大学	王金胜	山西农业大学
郭　蓓	北京农学院	吴建宇	河南农业大学
郭立忠	青岛农业大学	吴晓玉	江西农业大学
郭图强	塔里木大学	殷学贵	广东海洋大学
郭兴启	山东农业大学	余丽芸	黑龙江八一农垦大学
郭玉华	沈阳农业大学	张　炜	南京农业大学
李　唯	甘肃农业大学	赵　钢	仲恺农业工程学院
林家栋	中国农业大学出版社	赵国芬	内蒙古农业大学

编审人员

主　　编　周　波（中国农业大学）

王宝青（中国农业大学）

副 主 编　孙　平（河南科技大学）

刘志红（内蒙古农业大学）

韩海棠（中国农业大学）

参　　编　时　磊（新疆农业大学）

孙德昊（中国农业大学）

高　峰（内蒙古农业大学）

何秀玲（内蒙古农业大学）

许冬梅（山西农业大学）

陈　晶（黑龙江八一农垦大学）

主　　审　夏国良（中国农业大学）

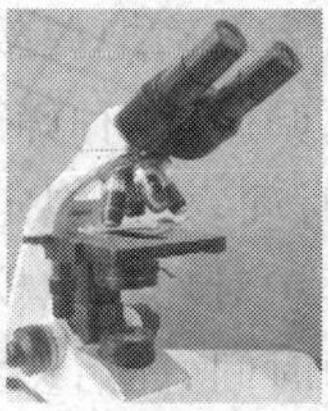

出版说明

生物科学是近几十年来发展最为迅速的学科之一，它给人类的生产和生活带来巨大变化，尤其在农业和医学领域更是带来了革命性的变革。生物科学与各个学科之间、生物科学各个分支学科之间的广泛渗透，相互交叉，相互作用，极大地推动了生物科学技术进步。生物科学理论和方法的丰富和发展，在持续推动传统农业和医学创新的同时，其应用领域不断扩大，广泛应用的领域已包括食品、化工、环保、能源和冶金工业等各个方面。仿生学的应用还对电子技术和信息技术产生巨大影响。生物防治、生物固氮等生物技术的应用，极大地改变了农业过分依赖石化工业的局面，继而为自然生态平衡的恢复做出无可替代的贡献。以大量消耗资源为依赖的传统农业被以生物科学和技术为基础的生态农业所替代和转变。新的、大规模的近现代农业将由于生物科学的快速发展而迅速崛起。

生物科学在农业领域中越来越广泛的应用，以及不可替代作用的发挥，既促进了生物科学教育的发展，也为生物科学教育提出了新的更高的要求。农业领域高素质、应用型人才对生物科学知识的需求具有自身独特的使命和特征。作为培养高素质、应用型人才重要途径和方式的农业高等教育亟需探索出符合实际需求和发展的教育教学模式和内容。为此，中国农业大学生物学院和中国农业大学出版社与全国30余所高等农林院校合作，在充分汲取各校生物科学类专业教改实践经验和教改成果的基础上，经过进一步集成、融合、优化、提升，凝聚形成了比较符合农林院校教学实际、适应性更好、针对性更强、教学效果更佳的教学理念和教材编写思路，进而精心打造了“全国高等农林院校生物科学类专业‘十二五’规划系列教材”。系列教材覆盖了近30门生物科学类专业骨干课程。

本系列教材站在生物科学类专业教育教学整体目标的高度，以学科知识内容关联性为依据，审核确定教材品种和教材内容，通过相关课程教材小规模组合、专家交叉多重审定、编审指导委员会统一把关等措施，统筹解决相关教材内容衔接问题；以统一的编写指导思想因课制宜确定各门课程教材的编写体例和形式。因此，本系列教材主导思想整体归一、各种教材各具特色。

农业是生物科学最早也是应用范围最广的领域，其厚重的实践积累和丰硕成果使得农业高等教育生物科学类专业教学独具特色和更高要求。本系列教材比较好地体现了农业领域生物科学应用的重要成果和前沿研究成就，并考虑到农林院校生源特点、教学条件等，因而具有很强的适用性、针对性和前瞻性。

系列教材编审指导委员会在教材品种的确定、内容的筛选、编写指导思想以及质量把关等环节中发挥了巨大作用。其组成专家具有广泛的院校代表性、学科互补性和学术权威性，以及丰富的教学科研经验。专家们认真细致的工作为系列教材打造成为农林院校生物科学类专业精品教材奠定了扎实的基础，在此谨致深深谢意。

作为重点规划教材，为准确把握教学需求，突出特色和确保质量，教材的策划运行被赋予更为充分的时间，从选题调研、品种筛选、编写大纲的拟制与审定、组织教师编写书稿，直至第一种教材出版至少 3 年时间，按照拟定计划主要品种的面世需近 4 年。系列教材的运行经过了几个阶段。第一个阶段，对农林院校生物科学教学现状进行深入的调查研究。2010—2011 年，出版社用了近 1 年的时间，先后多批次走访了近 30 所院校，与数百位生物科学教学一线的专家和教师进行座谈，深入了解我国高等农林院校生物科学教学的进展状况及存在的问题。第二个阶段，召开教学和教材建设研讨会。2011 年 12 月，中国农业大学生物学院和中国农业大学出版社组织召开了有 30 余所院校、100 余位教师参加的生物教学研讨会，与会代表就农林院校生物科学类专业教学和教材建设问题进行了广泛和深入的研讨，会上还组织参观了中国农业大学生物学院教学中心、国家级生命科学实验教学示范中心以及两个国家重点实验室，给与会代表留下了深刻的印象和较大的启发。第三个阶段，教材立项编写。在广泛达成共识的基础上，有 30 多所高等农林院校、近 500 人次教师参加了系列教材的编写工作。从 2013 年 4 月起，系列教材将陆续出版，希望这套凝聚了广大教师智慧、具有较强的创新性、反映各校教改探索实践经验与成果的系列教材能够对农林院校生物科学类专业教育教学质量的提高发挥良好的作用。

良好的愿望和教学效果需要实践的检验和印证。我们热切地期待着您的意见反馈。

中国农业大学生物学院

中国农业大学出版社

2013 年 3 月 16 日

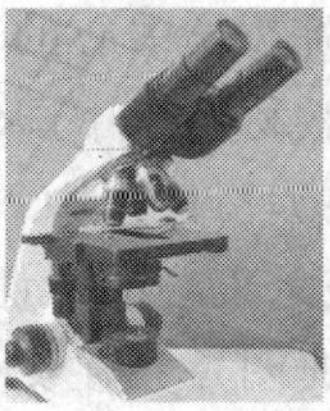

前言

动物生物学(Animal Biology)是从细胞、组织、器官、个体、种群、群落和生态系统等不同层次有机地阐述动物的分类进化、形态结构、生理功能、动物生态以及动物行为学的一门综合性学科,它是在动物学(Zoology)的基础上发展起来的,更强调动物学各分支学科的交叉、融合,以便使学生全面了解动物科学的基本理论知识,有利于培养学生的综合思维能力。目前国内已出版了多部动物生物学教材,这些教材在科学性、系统性、先进性等方面都做得很好。近年来,许多农林院校也纷纷开设了动物生物学课程,在该课程之后还有生物化学、动物生理学、遗传学、生态学、细胞生物学、分子生物学和动物行为学等后续课程。大家在教学中发现使用现有教材普遍存在下列问题:①规定教学时数少但需要教学的内容多,在有限的时间内无法完成所有内容的教学;②有些生理生化的教学内容难度偏深,同学们不能很好地理解,教学难度大;③教材内容与后续课程重复或重叠的较多,不够精练。因此,编写一本难度适中、适于学时数偏少的生物科学类专业的本科生使用的精简版动物生物学教材就显得十分必要。

本教材是在参考国内外多部动物生物学和动物学优秀教材及有关专著、论文的基础上,结合编者们多年教学实践经验编写而成的。在教材的内容上,我们对动物生物学各分支学科的内容进行了有机的整合,突出了动物的系统进化和机能活动两条主线,压缩了与后续课程重叠的相关教学内容,精简了章节,既保持了学科的系统性,又主次分明、重点突出、内容精练。本教材吸收了国内外在动物生物学研究领域的诸多新成果,如动物的分类、纲目命名更新到了最新版的国际动物命名法规的相关内容,实现了经典与现代的统一,具有一定的先进性。尤其是将动物行为学一章放入动物与环境部分,体现了整体上的理论高度和现实中动物活动的自然本性,使同学可以以进化的视角,对动物行为产生的机制、发育和功能等方面有一个较新的认识。本教材可作为各类大专院校生命科学类专业动物生物学课程的教材,也可作为高等农林院校动物生产类各专业动物学课程的教材或参考书。

本教材共设四大部分 36 章,具体编写分工如下:中国农业大学的周波负责第 1、24、25、26、29 和 32 章,中国农业大学的韩海棠负责第 2 章的第 1 节、第 2 节和第 3 章,中国农业大学的孙德昊负责第 2 章第 3 节,中国农业大学的王宝青负责第 4、5、7、8、9、10、12、13、14、15、16、17、18、20 和 21 章,黑龙江八一农垦大学的陈晶负责第 6 章,山西农业大学的许冬梅负责第 11 章,河南科技大学的孙平负责第 19 和 23 章,内蒙古农业大学的高峰负责第 28 章,内蒙古农业大学的刘志红负责第 30、31 和 33 章,内蒙古农业大学的何秀玲负责第 27 章,新疆农业大学的时磊负责第 22、34、35 和 36 章。统稿工作由周波(全书)和王宝青(第二部分)完成。感谢中国农业大学生物学院的夏国良教授对全书进行审读并给予相关意见和建议,一并感谢惠赠的照片。

本教材得到中国农业大学“动物生物学”教材建设项目的资助。本教材编写过程中始终得到中国农业大学生物学院教学中心的支持，尤其是刘国琴教授和杨海莲教授的关心和帮助，在此致以衷心的感谢！本教材属于中国农业大学出版社“全国高等农林院校生物科学类专业‘十二五’规划系列教材”，在编写过程中得到了中国农业大学出版社和兄弟高校教学主管部门的大力支持和帮助，在此表示衷心的感谢！教材中除了使用编者自己拍摄或绘制的图片外，还引用了其他教材的一些经典图片并在文中标注，在此向各位原作者表示衷心的感谢！

由于编者水平有限，难免会出现这样或那样的问题或不足，敬请读者和专家批评指正。

编　者

2013 年 11 月

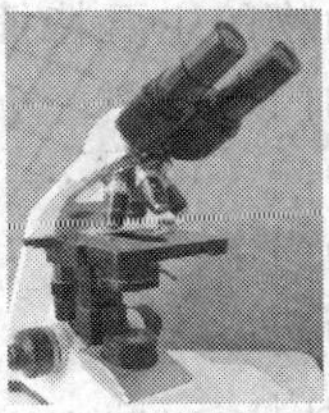

目 录

第1章 绪论

人与自然之间最鲜活灵动的部分是人类与动物之间各种纷繁复杂的关系，并且由于动物自身所具有的特点使这种关系表现得极为活跃和丰富多彩，当然人类本身就是一种“动物”。在漫长的地球演化史中，人类从诸多物种中进化出来，开始直立行走，开始使用工具，有自己特殊的语言，使用特殊的记录符号，信仰原始的宗教，具备复杂抽象的意识。但人类从没有离开过动物，也不可能独立于其他的动物，过去是这样，现在和将来依旧如此。

从古至今在研究或者是更确切地说是“琢磨”自然界动物的过程中，人类逐渐开始了解动物的王国，开始探究其内在规律，除了自身的“茹毛饮血”之需外，人类还学会了和自然界的动物“和谐共处”。无论是亚里士多德关于生物的早期探索，还是基督教圣典《圣经》中关于动物的描述，以及我们熟悉的“关关雎鸠，在河之洲”的美妙诗词，无不凸显出先人对动物的认知以及人类和动物之间的各种关系。

人类社会有其自身的发展规律。从 18 世纪到现在，人类社会发展的速度越来越快，在物质财富积累的过程中，同时对自然也带来了巨大的破坏，并且这种趋势并没有随着科学家对自然世界的逐步深入的认识很快发生极大的改变，或者说是好转。很多动物物种已灭绝，更多的动物正在成为濒危物种，它们的栖息地还在进一步缩小并遭受破坏。在这同一星球上，我们该如何和其他动物和谐相处，而不至于因为我们人类只顾自身的发展而导致“茕茕孑立”呢？其中最重要的是我们喜爱自然的同学们，充满活力的大学一二年级学生，尤其是喜爱动物的同学们学习关于此方面的各种基本知识，而动物生物学就是阐述动物的种类、划分、机能、行为以及动物和环境之间相互关系等知识的科学体系。动物生物学是生命科学的重要分支，涉及广泛的生物学知识，如动物学、动物解剖学、动物组织学、动物生理学、发育生物学、保护生物学、动物行为学、动物生态学以及动物的进化等，从宏观和微观层面、结构和功能等不同角度对动物进行研究和阐述。当然作为一本本科学生使用的教材，我们在编撰内容的选取上尽量做到“有的放矢”，而不是“面面俱到”，也不可能做到“大包大揽”。考虑到后续本科骨干课程的教学内容，本书的微观部分仅做到概要介绍，宏观部分介绍动物科学的基本知识和最新的一些研究进展。动物的进化和多样性部分使用国际上最新的动物分类体系，保证此部分理论体系的与时俱进。对于动物生命活动的介绍不仅仅局限于哺乳动物的生理机能，而侧重从进化角度比较各门类动物生理机能的差异性和环境的生理学机制。我们也加大了动物与环境部分的内容，希望通过这部分知识的学习，让学生知道人与自然和谐相处的重要性，知道“青山绿水”对于“金山银山”的重要性。书后有相关参考文献，供有兴趣的读者深入阅读。

我们编撰此书的目的是使学生能够“看得进去，看得下去”，在这个生物学知识快速发展的当今，在这个生物学研究手段越来越新、越来越高的今天，希望通过学习本书，能为学生打下一个坚实的理论基础，希望学生在阅读、学习此书的过程中能有所收获。

第一部分　动物的细胞组成及其遗传

第2章 动物的结构

动物体最基本的结构和功能单位是细胞；细胞具有相应的基本结构和功能；不同细胞及胞外基质构成了动物体四大组织，不同的组织在动物体发育过程中形成功能性的器官，不同的器官行使不同的功能，构成动物体的基本系统，动物的各系统构成了动物与环境相适应的物质基础。

2.1 动物细胞

因为细胞很小，所以直到17世纪中期显微镜发明之前，还没有人观察过它们。1665年，Robert Hooke首次描述了细胞。他通过自制的显微镜观察软木塞的切片，发现了小而空的蜂巢样结构，他称之为“细胞”或“小房”（其实是由植物细胞壁围成的空腔）。Antonie van Leeuwenhoek于1674年用自制的显微镜观察了池塘水中的原生动物。此后他对多种动植物活细胞进行了观察，包括人和哺乳动物的精子，以及鲑鱼红细胞核等。1838年，植物学家Mathias Schldiden对植物组织进行了仔细的研究，指出所有植物都是由细胞构成的。1839年，Theodor Schwann报道所有动物组织也是由单独的细胞构成的。Mathias Schldiden和Theodor Schwann是细胞学说的奠基人。

细胞学说指所有生物体都是由细胞组成的。细胞学说包括三方面主要内容：所有生物体都是由一个或多个细胞构成的，细胞是生物形态结构和功能活动的基本单位；细胞是最小的生命体；细胞通过分裂产生新细胞。

细胞学将植物学和动物学联系在一起，说明生物界在结构上的统一性，以及在进化上的共同起源，推动了生物学向微观领域的发展。恩格斯将细胞学说列为19世纪自然科学三大发现之一。

2.1.1 细胞的基本结构

大多数细胞都很小，但细胞之间大小各不相同。人体细胞的直径通常为5～20 μm，用肉眼观察不到。不过，有些动物的细胞很大，比如禽类卵细胞，直径可达数厘米。细胞的形状也是多种多样的，有圆形、树突状等。动物体内的中性粒细胞或巨噬细胞可像变形虫一样改变形状，穿行于机体组织中。

以人为例，人体约有200种细胞，虽然这些细胞大小和形状有所不同，但也具有一些共同的结构和特征，比如所有细胞都有一层很薄的膜包裹，称为细胞膜（cell membrane）或质膜（plasma membrane），它控制着细胞对水及一些可溶性物质的渗透性。细胞内部充满一种凝胶样的基质，称为细胞质。细胞质不是均质的结构，运用电子显微镜观察，细胞质有内质网、高尔基体、溶酶体及线粒体等细胞器以及微丝、微管和中间丝等细胞骨架(cytoskeleton)(图 2-1，见书后彩图 2-1)。此外，细胞质中还含有糖类、蛋白质及脂类等物质。

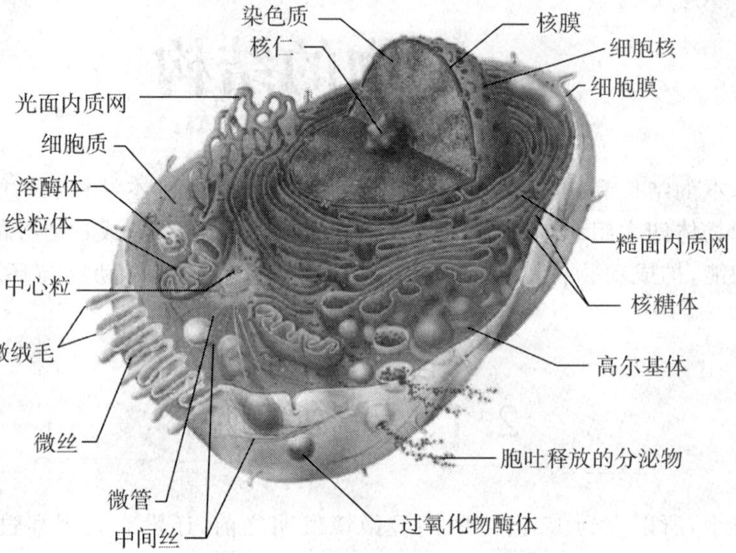

图 2-1　细胞结构和细胞器

2.1.1.1　细胞膜

细胞膜是一个具有高度选择性的滤过装置和主动的运输装置，是细胞与周围环境及细胞与细胞间进行物质交换和信号传导的重要通道。细胞膜通过上面的孔隙及跨膜蛋白，进行选择性的物质运输，保持细胞内外的物质浓度差异。

细胞膜由脂类、蛋白质及糖类构成。1972 年提出的膜的"流动镶嵌模型"(fluid mosaic model)是为大家广泛接受和认可的一种结构模型。该模型包括以下几方面的内容：脂双层构成细胞膜的骨架结构；蛋白质以不同方式镶嵌或连接在脂双层上；膜的结构是不对称的；膜脂和膜蛋白具有一定的流动性。

细胞膜中的蛋白质分布在脂双层的内部或外部，具有运输、信号传导等功能。糖类存在于膜的表面，参与信号识别和传导等生命活动。所有真核细胞表面都有糖类。

2.1.1.2　细胞质

下面分别对各种细胞器及细胞骨架进行介绍。

1. 内质网

内质网(endoplasmic reticulum)是由膜包围的封闭结构，是由相互连续的囊状、管状和/或潴泡(cisterna)结构组成的三维网状结构。潴泡是一些大而扁平的片状结构，为内质网独有特征。内质网将细胞核、细胞质和细胞膜这几大细胞结构联系在一起。其内与细胞核(核膜的外膜)相连，外与细胞膜相接。根据内质网膜表面是否有核糖体附着，将内质网分为糙面内质网(rough endoplasmic reticulum，RER)和光面内质网(smooth endoplasmic reticulum，SER)。糙面内质网与光面内质网是彼此相连的，但功能上有所不同。糙面内质网主要参与蛋白质合成和加工等，光面内质网与类固醇激素合成、脂类代谢、糖原代谢等相关。

2. 高尔基体

高尔基体(Golgi body)是意大利人 Camillo Golgi 首先在猫头鹰和猫的小脑神经细胞内观察到的一种网状结构,由多层扁平膜囊组成。高尔基体主要参与细胞的分泌活动。高尔基体将内质网运输来的蛋白质等生物大分子进行加工和修饰,分选后将加工产物运送到细胞的不同部位或细胞外。

3. 溶酶体

溶酶体(lysosome)是一种由单层单位膜包围的含有多种酸性水解酶类的异质性囊泡状细胞器。最早是从肝细胞中分离出的小颗粒,内含数十种分解大分子的水解酶,是细胞内大分子降解的主要场所。溶酶体在清除异物、提供营养物质、更新细胞成分及调节激素分泌等方面有重要的作用。许多细胞凋亡事件也与溶酶体有关,例如蝌蚪变成青蛙时尾巴的消失、人类胚胎手指的形成等。

溶酶体可通过胞吞(endocytosis)消化摄入的外来物质。根据胞吞物质的大小,可将胞吞分为吞噬作用(phagocytosis)和吞饮作用(pinocytosis)。吞噬作用指细胞吞噬大的颗粒状物质,如红细胞、细菌等。吞饮作用指细胞吞入小的颗粒状物质和水溶性物质,如酶、激素等。此外,溶酶体还可通过自体吞噬(autophagy)和分泌自噬(crinophagy)方式进行细胞自身物质的消化。自体吞噬指细胞消化自身一部分细胞质,形成自噬小体。分泌自噬指细胞消化自身分泌颗粒,如胰岛细胞的分泌颗粒。

4. 过氧化物酶体

过氧化物酶体(peroxisome)外有膜包围,内含细颗粒状物质。其内含多种酶,如氧化酶、过氧化氢酶和过氧化物酶。过氧化物酶体主要通过过氧化氢酶的作用消除过氧化氢(H_2O_2),防止细胞内 H_2O_2 的堆积。

5. 线粒体

除哺乳动物成熟红细胞外,线粒体(mitochondria)存在于所有真核细胞中。线粒体由两层单位膜围成,两层膜互不相连,作用也不同。两层膜使线粒体内部分成两个独立的空间。内膜内的空间称为内腔(inner space)或基质腔(matrix space)。内膜与外膜之间称为外腔(outer space)或膜间腔(intermembrane space)。线粒体是细胞生物氧化和能量转化的主要场所。细胞生命活动的能量主要由线粒体产生,因此线粒体也被称为细胞的"动力工厂"。

6. 中心粒

中心粒(centriole)是主要的微管组织中心,存在于绝大多数动物细胞(无纤毛或鞭毛的原生动物除外),在有丝分裂中起重要作用。从横切面看,它由 9 组微管所组成,每组又包括 3 根并列的微管,称为三联体。中心粒在细胞质中通常成对出现,并按照一定的角度排列。

细胞质中除了上述细胞器外,还含有细胞骨架。细胞骨架主要由微管、微丝和中间丝组成,是一种有序、动态的三维骨架结构。细胞骨架为细胞器和各种结构提供有序的定位场所,在维持细胞的形态和运动方面具有重要的作用。此外,细胞骨架还参与细胞内物质运输、信号传导、细胞增殖和分化等生命活动。

微管具有很细的中空管道,由微管蛋白组装而成,直径约 20 nm。微管是纺锤体、中心体等的组成成分。微丝由肌动蛋白组成,直径约 7 nm。一切真核细胞都有微丝,但它在肌细胞中的含量特别大,是肌细胞产生收缩力的重要结构成分。中间丝直径约 10 nm,也称为中间纤维。它能加强细胞的机械强度。

2.1.1.3 细胞核

细胞核(nucleus)是真核细胞中最大的细胞器,是储存及传递遗传信息的场所,控制着细胞生长、增殖和分化等一系列生命活动。

细胞核包裹于两层膜中,这两层膜称为核膜(nuclear membrane)。细胞核的主要内容物是核酸和蛋白质。核内还有由蛋白质组成的核骨架。在细胞分裂间期,核酸和蛋白质以染色质和核仁的形式存在。在细胞分裂期,核膜溶解,核骨架解聚,核仁消失,染色体呈现凝缩状态,然后染色体纵向分裂,核消失。当细胞分裂成两个子细胞时,核又重新形成。

1. 核膜

核膜是将细胞核内物质包围起来的双层膜结构,包括内外层核膜、核孔等。外层核膜与糙面内质网相连,外表面常附有核糖体颗粒。内层核膜与外层核膜以同心圆形式平行排列,表面没有核糖体颗粒。核膜上间隔存在一个个孔洞,称为核孔(nuclear pores)。核孔是细胞核和细胞质物质交换的通道。

2. 染色质和染色体

染色质(chromatin)和染色体(chromosome)的化学本质是核酸和蛋白质,两者是存在于细胞分裂间期和分裂期的不同结构表现形式。在细胞分裂间期,遗传物质呈现伸展、细长、相互缠绕的纤维形式,称为染色质。在细胞分裂期,遗传物质变得卷曲、螺旋化和紧缩,称为染色体。

3. 核仁

大多数真核细胞的分裂间期核中都有一个或数个核仁(nucleolus)。核仁由核酸和蛋白质构成,外部没有膜与细胞质相隔。核仁的数目和大小与细胞种类及功能密切相关。通常蛋白质合成旺盛和分裂增殖较快的细胞内核仁较多且较大,反之核仁很小或没有。核仁在分裂前期消失,分裂末期又重新出现。核仁是 rRNA 合成、加工以及核糖体亚单位组装的场所。

2.1.2 细胞基本结构和功能的研究及相关技术

细胞虽然很小,但具有复杂的结构。对细胞的结构、化学成分和功能进行研究,需要掌握相应的研究方法和技术。下面就分别进行简要介绍。

1. 显微镜技术

显微镜技术是细胞学研究中的重要工具。显微镜有光学显微镜(light microscope)、电子显微镜(electron microscope)等多种。在光学显微镜下看到的细胞结构称为细胞显微结构。光学显微镜不能分辨直径小于 0.2 μm 的物质。电子显微镜下能观察到细胞器和细胞骨架等微细结构,称为细胞亚显微结构。

2. 细胞培养技术

细胞培养(cell culture)是指从生物体取出组织或细胞,在无菌、适当温度、湿度及营养条件下,在体外(in vitro)模拟体内生理环境进行培养,研究各种因素对细胞生长、结构及功能的影响。

3. 细胞结构的离心分离技术

通过离心分离技术,可将细胞器从细胞中分离纯化出来,进行化学组成、酶活性和代谢的研究。一种是根据颗粒大小的不同进行离心分离,包括差速离心和移动区带离心。一种是根据颗粒的密度不同进行离心分离,包括等密度梯度离心。

4.细胞化学技术

细胞化学技术(cytochemistry)是在保持细胞完整结构的条件下,通过细胞化学反应研究细胞内各种成分的分布情况,以及这些成分在细胞活动过程中的动态变化。通常以生物大分子为研究对象。细胞化学技术包括酶细胞化学技术、免疫细胞化学技术、放射自显影技术及原位杂交等。

5.分析细胞学技术

分析细胞学技术定量研究细胞的各种形态学参数、生物学特征、细胞生化成分的组成和含量等。分析细胞学技术包括固定式细胞分析和流动式细胞分析(flow cytometer,FCM)。固定式细胞分析是将细胞固定后,通过显微镜成像系统获取图像,定量分析细胞的形态学参数和细胞生化成分的组成和含量等。流动式细胞分析是将细胞悬浮在液体中,液体流过细胞的检测区,收集细胞信号并进行分析、处理和记录。

6.细胞工程

细胞工程(cell engineering)指以细胞为操作对象,通过多种研究方法对细胞进行改造,以获得具有特定生物学特性或功能的细胞。细胞工程的研究方法有细胞融合、核移植及转基因等。

2.2 动物的结构

2.2.1 动物和其他生物共有的特性

生命是什么?这个古老的问题是生物研究者常常需要直面回答的。如何界定动物和非生命物质之间的界限?事实上掌握了动物的特征就可以回答此问题了。那么动物都有哪些特征呢?

动物的特征如下:

(1)有序性(order):细胞是动物体的基本结构和功能单位。动物体是高度有序的细胞的聚合,却不是简单的细胞的累加。

(2)生殖/繁殖(reproduction):动物能繁殖自身的后代,保持种的繁衍。生殖包括有性(sexual)生殖及无性(asexual)生殖。

(3)生长和发育(growth and development):动物从亲代获得遗传密码,并按照自身基因的指令不断发育成长。

(4)能量加工(energy processing):动物需要外源性能量,而这些能量总来源是太阳,通过植物的光合作用储存在植物体中。动物是异养生物,它们必须利用外源性的能量转变成自身能量物质并执行其他的生理功能。动物的新陈代谢(metabolism)是离不开能量的。

(5)与环境相互作用(response to the environment):动物和周围环境不断地发生着各种关系,也不断地受到生存环境的各种刺激。

(6)调节(regulation):动物体有一套自身的内外调节机制,通过调节,保障其内环境的相对稳定性,保证正常生理机能稳定或稳态,以适应环境。

(7)进化适应(evolutionary adaptation):动物与环境相互作用,动物个体改变某些生理特征或表型特征以适应环境，在个体选择基础上，通过生殖成功完成对变异特征的传递，以适应变化的环境。

2.2.2 动物的多种层次及每一层次的新特性

对动物的研究和对其他生命的研究一样，大到生物圈(biosphere)，小到细胞内的大分子物质(molecular)的研究存在着多个尺度。生物圈内具有陆地、海洋、淡水和大气圈等多样性环境，动物在这些环境中生活繁衍。在这些环境中，动物、植物、微生物以及在此特定区域的非生命的物质(如土壤、水、空气和阳光等)共同构成生态系统(ecosystem)。

生态系统中再低的一个层次称为群落(community)。比如西双版纳雨林生态系统中的群落包括：各种动物如鸟、蛇、猴，还有各种各样的昆虫等，以及这些动物所采食的植物，还包括真菌、细菌等各种微生物。每一个单独的生命形式都称作物种(species)。

生活在某区域某一特定物种的所有个体称为种群(population)，如马达加斯加雨林群落中的所有的环尾狐猴。再往下的一个层次是动物机体(organism)，指种群中的单个个体。

对于单个个体动物，其再往下研究的层次是器官系统(organ system)，指个体身体内的各种器官系统，如循环系统、泌尿系统和消化系统等。一般是由多个器官共同协作执行机体的某种特定生理功能。如神经系统和骨骼肌肉系统对于灵长类动物攀爬的控制和完成。

器官(organ)是由不同组织(tissue)构成的。组织中的每一类细胞完成相同的特定功能。细胞(cell)是动物体的基本结构单位。细胞内有多种细胞器(organell)，如核仁、线粒体、内质网等。细胞器执行细胞内的各项功能。

最后的等级层次到了分子水平。分子是由原子构成的，原子通过化学键结合在一起。

这样的等级层次也可以倒过来理解，即从不同的原子构成分子，然后许多分子组成细胞器，很多的细胞器构建出细胞，不同的细胞构建出组织，组织组成器官，这样一级一级可以到达生物圈。但是每一层次上都会出现新的特性，这些新的特性是不会在前一层次出现的。例如，就细胞层次而言，在试管中放入再多的细胞器，也不会出现执行功能的细胞。这就是我们常说的“整体是大于局部之和的”。

2.2.3 动物的对称

对称是指动物身体具有平衡的比例，或动物的“正中面”两侧具有一致的或相当的形态和形状。不对称(asymmetrical)体形是指不能在动物体上找出一个“正中面”将动物分为对等的两个部分，是不平衡的。球形对称(spherical symmetry)指通过身体的任何“正中面”都可以将动物身体分成对称的两半。一般这样的体形常见于原生动物(protozoan)，很少在后生动物(metazoan)中见到。而球形的体形非常适合漂浮和滚动。

动物的辐射对称(radial symmetry)指通过动物身体的长轴或经线或纵轴至少能找出超过两个中央面将该动物分为相似的两半。这样的动物具有管状、罐状或碗状的体形，其长轴的一端一般是嘴(或口面)。刺胞动物的水螅和水母，棘皮动物的海胆，以及有些非固生的海绵等都是辐射对称的。辐射对称有一种变体，称为两辐对称或双辐射对称(biradial symmetry)，是因为动物身体的一部分是单一的或成对的而不仅仅是辐射形的，在其身体上只能找到一个或两个中央面将其身体分成镜像两等份。栉水母的体形是近似的球形，但是其有触角，因此是两辐对称体形。基本辐射体形和两辐对称体形的动物一般是非固着生活的，可到处漂流或具有较弱的游泳能力。刺胞动物和栉水母都是基本辐射体形的动物,称作无脊椎辐射动物。棘皮动物的幼虫是两侧对称的,但是到了成体变为辐射对称体形。

两侧对称(bilateral symmetry)是指动物体有一矢状面,通过此矢状面能将动物体分为镜像的左右两个部分。常用来定位两侧对称体形动物的一些术语有前部(anterior)、后部(posterior)、背部(dorsal)和腹部(vcntral)。中线(medial)指身体中间,侧线(lateral)指身体一侧。远端(distal)指离身体中央较远部分,近端(proximal)指靠近身体中央。两侧对称的动物身体可以划分为:正向面(frontal plane),有时也称作冠状面,将身体分为背、腹部分;矢状面(sagittal plane)将身体分为左右对称的两面;横向面(transverse plane)将身体分为前、后部分。

动物体两侧对称体形的出现是进化上的一次革新,因为两侧对称动物比辐射对称动物更适合方向性(尤其是向前)的运动。两侧对称动物的进化趋势是头部感觉器官的集中(cephalization)。神经组织和感觉器官在头部集中使动物在其自身生活环境中具有明显的优势。因为集中在头部的这些感官在这样的位置是最容易感知外界环境变化的,并有利于动物及时对刺激做出应答。由于动物的嘴定位在头部,因此动物大部分的活动都与寻找食物密切相关。

2.2.4 胚层与体腔

动物体制进化中还有一个突出的特征是体腔(body cavity)的出现。体腔允许动物更为有效地促进体内器官系统的进化,体内循环液体流动得更快,动物体的运动更为复杂和灵活。

有些动物是无体腔动物(acoelomates),还有些动物进化出假体腔(pseudocoel),假体腔是由中胚层和内胚层共同形成的体腔,而真体腔动物(coelomates)的真体腔完全是由中胚层形成的。

2.2.5 动物的其他特征

1.身体分节

动物体制的另一种变化是身体分节(segmented)。身体分节的动物所具有的进化优势是:

• 分节动物每一节段都独立发育出或复杂或简单的成体器官系统。任何节段受损都不会是致命的,因为其他节段能够分担此节段的功能。

• 分节使动物的运动能力更有效。所有的环节动物、节肢动物和脊索动物都具分段的节肢,但是有些动物外形上不明显。

2.逐渐生长和蜕皮生长

大部分有体腔动物的体形是逐渐增长的。节肢动物的增长与此差异显著。它们的身体包裹在硬的外骨骼中,外骨骼必须周期性地蜕去,动物体才能继续长大。

3.原口动物与后口动物

棘皮动物和脊索动物与其他动物门类有一系列不同的关键胚胎特征。棘皮动物和脊索动物是后口动物(deuterostomes),其余的有体腔动物是原口动物(protostomes)。原口动物和后口动物胚胎发育具有三个主要的不同:

• 卵裂形成中空状的细胞球。发育的早期阶段,很多原口动物是螺旋式卵裂,而后口动物是辐射式卵裂。

·胚孔决定体轴。原口动物的胚孔变成了动物的嘴，体轴的另一个末端发育成为肛门。后口动物是胚孔变成了动物的肛门，而嘴在另一头发育出来。

·胚胎发育的命运固化。原口动物早期胚胎阶段的每个卵裂球的发育命运是固化的，每个卵裂球细胞即使到了四细胞阶段仍然不能独立发育成为一个个体。与此相反，后口动物卵裂球细胞具有重新发育为新个体的潜能。

2.3 动物的组织、器官、系统和稳态

2.3.1 组织、器官和系统

动物体内的各生理系统是由不同的器官等组成的。这些器官是由很多的细胞聚集成的组织（tissue）构成的。动物体内的细胞的类型很多，但是组织类型只有四种：上皮组织（epithelial tissue）、肌肉组织（muscle tissue）、结缔组织（connective tissue）和神经组织（nervous tissue）。

组织一词通常用于一个器官内的某型组织而言，如“肺组织”或“肾脏组织”。而一个器官往往是由超过一种组织构成的。

2.3.1.1 上皮组织

上皮组织是上皮细胞形成的一层致密的、坚固的结构。这一组织分布在动物体的外表面以及体腔和体壁的表面，贴衬在动物的口腔、管（气管）、腔（胃和肠）等内脏器官的内、外表面（图 2-2）。

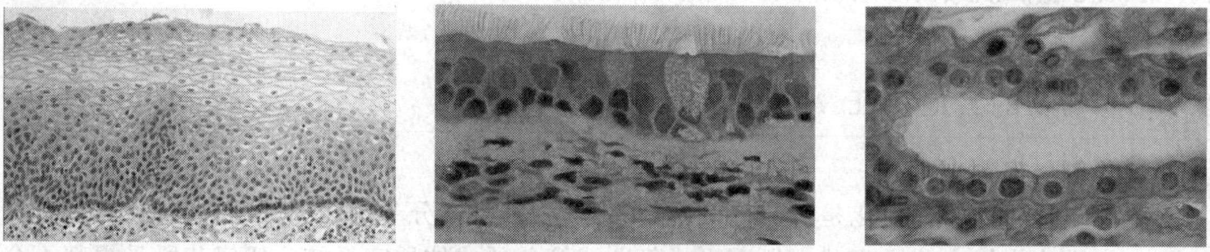

图 2-2 口腔内上皮(左)、气管上皮(中)和内脏器官的腺体上皮(右)

上皮细胞的重要功能是滤过和运输。它们控制着血液和组织间隙液内的分子和离子进出运动，它们选择性地让上皮组织形成的膜一侧的分子和离子运输进入另一侧。比如肠道对营养物质的吸收，还有胃酸的分泌等现象。有些上皮细胞非常薄，如肺上皮细胞或皮肤层上皮细胞，它们可对物质进行滤过。

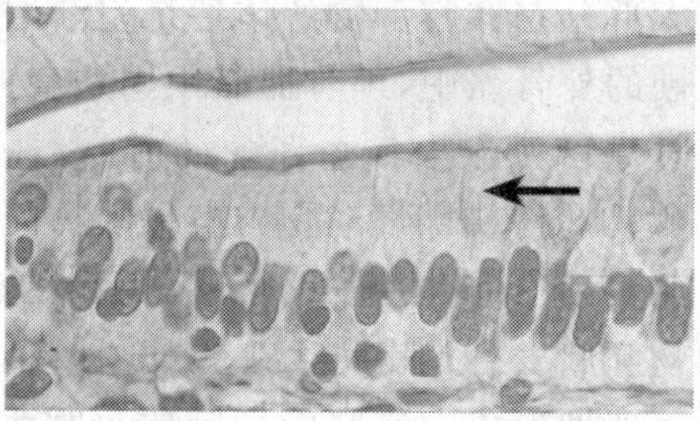

图 2-3 小肠上皮(箭头指的是杯状分泌细胞)

皮肤组织内层的上皮细胞其细胞分化率很高，产生的新细胞向皮肤外层运动取代最外层的死亡细胞。皮肤具有多层细胞，这样的结构称为复层上皮。小肠内的上皮是由一层假复层上皮细胞构成的（图 2-3）。

所有的后生动物都有简单的上皮组织，分层的上皮组织主要存在于脊椎动物体内。所有

类型的上皮组织都由一层厚薄不一的胶原为基础的基膜来提供支持，基膜中的蛋白质具很大的张力。血管不会深入到上皮组织中去，因此上皮组织获得的营养和氧气主要是通过融合扩散经上皮组织下层而来。

上皮组织具多种功能：某些上皮组织能分泌激素，还有分泌乳汁、黏液、消化酶或者汗液等。上皮组织还能为神经系统提供信息。例如，嗅觉和味觉的受体在上皮组织中。

2.3.1.2　结缔组织

结缔组织在四种组织类型中具有多样的形式，具结合和支持的功能，其在身体中的分布非常广泛。构成结缔组织的细胞数量相对较少，但是结缔组织中含有许多细胞外纤维或液体或韧性的基质(matrix)，纤维往往是包埋在基质中的。不同类型的结缔组织中的基质类型构成和特性也是不同的。脊椎动物中有两种结缔组织很丰富：一种是疏松结缔组织(图 2-4)，其纤维与散在细胞悬固在黏稠的基质中；另一种是致密结缔组织，包括筋腱和韧带，由致密的纤维组成。很多结缔组织的纤维性组织由胶原(collagen)构成，富含大量的具伸展和抗牵拉蛋白质。弹性纤维(elastin)也是一种结缔组织，受到牵拉后其长度是静止期的几倍，牵张力消失后，弹性纤维回缩至原来的长度。

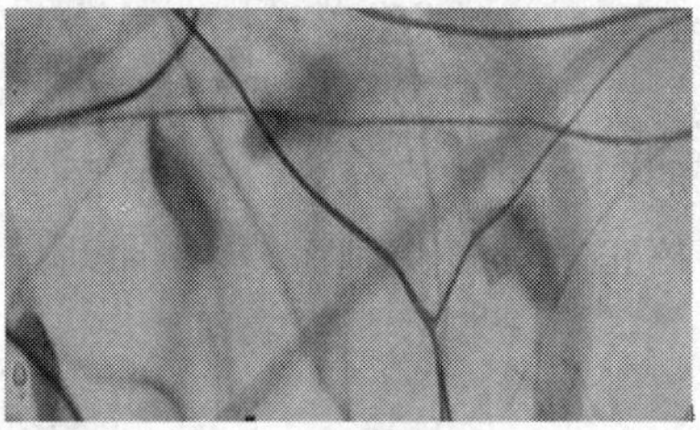

图 2-4　疏松结缔组织

血液、淋巴和细胞间液都是结缔组织，其水样的基质(血浆)中含有特定类型的细胞。血浆从毛细血管中漏出进入细胞之间，称为细胞间液。过多的细胞间液由淋巴管道收集。淋巴由细胞和淋巴液组成。有些淋巴通过淋巴管和静脉通联后再次回到血液循环中。脂肪(adipose)也是一种结缔组织。软骨是非完全硬化或半硬化的结缔组织，骨组织是钙化了的结缔组织，由钙盐围绕着胶原形成(图 2-5)。

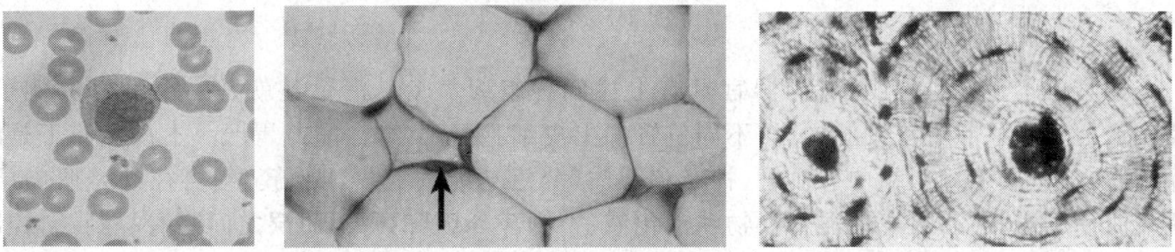

图 2-5　血液(左)、脂肪(中)和骨组织(右)(箭头指的是脂肪细胞的细胞核)

2.3.1.3　肌肉组织

肌肉是许多动物体中最普遍的组织，肌肉组织消耗了机体的大部分能量。肌肉源于中胚层的发育，其基本单位是特化能收缩的肌肉细胞，或称为肌纤维(muscle fiber)。在光镜下观察横纹肌(striated muscle)具有条纹，有相间的明带和暗带。脊椎动物具有两种横纹肌——心肌(cardiac muscle)和骨骼肌(skeletal muscle)(图 2-6)。平滑肌(smooth muscle)缺少横纹肌的这种特性。心肌和平滑肌是非随意肌，其收缩受到生理调节系统的控制。肌肉细胞的细胞质称为肌浆(sarcoplasm)，肌纤维的收缩单元是肌原纤维(myofibrils)。

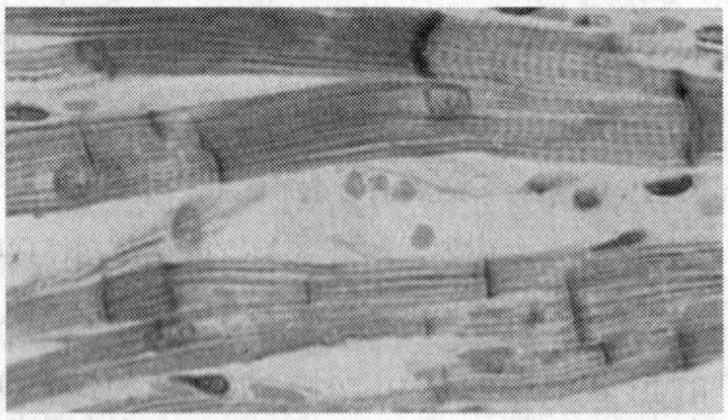

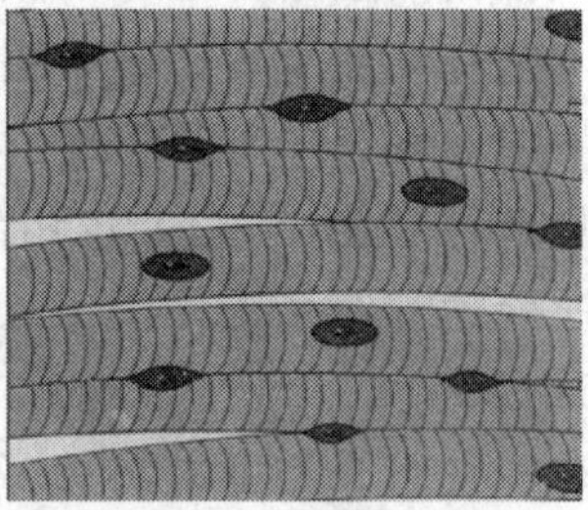

图 2-6　心肌(左)和骨骼肌(右)

2.3.1.4　神经组织

神经组织是特化的接受刺激、传导神经冲动的一种组织类型。神经组织中两种基本类型的细胞是神经元(neuron)(图 2-7)和神经胶质细胞(neuroglia)。神经胶质细胞对于神经元发挥正常的接受刺激、传导冲动具有重要的作用,目前发现神经胶质细胞的作用可能更广泛。

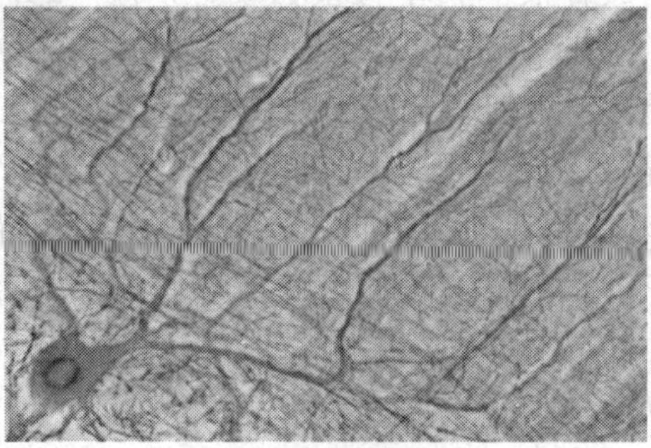

图 2-7　神经元

器官中不止一种组织,有的器官具有上述四种组织类型。消化道就是一个最好的例子。消化道内壁由柱状上皮细胞构成,不同位置的上皮细胞分泌黏液、酶或胃酸。上皮黏膜下是结缔组织,这一层结缔组织中有血管、神经和腺体(分泌功能的上皮细胞簇)。再往外是肌肉层。平滑肌使肠道收缩,更好地混合食物和消化液。"内环外纵"的平滑肌层之间还有神经丛,控制着肌肉的收缩。最外层是浆膜层,由上皮组织构成。

某个器官往往是一器官系统中的一个组成部分。一器官系统中的很多器官共同协调执行某些特定的生理机能。比如,胃和小肠执行消化系统的各自相关的任务。

2.3.2　内环境、稳态及稳态的调节

多细胞动物的细胞是在细胞外液(extracellular fluid,ECF)的内环境(internal environment)中存活的。生理系统的进化使得动物很好地维护着内环境的相对稳定性,动物变得体形更大、体壁更厚和更加复杂,动物占据了更多的不同环境地域。内环境的组成不断受到动物所生活的外环境以及自身细胞新陈代谢的诸多影响。动物内环境相对稳定(各项生理指标的变化保持在一个相对狭窄的范围内)称为稳态(homeostasis)。如果动物的生理系统不能很好地维护适宜功能,稳态被破坏,细胞将受损死亡,最终动物病、伤或死亡。为了避免此种情况发生,动物的生理机能系统必定能对内外环境的各种挑战做出及时应答和调节,动物能很

好地控制稳态的持续和相对稳定。

生理系统对稳态的维持是通过机体的反馈(feedback)系统完成的。反馈需要机体能获得相应的反馈信息(feedback information),通过负反馈(negative feedback)或者正反馈(positive feedback),依靠神经和内分泌系统的活动来调节机体的稳态。一般而言,动物体内的负反馈居多。

第3章 细胞的分裂和遗传

动物细胞中除了性细胞进行减数分裂外，其余的体细胞是进行有丝分裂来增殖的。分裂的细胞继承了母细胞的遗传物质。

3.1 细胞的分裂

3.1.1 有丝分裂

有丝分裂是细胞进行增殖的一种方式，细胞在细胞内相应细胞器和参与细胞分裂的蛋白质及酶的作用下，进行核分裂（karyokinesis）和细胞质分裂（cytokinesis）。核分裂由有丝分裂器控制。有丝分裂器由纺锤丝、中心粒和星体组成，其中纺锤丝和星体由微管构成，而微管的聚合又受到中心粒的影响。中心粒在细胞中起到组织中心的作用，将细胞中的微管蛋白聚合成微管，这些微管在中心粒周围呈放射状分布，形成星体。两套中心粒之间的微管呈纺锤体状，称为纺锤丝。细胞质分裂由细胞中的微丝收缩完成。伴随着细胞分裂，细胞会合成新的细胞膜。

3.1.2 细胞周期

体细胞的细胞周期（图 3-1）通常可以分为 4 个时期，即合成前期（G_1 或间期 1）、合成期（S）、分裂前期（G_2 或间期 2）和分裂期（M）。M 期之后，细胞经历一个生长的阶段，新分裂的细胞要长到与其亲本细胞一样大之后才开始下一次分裂。细胞周期中的这 4 个时期受到细胞内多种参与细胞周期的酶的调控，比如研究较早的有促成熟因子或者叫促有丝分裂因子（mitosis-promoting factor，MPF）。MPF 由两个部分组成：细胞周期蛋白 B（cyclin B）和依赖于细胞周期蛋白的蛋白激酶 P34。cyclin B 在细胞周期中周而复始地合成与降解。M 期，cyclin B 迅速降解，MPF 失去活性，细胞完成分裂进入 S 期。比较特殊的是受精卵的早期分裂中缺乏 G_1 和 G_2 期，只是卵裂球分裂到一定数量后，这时的卵裂细胞才开始重新加入 G_1 和 G_2 期。

癌细胞表现出和正常细胞不一致的特殊的细胞周期。当然癌细胞或者肿瘤细胞还具有很多自身特点，如癌细胞的细胞膜光滑，有些癌细胞的细胞内很可能具有多个细胞核；癌细胞的端粒（telomere）很长；癌细胞利用能量的方式呈现多样性；癌细胞能够产生多种自分泌和旁分泌因子，发生血管，进一步促进癌细胞的过度生长；癌细胞的生长过程中缺乏接触抑制（contact inhibition）；癌细胞的细胞周期各检验点（check point）失控，细胞分裂很快。因此很多药物的研究和临床实验都是瞄准细胞周期检验点来进行的，通过控制癌细胞细胞周期检验点来控制癌细胞的疯狂增长。

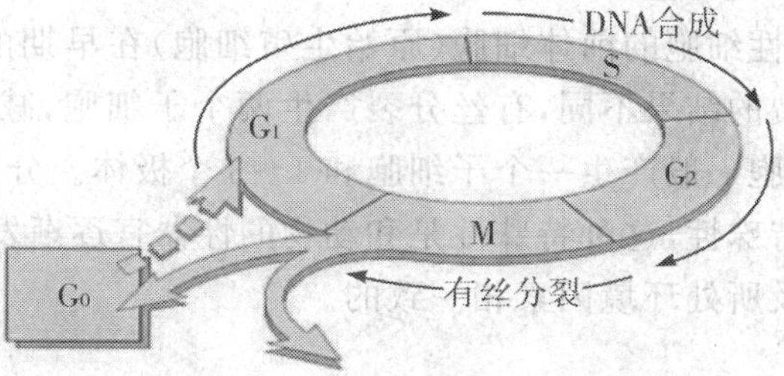

图 3-1　细胞周期

G_1. 合成前期　S. 合成期　G_2. 分裂前期　M. 分裂期　G_0. 细胞的静止期(不属于细胞周期)

3.1.3　减数分裂

减数分裂是性细胞所具有的特殊分裂方式,其特点是:细胞需要分裂两次,细胞内的遗传物质数量减半,分裂中遗传物质在配对、联会和分裂过程中有交换。很多动物的减数分裂中的两次分裂期,有时间隔时间很长,比如人类甚至可达几十年。

减数分裂分为第一次减数分裂和第二次减数分裂。和有丝分裂一样,第一次减数分裂起始于S期末,父母染色体复制产生了姐妹染色单体。但是染色体分离的模式和有丝分裂显著不同。第一次减数分裂同源染色体间首先相互配对然后才分离进入不同的子细胞中。姐妹染色单体依然在一起,意味着第一次减数分裂结束后子细胞中只有配对的同源染色体中的一半的染色体(其中每个染色体由两个姐妹染色单体构成)。接下来开始第二次减数分裂,这次分裂类似有丝分裂,姐妹染色单体分离进入不同的子细胞中。当第二次减数分裂完成时产生四个单倍体的子细胞,每个子细胞中仅有一套染色体。

DNA复制后同源染色体配对,父源性和母源性染色体之间会发生遗传重组,因此遗传重组在染色体减数分裂分离过程中得以完成。同源染色体间的重组发生在第一次减数分裂较长的前期,此期可以根据细胞内染色体形态学的变化分为五个期(细线期、偶线期、粗线期、双线期和终末期),见图3-2。

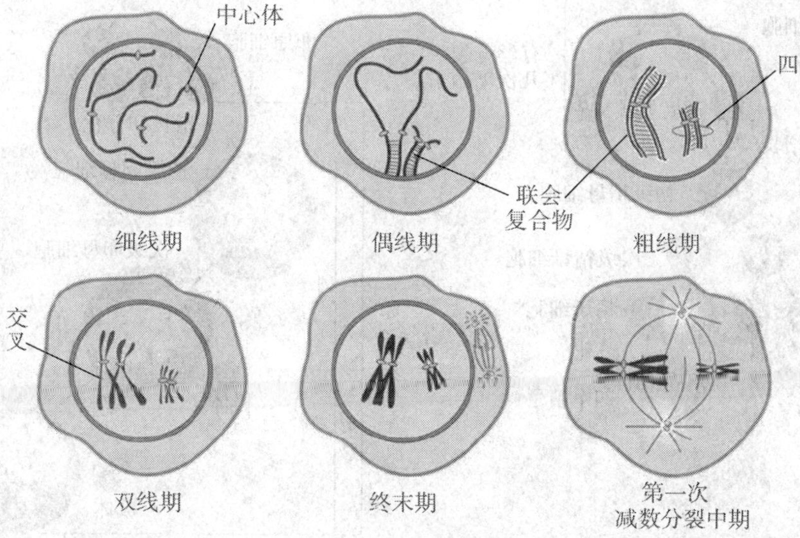

图 3-2　第一次减数分裂各期(引自 Lodish et al., 2007)

减数分裂和有丝分裂是有差异的(图 3-3)。有丝分裂是体细胞的分裂方式,减数分裂是性细胞的分裂方式,当然性细胞的前体细胞(原始生殖细胞)在早期的增殖和迁移过程中是进行有丝分裂增殖的。分裂的结果不同,有丝分裂产生两个子细胞,减数分裂中,雄性性细胞产生四个子细胞,雌性性细胞一般产生一个子细胞和 1~3 个极体。分裂的时长间隔也不同。性细胞的减数分裂表现出特殊性,这种特殊性是和动物的性器官逐渐发育,性激素浓度逐渐升高以及自身的生理准备以及所处环境因素相一致的。

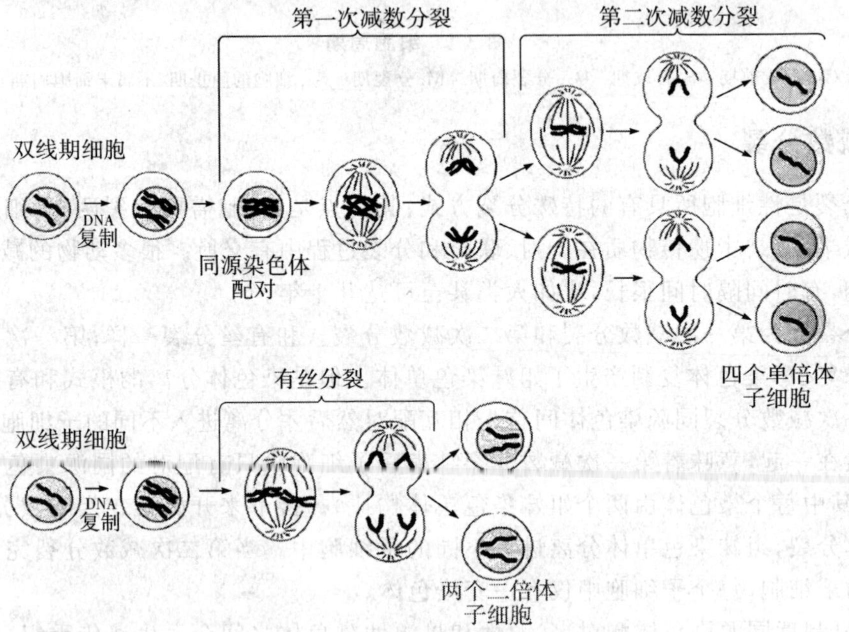

图 3-3　有丝分裂和减数分裂的差异示意图(引自 Geoffrey,2009)

精子和卵子发生中都有减数分裂,但是精子和卵子发生各具其独特性,见图 3-4。

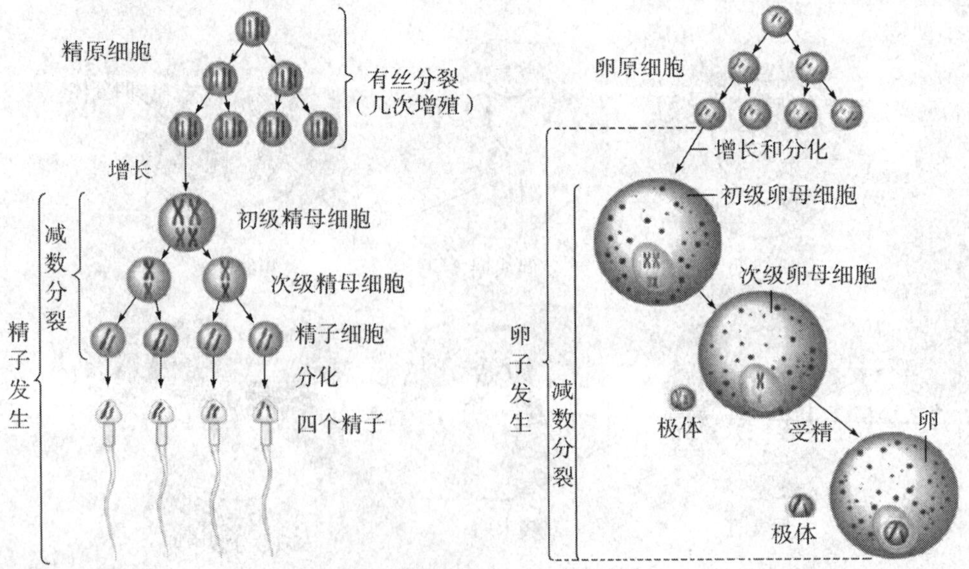

图 3-4　卵子和精子减数分裂的差异(引自 Lodish et al.,2007)

3.2 遗传

1854年起奥匈帝国的青年修士孟德尔(Johann Gregor Mendel,1822—1884)在捷克的一所修道院用豌豆做了一系列长达十年的遗传学实验,并于1865年公布了他发现的遗传学规律。1866年他以德文在《布鲁恩自然史学会杂志》发表论文《植物杂交的实验》。但是其工作没有被当时主流科学家所接受,直到1900年,孟德尔遗传学才被重新发现。这之后英国的William Bateson(1861—1926)提出纯合子、杂合子、遗传学(genetics)等概念(1902;1905),丹麦植物学家Wilhelm Johannsen(1857—1927)于1909年提出表型、基因型和基因等遗传学词汇。

孟德尔遗传包括分离定律和独立分配定律。分离定律指一对遗传因子在杂合状态下并不相互影响,而在配子形成中又按原样分配到配子中去。独立分配定律指两对或两对以上的基因在配子形成过程中的分配彼此独立。由于雌雄配子的随机组合,因而在子代中出现各种性状的各种组合,而且按一定的比例出现。

美国科学家摩尔根(Thomas Hunt Morgan,1866—1945)利用果蝇进行遗传学研究,发现了染色体是基因的载体,确立了伴性遗传规律,并发现位于同一染色体上的基因之间的连锁、交换和不分开等现象,建立了遗传学的连锁交换定律。连锁遗传成为遗传学中的第三个遗传规律。

1953年,美国科学家沃森(J. D. Watson,1928—)和英国科学家克里克(F. Crick,1916—2004)在看过英国两位科学家所做的DNA的X晶体衍射图后共同提出了DNA分子双螺旋结构模型,这一结论成为20世纪生物科学最伟大的发现,从那时起分子遗传学开始逐步快速发展。

进入21世纪,"表观遗传学"成为研究的热点。表观遗传学(epigenetics)与经典遗传学(genetics)相对应。经典遗传学认为基因序列改变导致基因表达水平的变化,如基因突变、基因杂合丢失和微卫星不稳定等;经典遗传学认为基因是最小结构与功能单位、基因决定遗传性状。表观遗传学是研究基因的核苷酸序列不发生改变的情况下,基因表达了可遗传的变化的一门遗传学分支学科。表观遗传的现象很多,已知的有DNA甲基化(DNA methylation)、基因组印记(genomic imprinting)、母体效应(maternal effect)、基因沉默(gene silencing)、核仁显性、休眠转座子激活和RNA编辑(RNA editing)等。比如,目前研究很热的短链RNA在基因组水平对基因表达进行调控,介导mRNA的降解,诱导染色质结构的改变,决定细胞的分化命运,还对外源的核酸序列有降解作用以保护本身的基因组。常见的短链RNA有小干涉RNA(short interfering RNA,siRNA),这是RNA干扰的主要执行者,以及微小RNA(microRNA,miRNA),其参与RNA干扰,但有自己独立的作用机制,目前对于这一领域的研究很多。

3.2 遗传

第二部分　动物的进化和多样性

第4章 动物的进化

生命的起源一直以来吸引着大众和科学家的好奇心，1859年达尔文发表《物种起源》，进化的思想开始逐步为大众所接受。正如多布赞斯基所说："没有进化的光芒，生物学将毫无意义。"

4.1 生命的起源

关于生命起源问题，由于历史不能再现，因此，人们只能根据现有的资料来进行科学的推断，以期更客观地反映生命演化的足迹。现已知所有的生物均由2类基本的生物分子——核酸和蛋白质构成。而这两类分子又是由更简单的构造单位——20种氨基酸、5种碱基、2种糖和磷酸组成的，这些基本物质与地球的形成密切相关。

地球诞生于46亿年前，早期的地球表层较热，气体分子运动剧烈，致使大气层完全消失。随着地球表面温度降低，加上火山频发，产生了大量还原性气体，如甲烷、二氧化碳、分子氮、水蒸气、氨、氰化氢等，由此构成了新的大气层。水蒸气达到饱和时，造成了持续不断的倾盆大雨，使得地球表面形成了原始的太古海。在降雨的同时，也将大气中的甲烷、氨、氰化氢、二氧化碳等带入了海洋。在宇宙射线、紫外线、闪电放电等作用下，最终衍生出糖、嘧啶、嘌呤、甘油、脂肪酸、氨基酸等有机化合物，为生命大分子合成奠定了物质基础。当时的太古海逐渐变成含有上述有机分子的"肉汤"，各种有机物的并存，在外界条件作用下，结合成了蛋白质、核酸等大分子。这样的推论已经得到美国学者 Stanley Miller 等科学家的证明。生命大分子的不断积累，通过相互吸附作用，聚集成团或微球体，同时形成原始的界膜，这可能就是原始的生命形态。

到目前为止，科学家发现的最早的原核细胞化石已有32亿年的历史。在距今大约10亿年前，出现了真核细胞。

由于光合作用的出现，氧气开始在大气层中积聚，当大气中氧气含量达到1%时，臭氧开始积累，并逐渐挡住了紫外线对地球的辐射。有了游离氧，便出现了需氧生物。

4.2 进化学说

18世纪以前，人们对物种起源的推测主要以迷信及荒谬的说法为依据，神创论统治着科学界，认为世上万物都是神创造出来的。只有个别学者如亚里士多德等提出生物是渐进变化的，并认为化石就是自然界大灾难遗留下来的已灭绝物种。

19 世纪初，法国生物学家拉马克首先阐述动物是进化来的，他是使人确信“化石是已灭绝的动物遗留下来的”第一人。他所提出的“获得性遗传”理论（由于环境的改变，有机体会产生适应性变异并传给下一代），分别列举了“用进”（长颈鹿）和“废退”（鼹鼠）的例子，这种由于环境的改变，决定了变异的方向，我们称之为定向变异。然而近代绝大多数生物学家并未接受这一理论。但他毕竟首先冲破神创论的禁锢，提出了生物进化的观点，不愧是进化论的奠基者。

英国地质学家 Charles Lyell（1797—1875）在他的《地质学原理》一书中提出了“均变说”，其中最精髓的一句话为：“现在是通往过去的一把钥匙，一切过去所发生的地质作用都和现在正在进行的作用方式相同。”

以上这些进步的思想都为达尔文进化论的提出奠定了基础。

达尔文（Charles Darwin，1809—1882，图 4-1），英国人，在他不满 25 岁时，就以自然科学家的身份，乘坐英国皇家贝格尔号军舰，开始了长达 5 年的环球旅行，此间，他搜集了大量的证据，经过 20 余年的研究和思考，终于在 1859 年出版了他的不朽之作《物种起源》。

图 4-1　达尔文

他提出了以自然选择为基础的进化学说，具体内容包括以下 5 点。

1. 永恒的变化

生命世界既不是永恒的，也不是周而复始的循环，而是在慢慢地发生着变化。

2. 共同起源

所有的生物都来自一共同的祖先。从系统发生上看，生命史呈一有分支的进化树结构。

3. 物种倍增

从生物的祖先开始，通过遗传变异，不断地分化出新物种，使物种种类逐渐增多。

4. 渐进主义

生物在进化过程中，不同的物种间，在解剖形态上都存在着明显差异，这些差异是通过世世代代许多微小差异长期积累形成的，而不是在短时间内突然形成的。

5. 自然选择

这是达尔文进化论的核心。他认为生物在生存竞争中，通过遗传变异，将有益变异的个体保留下来，并将这些变异遗传下去，而有害变异的个体会被自然界淘汰，这就是自然选择。达尔文的自然选择理论是建立在一系列的观察和推论基础上的，主要有以下几方面。

观察 1　生物体具有极高的潜在生殖能力，所有种群都会产生大量配子，如果所有个体都存活下来，并继续繁殖，种群就会出现繁殖过剩。达尔文计算过，即使是繁殖速度很慢的种类，如 1 对配偶的生育年龄是 30～90 岁，在此期间，只生育 6 个子代，750 年内，其后代总数将达到 1 900 万。

观察 2　自然种群的数量通常维持在一个相对稳定的水平上，有些种群数量的波动，可能会受各种因素的影响，个体数量逐渐减少，也许经过若干代以后走上灭绝的道路，但任何种群都不会以其理论上的数值那样无度的繁殖。

观察 3　自然资源是有限的。如果一自然种群的个体数量呈指数增长，会消耗无限的资源，为它们提供生存空间及食物。然而，资源是有限的。

由此得出：

推论1 无论是种群间还是种群内个体间，始终存在着生存竞争，包括食物、生存空间、栖息地等。由于资源有限，每代存活下来的个体通常是很少的一部分，致使物种巨大的繁殖潜力无法在自然界中实现。

观察4 一切生物体都会产生变异，自然界没有任何2个个体是完全一样的。它们在大小、生理、行为等多方面不会完全相同。

观察5 变异是遗传的，尽管达尔文不懂其中的道理，但他还是注意到了子代和亲代之间有诸多相似之处。许多年以后，这种遗传学机制才被孟德尔阐明。

由此得出：

推论2 变异是生物界普遍存在的现象，种群内存在多种变异，其中有益的变异会被保留下来，并传给下一代，称作适者生存。不利或有害的变异被淘汰。只有适应环境的个体才能继续生存和繁衍。

推论3 一个物种经过长期的自然选择，在生存和生殖上会存在差异，倘若差距逐渐明显，各自产生了新的适应，将造成生殖上的隔离而产生新的物种。变异个体在生殖上的差异逐渐改变了物种，从而使之得到了长期的改良。

达尔文的自然选择学说基本是正确的，但也存在着2个弱点：一是生物为什么能发生变异，从而导致生物的进化？二是自然选择的结果为什么能遗传给下一代？限于当时的科学水平，这些问题很难解释清楚，但达尔文的进化论仍极大地推动了生物科学的发展。

随着时代的进步、新的生物学证据的出现，达尔文主义被修正，出现了：

新达尔文主义：德国生物学家魏斯曼(A. Weismann)提出生物的进化是由于两性混合所产生的种质差异经自然选择所造成的结果，并且做了著名的小鼠尾巴切割实验，发现连续切割22代，小鼠尾巴并未变短，他由此彻底否定获得性遗传理论。魏斯曼把遗传学和自然选择学说结合起来，开创了进化论研究的新方向。1917年，摩尔根提出“基因论”，把魏斯曼的种质发展为染色体上直线排列的遗传基因。

现代达尔文主义：又称现代综合进化论。现代综合进化论的基本观点是：①基因突变、染色体畸变和通过有性杂交实现的基因重组是生物进化的原材料。②进化的基本单位是群体而不是个体；进化是由于群体中基因频率发生了重大的变化。③自然选择决定进化的方向；生物对环境的适应性是长期自然选择的结果。④隔离导致新种的形成；长期的地理隔离常使一个种群分成许多亚种，亚种在各自不同的环境条件下进一步发生变异就可能出现生殖隔离，形成新种。

微进化(microevolution)：又称种内进化，是研究自然种群内发生的遗传物质变化的科学。微进化是由突变、遗传漂变、基因流和自然选择导致的等位基因频率的改变造成的遗传物质的变化。

大进化(macroevolution)：又称宏观进化，是研究物种和种以上的高级分类群在地质时间尺度上的进化模式、进化趋势和进化速率的科学。

第5章 动物类群

地球上现存的和曾经生存过的物种不计其数，现已被人类记载的物种有150万种以上。如此繁多的种类，若没有科学的分类，则很难进行深入的研究。因此，将动物分门别类，是从事动物学学习和研究的基础。

5.1 动物分类基本知识

5.1.1 分类的依据

分类的理论依据是建立在进化论基础上的。所有的物种都具有共同的起源，在漫长的进化过程中，通过遗传、变异、分化发展而来。它们彼此间都或多或少存在着一定的亲缘关系，故这种分类学又称系统分类学。

传统的分类学是以物种之间在形态学上的相似性和差异性总和为基础划分的，即物种间形态越相似，亲缘关系越近。随着近代生物学的发展，从生理、生化、细胞、遗传、血清学、分子生物学的角度进行分类，也许更能准确反映物种间的亲缘关系。

5.1.2 物种的概念

物种简称种，是分类的基本单位。任何一个物种都不可能在地球上永远固定不变地生存下去，最终将走上灭绝的道路。有人估计一个物种的平均寿命为1 000万年。地球上曾经生存过的物种要比现存的数量多得多。从进化的观点看，世界上没有固定不变的物种，一个物种通过世世代代的遗传变异，会逐步演变为一个或几个新的物种而延续下去，这样原来的物种就消失了(间断)。

由此看来，物种是进化与发展，连续与间断的统一形式，各种动物以物种的形式作为发展的一定阶段，在一个自然群体内，两性个体可进行自由杂交繁殖，并能产生可育的后代，在自然界占据一定的生态位，种与种之间存在着生殖隔离。

5.1.3 亚种和变种的概念

如果一个种群长期被分割在不同的地区，迫使它们之间断绝了基因交流，并各自演化出一些独特的形态特征，此时称为亚种。如分布在我国华北地区的白胸野猪和华南地区的华南野猪就是两个不同的亚种。久而久之，两个亚种之间的差异越来越明显，以至于再将它们混在一起时，也不会发生基因交流，这就导致了两个新物种的产生。在同一地区内不会存在两个亚种。

若一个种群内，仅有少数个体出现了一些新的特征，称变种。

家畜、家禽等被人们驯养的动物，通过人类的参与，进行杂交，选育出来的具有某种优良性能的群体称品种，品种不属于分类学的范畴。

5.1.4 物种的命名

目前，国际上对动物通用的命名方法是由林奈创建的双名法，即属名＋种名。他规定：每一种动物的学名应由 2 个拉丁字或拉丁化的文字组成。前一个字是该动物的属名，用主格单数名词，第一个字母需大写；后一个字是种名，用形容词，第一个字母要小写。在学名之后还可以写上定名人的姓氏，如家犬的学名是 *Canis familiaris* Linnaeus。如果种名不能确定，可在属名后附以 sp.，如 *Canis* sp.。

如遇亚种，可在种名后加上亚种的名称，就构成了三名法。如猪的学名为 *Sus scrofa*，在我国有 3 个亚种，即华北白胸野猪（*Sus scrofa leucomystax*）、华南野猪（*Sus scrofa chirodonta*）和家猪（*Sus scrofa domestica*）。若亚种还没有定名，可加上 ssp. 或 subsp.。若是变种，可加上 var.。所有的命名应用斜体字或在其下用横线标出，以示区别。

5.1.5 分类阶元

分类阶元（taxonomic category）是生物分类学确定共性范围的等级。根据各种动物形态上的差异，以及亲缘关系的远近，可以分成若干阶元或等级。通常采用的等级是界（Kingdom），界以下分若干门（Phylum），门以下依次为纲（Class）、目（Order）、科（Family）、属（Genus）、种（Species）。

对于上述分类阶元，种是最基本的分类阶元。属、科、目等阶元虽有助于说明物种之间的亲缘关系，但并无绝对的固定分类标准。只有种是客观存在的唯一标准。

如猪所隶属的分类阶元：

界 Kingdom　　动物界 Animal
门 Phylum　　脊索动物门 Chordata
纲 Class　　哺乳纲 Mammalia
目 Order　　偶蹄目 Artiodactyla
科 Family　　猪科 Suidae
属 Genus　　猪属 *Sus*
种 Species　　猪种 *scrofa*

为了更精确地表示一个物种在系统分类上的地位，可以在上述阶元之间插入“总”和“亚”级名称。

界 Kingdom
门 Phylum
亚门 Subphylum
总纲 Superclass
纲 Class
亚纲 Subclass

总目 Superorder
目 Order
亚目 Suborder
总科 Superfamily
科 Family
亚科 Subfamily
属 Genus
亚属 Subgenus
种 Species
亚种 Subspecies

5.1.6 动物界的分门

动物界的分门，由于从事分类学工作的学者观点不同，分类的依据也各有不同，为了尽可能反映动物类群的全貌，本书共介绍32门，依据门类动物的重要性将有所侧重：原生动物门、中生动物门、扁盘动物门、多孔动物门、刺胞动物门、扁形动物门、纽形动物门、线虫动物门、腹毛动物门、轮虫动物门、棘头动物门、线形动物门、内肛动物门、动吻动物门、鳃曳动物门、铠甲动物门、软体动物门、环节动物门、节肢动物门、原口动物小门类（星虫动物门、螠虫动物门、须腕动物门、兼具原口动物与后口动物特征的触手冠动物——帚虫动物门、外肛动物门、腕足动物门以及蜕皮动物——舌形动物门、有爪动物门、缓步动物门、毛颚动物门）、棘皮动物门、半索动物门、脊索动物门。

5.2 动物系统树

地球已经记载的动物有150万种以上，每年还会有数以千计的物种被描述。随着时间的推移，会不断地有旧物种的消失和新物种的诞生。物种一旦消失就再也不会重新产生，要么消失，要么以另一个乃至数个物种的形式延续下去。如此复杂而多样的物种是如何演化而来的？规律何在？这是一个十分复杂而庞大的问题。

现有的资料显示，动物进化的总趋势是从简单到复杂、从低等到高等、从水生到陆生的过程（图5-1）。具体来讲，原生动物是最简单的单细胞动物，多孔动物是最简单的多细胞动物，然而，由于多孔动物的胚胎发育与其他多细胞动物截然不同，故又称其为侧生动物。自刺胞动物开始，动物有机体出现了内、外胚层及分化，使得有机体建立在组织水平上。动物的体形也相对固定，出现了辐射对称体制。以后的动物在胚胎发育过程中都要经历此阶段。

原始的扁形动物首次出现了中胚层，即三胚层动物。动物的体形也演化出了两侧对称的体制，但体腔尚未出现。自此，动物便朝着两大发展方向分别进化，一类是原口动物，另一类是后口动物。

原口动物分支包括现代的扁形动物，继而在两侧对称体形、三胚层基础上，又出现了原体腔，即原体腔动物。软体动物是真体腔动物类群，这是向着适应缓慢生活方式发展的一大类群（头足类除外）。真体腔并没有得到进一步的发展，但有机体所有的器官系统均已出现。环节

图 5-1 动物界演化树

动物不仅将真体腔发展到了极致，而且身体还出现了分节现象，这是高等原口动物的开始。节肢动物身体高度异律分节，在功能上也有了明显的分工，将原口动物的演化推向了高潮。快捷运动的结果，加速了新陈代谢水平的提高，感觉器官、神经系统等得到了长足的发展，以至于遍布全球的节肢动物成了生物圈中最庞大的家族，也是原口动物中的最高等类群。

后口动物分支自原始两侧对称动物开始，棘皮动物最为原始（也有的学者将毛颚动物归入后口动物，但却没有得到分子生物学方面的支持）。此类群同样向着缓慢生活方式发展，出现了次生性的辐射对称体制。半索动物出现了某些脊索动物的特征，如背神经管、咽鳃裂等，但其具有的口索与脊索根本没有任何联系，既不同功也不同源，因此，分类学上常将其归为非脊索动物类群。自尾索动物门开始，动物才出现了三大明显特征，即脊索、背神经管、咽鳃裂，由此开始了脊索动物的进化历程。尽管尾索动物具有了三大特征，但仅限于幼体，成体脊索已经退化消失。从头索动物开始，成体才具有了明显的三大特征。原始有头类的出现，使后口动物的演化迈上了新的台阶。首先脊索被脊椎逐渐替代，圆口纲是最低等的脊椎动物类群，脊椎全部由软骨组成。由于没有可以活动的上下颌，又常称其为无颌类。自鱼类开始，出现了可以活动的上下颌，终生具有软骨的鱼类称为软骨鱼；硬骨鱼的身体大多由硬骨组成，至此，水生的脊椎动物达到鼎盛时期（距今 4 亿～3.6 亿年）。

在距今约 3.5 亿年的古生代泥盆纪，地球表面许多地区升起，突出海面成为沼泽、陆地，古地理面貌与之前相比，发生了很大的变化。众多的鱼类迫于环境的巨变，不得不寻找新的归宿。最先尝试登陆的鱼类也许很多，但限于种种因素，面对广袤的陆地望而却步，甚至灭绝。只有古代的总鳍鱼类在尝试登陆时，幸运地获得了初步的成功，古代两栖类由此诞生，脊椎动物进入飞跃发展时期。古两栖类在逐渐适应陆地环境的同时，迅速辐射演化，但以后相继灭绝。现存的两栖类都是从侏罗纪以后才出现的。

然而，有一支从古两栖类在古生代石炭纪末分化出来产生羊膜卵的类群，不但承袭了两栖类一些登陆成功的特性，而且在适应陆生生活方面进一步发展。羊膜卵的产生，使陆地繁殖成为可能。由此真正的陆生动物——爬行纲逐步发展（距今 3 亿年），到中生代盛极一时（距今 2 亿～0.65 亿年）。

鸟类由侏罗纪带羽毛的爬行类演化而来(距今 1.5 亿年或更久远),它将身体的代谢推向了更高的水平,能够保持恒定的体温,并发展出了一系列适应飞翔生活的特征。

哺乳类由中生代三叠纪合颞窝类的一支古代爬行类(兽齿类)演化而来,距今约 2.25 亿年,这些哺乳类个体小(与现代的老鼠相当),体温高而恒定,繁殖特性先进(胎生、哺乳),在恐龙统治的地球上默默演化,直到恐龙的突然灭绝,才得以迅猛发展,并产生了广泛的适应辐射,于始新世(距今 5 300 万~3 650 万年)和渐新世(距今 3 400 万~2 300 万年)达到鼎盛时期。

第6章 原生动物门

进化地位：原生动物(Protozoa)是动物界中最原始、最简单的类群，身体大多由单个细胞构成，又称单细胞动物，少数种类为单细胞聚集在一起营群体生活。

6.1 原生动物的主要特征

6.1.1 单细胞生物

原生动物是真核单细胞动物(eukaryotic unicellular animal)。其细胞质内除具内质网和高尔基体等一般动物细胞的细胞器外，还分化形成了类似多细胞动物器官的特殊细胞器，来执行各种生理功能，例如：鞭毛、纤毛或伪足为运动胞器；胞口、胞咽和胞肛等为消化胞器；伸缩泡为排泄胞器。因此，从细胞的水平看，原生动物是很复杂的；而作为动物个体，原生动物又是非常简单的。

6.1.2 形态多样

原生动物个体微小，一般在3～300 μm之间。某些变形虫个体较大，直径可达5 mm，最大的有孔虫壳直径达12.5 cm。体形大多为圆形、椭圆形、梭形、梨形和钟形等。

6.1.3 生活方式

大多独立生活，也有共生、寄生种类。水陆环境都有它们的踪迹。

6.1.4 摄食与营养

(1)植物性营养(holophytic nutrition)：有叶绿体和色素体的原生动物可以利用光能将二氧化碳和水合成糖类，又称光合营养，如绿眼虫。

(2)动物性营养(holozoic nutrition)：原生动物吞食其他生物或有机碎片，与体内溶酶体合为食物泡，在细胞质内消化和吸收，未被吸收的食物残渣通过排遗作用排出体外，又称吞噬营养，如草履虫。

(3)腐生性营养(saprophytic nutrition)：通过表膜的渗透作用摄取溶于水中的有机物质，又称渗透营养。多见于寄生种类，如各类孢子虫等。

很多原生动物为多种营养方式兼用，如眼虫在有光条件下以植物性营养为主，在无光条件下以腐生性营养为主。

6.1.5 呼吸

原生动物的呼吸大多靠质膜扩散进行，体内寄生种类以无氧酵解获取能量。

6.1.6 排泄与渗透压

海生种类一般靠质膜扩散排出代谢废物；淡水生种类一般具有伸缩泡(contractile vacuole)，执行排泄机能。

6.1.7 生殖

(1)无性生殖：可分为二分裂(binary fission)、复分裂(multiple fission)和出芽生殖(budding)等方式。

二分裂即原生动物个体经有丝分裂，形成约相等的两个子个体，如眼虫的纵二裂、草履虫的横二裂、角鞭虫的斜二裂等。

复分裂即原生动物的核经多次分裂先形成多核体，核周围再由细胞质包围进而质裂形成多数子个体，如疟原虫的裂体生殖。

出芽生殖即由母体的一部分凸出并发育为小的芽体，小芽体离开母体后长成新个体，有时可以同时形成许多芽体，如管足虫。

(2)有性生殖：可分为配子生殖(ganogenesis)和接合生殖(conjugation)两类。

配子生殖中由大小、形状相同的配子结合称为同配生殖，如有孔虫，大小不同、形状相同的配子结合称为异配生殖，大小、形状不同的配子(精子和卵子)结合称为卵式生殖。

接合生殖仅见于纤毛虫类，2 个虫体暂时黏合在一起，细胞质连通，大核瓦解，小核分裂数次，互换小核(相当于受精)，核物质重组、分裂，最终产生 8 个子个体。

6.1.8 应激性与运动

原生动物对外界刺激可产生一定的反应，这种现象称为应激性(excitability)。应激性有利于原生动物寻找食物或躲避不良环境等。应激性对保证动物的生存与繁衍具有十分重要的意义。1992 年我国首先在原生动物棘尾虫体内发现多种神经肽，神经肽的存在与原生动物的应激性密切相关。

6.1.9 包囊

很多原生动物在不良环境条件下，如低温或食物缺乏时能缩回伪足或者脱掉鞭毛或纤毛，身体缩小呈球形，外分泌保护性胶质，将自己包裹起来，形成包囊(cyst)，处于休眠状态，但可存活很久。当环境适宜时，虫体破囊而出。包囊的形成是进化过程中原生动物渡过不良环境的一种适应性机制。

原生动物在地球上分布十分广泛，海水、淡水以及潮湿的土壤中均有原生动物的存在。一部分种类营寄生生活，寄主包括动物、植物。体外寄生者可寄生于寄主的体表；体内寄生者可寄生于寄主的细胞内或细胞外；此外还有共生者，包括白蚁消化道中的动鞭毛虫和反刍动物瘤胃中的纤毛虫。

6.2 原生动物门的分类

现已记载的原生动物约有68 000种，其中一半以上为化石种类。目前对原生动物的分类仍存在着分歧，但其主要的4个类群——鞭毛纲(Mastigophora)、肉足纲(Sarcodina)、孢子纲(Sporozoa)以及纤毛纲(Ciliata)是最基本也是最重要的，本节将逐一介绍。

6.2.1 鞭毛纲

6.2.1.1 代表动物——绿眼虫

绿眼虫(*Euglena*)生活在有机质丰富的池沼、水沟或缓流中。虫体呈绿色，大量繁殖时可使局部水域呈现绿色。

体呈梭形，长约60 μm(图6-1)。体表具有带斜纹的弹性表膜(pellicle)。每一条纹的一侧有向内凹陷的沟(groove)，另一侧有向外突起的嵴(crest)，沟与其相接条纹的嵴相关联，且嵴可在沟中滑动，使绿眼虫既能保持一定形状，又能作收缩变形运动(图6-2)。表膜斜纹是眼虫科的特有结构，其数目多少是种的分类特征之一。

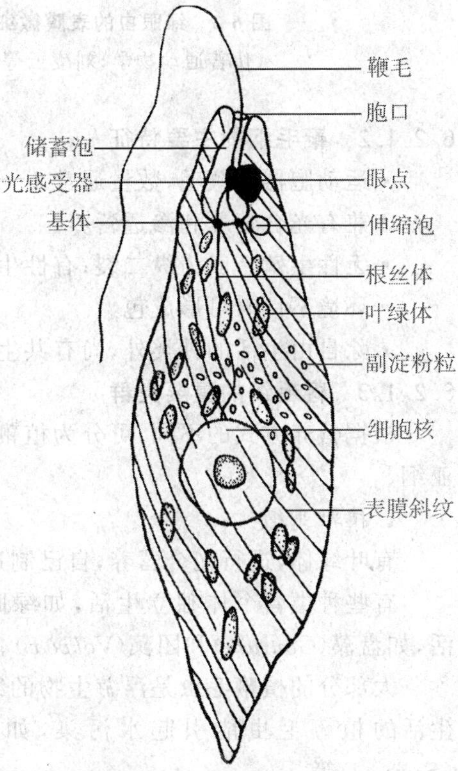

图6-1 绿眼虫结构图

(仿普通动物学，刘凌云等，1997)

体前端具有胞口(cytostome)，向后连储蓄泡(reservoir)。储蓄泡旁具有伸缩泡，主要功能是调节水分平衡，可收集细胞质中过多的水分，排入储蓄泡，再经胞口排出体外。

鞭毛(flagellum)是绿眼虫的运动胞器，自胞口中伸出体外。鞭毛下连有2根轴丝(axoneme)。每根轴丝在储蓄泡底部与一个基体(basal body)相连，鞭毛由基体产生。基体由根丝体(rhizoplast)连至细胞核，鞭毛受细胞核的控制。

绿眼虫运动中具有趋光性，是因为在鞭毛基部紧贴着储蓄泡有一红色眼点(stigma)，靠近眼点近鞭毛基部有一膨大部分，能接受光线，称为光感受器(photoreceptor)。眼点和光感受器普遍存在于绿色鞭毛虫，与其进行光合作用的营养方式有关。

细胞质内含有叶绿体(chloroplast)。叶绿体的形状、大小、数量及其结构为眼虫属、种的分类特征。有光的条件下进行光合营养(phototrophy)。制造的过多食物以半透明的副淀粉粒(paramylum granule)储存在细胞质中。副淀粉粒与淀粉相似，是糖类的一种，但与碘作用不呈蓝紫色。副淀粉粒是眼虫类特征之一，其形状、大小也是绿眼虫分类的依据。无光的条件下，绿眼虫可通过体表进行渗透营养(osmotrophy)。

绿眼虫在有光的条件下，利用光合作用所放出的O_2进行呼吸(氧化)作用，产生的CO_2又被用来进行光合作用。在无光的条件下,通过体表吸收水中的 O_2,排出 CO_2。

生殖方法一般是纵二裂(图 6-3),这也是鞭毛纲的特征之一。在环境不良的条件下可形成包囊。

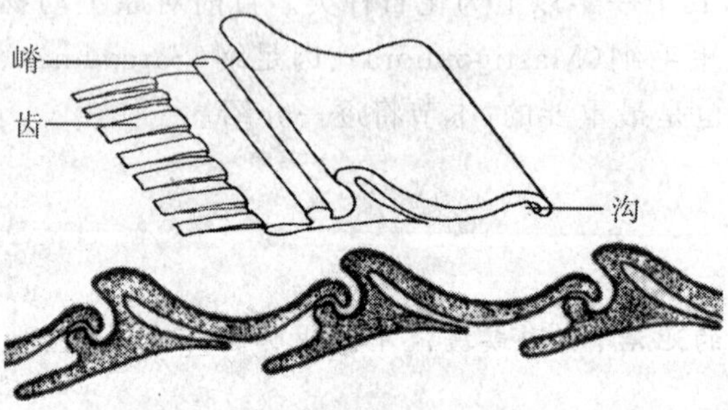

图 6-2 绿眼虫的表膜微细结构图

(仿普通动物学,刘凌云等,1997)

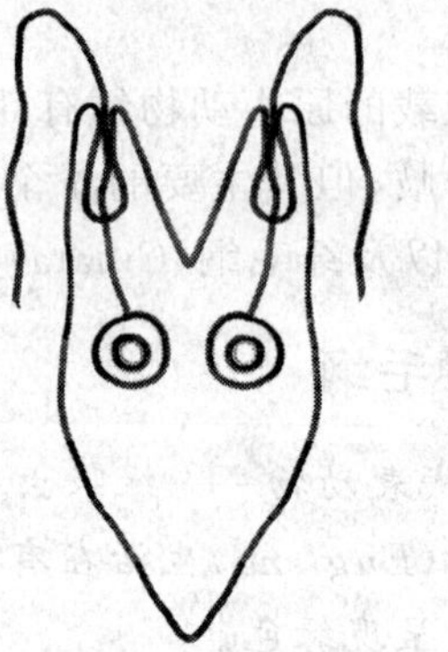

图 6-3 绿眼虫纵二裂

(仿普通动物学,刘凌云等,1997)

6.2.1.2 鞭毛纲的主要特征

- 运动胞器为鞭毛,数量通常 1～4 条,少数种类具有较多鞭毛。
- 兼有光合营养和渗透营养。
- 无性生殖一般为纵二裂;有性生殖为配子生殖。
- 环境不良时可形成包囊。
- 除自由生活的种类外,尚有共生或寄生种类。

6.2.1.3 鞭毛纲的重要类群

根据营养方式的不同,可分为植鞭亚纲(Phytomastigina)和动鞭亚纲(Zoomastigina)2 个亚纲。

1. 植鞭亚纲

有叶绿体,进行光合营养,自己制造食物,自由生活于淡水或海水中。

有些种类营个体独立生活,如绿眼虫、衣滴虫(*Chlamydomonas*);有些种类进行群体生活,如盘藻(*Gonium*)和团藻(*Volvox*)。

大部分的植鞭毛虫是浮游生物的组成部分,是甲壳类和鱼类的天然饵料。另有一些淡水生活的植鞭毛虫能引起水污染,如钟罩虫(*Dinobryon*)、尾窝虫(*Uroglena*)、合尾滴虫(*Synura*)等。

一些海生种类如夜光虫(*Noctiluca*)、裸甲腰鞭虫(*Gymnodinium* spp.)、沟腰鞭虫(*Gonyaulax* spp.)繁殖过剩时,可使海水变色,称为赤潮。

2. 动鞭亚纲

无叶绿体,不能自己制造食物,营养方式为异养。多数寄生于多细胞动物或与多细胞动物共生,少数自由生活。

寄生种类如杜氏利什曼原虫(*Leishmania donovani*)寄生于人体肝、脾等内脏的巨噬细胞内,通过白蛉传播,可引起黑热病,为我国五大寄生虫病之一;锥虫(*Trypanosoma*)寄生于脊椎动物的血液中,借助波动膜和鞭毛可在黏稠度较大的环境中运动,可侵入人脑脊髓系统,引起昏睡病，故又名睡病虫；存在于我国的伊氏锥虫（*T. evansi*）对马危害较重，可引起马苏拉病；鳃隐鞭虫（*Cryptobia branchialis*）可侵入鱼鳃、危害鱼类；阴道毛滴虫（*Trichomonas vaginalis*）寄生于女性阴道和尿道中，导致患者外阴瘙痒以及白带增多，引起阴道、尿道以及膀胱炎症。

共生种类的披发虫（*Trichonympha*）生活在白蚁消化道内，可将纤维素分解为可溶性的糖。如用高温（40℃）处理白蚁，其肠内的鞭毛虫死亡，白蚁仍存活，同样可以吃木头，但不能消化，最终饿死。

自由生活种类的领鞭毛虫（*Choanoflagellates*）与多孔动物具有相同的领细胞，通常认为两者间具有进化上的联系。

6.2.2 肉足纲

6.2.2.1 代表动物——大变形虫

大变形虫（*Amoeba proteus*）生活在清水池塘或水流较缓、藻类较多的浅水中。

大变形虫直径200～600 μm，是变形虫中最大的一种，体形可不断地发生改变。结构简单，体表仅为一层极薄的质膜，质膜内的细胞质分为内外两层，位于外部、无颗粒、均质透明的为外质（ectoplasm），外质之内为内质（endoplasm），内质具有颗粒，有流动性。内质又可分为两部分，处在外部相对固态的称为凝胶质（plasmagel），在其内部呈液态的称为溶胶质（plasmasol）（图6-4）。

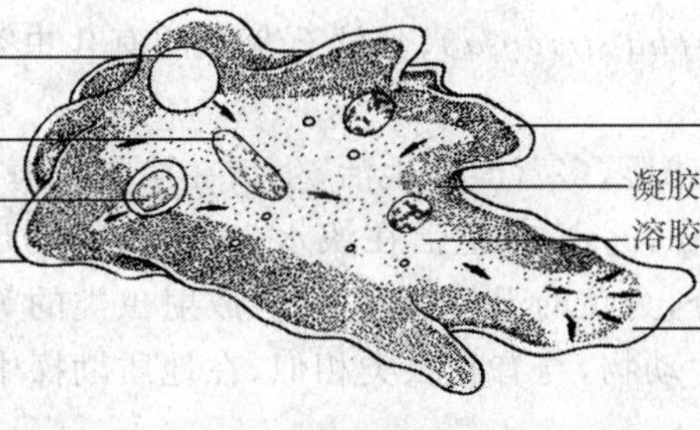

图6-4 大变形虫结构图（仿普通动物学，刘凌云等，1997）

大变形虫运动时，体表任何部位都可向外突起，形成临时性运动胞器，称为伪足（pseudopodium）。伪足形成时，外质向外突起呈指状，内质流入其中，即溶胶质向运动方向流动，流动到临时突起前端后，又向外分开，接着变为凝胶质，同时后边的凝胶质又转变为溶胶质，继续向前流动，这样虫体不断向伪足伸出的方向移动。这种凝胶质与溶胶质相互转换，使大变形虫不断向伪足伸出的方向移动的现象称为变形运动（amoeboid movement）。

伪足不仅是运动胞器，也是摄食胞器。当大变形虫接触到食物时即可伸出伪足进行包围（吞噬作用，phagocytosis），形成食物泡（food vacuole），与质膜脱离，进入内质。随着内质流动，食物泡和内质中的溶酶体融合，由溶酶体所含的各种水解酶消化食物，消化后的食物进入周围的细胞质中，不能消化的食物残渣随着大变形虫的前进，相对地滞留于身体后端，最后经由质膜排出体外，这种现象称为排遗。

淡水中的变形虫用伸缩泡调节水分平衡，排出部分代谢废物。海水中的变形虫一般无伸缩泡。呼吸作用所需 O_2 和排出 CO_2，主要通过体表进行。

大变形虫的细胞核呈圆盘形，位于身体中央的内质中。大变形虫的无性繁殖为二分裂，是典型的有丝分裂,分裂时细胞核先分裂为两个大小约相等的核,向虫体两侧移动,细胞质在虫体中部收缩,最终分成两个子个体。

在不良环境下,某些变形虫缩回伪足,虫体缩成圆球形,分泌一囊壳,形成包囊。

6.2.2.2 肉足纲的主要特征

- 运动胞器为伪足,伪足兼有摄食功能。
- 体表没有坚韧的表膜,仅有极薄的细胞质膜,不能维持身体的固定形态。有些种类具有外壳。
- 无性繁殖为二分裂。部分种类可进行有性生殖(配子生殖)。
- 环境不良时大多可形成包囊。
- 多数自由生活于淡水或海水,少数种类营寄生生活。

6.2.2.3 肉足纲的重要类群

根据伪足形态的不同,可分为根足亚纲(Rhizopoda)和辐足亚纲(Actinopoda)2 个亚纲。

1. 根足亚纲

伪足指状、叶状、丝状、根状或网状,但没有轴丝。

自由生活种类如大变形虫;营寄生种类如痢疾内变形虫(*Entamoeba histolytica*),也称溶组织阿米巴,寄生在人的肠道里,能溶解肠壁组织引起痢疾。

变形虫虽没有坚韧的表膜,但部分种类的质膜外可形成保护性外壳,如:分泌几丁质外壳的表壳虫(*Arcella vulgaris*);分泌胶质黏合外界的砂粒的砂壳虫(*Difflugia oblonga*);分泌鳞状的硅质的鳞壳虫(*Euglypha strigosa*);分泌石灰质的有孔虫类等。

2. 辐足亚纲

伪足针状、具轴丝,体呈球形,多营漂浮生活,生活在淡水或海水中。

常见的如太阳虫(*Actinophrys*),多生活在淡水中,细长的伪足由球形身体周围呈辐射状伸出,是浮游生物的组成部分,为鱼的天然饵料;海产放射虫类的等辐骨虫(*Acanthometron*)具有硅质骨骼,也是古老的原生动物,与有孔虫类相似,在地质勘探中均具有重要的指示作用。

6.2.3 孢子纲

6.2.3.1 代表动物——间日疟原虫

疟原虫能引起疟疾。已记录的疟原虫有 120 余种,寄生于人、灵长类、鸟类和爬行类的红细胞和肝细胞内。感染人体的疟原虫有 4 种:间日疟原虫(*Plasmodiun vivax*)、三日疟原虫(*P. malaria*)、恶性疟原虫(*P. falciparum*)和卵形疟原虫(*P. ovale*)。疟原虫呈世界性分布,在我国主要发生在云南、贵州、四川、海南一带。

寄生在人体的 4 种疟原虫生活史基本相同。现以间日疟原虫为例,描述如下(图 6-5):间日疟原虫有 2 个寄主:人和雌按蚊。当被感染的雌按蚊叮人时,聚集在口器内的长梭形子孢子随按蚊唾液进入人体,首先侵入肝细胞,以肝细胞质为营养,虫体变圆,进行裂体生殖,形成裂殖体。接着细胞质开始分裂,包围细胞核形成裂殖子。裂殖子成熟后引起肝细胞破裂而释放出来,散布在体液和血液中,一部分被吞噬细胞吞噬,一部分侵入红细胞,开始红细胞内期(erythrocytic stage)的发育;还有一部分又继续侵入其他肝细胞,进行红细胞外期(exoerythrocytic stage)发育。裂殖子从肝细胞释放出来以前的时期被称为红细胞前期。

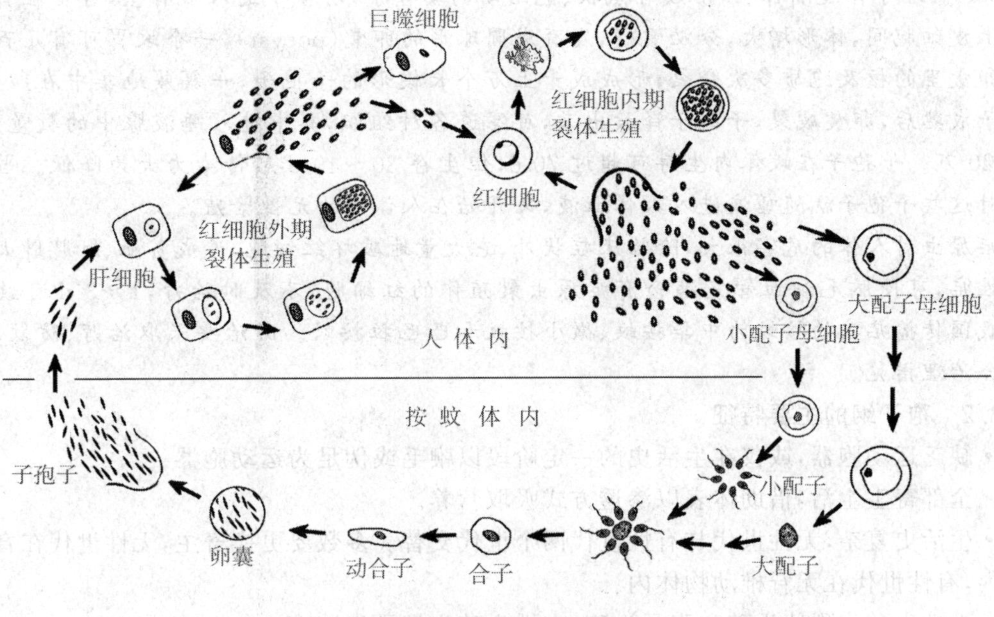

图 6-5　间日疟原虫生活史(引自刘凌云等)

进入肝脏的子孢子分为速发型和迟发型两种。速发型子孢子侵入肝细胞后即可开始裂体生殖,迟发型子孢子进入肝脏后不马上发育,而是进入休眠状态,称为休眠子(hypnozoite),几个月、一年或一年以上才开始进行裂体生殖成为裂殖子。休眠子的发现对于揭示疟疾复发的机制提供了依据。

肝细胞破裂后释放出来的裂殖子侵入红细胞,开始红细胞内期发育。进入红细胞的裂殖子首先发育为中央具有一个空泡,核偏向一侧的环状体,称为小滋养体,虫体占红细胞的 1/3,随后环状体继续增大,伸出伪足,成为大滋养体(或称阿米巴样体)。疟原虫摄取血红蛋白为食,不能利用的分解产物(正铁血红素)就成为色素颗粒,积于细胞质内,称为疟色素。成熟的大滋养体几乎占满了红细胞,由此再进一步发育,形成裂殖体。裂殖体成熟后,形成多个裂殖子,红细胞破裂,裂殖子从红细胞释放出来,散入血液中,又再次侵入其他红细胞内,重复进行裂体生殖。这个周期在不同的疟原虫所需时间不同,间日疟原虫需 48 h,三日疟原虫需 72 h,恶性疟原虫需 36～48 h。这也是疟疾发作所需的时间间隔,即裂殖子进入红细胞在其内发育的过程中疟疾不发作。当大量红细胞破裂时,裂殖子以及大量的疟色素等代谢产物释放到血液中,会引起患者生理上的一系列反应。通常表现为寒战、发热和大汗淋漓三个连续症状,俗称“打摆子”,伴有剧烈的头痛,全身酸痛。

红细胞内期的裂殖子经过几次裂体生殖周期后,或机体内环境对疟原虫不利时,一些裂殖子进入红细胞后不再进行裂体生殖,而是形成圆形或椭圆形的大、小配子母细胞,大(雌)配子母细胞较大,使红细胞胀大 1 倍,疟色素颗粒较大,核较致密、偏在虫体的一侧;小(雄)配子母细胞较小,疟色素颗粒较小,核较疏松、位于虫体中央。

当雌按蚊叮吸患者血液后,红细胞内的大、小配子母细胞进入按蚊体内,在胃腔中发育成熟,大配子母细胞发育为大配子(macrogamete)或称雌配子,小配子母细胞分裂 3 次,形成 8 个具鞭毛的小配子(microgamete)或称雄配子。小配子在胃腔内游动与大配子结合形成合子

(zygote)。合子体逐渐伸长,形成香蕉状、能活动的动合子,动合子进入蚊胃壁,停留在胃壁基膜与上皮细胞间,体形增大,分泌囊壁,发育成圆球形的卵囊(oocyst),一个蚊胃可有几百个卵囊。卵囊里的核及胞质多次分裂,形成成千上万个长梭形的子孢子,一簇簇地集中在卵囊里,子孢子成熟后,卵囊破裂,子孢子释放出来,可穿透各种组织,其中进入唾液腺中的数量最多,可达 20 万。子孢子在蚊体内生存可超过 70 d,但生存 30～40 d 后传染力大为降低。当蚊再叮人时这些子孢子就随唾液进入人体血液,又开始在人体内的无性繁殖。

疟原虫对人体的危害很大,除临床症状外,它大量地破坏红细胞,造成贫血、肝脾肿大。脑型恶性疟,可使脑毛细血管充满含有疟原虫裂殖体的红细胞,不及时治疗,1～3 d 可致人死亡。我国传播疟疾的按蚊为中华按蚊、微小按蚊和巴巴拉按蚊。防治要采取治疗、防蚊、灭蚊的综合治理措施。

6.2.3.2 孢子纲的主要特征

- 缺乏运动胞器,或仅在生活史的一定阶段以鞭毛或伪足为运动胞器。
- 全部寄生生活,借助体表以渗透方式吸取营养。
- 生活史复杂,无性世代与有性世代两个世代交替。多数要更换寄主,无性世代在脊椎动物体内,有性世代在无脊椎动物体内。
- 无性生殖为裂体生殖和孢子生殖,有性生殖为配子生殖。

6.2.3.3 孢子纲的重要类群

本纲均为寄生种类。艾美球虫(*Eimeria*)寄生于多种脊椎动物如兔、鸡、鱼的消化道上皮细胞,特别是肠绒毛上皮,全球性分布,生活史与疟原虫相似,但不更换寄主;刚第弓形虫(*Toxoplasma gondii*)寄生于 200 多种哺乳动物和鸟类的多种细胞内,通过多种方式传播,世界性分布;此外尚有引起家畜焦虫病的巴贝斯焦虫(*Babesia*)和泰勒虫(*Theileria*),引起鱼病的黏孢子虫(*Myxosporidia*),引起蚕病的蚕微粒子虫(*Nosema bombycis*)等。

6.2.4 纤毛纲

6.2.4.1 代表动物——大草履虫

大草履虫(*Paramecium caudatum*)生活在有机质较丰富、缓流的沟渠、小河、池塘中。体长 180～300 μm,形似倒置的草鞋。运动胞器为纤毛,数量较多,纵行排列布满全身。从体前端开始,有一道斜沟伸向身体中部,沟末端有胞口,故称为口沟(oral groove)。游泳时,全身的纤毛有节奏地摆动,由于口沟的存在和该处的纤毛较长,摆动有力,所以使虫体旋转向前运动(图 6-6)。

虫体的表面为表膜(pellicle),其内的细胞质分化为内质与外质。在电子显微镜下,表膜由 3 层膜组成,最外面一层膜在体表和纤毛上面是连续的。最里面一层和中间一层膜形成表膜泡镶嵌系统,既能增加表膜硬度,又不妨碍虫体的局部弯曲,还可能是保护细胞质的缓冲带,并可避免内部物质穿过外层细胞膜。

膜下外质中具有与表膜垂直的刺丝泡(trichocyst),遇刺激时,可将其内容物射出,起防御作用。

内质多颗粒,能流动,其内有核、食物泡和伸缩泡等结构。

大草履虫有 1 个大核(营养核)、1 个小核(遗传核),大核透明略呈肾形,负责营养代谢,小核位于大核的凹处,主要负责遗传(有些种类具 2 或多个小核)。

草履虫有复杂的摄食胞器。胞口下连一漏斗形的胞咽(cytopharynx)。口沟处纤毛摆动将水流中的食物(如细菌及其他有机颗粒),送入胞口,于胞咽下端形成小泡,小泡逐渐胀大落入细胞质内即为食物泡。食物泡在细胞质内依固定路径流动,在溶酶体的参与下进行消化。不能消化的残渣由体后部的胞肛(cytoproct)排出。

在内、外质间有2个伸缩泡,一前一后(图6-7)。每个伸缩泡向周围细胞质伸出放射排列的收集管。在电镜下,这些收集管端部与内质网的小管相通连。在伸缩泡及收集管上有由一束微管组成的收缩丝。由于收缩丝的收缩使内质网收集的水分(其中也有代谢废物)排入收集管,注入伸缩泡,经由表膜小孔(排泄孔)排出体外。前后2个伸缩泡交替收缩,不断排出体内过多的水分,以调节体内渗透压平衡。

呼吸作用通过表膜渗透吸入O_2,排出CO_2。

草履虫的无性生殖为横二裂,有性生殖为接合生殖(图6-8)。进行接合生殖时,2个草履虫口沟部分互相黏合,该处表膜逐渐溶解,细胞质互相连通,小核脱离大核,拉长成新月形,大核逐渐解体,小核分裂2次形成4个核,其中3个解体,剩下的1个小核又分裂成大小不等的2个核,两虫体互换其较小核,并与对方较大核融合,这一过程相当于受精作用。此后两虫体分开,接合核分裂3次成为8个核,4个变为大核,其余4个核有3个解体,剩下1个核分裂为2个小核,再分裂为4个小核,每个虫体也分裂2次,结果原接合的2个亲本虫体各形成4个草履虫,新形成的8个草履虫和原来亲体一样,都有1个大核,1个小核。2个草履虫经过接合生殖共形成8个子个体。

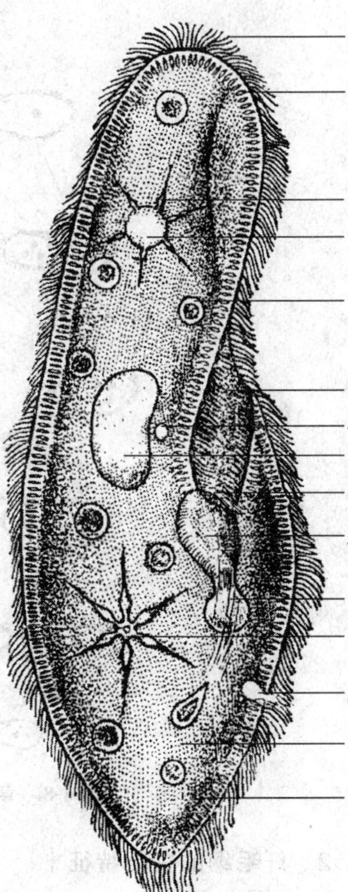

图6-6 大草履虫结构图

(仿普通动物学,刘凌云等,1997)

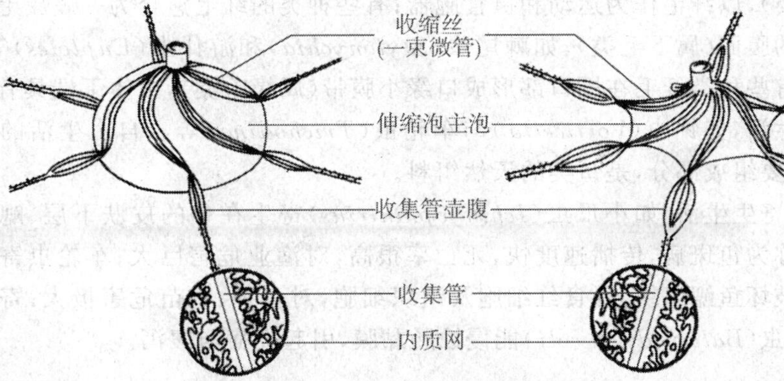

图6-7 草履虫伸缩泡的微细结构(引自刘凌云等)

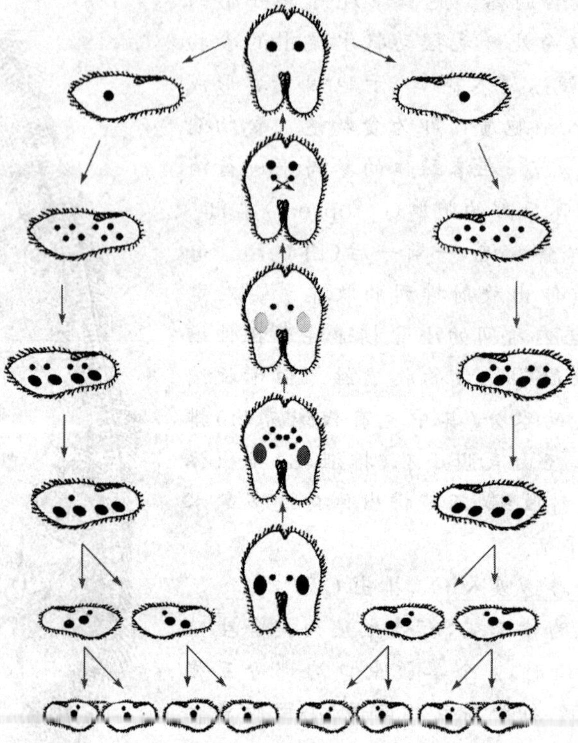

图 6-8 草履虫的接合生殖过程(引自刘凌云等)

6.2.4.2 纤毛纲的主要特征

- 运动胞器为纤毛,一般终生具有纤毛。
- 结构较复杂,是原生动物中分化最多的。
- 细胞核一般分化为大核(营养核)和小核(遗传核)。
- 多数具有摄食胞器。
- 无性生殖为横二裂,有性生殖主要为接合生殖。
- 多数自由生活于淡水或海水,少数种类营寄生生活。

6.2.4.3 纤毛纲的重要类群

纤毛虫分布广泛,种类繁多。自由生活的草履虫与四膜虫(*Tetrahymena*)等纤毛虫全身布满纤毛(属全毛类),以纤毛作为运动和摄食胞器;有些种类的纤毛愈合为一簇簇毛笔尖状的棘毛,仅限于虫体的腹面(属下毛类),如棘尾虫(*Stylonychia*)和游仆虫(*Euplotes*)等,用腹面粗大的棘毛爬行;有些种类纤毛在围口部形成口缘小膜带(属缘毛类),虫体下端具有一个能收缩的柄,可营固着生活,如钟虫(*Vorticella*)与车轮虫(*Trichodina*)等。自由生活的纤毛虫构成了浮游生物的重要组成部分,是鱼类的天然饵料。

有些纤毛虫营寄生生活,如小瓜虫(*Ichthyophthirius*)寄生在鱼的皮肤下层、鳃、鳍等处,形成白色小斑点,称为鱼斑病,传播速度快,死亡率很高,对渔业危害巨大;车轮虫寄生于淡水鱼的鳃或体表,可破坏鱼鳃组织、吞食红细胞及组织细胞,对鱼种、鱼苗危害极大;寄生于人体大肠内的结肠肠袋虫(*Balantidium coli*)能侵蚀肠黏膜,引起炎症与腹泻。

阅读材料:原生动物可作为理想的水质监测生物

水污染的生物学监测一直是一个活跃的领域。研究表明,一种生物的结构越简单、个体越小、相对的表面积越大,其体表的保护性就越不完善,对环境变化就越敏感。与较高等生物相比,单细胞的原生动物更密切地与其生存的环境直接接触,因而对环境变化如水体污染具有更短、更迅速的反应时间。因此,在反映评价水质的瞬时变化(如瞬时排污)和长期的连续变化(周期效应)方面,可作为理想的指示生物。并且原生动物培养方便、生命周期短(一天内可繁殖一至数代),短时间内即可测出污染物对其各个世代的繁殖、生长以及其他生理生化特征的影响。而这种结果对较高等的试验动物来讲则需很长的时间才可获得,并且在实验设备的选择以及样品的采集培养方面都更加的复杂和昂贵。此外,大多数原生动物种类为世界性分布,对其研究不受地区差异和季节的限制。诸多因素表明原生动物作为理想的监测生物具有不可替代的作用。目前通过研究水体中原生动物的种类组成以及种群数量的变动对水质的变化进行监测和评价已成为国内外水质研究工作的一项重要内容。

附1 中生动物门

在动物界里除了单细胞动物外，其余都是多细胞动物。与单细胞的原生动物名称相对应，绝大多数多细胞动物被称为后生动物(Metazoa)。在原生动物和后生动物之间，一直认为还有一类中生动物(Mesozoa)。虽有学者将原生动物、中生动物和后生动物并列为动物界中的3个亚界，但一般认为中生动物为动物界中的一门。

中生动物是一类结构十分简单的小型多细胞动物。身体呈蠕虫形，营内寄生生活，目前已知约50种，分为菱形虫纲(Rhormbozoa)和直泳虫纲(Orthonecta)。

菱形虫纲寄生于软体动物头足类的肾内，体长0.5～10 mm，由20～40个细胞组成，相同种的细胞数目恒定。细胞排列成两层，但不同于胚层。外层是单层具纤毛的体细胞(somatic cell)，具营养功能，虫体前端的8～9个体细胞排成两圈，用以附着寄主，其余的体细胞大致呈螺旋形排列。体细胞包围着中央的一个或几个延长的具繁殖功能的轴细胞(axial cell)。生活史较为复杂，目前尚不完全了解。

直泳虫纲寄生于多种海生无脊椎动物体内。多数雌雄异体。外层具有纤毛的单层体细胞呈环形排列，前端体细胞的纤毛指向前方，其余纤毛指向后方。体细胞中央围绕着许多生殖细胞(卵或精子)。性成熟后，雄性个体将精子排到海水中，精子进入雌性体内受精，并在雌性体内发育为具纤毛的幼虫。幼虫离开母体可感染新寄主。侵入寄主后，外层细胞消失，生殖细胞分裂成多核的变形体(plasmodium)。变形体由无性的碎裂方法产生很多变形体，进而发育为雌、雄个体。

目前对中生动物的系统发育关系仍存在着争议。

有些学者基于中生动物全部为寄生，且生活史较复杂，结构简单，是适应寄生生活的退化现象，因此认为它是退化的扁形动物，认为应列入扁形动物门的一纲。

另有学者基于其结构具有体细胞和生殖细胞的分化，体表具纤毛，且其寄生历史较长，因此认为中生动物属于原始种类，由最原始的多细胞动物进化而来，或是早期后生动物的一个分支。

也有学者认为中生动物与原生动物的纤毛虫的亲缘关系更近，更可能是真正原始的多细胞动物。依据是中生动物细胞核DNA中鸟嘌呤和胞嘧啶的含量(23%)与原生动物纤毛虫的含量相近，而低于其他多细胞动物，包括扁形动物(35%～50%)。

至于中生动物和后生动物是否各自独立地源于原生动物的祖先，或中生动物确是原始的或退化的扁虫，目前尚不清楚。由于中生动物有着长期的寄生历史，是动物界中极为特殊的类群，其分类地位尚难确定。

附 2　扁盘动物门

1971 年西德学者 Grell 建立扁盘动物门(Placozoa)。目前仅发现 1 种,是 Schulze 1883 年在奥地利 Graz 大学的海洋水族馆里首次发现的,标本采自亚德里亚海,当时定名为丝盘虫(*Trichoplax adhaereyls* Schulze)。

扁盘动物的形状、大小以及运动方式与变形虫极为相似。背腹扁平,个体较小,最大不超过 4 mm。体形经常改变,边缘不规则,虫体有恒定的背腹之分,但无前后之分,也无口等器官,无体腔,无消化腔,无神经系统。经组织学研究发现,整个虫体由几千个排列成两层的细胞构成,背层为较薄的扁平细胞,腹层较厚,包括具鞭毛的柱状细胞和分散于其中的无鞭毛的腺细胞。背腹两层间具有来源于腹层的星状纤维细胞(stellate fibre cell)。因此,可确定其属于多细胞动物,有人称其为多细胞变形虫。

扁盘动物以微小的原生生物为食,腹层的腺细胞能分泌一些酶消化食物。然后又被同样的腺细胞所吸收,因此它是部分地进行体外消化。体表鞭毛摆动使虫体产生运动,又可借助星状纤维细胞协调地进行收缩和松弛,进行与变形虫类似的变形运动。无性生殖通常为分裂和出芽生殖,对有性生殖及其胚胎发育的过程目前了解甚少。

由于扁盘动物仅由四种细胞构成,且细胞内 DNA 含量比其他任何动物都少,染色体也很小(不大于 1 μm),因此认为它是已知最简单的多细胞动物之一。

第7章 多孔动物门

进化地位：多孔动物(Porifera)全部水生，体形大多辐射对称，也有不规则的，身体尚未出现组织分化，更无器官系统的形成，是原始的多细胞动物类群，也是动物演化史上的盲支，故常称其为侧生动物(Parazoa)。

7.1 多孔动物的主要特征

7.1.1 体形不规则

多孔动物(图 7-1，见书后彩图 7-1)体形不规则，有球状、块状、管状、树枝状、片状等。多数海生，少数淡水生，成体均营固着生活。多孔动物细胞彼此松散地结合在一起，细胞间仍保持相对的独立性，但细胞已有了分化，区别于群体单细胞动物。

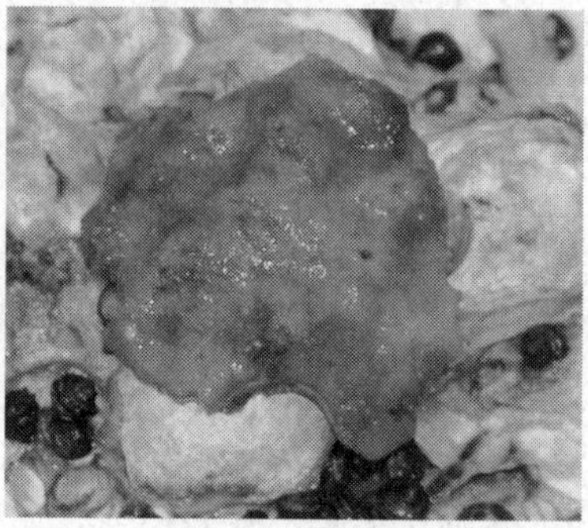

图 7-1 日本矶海绵(*Reniera japonica*)(王宝青摄)

7.1.2 体壁

体壁由皮层(dermal epithelium)、胃层(gastral epithelium)及中胶层(mesoglea)组成。皮层为扁平细胞(pinacocyte)，细胞内含有肌丝，可进行缓慢收缩。扁平细胞之间有无数的孔细胞(porocyte)构成单沟系海绵入水小孔。胃层为领细胞(choanocyte)层，与原生动物的领鞭毛虫相似，借领细胞的鞭毛打动产生水流，水流是各种生理活动的媒介(图 7-2)。皮层和胃层之间为非细胞结构的中胶层，内含多种变形细胞(amoebocyte)，多孔动物的骨针(spicule)就是由变形细胞特化的造骨细胞(sclerocyte)形成的(图 7-3)。骨针对维持多孔动物的体形、水沟系统和鞭毛室的形态起着重要作用，也是分类的依据。

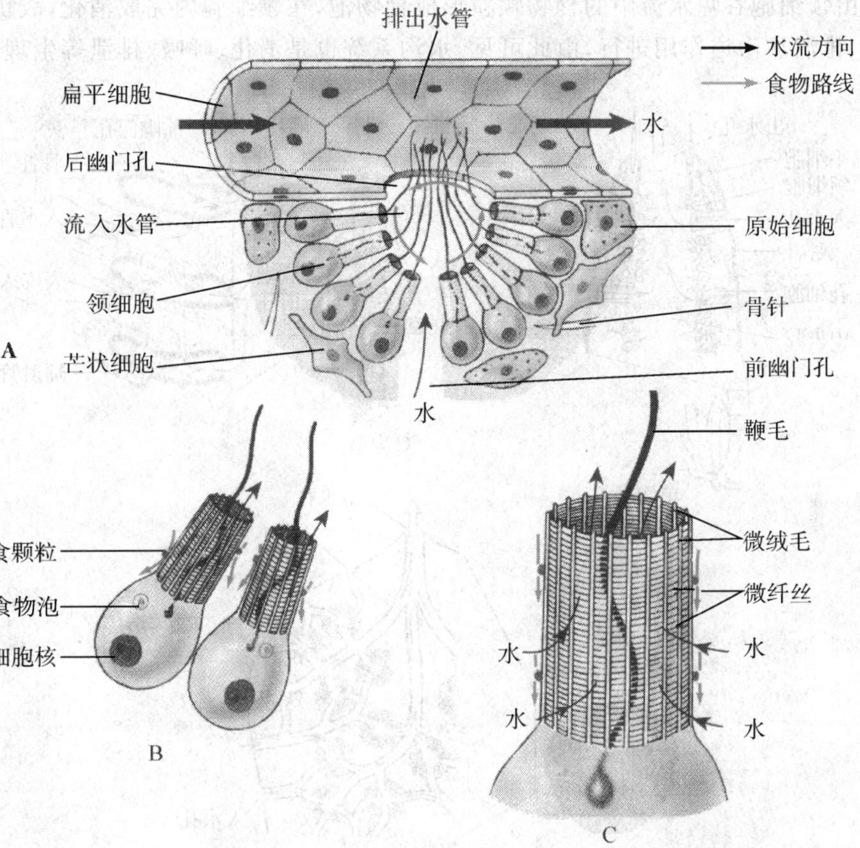

图 7-2　多孔动物体壁(引自 Hickman)

A. 水管的剖面结构及水流方向　B. 领细胞　C. 领的结构

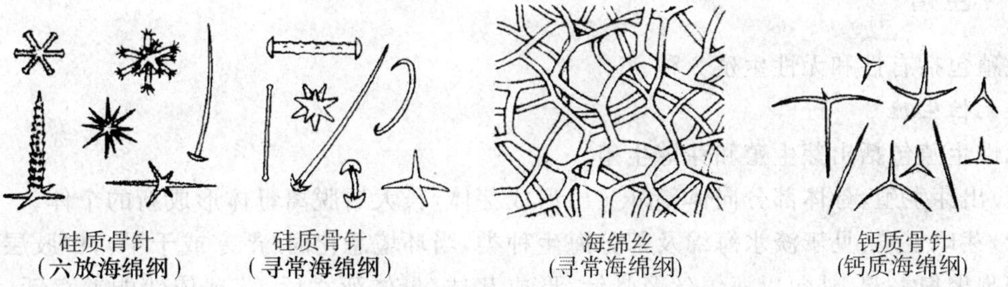

图 7-3　多孔动物骨针(引自 Hickman)

7.1.3　独特的水沟系统

体表至体内有很多孔道，构成了多孔动物的水沟系统(canal system)。水沟系统是穿流多孔动物体内的水流通道，共有 3 种水沟类型，即单沟型(ascon type)、双沟型(sycon type)、复沟型(leucon type)(图 7-4)。水沟系统越复杂，动物对水中的溶解氧及食物颗粒利用得越充分。不难看出，多孔动物的进化过程也是由简单到复杂。

摄食由领细胞吞噬水流中的食物颗粒形成食物泡，在领细胞内完成消化，故仍为细胞内消化。呼吸、排泄靠渗透作用进行，由此可见，水沟系统也是消化、呼吸、排泄等生理活动的场所。

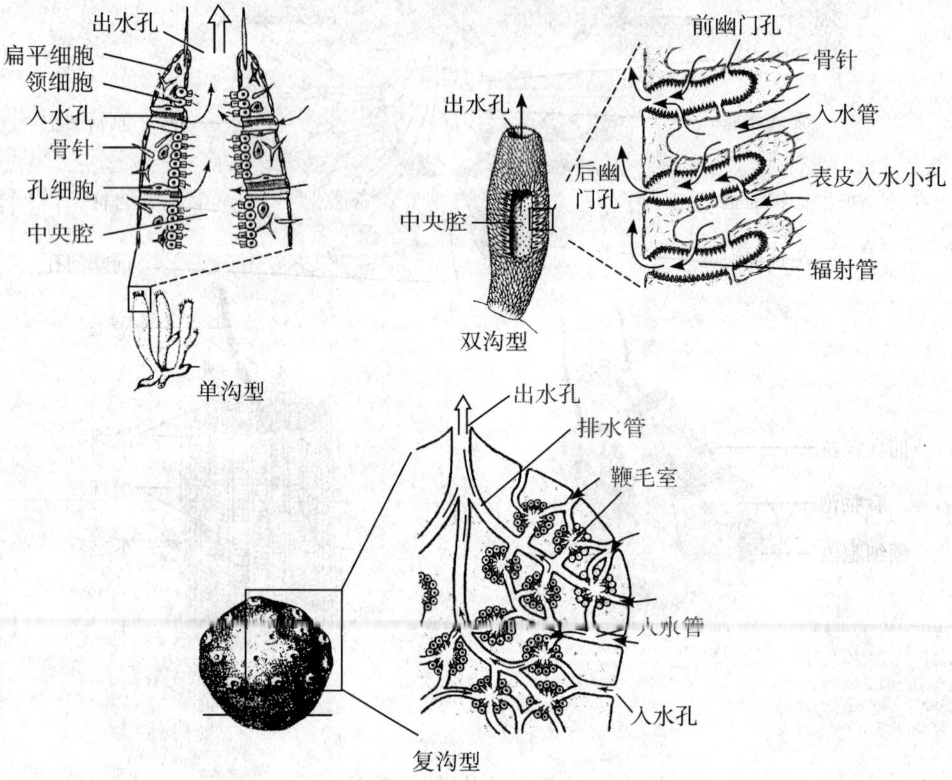

图 7-4　多孔动物三种水沟系统(引自 Hickman)

7.1.4　生殖

生殖包括有性和无性生殖 2 种。

1. 无性生殖

无性生殖包括出芽生殖和芽球生殖。

(1)出芽生殖：母体部分向体壁外突出形成芽体，长大后脱离母体形成新的个体。

(2)芽球生殖：见于淡水海绵及部分海生种类，当环境恶化时(严寒或干旱)，中胶层内的一些原细胞聚集一起，外包以海绵丝及骨针，形成芽球，母体死亡后，芽球依然能够存活，条件好转时，再形成新的个体(图 7-5)。

2. 有性生殖

精子由领细胞产生，卵母细胞也源于领细胞。通过水流进行异体受精。多孔动物相当于胚胎发育的囊胚期(blastula stage)，钙质海绵纲和少数寻常海绵纲种类，胚胎发育有别于其他多细胞动物，在原肠形成过程中，发生了胚胎逆转现象(图 7-6)。因此，通常认为多孔动物是很早就分化出来的一支，故从进化的角度看，这是动物演化史上的一个侧支，因此又称其为侧生动物。

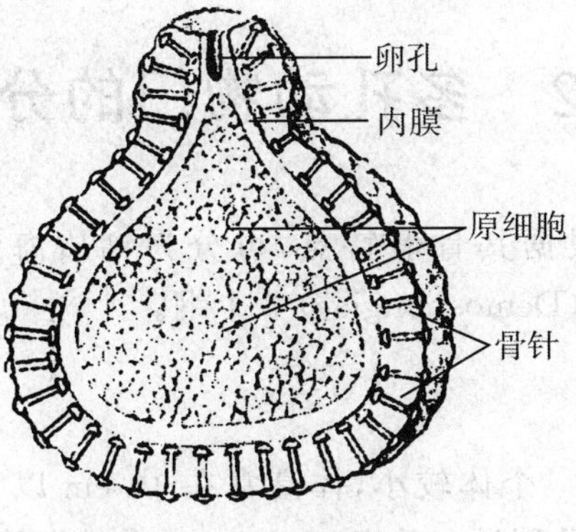

图 7-5 淡水海绵芽球(引自 Hickman)

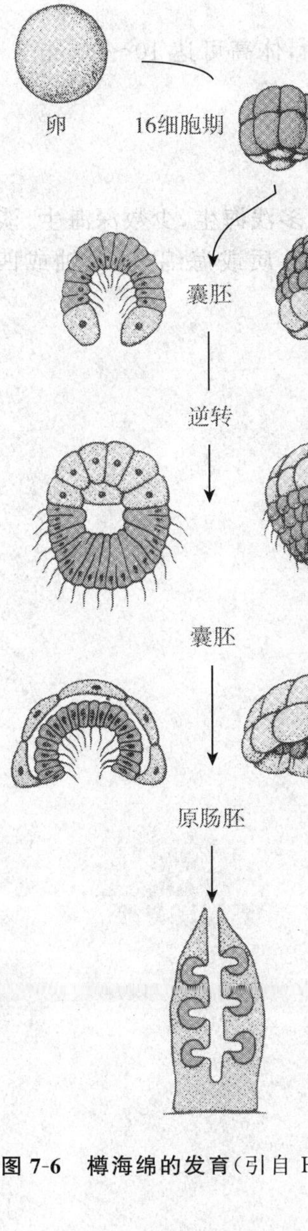

图 7-6 樽海绵的发育(引自 Hickman)

7.2 多孔动物门的分类

多孔动物约 5 000 种，根据其骨骼特点，可分为钙质海绵纲（Calcarea）、六放海绵纲（Hexactinellida）、寻常海绵纲（Demospongiae）3 个纲。

7.2.1 钙质海绵纲

多栖息于浅海，约 100 种。个体较小，体高常在 10 cm 以下。骨针钙质，单轴、3 轴或 4 轴，常突出于体表呈棘状。常见种类有毛壶（*Grantia*）、白枝海绵（*Leucosolenia*）等。

7.2.2 六放海绵纲

多栖息于 500～1 000 m 的深海中，体高可达 10～90 cm。骨针硅质，3 轴六放型，构成网格状。常见种类有佛子介（*Hyalonema*）等。

7.2.3 寻常海绵纲

占据了现存种类的 90％以上。大多浅海生，少数深海生，淡水也有分布。体形较大，不规则，有的种类体高可达 100 cm。骨针硅质或海绵丝，单轴或四放型。常见种类有穿贝海绵（*Cliona*）、沐浴海绵（*Euspongia*）等。

第8章 刺胞动物门

进化地位：刺胞动物（Cnidaria）是真正后生动物（Metazoa）的开始，两胚层，其他后生动物在胚胎发育过程中都要经历此发育阶段。全部水生。有机体已经建立在组织水平上，具有刺细胞是本门动物的重要特征。

8.1 刺胞动物的主要特征

8.1.1 辐射对称的体形

出现了比较固定的体形，身体辐射对称（radial symmetry）或两辐对称（biradial symmetry），这是对水中固着生活和漂浮生活长期适应的结果（图 8-1，见书后彩图 8-1）。刺胞动物具有两种基本形态，即水螅型（polyp）和水母型（medusa）（图 8-2）。

图 8-1　绿疣海葵（*Anthopleura midori*）（王宝青摄）

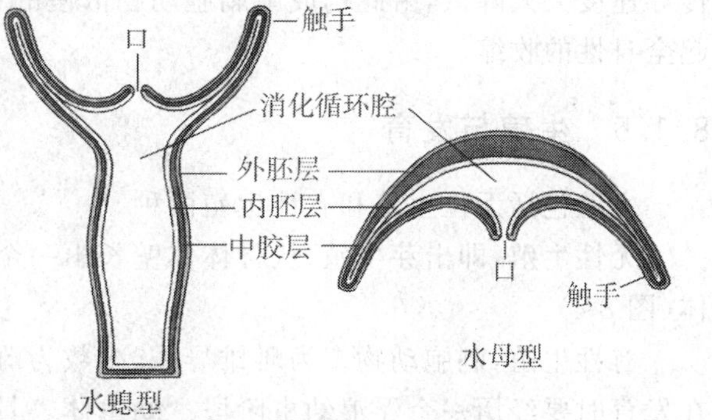

图 8-2　刺胞动物基本体形（引自 Hickman）

8.1.2 体壁结构

水螅型适于固着生活，中胶层（mesoglea）不发达；水母型则适于漂浮生活，中胶层发达。两者体壁均由内胚层（entoderm）、外胚层（ectoderm）及夹在两者间的中胶层构成。两个胚层分化出了上皮肌细胞（epithelio-muscular cell）、刺细胞（cnidoblast）、间细胞（interstitial cell）、腺细胞（gland cell）等（图 8-3，见书后彩图 8-3）。

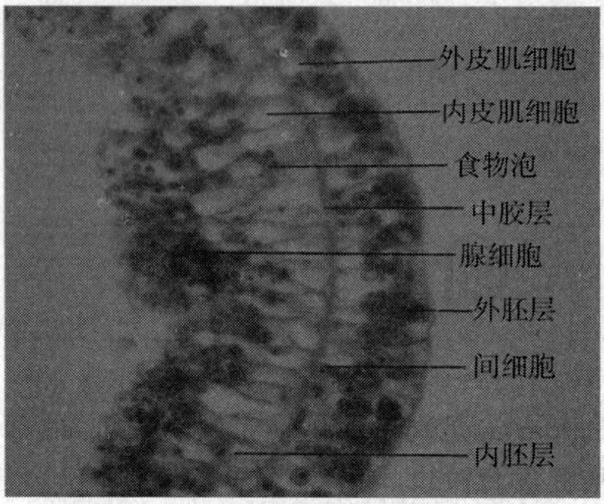

图 8-3　水螅体壁横切(王宝青摄)

8.1.3　消化循环腔

体壁内部为消化循环腔(gastrovascular cavity),仅一个开口,兼具口和肛门的功能,由此可见其消化的原始性。可伸长的触手(tentacle)环绕口部,负责感觉和捕食。刺细胞数量众多且发达,具有麻醉、杀死猎物的功能。自本门动物开始,具有了胞外、胞内消化功能。此外,消化循环腔还可将营养物质输送至身体各部。呼吸与排泄靠体壁渗透完成。

8.1.4　网状神经系统

由于刺胞动物神经细胞存在双向突触,故传导也是双向的。此外,神经细胞轴突无髓鞘,传导速度大大降低,由此构成了刺胞动物散漫的神经系统。对其身体的任何部位刺激,都会引起全身性的收缩。

8.1.5　生殖与发育

生殖包括无性生殖和有性生殖两种。

无性生殖:即出芽生殖,从母体体壁长出一个或数个芽体,长大后脱离母体而成为新的个体(图 8-4)。

有性生殖:刺胞动物多为雌雄异体,少数为雌雄同体,但均异体受精。海产种类的受精卵在发育时要经历一个浮浪幼虫阶段。幼虫体表具纤毛,可自行游泳,自由生活一段时间后,发育为新的个体。

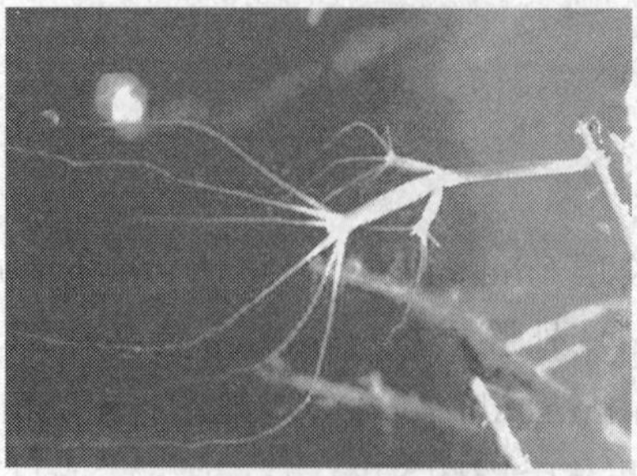

图 8-4　水螅出芽生殖(引自 http://www.blueanimalbio.com)

有的种类(薮枝螅)的生活史既存在水螅型也存在水母型。水螅型世代以无性生殖方式产生水母型世代,水母型个体长大脱离母体后又以有性生殖方式产生水螅型世代,这种无性世代和有性世代交替出现的现象称世代交替(图 8-5)。

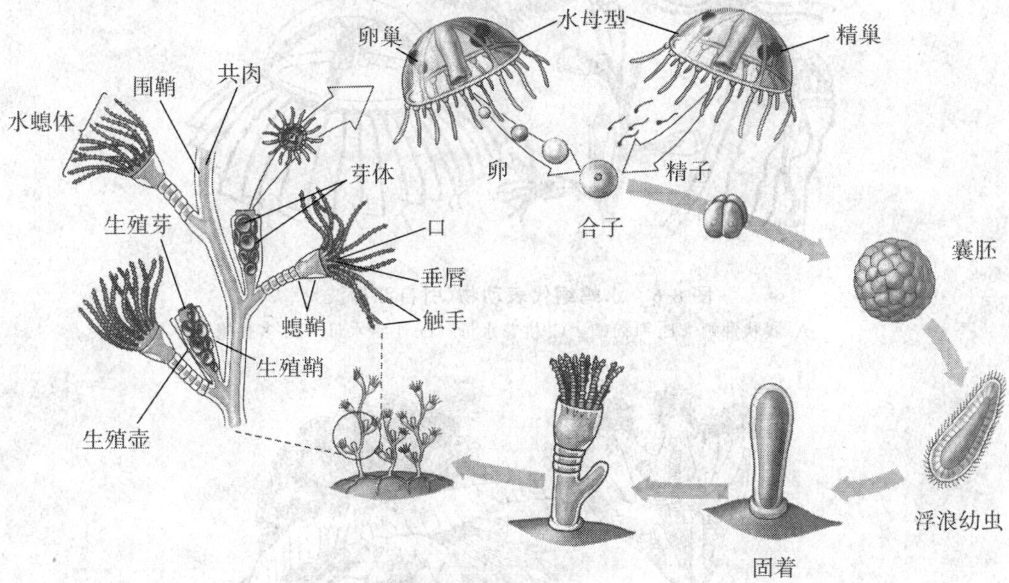

图 8-5 薮枝螅生活史(引自 Hickman)

8.2 刺胞动物门的分类

刺胞动物约 10 000 种,分属 3 个纲:水螅纲(Hydrozoa)、钵水母纲(Scyphozoa)和珊瑚纲(Anthozoa)。

8.2.1 水螅纲

约 3 700 种,大部分海产,少数生于淡水。

本纲一般为小型的水螅型或小型的水母型个体。生活史中大多数有世代交替现象,但少数种类水螅型发达,无水母型(如水螅)或水母型不发达(如筒螅);也有的水母型发达,水螅型不发达或不存在,如桃花水母(*Craspedacusta*);有些种类表现群体多态,如薮枝螅(*Obelia*)、僧帽水母(*Physalia*)等(图 8-6)。

8.2.2 钵水母纲

钵水母纲全部海产,多为大型水母。最大的霞水母(*Cyanea*)伞面直径可达 2 m,触手长达 30 m。常见种类有海月水母(*Aurelia*)、海蜇(*Rhopilema esculentum*)等(图 8-7)。

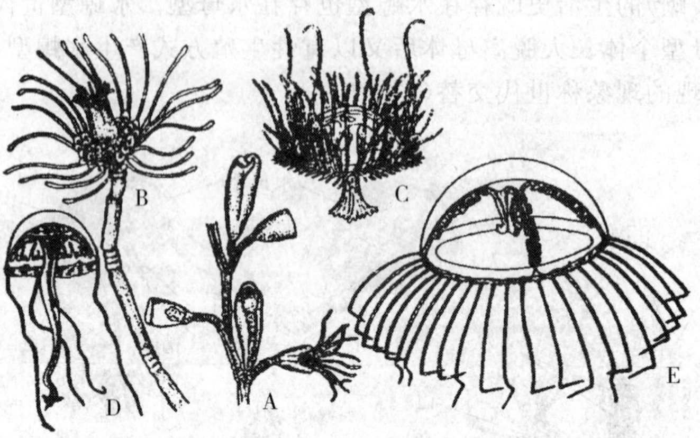

图 8-6　水螅纲代表动物(引自江静波)

A. 履状钟螅　B. 海筒螅　C. 桃花水母　D. 小舌水母　E. 多孔螅

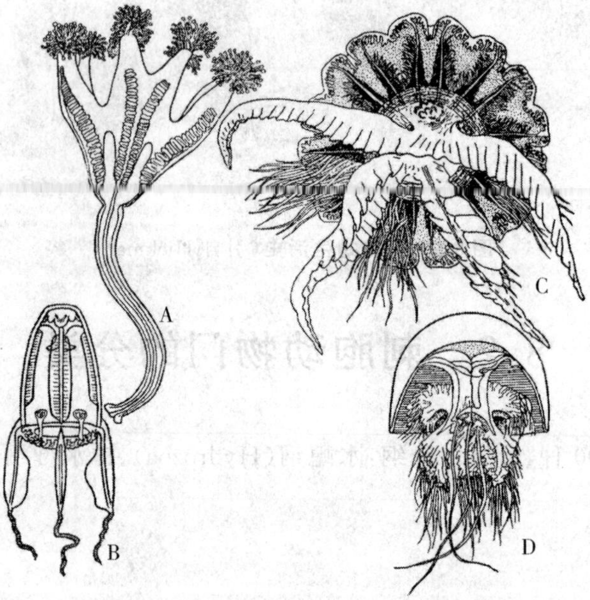

图 8-7　钵水母纲代表动物(引自许崇任等)

A. 高杯水母　B. 灯水母　C. 霞水母　D. 海蜇

本纲动物在生活史中一般都有世代交替现象,但水螅型不发育或退化,水母型在生活史中是主要时期。

8.2.3　珊瑚纲

本纲种类较多,约 6 000 种,全部海产,多固着生活于暖海、浅海海底,有单体也有群体。生活史中无世代交替,仅具水螅型。常见种类有:海鸡冠(*Alcyonium*)、海鳃(*Pennatula*)、红珊瑚(*Corallium*)、鹿角珊瑚(*Madrepora*)、石芝(*Fungia*)、脑珊瑚(*Meandrina*)等(图 8-8)。

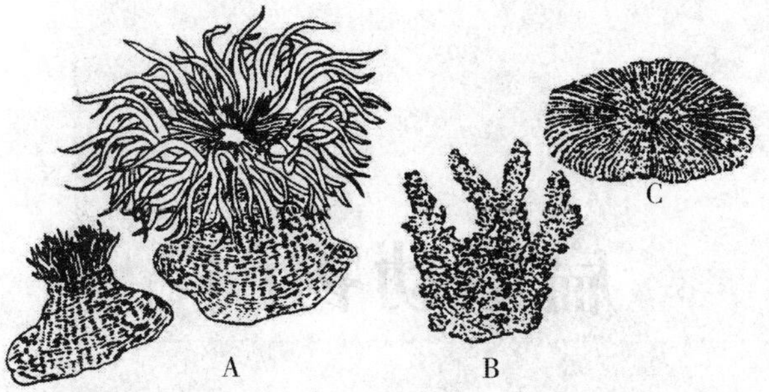

图 8-8 珊瑚纲代表动物(引自赵翰文)

A. 海葵 B. 鹿角珊瑚 C. 石芝

附 栉水母动物门

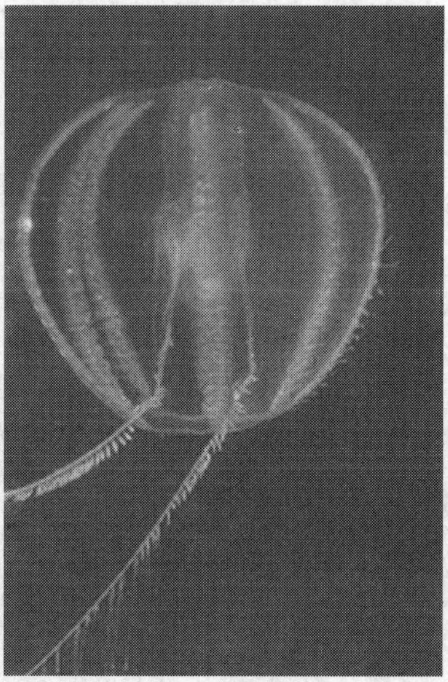

图 8-9 栉水母(*Pleurobrachia*)(引自 Hickman)

进化地位:栉水母动物门(Ctenophora)动物比刺胞动物略为高等。胚胎发育过程中已开始出现不发达的中胚层细胞,并由其发展出了肌纤维,也是进化上的一个盲支。

1. 栉水母动物的主要特征

身体两幅对称明显,体壁结构与钵水母纲相似,身体无刺细胞(目前仅发现 *Euchlora rubra* 一种例外),但黏细胞(colloblast)数量众多,可帮助其捕食。体表具栉板(comb plate),是其运动器官,栉板下面有肌纤维和愈合的神经节。身体两侧各有1条触手,触手上无刺细胞而具黏细胞。雌雄同体,幼虫是能自由泳的双触枝幼虫(图 8-9)。

2. 栉水母动物分纲

本门动物有近 100 种,全部海生,营漂浮或海底爬行生活。

(1)有触手纲(Tentaculata):具触手,触手鞘(tentacle sheath)有或无。身体球形、卵圆形或扁平。常见种类包括侧腕水母(*Pleurobrachia*)、带栉水母(*Cestum*)等。

(2)无触手纲(Nuda):无触手和触手鞘,仅包括瓜水母目(Beroida),身体呈圆柱形,包括瓜水母(*Beroe ovata*)等。

第9章

扁形动物门

进化地位：扁形动物(Platyhelminthes)背腹扁平，又称扁虫，身体蠕虫状，螺旋式卵裂，是最原始的两侧对称动物。本门动物首次出现了第三个胚层——中胚层(端细胞法形成)，但体腔尚未出现，故属三胚层无体腔动物。与刺胞动物相比，扁形动物分化出了更多的器官系统。因此，自本门动物开始，动物个体已经达到了器官系统的水平，也是原口动物的开始。

9.1 扁形动物的主要特征

9.1.1 两侧对称

扁形动物的身体获得了两侧对称的体形，即沿动物身体中央纵轴做纵切，只有一个纵向的切面可将身体从中央切成两半，这两半相等且互为镜像(图 9-1)。两侧对称使动物有了明显的背、腹、前、后、左、右之分。各部功能也有所侧重，背面主要有保护作用，腹面主要负责运动和摄食(口和生殖孔大多位于腹面)；由于身体有了前后之分，运动也由不定向变为定向，定向的运动使神经系统和感觉器官逐渐向前集中；身体左右对称使动物的运动更加灵活，既便于水中游泳，又适于水底爬行，从而为过渡到陆地上爬行打下了基础。由此，动物对外界环境的反应也更迅速、准确。

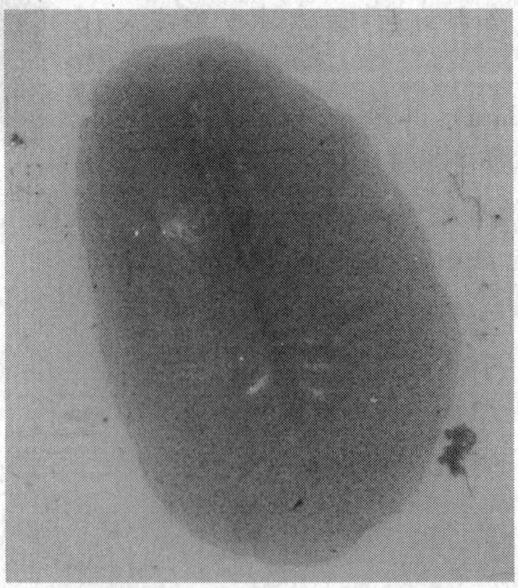

图 9-1　网平角涡虫(*Planocera reticulata*)(王宝青摄)

9.1.2 中胚层产生

在胚胎发育过程中,自扁形动物开始,在内、外胚层的基础上,又增添一个新的胚层——中胚层(mesoderm)。它与刺胞动物的中胶层有着本质上的区别。中胚层的产生,极大地减轻了内、外胚层的负担,同时也为各器官的进一步复杂化打下了基础。尤其是中胚层分化出了肌肉组织,使得动物的运动能力得到了极大的加强,从而强化了运动的范围与速度,使动物由被动摄食变成了主动摄食,同时更能适应多变的环境。新陈代谢能力的提高,带动了其他各器官系统的复杂化。神经系统、感觉器官向前集中,逐渐发展起来。中胚层所形成的实质组织,可储存大量养料和水分,为动物由水生向陆生发展提供了可能。

9.1.3 皮肤肌肉囊

由中胚层分化出的肌肉,与外胚层分化的单层表皮细胞相互紧贴构成的体壁,称皮肤肌肉囊(dermo-muscular sac)。由于体腔尚未出现,体壁内侧被大量的实质组织所填充。肌肉系统比较复杂,根据肌纤维在体内的走向,一般可将肌肉分为环肌、纵肌、斜肌(背腹肌)(图 9-2)。涡虫纲的表皮细胞外生有纤毛,细胞层还有腺细胞(gland cell)、感觉细胞(sensory cell)及成杆状体细胞。成杆状体细胞可形成杆状体(rhabdite),杆状体被排出后遇水形成黏液,利于保护身体。吸虫纲由于对寄生生活的适应,皮肤肌肉囊结构的表皮细胞层无纤毛,也没有成杆状体细胞,细胞之间的界限不明显,通常称之为合胞体(syncytium)结构。合胞体下面为一层基膜,基膜下为肌肉层,肌肉层向内,为表皮细胞的本体部分及细胞核。绦虫纲的合胞体部分与吸虫纲类似,只是在表皮外着生了大量的微绒毛,以增加体表的面积。

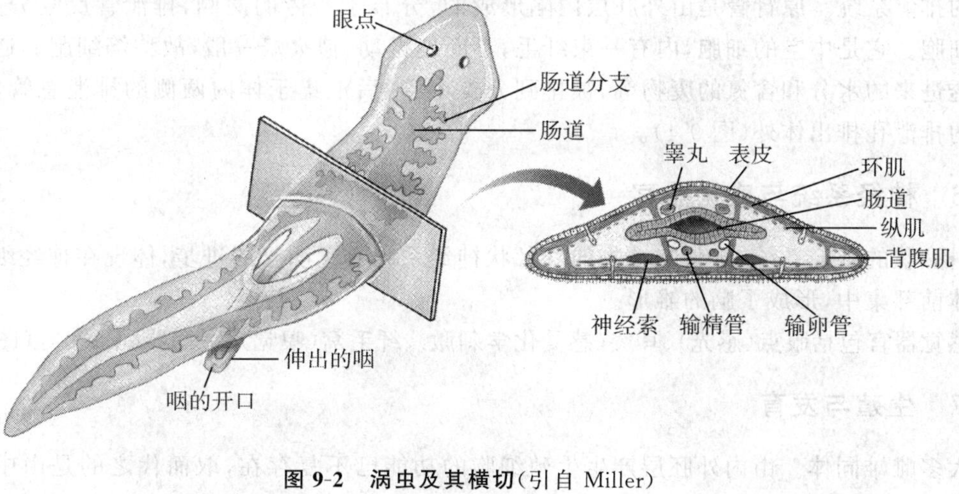

图 9-2　涡虫及其横切(引自 Miller)

9.1.4 消化系统

与刺胞动物类似,肛门与口同为一个,通于体外,为不完善的消化系统。涡虫纲体内的空腔均为消化道的分支(图 9-3)。口和生殖孔大多集中在腹面。吸虫纲的消化道退化,绦虫纲的消化道甚至完全消失,靠体壁渗透汲取营养。

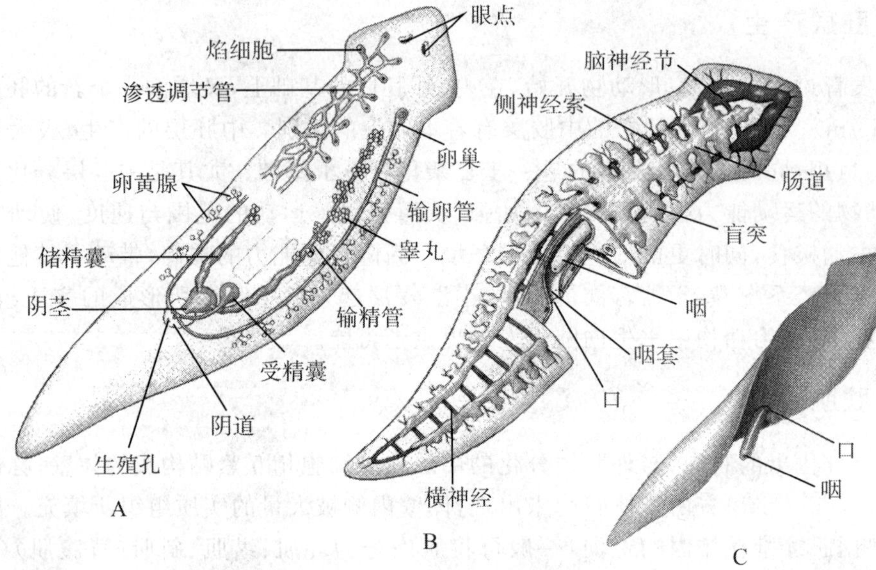

图 9-3　涡虫的形态结构(引自 Hickman)

A. 涡虫内部结构　B. 涡虫消化道　C. 涡虫外形

9.1.5　呼吸与排泄系统

自由生活种类借体表的渗透作用进行呼吸,寄生种类则行厌氧呼吸。首次出现了原肾管形式的排泄系统。原肾管是由外胚层内陷形成的,分布于身体的两侧,排泄管反复分支,末端为焰细胞。它是中空的细胞,内有一束纤毛,不断地摆动,似火焰一般,故称焰细胞。通过细胞膜渗透进来的水分和含氮的废物等,被排到分支小管,后汇集于体内两侧的排泄总管,最终经背部的排泄孔排出体外(图 9-4)。

9.1.6　神经系统与感觉器官

"梯"状的神经系统,比刺胞动物的"网"状神经系统有了明显的进步,体现在神经细胞逐渐向身体前部集中,形成了脑的雏形。

感觉器官包括眼点(感光)、耳突(感受化学刺激)、纤毛窝(嗅觉)、平衡器(平衡)等(图 9-4)。

9.1.7　生殖与发育

大多雌雄同体。由内外胚层产生生殖细胞的功能已不复存在,取而代之的是由中胚层产生的固定的生殖腺,再由生殖腺产生雌雄生殖细胞。同时还形成了专门的生殖管道(输精管、输卵管等)及附属腺体(前列腺、卵黄腺等)。

扁形动物的卵裂为螺旋式卵裂,间接发育的种类,其幼虫为牟勒氏幼虫(图 9-5)。

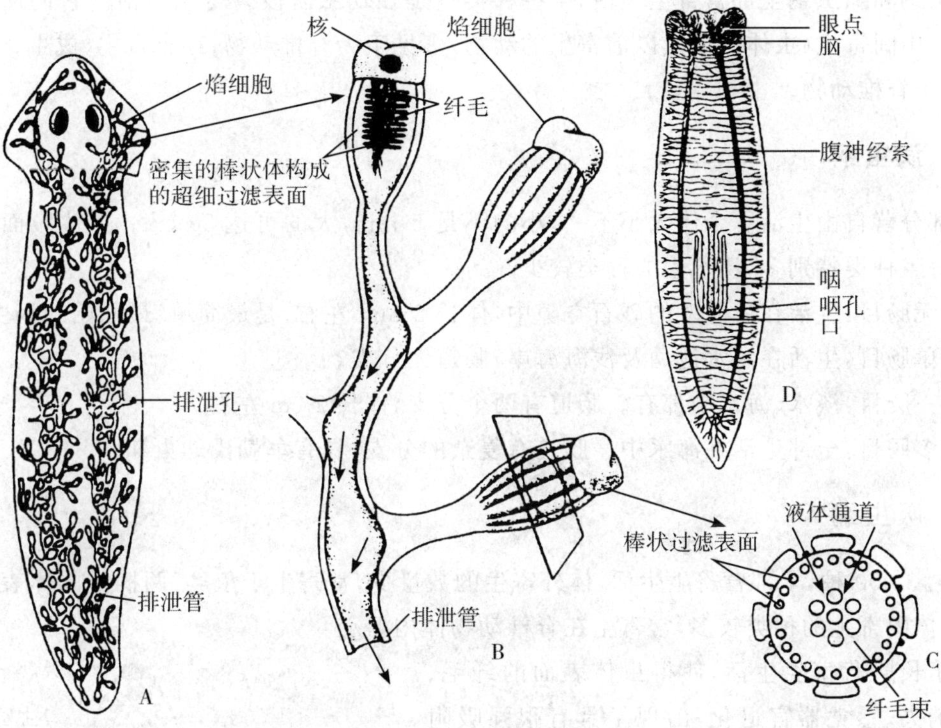

图 9-4　涡虫的排泄系统和神经系统(引自 Pechenik)

A. 真涡虫的排泄系统　B. 放大的焰细胞　C. 焰细胞内纤毛束的横切面　D. 真涡虫的神经系统

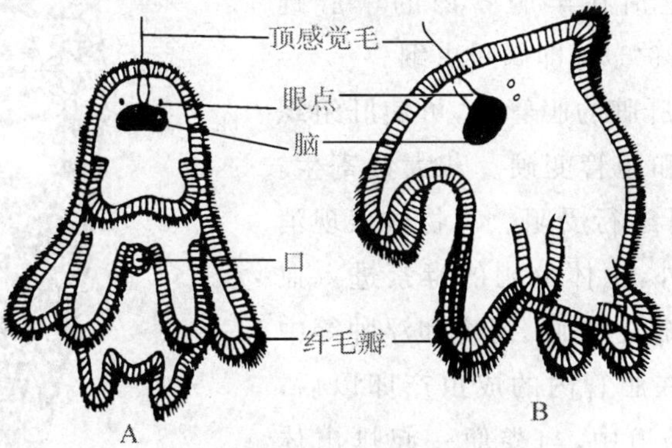

图 9-5　牟勒氏幼虫(引自刘凌云等)

A. 正面　B. 侧面

9.2　扁形动物门的分类

扁形动物大约有 12 700 种,包括自由生活和寄生的种类。可分为 3 个纲:涡虫纲(Turbellaria)、吸虫纲(Trematoda)、绦虫纲(Cestoidea)。营自由生活的仅见于涡虫纲。

吸虫纲和绦虫纲全部营寄生生活，某些种类只是在幼虫阶段营寄生生活。它们通常有两个寄主。中间寄主（虫体性成熟以前寄生的动物）多见于无脊椎动物；终末寄主（成虫寄生的动物）多见于脊椎动物。

9.2.1 涡虫纲

大部分营自由生活。个体大小不一，小的不足 5 mm，大的可达 50 cm。虫体腹面常覆以纤毛。海生种类特别多，淡水生的种类较少。

(1)无肠目：生活在浅海滩的砂石空隙中，体长 2 mm 左右，是最简单、最原始的涡虫。

(2)单肠目：生活在淡水池塘及浅海海岸，肠道无分支。

(3)三肠目：淡水、海水中都有。肠道有两个分支，体长 2 cm 左右。

(4)多肠目：全部生活在海水中。肠道有复杂的分支，具有牟勒氏幼虫期。

9.2.2 吸虫纲

大约 3 000 种，全部营寄生生活，体外寄生的数量少，常寄生于鱼类、两栖类的体表和口腔内表面，体内寄生的种类较多，常寄生在脊椎动物体内。

由于长期营寄生生活，使得虫体表面的纤毛、杆状体消失，感觉器官退化，出现了具有很强吸附能力的吸盘。吸盘一般有 2 个，前端的是口吸盘，稍后的腹面是腹吸盘。有的种类无腹吸盘而在虫体后端有后吸盘。如生活在羊胆管内的羊肝蛭(*Fasciola hepatica*)（图 9-6）等即属吸虫纲。

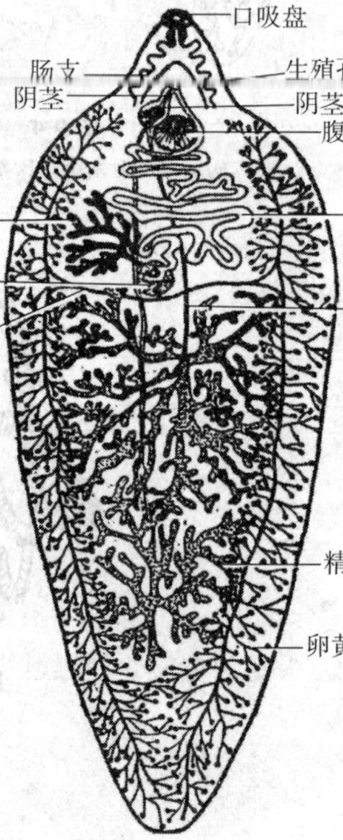

图 9-6 羊肝蛭（引自江静波）

羊肝蛭寄生在宿主肝脏的胆管内，可使肝组织遭到破坏，常引起肝炎和胆管变硬。若大量寄生，则可造成胆道阻塞，胆汁运行受阻。动物体表现消化不良，食欲减退。此外，虫体分泌的毒素进入血液，溶解红细胞，还造成宿主贫血、消瘦和浮肿等中毒症状。生活史：生活在胆管内的成虫产卵以后，虫卵随胆汁一起进入肠道中，与粪便一起排出体外。在环境适宜时（温度15～20℃，pH 5.6 左右），经 10～25 d，即可孵化出体被纤毛的幼虫，此时称毛蚴。毛蚴可以在水中游泳，遇到中间宿主——椎实螺后，便进入螺体内，失去纤毛，形成囊状，称胞蚴。胞蚴可分泌一种酶，分解螺组织，为自己提供营养。在 1 个多月的时间里，胞蚴体内的配子又进行无性分裂生殖，发育成大量雷蚴，然后，胞蚴壳破裂，雷蚴逸出。雷蚴长圆形，有口和简单的肠，仍继续在螺体内发育，并进行无性生殖，产生大量的第二代雷蚴，然后形成尾蚴。尾蚴有口吸盘、腹吸盘和一个尾巴。成熟后的尾蚴离开螺体进入水中。借其尾部的摆动，可以在水中游动，最后附在水中的植物上，脱去尾巴，并在外面分泌一蛋白质壳，形成囊蚴。当牛、羊等动物吃到含有囊蚴的水草后，即可感染。囊蚴随食物一起，进入肠道，破壳而出，并穿过肠壁血管，进入血液，随血循环经门静脉入胆管，在那里发育成为成虫(图 9-7)。因此，为了有效地预防此病，最好在牧场内消灭其中间宿主——椎实螺。

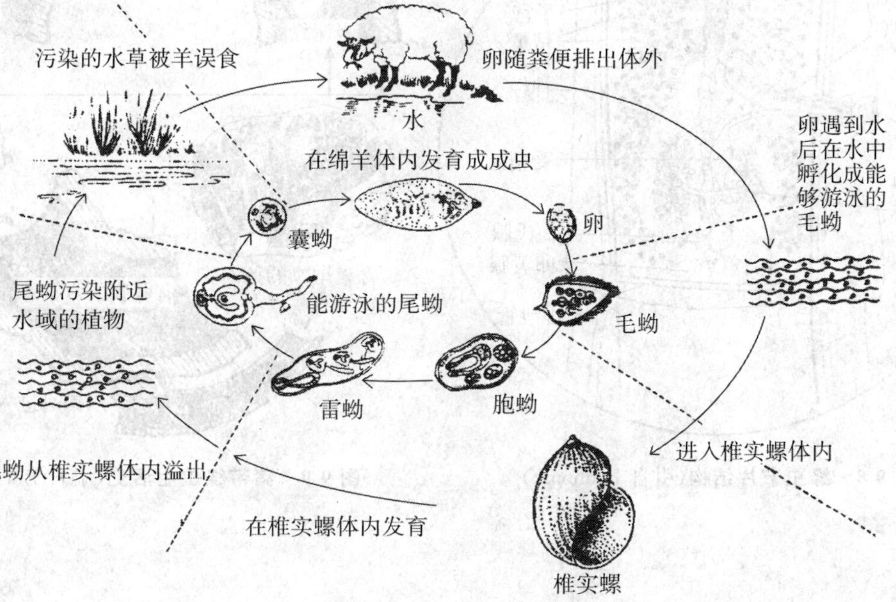

图 9-7　羊肝蛭生活史(引自 Pechenik)

比较重要的吸虫还有三代虫(*Gyrodactylus*)和指环虫(*Dactylogyrus*)。三代虫主要寄生于淡水鱼的鳃和体表。雌雄同体。成熟的个体在子宫内有 1 个胚胎，胚胎内还有 1 个胚胎，故称三代虫。三代虫主要危害鱼苗和春花鱼种。指环虫寄生在鱼鳃上。

9.2.3　绦虫纲

成虫寄生在人、家畜等脊椎动物小肠内。虫体长扁。由一头节、颈节和众多的体节组成。

神经系统不发达，有 6 条神经索，连接所有节片。无感觉器官。

绦虫绝大多数种类为雌雄同体，每一节片都有一套完整独立的雌雄生殖器官，这是绦虫借以增加生殖能力的突出表现(图 9-8)。

猪带绦虫(*Taenia solium*)：成虫只寄生在人的肠道内，体长 2～8 m，节片有 700～1 000 个。幼虫(囊尾蚴)一般生活在猪肉内，这种含有囊尾蚴的肉称米猪肉。猪带绦虫生活史见图 9-9。

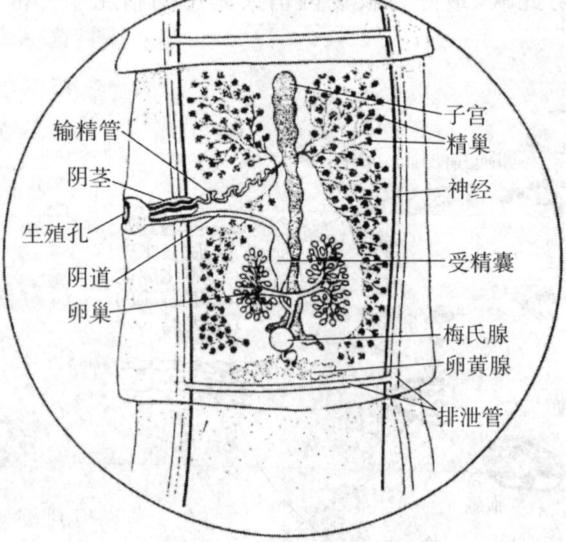

图 9-8　绦虫节片结构(引自 Pechenik)

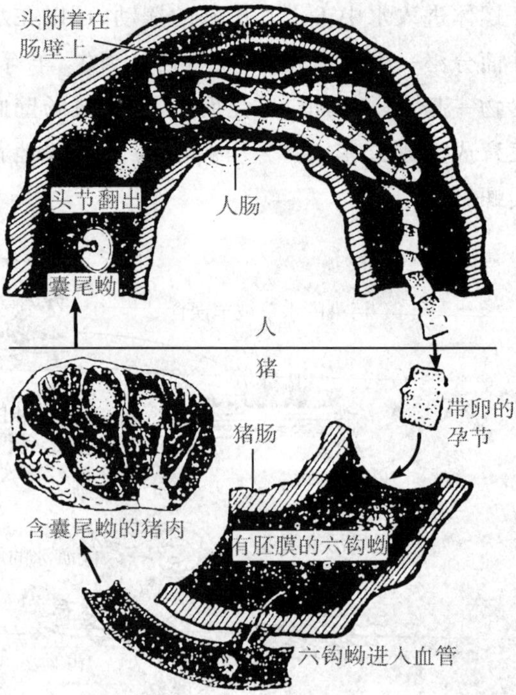

图 9-9　猪带绦虫生活史(引自 Buchsbaum)

附　纽形动物门

纽形动物门(Nemertinea)的动物种类较少,近1 000种。绝大多数为海产,少数在淡水或潮湿的土壤中生活。个别种类已过渡到寄生生活。本门动物没什么经济价值。

纽形动物身体狭长,呈扁平的带状。体长一般在5~20 cm,个别种类可达30 m。

它们的许多结构特征与扁形动物相似。如体壁与肠道之间充满实质组织,体壁有环肌、纵肌,体内有背腹肌。排泄系统为原肾系统。然而,它们又有自己的一些特点:

消化系统比较完善,有口和肛门,不能消化的食物残渣由肛门排出。这样,食物就会沿着一个方向流动,从而避免了新食物与食物残渣混合,加强了消化功能。在消化管的背部有一特别的吻,这是一肌质的小管,可从吻腔中翻出。吻的顶部有小刺,内有毒腺,以捕捉食物和防御敌害。

循环和生殖系统都比较简单,大多数为雌雄异体。由于纽形动物的身体结构与扁形动物相似,在分类学上,过去曾将它们归于扁形动物门。但鉴于它们出现了比较完善的消化系统和简单的循环系统(闭管式循环),因此,近代分类学把它们分为独立的一门。从进化上看,纽形动物属于扁形动物和环节动物之间的一个类群(图9-10)。

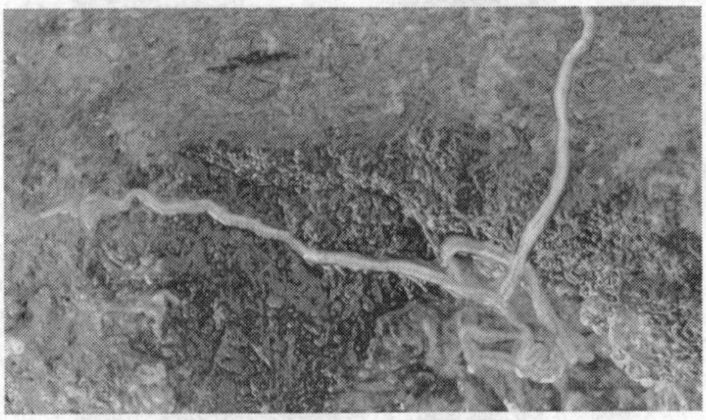

图9-10　短无头沟纽虫(*Baseodiscus certus*)(王宝青摄)

第10章

原体腔动物

进化地位：原体腔动物(Protocoelomata)是动物界中较为庞大繁杂的一个类群，属原口动物分支，身体两侧对称、三胚层，出现了原体腔、完全的消化道。体表具角质膜，排泄系统为原肾系统。原体腔动物包括线虫动物门、腹毛动物门、轮虫动物门、棘头动物门、线形动物门、内肛动物门、动吻动物门、铠甲动物门、鳃曳动物门(图 10-1)。

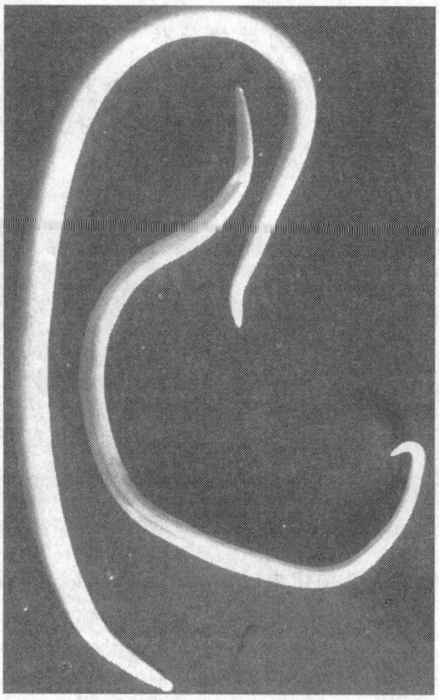

图 10-1 原体腔动物(蛔虫)(引自 Hickman)

10.1 原体腔动物的主要特征

原体腔动物的外部形态差异很大，且相互之间的亲缘关系也不甚密切，但都具有一个共同的特征，即都有一个充满液体的液腔——原体腔(primary coelom)，又称初生体腔或假体腔，位于动物体壁层(皮肤肌肉囊)和肠道之间，由胚胎时期的囊胚腔发展而来。外胚层形成的表皮与中胚层形成的肌肉构成了体壁；内胚层形成的肠壁没有肌肉细胞。原体腔没有体腔膜，也没有管道与外界相通(图 10-2)。

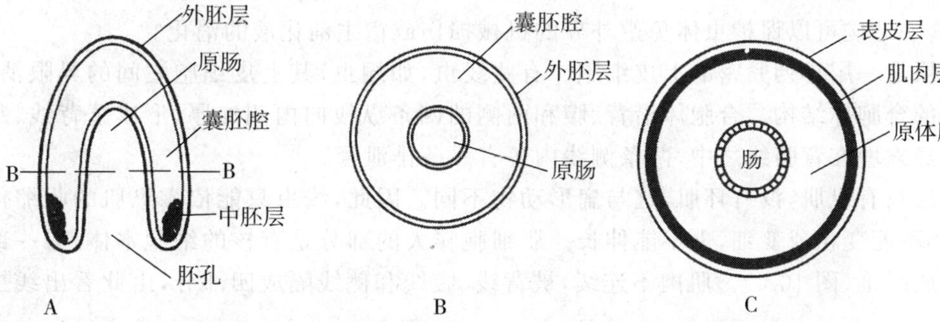

图 10-2　原体腔的形成(引自 Claude)

原体腔动物与无体腔的扁形动物相比,身体出现明显变化。首先,原体腔的出现使动物的肠道与体壁之间有了空腔,为体内器官系统的发展提供了空间;其次,体壁有了由中胚层分化出的肌肉层,同时体腔液具有一定的流动压力,使动物的运动摆脱了单纯依赖体表纤毛的摆动,运动能力明显加强;另外,由于腔内充满了体腔液,使腔内的物质出现了简单的流动循环,可以更有效地输送营养物质和代谢产物;完全消化道(有口、有肛门)的出现使动物的消化道实现了食物单向运动,消化后的食物残渣可以由固定的肛门排出体外,避免了食粪相混,消化能力得到加强。原体腔动物的排泄系统仍然是原肾型,没有循环系统和呼吸器官。

原体腔动物广泛分布于海洋、淡水和潮湿的土壤中,有很多是寄生在动物、植物体内的物种。由于此类动物相互间差异较大,故其余特征分述于各门中。

10.2　线虫动物门

线虫动物门(Nematoda)是原体腔动物中种类最多的一类,大约有 15 000 种。它们分布广泛,几乎遍及世界各地,有的营自由生活,有的营寄生生活。自由生活的常栖息于海洋、淡水和土壤中;寄生种类寄生在动物和植物体内,对人体和家畜的健康造成危害,也使植物发生线虫病害,造成减产。

10.2.1　外形

线虫头部不明显,有 3 或 6 个唇瓣围绕着口(图 10-3),身体圆柱形,两端细,通常前端渐尖,后端钝尖。雄虫以卷曲的后端与雌虫相区别。自由生活的线虫一般很小,常不足 1 mm。海生种类较大,可达 5 cm 左右。寄生线虫的大小差异很大,大者可超过 1 m。

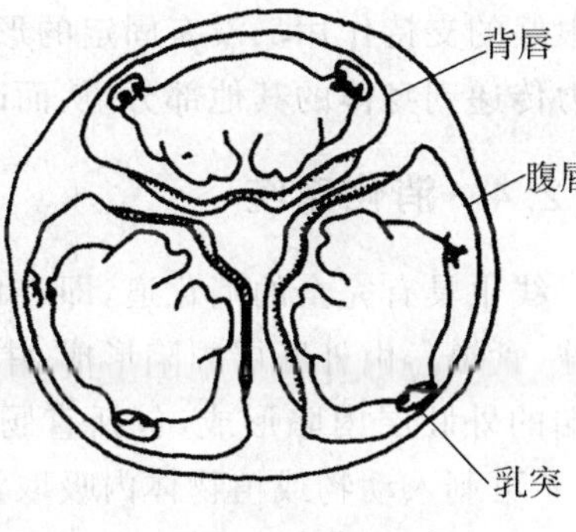

图 10-3　人蛔虫头部正面观(引自江静波)

10.2.2　体壁

线虫的体壁由角质层、表皮层(上皮细胞)和肌肉层构成,具有皮肤和肌肉的功能,称为皮肤肌肉囊。

角质层是上皮细胞分泌的一种非细胞构造，具有韧性和弹性，主要成分类似高等动物的胶原蛋白，这一结构可以保护虫体免遭外界的机械损伤或宿主消化液的消化。

表皮层是一层排列紧密的上皮细胞。有些线虫，如蛔虫，其上皮细胞之间的界限消失，形成了多核的合胞体结构。合胞体沿背、腹和两侧的四条纵线向内侧加厚，形成了背线、腹线和侧线。神经索埋在背腹线之中，两条侧线内各有 1 条排泄管。

肌肉层只有纵肌，没有环肌，这与扁形动物不同。因此，线虫只能依靠纵肌的收缩作摇摆运动，身体不能变粗或变细，也不能伸长。肌细胞膨大的部分是有核的细胞本体，另一部分是能收缩的肌纤维(图 10-4)。肌肉不连续，被背线、腹线和侧线隔成四部分，由此看出线虫是两侧对称的。

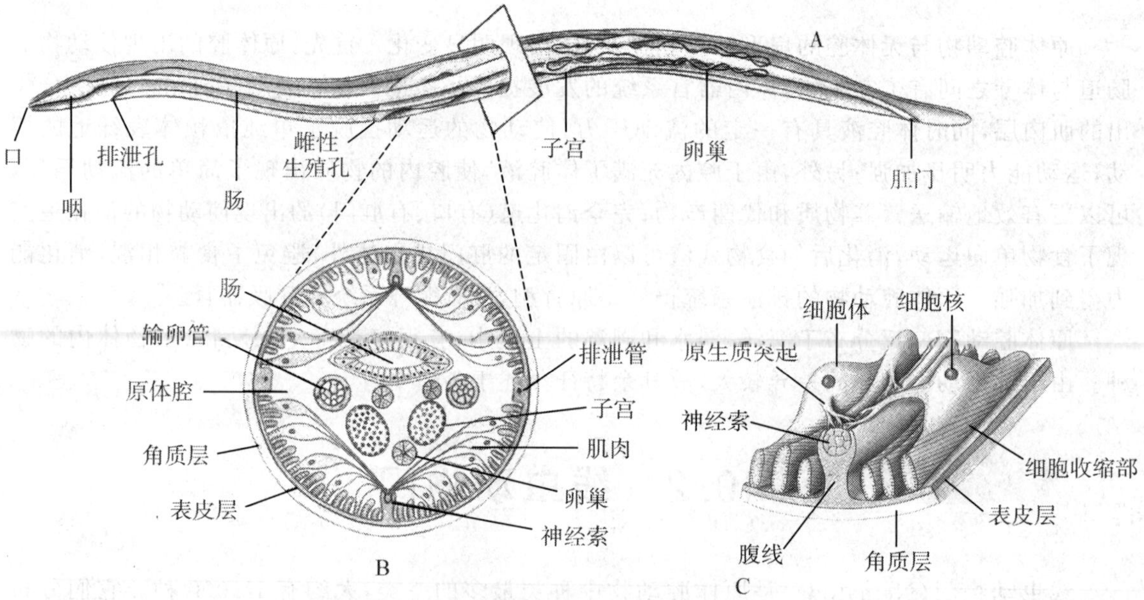

图 10-4　蛔虫(引自 Hickman)

A. 外形　B. 横切　C. 体壁结构

10.2.3　流体静力骨骼

流体静力骨骼(hydrostatic skeleton)是一个由液体充满的囊，液体不能被压缩，因而提供了很好的支持作用。没有固定的形状，肌肉收缩的力量作用在液腔上，体腔液便可将肌肉产生的力传递到身体的其他部分，从而改变身体的形状。

10.2.4　消化系统

线虫具有完全的消化道，即有口、有肛门，可分为前肠、中肠和后肠。前肠包括口、口腔和咽球(食道)，由外胚层内陷形成；中肠由内胚层发育而来，是线虫的主要消化吸收部位；后肠由后端的外胚层内陷形成，包括直肠和肛门。口腔中的角质层可以形成齿、中空的矛等其他构造，矛可刺入动物或植物体内吸取汁液。

10.2.5 排泄系统

线虫的排泄系统仍然是原肾型的，但没有焰细胞，只是由1～2个原肾细胞演化成腺型和管型(或H型)。腺型排泄系统是1对具有分泌功能的泡状单细胞排泄腺，在食道处汇合，以排泄孔通到体外，如小杆线虫的排泄系统(图10-5A)。管型排泄系统为两条纵行的排泄管，在虫体两侧的侧线内，由后向前贯穿整个虫体，到食道处与横管相连，在腹面开口于排泄孔，通到体外，如蛔虫的排泄系统(图10-5B)。

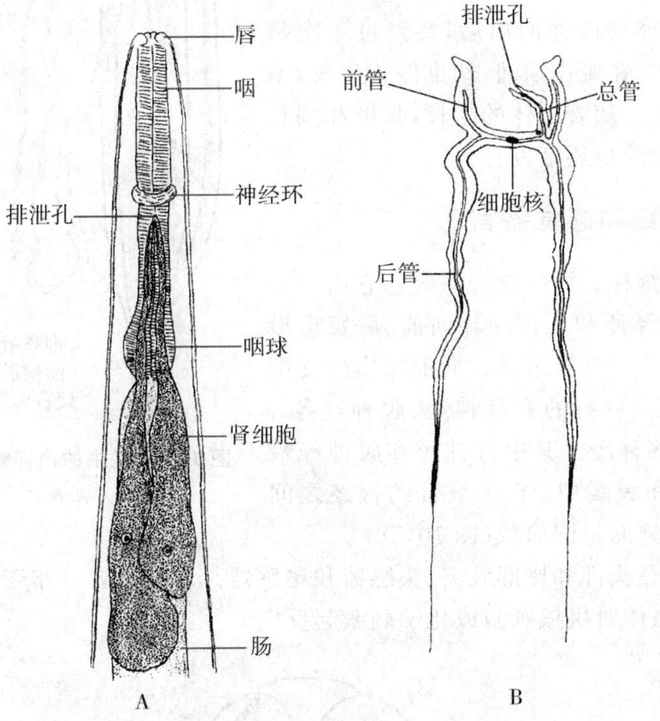

图10-5 线虫的排泄系统(引自许崇任等)

A. 腺型排泄系统 B. 管型排泄系统

10.2.6 呼吸系统

线虫没有专门的呼吸器官。自由生活的种类经体表进行气体交换，并扩散到体内各组织中；寄生的种类行厌氧呼吸。

10.2.7 循环系统

线虫没有专门的循环系统。原体腔中的体腔液含有丰富的蛋白质、葡萄糖和钠、钾、氯、铁等多种元素，成为组织器官之间营养物质运输、氧扩散和代谢产物交换的介质。

10.2.8 生殖系统

大多数线虫雌雄异体，且异形，通常雄性个体小于雌性个体。生殖器官为细长的管状结构，盘曲在原体腔内。雌虫的生殖器官由两条细长的管道组成，游离端为卵巢，经输卵管通至逐渐膨大的子宫，两个子宫末段汇合成短的阴道，阴道穿过体壁通至雌性生殖孔（或称阴门）。雄虫的生殖器官仅由1条细长且一端游离的管道组成，游离端为精巢，精巢延续为输精管，其后膨大部分为储精囊，它的末端变细成为富有肌肉的射精管，射精管与直肠汇合于虫体末端的泄殖腔，在泄殖腔背面有肌肉质小囊，内装一对交合刺，交配时交合刺能插入雌虫的阴道，将精子输送到雌性生殖器官内（图 10-6）。

幼虫经孵化从卵壳破壳而出后，要经过4次蜕皮才能发育为成虫。在蜕皮期间，幼虫停止生长，不食不动，呈昏睡状态。随着虫体的生长，长度和围长都增加了，同时生殖腺也逐渐发育。

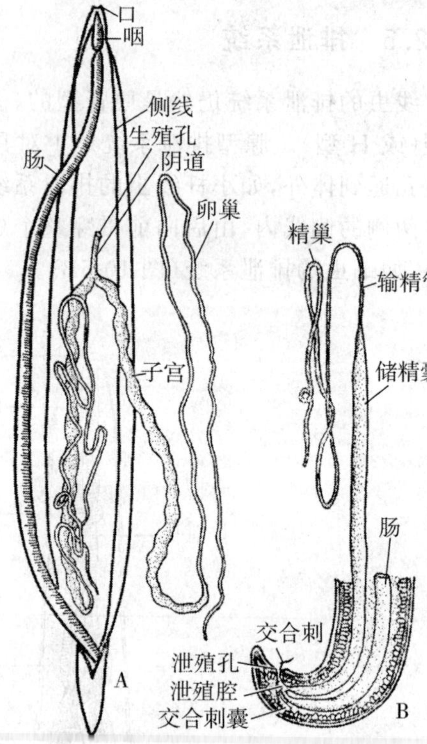

图 10-6　线虫的内部解剖（引自许崇任等）

A. 雌虫　B. 雄虫

10.2.9　神经系统和感觉器官

线虫的神经系统称为筒状神经系统。它由一个围绕咽部的围咽神经环和从神经环向前、后发出沿皮下组织穿行的6条纵神经组成。向前发出的支配口周围的感觉器官。后行的有背神经、腹神经各1条，每侧各有两条侧神经。其中背神经和腹神经最大，分别嵌在背线和腹线中。6条纵行的神经之间都有横向的神经相连而呈圆筒状（图 10-7）。

主要感觉器官是头部和尾部乳突、头感器和尾感器。乳突主要分布于口周和末端，具有触觉功能；感器能使虫体对机械刺激或化学刺激起反应。

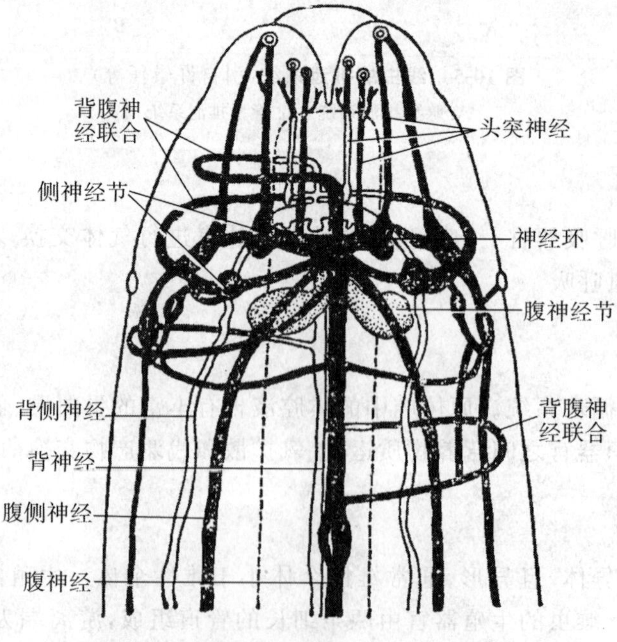

图 10-7　线虫的神经系统（引自许崇任等）

10.2.10 常见种类

(1)人蛔虫:又称似蚓蛔线虫(*Ascaris lumbricoides*),是人体内最常见的寄生虫之一,也是人体肠道寄生线虫中体形最大者。成虫呈长圆柱形,头尾两端略细,形似蚯蚓,寄生于小肠,可引起蛔虫病。人因误食感染性虫卵而感染。蛔虫幼虫和成虫对人体都有致病作用,表现为机械损伤、剥夺营养和过敏性反应(图 10-8)。

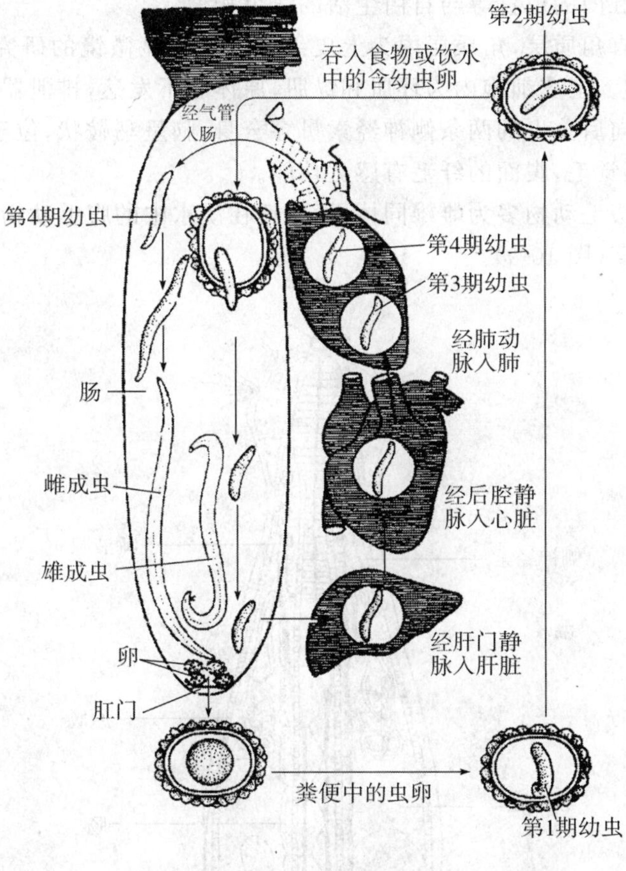

图 10-8 蛔虫的生活史(引自 Kotpal et al.)

(2)蛲虫:又称蠕形住肠线虫(*Enterobius vermicularis*),成虫外形很像蛔虫,但个体较小,乳白色,尾端呈 6 字形卷曲。

(3)旋毛虫(*Trichinella spiralis*):寄生于人和多种哺乳动物。

(4)丝虫(*Filaria*):成虫乳白色,细长如丝,寄生于人体的淋巴系统,使淋巴液回流受阻,出现象皮肿。

(5)小麦线虫(*Anguina tritici*):成虫体小,雌虫向腹面卷曲盘绕,体较雄虫大。寄生于小麦麦穗上,使麦粒形成虫瘿,一个虫瘿中有几千至几万条幼虫。虫瘿一旦被误播入农田,吸收水分,其中的幼虫就会钻出来,进入土壤,然后上移到小麦中发育为成虫,再次形成虫瘿,严重影响小麦产量。

10.3 腹毛动物门

腹毛动物(Gastrotricha)被认为是原体腔动物中最原始的一类,生活在海洋或淡水底部的沉积物周围,目前已知约400种,因身体腹面生有纤毛而得名。腹毛动物体表有纤毛,排泄系统为原肾,海产种类为雌雄同体,生殖系统等结构与涡虫纲相似;腹毛动物又具有原体腔、完全的消化道,咽的结构、肛门的位置等与自由生活的线虫相似。

腹毛动物的体表有角质层,角质层内为上皮细胞。电子显微镜的研究表明上皮细胞界限清楚,不是合胞体结构。上皮细胞内为环肌和纵肌,原体腔不发达,排泄器官为1对原肾。

腹毛动物有从脑向后分出的两条侧神经索贯穿全身,脑呈马鞍状,位于咽的背面。无特殊的感觉器官,头部有感觉毛,腹面的纤毛有感觉功能。

生活在海水中的腹毛动物多为雌雄同体,而生活在淡水中的腹毛动物只有雌性,行孤雌生殖,直接发育,无幼虫期(图10-9)。

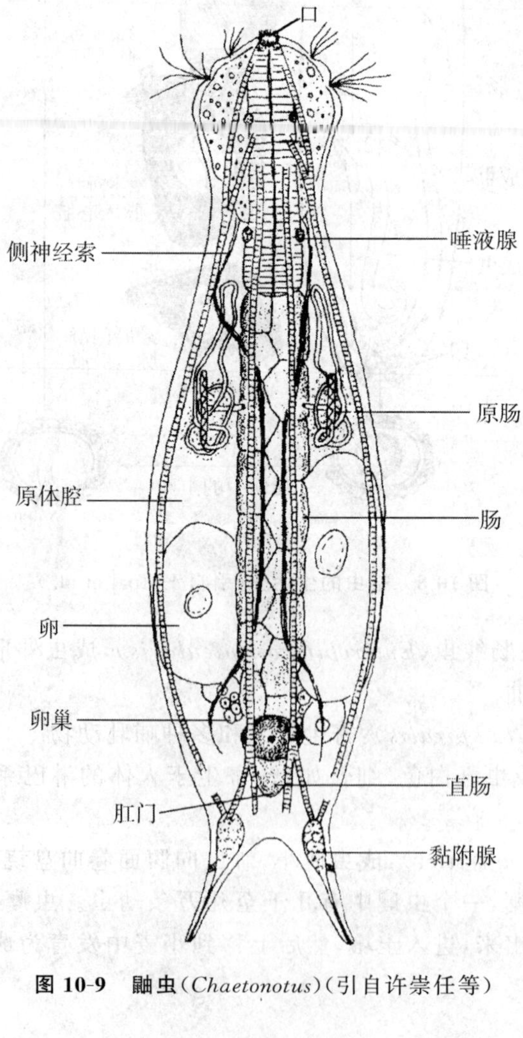

图10-9 鼬虫(*Chaetonotus*)(引自许崇任等)

10.4 轮虫动物门

轮虫动物(Rotifera)在原体腔动物中是非常繁盛的一支,已知约 1 800 种,多为世界性分布,水中、土壤中常可见到,包括共生和寄生的种类。身体微小,一般在显微镜下才能观察清楚。

典型的轮虫身体呈长椭圆形,可以分为头部、躯干部和尾部(足),尾部末端常有 1~4 个趾。轮虫的头部都有 1 个称为轮盘(头冠)的结构,是由身体前端腹面口周围的纤毛区和环绕头区的纤毛环组成的纤毛器。尾部有黏附腺,其分泌物通过黏附腺管开口在趾或尾端部,身体借黏附腺分泌物附着在其他物体上。

轮虫动物体壁的外层是上皮细胞分泌形成的角质层,有的种类躯干部的角质层加厚成甲板及刺、棘等结构。上皮细胞内为肌肉层,包括由平滑肌和横纹肌构成的环肌带和成束的纵肌。头部和尾部肌肉的收缩可使头、尾伸出或缩回躯干部。体壁和消化道之间为充满体腔液的原体腔,体腔液中有变形细胞。

轮虫靠轮盘的旋转推动身体前进,附着生活的种类也可以靠爬行前进。爬行时靠尾部黏附腺产生的分泌物在物体上运动。

轮虫以藻类或原生动物等小型动物为食。口位于头前端腹面,常被轮盘环绕,口后为咽,咽内壁有角质层。咽部有唾液腺,咽后为膨大的胃,胃的两侧各有 1 个胃腺,可以分泌消化酶。胃后为肠,肠末端与排泄管及生殖腺管汇合成泄殖腔,泄殖腔在身体背面躯干的末端开口,称为泄殖孔(图 10-10)。

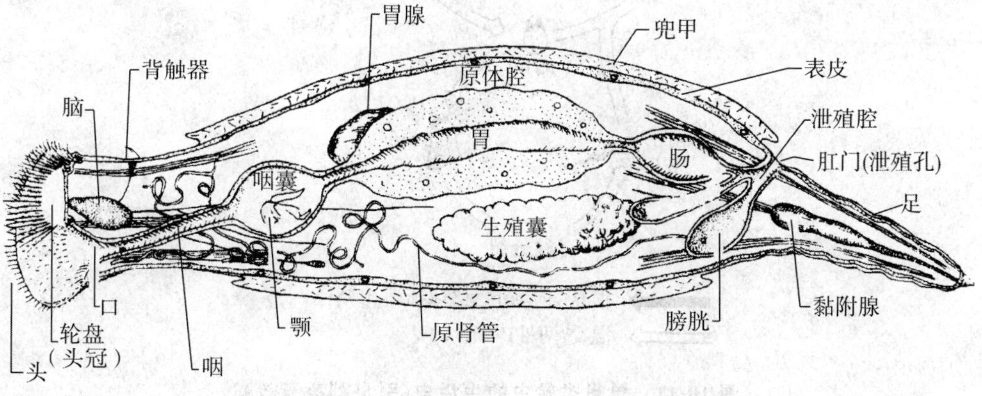

图 10-10　轮虫的身体结构(引自许崇任等)

轮虫的排泄系统由 1 对位于身体两侧的、具有焰茎球的原肾管和 1 个膀胱组成。

轮虫的神经系统为位于咽背面的脑以及由脑发出的通至体壁和感觉器的数对神经索,感觉器官发达,大多数轮虫有眼点。轮虫没有呼吸及循环系统,以体表进行气体交换,靠体腔液完成物质运输。

轮虫一般雌雄异体、异形，生殖方式主要是孤雌生殖，有的种类从未发现过雄虫。有雄虫的种类，雄虫出现后需与雌虫交配受精。有一类称为单巢类的轮虫，虽然有雄虫，但具有孤雌生殖及有性生殖两种生殖方式（图 10-11）。当环境适宜时，雌虫行孤雌生殖，产出大而卵壳较薄的卵，称为非需精卵，分裂过程中不发生减数分裂，可以迅速发育成雌性个体，这样出现的雌体再行孤雌生殖，称非混交雌体。当环境条件不利时，会出现混交雌体，产出小而卵壳也薄的卵。这种卵在成熟过程中经过减数分裂，称需精卵。若需精卵不受精，则孵化成寿命很短的雄性。卵如果受精，则发育成卵壳厚的休眠卵。休眠卵在不良环境中存活几个月，一旦环境好转，再孵化成非混交雌虫进行孤雌生殖。因此，有性生殖是轮虫渡过不良环境的一种适应。

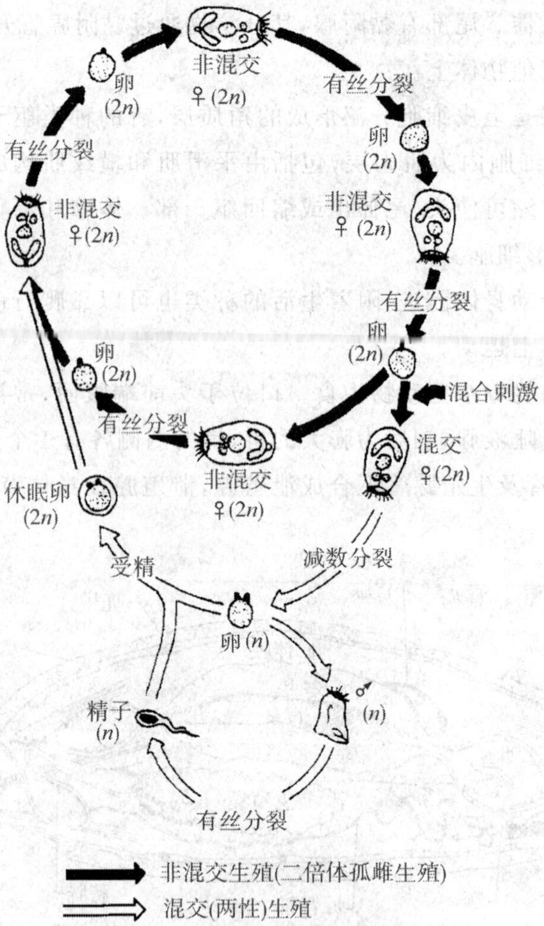

图 10-11　单巢类轮虫的生活史（引自刘凌云等）

轮虫是浮游生物的重要组成部分，是鱼类（特别是仔鱼、肥水鱼）的天然饵料，与淡水养鱼业关系密切。轮虫以细菌、藻类、腐屑等为食，有净池的作用，另外也是水污染监测的指示生物。

10.5 棘头动物门

棘头动物(Acanthocephala)世界性分布，个体大小差别很大，从小于2 mm到大于1 m的种类都有，已知约有500种。成虫和幼虫均为内寄生，幼虫寄生在昆虫或甲壳动物体内，成虫寄生在脊椎动物的消化道内，其中大多数寄生在鱼、鸟和哺乳动物体内。如猪巨吻棘虫(*Macracanthorhynchus hirudinaceus*)寄生在猪的肠内，小多形棘吻虫(*Polymorphous minutus*)寄生在鸭和其他鸟类的肠内。

棘头动物身体分吻、颈、躯干三部分。吻位于身体前端，吻上有许多倒钩，以此附着在宿主肠壁上。吻后为一短的颈部，吻和颈可缩入吻鞘内。颈后的躯干部表面光滑，或有皱褶和刺(图10-12)。

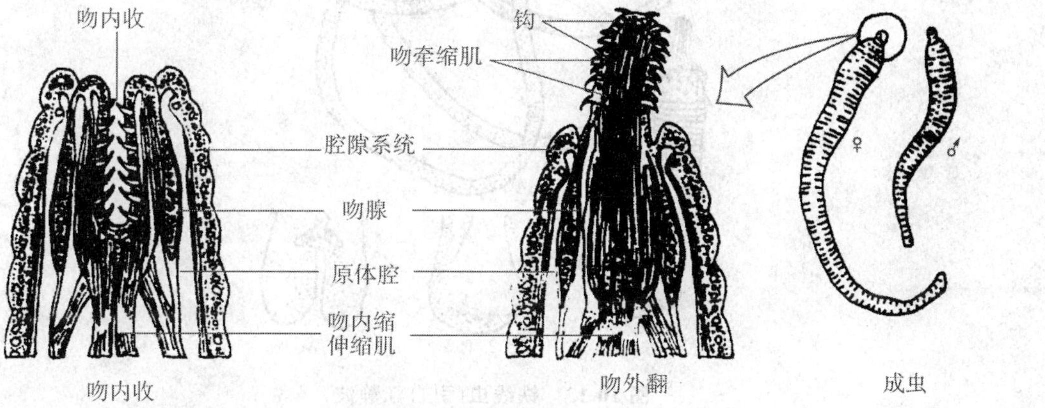

图10-12 猪巨吻棘虫(引自Hickman)

棘头动物的体壁由外向内依次为角质层、上皮细胞和肌肉层。上皮细胞为很厚的合胞体结构，细胞核很大。外层的肌肉为环肌，内层是纵肌。体壁之内是原体腔。

棘头动物的消化系统退化消失，无循环和呼吸系统。排泄器官为1对原肾。神经系统包括位于吻鞘内后端的脑和由脑向后发出的1对侧神经。感觉器官是分布在吻和尾部的感受器。

棘头动物为雌雄异体，在生活史中需更换宿主。例如猪巨吻棘虫，虫卵随宿主粪便排出，在适宜的环境中，受精卵发育为胚胎，如果虫卵被金龟子的幼虫蛴螬吞食，就在蛴螬肠内孵化出幼虫，幼虫穿过肠壁进入体腔，并形成包囊，包囊中的幼虫具有感染性，当蛴螬被猪吞食后，猪巨吻棘虫的幼虫就伸出吻，固着在猪的肠壁上，发育为成虫。

10.6 线形动物门

线形动物(Nematomorpha)身体细长、丝状,分布在淡水、潮湿土壤以及海洋中。一般成虫自由生活,长 30～150 cm;幼虫寄生在节肢动物体内。目前已知的有 250 种左右。代表动物为铁线虫(*Gordius aquaticus*)(图 10-13)。

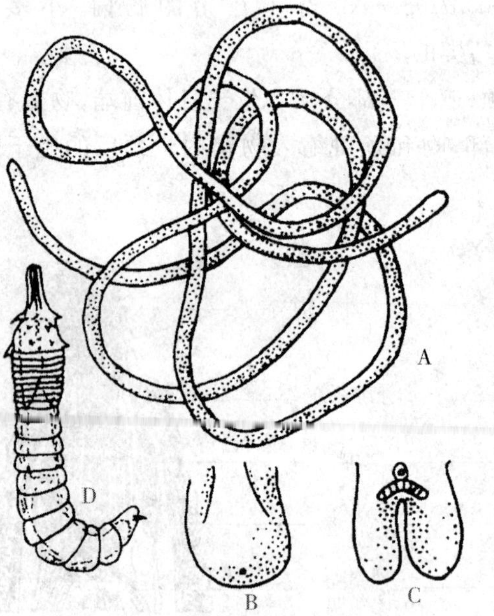

图 10-13 铁线虫(引自江静波)

A. 整体 B. 雌虫后端 C. 雄虫后端 D. 幼虫

线形动物的身体结构与线虫相似,原体腔发达或不发达。成虫体壁包括外面一层厚的角质层,下面的上皮细胞之间分界清楚,肌肉层只有纵肌而无环肌。

线形动物身体头部不明显,前端有口,消化道退化,成虫期不再取食。没有呼吸器官、排泄系统和循环系统,神经系统由头端的神经环及腹面中央的 1 条神经索构成。

线形动物雌雄异体,一般雌虫比雄虫长,且雌虫末端为圆形,雄虫末端分叉,呈倒"V"字形。雄性生殖管末端通入直肠或泄殖腔,没有交合刺。雌性的输卵管和受精囊均开口在泄殖腔中。

交配季节时,常常多条虫体缠绕在一起。交配后雌虫在水中产卵,卵在水中孵化,刚孵化的幼虫前端有一个可伸缩的吻。幼虫由其分泌的黏液所包,被宿主吞食或经体表侵入宿主,宿主多为生活在水边的蝗虫、蟋蟀、螳螂等。当雨后或昆虫尸体落入水中时,幼虫即离开宿主,发育为成虫,营自由生活。

10.7 内肛动物门

内肛动物(Entoprocta)大约 150 种,体形似刺胞动物,但它们的触手可以向内卷曲。大多数种类生活在海洋中,少数淡水生,营固着生活。有的群居,也有独立生活的种类,均为滤食性。海生种类多固着在贝壳、藻类等的身体上生活,也有的与环节动物形成共生。淡水生的种类常生活在溪流中的岩石下面。内肛动物体长不超过 5 mm,身体呈杯状,由着生触手(8～30条)的冠状部、连接固着盘的柄部组成(图 10-14)。无论是触手还是柄部,均为体壁的延伸。每条触手上生有多根纤毛,可独立摆动。消化道“U”形,口和肛门均开口于触手环内。内肛动物具 1 对原肾,无循环和呼吸器官。气体交换在体表进行。螺旋式卵裂,具有类似于担轮幼虫的幼虫期。

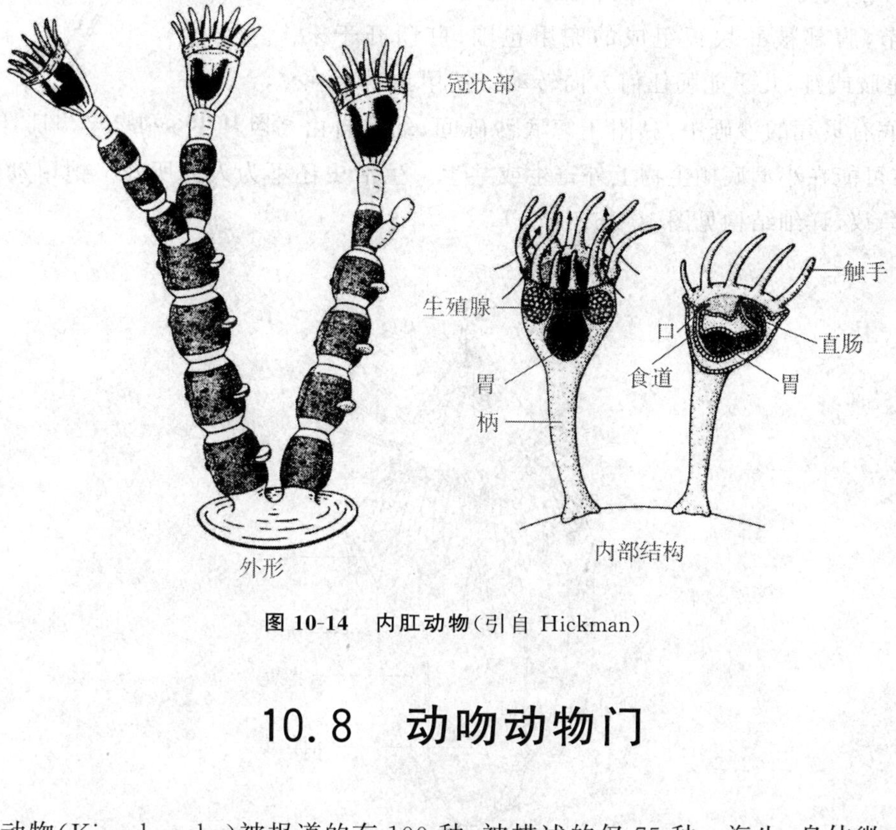

图 10-14 内肛动物(引自 Hickman)

10.8 动吻动物门

动吻动物(Kinorhyncha)被报道的有 100 种,被描述的仅 75 种。海生,身体微小,体长一般不超过 1 mm,尤其喜欢泥质底栖生活,从潮间带到 6 000 m 深的海底都有发现。身体背腹扁平,背部略弓起。体壁结构与线虫相似。身体表皮被分为 13 节,皮下肌肉分布也与表皮分节相关,头可缩入体内。动吻动物不会游泳,运动时,先将可伸缩的头部插入泥中,用反向的棘刺固着,再向上牵引身体,直至再将头部伸出淤泥为止。完全的消化系统包括口、咽、食道、胃肠和肛门。以泥中的硅藻或有机物为食。原体腔内充满了液体和变形细胞，排泄系统为位于身体两侧的 10～11 对焰细胞构成的原肾(图 10-15)。神经系统包括围咽神经环和腹神经索。感觉器官包括眼点和感觉毛。动吻动物雌雄异体，生殖腺、生殖导管各 1 对。

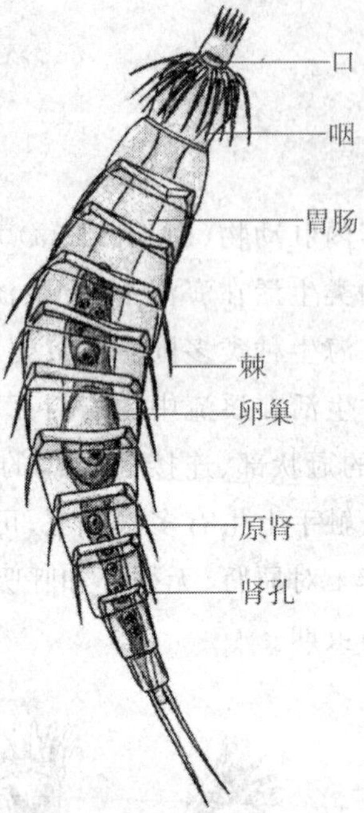

图 10-15　动吻虫(引自 Hickman)

10.9　铠甲动物门

铠甲动物(Loricifera)直到 1983 年才被描述。分布比较广泛，外形与动吻动物相似，雌雄异体。体长 0.25 mm，是一类小型海产动物。具保护性外鞘。幼体像轮虫。体两侧对称。体前端为口，能缩入体内。头部(翻吻)有 9 列棘。胸部分 2 节，腹部被 6 块板组成的兜甲包围，肛门开于末端。1 对尾肢或趾，几乎能朝任何方向转动。铠甲虫生活在大西洋海底有贝壳的沙砾中，黏附于海底沙砾间，幼体自由生活，成体可能在小型底栖生物上外寄生或共生，生活史还不为人们所知。铠甲动物的分类地位仍有争议，详细结构见图 10-16。

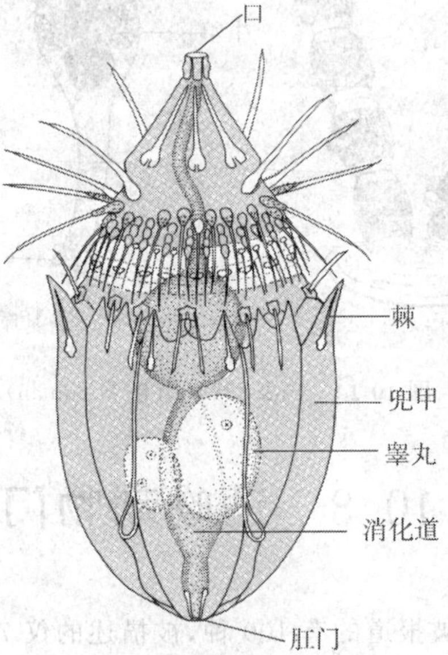

图 10-16　铠甲动物(引自 Hickman)

10.10 鳃曳动物门

现已描述的鳃曳动物(Priapulida)仅16种,多在自潮间带至数千米深的泥底或沙底营底栖生活。身体蠕虫状,圆柱形,体长多在几毫米至200 mm,躯体由翻吻、躯干和1～2个尾附器3部分组成。翻吻可伸缩,其上具环状排列的咽齿。躯干部不分节,但有30～100个环轮,体表具瘤状突和棘刺,推测有感觉功能。表皮几丁质,终生可周期性脱落。消化管由吮吸咽、肠、直肠组成(图10-17)。口位于翻吻的前端,肛门位于躯干部后端。尾附器可能与呼吸有关。神经系统包括一围咽神经环和一腹神经索。雌雄异体,辐射式卵裂。体腔膜为一层上皮结构。一直以来,人们评判体腔膜的标准是能否找到膜及细胞核,具有这样的结构就被认为是真体腔动物。鳃曳动物一直被人们认为是原体腔动物。直到有学者发现了其紧贴体腔有一层膜及细胞核后,才被定为是具真体腔的原口动物。然而,电子显微镜的观察结果表明,核为肌细胞核,且在膜的外面,肌肉分泌了细胞外膜,这样,肌细胞核与细胞外膜共同构成了一层上皮。为此,此类动物仍属原体腔动物,故放在这里进行讨论。

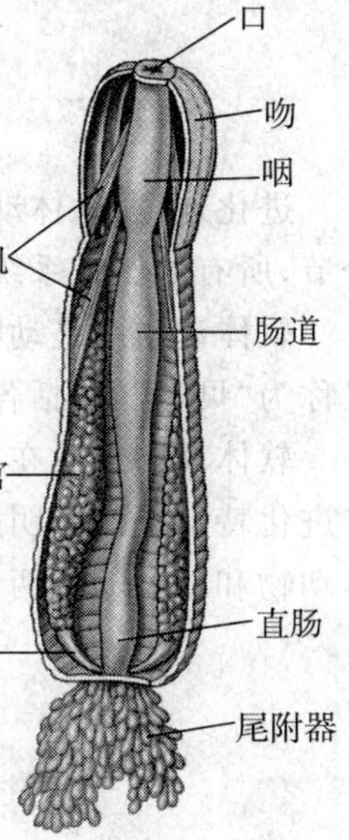

图 10-17 鳃曳动物(引自 Hickman)

第11章 软体动物门

进化地位：软体动物（Mollusca）属原口动物分支，螺旋式卵裂，出现真体腔，身体尚未出现分节，所有的器官系统均已出现。

软体动物门是动物界的第二大门，仅次于节肢动物。因大多数软体动物具有贝壳，故通常又称为“贝类”，包括各种螺类、蚌类、乌贼、章鱼等。

软体动物虽然在外形上差别很大，但主要形态结构基本相同。内脏结构较环节动物复杂，在进化特征上没有明显的进步。从胚胎发育角度分析，软体动物发育经过担轮幼虫期，说明软体动物和环节动物两者亲缘关系较为密切。

11.1 软体动物的主要特征

软体动物约 11.5 万种。体制的差异很大，但有共同的特征：

· 软体动物身体两侧对称或不对称，具有三个胚层，出现了真体腔，次生体腔退化、缩小。

· 软体动物身体不分体节，一般由头、足、内脏团和外套膜四部分组成，通常有外套膜分泌的石灰质为主要成分的贝壳。

· 出现专门的呼吸器官——鳃和肺。

· 口腔内多具齿舌，肛门常开口于外套腔。

· 具有后肾型排泄系统。

· 神经中枢包括脑、足、侧和脏 4 对神经节。

· 大多数雌雄异体，间接发育，发育期间具担轮幼虫和面盘幼虫阶段。

11.1.1 身体的划分

软体动物的身体一般由头、足、内脏团和外套膜四部分构成。

(1)头部：头部位于身体的前端，在头部有口、眼和触角等摄食和感觉器官。软体动物中有的种类头部明显，有的不明显。头部的发达程度与动物运动能力的强弱有关，一般来说，凡是底栖或附着生活的类群，行动迟缓，头部不发达或退化消失，如石鳖、角贝、河蚌等，而活动的类群头部发达，有发达的感觉器官，如蜗牛、乌贼等。

(2)足：足是位于身体腹面的肌肉质的突起，其功能主要有爬行、挖掘、附着和捕食。软体动物都有足的构造，其形状常随动物的生活方式不同而变化很大：大多数螺类及石鳖的足是块状的；河蚌及双壳类的足是斧头状的；角贝的足是柱状的；头足纲动物的足与头部愈合，并环绕头部分裂成若干条长腕，如 10 条腕的乌贼，8 条腕的章鱼。一些固着生活的种类足退化，如牡蛎。

(3)内脏团:内脏团(visceral mass)在足的背面,是消化、循环、生殖等内脏器官集中而成的不分节的柔软团块(图 11-1)。

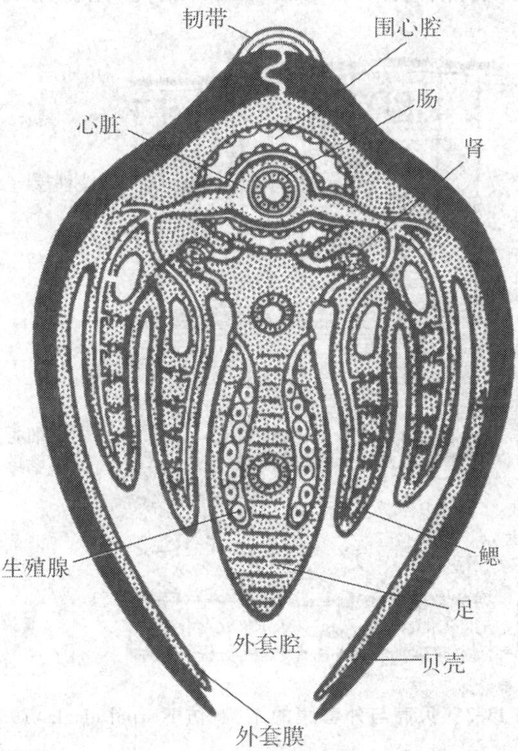

图 11-1　蚌的横切(仿 Buchsbaum,1987)

(4)外套膜:外套膜(mantle)是软体动物身体背侧的皮肤皱褶向腹面伸展而成,外套膜一般包裹了内脏团、鳃甚至足。外套膜的形状在各类软体动物亦有不同,如蚌为两片,悬垂于身体两侧;乌贼为筒状,常覆盖整个内脏团。

外套膜与内脏团、鳃、足之间的空隙称为外套腔(mantle cavity)。外套腔对软体动物的生理活动和生活有重要作用,腔内除鳃外,还有消化、排泄、生殖等器官的开口。外套膜内侧有纤毛,纤毛的摆动造成外套腔内有规律的水流,软体动物的排泄、生殖、呼吸等生理活动均与外套腔内的水流有关。有的软体动物外套膜富有肌肉,例如,乌贼、鱿鱼等的外套膜呈囊状,收缩时可使外套腔内的水流从漏斗状的开口快速喷出,推动身体向相反方向运动。陆地上生活的蜗牛的外套膜在螺旋形的贝壳内形成囊状的满布血管的"肺",有利于在空气中呼吸。外套膜外侧的表皮还可以分泌石灰质,形成贝壳。

11.1.2　贝壳

贝壳由外套膜的外层表皮细胞分泌而来,是一种保护性结构。贝壳的数量和形状随动物种类不同而异,是软体动物分类的重要依据。多数软体动物都有 1 个或 2 个,甚至 8 个保护身体的贝壳。有的种类无壳或退化,也有的种类壳被外套膜包裹在里面。

贝壳的成分和构造是大致相似的，其成分的95%是碳酸钙。贝壳的结构分为3层，从外向内依次为角质层、棱柱层和珍珠层(图11-2)。角质层很薄，有各种颜色，由贝壳素构成，用来保护钙质不被碳酸溶解。棱柱层很厚，由柱状的碳酸钙晶体构成，呈方解石(calcite)结构。珍珠层由片状的碳酸钙构成，晶体呈文石(aragonite)结构，能折光反射，有珍珠光泽。

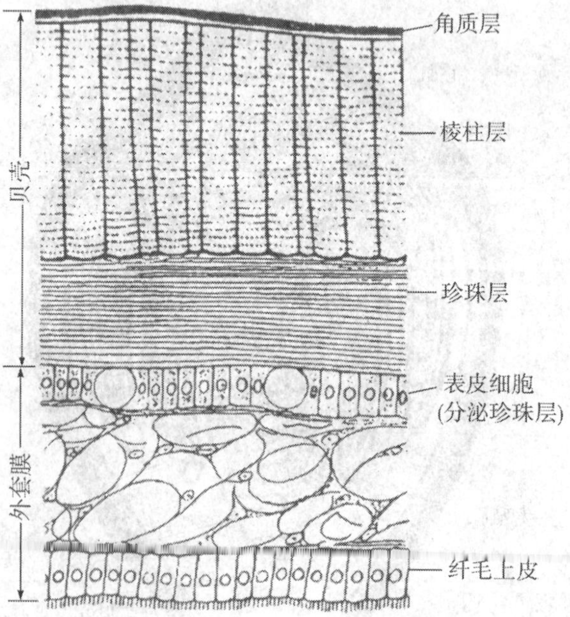

图11-2　贝壳与外套膜的结构(仿 Kotpal et al.，1983)

贝壳是由外套膜分泌形成的。外套膜的边缘加厚形成3个皱褶。中间的皱褶有感觉细胞或感觉器。最外的皱褶可以分泌贝壳硬蛋白，表层形成角质层，再由外面的皱褶分泌碳酸钙分布在贝壳硬蛋白间成方解石结构，形成棱柱层。只有外套膜的边缘可以形成棱柱层，所以一旦棱柱层形成便不再加厚。整个外套膜的外层细胞都可以分泌文石结构的碳酸钙，这样珍珠层便可以不断加厚。在生长过程中软体动物的外套膜和贝壳间如果进入了沙粒或其他异物，就会刺激珍珠层的分泌，将其包裹起来，并逐渐形成珍珠(图11-3)。

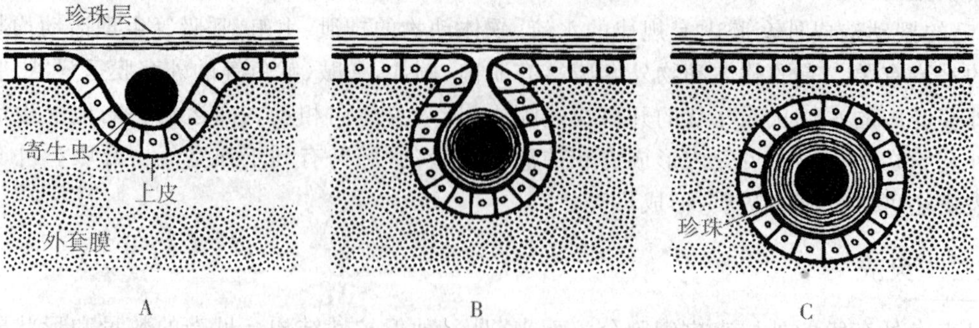

图11-3　珍珠的形成(仿 Buchsbaum et al.，1987)

11.1.3 消化系统

软体动物消化系统由口、口腔、胃、肠和肛门构成。除双壳纲由于头部退化没有口腔外，其他软体动物均有口腔，口腔内有颚片及齿舌(radula)(图 11-4)，颚片一个或成对，位于口腔的前背部，可辅助捕食，有刮食物的作用。齿舌为软体动物特有的器官，位于口腔底部，由有规律排列的角质齿片组合而成，似锉刀状，齿舌依附的舌状突起组织具伸缩肌，依靠肌肉的收缩能使齿舌翻出口外并锉碎食物。齿片的形状、数目和排列方式是鉴定种类的重要特征。

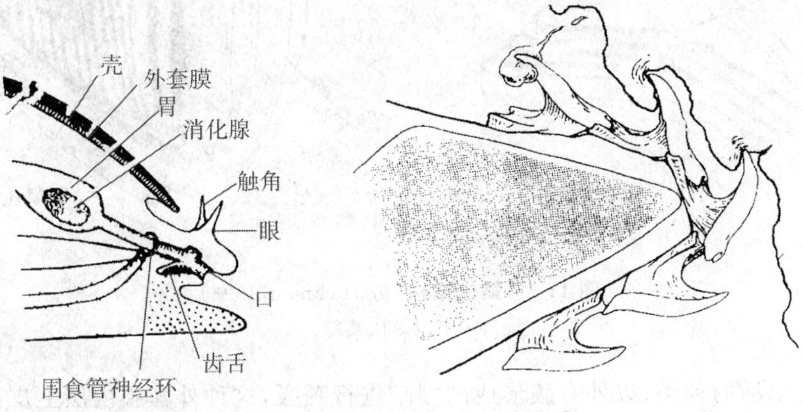

图 11-4 齿舌的结构(仿 Hickman,1993)
A. 齿舌的位置 B. 齿舌放大

胃的典型结构包括晶杆(crystalline style)、晶杆囊(style sac)、胃盾(gastric shield)。双壳纲和一些腹足纲动物具有几丁质的胃盾，胃盾保护胃的分泌细胞，有的形成角质和石灰质的咀嚼板。多数植食性种类中，胃的一部分为囊状，称为晶杆囊，内有一胶质、棒状结构的晶杆，晶杆的一部分在胃内放出消化酶，并搅动胃中的食物帮助消化。

肛门通常位于外套腔出水口附近：双壳纲的在身体后端；腹足纲动物在发育早期由于经过身体扭转，使肛门移至前方；头足纲的多在外套膜形成的漏斗内。

软体动物除具有消化管外，还有唾液腺、肝脏、胰腺等消化腺。

11.1.4 呼吸系统

软体动物是动物界中最早出现专门呼吸器官的类群，大多数软体动物以鳃为呼吸器官。鳃的结构因种类不同而异。原始的鳃呈羽状，包括 1 条鳃轴(axis)和鳃轴两侧交互着生的三角形的鳃片，称为栉鳃(ctenidium)(图 11-5A)，鳃片上长有纤毛，并有几丁质的结构支持。水流通过外套膜内壁和鳃丝上面纤毛的打动，从外界按一定方向流经鳃，与鳃内血流的方向相反，这样可以有效地进行气体交换。

软体动物其他类型的鳃都是在原始栉鳃的基础上发展起来的。各个鳃片伸长并下垂成为丝状的鳃丝，称丝鳃(filibranch)，如日月贝(*Amussium*)。每侧的鳃丝又分别折向背侧，成为“w”状，鳃丝上还长出突起，将同侧的鳃丝连为一个整体。这样，每个栉鳃就演化成为一个含有 2 个鳃瓣的瓣鳃(lamellibranch)(图 11-5B)，如无齿蚌(*Anodonta*)。外界的水从入水管流入蚌的外套腔，又经鳃孔（ostium）进入鳃瓣内的水管（water tube），再上行至鳃上腔（suprabranchial chamber），最后由出水管排出体外。

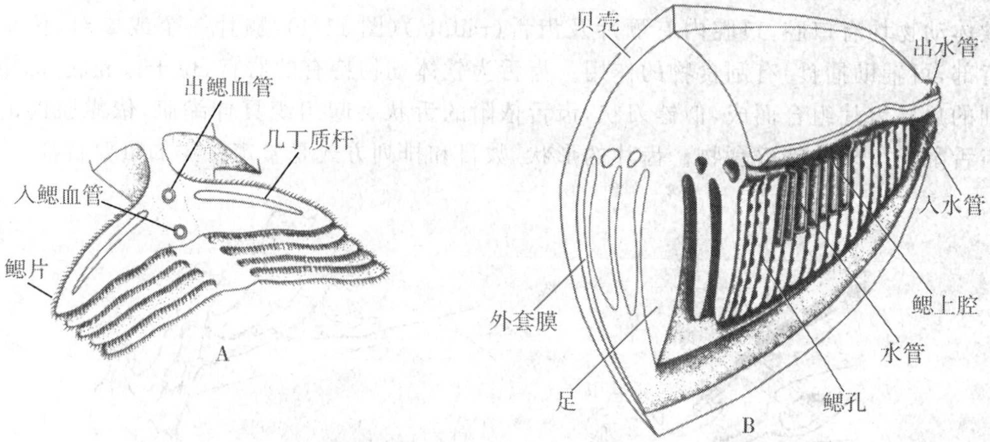

图 11-5　鳃的结构（仿 Hickman，1993）

A. 栉鳃　B. 瓣鳃

适应陆生生活的种类，以外套膜形成的“肺”进行呼吸，这种外套膜内层上皮高度泡化且密布微血窦。外套膜边缘相互愈合，仅留狭孔，称气孔（pneumostome）。外套腔即为肺腔，可借外套膜肌肉的伸缩而改变体积，使肺腔内外空气通过气孔进行气体交换。

11.1.5　循环系统

软体动物同时具有假体腔和真体腔，但真体腔极度退化，仅残留于围心腔、生殖腺和排泄管的内腔。假体腔存在于各器官组织之间，其中有血液流动，这些空隙称为血窦。

多数软体动物的动脉血管和静脉血管之间没有微血管直接联系，血液从心耳进入心室，由动脉流入组织间不规则的血窦，再从血窦经静脉回到心耳。血液在循环的过程中不是始终在封闭的血管中流动，这种循环方式称为开管式循环（open circulation）。如河蚌的心脏在围心腔中，由两心耳一心室构成。心耳三角形，有瓣状构造，使血液不能倒流。心室卵圆形有肌肉，直肠穿过心室，心室的收缩将血液送至前、后大动脉，再到器官、组织的血窦中。流到外套膜小动脉和血窦中的血经气体交换后直接回到心耳。身体其他部分血窦中的血经静脉至肾，再由肾经入鳃血管到鳃，在鳃中进行气体交换后由出鳃血管回到心耳（图 11-6）。

开管式循环的血压低，血液流速慢，血液携带氧气和输送营养的效率不如闭管式循环高，开管式循环不能满足体形大而又行动敏捷的头足类动物的需要，因此在软体动物门中头足类的循环系统是闭管式的，体腔也发达得多，以适应它们在水中快速捕食和躲避敌害的需要。

软体动物的血液为无色或淡青色，少数为红色，内含有变形虫状的血细胞，有的软体动物的血浆内含血蓝蛋白（haemocyanin），其分子中含有血青素，因此其血液为青蓝色（如乌贼），有的种类血液中含有血红素（如毛蚶），其血液为红色。血蓝蛋白的携氧效力较血红蛋白弱。

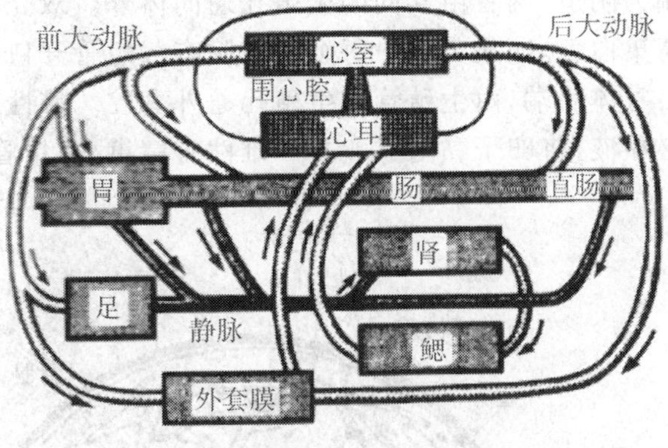

图 11-6 淡水蚌的血液循环(仿 Store et al.,1965)

11.1.6 排泄系统

软体动物除少数种类的幼体具原肾管外,大多数以肾脏为排泄器官,与环节动物的后肾管同源,是由中胚层和外胚层共同发生形成的,是一两端开口的管状结构,一端开口于围心腔,叫肾口;另一端开口在外套腔,称肾孔。开口在围心腔的肾口具纤毛,可以收集围心腔中的代谢产物。肾口之后是腺状部,其中有很多血管,血液中的代谢产物可以通过渗透作用进入肾。腺状部后接囊状部,也称膀胱,其内壁有纤毛。排泄物最后由肾孔排出体外。

软体动物的肾一般是成对出现的,但腹足类的肾不对称。围心腔内还有围心腔腺,是围心腔表皮分化成的分支状腺体,也有排泄的机能。

11.1.7 神经系统

软体动物进化程度不同,神经系统发达程度不同。一些原始种类神经系统不发达,无神经节的分化,仅有围咽神经环及向后伸出的一对足神经索和一对侧神经索。绝大多数软体动物的神经系统集中为 4 对神经节,即脑神经节(cerebral ganglion)、足神经节(pedal ganglion)、侧神经节(pleural ganglion)和脏神经节(visceral ganglion)。脑神经节位于食道两侧,连接头部的感觉器官;足神经节在足部肌肉中,有神经通向足部;侧神经节发出神经至外套膜和鳃;脏神经节有神经连接消化管和各内脏器官。各神经节之间有神经索连接,如脑足神经索、脑脏神经索等(图 11-7)。

头足类神经系统发达,神经节多集中在食管周围形成脑,并有一个中胚层分化的软骨匣包围,这在无脊椎动物中是唯一的。脑的下面有 1 对平衡囊,司平衡感觉的机能。外套膜、皮肤都有感觉的机能。

软体动物的头部有触角和眼,腹足类的眼着生在第 2 对触角上。头足类的眼与脊椎动物的眼在构造上十分相近,有晶状体和视网膜等结构,是无脊椎动物中最复杂的视觉器官。

11.1.8 生殖和发育

软体动物既有雌雄同体的,也有雌雄异体的,还有雌雄异形的。海产腹足类多雌雄异体,陆生腹足类均雌雄同体。精巢或卵巢在内脏团背面,有生殖管开口于身体前端右侧。雌雄同体的种类生殖系统比较复杂,一般包括两性腺,在不同时期可以分别产生精子或卵子,输精管末端有阴茎，输卵管末端为阴道，两者由共同的生殖孔通向体外。双壳类雌雄异体。生殖腺位于足上部的内脏团中，精巢白色，卵巢黄色。每个生殖腺有一短管开口于内鳃的鳃上腔。头足类为雌雄异体，生殖腺在身体后端，由生殖管和生殖孔通外套腔。雌性还有1对发达的缠卵腺和1对副缠卵腺，能分泌黏液，将卵子黏附成卵群。雄性有精巢、输精管、储精囊、摄护腺、精荚囊和阴茎。

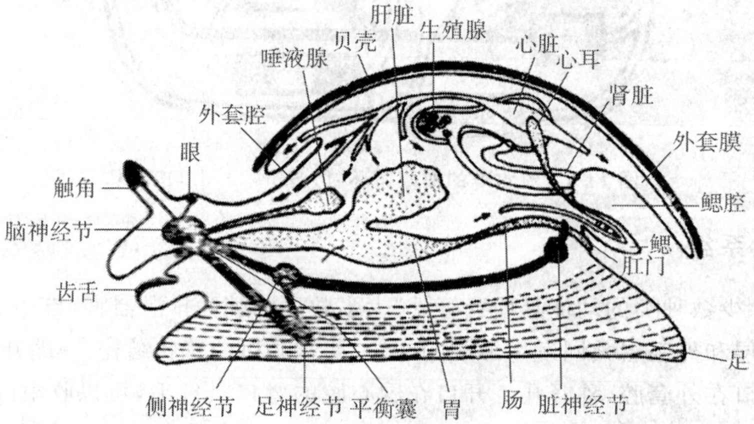

图 11-7　软体动物的神经系统(引自张玺等,2000)

软体动物绝大多数为卵生，少数为卵胎生，如田螺的受精卵在体内发育为小田螺后产出，属卵胎生。多数为间接发育，海产种类常具有担轮幼虫(trochophore larva)和面盘幼虫(veliger larva)时期(图 11-8)。而河蚌的幼虫为钩介幼虫(glochidium)，河蚌的卵经鳃上腔至鳃部水管处与其他个体排出的精子结合，并在鳃中发育成钩介幼虫。钩介幼虫用钩和足丝附着在鱼鳍部位，作暂时性寄生，继续发育后脱落，长大成河蚌。少数为直接发育，如陆生种类和头足类。乌贼交配时雄性用生殖腕将精荚送入雌性的外套腔中，受精卵直接发育，没有幼虫期。

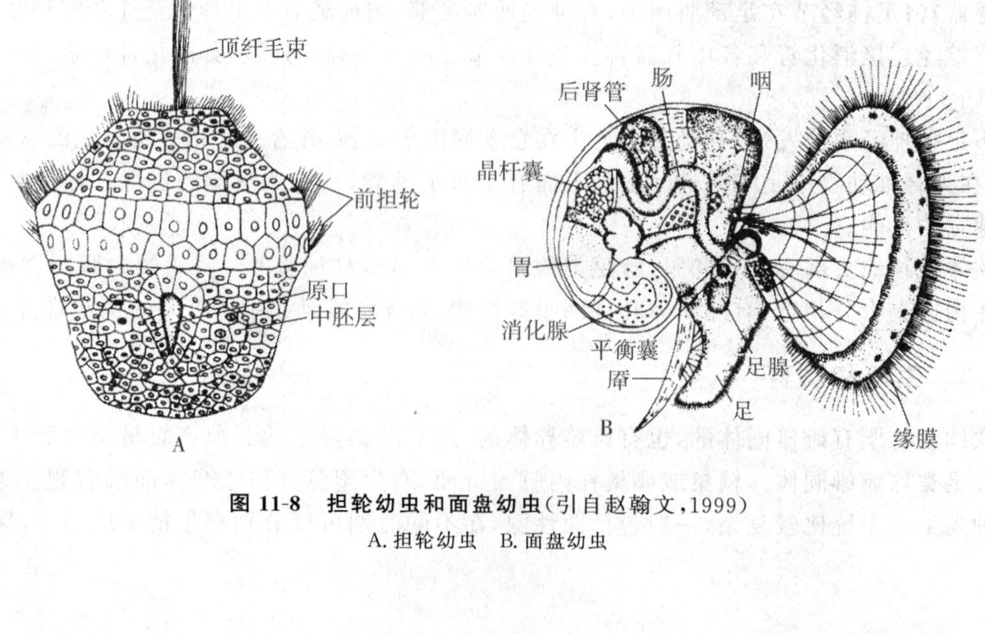

图 11-8　担轮幼虫和面盘幼虫(引自赵翰文,1999)

A. 担轮幼虫　B. 面盘幼虫

11.2 软体动物门的分类和系统发生

11.2.1 软体动物门的分类

世界上已发现的软体动物约11.5万种。根据它们的身体结构,如体制是否对称、贝壳、鳃、外套膜、行动器官等方面的特点,把它们分为8个纲:尾腔纲(Caudofoveata)、单板纲(Monoplacophora)、多板纲(Polyplacophora)、无板纲(Aplacophora)、双壳纲(Bivalvia)、掘足纲(Scaphopoda)、腹足纲(Gastropoda)和头足纲(Cephalopoda)。

11.2.1.1 尾腔纲

形态比其他现存的软体动物更接近它们共同的祖先,目前已记录70余种,均为海洋中穴居,蠕虫状,有小的齿舌,无壳,但除口部外,身体覆盖有石灰质的小片,雌雄异体。

11.2.1.2 单板纲

身体两侧对称,头部不发达,很多器官有重复排列的现象。有1对扇状触角,一帽状贝壳,5~6对栉鳃,6~7对肾脏,8对缩足肌,10对足神经,2对心耳。梯形神经系统。雌雄异体,生殖腺2对,以生殖导管开口于肾腔,生殖细胞由肾排出。长期被认为是化石种类,1952年才在哥斯达黎加附近3 350 m的深海发现生活的个体,仅1属,称为新蝶贝(*Neopilina galathea*)(图11-9)。

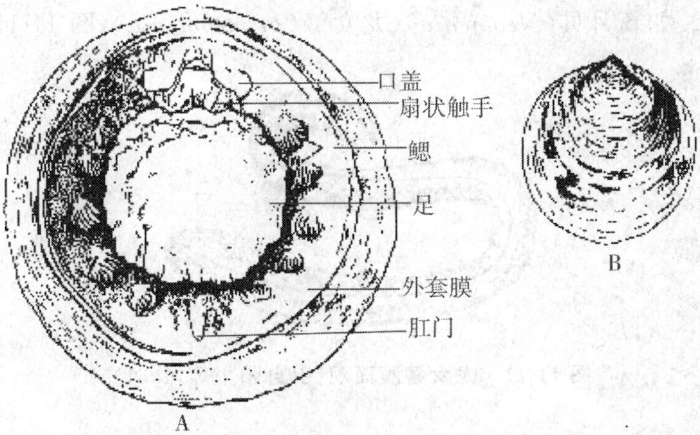

图11-9 新蝶贝(引自Barnes)
A.腹面观 B.贝壳

11.2.1.3 多板纲

全部生活在海洋中。身体椭圆形,头部不明显,身体扁平,大多体长2~12 cm。身体背面有8片壳板,覆瓦状排列。壳板不能覆盖整个身体背面,周围有一圈外套膜。足扁平宽大,位于身体腹面,几乎占据了整个腹面。足与外套膜之间形成外套沟,沟内有许多栉鳃。梯式神经系统,神经中枢包括一围咽神经环及其向后发出的4条神经索。无触角和眼。心耳、肾脏各2个。生殖腺1个。体外受精。发育过程中有担轮幼虫期,无面盘幼虫期,常见的如毛肤石鳖

(*Acanthochiton*)(图 11-10)。

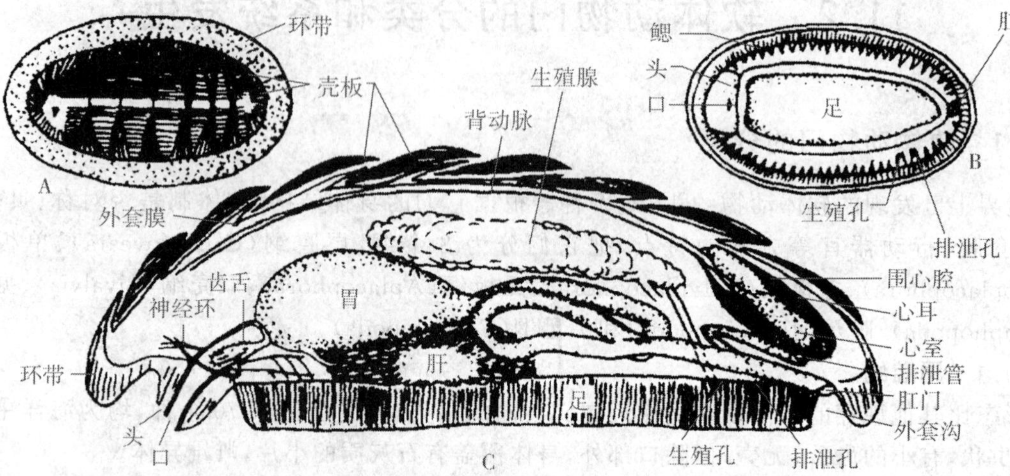

图 11-10　石鳖(引自 Storer)

A. 背面观　B. 腹面观　C. 内部结构

11.2.1.4　无板纲

全部生活在海洋中。身体蠕虫状,体表无贝壳、具有石灰质的细棘,外套膜发达,穴居或爬行,头部不发达,无触角及眼,体长 5 cm 左右,多数雌雄同体,间接发育。腹面中间有 1 条由外套膜下卷形成的腹沟,部分种类身体后端有一囊状的外套腔,肛门、生殖孔和 2 个栉鳃位于其中。梯式神经系统。如新月贝(*Neomenia*)、龙女簪(*proneomenia*)(图 11-11)。

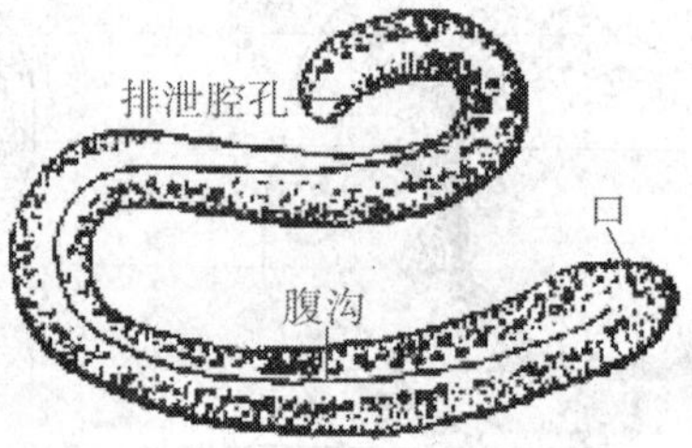

图 11-11　龙女簪腹面观(引自张玺等,1961)

11.2.1.5　腹足纲

腹足纲广泛分布在海洋、淡水和陆地。头部明显,具有触角和眼,足块状,身体左右不对称,具有扭转现象。雌雄异体或同体,有的种类有卵胎生现象,海产的有担轮幼虫期,也有面盘幼虫期。现存大约 75 000 种,还有约 15 000 种化石,是仅次于昆虫纲的动物界第二大纲,分为前鳃亚纲(Prosobranchia)、后鳃亚纲(Opisthobranchia)、肺螺亚纲(Pulmonata)3 个亚纲(图 11-12)。

1. 前鳃亚纲

海水、淡水、陆地均有分布。鳃在心脏前方。侧脏神经因扭转而呈“8”字形。多数雌雄异体。如鲍(*Haliotis*)、田螺(*Viviparus*)、钉螺(*Oncomelania*)、豆螺(*Bithynia*)、宝贝(*Cypraea*)和红螺(*Rapana*)等。

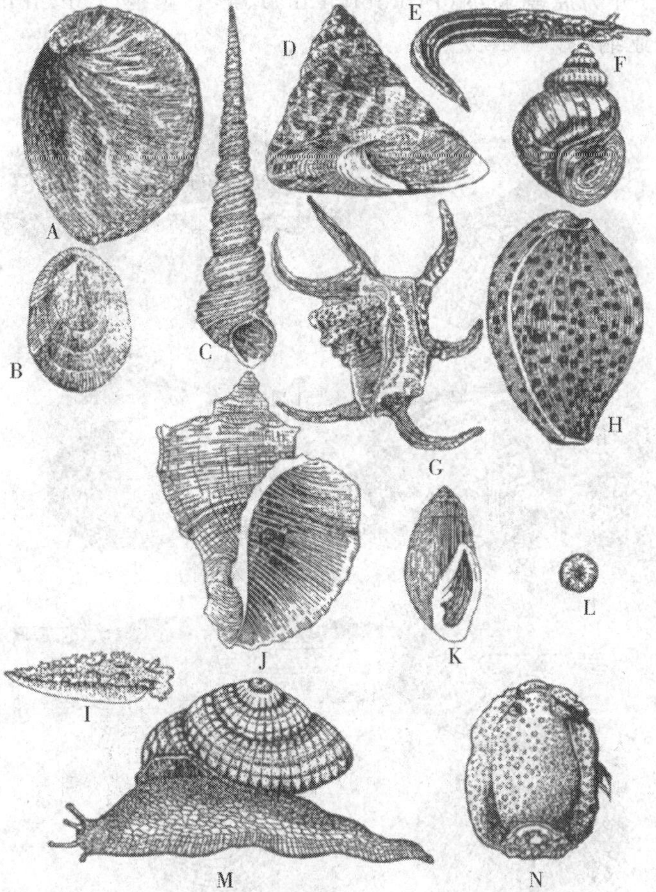

图 11-12 腹足纲代表动物(仿江静波)

A. 鲍 B. 笠贝 C. 锥螺 D. 马蹄螺 E. 蛞蝓 F. 田螺 G. 蜘蛛螺
H. 宝贝 I. 马勇海牛 J. 红螺 K. 耳螺 L. 隔扁螺 M. 蜗牛 N. 海牛

2. 后鳃亚纲

全部在海洋中生活。壳与外套膜退化消失,鳃位于心脏后方。侧脏神经因身体反扭转而不呈"8"字形,心耳和肾的数目仍为1,具有一个单栉鳃,出现次生性皮肤鳃,头部2个触角,雌雄同体。如海兔(*Aplysia*)、海牛(*Doris*)等。

3. 肺螺亚纲

陆生或淡水生,少数海产。鳃退化,右侧外套腔内壁在壳内形成"肺",以肺呼吸。侧脏神经一般不呈"8"字形。头部有触角1~2对,第2触角基部或顶部有眼1对。雌雄同体,发育过程中无自由生活的幼虫阶段。如椎实螺(*Lymnaea*)、扁卷螺(*Planorbis*)、蛞蝓(*Agriolimax*)和华蜗牛(*Cathaica*)等。

11.2.1.6 双壳纲

双壳纲动物全部水产,大多数分布在海洋,也有少量淡水生活。身体侧扁,左右对称,有合抱身体的两片外套膜和两片贝壳。头不明显,无触角和眼,无口腔和齿舌,足一般是单一的斧状足,原始种类为栉鳃,高等种类为瓣鳃,间接发育,海产种类有担轮幼虫和面盘幼虫,淡水种类有的具钩介幼虫。分为原鳃亚纲(Protobranchia)、瓣鳃亚纲(Lamellibranchia)、隔鳃亚纲(Septibranchia)3 个亚纲(图 11-13)。

图 11-13　双壳纲代表动物(仿许崇任等,2008)

A. 泥蚶　B. 贻贝　C. 砗磲　D. 蛤蜊　E. 缢蛏　F. 栉孔扇贝　G. 河蚬

1. 原鳃亚纲

海产,双栉鳃,前后闭壳肌相等,足扁平。如湾锦蛤(*Nucula*)。

2. 瓣鳃亚纲

海产或淡水生活,鳃呈丝状或呈瓣鳃状,鳃丝间和瓣间都有纤毛。如泥蚶(*Arca*)、栉孔扇贝(*Chlamys farreri*)、牡蛎(*Ostrea*)、河蚌(*Mussel*)、砗磲(*Tridacna*)和竹蛏(*Solen*)等。

3. 隔鳃亚纲

深海生活,鳃退化,鳃部出现肌隔板,上有小孔,如孔螂(*Poromya*)、中国杓蛤(*Cuspidaria chinensis*)。

11.2.1.7　掘足纲

全部海洋中穴居。头部不明显,左右外套膜在腹面愈合,并分泌两端开口的牛角形管状贝壳,足柱状,可伸出很长,以挖掘泥沙,故名掘足纲。无鳃和心耳,肾脏 1 对,生殖腺 1 个,雌雄异体,有担轮幼虫和面盘幼虫。约 350 种,如大角贝(*Dentalium vernedei*)。

11.2.1.8 头足纲

全部海产。运动迅速，外套膜有发达的肌肉，足特化为许多分离的腕及其基部的漏斗，并与头部相愈合，故名头足纲。闭管式循环系统，脑有中胚层形成的软骨匣保护，原始种类具外壳，多数种壳被外套膜包被或退化。现存约 650 种，化石种类超过 9 000 种(图 11-14)。根据鳃和腕的数目、壳的形式，可分为鹦鹉螺亚纲(Nautiloidea)、蛸亚纲(Coleoidea)2 个亚纲。

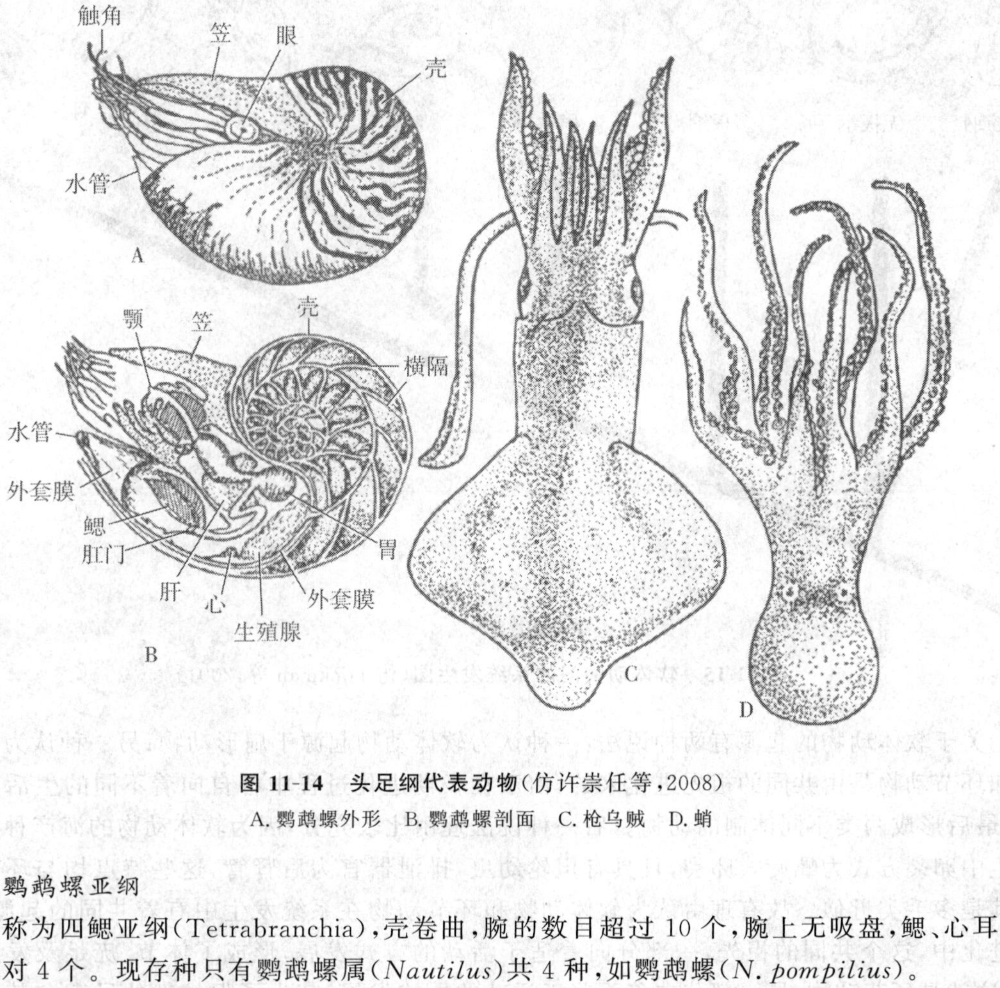

图 11-14 头足纲代表动物(仿许崇任等，2008)

A. 鹦鹉螺外形 B. 鹦鹉螺剖面 C. 枪乌贼 D. 蛸

1. 鹦鹉螺亚纲

又称为四鳃亚纲(Tetrabranchia)，壳卷曲，腕的数目超过 10 个，腕上无吸盘，鳃、心耳、肾均为 2 对 4 个。现存种只有鹦鹉螺属(*Nautilus*)共 4 种，如鹦鹉螺(*N. pompilius*)。

2. 蛸亚纲

又称为二鳃亚纲(Dibranchia)，壳被外套膜包被或退化，管状漏斗 1 个，鳃、心耳、肾均为 2 个，腕 10 个或 8 个，腕上有吸盘，根据腕的数目分为十腕目(Decapoda)和八腕目(Octopoda)。十腕目如乌贼(*Sepia*)和柔鱼(*Ommatostrephes*)等，八腕目如章鱼(*Octopus*)等。

11.2.2 软体动物的系统发生

真体腔的出现是动物演化过程中十分重要的现象，软体动物就已经具备几乎所有的器官系统(图 11-15)。

一般认为原始的软体动物出现在前寒武纪，生活在浅海，身体呈卵圆形，体形小，不超过

1 cm，有 1 对触角，身体两侧对称，体背有一个略微扁平的壳，壳内为外套膜，外套膜下包着内脏团，外套膜与内脏团间形成的空腔，称为外套腔，外套腔中有鳃、排泄器官的开口、肛门、生殖孔。

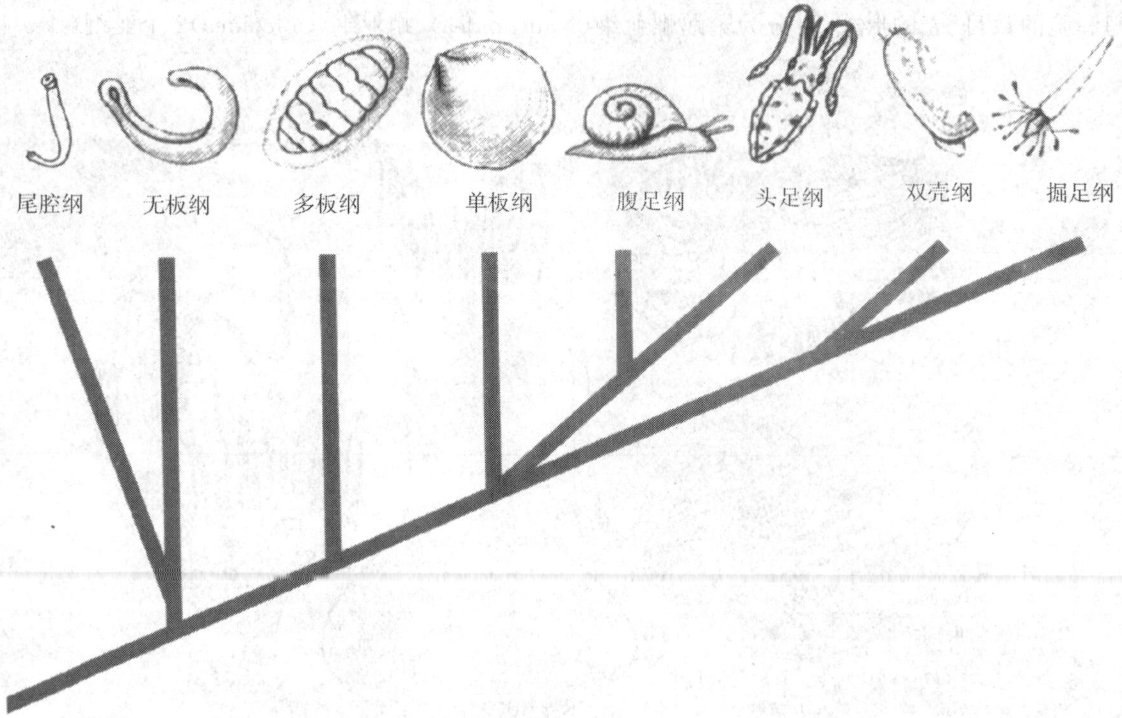

图 11-15　软体动物门的系统发生图(仿 Hickman 等，2001)

关于软体动物的起源有两种说法：一种认为软体动物起源于扁形动物；另一种认为软体动物和环节动物是由共同的祖先进化来的，由于在长期进化过程中各自向着不同的生活方式发展，最后形成两类不同体制的动物。后一种说法理由比较充分，因为软体动物的海产种类个体发生中卵裂方式为螺旋式卵裂，且具有担轮幼虫，排泄器官为后肾管，这些特点均与环节动物尤其是多毛类近似。故有理由认为软体动物和环节动物在系统发生中有着共同的起源，在长期进化中，这个共同的祖先，一部分向着适于活动的方式发展，形成了体节、疣足及发达的头部，这就是环节动物；另一部分向着不善于活动的方式发展，产生了保护性的贝壳和其他一些构造，如分节现象和趋于退化消失的头部。同时，也发展了一些软体动物所特有的结构——外套膜。在软体动物各类群之间由于差别较大，并没有更明显的差别来很好地说明彼此间的亲缘关系(图 11-16)。

软体动物中单板纲、无板纲及多板纲较为原始，这几类的次生体腔发达，神经系统近似梯形，有的个体呈蠕虫形，无壳，许多器官如鳃、肾、外壳等显不出分节排列现象。因为这些原始性状的存在认为它们接近软体动物的原始祖先。

腹足纲是比较低等的类群，其生活方式活跃，头部发达。瓣鳃亚纲无头，但原始种类具盾鳃，足部具趾面，这与腹足纲接近。掘足纲头不明显，外套膜在胚胎时为 2 片，后愈合呈筒状，成对的肾，脑神经节与侧神经节分开，这些表明其接近于原始的瓣鳃类，但掘足类无鳃，无心脏，贝壳筒形，又显示与其他纲动物在演化上较为疏远，可能是较早分出的一支。头足纲为一古老的类群，起源早，化石种类多。它们的生殖腔与体腔相通，似无板纲；个体发生中在胚胎早期无肾，似多板纲和无板纲；生殖导管来源于体腔导管，又似多板纲。由于头足类有原始软体动物的特点，说明它们与软体动物的原始种类接近。但头足类又有较复杂的结构，如复杂的神经系统高度集中，且为软骨质包围；眼的结构似脊椎动物，基本为闭管式循环系统；直接发生，无幼虫期。由于头足类既有原始性状，又有高度的进化特征，在地层中最早发现的软体动物也是头足动物，故推测它们可能是很早分出的、沿着更为活跃的生活方式发展的一个独立的分支。

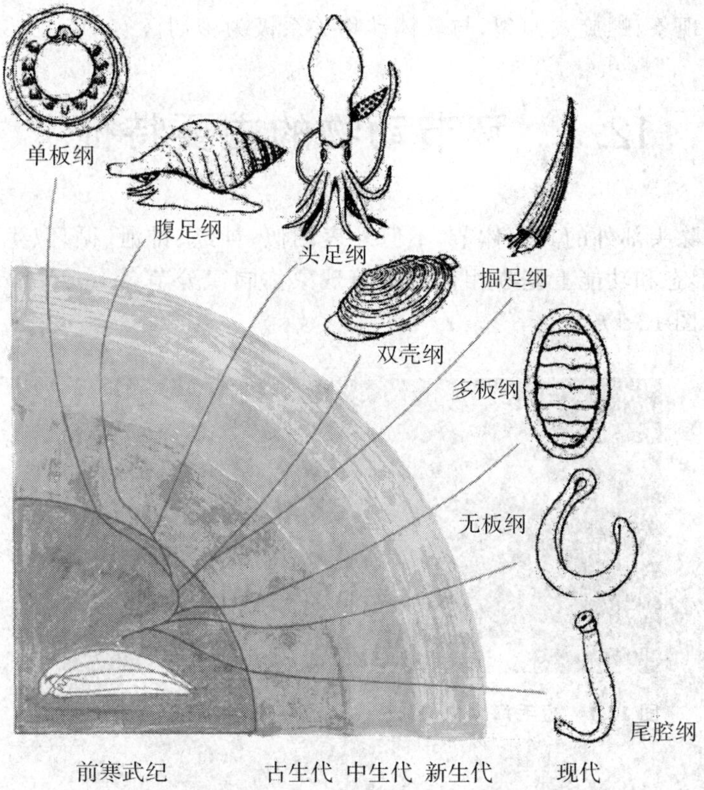

图 11-16 软体动物系统关系

第12章 环节动物门

进化地位：环节动物(Annelida)属原口动物分支，身体两侧对称，三胚层，真体腔发达，首次出现了身体分节现象，螺旋式卵裂，与软体动物关系极为密切。

12.1 环节动物的主要特征

多数环节动物除头部外的其他体节，不但外表相似，神经、排泄、循环、生殖等内部器官也按体节排列，这种形态和功能上基本相似的分节现象称同律分节(homonomous metamerism)(图 12-1，见书后彩图 12-1)。

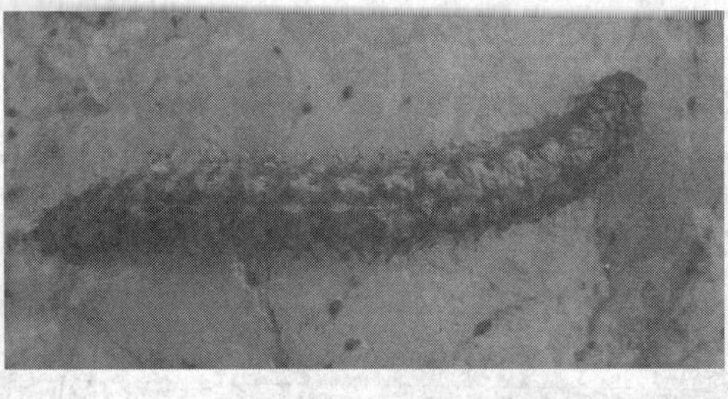

图 12-1 短毛海鳞虫(*Halosydna brevisetosa*)(王宝青摄)

12.1.1 身体分节

身体分节可以充分发挥流体静力骨骼的功能，使运动更加灵活。各体节间的隔膜可固定脏器的位置，缓解挤压。分节是生理分工的开始，可强化躯体各个节段局部的功能并为进一步的分化打下基础。由此可见，身体分节在系统演化中有着重要意义。

12.1.2 真体腔发达

环节动物的真体腔发展到了极致，位于体壁与消化道之间。真体腔被隔膜分隔成体腔室，但蛭纲例外。真体腔来源于中胚层，由胚孔两侧的中胚层细胞裂开形成，故又称裂体腔(schizocoel)。真体腔外围由中胚层形成的体腔膜包围，称体壁体腔膜；内侧中胚层形成的体腔膜，称脏壁体腔膜，它与内胚层共同构成了肠壁，位于两膜之间的空腔即为真体腔。真体腔出现以后，由于中胚层参与了肠道的发育，使得肠壁上有了肌肉的分布，在肠壁运动的基础上，加速了消化道在形态机能上的进一步分化，无疑使消化能力得到了极大的提高。真体腔形成后还增强了机体的灵活性，扩展了内脏器官的空间，让更多细胞处于表面，增加了物质交换的机会，同时还加速了排泄、循环、生殖等器官的发展(图 12-2，见书后彩图 12-2)。

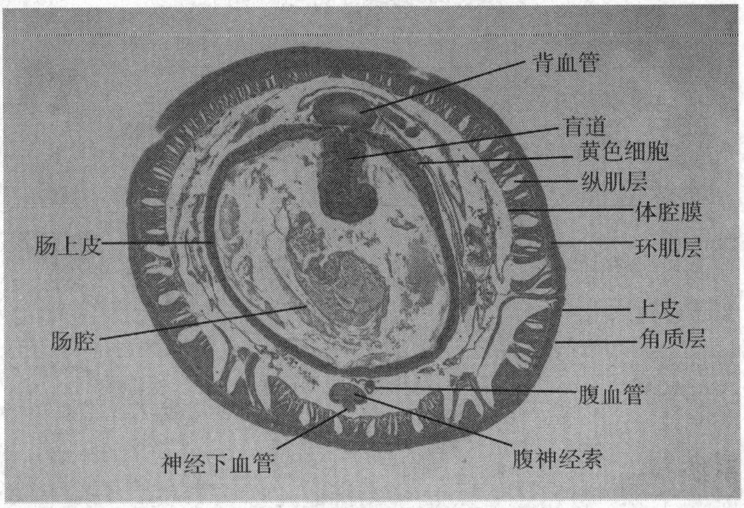

图 12-2 蚯蚓横切(王宝青摄)

12.1.3 疣足和刚毛

环节动物首次以附肢的形式出现了专门的运动器官——疣足(parapodium)和刚毛(seta)，为动物快捷运动提供了保障，使游泳和爬行能力得到了有效提高。

海生种类身体两侧体壁向外凸出呈扁平状双层结构，形成了疣足，体腔也深入其中。疣足既负责游泳，还可进行气体交换，一般每体节 1 对(图 12-3)。

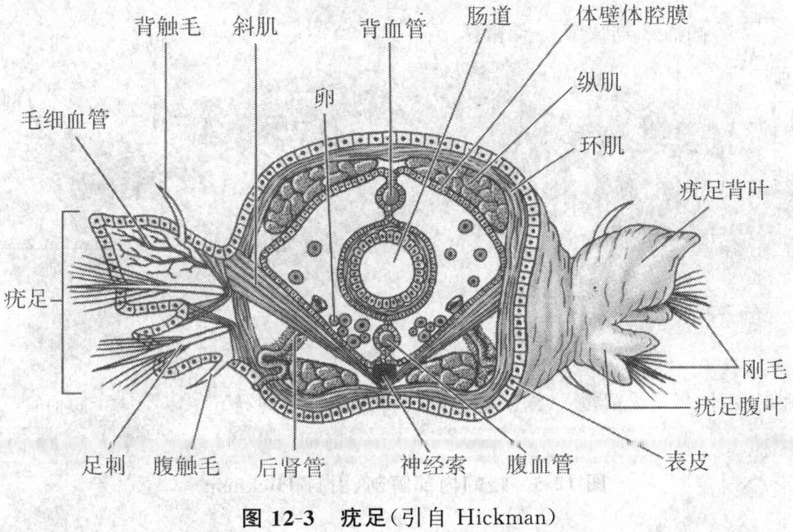

图 12-3 疣足(引自 Hickman)

大多数环节动物具有刚毛，首先由表皮内陷形成刚毛囊(seta sac)，囊底部的形成细胞

(formative cell)分泌几丁质,最后形成刚毛(图 12-4)。无疣足和刚毛的种类(蛭纲)特化出了吸盘。

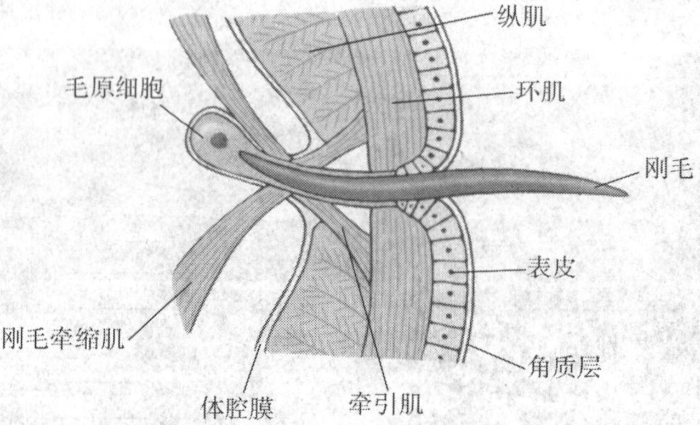

图 12-4　刚毛(引自 Hickman)

12.1.4　消化系统

消化系统比较完善,有了前肠、中肠、后肠的分化。前肠包括口腔、咽、食道、嗉囊、砂囊等,主要功能是摄取、软化、研磨食物;中肠分化出胃和肠,主要功能是消化和吸收;后肠短,经肛门通向体外。蛭类营吸血性半寄生生活,储血用的嗉囊发达(图 12-5)。

12.1.5　高效的闭管式循环系统

循环系统包括背腹血管相连的环血管、动脉和静脉,动、静脉之间以微血管网相互连接,这种血液始终在血管内流动的循环方式称闭管式循环系统(closed vascular system),提高了营养物质运输和携氧的效率。呼吸通过体表或富于微血管的疣足与外界进行气体交换(图 12-5)。

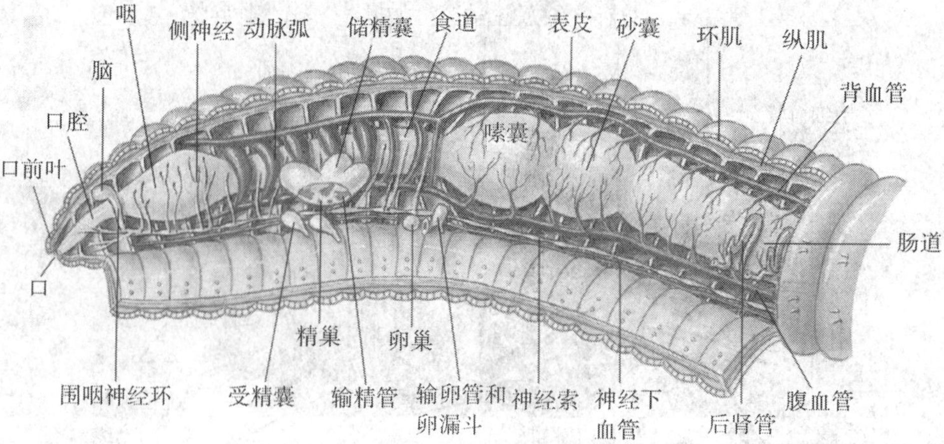

图 12-5　蚯蚓内部解剖(引自 Hickman)

12.1.6 排泄系统

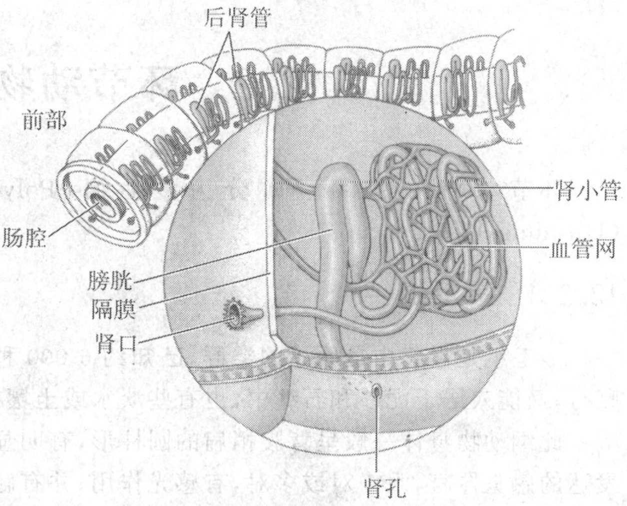

图 12-6 蚯蚓后肾管结构(引自 Hickman)

原始的环节动物排泄器官为原肾管,由管细胞(solenocyte)和排泄管构成。大多种类的环节动物排泄器官为后肾管,来源于外胚层,由收集废物的肾口(nephrostome)、负责运输的肾管和排出废物的肾孔(nephridiopore)组成。后肾管上密布毛细血管网,因此,后肾管不仅可以排出体腔内的代谢产物,还可排出血液中的代谢产物和多余的水分(图 12-6)。

12.1.7 神经系统与感官

神经系统"链式",由"脑"、围咽神经(circumpharygeal connective)、咽下神经节(subpharygeal ganglion)和腹神经索(ventral nerve cord)组成,并建立了最原始的反射弧。多毛类的感官发达,包括眼、项器(nuchal organ)、平衡囊(statocyst)、纤毛感觉器(ciliated sense organ)、触觉细胞(tactile cell)、味蕾、感光细胞等。寡毛类和蛭类感官不发达。

12.1.8 生殖与发育

雌性同体或异体。陆生、淡水生种类直接发育,无幼虫期。海生种类在胚胎发育过程中有一个担轮幼虫期,经变态后发育为成虫(图 12-7)。

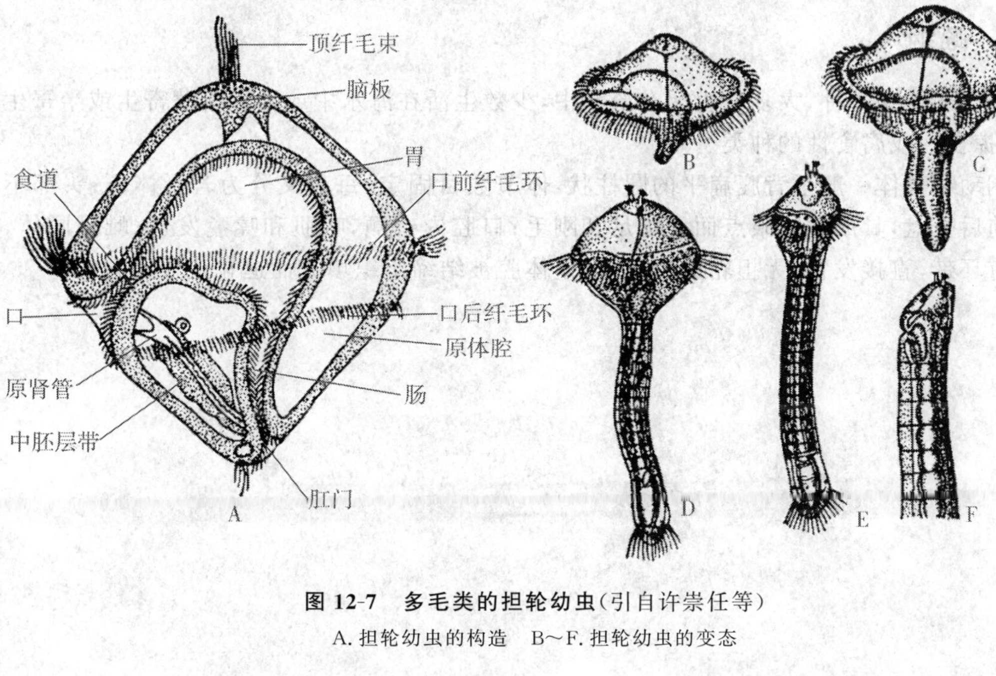

图 12-7 多毛类的担轮幼虫(引自许崇任等)

A. 担轮幼虫的构造 B~F. 担轮幼虫的变态

12.2 环节动物门的分类

环节动物约 9 500 种，分为多毛纲（Polychaeta）、寡毛纲（Oligochaeta）和蛭纲（Hirudinea）。

12.2.1 多毛纲

多毛纲是本门中最原始的类群，已知约 6 000 种，绝大多数生活于浅海沙滩，既可游泳或爬行，又能穴居于泥沙和石缝中，也有些淡水或土壤中的种类。代表动物为沙蚕（*Nereis*）。

此纲动物身体一般呈背腹稍扁的圆柱形，有明显的“头部”，由口前叶和围口节组成，上有发达的感觉器官，眼 1 对或多对，有感光作用；并有触须和触手，为感觉和摄食器官。从围口节以后，除末节外，每个体节的两侧都有一对疣足，疣足分背、腹两叶。每叶有 1 束刚毛和 1～2 根足刺，具有运动和支持疣足的功能。背叶的背侧有背须，腹叶的腹侧有腹须，背、腹须均有触觉和呼吸作用。排泄孔位于疣足腹侧的基部。末节有 1 对肛须，肛门位于肛须之间。雌雄异体，生殖系统较为原始，生殖腺只在生殖季节出现。无生殖环带，发育中有担轮幼虫期。

12.2.2 寡毛纲

寡毛纲已知约 3 000 种，大多数栖息于潮湿、富含有机质的中性土壤内，也有少数生活于淡水或海水中。

此纲动物身体一般呈长圆筒形，无明显的头部，感觉器官退化；无疣足，刚毛着生在体壁上，成为主要运动器官；雌雄同体，异体受精，性成熟时体表产生环带，卵产于卵茧中，直接发育，无担轮幼虫期。常见种类包括各种蚯蚓等。

12.2.3 蛭纲

蛭纲已知约 500 种，大多数生活在淡水中，少数生活在海水中或陆生。营寄生或半寄生生活，也有掠食性或腐食性的种类。

此纲动物身体一般呈背腹扁平的圆柱状，体节数目固定，每节又分为若干体环；头部不明显而具前后吸盘，具成对的眼点而无疣足和刚毛；口腔内有颚，咽肌和嗉囊发达；雌雄同体，性成熟时有环带，直接发育，无担轮幼虫期；次生体腔被结缔组织填充而退化成血窦系统。

第13章 节肢动物门

进化地位：节肢动物(Arthropoda)属原口动物分支，两侧对称，三胚层，混合体腔，螺旋式卵裂，出现了坚硬的外骨骼，身体高度异律分节，占据了几乎所有的生境，是原口动物中演化最成功的类群。

13.1 节肢动物的主要特征

节肢动物种类繁多(约100万种)，数量巨大，约占动物界种类的85%，且分布广泛，水中、陆地、空中、动植物体内外，都有它们的踪迹。

13.1.1 身体高度异律分节

在同律分节基础上，分节现象进一步发展与分化，逐步形成了明显的头部、胸部和腹部。头部是感觉和摄食的中心，胸部是支撑与运动的中心，腹部是生殖与代谢的中心。这种分节不仅在外部形态上差异明显，更有生理机能上的分化，不同的体节，侧重执行不同的功能，称异律分节(heteronomous segmentation)。分节不仅体现在身体上，附肢也是分节的，故称节肢动物(图13-1)。附肢分节，增强了动物的运动水平，还特化出了摄食、感觉、触觉、平衡、信息交流、辅助呼吸、生殖等功能。此外，附肢上还分布有感觉毛、刺等。

图13-1 红条绿芫菁(*Lytta suturella*)(计云摄)

13.1.2 几丁质外骨骼与肌肉

节肢动物具有一高度保护性而又不失运动灵活性的外骨骼，它是由下面表皮分泌出来覆盖于体表的角质膜。角质膜由较厚的前角质膜(内层)和相对较薄的上角质膜(外层)构成。前角质膜又可分为蜕皮前分泌的外角质膜和蜕皮后分泌的内角质膜。外角质膜与内角质膜均由几丁质和蛋白质形成(图 13-2)。几丁质为一种坚韧、富有弹性、含氮的多糖类化合物，即醋酸酰氨葡萄糖，它不溶于水、碱和弱酸。因而前角质膜不仅柔韧、轻巧，更能提供保护及防止水分的蒸发。有些甲壳纲动物几丁质可占到前角质膜的 60%～80%，但昆虫则一般不超过 50%(其余为蛋白质)。大多数甲壳纲动物的前角质膜中渗入了大量的钙盐，从而降低了其灵活性。如拥有坚硬外壳的龙虾、螃蟹，钙化现象就达到了极致。上角质膜由蛋白质和脂类组成，蛋白质经化学交联(硬化)变得稳定和坚硬，从而进一步增强了保护作用。许多昆虫的上角质膜外还具有蜡层，以减少水分的丢失。

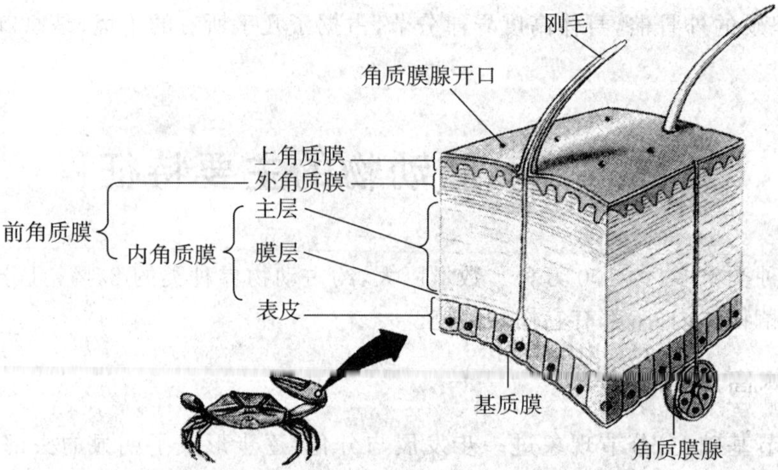

图 13-2　角质膜结构(引自 Hickman)

角质膜可以是柔软、能渗透或是坚实的外壳，在体节间和附肢的节间，它们薄而富有韧性，构成了灵活的关节，使自如的运动成为可能。甲壳类和昆虫类，角质膜向内生长，构成了角质膜内突，供横纹肌附着。

然而，这种无法伸展的外骨骼却严重束缚了动物的生长，要想继续长大，必须每间隔一段时间，在体内激素的调控下，脱去外壳，使身体进一步长大，这一过程称脱壳或蜕皮(ecdysis)。两次蜕皮之间的生长期称龄期。节肢动物一般要经历 2～10 次蜕皮才能长成成体。有些种类甚至到成体后仍继续蜕皮。随着身体的长大，外骨骼也逐渐加重，限制了动物的最终体形。

13.1.3　混合体腔与循环

节肢动物的真体腔退化，主要形成了排泄、生殖器官的内腔。体壁与消化道间的空隙是由真体腔的残余和原体腔混合而成，故称混合体腔(mixocoel)。由于腔内充满血液，因此，又称血体腔(haemocoel)。节肢动物的体内没有毛细血管网，属开管式循环。这种循环血流速度慢、耗能少、血压低，是对容易折断附肢的一种适应。节肢动物中的昆虫等多数种类血液无携氧功能，只负责运输营养。除少数甲壳类血液含血红蛋白以外，绝大多数节肢动物血液含有血青/绿蛋白，故血液常呈青色或青绿色(图 13-3)。

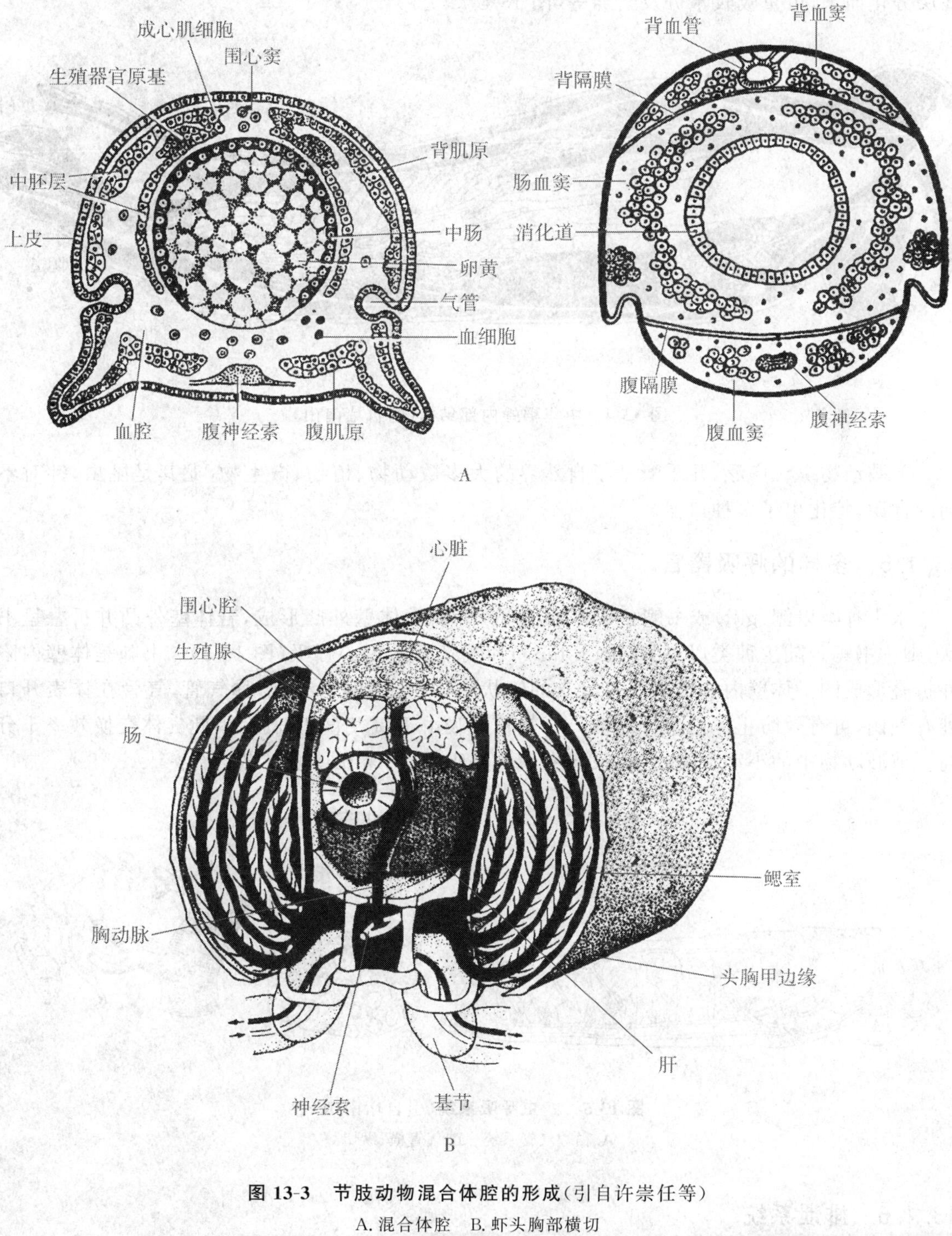

图 13-3　节肢动物混合体腔的形成（引自许崇任等）

A. 混合体腔　B. 虾头胸部横切

13.1.4　消化系统

消化系统比环节动物有了进一步的分化。前肠由外胚层内陷形成，可贮藏、研磨食物，并进行初步的消化；中肠由内胚层分化而来，可分泌消化酶，是主要的消化、吸收场所；后肠由外胚层分化而来，可重吸收水分及营养等(图 13-4)。

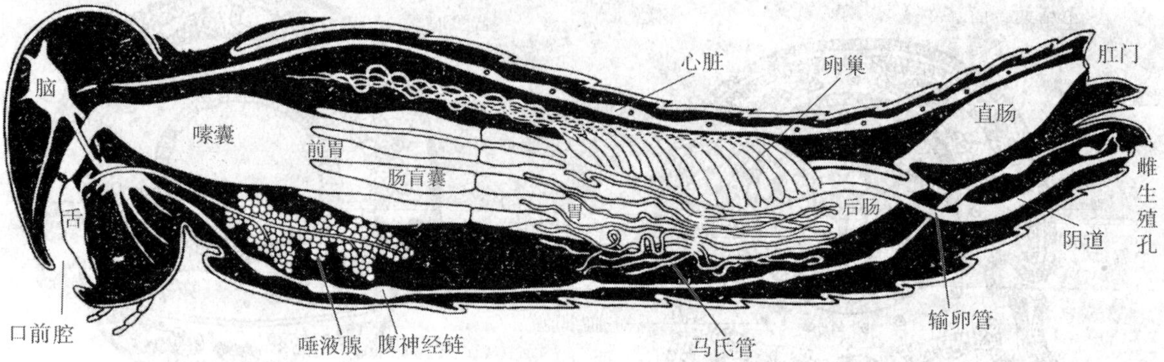

图 13-4　中华稻蝗内部结构(引自堵南山)

节肢动物摄食广泛，几乎囊括了自然界的大多数动物、植物、微生物，尤其是昆虫，针对不同的食源，特化出了多种口器。

13.1.5　多样的呼吸器官

水生种类以鳃(gill)或书鳃(book gill)呼吸。鳃由体壁外凸形成，若体壁外凸并折叠呈书状，则称书鳃。陆生种类以书肺(book lung)和气管(trachea)呼吸(图 13-5)。书肺是体壁内陷并折叠形成的。体壁内陷形成反复分支的管状结构，直达组织细胞，称气管，气管在体表开口处有气门，可有效防止体内水分的散失。气管呼吸由于氧气直达细胞，因此气体交换效率十分高。节肢动物中的小型种类，往往没有专职的呼吸器官，常靠体表扩散进行。

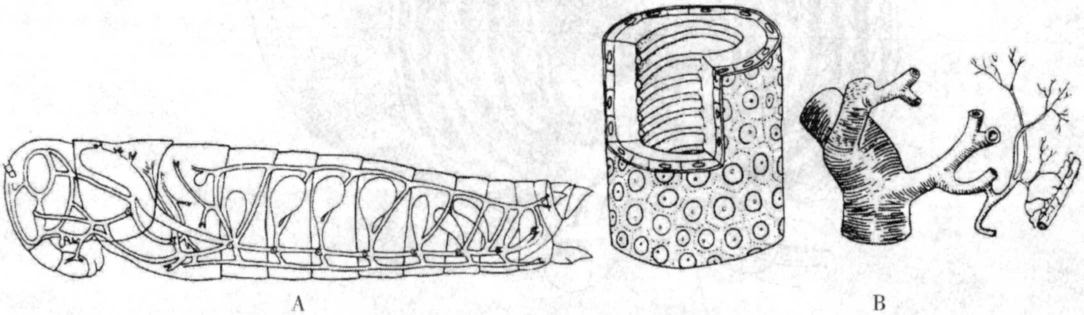

图 13-5　蝗虫呼吸系统(引自堵南山)

A. 稻蝗气管系统　B. 气管横、纵切

13.1.6　排泄系统

节肢动物的排泄器官有 2 种主要类型：一类是腺体结构，包括绿腺(green gland)和颚腺(maxillary gland)，末端开口于体表，多见于水生节肢动物及部分蛛形纲动物，代谢产物为氨。另一类是马氏管(Malpighian tube)，由中肠与后肠之间发出的数条盲管组成，盲端游离于体腔中，多见于蛛形纲、多足纲动物。

13.1.7 神经系统与感觉器官

节肢动物的神经系统与环节动物相似，但由于高度的异律分节，导致相邻神经节愈合为较大的神经节，神经节的数目往往与体节的数目相同。感官包括视觉、听觉、触觉、嗅觉、味觉、平衡觉等。

13.1.8 生殖与发育

多为雌雄异体，且异形，卵裂为表面卵裂，生殖方式多样，有卵生、卵胎生、幼体生殖、孤雌生殖等。发育有直接发育和间接发育。

13.2 节肢动物门的分类

节肢动物的分类比较繁琐，且各家观点不一，仍存有较大争议。这里分 3 亚门、6 个纲。

有鳃亚门（Branchiata）：大多水生，少数陆生，具触角，以鳃呼吸。分 2 纲：三叶虫纲（Trilobita）（已灭绝）、甲壳纲（Crustacea）。

有螯亚门（Chelicerata）：大多陆生，以书肺或气管呼吸。水生种类则以书鳃呼吸。第一对附肢末端呈钳状，称螯肢。分 2 纲：肢口纲（Merostomata）、蛛形纲（Arachnida）。

有气管亚门（Tracheata）：大多陆生，少数淡水生（次生性），以气管呼吸，分 2 纲：多足纲（Myriopoda）、昆虫纲（Insecta）。

13.2.1 有鳃亚门

13.2.1.1 三叶虫纲

在距今 6 亿年前的寒武纪时，三叶虫已经非常繁盛，奥陶纪的三叶虫还出现了一些新的种类。均海生，底栖。自志留纪和泥盆纪开始进入衰落时期。古生代末，三叶虫全部灭绝。到目前为止，已发现的化石种类达 4 000 余种（图 13-6）。

三叶虫化石的身体扁平，椭圆形，背面有 2 条纵行的沟，将身体纵分为 3 叶，故名三叶虫（图 13-7）。身体分头、胸、尾 3 部分，分别由若干体节组成，每节具 1 对附肢。第一对为触角（单肢型），其余附肢均为双肢型。

13.2.1.2 甲壳纲

大多水生，少数生活在近水或潮湿的地域。极少数营寄生生活。头部和胸部程度不同地愈合成头胸部。背面有一特别发达的大甲壳，称头胸甲或背甲，具有保护皮肤下面胃、心脏等器官的功能。身体有一定的体节数目，除头部第一对附肢（触角）为单肢型外，其余各体节都有一对分节的双肢型附肢，这些附肢变异很大，有的变成取食器官，有的变成步行足等（图 13-8）。

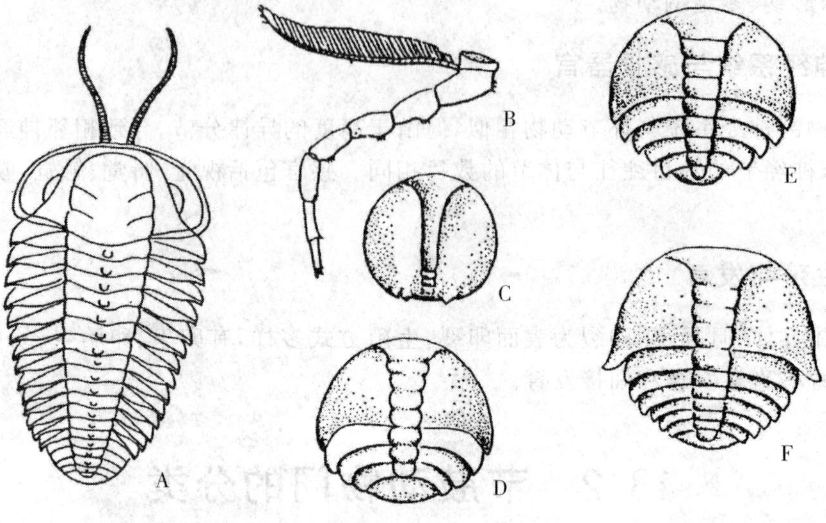

图 13-6 三叶虫(引自华中师院)

A. 外形 B. 附肢 C~F. 幼体发育

图 13-7 三叶虫化石(王宝青摄)

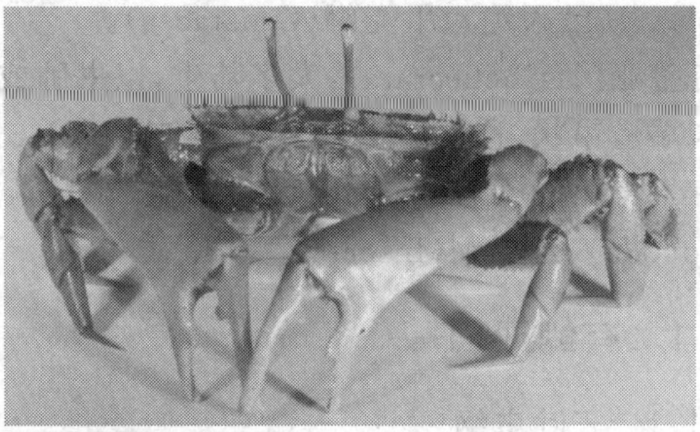

图 13-8 日本大眼蟹(*Macrophthalmus japonicus*)(王宝青摄)

13.2.2 有螯亚门

13.2.2.1 肢口纲

本纲动物均为海产,用书鳃呼吸。全世界仅有 5 种,我国仅存的一种是中国鲎(*Tachypleus tridentatus*)分布在浙江、福建、广东沿海。

鲎的长相既像虾又像蟹,人称之为"马蹄蟹",是一类与三叶虫一样古老的动物。鲎的祖先出现在地质历史时期古生代的泥盆纪,当时恐龙尚未崛起,原始鱼类刚刚问世,随着时间的推移,与它同时代的动物或者进化,或者灭绝,而唯独鲎从 4 亿多年前问世至今仍保留其原始而古老的相貌,所以鲎有"活化石"之称(图 13-9)。

13.2.2.2 蛛形纲

本纲动物种类繁多,常见的有蜘蛛、蝎、蜱、螨等,多数种类为陆生,少数种类水生(次生性)或寄生。

蛛形纲动物的身体通常分为头胸部和腹部,而蜱、螨类的头、胸、腹 3 部分则完全愈合在一起。头部无触角和复眼，只有单眼，1～4 对。头胸部有 6 对附肢，第 1 对为螯肢，第 2 对是触肢，第 3～6 对是步足，腹部无附肢。

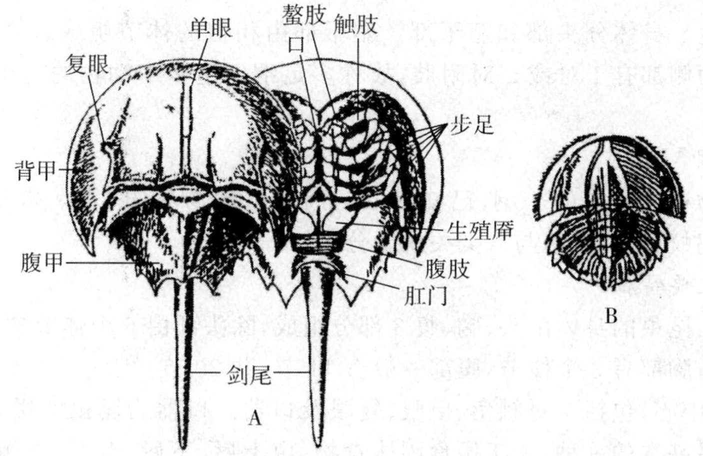

图 13-9　鲎(引自华中师院)
A. 外形　B. 幼体

蛛形纲中的绝大多数动物是肉食性的，少数为植食性。代表动物为圆网蛛(*Araneae* sp.)圆网蛛的头胸部与腹部靠一细腰相连。头胸部前端背面有 8 个单眼。第 1 对螯肢有 2 节，爪尖有毒腺开口，以毒杀昆虫为食。第 2 对触肢与步足相似，有触角的作用，但雄性触肢的末节膨大为交接器。第 3～6 对是步足。腹部较大，不分节，前侧有一生殖孔。雌体的生殖孔被生殖厣所覆盖。雄性只是一小孔。生殖孔的两侧是 1 对呼吸器官——书肺。腹部后端中央有一气门和 3 对纺织器突起，与内部的丝腺相连。突起上有较多的小孔，丝腺可分泌黏液蛋白，从小孔出来，遇到空气凝结成丝，用以结网捕虫，或做卵茧(图 13-10)。

蛛形纲动物约有 2 000 种，主要目有：蝎目、蜘蛛目、蜱螨目。

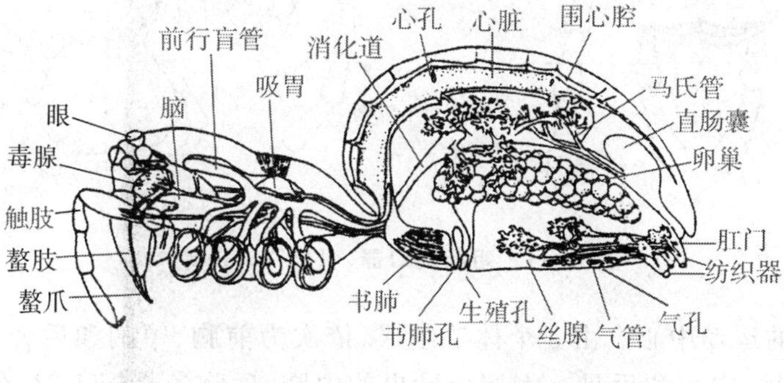

图 13-10　圆网蛛的内部构造(引自江静波)

13.2.3 有气管亚门

13.2.3.1 多足纲

本纲均为陆生。身体分头部和躯干部。躯干部由相似的体节组成。体节数目因种类而异。每个体节的两侧都有 1 对或 2 对附肢，故称多足纲。这一纲动物约有 10 500 种，包括各种蜈蚣、马陆等。

13.2.3.2 昆虫纲

昆虫纲是动物种类最多的一纲，已知约 90 万种，占动物界的 3/4。常见种类有蝗虫、蟋蟀、蝶、蛾、蜜蜂、蚂蚁、蚊、蝇等，与人类关系十分密切。

1. 昆虫纲的主要特征

(1)外部形态：昆虫的身体由头、胸、腹 3 部分组成，除头部由 6 个体节愈合在一起外，胸部和腹部分节明显。胸部有 3 个体节，腹部一般有 11 节，共 20 节。

头部：为感觉中心，包括 1 对触角、单眼、复眼及口器。口器为昆虫的摄食器官，包括咀嚼式口器：最原始、最基本的一种，适于摄食固体食物，由上唇、下唇、上颚、下颚和舌 5 部分组成(图 13-11)。此外还衍生出了刺吸式口器(蚊类)，适于摄食血液或汁液；舔吸式口器，适于舔舐食物(蝇类)；虹吸式口器，适于在花朵中采蜜(如蝶、蛾类)；嚼吸式口器，适于舔吸花蜜(蜜蜂)。

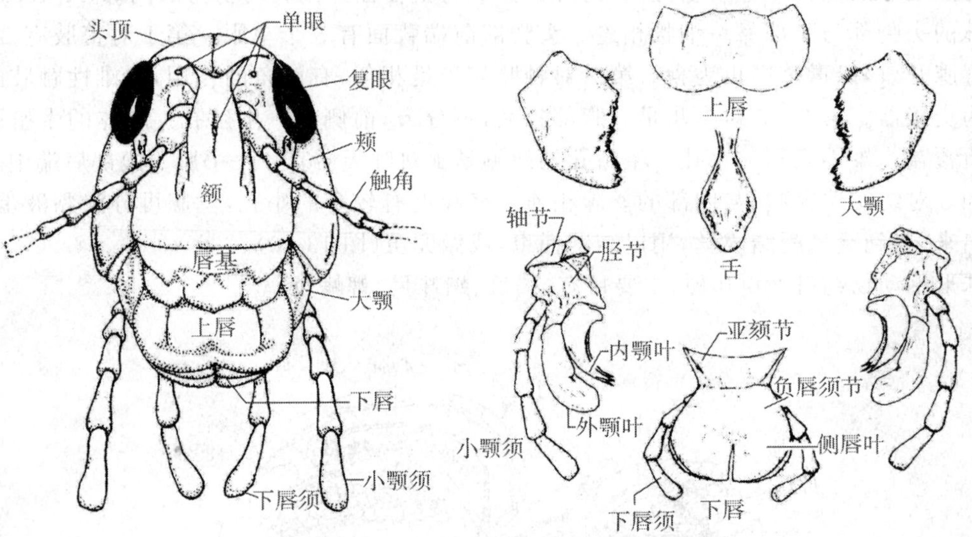

图 13-11 咀嚼式口器(引自许崇任等)

胸部：是昆虫的运动中心。由 3 个体节组成，依次为前胸、中胸和后胸。每个体节上有 1 对足，分别称为前足、中足和后足。大部分昆虫的中胸、后胸各具翅 1 对，分别称为前翅和后翅。昆虫的足由 6 节组成：与胸部相连接的是基节，依次是转节、腿节、胫节、跗节和前跗节，前跗节常变为爪和爪垫。

腹部：是代谢和生殖的中心。通常由 11 个体节组成，也有的几个体节愈合在一起。

（2）内部结构：包括消化系统、循环系统、呼吸系统、排泄系统、神经系统和感觉器官、内分泌系统、生殖器官等。

消化系统：昆虫的消化管分为前肠、中肠和后肠。前肠可磨碎食物，防止粗糙食物进入中肠；中肠是分泌各种消化酶以及消化、吸收营养物质的主要场所；后肠是重吸收水分的地方，最后形成较干燥的粪便排出体外。

循环系统：属于开管式循环。唯一的血管是位于消化道背面的背血管，前段称动脉，开口于头部，后段称心脏，由一系列连续膨大的心室组成，最终经心孔流回心脏（图 13-12）。血液通常呈黄色、绿色或无色，血内有白细胞，无血红蛋白，也无携氧和二氧化碳的功能，仅有输送营养物质、激素和代谢废物的作用。

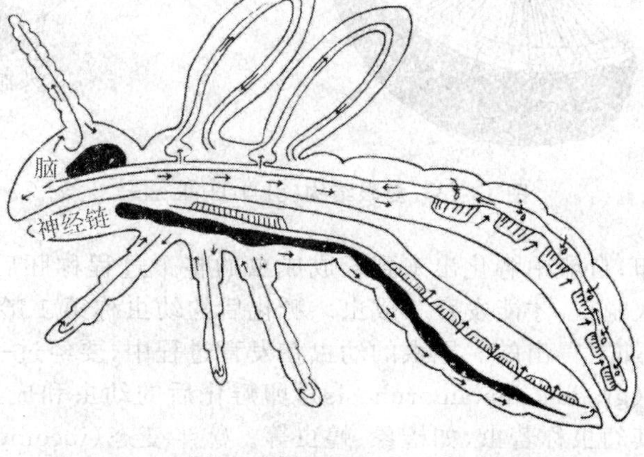

图 13-12　昆虫血液循环示意图（引自刘凌云等）

呼吸系统：除一些微小的昆虫直接利用皮肤呼吸外，其余昆虫都利用气管呼吸。此外，一些水生昆虫可以利用水中的溶解氧进行呼吸，然而这些水生昆虫（次生性）仍需定时露出水面，呼吸空气。

排泄系统：昆虫的排泄器官是马氏管，位于中、后肠的交界处，由众多细小的盲管组成，盲端游离于血腔中。它可收集血液中代谢产生的废物——尿酸，经后肠排出体外。尿酸不溶于水，因而减少了水分的排出，以适应干燥的陆生生活。

神经系统和感觉器官：大致可分为中枢神经系统、交感神经系统和外周神经系统。

中枢神经系统包括脑、咽下（食道）神经节和腹神经索。脑是感觉与整合的协调中心，咽下神经节和腹神经索可调节运动和生殖器官等。交感神经系统包括 3 个神经节（额神经节、后头神经节、嗉囊神经节），主要调控内脏器官的活动。外周神经系统包括所有的感觉神经元和运动神经元及感觉器和效应器。感觉器官除眼和触角外（图 13-13），还有听觉器、味觉器、嗅觉器、感温器等。

内分泌系统：昆虫体内的一些腺体可分泌激素，对昆虫不同的生长发育阶段起调控作用。如前胸腺分泌蜕皮激素，调控蜕皮，咽侧体分泌保幼激素，确保幼虫正常发育，心侧体分泌心脏刺激素，调控心跳等。有些昆虫体表能分泌挥发性的化学物质在空气中传播，称外激素。如雌蛾分泌的一种性外激素，能吸引很远距离的雄蛾。

生殖与发育：雌雄异体，生殖器官通常由 1 对生殖腺和 1 对生殖导管组成。昆虫的生殖方式很多，包括：①两性生殖，绝大多数昆虫为此类方式，一般为卵生，在体内受精，体外孵化；

②单雌生殖(孤雌生殖),未受精的卵发育成个体;③多胚生殖,由一个卵发育成多个幼虫;④幼体生殖,少数昆虫尚处幼虫时期就进行生殖。

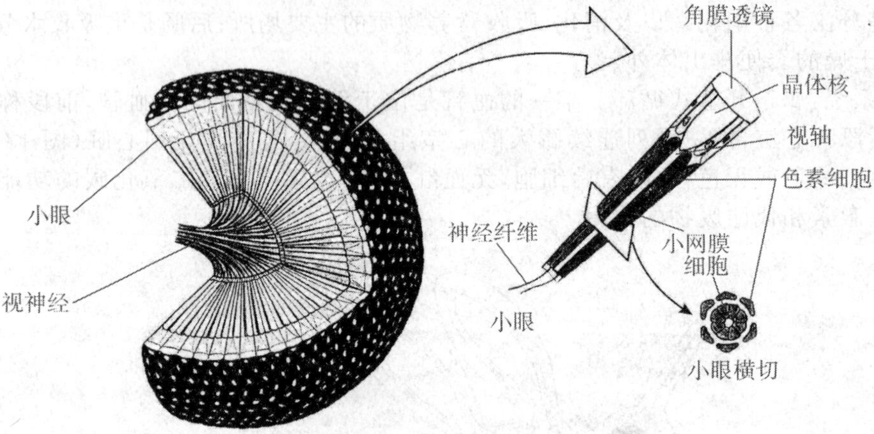

图 13-13 复眼结构(引自 Hickman)

昆虫的卵属中黄卵,自卵中孵化出来到长成成虫的整个过程称胚后发育。刚孵化出来的虫体称幼虫。经过几次蜕皮,才能发育为成虫。孵化后的幼虫称第 1 龄幼虫,蜕 1 次皮后为 2 龄,虫龄是以蜕皮次数加 1 得出的。昆虫的幼虫在发育过程中,要经过一系列的变化,称变态,变态可分为:①渐变态(gradual metamorphosis),卵孵化后的幼虫和成虫差别不大,生活习性一样,只是翅未长成,其幼虫称若虫,如椿象、蝗虫等。②半变态(incomplete metamorphosis),卵孵化后,生活习性与成虫不同,形态差别也比较大,要经过卵→稚虫→成虫 3 个阶段,如蜻蜓等。③完全变态(complete metamorphosis),卵孵化后,与成虫完全不同,要经过卵→幼虫→蛹→成虫 4 个阶段。

2. 昆虫纲的分类

昆虫纲一般根据翅的有无、变态的类型、口器的形式、触角及附肢的构造等,分为 2 个亚纲 30 余目。现就重要目简述如下。

(1)无翅亚纲(Apterygota):原始无翅,无变态。

缨尾目(Thysanura):体被鳞片,咀嚼式口器,触角丝状、细长,腹部 11 节,末端有很长的尾须 2~3 条,如衣鱼(*Ctenolepisma* sp.)生活于居室抽屉、衣箱等处。

(2)有翅亚纲(Pterygota):通常具翅,也有翅退化或消失,完全或不完全变态。

蜻蜓目(Odonata):触角短、刚毛状,复眼大,咀嚼式口器,翅膜质、多脉,腹部细长,半变态,稚虫水栖,成虫和稚虫肉食性,如蜻蜓(*Anax* sp.)、豆娘(*Agrion* sp.)等。

蜚蠊目(Blattaria):体扁平,头被前胸背板所遮盖,咀嚼式口器,前翅革质,后翅膜质,夜行性,植食性,如东方蜚蠊(*Blatta orientalis*),俗称蟑螂。

螳螂目(Mantodea):身体较长,头部三角形,可灵活转动。前胸特别长且能活动,咀嚼式口器,前翅革质,后翅膜质,如螳螂(*Paratenodera* sp.)。

等翅目(Isoptera):体柔软,咀嚼式口器,触角念珠状,翅膜质,前后翅相似且等长,在我国主要分布于长江以南,如白蚁(*Coptotermes* sp.)。

直翅目(Orthoptera):咀嚼式口器,前翅狭窄、革质,后翅宽大、膜质,且能折叠藏于前翅之下。腹部常具尾须及产卵器,发音器及听器发达。常见种类有蝗虫(*Locusta migratoria*)、螽斯(*Gampsocleis* sp.)、蝼蛄(*Gryllotalpa* sp.)、蟋蟀(*Gryllulus* sp.)、中华蚱蜢(*Acrida chinensis*)等。

半翅目(Hemiptera):包括异翅亚目和同翅亚目。异翅亚目常见种类有稻绿蝽(*Nezara viridula*)、三点盲蝽(*A. fasciaticollis*)等各种蝽。同翅亚目常见种类有棉蚜(*Aphis gossipii*)、苹果蚜(*Aphis pomi*)、吹棉介壳虫(*Icerya purchasi*)、蚱蝉(*Cryptotympna atrata*)等。

虱目(Anoplura):俗称虱子,体小、扁平,无翅,足粗短,刺吸式口器,寄生于哺乳类、鸟类及人的体表,吸食寄主血液并传播疾病,如人体虱(*Pediculus humanus*)、牛虱(*Haema topinus*)等。

食毛目(Mallophaga):俗称羽虱,体形与虱相似,眼退化,无翅。咀嚼式口器,咬食畜禽毛、羽,如鸡虱(*Menopon gallinae*)、牛毛虱(*Bovicola bovis*)等。

鞘翅目(Coleoptera):俗称甲虫。前翅角质,厚而坚硬,无翅脉。停歇时,两鞘翅合起来在背中线上相接成一直线,保护后翅。后翅膜质,起飞翔作用,停歇时一般折叠于前翅下面。咀嚼式口器。为动物界最大一目,约 25 万种,占昆虫总数的 40%左右。本目包括许多危害农、林等方面的种类,如危害大豆、花生、蔬菜的金龟子(*Holotrichia*),危害十字花科蔬菜的黄条跳甲(*Phyllotreta striolata*)和大猿叶甲(*Colaphelltts*),危害森林、桑树的星天牛(*Anoplopnora chinensis*),危害马铃薯的二十八星瓢虫(*Epilachna*),危害绿豆的绿豆象(*Callosobruchus*)。此外,也有少数昆虫,如澳洲瓢虫(*Rodolia cardinalis*),能捕食柑橘树上的主要害虫吹棉介壳虫,以及捕食蚜虫的七星瓢虫等。

脉翅目(Neuroptera):翅 2 对,均膜质。前后翅的大小、形状相似,停歇时置于背上,呈屋脊状。成虫复眼大,单眼 3 个或无。触角细长,丝状、念珠状或棒状,咀嚼式口器。幼虫和成虫均为肉食性,是害虫的重要天敌,如草蛉(*Chrysopa perla*)、蚁蛉(*Myrmeleon formicarius*),前者已用于生物防治。

鳞翅目(Lepidoptera):翅 2 对,均膜质,体表及翅上都被有鳞片及细毛。虹吸式口器。复眼发达,单眼 2 个或无。完全变态,幼虫一般称为毛虫,大多植食性,危害多种作物、果树和森林,是昆虫纲中种类较多、最为常见、对农业等危害较重的一目。如蝶亚目的碧凤蝶(*Papilio bianor*)、菜白蝶(*Pieris rapae*),蛾亚目的黏虫(*Mythimna separata*),其幼虫危害玉米等农作物。棉铃虫(*Helicoverpa armigera*)幼虫危害棉花。二化螟(*Chilo suppressalis*)幼虫危害水稻。此外,也有一些益虫,如家蚕(*Bombyx mori*)、蓖麻蚕(*Samia cynthia ricini*)、柞蚕(*Antheraea pernyi*)。

双翅目(Diptera):成虫仅有 1 对膜质的前翅,后翅退化为平衡棒。刺吸或舔吸式口器。复眼发达,很大。如伊蚊(*Aedes*)、黑带食蚜蝇(*Episyrphus balteata*)、家蝇(*Musca domestica*)等。

膜翅目(Hymenoptera):2 对翅,均膜质,翅脉较少,后翅小于前翅,前缘中央有一系列小钩与前翅后缘连锁。口器一般为咀嚼式,仅蜜蜂为嚼吸式。胸部第 2 节常缩小成"细腰",称腹柄。雌虫常有锯齿状或针状产卵器。全变态。其中有一些为社会性昆虫,如蜜蜂(*Apis mellifica*)和蚂蚁类以及赤眼蜂(*Trichogramma evanescens*)、黄胡蜂(*Vespula vulgaris*)等。

蚤目(Siphanoptera):通称跳蚤。体小,左右侧扁,无翅。刺吸式口器。复眼小或无,无单眼。腹部大,善跳跃。成虫寄生于哺乳类、鸟类的体表。吸食血液,饱食后离开寄主。有些种类能传播鼠疫。

第14章 原口动物小门类

在距今 30 亿年至寒武纪早期(距今约 5.7 亿年),地球进化出了细菌和蓝藻。然而自寒武纪开始,在短短数百万年的时间里,突然涌现出了大大小小的动物门类。现有的化石记录表明,那个时期甚至比现存的物种还要丰富,门类还要多。这个时期,被古生物学家称作"寒武纪生命大爆发"。只是因为一些大大小小的灾难,有些种类无法适应改变了的环境条件,逐渐走向了灭绝,当然也诞生了许多新的物种,但总体来讲,地球上现存的物种数量比起寒武纪时期减少了。

生命进化的步伐由于体腔的出现变得异常迅猛,导致软体动物、环节动物、节肢动物及其他动物类群获得了极大的发展,其中包括星虫动物门、螠虫动物门、须腕动物门、腕足动物门、外肛动物门、帚虫动物门、舌形动物门、有爪动物门、缓步动物门、毛颚动物门。

进化地位,这些小的门类在动物界的地位尚存在争议,我们将尽量在各门中予以说明。

14.1 星虫动物门

星虫动物(Sipuncula)生活在海洋底部的泥沙中,16 属,约 330 种。多数种类栖息在热带和亚热带水域中。它们要么占用蜗牛的壳,要么生活在珊瑚缝隙或植物丛中,皆营底栖生活,从潮间带直至 6 000 m 的深海都有分布。身体圆柱形,长 2~70 cm,大多数种类介于 15~30 cm 之间。星虫动物身体不分节,也不具刚毛。头可缩入吻内,吻周围有密集的触手(图 14-1)。靠伸出的吻和触手收集海底沉积物为食。雌雄异体,具临时的生殖腺,卵巢或睾丸仅在生殖季节发育,体外受精,大多具担轮幼虫期,螺旋式卵裂。一般认为星虫动物是在环节动物出现分节以前就分化出的一支。

14.2 螠虫动物门

螠虫动物(Echiura)与星虫动物栖息环境相似,但主要以温暖海域沿岸分布为主,少数种类在极地水域也有发现。体长从数毫米至 40~50 cm 不等。螠虫动物大约有 140 种,身体蠕虫状,不分节,吻不能伸缩。闭管式循环系统。螺旋式卵裂,具担轮幼虫期。胚胎发育早期与环节动物类似。因此,一般认为螠虫动物是由环节动物多毛类祖先进化出来的一支(图 14-2)。

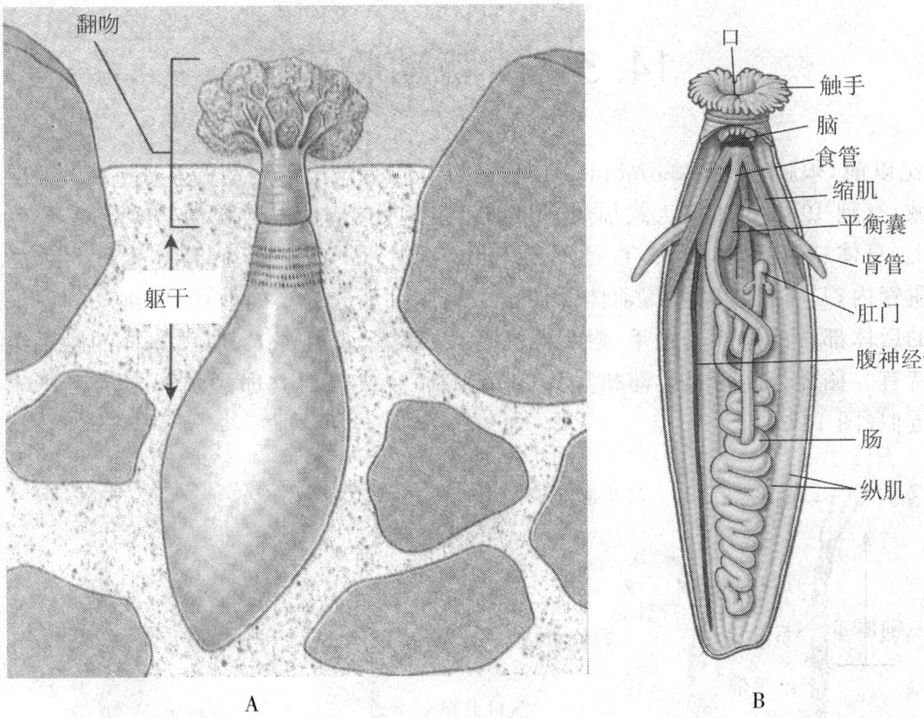

图 14-1　星虫(引自 Hickman)

A. 外形　B. 内部结构

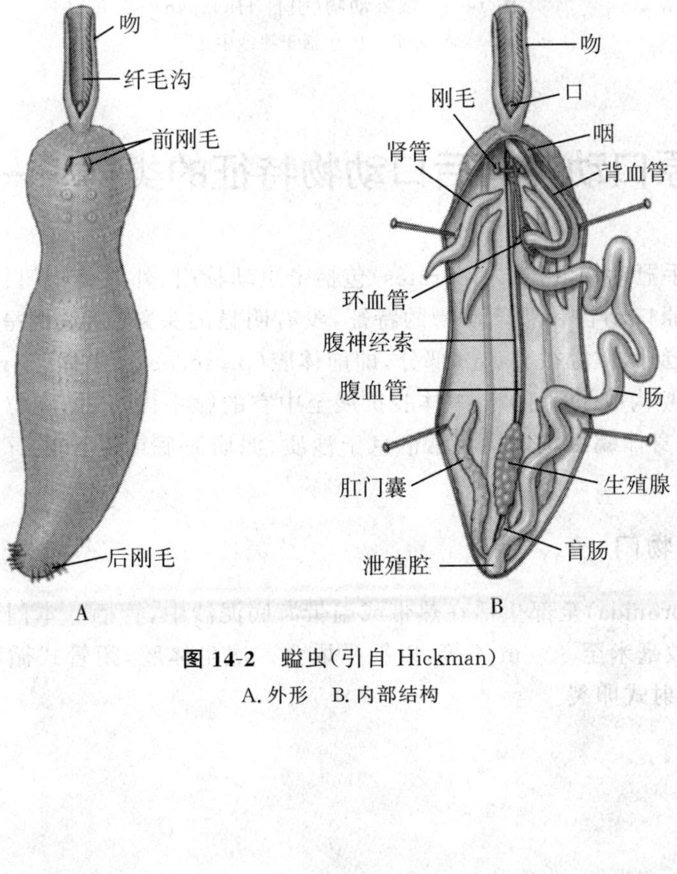

图 14-2　螠虫(引自 Hickman)

A. 外形　B. 内部结构

14.3 须腕动物门

20 世纪以前,须腕动物(Pogonophora)还不为人们所知。第一例标本于 1900 年采自印度尼西亚水域,直到 1963 年才被正式描述。目前已发现 80 余种。须腕动物多生活在 200 m 以下的海床上,身体蠕虫状,体细长,直径不足 1 mm,体长 5～85 cm 不等。通常生活在自身分泌的几丁质管内,只有摄食时才将前体部伸出。身体可区分为小的前体部、细长的躯干部和一小的分节的后体部。前体部具触手,触手内有体腔、血管、神经深入其中,这样的触手结构为须腕动物所特有。循环为闭管式。雌雄异体,螺旋式卵裂或辐射式卵裂。通常认为与环节动物分类地位近似(图 14-3)。

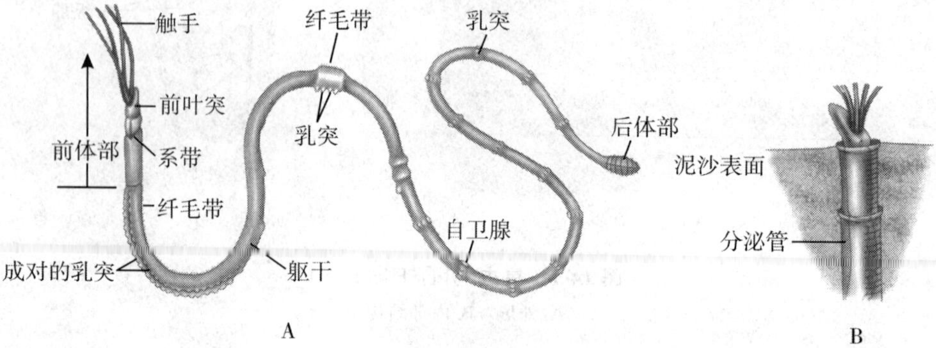

图 14-3 须腕动物(引自 Hickman)

A. 外形 B. 生活于泥沙中

14.4 兼具原口动物与后口动物特征的类群——触手冠动物

进化地位:触手冠动物(Lophophorates)包括帚虫动物门、外肛动物门、腕足动物门。它们都具有体腔,兼具原口动物和后口动物的特征,没有明显的头部,消化道呈 U 字形,肛门位于口附近,但在触手冠外,体腔被分为 3 部分,即前体腔(protocoel)、中体腔(mesocoel)和后体腔(metacoel)。前体腔构成了口上突;中体腔扩展至中空的触手内;后体腔位于体内。体腔间有隔膜相隔。它们的身体蠕虫状,海生,常栖息于沙质、泥质海底或附于岩石、贝壳表面,营管栖生活。

14.4.1 帚虫动物门

帚虫动物(Phoronida)全部生活在热带或温带海底泥沙中,管栖。本门现存 10 种左右,身体蠕虫状,体长由数毫米至 30 cm 不等,以触手取食。次生体腔,闭管式循环(图 14-4)。卵裂有螺旋式卵裂和辐射式卵裂。

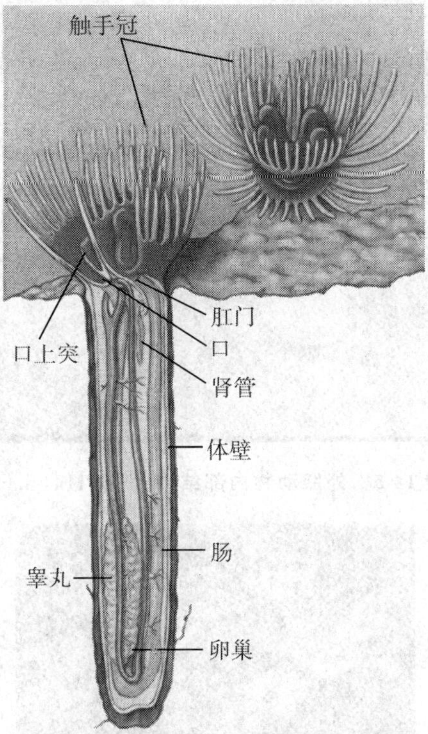

图 14-4　帚虫结构(引自 Hickman)

14.4.2　外肛动物门

外肛动物(Ectoprocta)是一古老的类群,曾经非常繁盛并产生了广泛的辐射,留下的化石可追溯到奥陶纪。本门动物有 4 000 余种,全部水生,淡水、海水均有分布。体长一般小于 0.5 mm。绝大多数种类群居。现代海生种类栖息的地方几乎涉及海中所有坚固的表面,如岩石、贝壳、大型褐藻、红树的根、船底等。每个个体生活在一小室内,由表皮层分泌的小室称虫室(zooecium),每个个体由一个营养体和一袋状囊组成。营养体由触手冠、消化道、肌肉、神经中枢组成。袋状囊为动物的体壁和外骨骼联合形成。根据种类的不同,袋状囊为胶质、几丁质等。辐射式卵裂,生殖方式多样(图 14-5 和图 14-6)。

14.4.3　腕足动物门

腕足动物(Brachiopoda)是一古老的门类,现有 300 余种及 30 000 余种化石已被描述,在古生代及中生代非常繁盛。但如今明显衰退,一些现存种类仍旧保留了很原始的特征,如海豆芽,虽然历经了 4 亿年的进化,但至今几乎无任何变化。现存种类壳长在 5～80 mm 之间,有些化石种类体长可达 30 cm。

腕足动物均海生,营附着生活,尤其喜欢在浅水水域底栖。体外有外套膜分泌的壳,包括背壳和腹壳,多数种类腹壳略大于背壳。常以腹壳或肉质柄附着于其他物体上。壳内为外套腔,柔软的身体仅占据了两壳的后部分。雌雄异体,具 1 对生殖腺,发育与后口动物类似,如螺旋式卵裂、肠体腔法形成中胚层和真体腔。发育过程中有类似担轮幼虫的自由泳幼虫阶段(图 14-7 和图 14-8)。

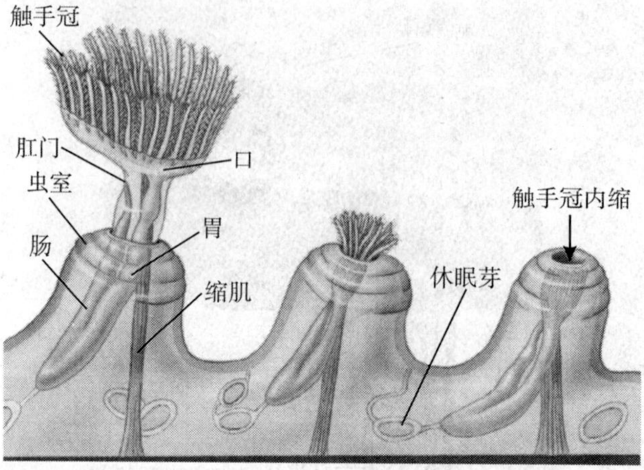

图 14-5　外肛动物内部结构(引自 Hickman)

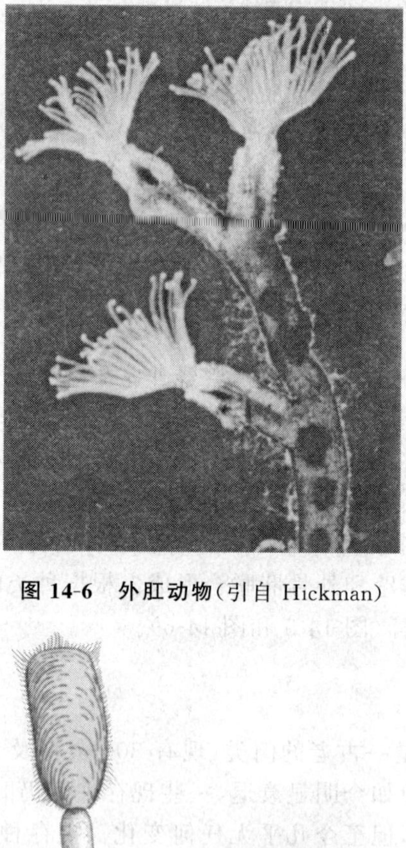
图 14-6　外肛动物(引自 Hickman)

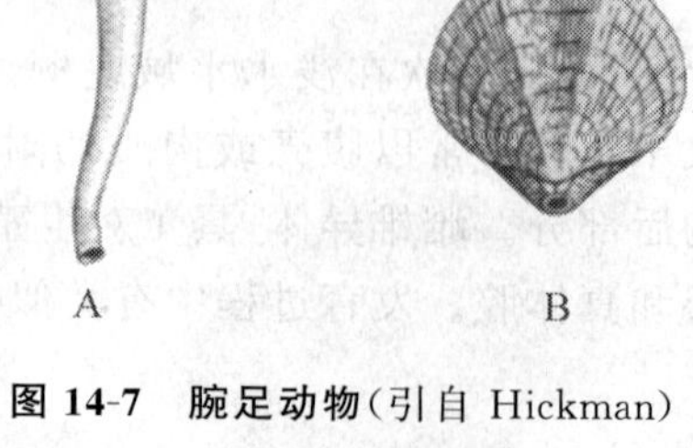

图 14-7　腕足动物(引自 Hickman)

A. 海豆芽　B. 酸酱贝

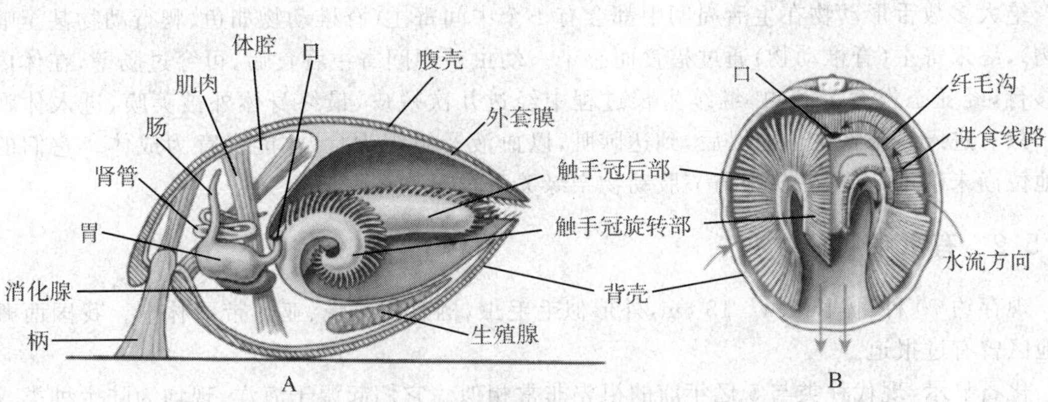

图 14-8　腕足动物内部结构(引自 Hickman)

A. 横切　B. 纵切

14.5　蜕皮动物

蜕皮动物(ecdysozoan)包括舌形动物门(Pentastomida)、有爪动物门(Onychophora)、缓步动物门(Tardigrada)、毛颚动物门(Chaetognatha)。

14.5.1　舌形动物门

本门大约 90 种,身体蠕虫状,成体长 1～13 cm,营寄生生活,多见于脊椎动物肺脏及上呼吸道内,尤其是食肉性的爬行类。身体出现了分节,体表被有几丁质角质膜,幼体阶段会定期脱落(图 14-9)。

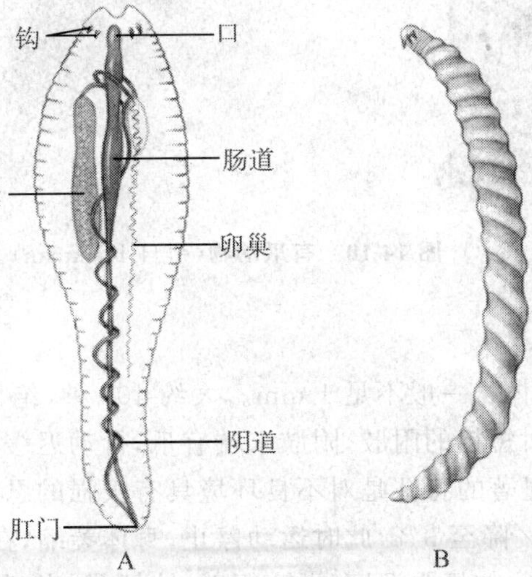

图 14-9　舌形动物(引自 Hickman)

A. 内部结构　B. 外形

绝大多数舌形动物在生活周期中都会有1个中间寄主(脊椎动物如鱼、爬行动物甚至哺乳动物),终末寄主(脊椎动物)通过猎食而感染。幼虫被中间寄主吞食后,可穿过肠壁,在体内任意移行,经变态发育为若虫,继续生长过程中经过几次蜕皮,最终身体外被荚膜,进入休眠状态。只有进入终末寄主体内以后,到达肺脏,以血液及组织为食,才能发育为成体。它们的分类地位尚未确定,有学者认为与节肢动物亲缘关系较近。

14.5.2 有爪动物门

现存约70种,体长1.4～15 cm,外形似毛毛虫,栖息在热带、亚热带雨林中。我国西藏南部地区曾有过报道。

化石显示,现代种类与5亿年前的祖先非常相似。它们起源于海洋,现均为陆生种类。常常夜间或空气湿度达到饱和才会出来。附肢短而不分节,无法做关节活动。凭借14～43对短粗的附肢(末端具灵活的肉趾和1对爪)活动。身体内部有分节现象,头部生有1对灵活的触角。皮肤柔软,体表被有一层含蛋白质和几丁质的表皮,与节肢动物相似,但不硬化。体表有许多小的瘤状突起,有的突起生有感觉刚毛,以昆虫、蠕虫类等为食。以微气管系统(tracheal system)呼吸。每个体节具1对原肾,肾口开口于附肢的基部,排泄物为尿酸。有爪动物雌雄异体,雄性通常将精子储于精荚内。遇到雌性个体就会将精荚置于雌性背部的纳精囊内,此时雌性血液中的白细胞将精荚下部溶解,精子进入体腔,在血液中移行至卵巢,在那里完成受精。有学者将此门纳入节肢动物原气管纲,但此类群尚未出现明显的异律分节等特征,可能是介于环节动物与节肢动物之间的类群,故放在这里与其他小门类一起进行讨论(图14-10)。

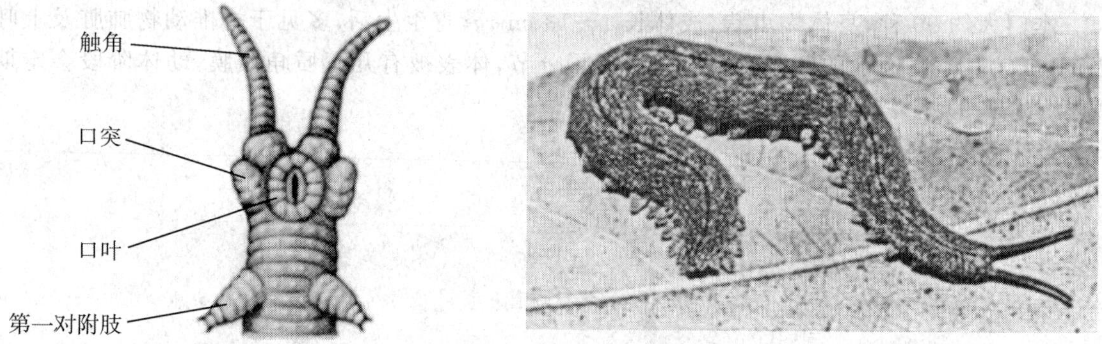

图14-10 有爪动物(引自Hickman)

14.5.3 缓步动物门

本门动物身体微小,体长一般不足1 mm。大约400种,绝大多数陆生,有些淡水生,极少数种类海生。身体具4对短粗的附肢,附肢末端有爪,行动迟缓。体表具表皮(不含几丁质)并定期脱落。陆生种类最显著的特征是对不良环境具有极强的忍耐能力,遇到干旱时,它们可将身体含水量由正常的85%降至3%,此时运动停止,身体萎缩,在这种状态下,缓步动物可以抵御恶劣的环境达数年之久,如极限温度、电离辐射、缺氧等,当环境好转时,身体再复苏,这种现象称隐生。目前,它们的分类地位尚难确定(图14-11)。

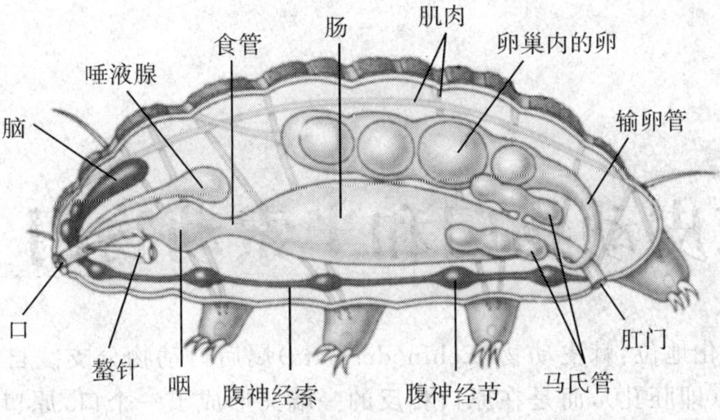

图 14-11 缓步动物内部结构(引自 Hickman)

14.5.4 毛颚动物门

毛颚动物又称箭虫类,全部海生,是高度特化的一类浮游动物,已知有 65 种,身体笔直,体长 2.5～10 cm。它们通常夜间游至水面,白天潜入水中,大多数时间是随波漂流,然而依靠尾鳍和纵肌也能迅速前进。毛颚动物是一种自由游泳的食肉性海生动物,以鱼的胚胎和幼虫等为食物。

毛颚动物尚未出现明显分节,身体可区分为头部、躯干部及尾部(图 14-12)。

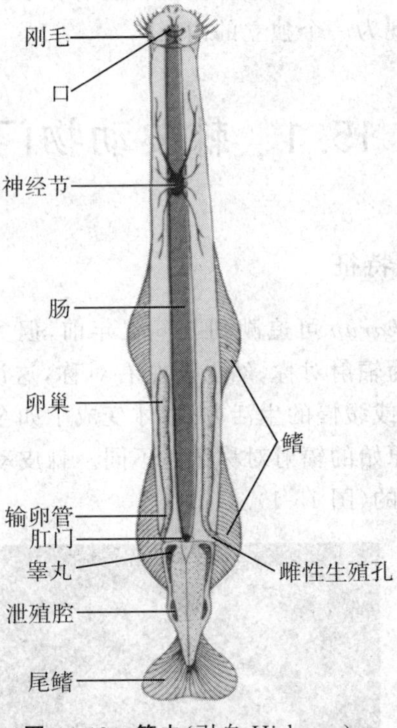

图 14-12 箭虫(引自 Hickman)

体表具单层表皮,但在体侧则为厚的复层上皮,这与其他无脊椎动物截然不同。次生体腔发达,由肠体腔法形成,无循环、呼吸、排泄系统。雌雄异体,异体受精,辐射式卵裂。本门尽管具备了一些后口动物的特征,如辐射式卵裂等,但却没有获得分子生物学方面的有力支持,其地位仍值得讨论。

第15章 棘皮动物门和半索动物门

棘皮动物门进化地位：棘皮动物(Echinodermata)属后口动物分支。自这一门开始动物的口不再起源于原口(即胚孔)，而是在原口相反的一端又形成了一个口，原口则变成了幼虫的肛门，这样的动物又称后口动物。棘皮动物为辐射式卵裂，是最原始的后口动物。尽管此类动物属非脊索动物，但从胚胎发育的角度看，它们更接近于脊索动物。然而，棘皮动物的演化结果却将自己推向与其他后口动物大相径庭的类群中。

半索动物门进化地位：半索动物(Hemichordata)为后口动物类群的分支，有肠体腔法形成的体腔，辐射式卵裂，幼虫阶段具有与棘皮动物相似的特征。半索动物具有背神经索和咽鳃裂，全部生活在海水中，有100种左右。由于它们具有一类似脊索的器官，所以曾经一度被认为是脊索动物，但对其组织学和胚胎学的研究表明，它与脊索既非同功、又非同源器官，实际上是一"口索"，所以，现已将其视为一个独立的门。

15.1 棘皮动物门

15.1.1 棘皮动物的主要特征

最早的棘皮动物化石 *Arkarun* 可追溯到5.6亿年前，但关于棘皮动物的起源，至今仍是个谜。棘皮动物的体制成体为辐射对称，幼虫期左右对称，这说明曾经是两侧对称的体制，经过漫长的演化，逐渐适应固着或缓慢的生活方式，才变成了如今的辐射对称体制，然而，这种次生性的辐射对称与刺胞动物原始的辐射对称截然不同。棘皮动物全部海生，迄今为止，还没有发现寄生种类，但有些是共生的(图15-1)。

图15-1 多棘海盘车(*Asterias amurensis*)(王宝青摄)

15.1.1.1 外形

棘皮动物的体形包括球状、星状、圆筒状等，无头部，身体不分节，也没有前后之分，但可区分出口面(oral surface)与反口面(aboral surface)(图 15-2)。

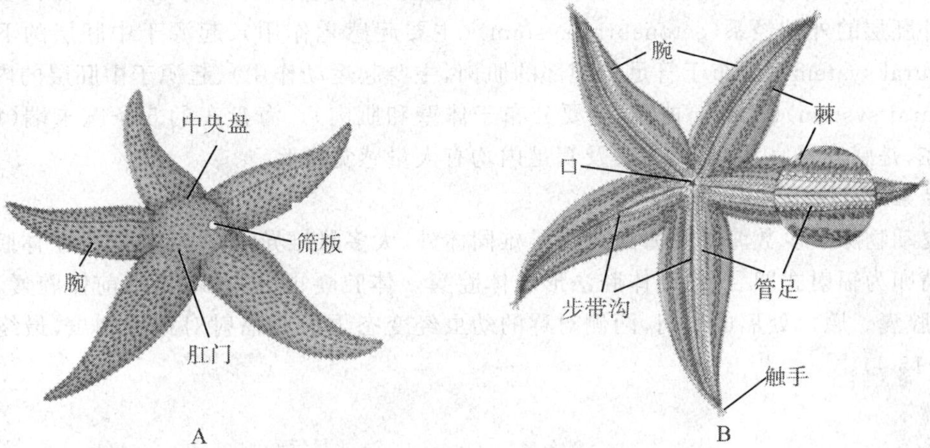

图 15-2 海盘车(引自 Hickman)

A. 反口面 B. 口面

15.1.1.2 内部结构

1. 体壁与骨骼

棘皮动物皮肤由真皮构成，这与原口动物的单层表皮有着本质区别。真皮下为肌肉层，肌肉层下面有体腔膜围成的体腔(体腔囊法形成)，体腔内充满体腔液，内有变形细胞。靠体腔内壁上的纤毛打动，使体腔液流动。具钙质的内骨骼，起源于中胚层，常向体表外凸起成棘、刺等结构。

2. 水管系统

水管系统(water vascular system)是棘皮动物特有的结构，由体腔特化而来，并延伸至管足，借体表的筛板与外界相通。这是一相对封闭的管道系统，其内充满液体，通过调节水管内液压系统的压力，使身体产生运动(图 15-3)。

3. 血系统与围血系统

棘皮动物血系统(hemal system)极度退化，包括环血管和幅血管，与水管系统并行，血液无色，无呼吸机能，循环功能也十分有限。围血系统(perihemal system)由包围着主要血管的一些血窦组成，同样由体腔特化而来。呼吸主要是通过皮鳃和管足实现的(图 15-3)。

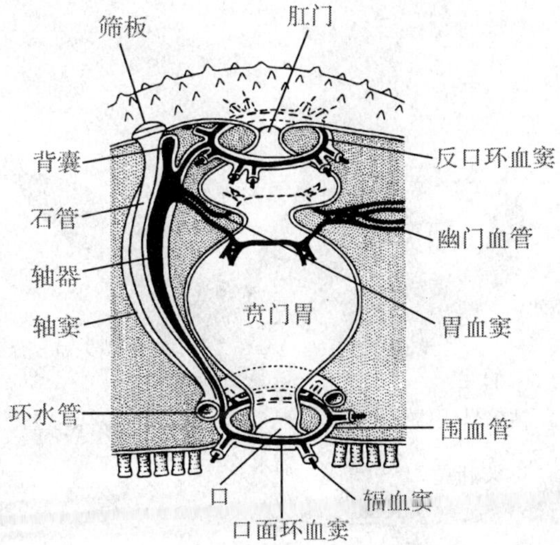

图 15-3 海星血系统(引自 Hickman)

4. 消化系统

棘皮动物的消化系统可分为 2 类：一类呈囊状(海星纲、蛇尾纲)，肛门有或无，但消化后的食物残渣均由口排出；另一类消化管较长(海参纲、海胆纲)，并在体内盘曲，以肛门开口于体外。海参的直肠呈树状结构，有呼吸和排泄的功能，故又称水肺或呼吸树。

5. 神经与感官

棘皮动物的神经系统包括围口神经环和辐神经。一般包括 2～3 个神经网，如海盘车包括起源于外胚层的外神经系(ectoneural system)(主要起感觉作用)、起源于中胚层的下神经系(hyponeural system)(分布于管足及腕部的肌肉，主要起运动作用)、起源于中胚层的内神经系(entoneural system)(只有辐神经，主要分布于体壁和肌肉)。海盘车的 5 条腕末端(口面)有眼点存在，是感光器官。此外，表皮及管足内均有大量感觉细胞。

6. 生殖与发育

棘皮动物除了少数海参及海蛇尾为雌雄同体外，大多雌雄异体，生殖腺起源于体腔上皮。

受精卵为辐射式卵裂，由肠体腔法形成体腔囊。体腔囊再分为 3 对，即前体腔囊、中体腔囊、后体腔囊。原口处形成肛门，两侧对称的幼虫经变态再形成辐射对称的幼虫，最终发育为成体(图 15-4)。

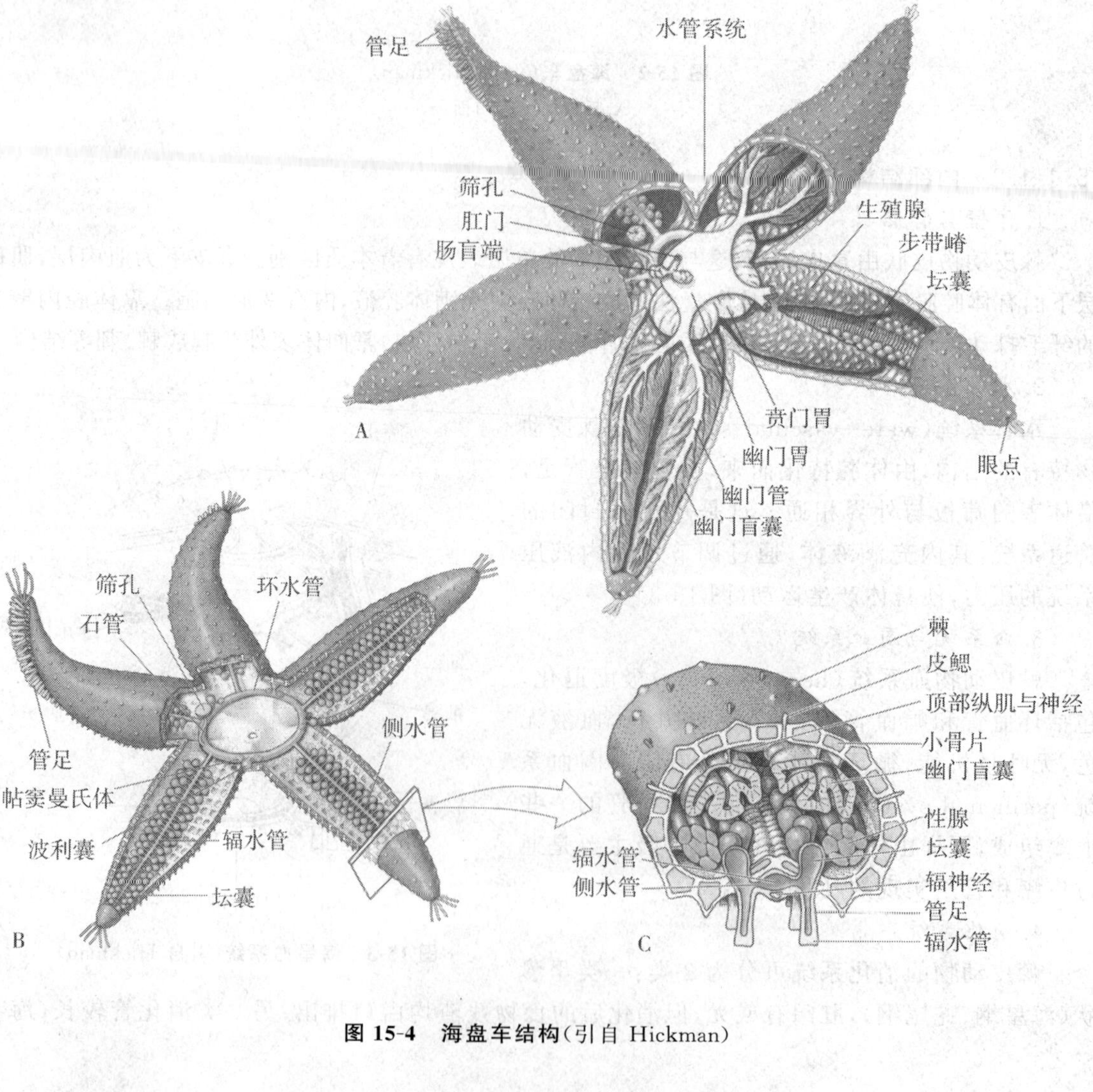

图 15-4　海盘车结构(引自 Hickman)

15.1.2 棘皮动物门的分类

棘皮动物全部生活在海洋中,现存约 6 000 种,有 2 万种已灭绝或已成为化石种类。可分为5 个纲:海百合纲(Crinoidea)、海星纲(Asteroidea)、海胆纲(Echinoidea)、蛇尾纲(Ophiuroidea)和海参纲(Holothuroidea)。

15.1.2.1 海百合纲

海百合(*Metacrinus*)和海洋齿是现存最古老、最原始的棘皮动物,身体呈植物状,可分为体盘、腕和柄 3 部分(图 15-5)。反口面向下,有一柄,用以固着在海底或其他物体上。口面向上,口位于体盘中央,体盘周围分出许多小羽支。腕上的管足失去了运动的功能。

图 15-5 海百合纲代表动物(引自 Hickman)

A. 海百合 B. 海洋齿

15.1.2.2 海星纲

身体扁平,多呈五角星状,小的直径有 1 cm,大的直径可达 1 m,身体中央是体盘,由体盘向四周伸出 5 个腕,腕中具有步带沟,沟内有排列整齐的管足(管足末端有吸盘),是其运动器官。体盘有口的一面称口面(腹面),另一面称反口面(背面)。反口面比较粗糙,有许多突出体表的棘刺,具保护功能,这是由其体内石灰质的骨板形成的。海星的体表还分布有许多小的突起,称皮鳃,具有呼吸和排泄功能。

海星的再生能力很强。即使腕全部损失,也很容易再生。甚至只有一部分中央盘,也可以再生出一新的个体,尤其是带有筛板的部分,再生能力更强。

15.1.2.3 海胆纲

身体呈球状、盘状、心形等,无腕,内骨骼愈合为一坚固的壳,体表具可活动的长棘。多为雌雄异体,1～2 年达到性成熟,以藻类、水螅、蠕虫等为食。

马粪海胆(*Hemicentrotus pulcherrimus*)生活在石灰质的胆壳内。外形酷似马粪球,因此得名。体表有许多可活动的棘刺(图 15-6)。

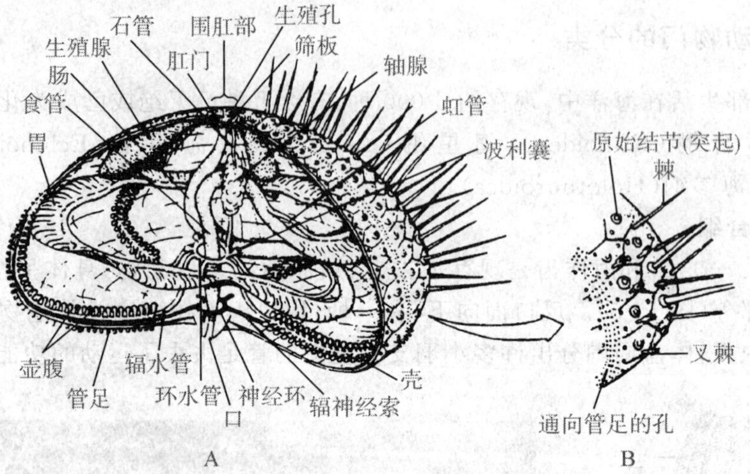

图 15-6 海胆(引自 Hickman)

A. 内部结构 B. 壳(局部)构造

15.1.2.4 蛇尾纲

刺蛇尾(*Ophiothrix fragilis*)体盘小,扁平。5 个腕细长且运动灵活,腕与体盘间的界限明显。管足退化,无吸盘。无步带沟,筛板位于口面。消化管退化,主要以藻类、有孔虫等为食(图 15-7)。

15.1.2.5 海参纲

这一纲的动物与其他棘皮动物形态大不一样,口面与反口面的距离大大拉长,身体呈长筒形,骨片退化,无腕,口的周围有一圈触手,肛门在后端。

海参再生能力很强,当受到外界刺激时,会引起身体强烈收缩,将内脏排出体外并弃掉,损失的部分会很快再生出来(图 15-8)。

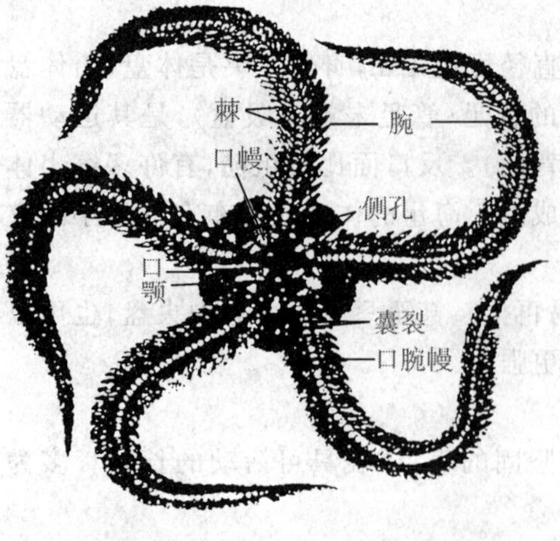

图 15-7 刺蛇尾(引自 Hickman)

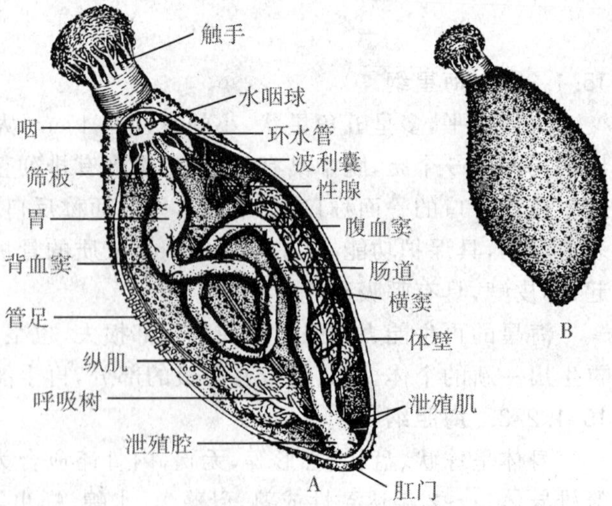

图 15-8 海参(引自 Hickman)

A. 内部结构 B. 外形

刺参(*Stichopus japonicus*)身体柔软,常侧卧于海底,因此,由辐射对称又转变成两侧对称体制。其水管系统的开口(筛板)已移至体腔内。体腔宽阔,在其消化道后端的直肠上,有呈树枝状的呼吸器官,称呼吸树(respiratory tree)。呼吸时,借直肠肌肉的收缩与舒张,使海水不断地从肛门流入呼吸树内,再流出。

15.2 半索动物门

半索动物的身体呈蠕虫状,营底栖,大部分为穴居或固着生活。

15.2.1 半索动物的主要特征

本门的代表动物是柱头虫(*Balanoglossus*)。身体呈蠕虫状,体长 20～2 500 mm 不等。它可分为吻、领和躯干 3 部分(图 15-9)。

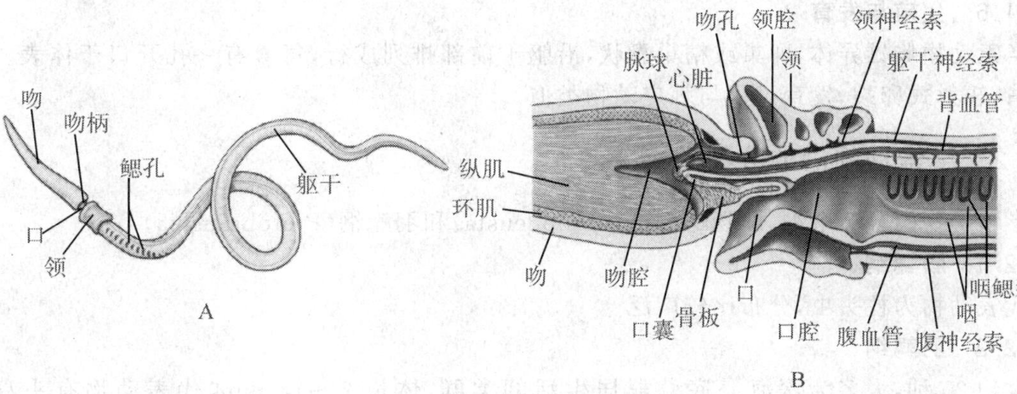

图 15-9　柱头虫(引自 Hickman)

A. 外形　B. 内部结构

15.2.1.1　吻和领

吻和领都具有发达的肌肉,且吻能缩入领内,可以将食物黏附于吻的表面,由纤毛将食物颗粒输送到领边缘的沟内,再进入口中并吞咽。口位于身体腹面的吻、领交界处。口后是口腔,再向后是咽。

15.2.1.2　鳃系

领后的躯干两侧,各有 1 排鳃孔,向内通于一系列的鳃室,鳃室连于咽两侧的"U"形内鳃裂,鳃裂上没有鳃,气体交换是在鳃管的上皮细胞及体表进行的。依靠纤毛的摆动,使水流由口→咽→内鳃裂→鳃室→鳃孔→外界(图 15-10)。

15.2.1.3　摄食与消化

半索动物是黏附型的猎食者,由于没有鳃,推测鳃裂的主要功能是附集食物。依靠吻、领处纤毛的摆动,使黏附的食物颗粒随水流通过鳃裂,经咽的下部进入食道及肠,并在肠中消化吸收。

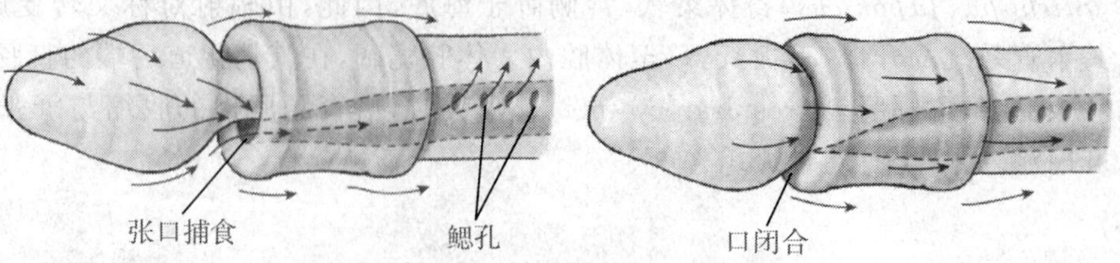

图 15-10 柱头虫捕食(引自 Hickman)

15.2.1.4 循环

半索动物为开放式循环系统。血液无色。

15.2.1.5 神经系统和感官

神经细胞交织成网状或神经丛,神经纤维与上皮细胞形成突触联系,并在背腹处加厚,形成背、腹神经索,两条神经索在领的后边借一神经环相连,背神经索在领内继续延伸构成领索,并发出分支至吻神经丛。感受器包括神经感受细胞和光感受细胞。

15.2.1.6 生殖与发育

半索动物雌雄异体,卵巢或精巢囊状,沿躯干前部排列成行,每囊有一孔开口于体表。体外受精,辐射式卵裂,发育过程与棘皮动物类似。

15.2.2 半索动物门的分类

半索动物门分 2 个纲,即肠鳃纲(Enteropneusta)和羽鳃纲(Pterobranchia)。

15.2.2.1 肠鳃纲

代表动物为柱头虫,分布比较广泛。

15.2.2.2 羽鳃纲

大约 20 种,大多为深海海底营群居生活的类群,体长 2～14 mm,代表动物有头盘虫(*Cephalodiscus dodecalophus*)和杆壁虫(*Rhabdopleura*)等(图 15-11)。

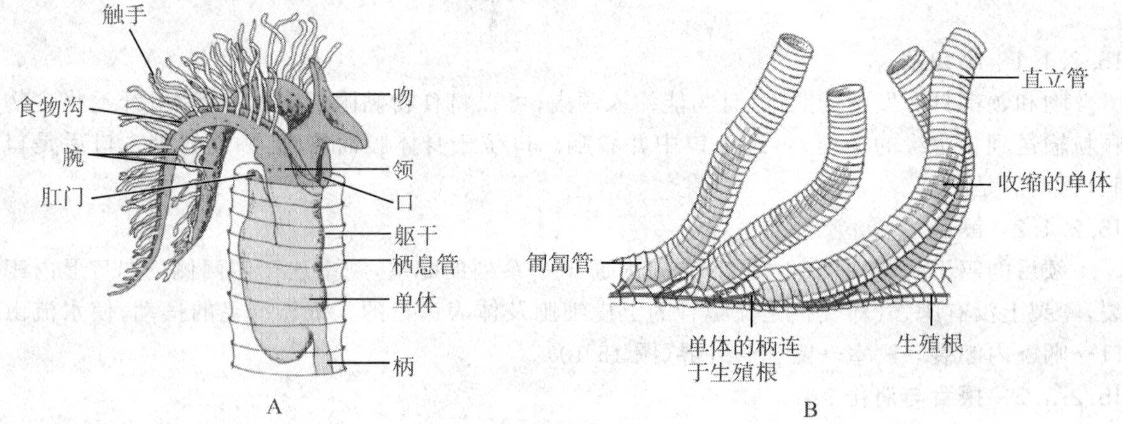

图 15-11 杆壁虫(引自 Hickman)

A. 单体 B. 群体的一部分

第16章 脊索动物门

进化地位:脊索动物(Chordata)属于后口动物的一个分支。后口动物包括棘皮动物、半索动物、脊索动物。这3个门在胚胎发育上有很多相似之处,由此推断它们在远古时代有着相同的祖先。

16.1 脊索动物的主要特征

脊索动物是动物界中最高等的类群。它们的身体结构复杂,机能完善,生活方式多样。少数种类幼体或终生具有脊索,大多数种类仅在胚胎时期具有脊索,故称脊索动物。脊索动物门的各类动物差异很大,但它们有共同的3个主要特征(图16-1)。

图16-1 文昌鱼(引自 Hickman)

16.1.1 脊索

脊索(notochord)是一条支持身体的棒状结构,起源于胚胎时期的原肠内胚层细胞。脊索外面包有1～2层结缔组织膜,此膜称为脊索鞘。脊索内由富含液泡的细胞所组成,使脊索具有一定的硬度和弹性,起支撑作用,成为原始的中轴骨骼。低等脊索动物的脊索终生存在,或仅存在于幼体阶段。高等脊索动物的脊索仅存在于胚胎期,随后被起源于中胚层的脊椎骨组成的脊柱所代替。具有脊椎骨的动物又称脊椎动物。

16.1.2 背神经管

背神经管(dorsal tubular nerve cord)是原始的中枢神经系统,位于脊索背方,起源于外胚层,由胚体背面中央下陷、两侧向上卷拢而形成。脊椎动物的神经管前端分化为大脑,脑后发育为脊髓。

16.1.3 咽鳃裂

消化道前段的咽部两侧有左右成对排列、数目不等的裂孔,直接或间接与外界相通,称为咽鳃裂(pharyngeal gill slits),由内胚层外突和外胚层内陷相互沟通形成,为呼吸器官。水栖脊索动物的咽鳃裂终生存在,陆生脊索动物的咽鳃裂仅存在于早期胚胎发育的短暂时间,幼体出生后以肺进行呼吸。

除上述3个主要特征外,还有一些次要特征:通常具有尾、内骨骼;心脏位于消化道的腹面。此外两侧对称、真体腔、后口和分节现象等特征是与一些高等非脊索动物所共有的。这说明脊索动物是由非脊索动物进化而来(图16-2)。

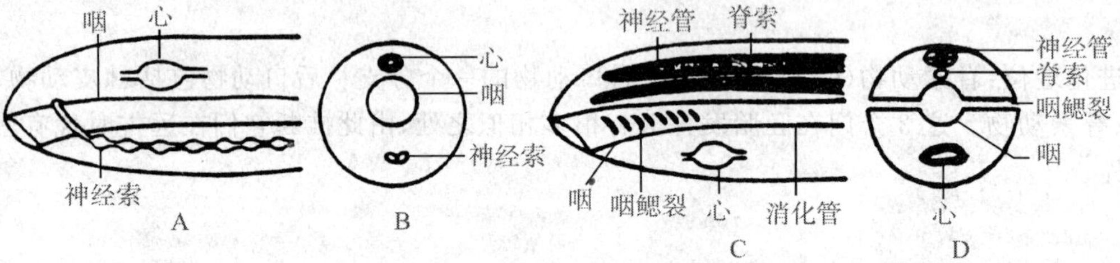

图16-2　脊索动物与非脊索动物结构模式比较(引自谢祚浑)

A,B.非脊索动物身体纵、横剖面　C,D.脊索动物身体纵、横剖面

16.2　脊索动物门的分类

已知的脊索动物约70 000种,现存约41 000种,一般分为3个亚门,分别为尾索动物亚门(Urochordata)、头索动物亚门(Cephalochordata)、脊椎动物亚门(Vertebrata)。

尾索动物亚门的脊索只存在于幼体尾部,成体脊索消失,体表有被囊,如柄海鞘(*Styela clava*)(图16-3,见书后彩图16-3)。

头索动物亚门脊索通达头部,终生存在,如文昌鱼。

脊椎动物亚门脊索只存在于胚胎时期,随后由脊柱所代替。

尾索动物亚门和头索动物亚门是低等脊索动物,总称原索动物(protochordata)。由于它们没有明显的头部,又称无头类。脊椎动物亚门有明显的头部,又称有头类。

16.2.1　尾索动物亚门

尾索动物栖息在海洋中,约2 000种。少数种类营自由生活,多数种类的幼体营自由生活,成体营固着生活。脊索仅存在于幼体尾部,故称尾索动物。幼体经变态发育为成体后,脊索随尾部一起消失。成体表面包有一层被囊,又称被囊动物(tunicate)。被囊粗糙坚厚,具保护功能。被囊的化学成分近似植物的纤维素,这在动物界中极为罕见,如柄海鞘。成体海鞘的外形像一个壶,壶口为入水孔,嘴为出水孔,壶底是身体基部,用以附着于岩石、贝壳等物,营固着生活。

海鞘的口在入水孔的底部,口下宽大的咽部,被围鳃腔包围,咽壁上有大量横向排列的咽鳃裂,咽鳃裂缘有很多纤毛,纤毛摆动时,引起水流从入水孔经口流到咽部,水中带有食物粒和氧气,近口处的缘膜能滤去粗大食物和杂物。食物进入消化道经消化后,食物残渣由肛门排入围鳃腔,经出水孔排出体外。水流经过咽鳃裂时便进行呼吸,水流出咽鳃裂即进入围鳃腔,再经出水孔排出体外。神经系统退化为一个神经节，位于出入水孔之间。心脏位于腹面的胃附近，心脏前后各发出一条血管，后一血管分支到血窦。血液循环属开管式(图 16-4)。

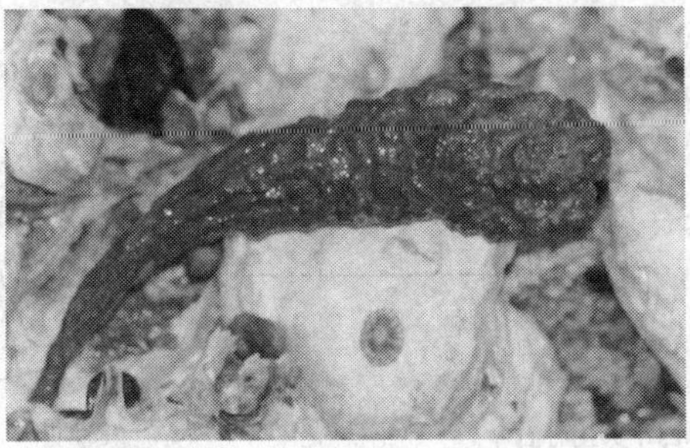

图 16-3 柄海鞘(王宝青摄)

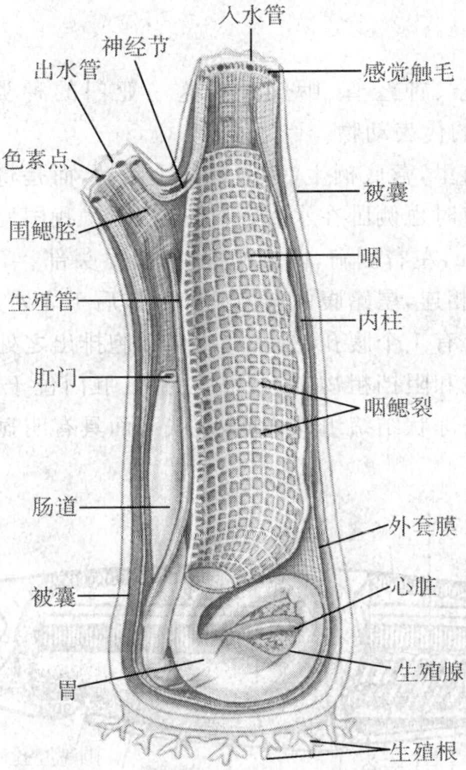

图 16-4 海鞘身体结构(引自 Hickman)

海鞘可进行出芽而形成群体的无性生殖，也进行有性生殖，一般为雌雄同体，但异体受精。海鞘的幼体外形似蝌蚪，在水中自由生活(图 16-5)。脊索存在于尾部，脊索背方有神经索，其前端膨大形成脑泡，咽部有成对的咽鳃裂。脊索动物的 3 个主要特征在海鞘的幼体上都出现了。但幼体时期是短暂的，数小时后，幼体前端吸附在其他物体上，并开始变态，幼体尾部连同脊索逐渐消失，神经管退化为一个神经节。咽部扩大，咽鳃裂数目剧增，围鳃腔随之形成，口孔和肛门转移向上方。此时发育成成体，其体表形成被囊，营固着生活。海鞘经过变态，失去了一些重要的进步性特征，使身体变得更简单了，这样的变态称逆行变态(retrogressive metamorphosis)。

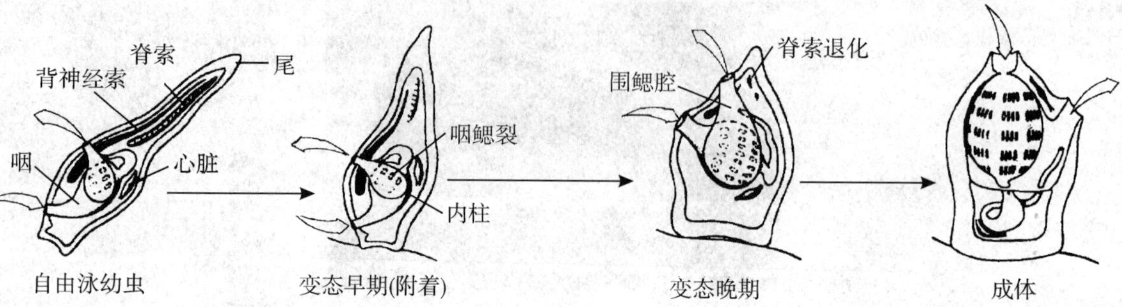

图 16-5　海鞘的变态过程(引自 Hickman)

16.2.2　头索动物亚门

头索动物终生具有脊索、神经管、咽鳃裂。这一亚门的种类很少，约有 30 种，文昌鱼(*Branchiostoma*)是本亚门的代表动物。

文昌鱼生活在浅海沙滩里，营底栖生活，通常很少活动，而是将身体钻入沙中，只露出口前端，借水流摄取藻类食物，有时也侧卧在水底，夜间较活跃。我国厦门、青岛均有出产。

文昌鱼体长 42～47 mm，左右侧扁，两端稍尖，无明显头部。背面有一纵行皮肤褶皱称背鳍，延伸到身体后端与尾鳍相连，尾鳍腹面向前延伸至体后 1/3 处为臀鳍。腹两侧皮肤下垂形成腹褶。腹褶与臀鳍交界处有 1 个腹孔，是水和生殖细胞排出之处。口位于身体前端腹面，周围有触须环绕。触须有感觉和阻挡粗物进入口的功能。肛门位于尾鳍腹面的左侧(图 16-6)。皮肤由单层细胞的表皮和胶冻状结缔组织构成，皮肤下面具有明显分节的肌肉。

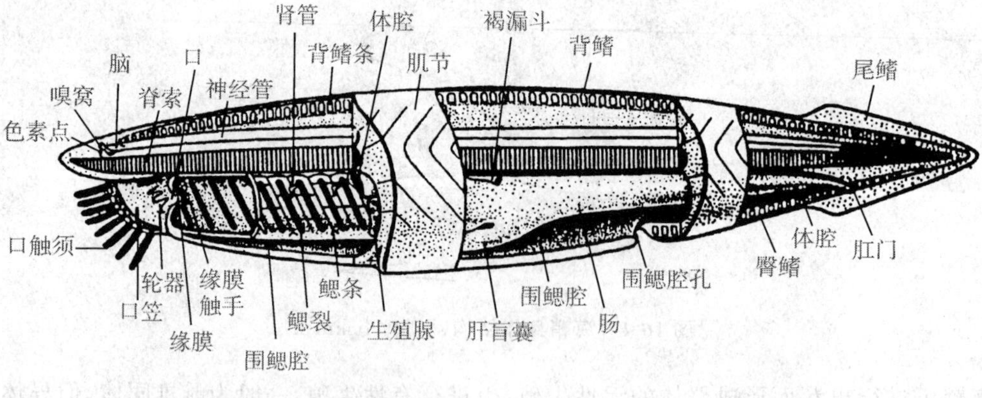

图 16-6　文昌鱼纵剖模式图(引自 Parker and Haswell)

脊索是支持身体的原始中轴骨骼。脊索从身体后端一直伸到最前端的头部，故称头索动物。

神经管是原始的中枢神经系统，几乎没有脑和脊髓的分化，只是前端神经管腔稍膨大，称为脑泡。感觉器官不发达。

消化系统有口、咽、肠、肛门。肠为1条直管，尚未分化。在肠前段的腹侧向前方伸出1个盲囊，称肝盲囊，能分泌消化液，与脊椎动物的肝脏是同源器官。

咽壁两侧有许多成对斜行排列的鳃裂，鳃裂间隔的纤毛摆动，引起水流通过鳃裂，借咽壁上丰富的血管网完成呼吸，最后水经围鳃腔的腹孔排出体外。

血液循环属闭管式，但心脏没有分化。

排泄器官是肾管，位于咽壁背部的两侧，约100对，每一肾管是一个短而弯曲的小管，一端有肾孔开口于围鳃腔(图16-7)。

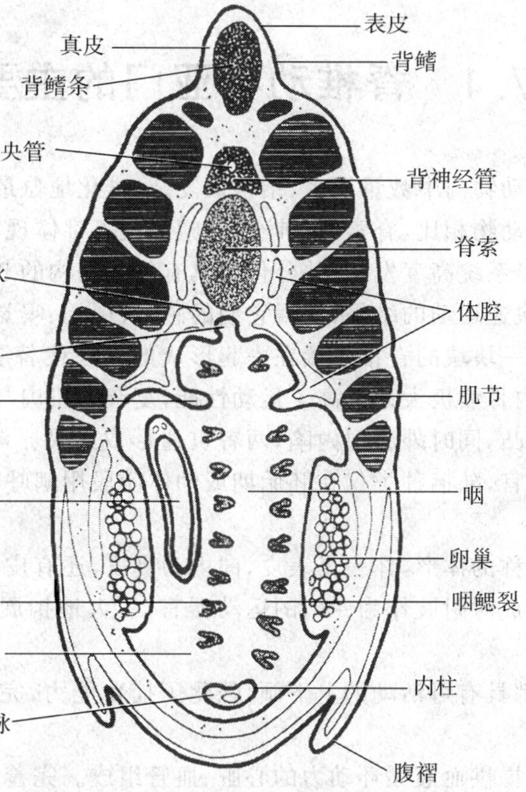

图16-7 文昌鱼横切示意图(引自Bouren)

文昌鱼雌雄异体，生殖腺约有26对，按体节排列在体壁两侧，凸向围鳃腔。成熟的精子或卵子穿过生殖腺壁和体壁，进入围鳃腔经腹孔排出体外，在水中受精发育。

从比较解剖学、胚胎学和生物化学等分析，一般认为文昌鱼是由脊索动物和棘皮动物的共同祖先进化而来的。由这个祖先分出一支演化为棘皮动物；另一支演化为原始脊索动物，即原始无头类。由原始无头类进化为原始有头类，即脊椎动物的祖先。其中一部分原始无头类特化为侧支，演变为现存的原索动物，包括钻沙泥、少活动的文昌鱼。

第17章 脊椎动物亚门

17.1 脊椎动物亚门的主要特征

脊椎动物是脊索动物门中数量最多、结构最复杂、进化地位最高的一个类群。具体如下：

• 与低等的原索动物相比，脊索、背神经管、咽鳃裂等都体现在发育的某一个时期。

• 头部明显，神经系统高度发达，并分化出具有复杂结构的5部脑，即端脑、间脑、中脑、小脑、延脑。长期适应快速运动的结果，使得它们的感官（视觉、嗅觉、听觉等）高度发达。

• 高等类群中由一块块的脊椎连接在一起形成的脊柱代替了低等的脊索，构成了支持身体的中轴，强有力的内骨骼极大地提高了运动性能，复杂的肌肉与骨骼一起完成相应的动作。

• 咽部内胚层外凸，同时外胚层内陷，两者贯通形成鳃裂。鳃裂间的咽壁形成鳃，水栖种类终生以鳃为呼吸器官，陆栖种类仅在胚胎期或幼体阶段用鳃呼吸，成体进化出了肺脏作为呼吸器官。

• 大多为两侧对称的体形，体表具表皮，向内为真皮，还有皮肤衍生物等，如腺体、鳞片、羽毛、爪、毛发和角等。成对附肢作为专门的运动器官，极大地扩展了运动的空间，为捕食、避害等提供了保障。

• 除圆口类外，都具有可活动的上下颌，强化了捕食能力，完善的消化系统大大加强了能量的摄取。

• 循环系统由可提供血液循环动力的心脏、血管组成。完善的体腔内有着各种内脏系统。

• 排泄系统由肾脏构成，保证了旺盛的新陈代谢有序进行。

• 高度发达的脑及发出的10～12对脑神经，指挥着运动和感觉，此外还有自主神经系统控制内脏。内分泌系统发达。

17.2 脊椎动物亚门的分类

1997年，我国学者胡世学等发现了一块鱼形生物化石，类似现存的盲鳗，命名为“海口鱼”（*H. ercaicunensis*）。而当时世界上最早发现的脊椎动物化石形成于4.8亿年前，比这个鱼形生物化石的形成年代足足晚了5 000万年。1998年12月，西北大学的专家们又在同一地方，发现了一块同样种类的鱼化石。专家们将这块更为完整清晰的化石直接命名为“昆明鱼”（*Myllokunmingia*）。

迄今为止，人类所了解的最早的脊椎动物化石，生活在距今约 5.3 亿年前，是由我国科学工作者在云南澄江帽天山附近发现的海口鱼，继而又发现了保存完整的寒武纪早期古生物化石群，其生动地再现了 5.3 亿年前海洋生命的壮丽景观和现生动物的原始特征，为研究地球早期的生命起源、演化、生态等理论提供了珍贵证据，填补了早期脊椎动物演化的空白。

根据现有资料，可将脊椎动物亚门分为 6 纲：圆口纲、鱼纲、两栖纲、爬行纲、鸟纲、哺乳纲。

第18章 圆口纲

进化地位：圆口纲(Cyclostomata)是现代脊椎动物中最原始、最特殊的水栖动物。距今已有5亿多年的演化历史，属后口动物类群。以肠体腔法形成体腔，螺旋式卵裂。

其原始性主要表现在没有上、下颌，故又称无颌类；没有成对的附肢；没有真正的脊椎，终生存留脊索。其特殊性主要表现在只有1个鼻孔，具有多对鳃囊，鳃囊内有鳃丝。

18.1 圆口纲的主要特征

以七鳃鳗为例，进行介绍。

18.1.1 外形

身体细长如鳗(图18-1)，分为头、躯干和尾3部分。头部前端腹面有1个漏斗状的口吸盘，用以吸附在其他鱼体上营半寄生生活(图18-2)。口内有舌，舌端和口吸盘内壁均有角质齿以刺破鱼的皮肤获取食物。头部中央有单个的鼻孔(nostril)，其后方的皮下有一松果眼(pineal eye)，头两侧有1对无眼睑的眼。每只眼后方各有7个圆形鳃孔。躯干部只有奇鳍，无偶鳍，背面有前后两个背鳍，后一个背鳍延续到尾部与尾鳍相连，这与不主动运动、适应寄生生活有关。躯干部和尾部交界处腹面有一肛门，后方为泄殖孔。尾部末端为尾鳍，其上、下鳍叶是对称的，称原尾型(protocercal)。

图18-1 七鳃鳗捕食(引自Hickman)

图18-2 七鳃鳗口吸盘及角质齿(引自Miller)

18.1.2 皮肤

皮肤裸露，富含单细胞腺体，能分泌黏液润滑体表，无鳞片，身体两侧各有1行小孔，是水栖动物的侧线器官。

18.1.3 骨骼

骨骼结构原始，由软骨和结缔组织组成，没有硬骨。脊索成为支持身体的中轴，脊索的背方神经管两旁有许多小软骨片，代表了雏形脊椎骨。头骨构造也很原始，脑颅为一个不完全的软骨颅，脑顶部仅覆盖结缔组织膜。

支持鳃囊的鳃笼由9对横行的软骨弧和4对纵行的软骨条相连接而成。

18.1.4 肌肉

肌肉很原始，体壁肌肉有"W"形的分节现象。

18.1.5 消化系统

口位于口吸盘的底部，由口通入口腔，口腔后为咽，咽分化出2条管道，背方的为食道，腹方的为呼吸道。七鳃鳗无胃分化，食道直接和肠相连，肠内有纵向的螺旋瓣，以增加消化和吸收的面积，肠末端为肛门。

消化腺有发达的肝脏，胰脏不发达。

18.1.6 呼吸系统

咽分出腹面的盲管为呼吸管，其两侧各有7个内鳃孔，每个内鳃孔各与一鳃囊相通，鳃囊内有鳃丝，上有毛细血管，能进行气体交换。

18.1.7 循环系统

基本上和文昌鱼相似，但已出现心脏，心脏具有一心房、一心室和一个静脉窦。

18.1.8 排泄系统

有狭长的肾脏1对，由腹膜固着于体腔壁上，还有2条输尿管沿体腔后行，开口于泄殖窦。七鳃鳗成体的肾脏从发生上属中肾，但幼体同时存在前肾和中肾。

18.1.9 神经系统

神经系统还很原始。脑虽然分化为端脑、间脑、中脑、小脑和延脑5部分，但体积很小。脑神经10对。

感觉器官、嗅觉器官有鼻孔，内通往嗅囊，其上有嗅觉细胞。视觉器官为1对眼。听觉器官有1对内耳，只有前、后2个半规管。味觉器官是口腔的味蕾。

18.1.10 生殖系统

七鳃鳗为雌雄异体，只有单个的精巢或卵巢，但无输出管道，成熟的精子或卵子落到腹腔，进入泄殖窦，由泄殖孔排出体外。卵在水中受精。

18.2 圆口纲的分类

圆口纲现存约 70 种，可分 2 个目，即七鳃鳗目(Petromyzoniformes)和盲鳗目(Myxiniformes)。

18.2.1 七鳃鳗目

成体营半寄生生活，有口吸盘，仅有七鳃鳗 1 科，我国有 3 种：东北七鳃鳗(*Lampetra morii*)、雷氏七鳃鳗(*Lampetra reissneri*)和日本七鳃鳗(*Lampetra japonica*)，分布于我国松花江、黑龙江等地。

18.2.2 盲鳗目

成体营寄生生活，无口吸盘，眼退化，钻入鱼体吃内脏和肌肉，危害渔业(图 18-3)。如黏盲鳗(*Eptatretus burgeri*)产于日本海，我国东南沿海偶有发现。

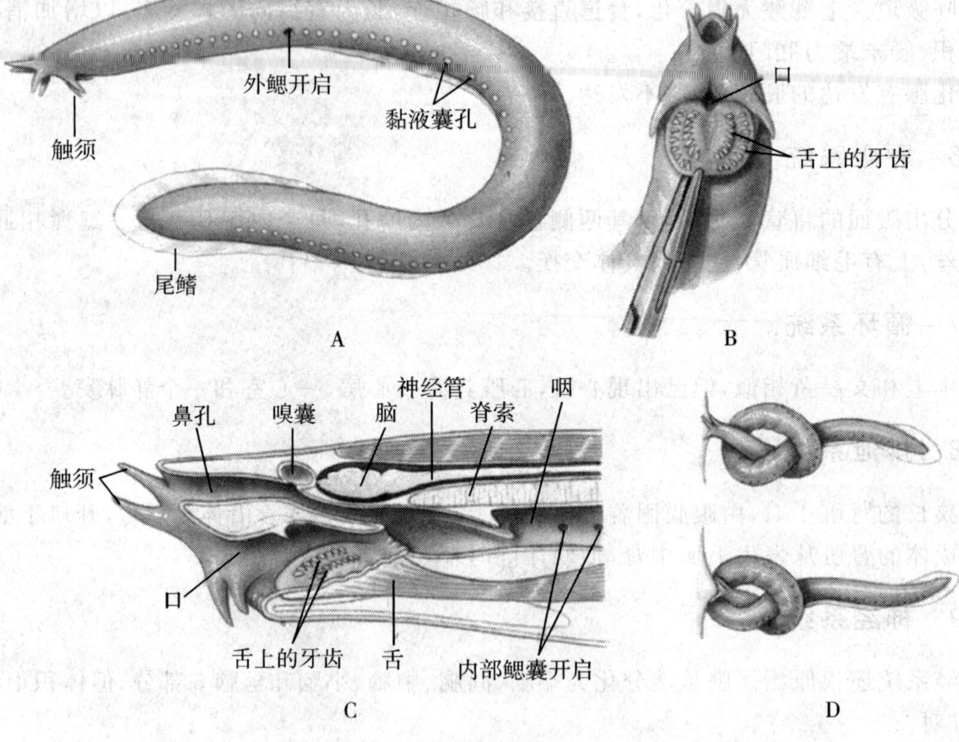

图 18-3 盲鳗(引自 Hickman)

A. 外形 B. 头部 C. 前端内部结构 D. 吸附

第19章 鱼 纲

进化地位：鱼类(Pisces)是最低等的有颌类、水生、变温脊椎动物，是由志留纪时期的有头类演化而来。到泥盆纪，已演化出四大类群，即棘鱼类(Acanthodii)、盾皮鱼类(Placoderma)、软骨鱼类(Chondrichthyes)和硬骨鱼类(Osteichthyes)。前两者均已于石炭纪前后绝灭，后两者繁衍至今，它们比圆口类具有更进步的特征，如偶鳍、可活动的上下颌等。

19.1 鱼类的主要生物学特征

19.1.1 外形

身体分为头部、躯干部和尾部。吻端至鳃盖后缘为头部，鳃盖后缘至肛门(臀鳍前缘基部)为躯干部，肛门至尾末端为尾部(图 19-1)。

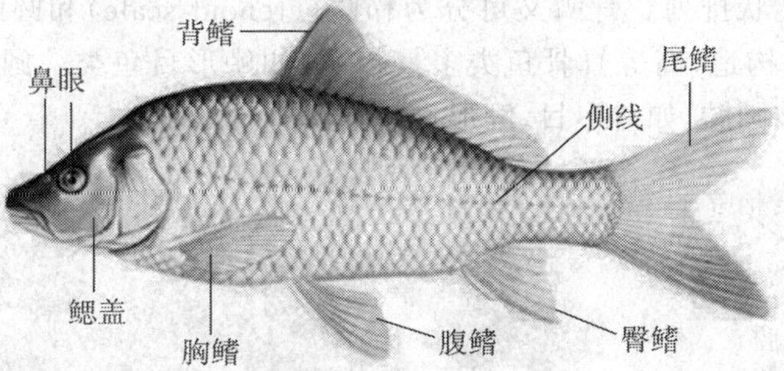

图 19-1 鲤鱼的外形(引自刘凌云等)

19.1.1.1 鱼类的基本体形

可分为以下 4 种。

(1)纺锤形：适于快速游泳，以减少水的阻力，绝大多数鱼类属于此种体形，如鲤鱼、黄鱼等。

(2)侧扁形：身体侧扁，左右轴短，背腹轴长，游泳能力弱，如团头鲂、带鱼等。

(3)平扁形：身体背腹扁平，左右轴长，背腹轴短，游泳能力弱，如鳐、比目鱼等。

(4)棍棒形：身体圆柱状，适于穴居及在水草、泥沙中生活，如黄鳝、泥鳅、鳗鲡等。

19.1.1.2 鱼类的尾型

分为原尾型(protocercal)、歪尾型(heterocercal)和正尾型(homocercal)(图 19-2)。

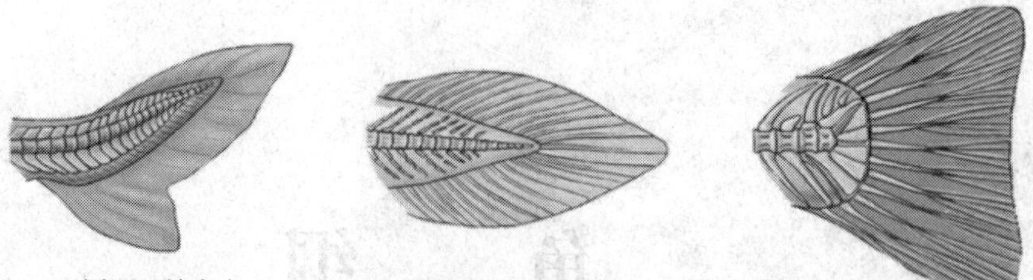

图 19-2 鱼类的尾型(引自 Hickman)

(1)原尾型:尾椎位于尾鳍正中,上、下对称,如肺鱼,鱼类胚胎期。

(2)歪尾型:尾椎向背方延伸至尾端,上大、下小,如鲨鱼。

(3)正尾型:尾椎上伸仅达尾基,外对称,内不对称,如大多数硬骨鱼。

19.1.2 皮肤及其衍生物

皮肤由表皮和真皮构成。表皮内富有单细胞的黏液腺,能分泌大量黏液,使鱼体保持黏滑,减少游泳时与水的摩擦,还能保护体表不受细菌和病毒的侵袭。此外,还可维持体内渗透压。表皮内没有血管,供应表皮的营养来自真皮的毛细血管,真皮内有色素细胞。

鱼类的鳞片可分为 3 种基本类型,即盾鳞(placoid scale)、硬鳞(gnoid scale)和骨鳞(bony scale)(图 19-3)。盾鳞由表皮和真皮共同形成,为板鳃鱼类所特有,这种鳞片进入上下颌便成牙齿,与牙齿系同源结构,故又称皮齿。硬鳞是埋在真皮中的菱形骨板,由真皮产生,此类鳞片仅见于现存的硬骨鱼纲中的硬鳞鱼类。骨鳞由真皮产生,为真骨鱼类所特有,鳞片埋在真皮鳞囊中,在表皮下呈覆瓦状排列。骨鳞又可分为栉鳞(ctenoid scale)和圆鳞(cycloid scale)。栉鳞后区的鳞嵴呈齿状构造,高等真骨鱼类多具栉鳞,如鲈形目鱼类。圆鳞后区边缘光滑无栉齿,低等真骨鱼类多被圆鳞,如鲱形目、鲤形目鱼类。

图 19-3 鱼类的鳞片类型(引自 Hickman)

大多数鱼类鳞片上有许多同心圆状环纹,称年轮,这是由于季节不同,其生长速度有差异而形成的。根据年轮的情况,可以推算鱼的年龄。

19.1.3 支持与运动系统

19.1.3.1 骨骼

鱼类的骨骼可分为中轴骨骼(axial skeleton)和附肢骨骼(appendicular skeleton)2 部分。软骨鱼的骨骼全部为软骨,尽管有些部位有一定的硬度,但那是钙盐附着后钙化(calcification)的表现,与硬骨鱼经过骨化(ossification)后形成的硬骨有着本质的区别。

1. 中轴骨骼

中轴骨骼包括头骨(skull)和脊柱(vertebral column)。

头骨包括脑颅(neurocranium)和咽颅(splanchnocranium)。脑颅由包裹脑和视觉、听觉、嗅觉等感觉器官的箱状软骨或骨片组成。咽颅由 7 对分节的弧形软骨构成。第 1 对为颌弓(mandibular arch),构成上下颌;第 2 对为舌弓(hyoid arch),负责将颌弓上半部与脑颅连接起来;第 3～7 对为鳃弓(branchial arch),以支持鳃裂。

鱼类脊柱仅有躯椎(trunk vertebra)和尾椎(coccygeal vertebra)的分化,椎体双凹型(amphicoelous),比较原始,椎体之间的凹处有残余的脊索存在。椎体中央有一小孔,残余的脊索由此通过并连接成串珠状。每个躯椎由椎体、椎弓、椎棘、横突构成,横突与肋骨相关节。硬骨鱼的肋骨发达,左右沿腹壁向下包围整个体腔,有保护内脏的作用。每个尾椎由椎体、椎弓、椎棘、脉弓、脉棘构成(图 19-4)。

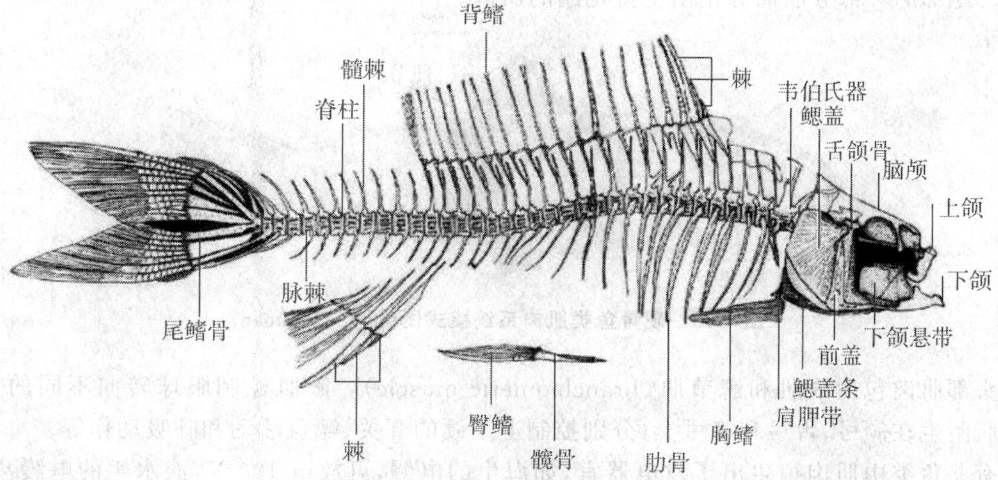

图 19-4 鲤鱼的骨骼系统(引自刘凌云等)

2. 附肢骨骼

附肢骨骼由鳍骨(fin bone)和带骨(girdle bone)构成。鳍骨包括奇鳍骨(背鳍、臀鳍、尾鳍)和偶鳍骨(胸鳍、腹鳍)。鱼类的附肢骨骼与脊椎无关节联系。带骨包括肩带(pectoral girdle)和腰带(pelvic girdle)。肩带连接胸鳍,腰带连接腹鳍(图 19-5)。

软骨鱼的肩带为半环状的软骨棒,称乌喙棒;腰带仅为一横条的软骨棒,称坐耻棒。

硬骨鱼的肩带包括肩胛骨、乌喙骨和锁骨。硬骨鱼的肩带位置很靠前,并通过上锁骨与头骨相连,为鱼类所特有(自两栖类以上,肩带和头骨不直接相连,加强了前肢的活动,并使头部能灵活转动)。腰带仅由一对无名骨组成(图 19-5)。

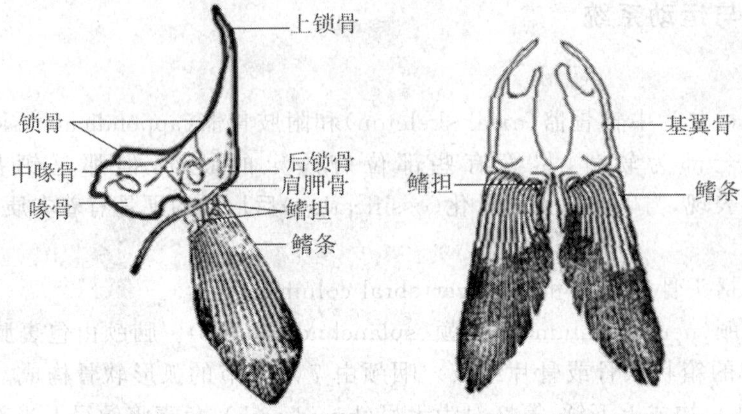

肩带和胸鳍（背面观）　　腰带和腹鳍（背面观）

图 19-5　鲤鱼的附肢结构(引自刘凌云等)

19.1.3.2　肌肉

鱼类的肌肉分化程度不高,躯干和尾部肌肉与圆口类相似,由肌节组成,肌节之间有肌隔联系(图 19-6)。但体侧肌肉被一水平侧隔分为上下两部分,分别称轴上肌(epaxial muscle)和轴下肌(hypaxial muscle)。轴上肌分化出支持背鳍的肌肉,轴下肌分化出支持偶鳍和臀鳍的肌肉。尾部的一部分肌肉分化出支持尾鳍的肌肉。

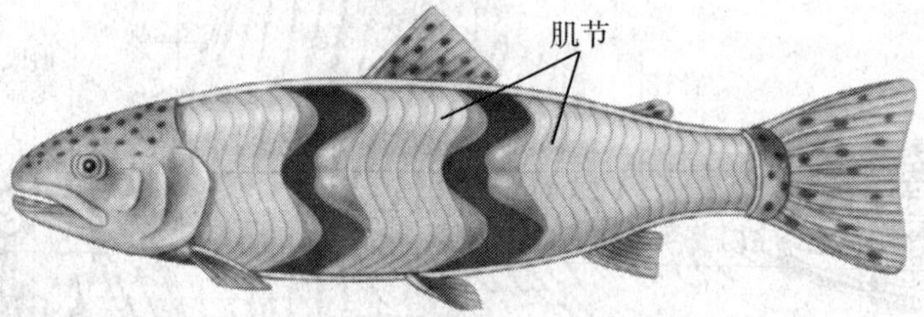

图 19-6　硬骨鱼类肌肉系统模式图(引自 Hickman)

头部肌肉包括眼肌和鳃节肌(branchiomeric muscle)。眼肌控制眼球转向不同的方向。鳃节肌附生在颌弓、舌弓和鳃弓上,分别控制上下颌的开关、鳃盖活动和呼吸动作等。

有些鱼类由肌肉衍生出了发电器官,如海生的电鳗,可放电 100 V,淡水生的电鳗甚至可放电 600 V。这些发电器官可用于攻击、防御等。

18.1.3.3　**鱼类的运动**

终生的水生生活,造就了鱼类非凡的游泳能力。大多数鱼类每秒可游动 10 倍于自身体长的距离。大型鱼类游泳的速度还会更快些。鱼类的肌肉分化程度不高,由一系列肌节组成。躯干和尾部的肌肉肌节内肌纤维很短,被牢固的结缔组织连接在一起,表层肌节呈“W”形排列,但内部的肌节彼此套叠在一起,使得每一个肌节的收缩都可以牵拉几个脊椎,迅捷地传递收缩的力量。鱼类运动时,身体前端的摆动幅度小于后端的摆动幅度,这种摆动向后传递时,借助水的反作用力,使身体向前运动。

19.1.4 消化系统

消化系统包括消化道和消化腺 2 部分。

19.1.4.1 消化道

消化道分为口腔、咽、食道、胃、肠、泄殖腔(软骨鱼)或肛门(硬骨鱼)(图 19-7)。

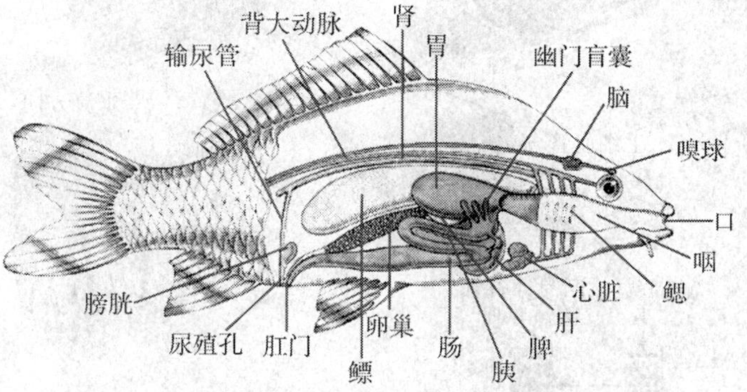

图 19-7 鲤鱼的消化系统(引自刘凌云等)

鱼类的上下颌多生有牙齿(鲤科鱼类牙齿着生在第 5 对鳃弓上,称咽喉齿)。鱼类的牙齿仅限于咬住食物,无咀嚼功能。牙齿因食性不同而形状多样。口腔内无唾液腺,舌位于口咽腔底部,表面分布有味蕾。口腔与咽无明显界限,食道很短,食道后面是胃。鱼类的肠的分化多数不明显,但软骨鱼可清晰辨别大肠和小肠。小肠又可分为十二指肠和回肠,回肠内具螺旋瓣,可增加吸收的面积,也可延缓食物向后移动。大肠可分为结肠和直肠,直肠末端开口于泄殖腔。硬骨鱼肠道内一般无螺旋瓣,肠道末端开口于肛门。

19.1.4.2 消化腺

鱼类消化腺主要有肝脏和胰脏。肝脏分泌胆汁,以促进脂肪分解;胰脏分泌胰液入十二指肠助消化。鲨鱼的肝脏非常发达,主要成分为鲨烯,其密度 0.856 g/cm^3,可有效减轻身体的比重,并依靠不停地游动才能防止下沉。

19.1.5 呼吸系统

鱼类终生用鳃呼吸。鳃来源于外胚层,位于口咽腔两侧,成对排列。

软骨鱼鳃裂直通体外,形似百叶窗,鳃间隔发达,每侧有 4 个全鳃和 1 个半鳃(每个全鳃包括 2 个半鳃),鳃瓣由上皮折叠形成,着生于鳃间隔上;硬骨鱼鳃间隔退化,鳃丝直接着生于鳃弓上,鳃弓内侧生有滤食用的鳃耙,鳃裂外侧有鳃盖保护。在咽部每侧有 4 个全鳃(图 19-8 和图 19-9)。

大多数硬骨鱼有鳔(swim bladder)。根据与食道之间有无鳔管相通,把有鳔的硬骨鱼分为有鳔管的喉鳔类(或称开鳔类)(图 19-10)和无鳔管的闭鳔类(图 19-11)。

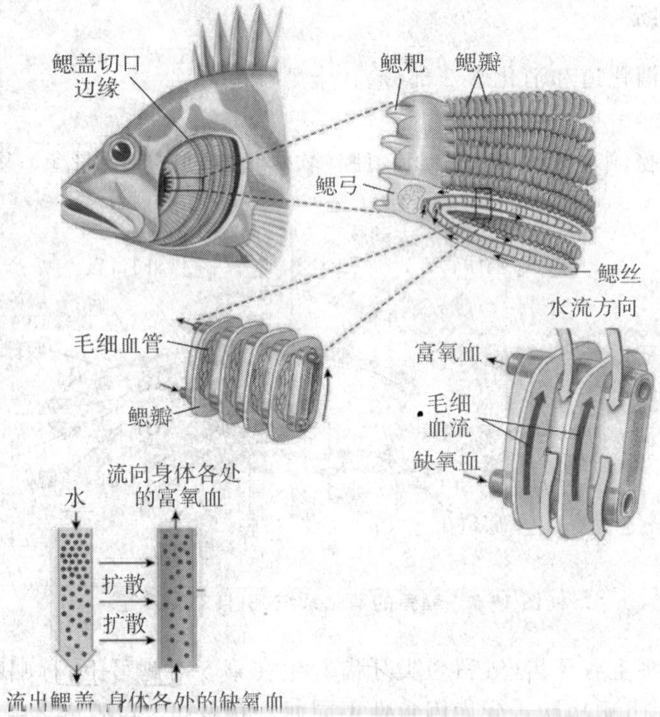

图 19-8　鲤鱼鳃结构

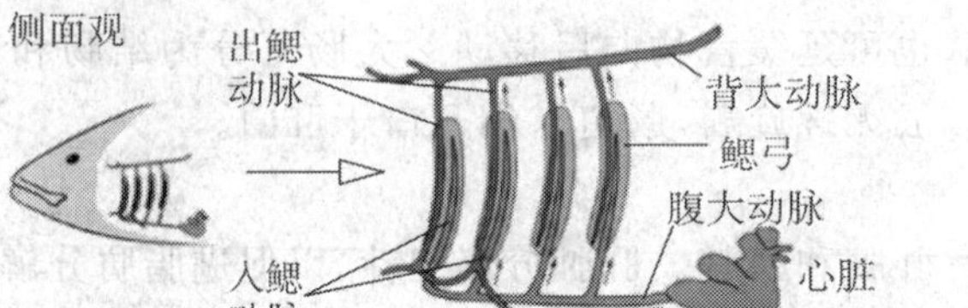

图 19-9　硬骨鱼类的呼吸运动(引自 Hickman)

喉鳔类鳔内气体的调节主要是通过鳔管,直接由口吞入或排出气体,也可由血管分泌或由血管吸收一部分气体。鳔由原肠管突出而形成,和陆生脊椎动物的肺同源。除少数鱼(如肺鱼、总鳍鱼)的鳔具有呼吸作用外,大多数鱼类的鳔是身体比重的调节器官。当鱼向深层水域游动时,所受水环境的压力增加,鳔内气体体积减小,鱼体浮力降低,鱼下沉,此时若要保持在某一水层活动,必须增加鳔内气体,使鱼身体比重与水环境达到平衡;若鱼向浅层水域游动,所受水环境的压力变小，鳔内气体膨胀，鱼体浮力增加，鱼则不停地上浮，此时若要保持在某一水层活动，必须排出一部分鳔内气体，使鱼身体比重与水环境达到新的平衡。这样，靠鳔的自动调节，鱼体能在水中任何深度保持不浮不沉。

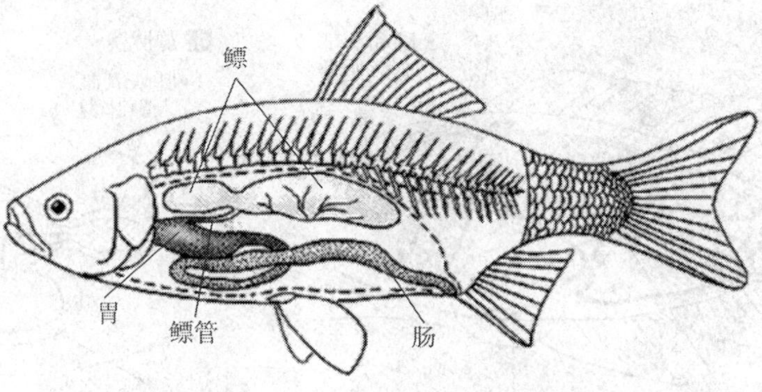

图 19-10　喉鳔类的鳔结构示意图

闭鳔类的鳔不具鳔管(图 19-11)，鳔内气体的调节依靠鳔内壁的红腺放出气体和鳔后背面的卵圆窗吸收气体。红腺密布毛细血管网，其上皮细胞可分离出血液中的氧和二氧化碳。卵圆窗内壁的毛细血管网可将气体吸收到血管内。

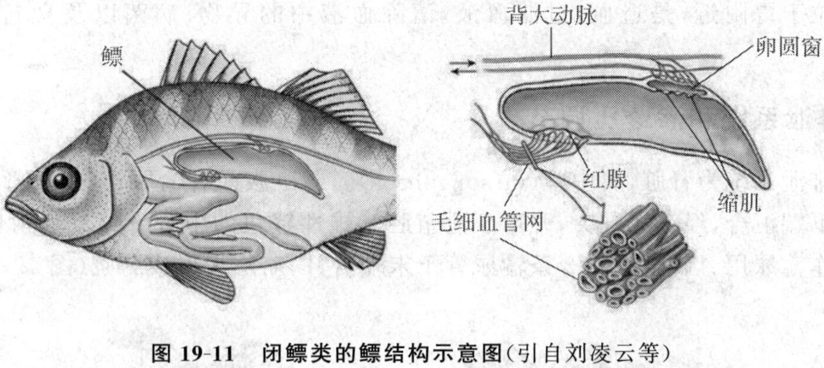

图 19-11　闭鳔类的鳔结构示意图(引自刘凌云等)

少数底栖和一些迅速作升降运动的硬骨鱼类不具鳔。因为鳔内气体的调节比较缓慢，有了鳔反而会成为障碍。软骨鱼无鳔。

19.1.6　循环系统

鱼类心脏仅由一心房、一心室构成；流入心脏的血全是缺氧血，压送到鳃部进行气体交换后，富氧血直接由背大动脉分布全身。整个血液循环的途径是一个大圈，即单循环。鱼类的单循环是和鳃呼吸紧密相关的。

鱼类的心脏很小，心脏的重量仅占体重的 0.033%～0.25%，血液量也相当少，约为其体重的 2%，心脏推动血液流动的力量弱，这和鱼体的代谢水平低、血液量少、血流速度慢、不往高处压送等因素都是相关的。

软骨鱼的心脏由一心房、一心室和动脉圆锥构成。硬骨鱼的心脏不具动脉圆锥，但有动脉球，而动脉球是腹大动脉基部膨大形成的，故不属于心脏组成部分；动脉球有弹性，心室收缩时，动脉球扩张，随即由于动脉球壁的弹性而回缩，这样，使通往鳃部毛细血管的血液得以维持一个稳定的动脉压(图 19-12)。

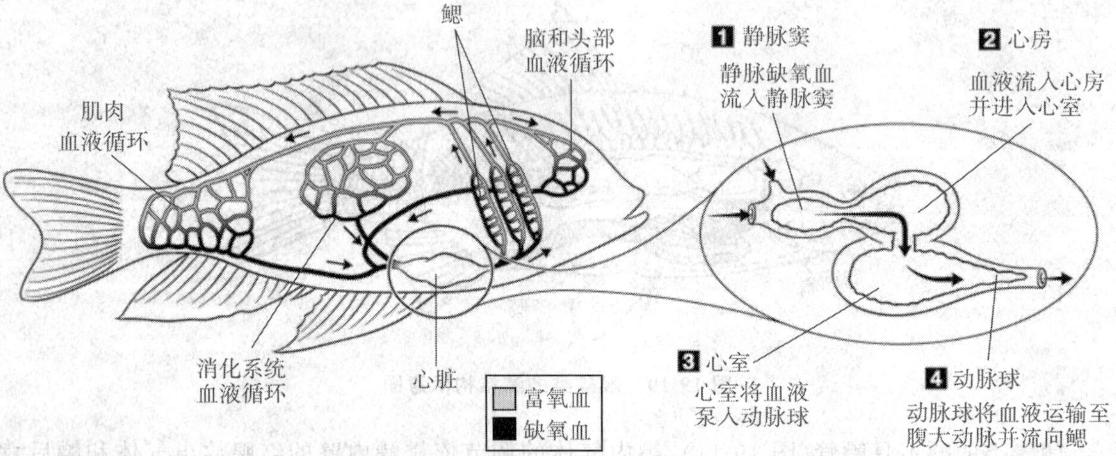

图 19-12　硬骨鱼类的循环系统(引自刘凌云等)

鱼类的淋巴系统不发达，淋巴液的主要机能是协助静脉系统带走多余的代谢废物、细胞间液等。脾脏位于胃附近，是造血，过滤血液，清除血液中的异物、病菌以及衰老死亡细胞的场所。

19.1.7　排泄系统和渗透压调节

鱼类的排泄系统为肾脏，属中肾(mesonephros)。肾脏腹面有输尿管(中肾管)。鲨鱼的 2 条输尿管在下端汇合，经泌尿乳突，开口于泄殖腔。雄性鲨鱼的中肾管仅具输精作用，另外形成的副肾管作输尿用。硬骨鱼的 2 条输尿管于末端合并，略膨大形成膀胱(图 19-13)。

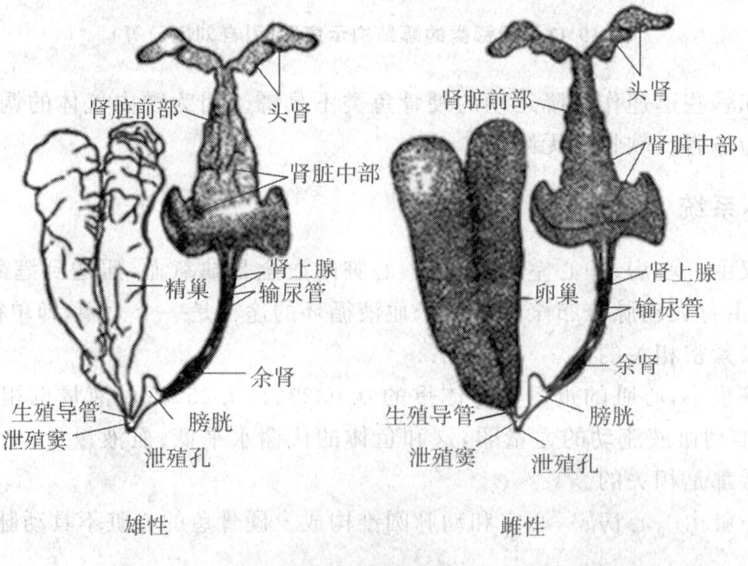

图 19-13　鲤鱼的排泄及生殖系统(引自刘凌云等)

肾脏除排出代谢产物以外，另一重要功能是对渗透压起调节作用，维持体内水盐平衡。海水软骨鱼血液中尿素含量高(2%左右)，体液浓度高于海水，海水会不停地进入鱼体内，多余的水分由肾脏排出。随之进来的盐分由直肠腺的排盐结构排出。海水硬骨鱼类体液浓度低于海水，体内水分会不断地渗出体外，它们依靠吞饮海水来补充(如鳗鱼，每千克体重每昼夜吞入50～200 mL 的海水)，多余的盐分通过鳃壁上一种特殊的泌氯腺排出。淡水硬骨鱼类的体液浓度高于淡水，进入体内的淡水由肾脏以尿液的形式排出(图 19-14)。

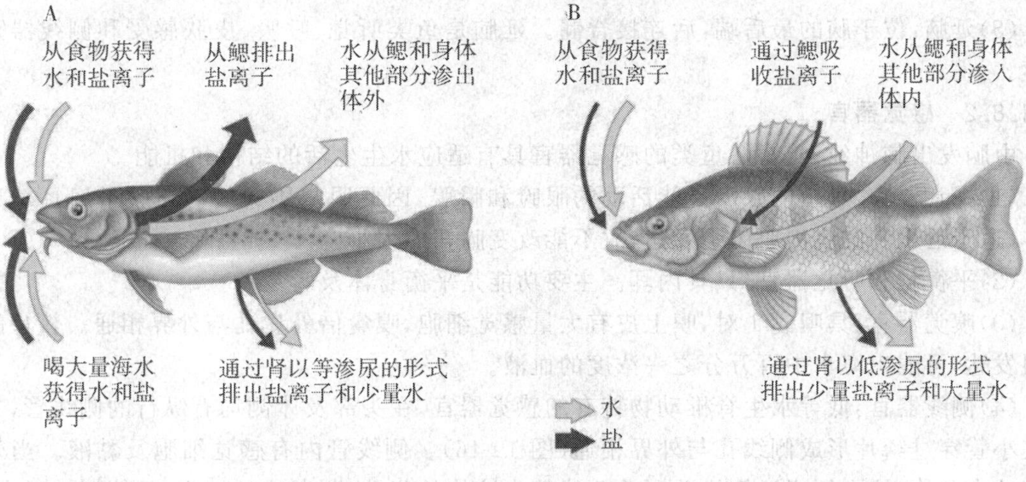

图 19-14　鱼类渗透压的调节(仿 Hickman)

A. 海水鱼渗透压调节　B. 淡水鱼渗透压调节

19.1.8　神经系统与感官

19.1.8.1　神经系统

鱼类的脑已明显分化为端脑、间脑、中脑、小脑、延脑等 5 部分(图 19-15)。

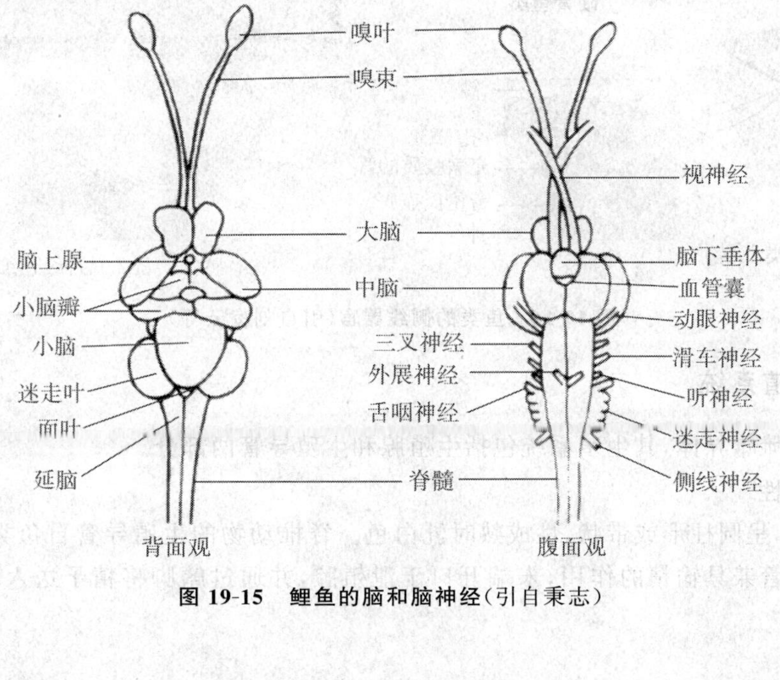

图 19-15　鲤鱼的脑和脑神经(引自秉志)

(1)端脑:包括嗅脑和大脑,大脑前部为发达的嗅叶,也称嗅脑。除软骨鱼和肺鱼外,绝大多数鱼类大脑表面无神经组织,称古脑皮(paleopallium)。神经细胞多集中于大脑底部的纹状体,后者为运动调节的中枢。

(2)间脑:位于大脑后方,较小,常被中脑掩盖,上部有脑上腺或松果体,下部为下丘脑。由此伸出视神经交叉。间脑后部有脑漏斗和脑垂体。

(3)中脑:鱼类的视觉中枢,背面形成左右两半,又名视叶。

(4)小脑:位于中脑后部,体积较大,硬骨鱼类还有小脑瓣。小脑是鱼类的运动中枢。

(5)延脑:位于脑的最后端,后连接脊髓。延脑是鱼类听觉、呼吸、皮肤感受和侧线器官的中枢。

19.1.8.2 感觉器官

由脑发出脑神经 10 对。鱼类的感觉器官具有适应水生生活的结构和机能。

(1)视觉器官:鲤鱼的眼没有能活动的眼睑和瞬膜,因此眼从不关闭。角膜平扁且靠近晶状体,适于近视。虹膜内肌肉不发达,故不能改变瞳孔的大小。

(2)平衡觉和听觉器官:只具内耳。主要功能是平衡身体及听觉。

(3)嗅觉器官:具嗅囊 1 对,嗅上皮有大量感觉细胞,嗅囊借外鼻孔与外界相通。鲨鱼的嗅觉很发达,可嗅出海水中百万分之一浓度的血液。

(4)侧线器官:低等水生脊椎动物特有的感觉器官,在头部及体侧均有纵行的侧线管,并有分支小管穿过鳞片形成侧线孔与外界相通(图 19-16)。侧线管内有感觉细胞及黏液。当外界水流冲击鱼体时,水压通过侧线孔影响侧线管内液体的流动,刺激感觉细胞,再传至神经中枢。侧线可感受低频率的震动,在鱼类取食、避敌、运动等活动中具有重要意义。

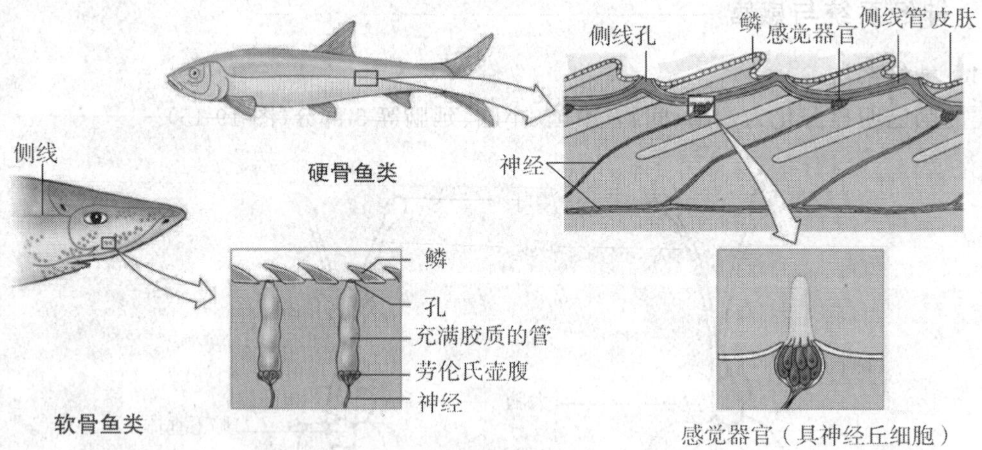

图 19-16 鱼类的侧线器官(引自刘凌云等)

19.1.9 生殖系统

鱼类大多雌雄异体,其生殖系统包括生殖腺和生殖导管两部分。

19.1.9.1 雄性

精巢 1 对,呈圆柱形或带状,性成熟时乳白色。脊椎动物的生殖导管自鱼类开始出现,软骨鱼类的输尿管兼具输精的作用,末端开口于泄殖腔,并通过鳍脚将精子送入雌性生殖导管内,行体内受精;硬骨鱼类的输精管由精巢外膜延伸而成,与肾脏不发生联系,末端开口于泄殖孔,将精子排入水中,行体外受精。

19.1.9.2 雌性

卵巢1对,长带状,大多乳黄色,成熟后可见清晰的卵粒。软骨鱼类和肺鱼类卵巢表面无卵囊膜包裹,内有大量卵泡,卵子位于卵泡内,成熟后卵子突破卵泡进入腹腔,继而进入输卵管,与精子会合受精。硬骨鱼类卵巢表面有卵囊膜包裹,卵囊膜延伸形成输卵管,卵子经由输卵管排至体外进行受精。

19.2 鱼纲的分类

鱼类早在泥盆纪就已派生出很多远缘支系,至今,鱼类在脊椎动物中仍然保持种类和数量上的优势,超过其他各纲脊椎动物数量的总和,达24 000余种。我国有鱼类3 100余种。根据骨骼系统,把现生的鱼类分为两大群系,即软骨鱼系和硬骨鱼系。

19.2.1 软骨鱼系

软骨鱼系是现存鱼类中最低级的一个类群,绝大多数海生。软骨鱼系可分为板鳃亚纲(Elasmobranchii)、全头亚纲(Holocephali)2个亚纲。

19.2.1.1 板鳃亚纲

鳃裂5~7对,各自开口于体外。体被盾鳞或光滑。背鳍若有鳍棘,则固定不动。雄性无腹前鳍脚和额上鳍脚。本亚纲又分鲨目(Selachoidei)、鳐目(Batoidei)2目。

1. 鲨目

长纺锤形,鳃裂位于头侧,又称侧孔类,如各种鲨鱼。全世界有鲨鱼250~300种,我国有130余种。鲨肉可食,营养丰富;鲨鳍干制而成的"鱼翅",是名贵海味;鲨肝富含油脂和多种维生素,是提制鱼肝油的主要原料。我国常见的鲨鱼有:扁头哈那鲨(*Notorynchus cepedianus*)、双髻鲨(*Sphyrna zygaena*)、白斑星鲨(*Mustelus manazo*)、日本锯鲨(*Pristiophorus japonicus*)、扁鲨(*Squatina squatina*)、狭纹虎鲨(*Heterodontus zebra*)等(图19-17)。

2. 鳐目

身体扁平,呈菱形或圆盘形,鳃裂在头的腹面,又称下孔类,营底栖生活。我国常见的鳐鱼有:孔鳐(*Raja porosa*)、赤魟(*Dasyatis akajei*)、颗粒犁头鳐(*Scobatus granulatus*)、日本单鳍电鳐(*Narke japonica*)等(图19-18)。

19.2.1.2 全头亚纲

头大,侧扁,鳃裂4对,有皮肤形成的鳃盖褶掩盖,仅以一个鳃孔通体外。身体光滑无鳞,侧线沟状,尾细长如鞭。上颌与脑颅愈合,故称全头。现存种类很少,我国仅有黑线银鲛(*Chimaera phantasma*),平时居深海,冬季游向近岸。肉食性,不喜群居,经济价值不大(图19-19)。

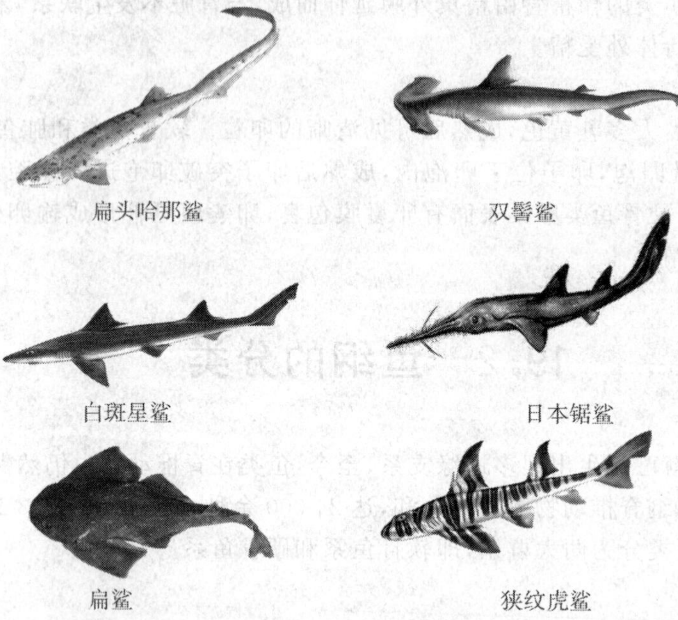

图 19-17　我国常见鲨鱼

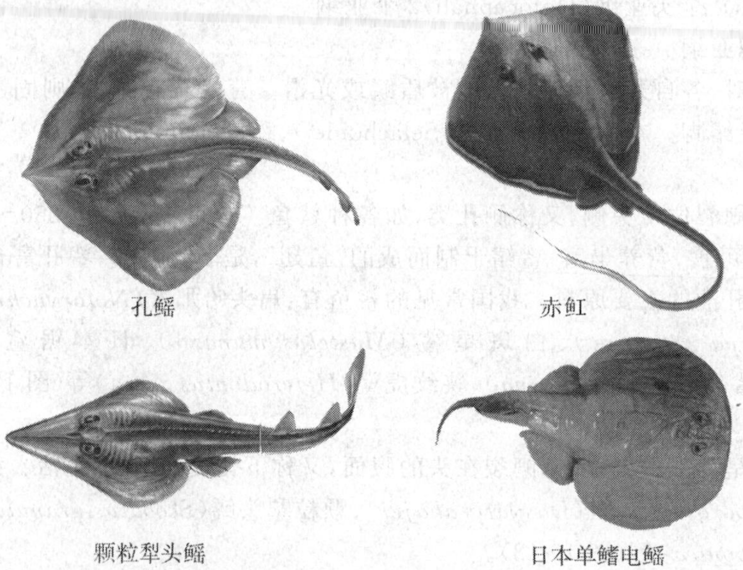

图 19-18　我国常见鳐类(引自 baidu)

图 19-19　黑线银鲛(引自 baidu)

19.2.2 硬骨鱼系

种类繁多,占鱼类总数的95%左右,经济价值比较高。在海洋鱼类当中,以鲈形目为主体;在淡水鱼类当中,以鲤形目和鲈形目为主体。硬骨鱼系可分为肺鱼亚纲(Dipnoi)、总鳍亚纲(Crossopterygii)、辐鳍亚纲(Actinopterygii)3个亚纲。

19.2.2.1 肺鱼亚纲

体呈纺锤形,骨骼大部分为软骨,仅头骨顶部出现膜性硬骨,缺少次生颌;脊索发达,脊椎骨无椎体;心脏具动脉圆锥;肠有螺旋瓣。有内鼻孔,鳔似肺,有鳔管,在水中缺氧时,能以鳔代肺呼吸。和鳔(肺)呼吸相联系,出现了肺循环。偶鳍具中轴骨,两侧有辐鳍骨对生,称双列式偶鳍。

肺鱼是古老鱼类,最初发生在泥盆纪,曾广泛分布于全球的淡水,以后大部分绝灭了。现在全球仅有3属5种,如澳洲肺鱼(*Neoceratodus forsteri*)、非洲肺鱼(*Protopterus annectens*)和美洲肺鱼(*Lepidosiren paradoxa*)。它们都生活在淡水中,澳洲肺鱼在低氧的水中,能以鳔呼吸空气;非洲肺鱼和美洲肺鱼在枯水时也能用鳔呼吸空气,水干涸时,它们能钻入淤泥,实行夏眠,可达数月(图19-20)。

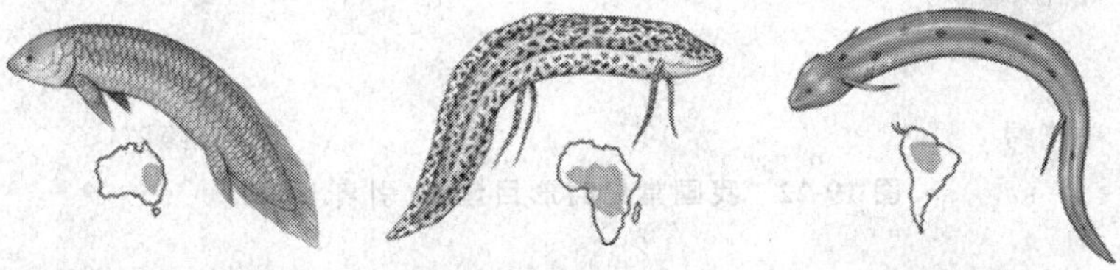

图19-20 3种肺鱼及其分布(引自baidu)

19.2.2.2 总鳍亚纲

总鳍鱼和肺鱼一样,具鳔(肺)和内鼻孔,能以鳔(肺)呼吸空气。卵胎生。但总鳍鱼具肉叶状偶鳍,不但肌肉发达,外覆鳞片,并且鳍内骨骼的排列酷似陆生脊椎动物的肢骨。经过长期演化,总鳍鱼登陆成功,演化为两栖类。

过去人们一直认为,总鳍鱼类在古生代和中生代种类繁多,在白垩纪完全绝灭了。然而在1938年和1952年,在南非近海先后捕到两条鱼,定名为矛尾鱼(*Latimeria chalumnae*)和马兰鱼(*Malania anjouanae*),经研究认定,后一条也是矛尾鱼。这种鱼至今已捕到80余条,是动物界珍贵的"活化石"(图19-21)。

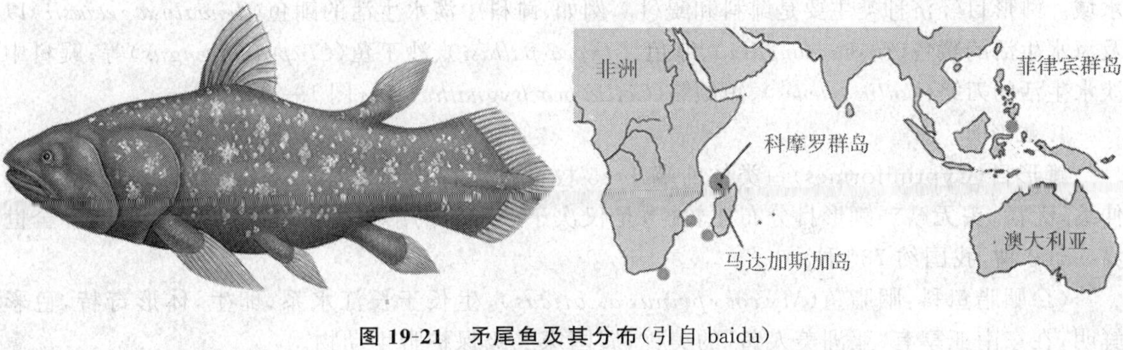

图19-21 矛尾鱼及其分布(引自baidu)

19.2.2.3 辐鳍亚纲

本亚纲是现代鱼类中最繁盛的类群，占鱼类总数的 90%以上，分布广泛，生态类型多样。骨骼几乎全是硬骨；鳍由辐射状骨质鳍条支持，无肉质基叶和骨质中轴；体多被圆鳞或栉鳞；无内鼻孔。共包括 9 总目、36 目。我国有 8 总目 26 目。现将我国主要鱼目和种类简介如下：

1. 鲟形目

鲟形目(Acipenseriformes)为古老而原始的硬骨鱼，许多特征介于软骨鱼和硬骨鱼之间。如体形似鲨，吻长，口腹位，歪尾，水平位偶鳍，肠有螺旋瓣，软骨多等；但脑颅具膜性硬骨，有骨质鳃盖，体被硬鳞或裸露，肛门与泄殖孔分开等。我国常见种类有中华鲟(*Acipenser sinensis*)、白鲟(*Psephuyrus gladius*)等(图 19-22)。

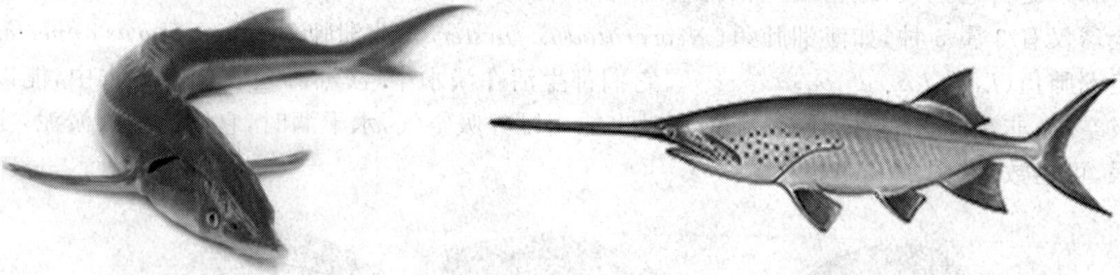

图 19-22　我国常见鲟形目鱼类(引自 baidu)

2. 鳗鲡目

鳗鲡目(Anguilliformes)一般无腹鳍，体形细长似蛇，鳃孔狭窄。背鳍、臀鳍和尾鳍相连，各鳍均无硬棘。一般体无鳞，鳞片退化埋于皮下，如有时为细小圆鳞。脊椎骨数多达 260 个。我国常见的种类有日本鳗鲡(*Anguilla japonica*)(图 19-23)。

图 19-23　日本鳗鲡(引自 baidu)

3. 鲱形目

鲱形目(Clupeiformes)的鱼类产量占世界总产量的 30%左右。广泛分布于寒带、温带和热带水域。鲱形目经济种类主要是鲱科和鳀科。例如，鲱科中淡水生活的鲥鱼(*Tenualosa reevesii*)以及海水生活的鳓鱼(*Ilisha elongata*)、鲱鱼(*Clupea pallasi*)、沙丁鱼(*Clupea harengus*)等；鳀科中淡水生活的刀鲚(*Coilia ectenes*)、短颌鲚(*Coilia brachygnathus*)等(图 19-24)。

4. 鲤形目

鲤形目(Cypriniformes)鱼类体前端 4～5 枚椎骨已特化与内耳联系，称韦伯氏器；口常能伸缩，无齿；头无鳞。鲤形目分布比较广，是仅次于鲈形目的第二大目，营养价值比较高。全世界 5 000 种，我国约 730 种。

(1)胭脂鱼科：胭脂鱼(*Myxocyprinus asiaticus*)，生长于长江水系，卵生，体形奇特，色彩鲜明，在东南亚享有“亚洲美人鱼”的美称，属国家二级保护野生动物。

(2)鲤科：鱼类中种类最多的一科，约 2 000 种，我国有经济价值的 400 余种。其中青鱼(*Mylopharyngodon piceus*)、草鱼(*Ctenopharyngodon idellus*)、鲢鱼(*Hypophthalmichthys molitrix*)、鳙鱼(*Aristichthys nobilis*)为我国四大家鱼。同属鲤科的还有鲤鱼(*Cyprinus carpio*)、鲫鱼(*Carassius auratus*)、团头鲂(*Megalobrama amblycephala*)等。鲤科鱼类是淡水中的主要养殖鱼类(图 19-25)。

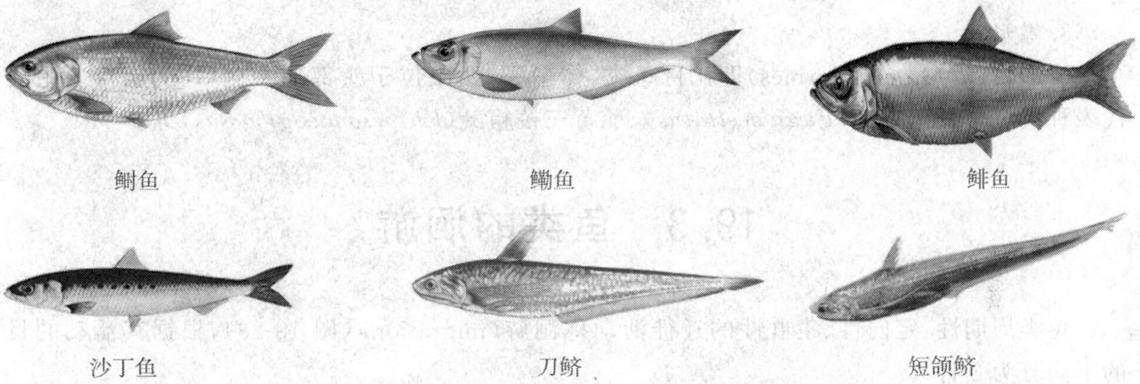

图 19-24　我国常见鲱形目鱼类(引自 baidu)

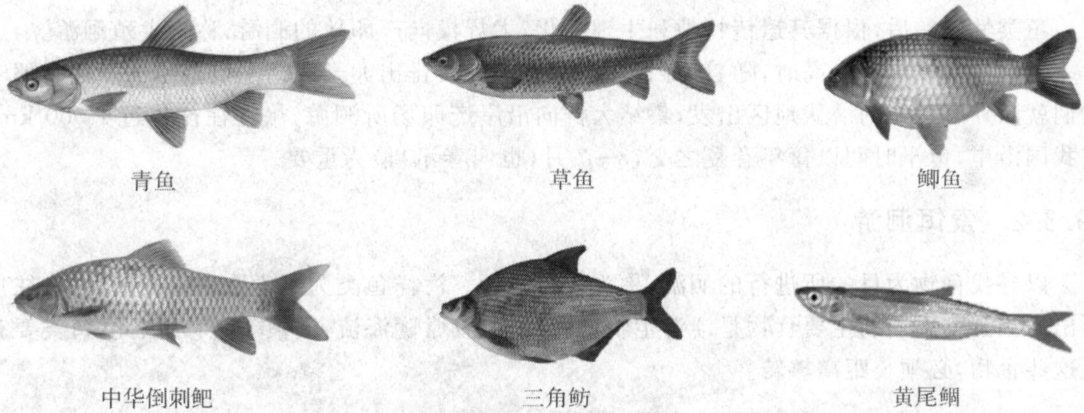

图 19-25　我国常见鲤形目鱼类(引自 baidu)

(3)鳅科：身体多呈圆筒形，头部锥形，底栖，有 3～6 对须，代表种类有泥鳅(*Misgurnus anguillicaudatus*)、沙鳅(*Botia sidthimunki*)等。

5. 鲇形目

鲇形目(Siluriformes)鱼体大多裸露无鳞，具韦伯氏器。鲇形目大部分为淡水鱼类，少数种类生活在海洋当中，大多数为凶猛肉食性鱼类。我国产 13 个科，129 种，常见 4 个科。鲇科代表种有南方大口鲇(*Silurus meridionalis*)、胡子鲇(*Claris fuscus*)等。

6. 合鳃目

合鳃目(Synbranchiformes)身体鳗形，两侧鳃裂在腹面联合成一横缝，故称合鳃目。无偶鳍，奇鳍连在一起成皮褶状。鳃不发达，由口咽腔代行辅助呼吸，故可较长时间离水。鳞细小或无鳞，无鳔。我国只产一种，即黄鳝(*Monopterus albus*)。

7. 鲈形目

鲈形目(Perciformes)上颌骨通常不参加口裂边缘的组成;背鳍一般为2个,第1背鳍为鳍棘,第2背鳍为鳍条;尾鳍分支鳍条不超过17条。

鱼类最大的一目,我国有106个科,大约1 685种。常见种类有鳜鱼(*Siniperca chuatsi*)、乌鳢(*Channa argus*)、大黄鱼(*Pseudosciaena crocea*)、小黄鱼(*Pseudosciaena polyactis*)、带鱼(*Trichiurus haumela*)、真鲷(*Pagrosomus major*)等。

8. 鲽形目

鲽形目(Pleuronectiformes)即比目鱼类,体扁平,两眼位于头部的一侧,均为海产。主要代表种类有弓斑东方鲀(*Fugu ocellatus*)、驼背三棱箱鲀(*Rhinesomus gibbosus*)等。

19.3 鱼类的洄游

鱼类周期性、定向性、集群性的迁徙活动称洄游(migration)(图19-26),根据其活动的目的不同分为3种。

19.3.1 生殖洄游

鱼类性成熟后,根据其遗传特性和生理变化,大规模向产卵地的洄游,称为生殖洄游。

鱼类在春季水温渐高时,随着体内生殖腺的成熟,要排出卵子或精子以繁殖下一代。那时它们就从外海过冬的潜伏地区出发,集结大群向沿岸产卵场所洄游,旅程往往超过1 000 km。在我国沿岸,鱼汛时间以每年春夏之交,3—7月(也叫春汛)最为重要。

19.3.2 索饵洄游

以寻找食物为目的所进行的洄游,称为索饵洄游。海洋鱼类为了索取一定的食物,往往集群出发洄游。它们的主要食物是浮游生物,而浮游生物常随海流、波浪等转移;因此,鱼类要获取这些食物,必须长距离辗转。

图 19-26　鱼类洄游(引自 Hickman)

19.3.3 越冬洄游

以寻找越冬场所、寻求适宜的水温进行的洄游，称为越冬洄游。进入越冬区的鱼类，大多停止进食及游动，潜伏于水底或淤泥中，降低自身的新陈代谢以度过寒冷的冬季。

鱼类洄游，既取决于鱼自身的状态，也取决于周围环境条件的影响。例如，鱼性腺成熟所分泌的性激素刺激神经系统兴奋而产生生殖要求。环境条件的变化则是开始生殖洄游的天然刺激信号。温带地区达到一定丰满度的鱼，温度下降的天然刺激就成为开始越冬洄游的信号。多数鱼类如果性腺发育不良，即使已经达到生殖年龄，外界环境刺激强烈，仍不会产生生殖洄游的要求。没有达到一定丰满度或含脂量的鱼，尽管外界水温下降剧烈，仍继续索饵或边洄游边索饵。如欧洲鳗鱼，当含脂量为14%以下时，即使水温剧降，越冬季节已经到来也不开始洄游，而是继续摄食。当含脂量为14%～17%时，才开始洄游，但行动缓慢。含脂量达到22%时，到了越冬季节，则不论水温下降幅度的大小，就立即开始越冬洄游。环境条件中以水温、水流、水化学等的影响最为显著。水温回升快，开始生殖洄游就早。水温的变化会影响饵料生物的发生和分布，从而影响鱼类的索饵洄游。秋末水温下降的迟早与快慢直接影响越冬洄游的开始时间和洄游速度。水流是造成被动洄游和主动洄游的主导因素。水流把鱼卵和仔、稚鱼携带远离出生地，形成成鱼回归性洄游。水的化学成分，特别是盐度的变化，引起鱼体内渗透压的改变，导致血液成分与性质的变化，进而诱发鱼的生理变化，促使降海或溯河洄游的发生。

第20章 两栖纲

进化地位：两栖纲(Amphibia)属后口动物类群。现代两栖类是生活在泥盆纪时期两个主要四足脊椎动物类群后裔中的一支，它们是最先登陆、改变呼吸方式、在陆地上支撑起身体并产生运动、感受空气中的声音与味觉的类群，然而它们仍不能完全脱离水环境而生活；另一类群则逐渐摆脱了对水的严重依赖，演化成完全适应了陆地生活的羊膜动物，即爬行动物、鸟类和哺乳类。

两栖类不仅承袭了鱼类适应水生生活的一些性状(如卵和幼体的形态、产卵方式等)，又演化出了许多适应陆生生活的器官(如感觉、呼吸、循环器官等)。

脊椎动物从水生到陆生的转变，也许是动物演化史上最重要的事件了，原始的两栖动物是由古代总鳍鱼类进化而来的。先辈们长期的水生生活使得它们仍旧无法摆脱对水的严重依赖，以至于现代的两栖类经历了 3.5 亿年的演化，仍保留了很多原始的特征(图 20-1)。

图 20-1　蛙类幼体(引自 Hickman)

水陆环境的巨大差异，使得动物由水生过渡到陆生的演变过程漫长而复杂，充满艰辛。两栖类只是初步适应了陆生生活，还有很多不完善的方面。

水陆环境的巨大差异　习惯了水生生活，面对干燥的陆地环境，如何保存体内的水分、减少蒸发，是它们首先要解决的问题。

氧气介质的改变　空气中的氧气至少是水中氧气含量的 20 多倍，而且在空气中更容易扩散而被动物体利用，这就需要它们演化出相应的呼吸器官。

生存环境密度的改变　空气的浮力密度仅是水的 0.01%，黏性也不及水的 1/50。要能够在陆地上支撑起身体并产生运动，这就使得它们也要演化自身的骨骼和强壮肢体。

昼夜温差、四季温差的加大，洪水、飓风、干旱等恶劣气候条件的出现，对机体的生理调节尤其是神经系统的精确调控提出了更高的要求。

此外，由于介质的改变，动物对声波、光波等的感受，多样的地理环境如高山、沙漠、草原、海洋、极地气候等都要求动物对自身做出一系列适应性的演化。

20.1 两栖纲的主要特征

在系统发生过程中，两栖动物是介于水生和陆生脊椎动物中间的一种类型，因而具有水生与陆生动物的双重特征，即胚胎时期无羊膜和尿囊，在发育过程中要经过变态，幼体无成对附肢，有侧线，鳃呼吸。

20.1.1 外形

在体形方面，现有的两栖动物由于生活方式不同，大致可分为蛇型、蝾螈型、蛙型。

20.1.2 皮肤

两栖动物的皮肤较薄且光滑湿润，由表皮和真皮组成，在皮肤内还有黏液腺(muscous gland)和色素细胞(chromatophores)，有些种类甚至有毒腺(poison gland)。

表皮：由多层细胞组成，最下层是生发层，细胞呈柱状，具有分生能力，分生出的细胞被逐渐向外推移，被挤压成扁平状，最上面的1～2层细胞角化后死亡，通常会一片片地脱落下来。

真皮：较厚，由疏松结缔组织及其下面的致密结缔组织构成。在真皮内有许多由表皮下陷形成的多细胞黏液腺(图20-2)，可分泌黏液，使皮肤保持湿润，防止干燥。有些种类的黏液腺特化成了毒腺。

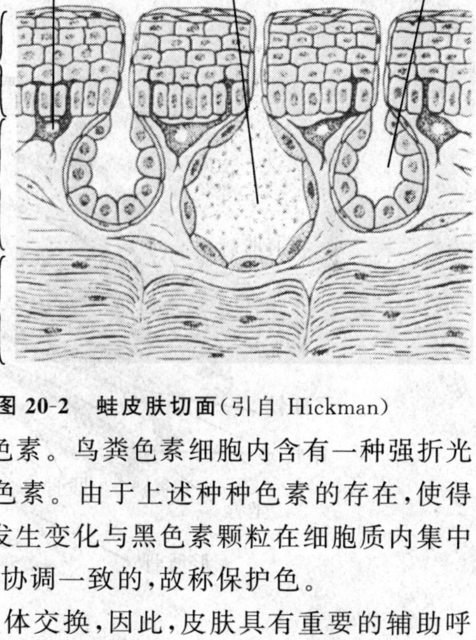

图20-2 蛙皮肤切面(引自Hickman)

两栖动物皮肤内有3种色素细胞：脂色素细胞、鸟粪色素细胞和黑色素细胞。它们多集中在表皮生发层和真皮。脂色素细胞内含有黄、橙、红色素。鸟粪色素细胞内含有一种强折光性的无色结晶颗粒。黑色素细胞含有从褐色到黑色的色素。由于上述种种色素的存在，使得两栖动物的皮肤呈现出多种色泽。皮肤的颜色所以会发生变化与黑色素颗粒在细胞质内集中与扩散有关。两栖动物的体色变化，与周围环境颜色是协调一致的，故称保护色。

在真皮内密布着毛细血管，通过皮肤与外界进行气体交换，因此，皮肤具有重要的辅助呼吸作用，冬眠时期的蛙类几乎全部通过皮肤进行呼吸。较薄且湿润的皮肤弥补了肺呼吸的不足，但同时也与保水构成了矛盾。

20.1.3 骨骼系统

两栖类的骨骼支撑系统有了深刻的演化，初步具备了陆地支撑与杠杆运动的骨骼系统，可分为中轴骨和四肢骨。

20.1.3.1 中轴骨

中轴骨包括头骨和脊柱。

1. 头骨(如蛙)

扁而宽,略呈三角形,分为脑颅和咽骨。脑颅内是容纳脑的地方。脑颅后方有两块外枕骨,左、右环接,构成一孔,即枕骨大孔,是连接脑和脊髓的通道。在枕骨大孔的下方,每块外枕骨都有1个骨关节髁——枕髁,因此,两栖动物有2个枕髁。咽骨包括上、下颌弓和舌骨。

2. 脊柱

两栖类的脊柱已分化为颈椎(cervical vertebra)、躯椎、荐椎(sacral vertebra)和尾椎。颈椎无横突和前关节突,但前面有2个凹窝,分别与头骨后面的2个枕髁相关节,使头部稍能上、下活动。荐椎的横突发达,与腰带的髂骨相接,从而使后肢骨获得了稳固的支持。颈椎和荐椎的出现是陆生脊椎动物的特征。

脊椎骨的数目,因种类不同,差异较大。如原始的鱼螈有200枚,蛙的脊椎骨共10枚,1枚颈椎,7枚躯椎,1枚荐椎和1根棒状的尾杆骨。

不同的两栖类脊椎骨的构造差异也较大,如原始的鱼螈椎骨为双凹型;而蛙类的椎骨则多为前凹、后凸,少数种类前凸、后凹。两个凹凸面嵌合的结果,提高了身体支撑体重的能力。椎骨的背面是椎弓,椎弓的前、后缘都有1对关节突,从而加强了脊柱的牢固性和灵活性,这也是陆生四足类的特征(图20-3)。

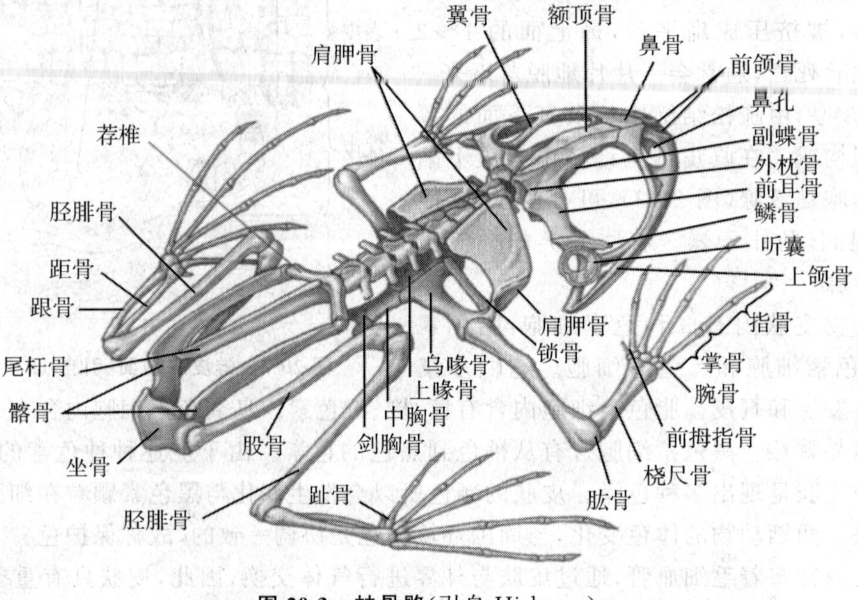

图 20-3 蛙骨骼(引自 Hickman)

20.1.3.2 五指(趾)型附肢

五指(趾)型附肢包括肩带、胸骨、腰带和前、后肢骨。

肩带、胸骨和前肢骨:肩带主要由肩胛骨、乌喙骨和锁骨构成。蛙的胸骨由肩胸骨、上胸骨、中胸骨和剑胸骨(剑突)构成。两栖类尚无明显的肋骨,故无胸廓。前肢骨由肱骨、桡骨与尺骨、腕骨、掌骨和指骨组成。

腰带和后肢骨:腰带由髂骨、坐骨和耻骨组成。后肢骨由股骨、胫骨与腓骨、跗骨、跖骨和趾骨构成。

五指(趾)型附肢的骨骼在所有陆生脊椎动物中基本相似,只是因生活环境和生活方式不同而产生某些变异。五指(趾)型附肢的出现,初步解决了动物在陆地上的支撑与运动问题,由于附肢生于躯干两侧,腹部不能抬离地面,使运动速度受到了制约(图 20-4)。

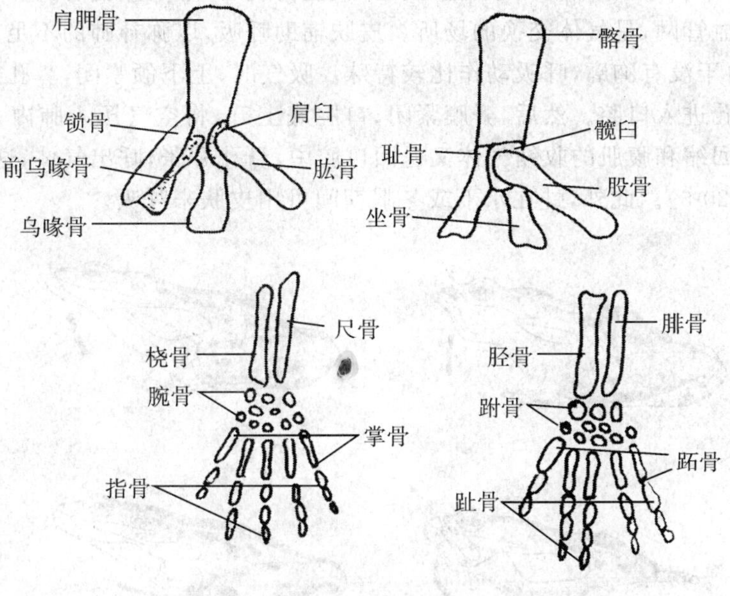

图 20-4　五指(趾)型附肢(引自许崇任等)

20.1.4　肌肉系统

从两栖动物起,由于四肢的出现,使骨骼肌渐渐复杂化。在蛙类,原始躯干部的体侧肌分节现象已不复存在,并且明显地分化出了颈肌、躯干肌、尾髂肌和附肢肌。躯干部的肌肉变为纵肌或斜向的表肌肉群。腹侧肌多呈片状并有分层现象。附肢上的肌肉变得特别发达,因此,大大强化了运动功能。

20.1.5　消化系统

两栖动物的消化系统由消化道和消化腺组成,这与鱼类的消化系统无本质上的区别,但具有了泄殖腔,大肠(直肠)的末端即开口于此。

两栖动物的口腔比鱼类复杂,这反映了陆生脊椎动物与水生鱼类的重大区别。两栖动物的口腔有肌肉质的舌和分泌黏液的唾液腺。蛙类的舌比较特殊,舌尖向后,能翻出口外,捕食活的昆虫,已成为特化的捕食器官。唾液腺分泌的黏液无消化作用,只能使干燥的食物湿润,以便于吞咽,这是四足动物共同的特征。

蛙的口咽腔内出现了内鼻孔、耳咽管孔、喉门和食道开口。在蛙的口咽腔两侧或底部有的具有 1 对或单个的声囊口(图 20-5)。

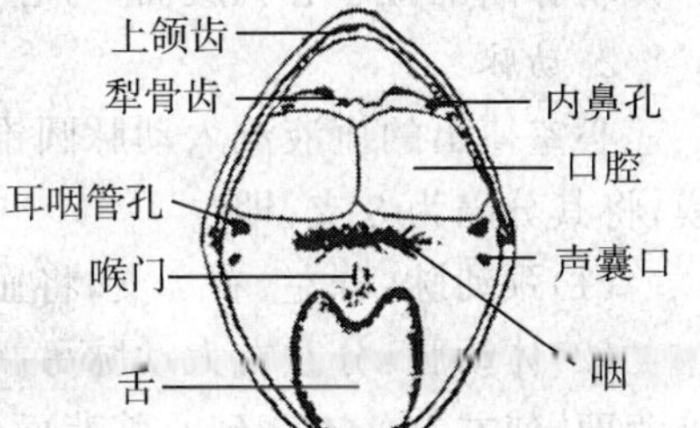

图 20-5　蛙的口咽腔(引自 Goodnight)

蛙类的消化腺包括肝脏和胰腺。

20.1.6 呼吸系统

蛙等两栖动物幼体的主要呼吸器官是鳃，经变态登陆后，鳃消失，由咽部腹侧长出的1对肺囊取而代之。肺比较原始，结构简单、壁薄、透明、呈盲囊状，肺囊壁上有许多肺泡，但面积有限，上面密布毛细血管网，是气体交换的场所。皮肤辅助呼吸，以弥补肺的不足。

蛙等两栖类由于没有胸廓，呼吸动作比较特殊。吸气时，上下颌紧闭，鼻孔瓣膜开放，口腔底下降，空气由鼻孔进入口腔。然后，瓣膜紧闭，口腔底上升，将空气压入肺内，进行气体交换后，由于肺的弹性回缩和腹肌的收缩气体又退回口腔中，鼻孔开张，呼出气体，这就是蛙类特有的吞咽式呼吸（图 20-6）。此外，蛙在水下或冬眠期间可用皮肤来呼吸。

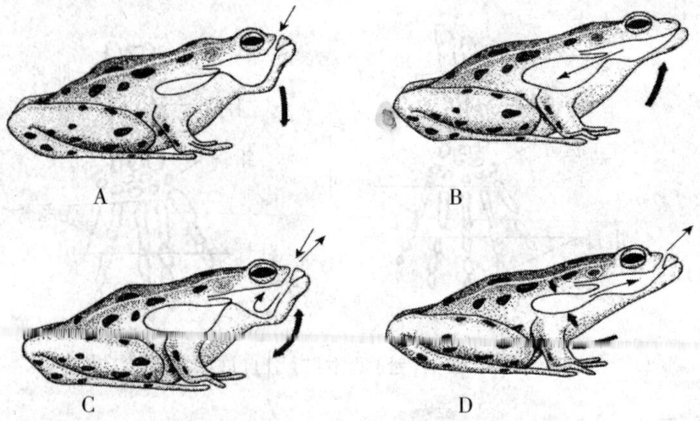

图 20-6 蛙呼吸动作（引自 Hickman）

20.1.7 循环系统

由于肺的出现，两栖动物的血液循环已由鱼类的单循环演化成了不完善的双循环。它比鱼类多了1个心房，血液循环也增加了1条新的途径——肺循环。

20.1.7.1 血液循环

1. 心脏

位于围心腔内，由静脉窦、两心房、一心室、动脉圆锥组成（图 20-7）。左、右心房互不相通，但血液都通过房室孔流入心室，两个房室孔有瓣膜，可防止血液由心室逆流回心房。

动脉圆锥位于心脏腹面，与心室相通。此处有3个半月瓣，可防止心室搏出的血液回流。

2. 动脉

心室搏出的血液流入动脉圆锥，由动脉圆锥向前分出2支动脉干，每支动脉干内有2个隔膜，将其分隔为3支，即：

（1）颈动脉：分左、右2支，将血液分布至头部各器官。

（2）体动脉：分左右大动脉弓，每支大动脉弓再分出2支，一支分布至前肢；另一支绕到心脏背面；使左右2支绕到心脏背面的血管汇合成一背大动脉弓，向后延伸，再分支到内脏各个器官和后肢。

（3）肺皮动脉：左右各一支，每支又分成2支，一支至皮肤；另一支通向肺。

3. 毛细血管

由于动脉血管愈分愈细，到各器官的组织时已形成了众多微细的血管网，此时称毛细血管，再由毛细血管网逐渐汇集成静脉系统。

4. 静脉

• 左、右肺静脉汇集来的血液由肺流回左心房(经过左、右两支汇合→左心房→心室)。

• 左、右前大静脉(汇集头部各器官及前肢的静脉血)→静脉窦→右心房→心室。

• 后大静脉包括：①肾门静脉(后肢静脉血)→肾脏→肾静脉；②肝门静脉(胃、肠、消化腺等)；③腹大静脉(腹部及部分后肢)→肝→肝静脉。后大静脉汇集的是上述①、②、③的静脉血→右心房→心室。

综上所述，两栖动物开始出现了两个血液循环途径(体循环和肺循环)，但只有一个心室，因而动、静脉血在心室内混合，所以，称之为不完全双循环(图 20-7)。

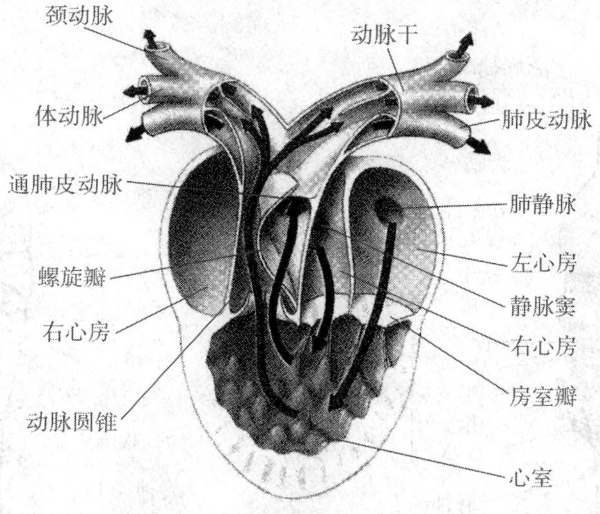

图 20-7　蛙心脏结构(引自 Hickman)

20.1.7.2　淋巴

淋巴是血液循环的辅助部分，如蛙的皮肤下面扩展成淋巴腔，内含淋巴液，所以，蛙的皮肤很容易剥离下来。此外，在第 3、4 脊椎骨横突之间和尾杆骨两侧，有 2 对能搏动的淋巴心，以推动淋巴液回流心脏。两栖类不具淋巴结。

20.1.8　排泄系统

两栖类的排泄系统由 1 对肾脏(中肾)和 1 对输尿管组成。输尿管通入泄殖腔。泄殖腔的腹面是贮尿用的膀胱，由泄殖腔的腹壁突出形成，输尿管与膀胱不直接相通，尿液先经输尿管入泄殖腔，然后慢慢流入膀胱，当膀胱内充满尿液时，再流入泄殖腔，最终排出体外。

肾脏除了泌尿功能外，还具有调节体内水分、维持渗透压的作用。两栖类的皮肤通透性很高，机体在水中时，会有大量的水分渗入体内，登陆后又存在失水问题，而肾小球高效的过滤机能使两栖类体内的水分得以平衡。此外，膀胱的重吸收水分也有助于减少失水。所以，一般越是在干燥地区生活的两栖类，其膀胱也越大。

20.1.9 神经系统

两栖类的神经系统可分为中枢和外周神经系统。

20.1.9.1 中枢神经(脑和脊髓)

脑分为5部分,即大脑、间脑、中脑、小脑和延脑。

大脑:比鱼类稍大,两个半球已完全分开,大脑的顶部(大脑皮层)开始出现零星的神经细胞,又称原脑皮。主要司嗅觉。大脑半球前方有1对嗅叶。

间脑:较小,腹面有视交叉。

中脑:顶部有1对视叶,同鱼类一样是视觉中枢。

小脑:不发达,这与运动方式比较简单有关。

延脑:脑的最后部分,是呼吸、心跳等重要的生理活动中枢。延脑后接脊髓,两者以枕骨大孔为界(图20-8)。

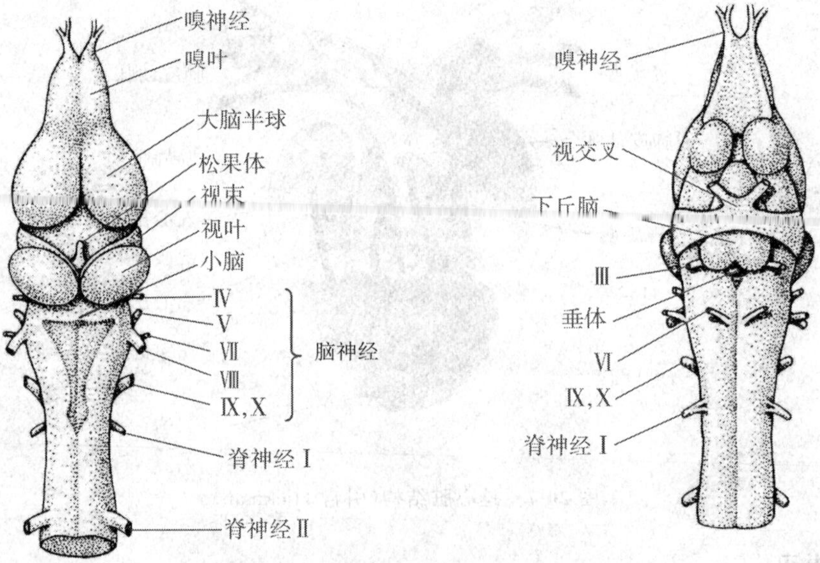

图20-8 蛙脑背面观(左)和腹面观(右)(引自 Hickman)

20.1.9.2 外周神经

脑神经:和鱼类一样,也是10对,多数分布到头部的感觉器官、肌肉和皮肤。

脊神经:也是10对。从脊髓两侧自椎间孔发出。第1对主支分布到舌。第2、3对合成臂神经丛,分布到前肢。第4~6对分布到腹部肌肉和皮肤中。第7~9对构成腰神经丛(坐骨神经丛),分布到后肢。第10对由尾杆骨两侧发出,分布到膀胱和泄殖腔等处。

交感神经:位于脊柱两侧,形成纵行的交感神经干,并有分支到内脏各部。

20.1.10 感觉器官

20.1.10.1 视觉器官

眼球似鱼类,角膜呈凸形,晶状体扁圆形,角膜与晶状体的距离较近,利于远视。晶状体上有牵引肌,可以拉动晶状体前移聚焦,故又适于近视。但晶状体自身不能调节凸度,故不能像人眼一样，同时看到远、近的各种物体。只有物体对着焦点的视网膜上，才能看清楚。加上两眼间距较大，视网膜上的感觉细胞对活动的物体比较敏感，所以，只能捕食"活"物。此外，两栖动物中蛙类的眼具有眼睑和泪腺，起到保护眼球、防止干燥的作用(图 20-9)。

20.1.10.2 听觉器官

为适应在空气中感觉声波，两栖类产生了中耳。中耳腔(鼓室)借咽鼓管与口咽腔相通。中耳的外膜即鼓膜。耳柱骨为鼓膜与内耳卵圆窗之间的听骨。声波对鼓膜的振动，可经耳柱骨传入内耳。咽鼓管通过咽腔平衡鼓膜内外的压力(图 20-10)。

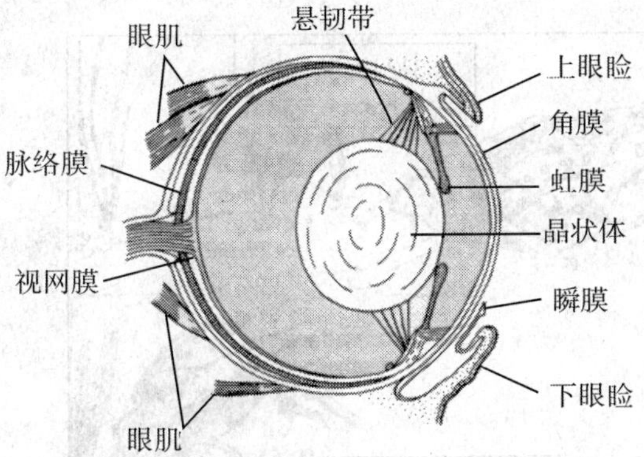

图 20-9　蛙眼结构(引自 Hickman)

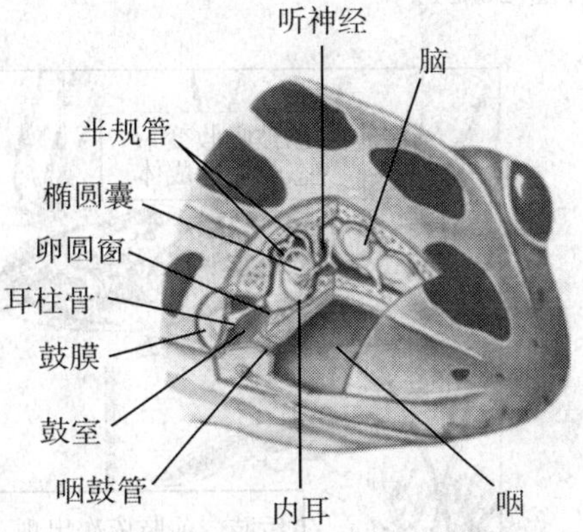

图 20-10　蛙耳结构(引自 Hickman)

20.1.10.3 嗅觉器官

尚不完善，出现了内鼻孔，是空气进出的通道。鼻腔内的嗅黏膜平坦。蛙有 1 对嗅囊，借外鼻孔与外界相通，借内鼻孔与口腔相通。因而鼻腔具有嗅觉与呼吸的双重作用，这是一切陆生脊椎动物的特征。此外，蛙类具犁鼻器，位于鼻腔腹内侧壁上，为 1 对盲囊，是味觉感受器。

20.1.11　生殖与发育

蛙的雄性个体具有 1 对柱状的精巢，位于肾脏内侧。成熟的精子经由精巢背侧发出的若干输精小管进入肾脏，再通过输尿管、泄殖腔排出体外。精巢也能分泌雄性激素。

雌性具有 1 对卵巢，由卵膜包围，悬挂在体腔背侧。成熟的卵落入腹腔，然后进入输卵管开口(喇叭口)，经输卵管到泄殖腔，排出体外。卵巢也能分泌雌性激素。

在蟾蜍等雄性的睾丸前端具有一黄褐色的扁状小体，称毕氏(Bidder's)器，相当于残余的卵巢。若手术去精巢后，该器官可发育成具有生理功能的卵巢。

两栖动物的生殖，绝大多数在水中行体外受精。受精卵外被有 3 层胶质膜，遇水膨胀形成胶质囊，从而保护受精卵，同时还可使受精卵粘在一起，附在水草上。极少数行体内受精。

两栖动物的发育(以蛙类为例)，通常在春季温度适宜的条件下，受精卵经过 5～6 d 即可发育成幼体——蝌蚪。此时，它可冲破胶质囊，进入水中，利用口吸盘吸附在水草的叶子上。这时的蝌蚪已形成了口吸盘、口、鼻腔、泄殖腔开口，头部两侧也已出现了 3 对羽状的外鳃，可独立生活了。它能利用口吸盘上的角质齿切割植物的叶子，靠口吸盘吸入口内。

随着蝌蚪的生长，口吸盘和外鳃逐渐消失，同时咽部两侧出现鳃裂，由鳃裂内腔壁上衍生出鳃，执行呼吸功能，并在外鳃消失处发生褶皱形成鳃盖。这时的血液循环为单循环。侧线也已形成，但与鱼类不同，只是感觉细胞藏在皮肤里面。排泄器官为前肾。无四肢，仅靠尾部游泳。上、下颌具角质齿，以植物为食(主要是藻类)，所以消化道很长，盘绕在体内。

蝌蚪发育到后期，进入变态期，在尾的基部两侧长出后肢，尾巴也随之开始萎缩。后肢长出后，前肢也突破鳃盖附近的皮肤而生出。同时在咽部后方的腹侧，生出 1 对盲状突出物，逐渐发育成肺。内鳃和鳃裂随之消失。血液循环变成不完全双循环。侧线消隐不见。骨骼发生剧烈变化，全身绝大部分软骨变成硬骨，尾椎骨愈合成尾杆骨。幼体的排泄器官也由前肾变成中肾。食性由植食性变成肉食性。上、下颌的角质齿消失，消化道变短，口加宽，最终发育为成体(图 20-11)。

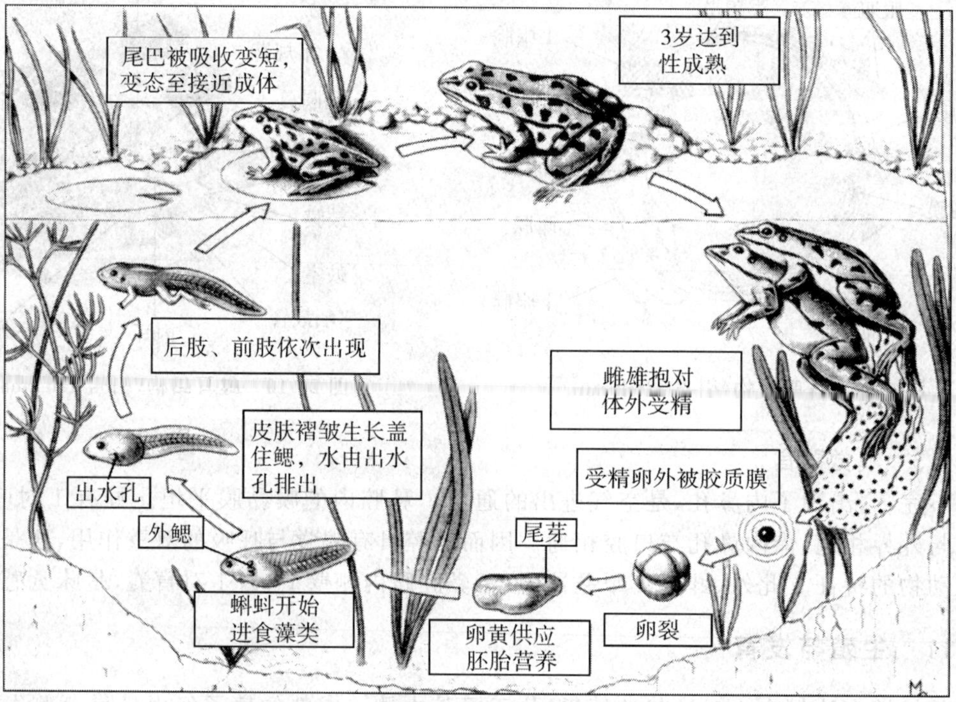

图 20-11　蛙的胚胎发育(引自 Hickman)

蛙类从受精卵孵化成蝌蚪，再经变态发育到成体，一般需要 2～3 个月。主要受水温及食物的影响。如黑斑蛙、牛蛙，在长江中下游地区，一般需 50～70 d，而在华北地区约需 90 d。

20.2　两栖纲的分类

两栖动物大多数种类分布在热带、亚热带的潮湿地区，温带种类较少，由于其代谢水平较低，皮肤通透性大，所以，在寒冷地带、海洋、沙漠均无两栖类动物的分布，这也是两栖类在地球上生存的脊椎动物类群中分布最狭窄的原因。

全世界现存的两栖动物约 4 200 种，我国约 200 种，可分为无足目(Apoda)、有尾目(Caudata)、无尾目(Anura)3 个目。

20.2.1 无足目

无足目又称蚓螈目或裸蛇目(Gymnophiona),是现代两栖类最原始的一目。四肢退化,体小者仅10 cm长,形似蚯蚓,而大者可长达1 m以上,形似蛇。营穴居生活,以蚯蚓、昆虫等为食。眼小、退化,隐于皮下。皮肤裸露,具许多环状沟纹,富含黏液腺。椎体双凹型,脊索发达。雄性泄殖腔内能翻出交接器,行体内受精,卵生。雌性产卵数目较少(10~20个),产于蛰居的洞穴中。雌性常环抱其卵(图20-12),保护卵免于干燥。但有些种类为卵胎生,受精卵孵化后,幼体移入水中发育,幼体具3对外鳃,成体用肺呼吸,但只有右肺发达。

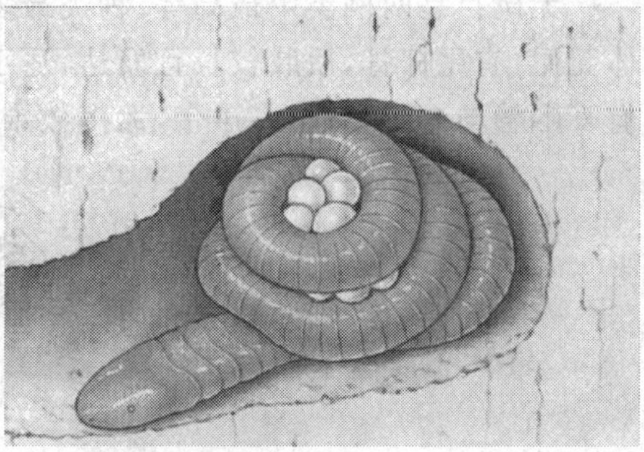

图 20-12 鱼螈(引自 Hickman)

无足目约有160种,分布于亚洲、美洲、非洲的热带地区,其中以中、南美洲种类最多,如蚓螈(*Caecilian lumbricoidae*)、双带鱼螈(*Ichthyophis glutinosus*)。我国仅有2种:双带鱼螈和版纳鱼螈(*Ichthyophis bannanicus*)。

20.2.2 有尾目

有尾目又称蝾螈目(Salamandriformes)。身体圆柱形,头扁宽,躯干较长,尾部发达而侧扁,四肢短小,少数种类缺少后肢(如鳗螈)。体表裸露,皮肤富含腺体,无眼睑或具不活动的眼睑,无鼓膜和鼓室,无胸骨,具不发达的肋骨,体侧常显示出肋沟,行体内或体外受精。幼体在水中发育,具外鳃,有些种类甚至到成体还保留(如泥螈),变态发育不明显。有尾类对水的依赖性特别大且有隐匿的习性,所以,经常在山涧溪流的石块下和河流岸边的洞穴内栖息,少数种类甚至终生在水中生活(如蝾螈)。这一目都为肉食性,主要分布在非洲、南美洲的南部等地区。本目有360种左右。

代表动物大鲵(*Andrias davidianus*),俗称娃娃鱼,体长一般40~60 cm,最长可达180 cm,重达50 kg,是现存最大的两栖动物。肉食性,分布于华中、华南、华东和西北各省,是我国特产的物种,严禁捕杀,现已列为国家级珍贵保护动物。

此外,我国的有尾目还有东方蝾螈(*Cynops orientalis*)、肥螈(*Pachytriton brevipes*)、泥螈(*Necturus maculatus*)、洞螈(*Proteus anguineus*)以及分布在我国东北、内蒙古的极北小鲵(*Hynobius keyserlingii*)(图20-13)。

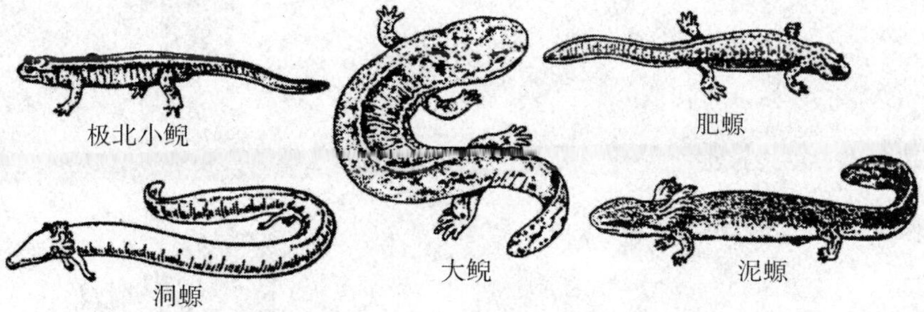

图 20-13 有尾目代表动物(引自刘承钊)

20.2.3 无尾目

无尾目是两栖类中最高等、种类最多、分布最广的一个类群。身体扁、宽，颈部不明显，成体无尾，有尾杆骨，后肢较长且发达，适于跳跃，具眼睑和可活动的瞬膜，有鼓膜和鼓室，鼓室内有耳咽管与口腔相通，有声带，大多数雄性具鸣囊。本目已知有 3 450 余种(图 20-14)。

图 20-14 无尾目代表动物(引自郝天和)

以上各种两栖动物，特别是蛙类，每年能捕食大量昆虫，对维护生态平衡具重要作用。也有些两栖类具药用价值，除蛤士蟆外，大蟾蜍的耳后腺分泌的白色浆液——蟾酥，也可入药。此外，蛙、蟾蜍等还是生物学、医学教学和实验研究的好材料。

第21章 爬行纲

进化地位：爬行类(Reptilia)由石炭纪末期的古代两栖类进化而来，是真正适应陆栖生活的变温脊椎动物，并由此产生出恒温的鸟类和哺乳类。爬行类不仅在成体结构上进一步适应陆地生活，其繁殖也脱离了水的束缚，与鸟类、哺乳类共称为羊膜动物(amniota)(图 21-1)。

图 21-1 壁虎(*Gekko japonicus*)(王宝青摄)

爬行类在中生代曾经盛极一时，种类繁多，而世界上现存约 6 300 种，我国已知约有 320 种。现存爬行动物包括以龟为代表的无孔型羊膜动物，以蜥蜴、蛇、鳄鱼、斑点楔齿蜥为代表的双窝型羊膜动物，它们都是中生代羊膜动物大量辐射的幸存者，其中也包括中生代末期灭绝的恐龙。

21.1 爬行纲的主要特征

21.1.1 羊膜卵的出现

羊膜卵(amniotic egg)是动物适应陆地干燥环境的一个必要条件。它们无须再将卵产于水中且完成受精，而是大多在体内就完成了受精过程，将受精卵产于干燥的环境中，这无疑极大地减轻了动物繁殖对水的严重依赖。卵的外表包有一层石灰质的硬壳或不透水的纤维质卵膜，既能防止卵内水分的蒸发，又能避免机械的损伤和减少细菌的侵袭。卵壳还具有透气性，可以保证胚胎发育的气体代谢正常进行(图 21-2，见书后彩图 21-2)。

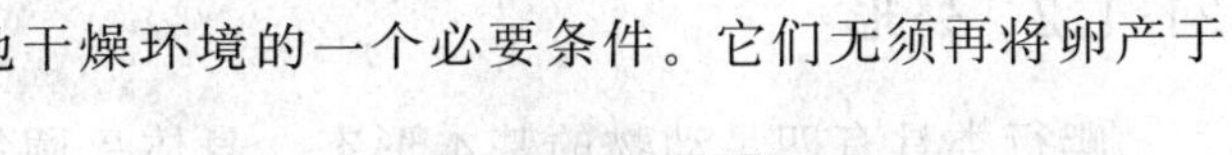

图 21-2 羊膜卵的结构(引自 Hickman)

当胚胎发育到原肠期后，胚胎周围的胚膜向上产生环状的皱褶，并不断生长，在背方包围胚胎之后互相愈合，这样围绕着胚胎形成两层保护膜和两个腔，内层膜为羊膜(amnion)；外层为绒毛膜(chorion)；羊膜和绒毛膜之间的空腔称为胚外体腔；羊膜所包围的腔为羊膜腔(amniotic cavity),其内充满液体,称为羊水,胚胎就浸在羊水中,这样的环境使胚胎可以免于干燥和机械损伤。但是,胚胎在这个密闭的羊膜腔内却不能像无羊膜动物那样呼吸和排出代谢废物。因此,在形成羊膜的同时,还形成兼收集代谢废物和换气功能的特殊器官——尿囊(allantois)。尿囊源自胚胎消化管后端的突起,位于胚外体腔中,尿囊内的腔称尿囊腔。胚胎代谢所产生的尿酸就排到尿囊腔中,同时,由于尿囊膜与绒毛膜紧贴,其上富有毛细血管,胚胎可以通过多孔的卵膜或卵壳与外界进行气体交换。胚胎腹部的内外胚层细胞向下延伸,逐渐包围卵黄,形成卵黄囊(yolk sac),它可以供给胚胎发育所需的营养物质。爬行类没有水栖的幼体(图 21-3)。

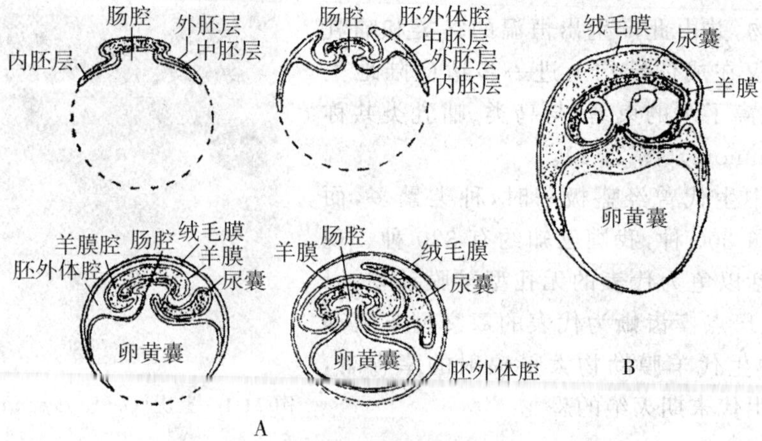

图 21-3　羊膜动物的胚胎(引自杨安峰)

A. 羊膜动物胚胎发育各阶段　B. 发育中的蜥蜴胚胎

由于羊膜卵的出现,使羊膜动物完全摆脱了在个体发育中对水的依赖,从而真正适应了陆地生活,成为完全的陆生动物。

21.1.2　外形

爬行类具有四足动物的基本形态。身体呈圆筒形,可区分为头、颈、躯干和尾部。其中颈部明显,较两栖类发达,能够灵活转动,增强了捕食和完善地利用感觉器官的功能;前后肢都为五指(趾)型,指(趾)端具爪。某些种类适应于穴居或水栖生活,在外形上有较大的特化。

21.1.3　皮肤及其衍生物

爬行类皮肤由多层的表皮和真皮组成(图 21-4)。表皮高度角质化,在表面产生角质鳞片。通常鳞片与鳞片之间有薄的角质层,因此,鳞片被连在一起而构成了完整的鳞被。不同的爬行动物表皮又有不同程度的特化,如:龟类表皮形成角质盾片,真皮形成骨板;鳖类则只有真皮骨板和外被的皮肤;鳄类在背部角质鳞下面还有真皮骨板。一些爬行动物,如蜥蜴和蛇类要定期更换鳞被,称之为蜕皮。真皮内富有色素细胞。许多蛇和蜥蜴的皮肤都有鲜艳的色彩或图案。避役还可以在不同的环境下迅速改变体色,故常有变色龙之称。

这种干燥且缺乏皮肤腺的皮肤已失去呼吸的机能,而通常认为具有保护身体和防止水分蒸发的作用。尽管皮肤结构以及肾脏等的保水性能相当完善,使体内失水降至最少限度,爬行类的皮肤却不是"不透水"的,它具有生理上的可透性,在调节体内水分平衡上占有相当地位。最近一些研究表明,在 20～30℃温度下,爬行类皮肤失水可占体内总失水率的 80%,只是在高温下呼吸失水大于皮肤失水。

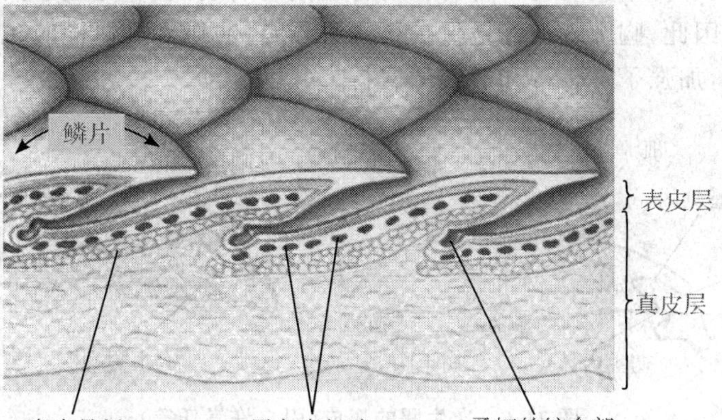

图 21-4 爬行类皮肤纵切(引自 Hickman)

21.1.4 骨骼系统

爬行类的骨骼骨化程度好,既增强了坚固性,还具有很大的灵活性,适应于陆生。

21.1.4.1 头骨

软骨性脑颅几乎完全骨化,只有少部分保留软骨。头骨顶壁明显较两栖类高而隆起,脑腔显著扩大。

头骨具单一的枕髁且具有颞窝(图 21-5)。颞窝为两侧眼眶后面颞部膜骨穿孔而成的一个或两个孔洞,为颞肌附着的部位,它的出现与颞肌收缩时的牵引有关。

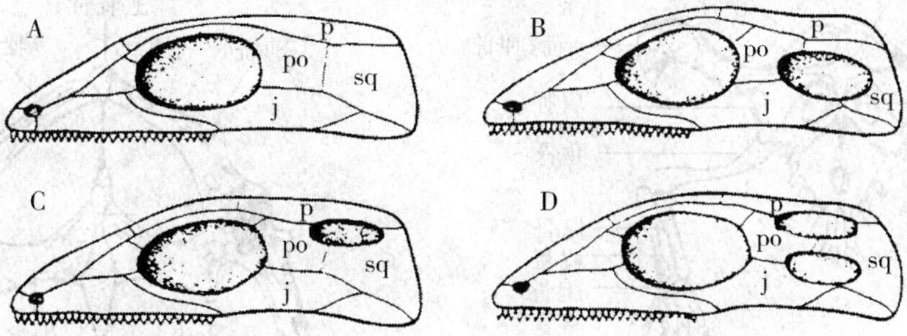

图 21-5 颞窝的主要类型(引自 Orr)

A. 无颞窝型 B. 合颞窝型 C. 上颞窝型 D. 双颞窝型

po. 后眶骨 sq. 鳞状骨 p. 顶骨 j. 颧骨

由前颌骨、上颌骨、腭骨的腭突和翼骨愈合形成次生腭(secondary palate)(图 21-6)。次生腭的形成使内鼻孔后移,将口腔与鼻腔分开,解决了吞咽食物与呼吸的矛盾。

21.1.4.2 脊柱

脊椎分化为颈椎、胸椎、腰椎、荐椎和尾椎 5 部分。椎体为前凹型或后凹型,某些低等种类，如喙头蜥(*Sphenodon punctatum*)，椎体为双凹型。第一枚颈椎为寰椎，第二枚为枢椎，寰椎有关节面与头骨的枕髁相关节，寰椎与枢椎间形成寰枢关节，加强了头部的灵活性，使头部的感官得到更充分的利用。胸椎和腰椎两侧都附生肋骨，每一肋骨一般由硬骨的背肋和软骨的腹肋两段合成。除龟鳖类和蛇类外，爬行动物前面一部分胸椎的肋骨与胸椎及胸骨借关节、韧带连接成胸廓，胸廓为羊膜动物所特有。肋骨上附着有肋间肌，通过肋间肌的收缩而造成胸廓的扩张与缩小。因此，胸廓既很好地保护了内脏器官(心脏和肺)，同时也加强了肺的呼吸作用。具有两枚荐椎，加强了对腰带和后肢的支持。

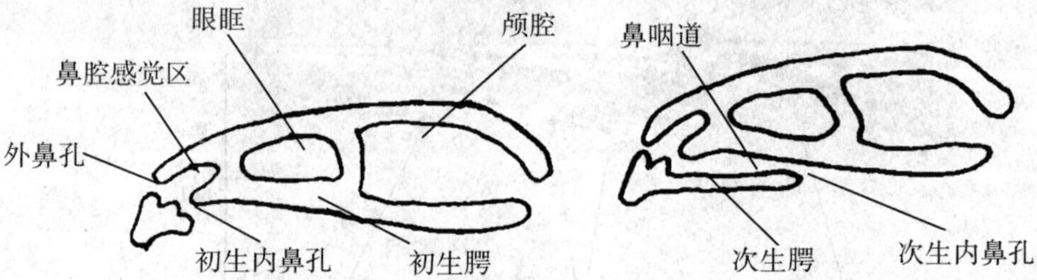

图 21-6　次生腭的形成(引自许崇任等)

21.1.4.3　肢骨与带骨

爬行类肩带的基本组成部分与两栖类相似，由肩胛骨、乌喙骨、前乌喙骨和锁骨组成。前肢为典型的五指型附肢，由肱骨、尺骨和桡骨、腕骨、掌骨和指骨组成，指骨末端具爪(图 21-7)。

爬行类的腰带也是由髂骨、坐骨和耻骨 3 对骨组成，但左右耻骨只在前端愈合，左右坐骨只在后端愈合，而且结合处介以软骨，分别叫耻骨联合(上耻骨)和坐骨联合(上坐骨)。由于这种联合，使坐骨、耻骨之间形成一个大的空腔，叫坐耻孔(图 21-8)。这样的结构可以减轻体重，有利于陆地运动。后肢骨由股骨、胫骨和腓骨、跗骨、跖骨和趾骨组成，趾骨末端也具爪。

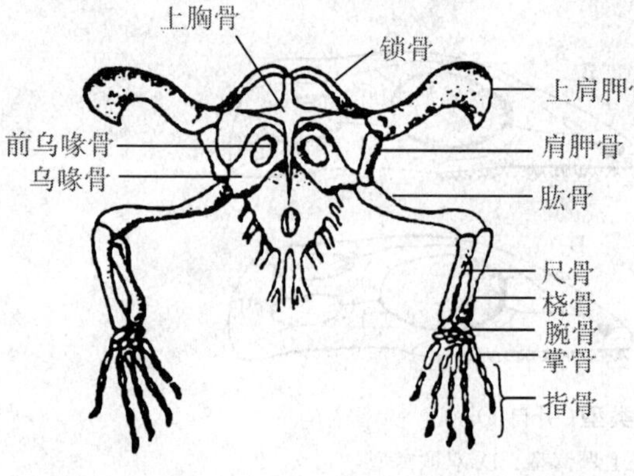

图 21-7　蜥蜴的肩带和前肢骨(引自王所安)

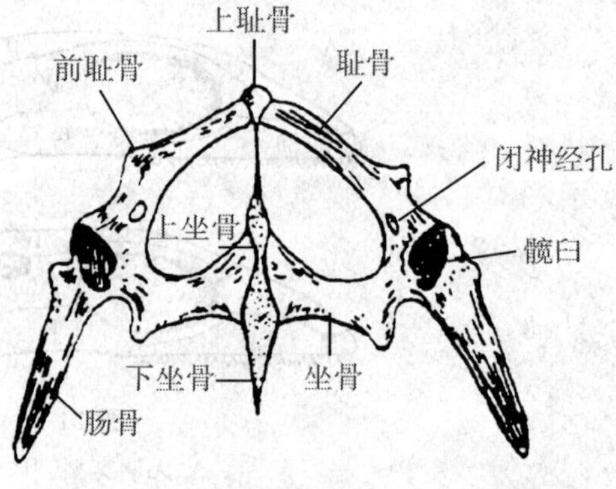

图 21-8　蜥蜴的腰带(引自王所安)

蛇类的四肢及带骨完全退化，蟒科、盲蛇科和瘦盲蛇科体内留有退化的髂骨和股骨；海龟的四肢变为桨状。

21.1.5 肌肉系统

爬行类的肌肉系统比两栖类肌肉系统的分化更为显著，产生了陆栖动物所特有的肋间肌和皮肤肌。肋间肌位于肋骨与肋骨之间，可以调节肋骨的升降，协同腹壁肌肉完成呼吸运动。皮肤肌可以牵制鳞片活动，在蛇更为突出，通过皮肤肌的收缩而调节腹部鳞片起伏以辅助爬行。此外，咬肌由互相拮抗的闭口肌和开口肌组成。咬肌收缩时可以容纳在颞窝内，使咬啮机能得到加强。

21.1.6 消化系统

爬行类的牙齿有三种着生形式：有的种类，如蛇为端生齿，牙齿着生在颌骨上面；大多数蜥蜴类为侧生齿，牙齿着生在颌骨边缘内侧；鳄类为槽生齿，牙齿着生在颌骨的齿槽内，槽生齿比较牢固(图 21-9)。各种齿于脱落后可不断更新。龟鳖类不具牙齿，而代以角质鞘。

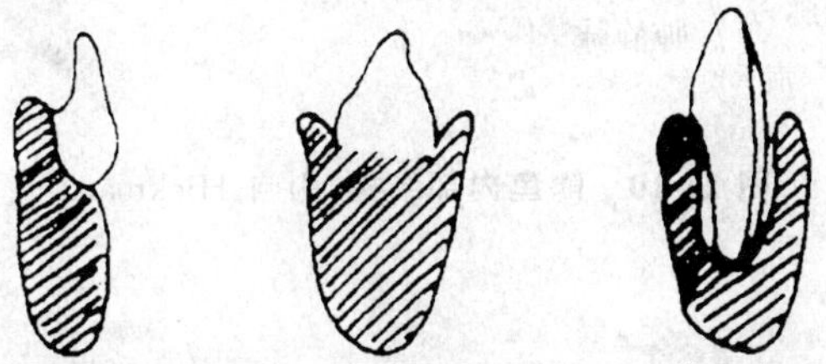

图 21-9 爬行类齿的三种着生形式(引自武汉大学等)

爬行类的口腔底部具有发达的肌肉质舌。很多种类的舌除完成吞咽食物外，还兼有捕食和感觉的功能。如避役的舌极为发达，平时留在口腔内，捕食时会迅速“射”出，粘捕昆虫，这时其长度几乎与体长相等。蛇类的舌细而长且尖端分叉，具化学感受器小体，可以通过不停地吞吐而将外界的化学刺激传送到口腔顶部的犁鼻器，犁鼻器为嗅觉器官。

陆生爬行类口腔内还具有发达的口腔腺，包括腭腺、唇腺、舌腺和舌下腺，其分泌液有助于湿润食物便于吞咽。部分蛇类的唇腺变态为毒腺。毒腺与特化的毒牙相通连，借肌肉运动压迫毒腺，将毒液注入捕获动物体内。

从爬行类开始在大肠与小肠之间出现盲肠，其中植食性的陆生龟类盲肠十分发达，这显然与消化植物纤维有关。大肠末端开口于泄殖腔(图 21-10)。

21.1.7 呼吸系统

在吻部有外鼻孔 1 对，内鼻孔呈裂缝状，开口于近腭中线的口腔和咽喉附近。在舌后有喉，喉门通入喉腔。喉腔由环状软骨和一对勺状软骨支持着。气管的管壁有软骨环支持，气管再分成一对支气管分别通入左、右肺脏内。

肺通常 1 对，位于胸腹腔左右两侧。与两栖类相比，爬行动物的肺呼吸进一步完善。肺虽然也为囊状，但其内壁有复杂的间隔，把内腔分成蜂窝状小室，因而气体交换的面积显著增大。

爬行类除可以像两栖类那样借助口的升降和鼻孔的开关进行吞咽式呼吸外，还发展了羊膜动物所特有的胸式呼吸，即借助于胸廓的扩张与缩小，使气体吸入和排出。当肋间外肌收缩时，牵引肋骨上提，胸廓扩张，空气随之吸入；当肋间内肌收缩时，牵引肋骨下降，胸廓缩小，空气随之呼出。另外，水生爬行类的咽壁和泄殖腔壁富有毛细血管，可辅助呼吸。

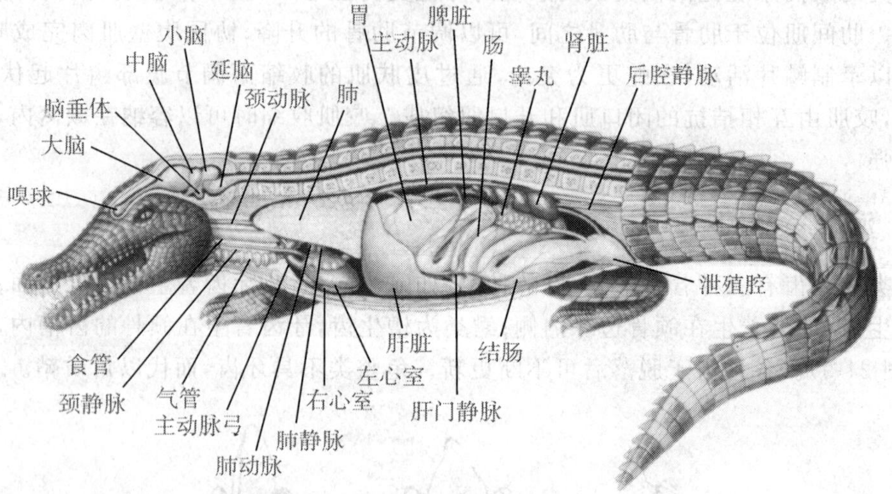

图 21-10　鳄鱼内部结构(引自 Hickman)

21.1.8　循环系统

爬行类的血液循环虽然仍属于不完全双循环，但与两栖类相比较，其心脏已有了明显的进步。首先在心室内出现了不完全的分隔，将心室分成左右两个不完全相通的部分，使含氧血和缺氧血进一步分开。爬行类中的高等种类，如鳄，其心室已分隔为左右两部，其间仅留一孔(潘氏孔)，血液循环已接近于完全的双循环。其次，爬行类心脏虽有静脉窦，但已开始退化，仅成为右心房的一部分。

动脉圆锥由两栖类发展到爬行类已纵裂为 3 条动脉：肺动脉弓、左体动脉弓和右体动脉弓。其中肺动脉由心室的右侧发出；左体动脉弓由心室的中间发出；右体动脉弓由心室左侧发出。目前研究证明，在左右动脉弓内的血全是富氧血，并不是传统所认为的左体动脉弓是混合血，原因是：在左、右体动脉弓发出处，正是心室内间隔不完全的地方，在这里由内柱形成了 1 个腔，由心室左部来的多氧血直接进入该腔，由该腔再注入左、右体动脉弓。因此，只有由心室右部发出的肺动脉内含有缺氧血(图 21-11)。

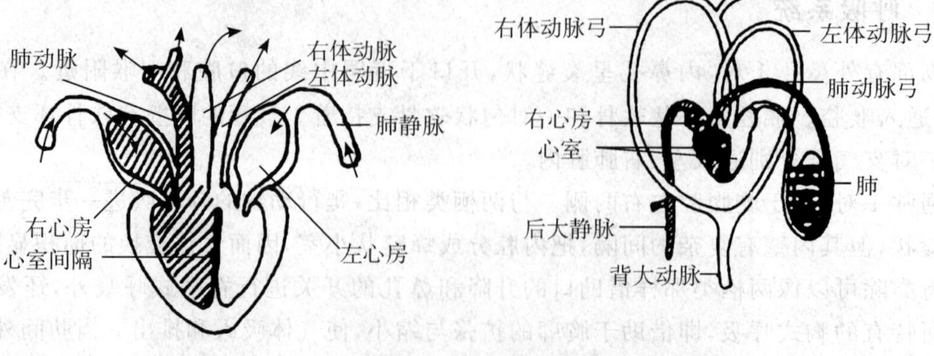

图 21-11　爬行类心脏(左)和部分循环系统(右)(引自 Hickman)

21.1.9 排泄系统

爬行类与所有羊膜动物的肾脏在系统发生上均为后肾。后肾位于体腔后部，其体积通常不大，表面多呈分叶状，肾单位数目比两栖类明显增多，因而泌尿能力有所加强。蜥蜴和龟鳖类具有尿囊基部扩大形成的膀胱。有些淡水龟鳖类，除膀胱外还有两个副膀胱，其壁上分布有丰富的毛细血管，可以起到辅助呼吸的作用。

后肾产生的尿通过单独的输尿管(不像中肾动物兼有输精作用)输至泄殖腔排出体外。其排泄的最终产物为溶解度很小的尿酸，以保存体内水分。

21.1.10 神经系统

爬行类的脑较两栖类发达，首先表现为两个大脑半球增大，大脑顶部出现了神经细胞构成的大脑皮层，称为新脑皮，同时大脑底部的纹状体显著增大加厚。由于新脑皮只是处于萌芽状态，所以纹状体就成为本能活动的调控中枢。此外，在间脑顶部有发达的松果体，并发展成顶眼，具有感光作用，这对于变温动物更有效地利用阳光热能是十分重要的。中脑视叶仍为高级神经中枢。

脑神经发展为12对，前10对与两栖类的相同。第Ⅺ对为副神经，分布至喉、气管及肩部的肌肉。第Ⅻ对为舌下神经，分布至舌肌及颈部肌肉(图21-12)。

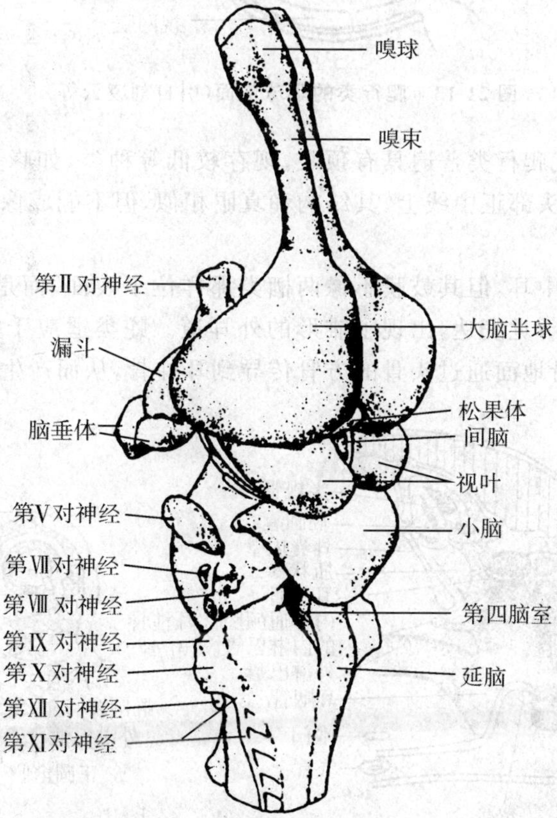

图21-12 爬行类的脑(引自Torrey)

21.1.11 感觉器官

21.1.11.1 嗅觉器官

爬行类嗅觉比两栖类发达，鼻腔及嗅黏膜均有所扩大。爬行类除了一般的嗅觉器官外，在蜥蜴和蛇类还有犁鼻器（或称贾氏器），它是一种特殊的化学感受器，位于口腔顶部，呈弯曲盲管状，开口于口腔顶壁。人们经常看到蛇不断向外吐舌，就是在搜集外界的各种化学物质，当舌缩回口腔时，即进入犁鼻器，产生嗅觉。

21.1.11.2 视觉器官

爬行类具有能活动的上下眼睑和瞬膜，同时还出现了泪腺，这些结构都可以有效地保护眼球。眼球的调节也进一步完善，由横纹肌构成的睫状肌可调节晶状体的前后位置，也能略微改变晶状体的凸度，因此，爬行类可以观察到不同距离的物体（图 21-13）。

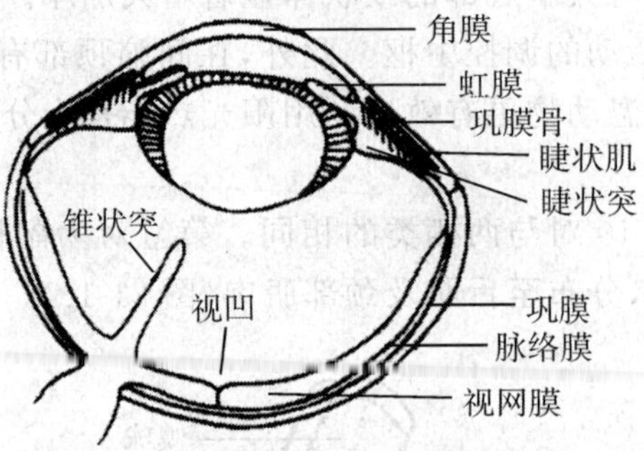

图 21-13 爬行类的眼球剖面（引自刘凌云等）

化石材料证明，古代爬行类普遍具有顶眼，现存较低等种类，如喙头蜥，仍具有这一器官。顶眼位于两眼稍后方的头部正中线上，其结构和真眼相似，但不能成像，只具有感光作用。

21.1.11.3 听觉器官

爬行类具有内耳和中耳，但其鼓膜不像两栖类那样位于表面，而是随中耳稍下陷，并出现了雏形的外耳。蜥蜴的听觉发达，出现了雏形的外耳道。蛇类适应于穴居生活，其鼓膜、中耳和咽鼓管均退化，声波沿地面通过头骨的方骨传导到耳柱骨，从而产生听觉（图 21-14）。

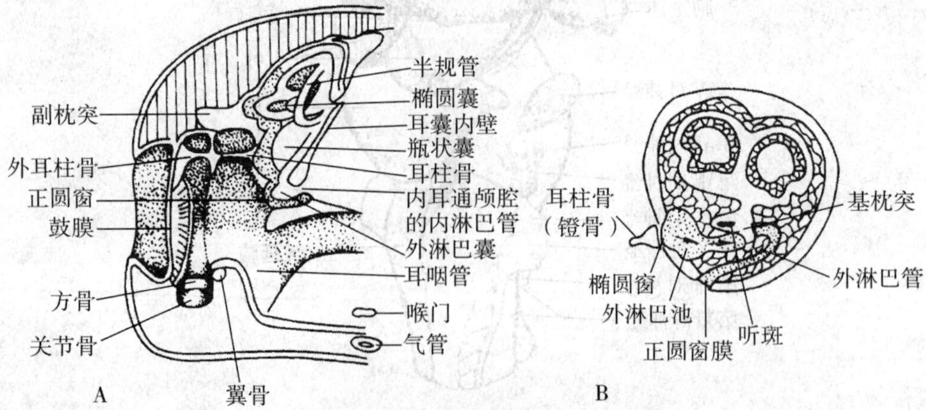

图 21-14 爬行类的听觉器官（引自刘凌云等）

A. 中耳、听骨和内耳 B. 外淋巴区与声波传导

21.1.11.4 特殊感受器

指蝰科及蟒科动物的红外感受器是位于动物鼻孔与眼睛之间颊窝内的特殊热能感受器。颊窝被一薄膜分为内外两个小室，膜内有三叉神经末梢分布。薄膜像特殊的热敏元件那样起作用，只要膜两面的温度不同，神经便产生一定频率的脉冲，使蛇感知前方的热物体，实验证实其灵敏度极高，仅约 8.368×10^{-5} J/cm^2（2×10^{-5} cal/cm^2）的微弱能量就能使之激活并在 35 ms 内发生反应，为现今最灵敏的红外线探测仪所不及。可用于追踪热血动物，在黑暗里完成和白天一样的准确出击，同时对逃避敌害和寻找适宜的生活环境有重要作用。

21.1.12 生殖与发育

雄性生殖系统：精巢 1 对，以盘旋的输精管通至泄殖腔的背面。爬行类全为体内受精，除喙头蜥外，雄性皆有交配器。蜥蜴和蛇类有成对的交配器，称为半阴茎。半阴茎的内侧表面有阴茎沟，精液可沿此沟送到雌性泄殖腔内。龟、鳖和鳄类的交配器(阴茎)只有 1 个，内有海绵组织，能勃起交配(图 21-15)。

雌性生殖系统：卵巢 1 对，位于体腔背壁的两侧。一对输卵管各以裂缝状喇叭口开口于体腔。输卵管不同部位功能有所分化，有的中部有分泌蛋白的腺体，称蛋白分泌部(如龟鳖类和鳄类)，有的下部具有能分泌形成革质(如蜥蜴、蛇)或石灰质(如龟鳖类)的腺体，称壳腺。输卵管末端开口于泄殖腔(图 21-16)。

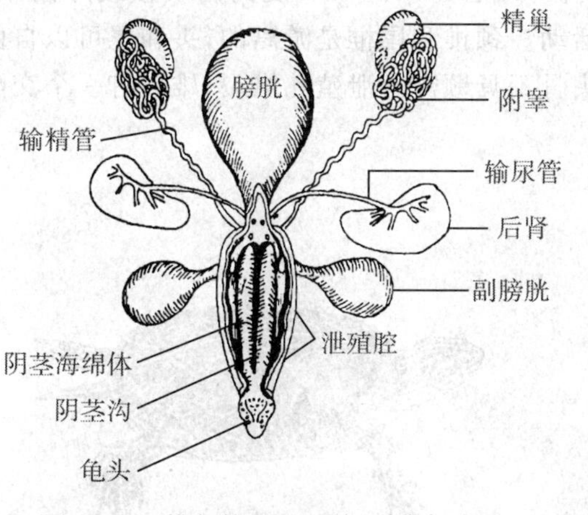

图 21-15 雄龟的泄殖系统(引自杨安峰)

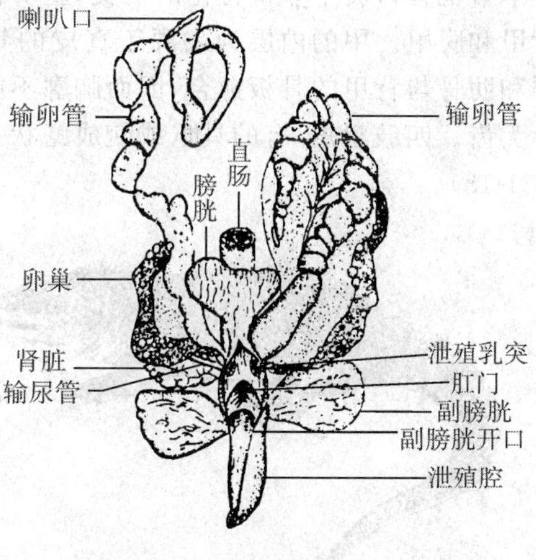

图 21-16 雌龟的泄殖系统(引自杨安峰)

少数爬行类具有孵卵行为。某些毒蛇及蜥蜴具有卵胎生现象，显然这种生殖方式进一步提高了后代的成活率，对于高山及寒冷地区生活的种类尤为有利。通常认为卵胎生爬行类的卵在发育中与母体没有什么联系，母体只是起安全保护作用。但近年的一些研究发现，一些卵胎生种类发育着的胚胎，不仅能与母体交换水、氧气和二氧化碳，还能交换含氮物质。这一发现不仅充实了对于爬行类繁殖的认识，也沟通了卵生与胎生之间的界限。

21.2 爬行纲的分类

世界上现存的爬行类分属四个目：喙头目（Rhynchocephalia）、龟鳖目（Chelonia）、有鳞目（Squamata）（蜥蜴和蛇类）和鳄目（Crocodilia）。

21.2.1 喙头目

这一目是最古老的类群，现仅存 1 属 1 种，即喙头蜥，又称楔齿蜥。其外形像蜥蜴，长达 75 cm，体外被覆颗粒状角质鳞，头骨具有原始形态的双颞窝，椎体为双凹型，椎骨间保留着脊索的残余，肋骨具钩突，齿端生，顶眼发达，不具中耳腔及鼓膜，雄性无交配器，保留了 2 亿多年前古爬行类的特征，故被称为"活化石"（图 21-17）。

喙头蜥常在海鸟的洞穴中产 8～15 枚卵，经 15 个月孵化后幼体出壳。性成熟较晚，约 20 年左右成熟。寿命可达 300 年之久。

喙头蜥为珍稀动物，现仅产于新西兰，数量极少，据调查总数不足千只，已濒临灭绝。

21.2.2 龟鳖目

本目是爬行类中非常特化的一支，主要特征为：通常身体扁宽，躯干部具有骨甲。甲可分为背甲和腹甲。甲的内层为来源于真皮的骨质板，外层为来源于表皮的角质板或厚的软皮。躯椎和肋骨与背甲的骨板愈合，因而胸廓不能活动。颈椎和尾椎是游离的，头和尾可以自由伸缩。无齿。四肢粗短，有的具爪或变成鳍状。头骨不具颞窝。泄殖孔纵裂，雄性有一个交配器（图 21-18）。

图 21-17 喙头蜥（引自许崇任等）

图 21-18 龟（引自许崇任等）

此目动物生活在热带、亚热带的陆地、淡水或海水中。全世界现存 250 多种，我国产 37 种，代表动物有乌龟（*Chinemys reevesii*）、鳖（甲鱼）（*Trionyx sinensis*）、玳瑁（*Eretmochelys imbricata*）、海龟（*Chelonia mydas*）、四爪陆龟（*Testudo horsfieldi*）等。

21.2.3 有鳞目

本目为现代爬行动物中最兴盛的一个类群。主要特征为：身体细长、被有角质鳞片，头骨属于双颞窝型，但又有些变异。椎体多为前凹型，具端生或侧生齿，雄性具成对的交配器。泄殖孔横裂。

全世界约有6 000种，我国约有360种。下分为蜥蜴亚目(Lacertilia或Sauria)、蛇亚目(Ophidia或Serpentes)两个亚目。

21.2.3.1 蜥蜴亚目

全世界约3 000种，我国已知约150种。主要特征为：中、小型爬行类。具胸骨及带骨，具活动眼睑，鼓膜发达，具五指(趾)型附肢，少数种类四肢退化，下颌分两半并于前面愈合。除南极洲外，广布于全球。代表种类有：大壁虎(*Gekko gecko*)、圆鼻巨蜥(*Varanus salvator*)、石龙子(*Eumeces chinensis*)、鳄蜥(*Shinisaurus crocodilurus*)、避役(*Chamaeleon vulgaris*)等(图21-19)。

图21-19 避役(引自Hickman)

21.2.3.2 蛇亚目

全世界约3 000种，我国已知约210种。蛇类是一支特化的体长从小到极大(0.1～11 m)的穴居及攀缘爬行动物，它们的附肢退化，无胸骨和肩带，有可活动的肋骨。肋骨腹端支持腹鳞，借脊柱的左右弯曲和皮下肌的作用控制肋骨移动，腹鳞也随之运动，使蛇能以腹部贴地蜿蜒爬行(图21-20)。头骨不具颞窝，下颌骨和头骨间有可动的关节，而在张口时能使下颌向下有限度地垂落，同时左右两半的下颌骨和弹性韧带相联系而富灵活性，因此口能自由张大，吞食大型动物(图21-21)。舌伸缩性强，末端分叉。眼睑不能活动，上下眼睑相互愈合而透明，无外耳孔、外耳道和鼓膜，不能感知空气传导的声波，但对物体的震动极敏感。牙齿发达。消化道几乎呈一直管，所有内脏器官几乎都是长形的，如肾脏和生殖腺。左肺多退化，无膀胱，雄性有一对交配器。

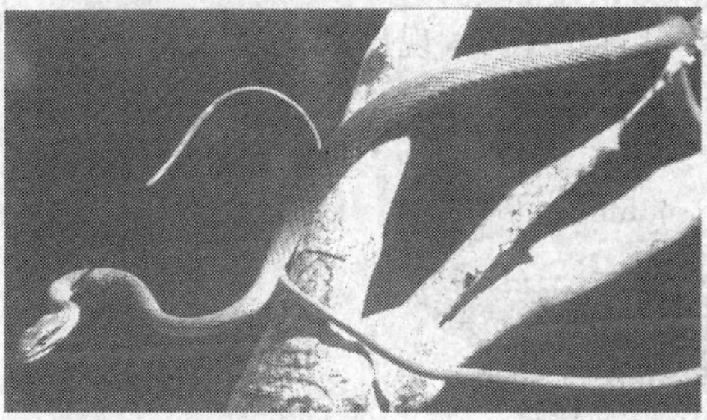

图21-20 蛇(引自Hickman)

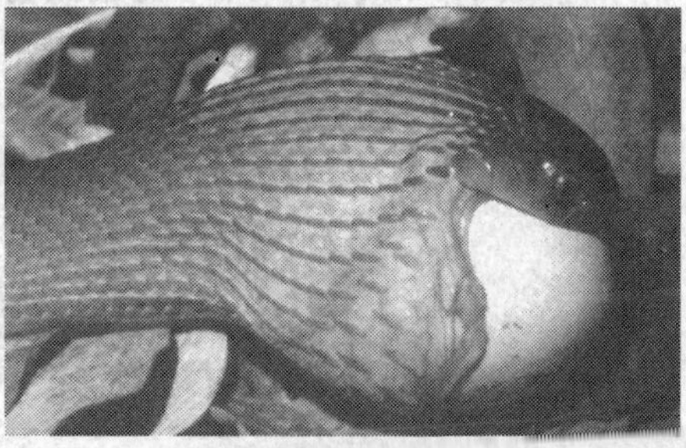

图21-21 蛇吞食(引自Hickman)

毒蛇与无毒蛇最大的区别在于前者头部有毒腺，并在上颌骨上生有毒牙。毒牙有管牙和沟牙两种。管牙较长，着生在上颌无毒牙的前方，内有管腔，其上端接输毒导管，下端开口于牙尖，毒液从毒腺沿着管腔自牙尖小孔流出，如蝮蛇（*Agkistrodon halys*）、草原蝰（*Vipera ursini*）等的毒牙。沟牙较短，牙上有输毒沟（图 21-22）。根据沟牙着生的位置又可分为前沟牙和后沟牙两种。前者着生在上颌骨无毒牙的前方，如眼镜蛇（*Naja naja*）；后者着生在上颌骨无毒牙的后方，如中国水蛇（*Enhydris chinensis*）。此外，毒蛇的头较大，多呈三角形，颈部显著，躯体较粗短，尾部短，从泄殖孔后忽然变细，大多卵胎生，被咬后大多留有两个大而深的毒牙齿痕；无毒蛇头较小，多呈椭圆形，尾部较长，从泄殖孔后逐渐变细，大多卵生，被咬后为四行细小而均匀的牙齿痕。蟒（*Python molurus*）是热带及亚热带森林中的大型无毒蛇，体长最大可达 7 m。

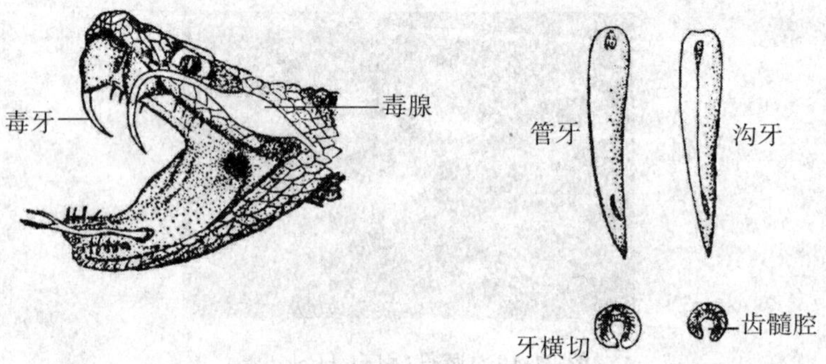

图 21-22　毒牙类型（引自许崇任等）

据统计，目前已知全世界毒蛇有 650 余种，我国有 50 种。

21.2.4　鳄目

鳄目是现代爬行纲中最高等的，心室已分隔为左右两室，仅留一潘氏孔相通，血液循环已接近完全双循环。次生腭完整，内鼻孔后移，鼻腔与口腔完全分开，槽生齿。

鳄类还有许多与水栖生活相适应的特点，如趾间有蹼；鼻孔和耳孔都有瓣膜；在口腔和咽部之间有肌肉质瓣膜，称为腭帆，使食物在口腔时不影响呼吸；有侧扁的尾。

鳄鱼大多分布于热带及亚热带（除欧洲）的淡水中，以各种动物为食，主要食鱼类。全世界现存 22 种。

扬子鳄（*Alligator sinensis*）为我国特产，分布于长江中下游沿岸及太湖周围，体长 2 m 左右，性情温和，不会伤人，目前分布区已大大缩小，数量逐渐减少，现已列为国家一类保护动物（图 21-23）。

图 21-23　鳄（引自许崇任等）

第22章 鸟纲

进化地位：鸟类(Aves)是在爬行类基础上进一步适应飞翔生活的一支特化的高级脊椎动物。现存约 9 000 种。它们起源于爬行动物鸟龙类的槽齿类。由于鸟类骨骼较薄、易碎而不易保存，因此保留下来的化石很少，最早的鸟类化石为始祖鸟。始祖鸟化石共 7 件，均发现于德国巴伐利亚省索伦霍芬附近的晚侏罗世(距今约 14 500 万年)海相沉积印板石灰岩内(图 22-1)。

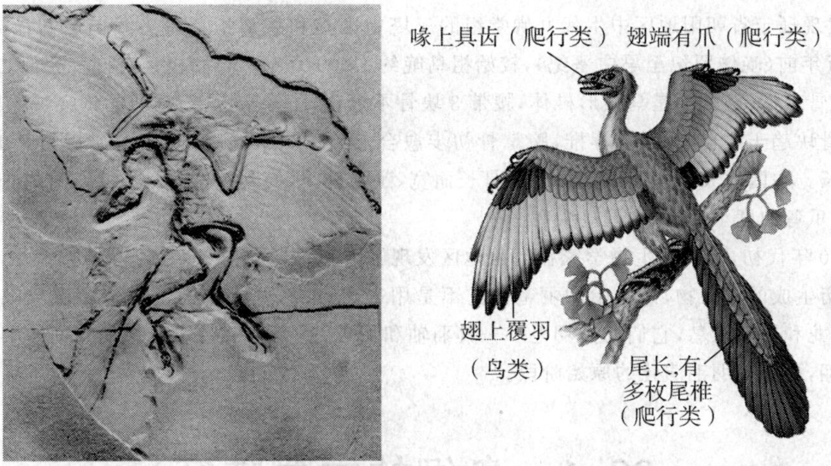

图 22-1 始祖鸟化石及形态复原图(引自 Miller)

鸟类是从古爬行类进化而来的，与现存爬行动物有如下共同特征：

- 皮肤缺乏皮肤腺而干燥。
- 羽毛和爬行类鳞片都是表皮角质层的产物。
- 头骨仅有一个枕髁与寰椎相关节。
- 卵生，羊膜类。盘状卵裂。
- 尿液主要成分为尿酸。

鸟类相对于爬行类，有如下进步特征：

- 具有高而恒定的体温，减少了对外界温度条件的依赖。
- 心脏两心房两心室，完全双循环。
- 具有发达的神经感官和复杂的行为。
- 有完善的生殖行为，提高子代成活率。

鸟类由于适应飞翔生活，具备如下和飞翔有关的特化特征：

- 体呈流线型，体表被羽毛。
- 前肢变为翼。
- 骨骼轻、多愈合，为气质骨。
- 有与肺相连的气囊。

脊椎动物中只有鸟类和哺乳类进化为恒温动物。恒温动物具有较高而稳定的新陈代谢水平和调节产热、散热的能力，从而使体温保持在相对恒定、稍高于环境温度的水平。恒温是产热和散热过程的动态平衡。恒温是脊椎动物躯体结构和功能全面进化的产物，是与高度发达的中枢神经系统密切相关的。体温调节中枢位于丘脑下部，通过神经、内分泌活动完成协调。较高而恒定的体温能促进酶促反应进行，使细胞对刺激的反应迅速而持久，有利于避敌，可减少对环境的依赖性，扩大活动和分布范围。

中国古鸟化石

甘肃鸟，1984年发现，为中生代水鸟类。比始祖鸟进化：胫骨末端形成鸟类特有的胫跗骨关系，跖骨已愈合为1个跗跖骨。比黄昏鸟原始：跗跖骨远端未愈合完全。

1992年发现辽宁省朝阳地区中生代九佛堂组的三塔中国鸟和燕都华夏鸟为我国已知最早的化石鸟类，约在13 500万年前(晚侏罗纪至早白垩纪)，较始祖鸟晚约1 000万年。与始祖鸟有许多相似之处：颌具牙，前肢有游离的指骨带爪，脊椎不是马鞍形椎体，腰带3块骨不愈合，跖骨未愈合，椎肋无钩突，具腹肋。中国鸟进步特征：头骨骨块趋于愈合，具多个荐椎，腕掌骨初步愈合，无长尾、由尾综骨代替，拇指与其他3指相对，具爪，第3指最长。中国鸟大小如鸽，吻短；尾综骨长而宽，趾强健，爪尖利。华夏鸟大小如麻雀，吻长，尾综骨长而细，末端尖，爪弯曲度小，不如中国鸟尖利。

20世纪90年代初，我国古生物学家在辽西地区发现了中华龙鸟，它是具毛的兽脚类恐龙，它的毛不是羽毛，是由皮肤衍生成的丝状物，是原始的羽毛。它不是用来飞行的，可能是为了调节体温或吸引异性。后来又发现了尾羽龙和原始祖鸟，它们均具羽毛——具羽轴和羽枝，是有羽毛的恐龙。但它们的羽毛的羽片是对称的，不能飞翔，可能是羽毛演化的原始阶段。

22.1 鸟纲的主要特征

22.1.1 外形

鸟类的身体分为头、颈、躯干、尾、四肢五部分。头部是取食和感觉中心。喙(beak)由上下颌延伸而成，外覆角质鞘。鼻孔位于上喙基部，为裂缝状。鸽的上喙基有裸露无羽的皮肤，叫蜡膜(cere)。眼睛大而圆，具有活动的上下眼睑和瞬膜(nicitating membrane)。瞬膜位于前眼角内，具羽状上皮以清洗灰尘。耳孔位于眼后下方，鼓膜下陷形成外耳道，周围有耳羽。颈部长而转动灵活。躯干略呈卵圆形，腹面由于龙骨突和发达的胸肌而向外突出。尾部缩短成小的肉质突起，背面有尾脂腺，基部腹面有一横裂的泄殖腔孔。前肢变为翼(wing)，后肢4趾。鸟类足趾的形态与生活方式密切相关。

22.1.2 皮肤及衍生物

鸟类皮肤的特点是薄、松、软、干燥而且缺乏腺体。表皮角质层薄，无羽覆盖区域表皮及角质层加厚形成鳞片。表皮松软有利于羽毛活动，便于飞行时肌肉收缩。真皮薄，分布有血管、神经末梢，深层有连接羽毛根的皮肌，可牵制皮肤，运动羽毛。皮下层位于真皮下边，可贮存脂肪。

尾脂腺(oil gland)是鸟类皮肤仅有的一对卵圆形腺体，位于尾端背侧。尾脂腺分泌油脂，润泽羽毛，水禽尾脂腺发达。尾脂腺还分泌麦角固醇，在紫外线照射下转变为维生素 D，被皮肤吸收有利于骨骼正常生长。鸵鸟无尾脂腺；鸡、鸽、鹌鹑皮肤有分泌脂肪的单细胞；鸟外耳道表皮分泌蜡质物。

发达的羽毛和特化的骨骼构成了鸟类飞翔生活的基础(图 22-2，见书后彩图 22-2)。羽在体表分布不均匀，羽区(pteryla)为有羽毛的区域，无羽毛的区域叫裸区(apteria)。羽毛的分布方式有利于飞行时防止羽根碰撞。孵卵斑为生殖季节羽毛脱落的区域，有利于孵卵。羽的功能主要有：保持体温；构成飞翔器官；减少飞行阻力；防止机械损伤等。

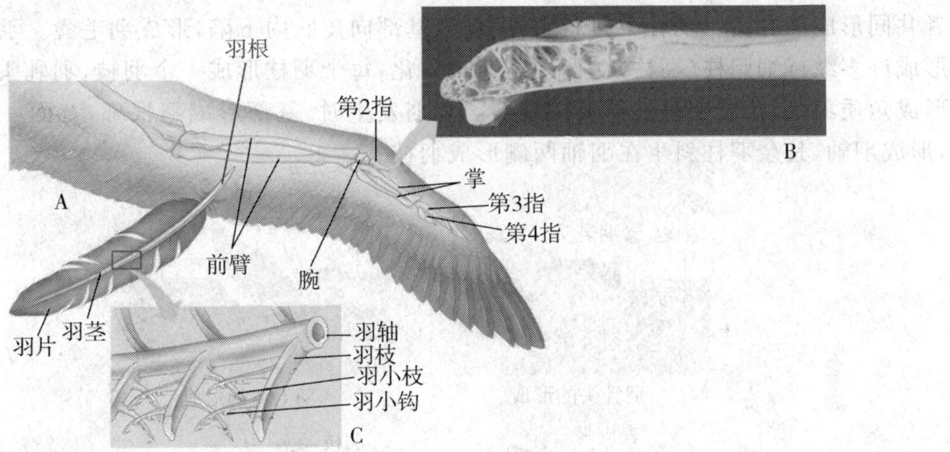

图 22-2　鸟类翅、羽和骨的结构(引自 Hickman)

A. 翅　B. 骨的结构　C. 羽的结构

正羽(contour feather)分布于体表、翼、尾(图 22-3A)。羽轴位于中轴，中空。羽根位于羽轴下部，中空，半透明。下脐为羽根末端小孔，为真皮乳突供给羽营养的通路。上脐为羽根上端小孔，由此发育出副羽(一般鸟副羽不发达，鸸鹋、食火鸡副羽发达)。羽片位于羽轴两侧，由羽枝构成。每条羽枝的两侧斜生出许多平行的羽小枝，羽小枝上有钩和槽，相邻的羽小枝上的钩、槽彼此相钩连成羽片。钩、槽脱开后，鸟用喙梳理羽毛时可重新钩上。飞羽(flight feather)是位于翼上的正羽，初级飞羽着生在腕、掌、指处，次级飞羽着生在前臂上，三级飞羽着生在上臂上。尾羽(tail feather)为着生在尾部的正羽，其数目、形状为分类依据。覆羽为分布在体表的正羽。

绒羽(down feather)羽根短，顶部簇生细丝状羽枝，羽小枝上无钩，不能连成羽片(图 22-3B)。绒羽分布在正羽的下面，主要功能是保温。

纤羽(hair feather)毛发状，只具一毛干，顶部有几根短羽枝(图 22-3C)。纤羽分布在羽毛之间，主要功能是感觉。

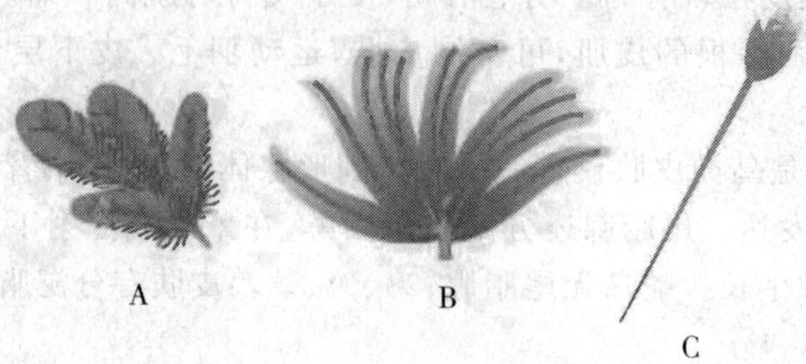

图 22-3　羽的类型(引自 Miller)

A. 正羽　B. 绒羽　C. 纤羽

羽和爬行动物的鳞片是同源器官。从个体发育可见,羽毛最初源于由真皮和表皮构成的羽乳头(图 22-4)。真皮层表面积聚间充质,形成突起叫真皮乳头。乳头上边表皮相应增厚,二者共同形成羽乳突。羽乳突向斜后方生长,基部向皮肤内下陷,形成羽毛囊。羽乳头生长增殖形成许多纵行细胞柱(羽柱)。羽柱逐渐角质化,每个羽柱形成一个羽枝,羽乳头外面的表皮层形成角质羽鞘,角质羽鞘破裂羽枝展开。正羽发生时,基部形成羽根环,背面一枝羽柱生长快,形成羽轴,其余羽柱斜生在羽轴两侧形成羽枝。

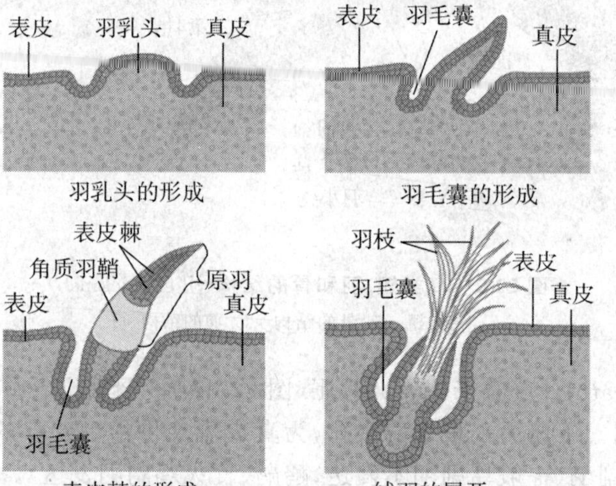

图 22-4　羽的发育过程(引自 Hickman)

大多数鸟每年有两次换羽。春季换羽,更换的新羽叫夏羽。秋季换羽,更换的新羽叫冬羽。多数鸟夏羽和冬羽颜色不同。换羽过程是甲状腺活动引起的。换羽是一个高度有序的过程,飞羽和尾羽是准确地成对的更换,以维持飞行平衡。雁形目飞羽更换为一次性脱落,此时会暂时丧失飞行能力。许多鸟在生殖季节前换羽,以形成艳装来求偶。换羽时,羽柄在下脐处整个从羽毛囊中脱出,新羽则从同一羽毛囊深部的新羽乳头处生出。

羽的颜色

化学性颜色:由于细胞色素沉积而形成,黑色素来源于黑色素细胞,产生黑、灰、褐色。食物中的酪氨酸和核黄素影响黑色素的形成。脂色素(含胡萝卜素和卟啉)是由鸟类摄取的食物在体内转化、合成的,由体液送到羽基乳头处，溶于脂肪内，羽枝角质化时，脂溶剂消失，色素沉积于角质层内，产生红、紫、黄、橙、绿等颜色。羽生长时色素细胞加入到表皮中。

物理性颜色：色素细胞的上方具有无色的、有凹凸沟纹的蜡质层或夹在色素细胞间的多角无色折光细胞，产生了折光作用，形成不同色彩，常见的有紫蓝色、铜绿色金属光泽及可随视角改变而变化的辉亮色泽。

22.1.3 骨骼系统

鸟类骨骼的特点是：骨骼薄、轻而坚固，骨内有充满空气的腔隙(图 22-2B)，头骨、脊柱等骨块有愈合现象，肢骨和带骨变形较大(图 22-5)。

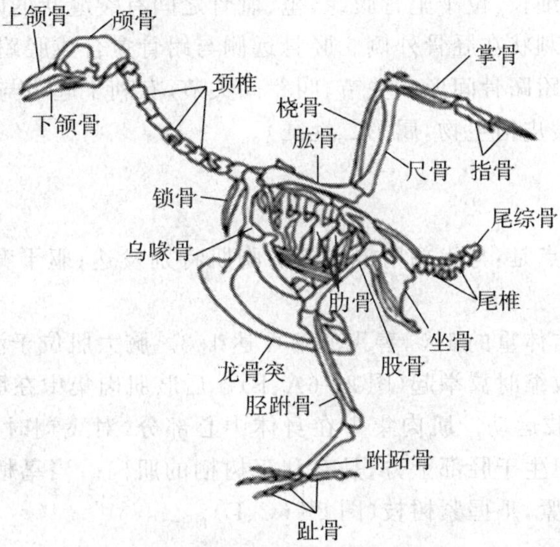

图 22-5　鸟类的骨骼系统(引自杨安峰)

头骨颅腔大，颅顶拱起。脑颅长轴与脊柱不在一条直线上，枕骨大孔移到头骨底部。成体愈合成一个完整脑颅。眼窝大，眶间隔发达。双颞窝型，进化过程中颞上弓消失，颞窝与眼窝合并而形成大眼窝。上下颌骨伸延成喙，外套角质鞘。无完整的次生骨质腭。左右腭骨在中线处不愈合，而形成裂缝状，叫裂状腭。

脊柱分为五部分：颈、胸、腰、荐、尾。颈部较长，颈椎数目较多，第 1 枚为寰椎，第 2 枚为枢椎，其余颈椎椎体为马鞍形，称为异凹椎体(水平切面为前凹形，矢状切面为后凹形)，使椎间关节活动性加大，头可转动 180°～270°。鸟类胸椎 5～10 枚，多有愈合，企鹅胸椎不愈合。腰椎完全愈合，最后 1 枚胸椎、6 枚腰椎、2 枚荐椎、7 枚尾椎愈合成综荐骨(synsacrum)(愈合荐椎)。该结构为鸟类特有，而且近一步与宽大的腰带相愈合，以适应后肢支撑体重以及飞行时构成稳定的中轴，增强支持力。

鸟类尾骨退化，最后几枚尾椎愈合成三角形骨板叫尾综骨(pygostyle)。尾综骨为鸟类特有，支持尾羽。尾综骨运动能改变尾羽方向，在飞行及降落时起舵的作用。

肋骨由背侧椎肋与腹侧的胸肋构成，二者之间有可动关节。胸骨发达，向后伸至骨盆，沿腹中线隆起形成发达的嵴叫龙骨突(keel)，为胸肌附着处。其两侧常形成突起，为分类依据。平胸总目无龙骨突。前肢骨骼包括肩带和前肢骨。肩带由肩胛骨、锁骨和乌喙骨构成。肩胛骨为狭长骨片，位于肋骨背面，胸椎两侧，向后达髂骨前缘。锁骨细长，两侧锁骨在胸前联合成

"V"形,称为叉骨(wishbone),鼓翼时防止左右乌喙骨相撞,增强肩带弹性。无飞翔能力的鸟锁骨退化。乌喙骨粗大,一端与胸骨形成关节,另一端与肩胛骨共同形成肩臼与肱骨相关节。前肢由于变为翼,腕、掌、指部变化较大。上臂由粗大的肱骨构成,肱骨腹面有一气孔,气囊由此入骨腔。前臂由细桡骨和粗尺骨组成,翼羽着生于尺骨外缘。腕骨近端 2 枚独立,分别叫尺腕骨、桡腕骨,其余腕骨与掌骨愈合成 1 块腕掌骨。指骨只有 3 个指,第 2 指和第 4 指只有 1 节指骨,第 3 指有 2 节指骨。第 1、5 指退化。

后肢骨骼包括腰带和后肢骨。腰带中的髂骨、坐骨、耻骨愈合,并与综荐骨愈合形成开放式骨盆,左右侧耻骨不愈合。髂骨为长大的薄骨片,位于背部。坐骨位于髂骨后下方,坐、髂骨之间有髂坐骨孔。耻骨细长,位于坐骨腹缘,坐、耻骨之间有裂缝状的闭孔。股骨粗短,埋在腹侧肌肉中。腓骨退化呈刺状在胫骨外侧。胫骨远侧与跗骨愈合成胫跗骨。跗骨远端与跖骨愈合成跗跖骨。胫跗骨与跗跖骨间形成关节,叫跗间关节,有利于起飞与降落。公鸡跗跖骨内侧有一强大突起叫距(为表皮衍生物,属第二性征)。

22.1.4 肌肉系统

鸟类肌肉系统的特点是:与飞翔扇翼有关的胸肌特别发达;躯干背部肌肉不发达;腿部肌肉发达;皮肌发达。

鸟类胸肌发达,约占体重的 1/5,善飞的鸟可达 1/3。胸大肌位于浅层,收缩时翼下降。胸小肌位于胸大肌深层,收缩时翼举起(图 22-6A、B)。后肢肌肉集中在股部和胫部上方,各以长肌腱连在脚上,支配后肢运动。肌肉集中在身体中心部分,对飞翔时保持身体重心稳定很重要。贯趾屈肌、腓骨中肌生于胫部上方,是有利于树栖的肌肉。当鸟栖息于树枝上时,体重下压导致上述屈肌肌腱拉紧,爪握紧树枝(图 22-6C、D)。

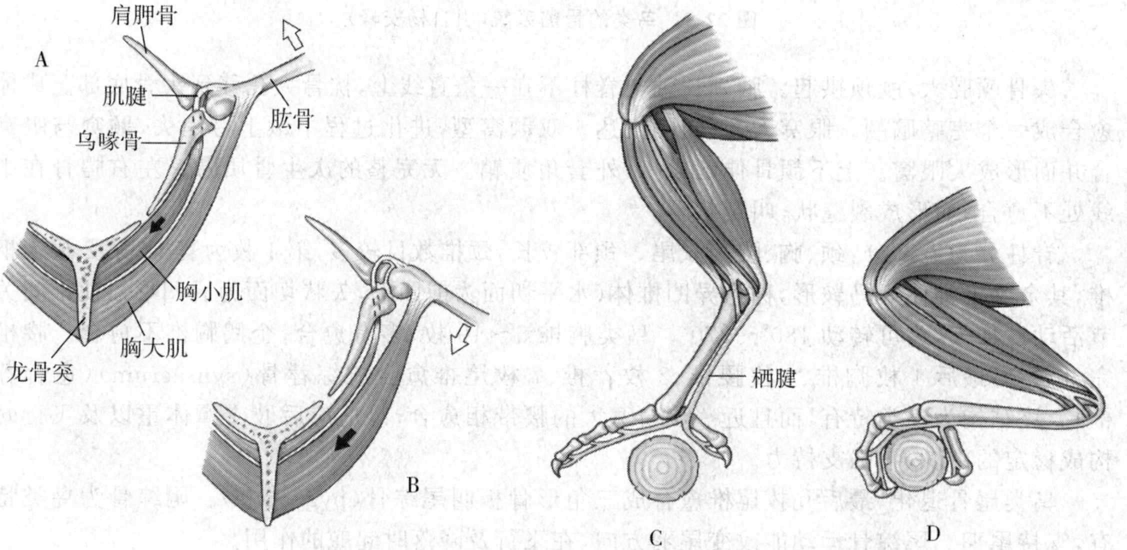

图 22-6 鸟类的飞翔肌肉(A. 翼升,B. 翼降)**和栖息肌肉**(C、D)(引自 Hickman)

皮肌为分布于皮下层的小肌肉束,止点大多在羽毛囊。皮肌收缩可使皮肤抖动,羽毛竖起。鸣管肌为鸟类特有,可改变鸣膜形态,气流通过时产生鸣叫声。由于脊椎骨的胸、腰、荐愈合，使背部肌肉退化，仅颈部、尾端牵动尾综骨和尾羽的肌肉发达。

22.1.5 消化系统

鸟类消化系统的主要特点是有角质喙（牙齿退化），以吞食方式将食物存贮于消化道中。鸟类消化生理方面的特点是消化能力强、消化速度快，是其快速飞翔生活新陈代谢旺盛的物质基础。消化系统包括消化道和消化腺。

消化道由喙、口腔、咽、食道、嗉囊、胃（腺胃、肌胃）、小肠、盲肠、直肠、泄殖腔等部分组成（图 22-7）。喙由上下颌骨形成，外有角质鞘，由于食性不同而形态不一。舌位于口腔底部，呈三角形，外有角质鞘。口腔顶壁有一对硬腭褶，中央有裂隙叫腭缝。内鼻孔在其中。腭褶后部有 1 排乳头状突起为口、咽分界。腭褶后有 1 个孔，为左右耳咽管汇合后的共同开口。口腔底壁后方有一纵长的裂缝叫喉门。口腔黏膜有许多唾液腺，分泌物多不含消化酶。仅食谷的燕雀类唾液中含消化酶。食道长，扩展能力强，黏膜分泌物可润滑食物。鸡、鸽等的食道中部膨大处叫嗉囊（crop），可临时贮存、软化食物。食虫及肉食性鸟类无嗉囊。鸽的嗉囊能分泌鸽乳，喂养幼鸽。胃分为腺胃（glandular stomach）（前胃）和肌胃（muscular stomach）（砂囊）两部分。腺胃腺体丰富，可分泌消化液，内含胃蛋白酶和盐酸。肌胃肌肉壁很厚，黏膜上皮与大量管状腺、分泌物与上皮细胞碎屑粘在一起形成一层黄色的类角质膜（鸡内金）。肌胃内有大量沙砾，在肌肉挤压下磨碎食物，提高消化功能。小肠壁上有肠腺，分泌肠液。十二指肠与肌胃相连成"U"形，胰腺位于肠系膜上。盲肠 1 对，具有吸收水分、发酵分解植物纤维、合成吸收维生素等作用。大肠很短，不贮存粪便。泄殖腔位于直肠末端膨大处，是消化、排泄、生殖的共同通道。腔上囊位于泄殖腔背侧，幼鸟发达。

鸟类的消化腺包括肝脏和胰腺。

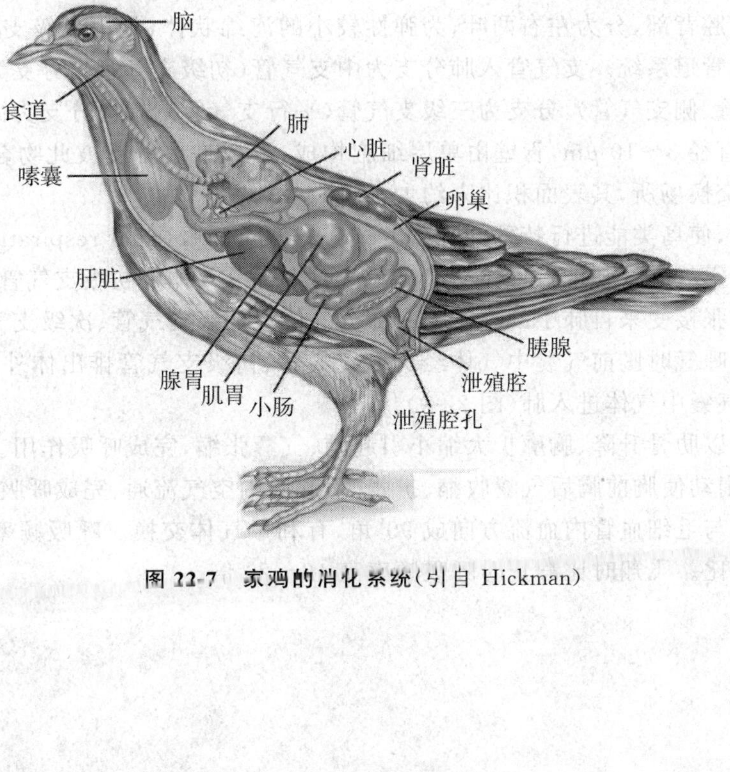

图 22-7 家鸡的消化系统（引自 Hickman）

22.1.6 呼吸系统

鸟类的呼吸系统十分特化，表现在具有发达的气囊（air sac）系统和肺相连（图 22-8）。鸟类的呼吸道由外鼻孔、鼻腔、内鼻孔、喉、气管、支气管构成。

外鼻孔 1 对。鼻腔短而狭，其上覆盖黏膜具纤毛，含分泌黏液和浆液的腺体。内鼻孔裂缝状，开口于顶壁。喉门裂缝状，气管由许多半骨化的软骨环支持。气管入胸腔后分为 2 个支气管。气管与支气管交界处形成鸟类发声器官——鸣管（syrinx）。该处软骨间距离变大，外覆鸣膜，空气通过时振动发音。鸣管外侧有鸣肌，收缩时改变鸣膜紧张度，使鸣叫声发生变化。

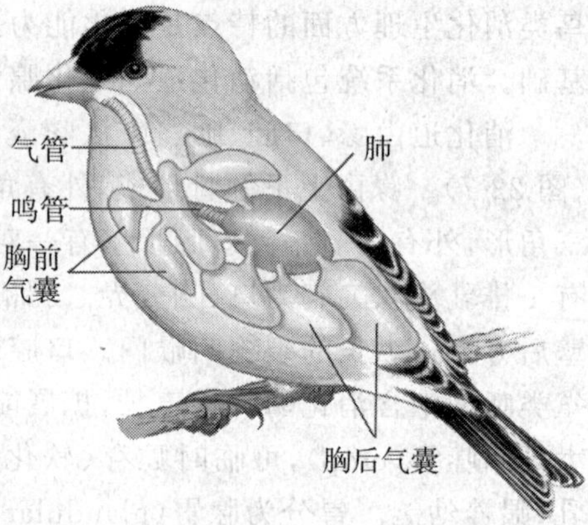

图 22-8 鸟类的呼吸系统（引自 Hickman）

某些初级支气管和次级支气管末端形成的膨大的薄囊叫气囊，位于内脏器官之间。鸟类有 9 个气囊。初级支气管形成的气囊有：胸后气囊 1 对，位于胸腔后部；腹气囊 1 对，位于腹腔内脏之间，与腹腔同长，并与股骨内气室相通。次级支气管形成的气囊有：颈气囊 1 对，由肺前缘发出，位于颈基部，与邻近骨内气室相通；锁骨间气囊 1 个，呈三角形，位于左右锁骨形成的夹角间，有分支气囊进入肱骨、腋下和大小胸肌之间；胸前气囊 1 对，位丁胸腔中部、肺腹面，与肋骨及围心膜贴近。

气囊的功能包括：①辅助呼吸；②减轻身体的比重；③减少肌肉及内脏器官间的摩擦；④调节体温，主要是冷却系统（飞翔中的鸽子，摄入空气的 3/4 用于冷却）。

鸟肺紧贴胸腔背部，分为左右两叶，为弹性较小的海绵状体，是由各级支气管形成的彼此吻合相通的网状管道系统。支气管入肺分支为中支气管（初级支气管），分支为次级支气管（腹支气管、背支气管、侧支气管），分支为三级支气管（平行支气管），辐射分支为微支气管（微呼吸管）。微支气管直径 3～10 μm，管壁由单层细胞构成，形成许多分支彼此吻合，管外有毛细血管包围，是气体交换场所，其表面积比人约大 10 倍。

气囊的存在，使鸟类能进行特殊的呼吸方式——双重呼吸（dual respiration），即在吸气和呼气时均有新鲜空气进入肺进行气体交换。吸气时大部分气体经初级支气管直接进入胸后气囊。胸前气囊扩张接受来自肺中的气体。一部分气体经初级支气管、次级支气管、三级支气管进入微支气管。呼气时胸前气囊中气体经次级支气管、初级支气管排出体外。肺中气体进入胸前气囊，胸后气囊中气体进入肺（图 22-9）。

鸟类静止时以肋骨升降、胸廓扩大缩小引起肺、气囊张缩，完成呼吸作用。飞翔时胸骨、肋骨固定不动，翼扇动使胸前胸后气囊收缩、扩张，引起肺内空气流通、完成呼吸作用。鸟类呼吸时气体流动方向与毛细血管内血流方向成 90°角，有利于气体交换。呼吸频率与体重成反比，与扇翼频率成正比。飞翔时比静止时呼吸频率高 12～20 倍。

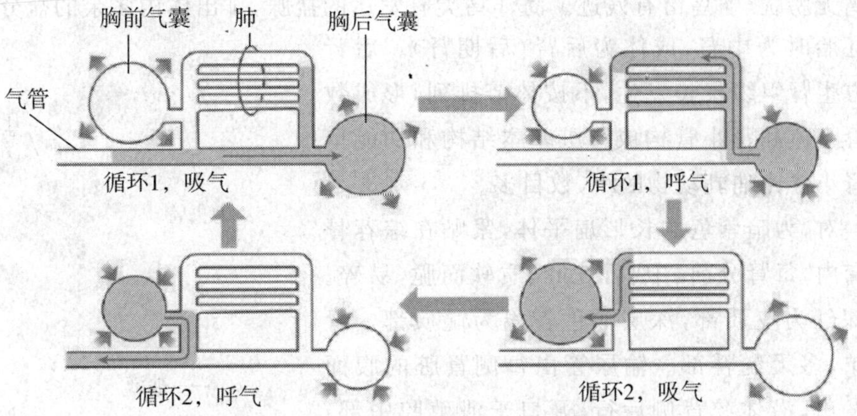

图 22-9　鸟类的双重呼吸(引自 Miller)

22.1.7　循环系统

鸟类的循环系统适应于快速飞翔生活较高的代谢水平，主要表现在：鸟的心脏大，占体重的 0.95%～2.37%；心跳较快，鸡为 200～350 次/min；动脉血压高，血液循环迅速。

心脏两心房两心室，多氧血与缺氧血完全分开，血液循环为完全双循环。右心室含缺氧血，右房室孔有一肌肉瓣膜防止血液倒流。左心室含多氧血，左房室孔有两片瓣膜(二尖瓣)防止血液倒流。由心室发出的动脉口有半月瓣。心脏自身营养靠冠状血管。右体动脉弓由左心室发出，向右弯曲，绕到心脏背面成为背大动脉。背大动脉沿脊柱后行，沿途形成分支进入各器官。一对前腔静脉汇集身体前部的血液入右心房，一条粗短的后腔静脉汇集身体后部的血液入右心房(图 22-10)。肝门静脉汇集来自胃、十二指肠、肠系膜等静脉后形成 2 支静脉干入肝。肾门静脉退化。尾肠系膜静脉为鸟类特有。

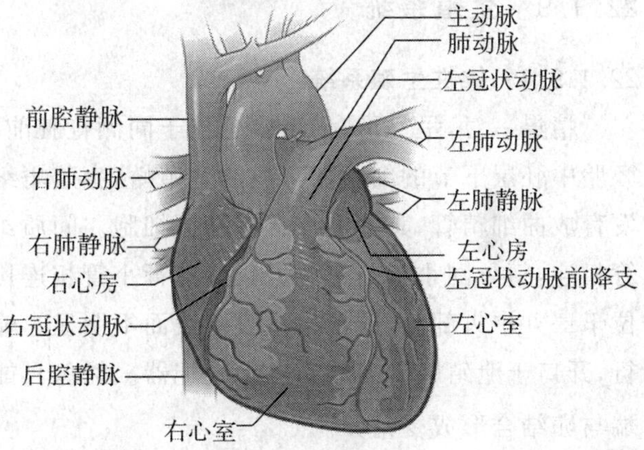

图 22-10　鸟类的心脏(引自 Hickman)

淋巴系统由淋巴管、淋巴结、淋巴小结、腔上囊、胸腺、脾脏等组成。淋巴管最终汇集成一对大的胸导管将淋巴液送入前腔静脉。鸡无淋巴结，只有淋巴小结位于消化管壁。腔上囊是位于泄殖腔背侧的一个盲囊，幼鸟发达，产生淋巴细胞。胸腺位于气管两侧，是紧贴颈静脉的 3～5 个淡红色、扁平不规则的叶状结构。性成熟时体积最大，促进淋巴细胞发育成熟并诱导其产生细胞免疫力。脾脏位于腺胃、肌胃交界处背侧，呈四面体，红褐色，能产生淋巴细胞、单核细胞，破坏吞食衰老的红细胞。

22.1.8　排泄系统

鸟类的排泄系统由肾脏、输尿管、泄殖腔组成。排泄物以尿酸为主，可以减少水分损失。

绝大多数鸟无膀胱，鸵鸟留有残迹。海洋鸟类有发达的盐腺，排出体内多余的盐分。

鸟类胚胎时为中肾，成体为后肾(后期肾)。后肾由躯体后方生肾组织聚集发生，不按体节排列，形成数目众多的肾小体和肾小管构成肾脏基本结构和功能单位。鸟类肾小体比哺乳动物的小，数目多。

肾脏一对，为暗紫色的长形扁平体，紧贴在综荐骨腹侧的深窝内，每肾分前、中、后 3 叶，质软而脆，易碎。表层颜色深红为皮质部，深层颜色较浅为髓质部。肾小管较简单，多无髓袢部。输尿管由每侧肾脏的腹面近内侧缘发出，沿体腔背侧后行，开口于泄殖腔中部。海洋鸟类具有盐腺，位于眶上区鼻孔之间，通过泌盐管将分泌液排入鼻腔，经内鼻孔入口腔沿喙尖滴出或经上喙上的深沟流至喙尖(图 22-11)。鹱形目的鼻孔开口于喙基的一对或一个角质管内，盐类分泌物可由此管排出而不影响呼吸。

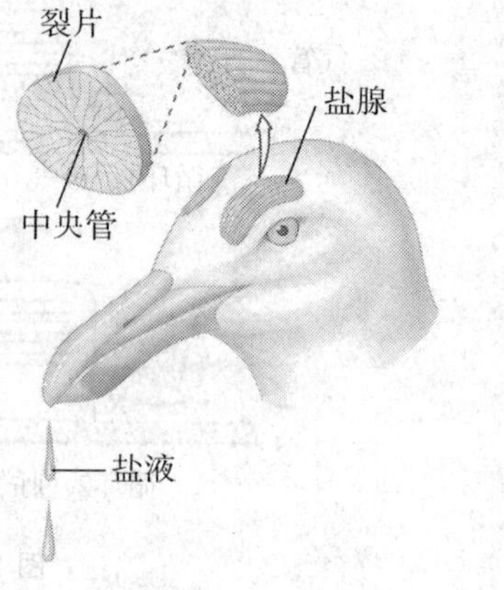

图 22-11　盐腺的结构(引自 Hickman)

22.1.9　生殖系统

22.1.9.1　雄性生殖系统

精巢一对，呈豆形，借系膜悬挂于同侧肾脏前叶腹侧，生殖季节增大，通常为白色。来源于胚胎中胚层下节的细胞发育成的生殖嵴，生殖嵴细胞分化成初级性索和生殖上皮，初级性索再发育成曲细精管，其壁上皮含有精原细胞。间质细胞分泌雄性激素。曲细精管与精巢网的小管相连，精巢网小管与一些退化的前肾小管相连构成精液输出小管，生殖细胞在此成熟。附睾位于睾丸中央部分，被精巢系膜覆盖而不明显。输精管为多弯曲的管，沿输尿管(直管)外侧后行，开口于泄殖腔。多数鸟类无交配器。鸵鸟具能勃起的阴茎，长达 20 cm。精子在输卵管上端与卵结合形成受精卵。

22.1.9.2　雌性生殖系统

大多数鸟类仅左侧卵巢和输卵管发育，右侧的退化(图 22-12)。如果切除左侧卵巢，则右侧卵巢发育成类似精巢的器官。雌性发育早期生殖上皮增厚形成次级性索，含有卵原细胞，每个卵原细胞外由一层性索细胞包围形成卵泡。雏鸡孵出时已形成初级卵泡，性成熟后在生殖季节卵巢急速发育。初级卵母细胞经第 1 次成熟分裂形成次级卵母细胞，在 LH 激素作用下排出次级卵母细胞，进入输卵管，在输卵管内进行第 2 次成熟分裂形成卵和第二极体。

输卵管分为 5 部分：伞部、蛋白分泌部、峡部、子宫、阴道。伞部呈漏斗状，边缘薄形成皱褶，受精作用

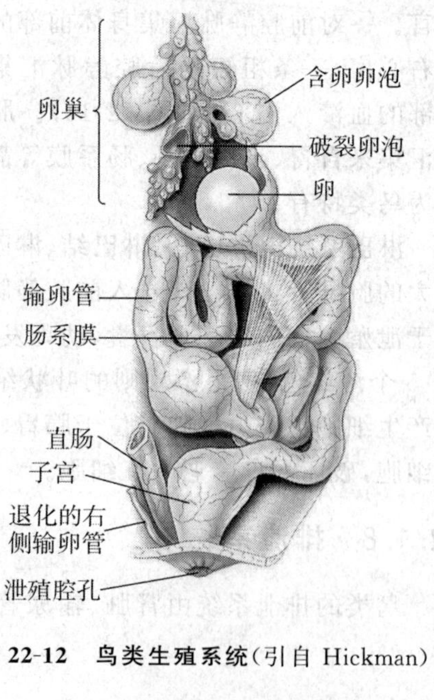

图 22-12　鸟类生殖系统(引自 Hickman)

在这里完成。蛋白分泌部管壁厚,黏膜形成纵褶,有腺体分泌浓蛋白包在卵黄外边,卵旋转下行在两端形成由浓蛋白扭成的系带。鸡卵细胞在此停留约 3 h。峡部管腔较窄,腺细胞分泌物形成内外壳膜。子宫为输卵管膨大部分,黏膜形成深褶,肌肉层发达。卵细胞在此吸收水分形成稀蛋白,壳腺分泌含钙化合物形成硬壳。产蛋前 4～5 h 子宫壁色素细胞分泌色素涂于壳表面,形成各种色斑。阴道为输卵管末端,开口于泄殖腔左侧。腺体分泌黏液或角质物涂在蛋壳表面,有润滑和保护蛋壳色泽的作用。蛋壳上有小孔,有利于胚胎呼吸。

22.1.10 神经系统

鸟类神经系统的主要特点是:大脑发达,纹状体(striatum corpora)发达,成为控制鸟类复杂行为的中枢;小脑发达,为运动的协调和平衡中枢;视叶发达而嗅叶退化。

大脑膨大,向后遮盖间脑及中脑前部。表面光滑,由左右 2 个半球组成。大脑顶壁薄,以原脑皮为主,新脑皮仍在爬行类水平上。大脑底部纹状体增大,出现上纹状体,是鸟类复杂本能(营巢、孵卵、育雏)和"智慧"中枢。切除上纹状体,正常兴奋抑制被破坏,视觉受影响,求偶、营巢等本能丧失。许多学习性动作不能实现。间脑由上丘脑、丘脑、下丘脑组成。下丘脑为间脑底壁,有体温调节中枢,并控制植物性神经系统。下丘脑是重要的神经分泌部位,直接影响脑下垂体的分泌。中脑位于大脑半球后下方,背侧有一对发达的视叶,为视觉高级中枢。另外还有复杂行为的相关中枢如啄食、恐惧。小脑特别发达,分化为 3 部分:中间为蚓部,表面有许多横沟,两侧为小脑卷,协调复杂的飞翔活动。延脑中央有第四脑室。延脑有许多重要神经中枢,如呼吸中枢、心跳中枢、分泌中枢等。脑神经 12 对。

22.1.11 感觉器官

22.1.11.1 视觉器官

眼睛是鸟类飞翔生活中定向、定位、觅食、防御等活动不可缺少的(图 22-13)。两侧者具较大的视野,如家鸽为 300°;向前者视野较小,如草鸮为 150°,但有更好的立体感和距离判断。眼球在眼窝内缺少活动性。瞬膜发达,飞翔时遮盖眼球,保护角膜。瞬膜内缘具羽毛状上皮,能随瞬膜运动清刷角膜上的污物。巩膜前面与角膜交界处有骨片 10～18 枚呈覆瓦状排成环状,防止飞翔时气流压力使眼球变形。晶状体双凸形,其凸度可改变。脉络膜富有血管和色素,前端连睫状体和虹膜,睫状体借悬带悬挂晶状体。虹膜通常为褐色,少数色彩鲜艳,如鸮为黄色,红鹳为绿色。虹膜中央为瞳孔,多为圆形。视网膜由高度分化的神经组织构成,有感光、感色功能。昼行性鸟类视锥细胞多于视杆细胞,夜行性鸟类相反。视网膜后壁向内伸出一个结构叫栉膜(pecten),栉膜上有血管和黑色素,有营养视网膜的功能,并可借体积的改变调节眼球

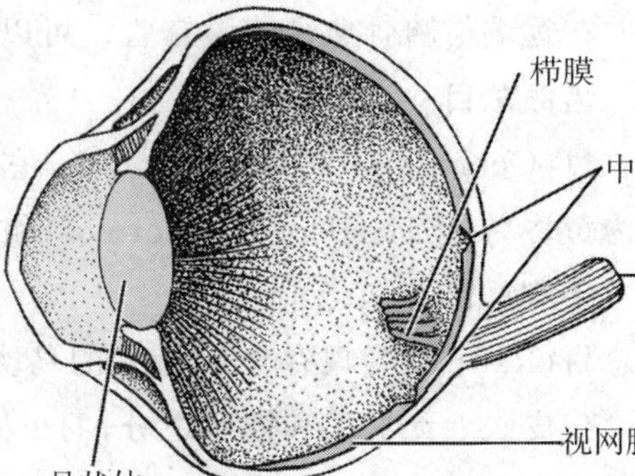

图 22-13 鸟类眼球的结构(引自 Hickman)

内的压力，也有证据表明它可在眼内构成阴影，减少日光造成的目眩。

鸟类视觉调节肌肉为横纹肌，是位于肌巩膜与角膜间的前后巩角膜肌，相当于哺乳类的睫状肌。后巩角膜肌收缩可内收巩膜环、压迫晶状体使之改变形状和曲度，前巩角膜肌能改变角膜曲度，二者共同作用可改变角膜与晶状体间距离，所以说鸟类眼睛调节为三重调节，其中调节角膜曲度为鸟类特有。

22.1.11.2 听觉器官

鸟类听觉器官由外耳、中耳、内耳构成，与爬行动物近似。耳孔通常有耳羽覆盖，夜行性鸟的两个耳孔不对称，借二者间对声波接收的微小差异使定位更准确。

22.1.11.3 嗅觉器官

鸟类嗅觉器官退化，少数种类发达，如无翼目（嗅出地下昆虫或蠕虫）、鹱形目（嗅出海面上散布的动物油脂气味）、鹤形目、兀鹫等。

22.2 鸟纲的分类

22.2.1 古鸟亚纲

古鸟亚纲（Archaeornithes）以始祖鸟（*Archaeopteryx lithographica*）为代表，主要特征为具牙齿，无龙骨突，前三趾彼此分离，趾端具爪，尾椎骨 13 枚以上，无尾综骨。

22.2.2 今鸟亚纲

今鸟亚纲（Neornithes）的主要特征为多数有龙骨突，尾椎骨不超过 13 块，有尾综骨，3 块掌骨愈合并在远端与腕骨愈合成腕掌骨。可以分为 4 个总目。

22.2.2.1 齿颌总目

齿颌总目（Odontognathae）为化石鸟类，它们的骨骼近似现代鸟类但上下颌具槽生齿。代表性类群为黄昏鸟目（Hesperornithiformes）和鱼鸟目（Ichthyornithiformes）。

22.2.2.2 平胸总目

平胸总目（Ratitae）为现存体形最大的鸟类，适于奔走生活。具有一系列原始特征：翼退化；无龙骨突；皮肤上无羽区和裸区之分，羽小枝上无小钩；后肢强壮，2 趾或 3 趾；雄性具交配器；骨盆多为封闭形。代表种为非洲鸵鸟（*Struthio camelus*）（后肢 2 趾）、美洲鸵鸟（*Rhea Americana*）（后肢 3 趾）等。

22.2.2.3 企鹅总目

企鹅总目（Impennes）为潜水生活的鸟类，具有一系列适于潜水生活的特征：有发达的龙骨突，骨骼不是气质骨；前肢变为鳍状；后肢短，移至体后方，4 趾向前（第 1 趾小），趾间具蹼；羽毛鳞片状。企鹅总目现存 6 属 18 种。代表种为皇企鹅（*Aptenodytes forsteri*）、王企鹅（*Aptenodytes patagonicus*）等。

22.2.2.4 突胸总目

突胸总目(Crinatae)包括现存鸟类的绝大多数,总计 35 个目,近 9 000 种。其主要特征为:有发达的龙骨突,气质骨;有尾综骨;翼发达;体表分羽区及裸区;正羽发达,羽小枝上具小钩;雄鸟大多不具交配器。喙和食性的分化是其物种多样性的重要基础之一(图 22-14)。

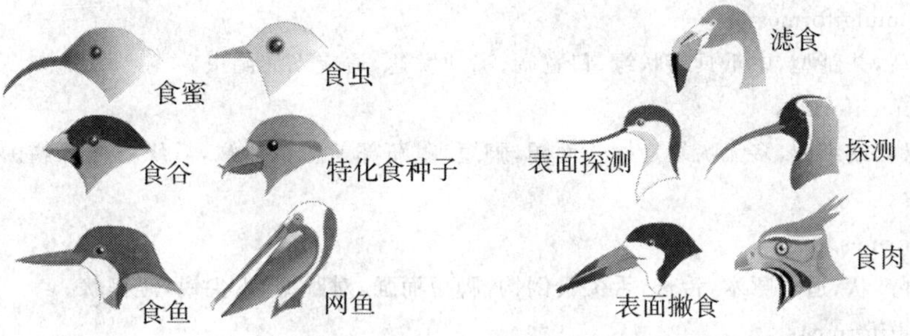

图 22-14 鸟之喙(引自 Hickman)

现生鸟类一般可以分为 27 个目,主要有:

䴙䴘目 Podicipediformes

善游泳潜水,不适陆地行走。腿短,着生在体后部,跗跖部侧扁,趾尖、具瓣状蹼,后趾小,位置高。尾短小,由一簇绒羽构成。

鹱形目 Procellariiformes

善飞的大中型海鸟,喙由多个角质片构成,上喙先端具钩。翼尖长,前 3 趾间有蹼,后一趾退化。

鹈形目 Pelecaniformes

中大型食鱼游禽,喙长而大,有的具钩,颌下有发达的喉囊。4 趾向前,趾间有蹼,为全蹼足。

鹳形目 Ciconiiformes

大中型涉禽,颈长,喙长,腿长,趾长、基部具蹼,4 趾,三前一后,在一个平面上。

雁形目 Anseriformes

大中型游禽,喙大多扁平,先端具加厚的嘴甲,喙缘具锯齿形缺刻。腿短,前 3 趾间有蹼,后趾小、不着地。尾脂腺发达。雄鸟具交配器。

隼形目 Falconiformes

肉食性猛禽,上喙尖锐钩曲,喙基被蜡膜,翼发达,脚强健、具锐利钩爪,腺胃发达,视力敏锐,晚成鸟。

鸡形目 Galliformes

陆栖性鸟类,适应地面行走。喙短而坚,翼短而圆,飞翔力不强,爪足强健,雄鸟跗跖部后面有发达的距,羽毛颜色鲜艳。

鹤形目 Gruiformes

大中型涉禽,眼先被羽或裸出;后趾不发达或完全退化,如有位置亦较高;趾间无蹼,有时具瓣蹼。

鸻形目 Charadriiformes

中小型涉禽,一般具长足,短尾,尖翼。四趾中以中趾最长,后趾小或消失。

鸽形目 Columbiformes

树栖或陆栖生活。喙短、基部具蜡膜。翼发达,善飞翔。尾圆形。腿短健。四趾在同一平面或缺后趾。

鹦形目 Psittaciformes

攀禽,对趾型足,适合抓握,嘴强劲有力,可以食用硬壳果,羽色鲜艳。

鹃形目 Cuculiformes

攀禽,对趾型足(2、3 向前,1、4 向后),多不营巢。

鸮形目 Strigiformes

夜行性猛禽。眼大向前,眼周有辐射状排列的羽毛形成面盘。喙坚强而钩曲,基部具蜡膜。耳孔大,听觉敏锐,耳羽发达。脚强健,跗跖部被羽。第四趾能前后转动,爪锐利。

夜鹰目 Caprimulgiformes

树栖夜行性鸟,并趾型,中爪具栉状缘,口宽阔,嘴须发达,适应飞捕昆虫。

佛法僧目 Coraciiformes

攀禽,嘴长粗壮或细曲,多无嘴须。翅长而阔,脚短,跗跖部前缘被盾鳞,后缘被网状鳞。三趾向前、基部微合并,一趾向后。

鴷形目 Piciformes

攀禽,喙强直锥状,适于啄木,舌长,舌尖具倒钩,脚短而强,对趾型,爪尖锐,尾楔状。

雀形目 Passeriformes

鸣禽,鸣肌发达,善鸣叫。腿细短,三趾向前,一趾向后,后趾与中趾等长,跗跖后部鳞片愈合成一块完整的鳞板,善营巢。

22.3 鸟类的繁殖与迁徙

22.3.1 鸟类的繁殖

鸟类繁殖有明显的季节性,并有复杂的行为:占区、求偶、筑巢、孵卵、育雏等。鸟类性腺的发育和繁殖行为的出现是在外界条件(光照)作用下,通过神经内分泌系统的调节而实现的。春季光照条件及外界景观的改变,通过感官作用于神经系统,影响丘脑下部的睡眠中枢,使鸟处于兴奋状态。

22.3.1.1 占区

繁殖活动的第一步往往是占据一块环境安全舒适、食物资源丰富的区域作为繁殖场所,这个区域叫作领域。鸟类通过鸣叫、巡飞、威胁炫耀和格斗等方式防御领域。领域把鸟类与其同种的其他个体分隔开来,使之在外界干扰较小的条件下进行求偶交配、筑巢、孵卵、育雏等一系列繁殖活动,提高繁殖活动的效率。通过"独享"领域内的食物、巢址、巢材、栖位等各种资源,可使其生存与繁殖后代都有可靠的保证,降低了鸟类之间杂交的风险,保证了鸟类基因的稳定性。影响鸟类领域面积的因素有:体形大小、食性与食物丰盛度、攻击性和种群密度等。

22.3.1.2 求偶

鸟类求偶方式包括:①鸣叫:鸣禽雄鸟在繁殖季节能唱出曲调多变、婉转动听的歌声,在配对前吸引异性、宣告对某一领域的占领。②体色显示:色彩华丽的雄鸟通过炫耀其漂亮的羽毛(孔雀)、冠、角(角雉)、裙、囊(军舰鸟)等来进行求偶活动。③仪式化动作:水禽和海鸟求偶时喙碰撞、颈缠绕、体依偎等。鹤类和一些雀形目鸟通过舞蹈动作求偶。猛禽、雨燕、珠颈斑鸠等则在空中上下翻飞,互相追逐。④公共竞技场求偶:松鸡科、鹬科、雉科、蜂鸟科、鸨科等的一些鸟繁殖季节雄鸟到一个公共竞技场进行炫耀比赛或格斗,获胜者获得交配机会。⑤装饰求偶:园丁鸟科的雄鸟在生殖季节常通过修建"凉亭"和装饰其求偶场的方式招引雌鸟。求偶场的装饰物包括鲜花、野果、蘑菇、羽毛、蜗牛壳、小石头、碎玻璃等，以此来弥补羽毛缺乏色彩之不足。每种鸟在求偶时可用几种不同的炫耀方式。

22.3.1.3 筑巢

巢是鸟类繁育后代的特殊场所，大多数鸟配对后开始筑巢。巢的功能主要有：①容纳卵和幼鸟：聚集卵以利于亲鸟孵化，晚成鸟需在巢内接受亲鸟的抚育。②保温：鸟巢的保温作用可为鸟类节省大约 40%的能量支出。③保护：在天敌难于接近的地方筑巢，对巢进行伪装，群巢或寄宿性营巢，如文鸟将巢筑在有大黄蜂生活的树上，麻雀将巢筑在乌鸦或猛禽巢的缝隙内。④促进繁殖：雌鸟筑巢或卧在巢中时，由于视觉和触觉等感官发出信号，通过脑的综合，促进性激素的分泌和生殖细胞的迅速成熟与排出。

22.3.1.4 产卵和孵卵

同种鸟，卵的形状、颜色、每窝卵的数目是相似的。幼雏成活率高的鸟，窝卵数少。雀形目鸟每窝产 4～6 枚卵，鸡鸭类每窝产 6～20 枚卵。鸟类中存在定数产卵和不定数产卵两种类型。前者每个繁殖周期只产固定数目的窝卵数，如遗失不补产卵。后者每个繁殖周期未达窝卵数时，遗失即补产直到达窝卵数为止。

鸟类的孵卵有双亲孵卵、单亲孵卵和群体孵卵三种方式。双亲孵卵指雌雄亲鸟同时对卵进行孵化。红腿石鸡在繁殖季节每对鸟通常筑 2 个巢，雌鸟产两窝卵，雌雄鸟各孵一窝。雏鸟几乎同时破壳，分别由雌雄鸟抚育。单亲孵卵为雌雄鸟轮换对一窝卵进行孵化。雌鸟孵卵如鸡形目、雁形目、猛禽等。少数鸟类由雄鸟孵卵，如鹬鹊、几维、帝企鹅等。群体孵卵指由参加营巢的所有成员共同孵卵，如犀鹃。小型鸟孵化时间短（鸡为 21 d)，大型鸟孵化时间长（丹顶鹤为 30～35 d)。

22.3.1.5 育雏

早成雏出壳后体表被绒羽，眼睁开，能站立，可随亲鸟觅食。晚成雏出壳后皮肤裸露，未睁眼，不能站立，需亲鸟喂养。一般来说，巢隐蔽、亲鸟护雏能力强的多为晚成雏。洞巢雏鸟留巢时间长，露天巢雏鸟留巢时间短。

22.3.2 鸟类迁徙

迁徙是指每年的春季和秋季，鸟类在越冬地和繁殖地之间进行定期、集群飞迁的习性（图 22-15)，特点为定期、定向、集群。迁徙多发生在南北半球之间，少数在东西方向。

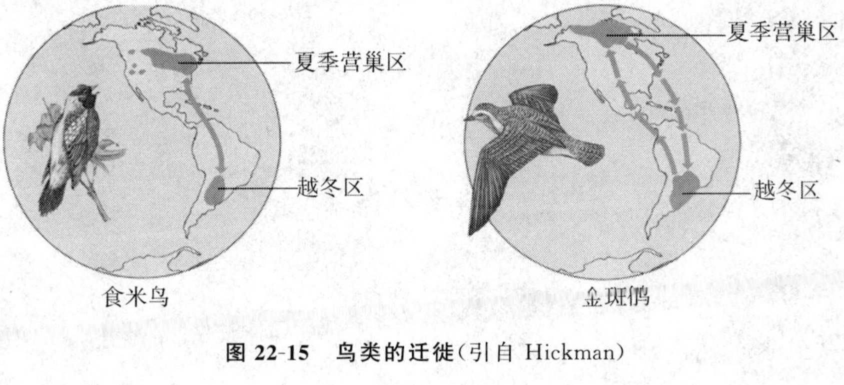

图 22-15 鸟类的迁徙（引自 Hickman)

根据鸟类迁徙特点，可以把鸟类分为留鸟（resident）和候鸟（migrant）。留鸟是终年留居在繁殖地区，不进行迁徙的鸟，如麻雀、喜鹊。候鸟是每年随季节不同在繁殖区与越冬区之间进行迁居的鸟，其中夏候鸟为夏季飞来繁殖，秋天南飞的鸟，家燕为我国的夏候鸟；冬候鸟是冬季飞来越冬，春季北飞的鸟，黑雁、花脸鸭为我国的冬候鸟。旅鸟为迁徙途中经过本地的鸟。

迁徙起因包括：①生态因素，季节性的气候变化，导致食物缺乏而不利于繁殖、生存。②生理因素，日照长短影响激素分泌，光照增长激素分泌增加，生殖腺发育，促使鸟向北迁飞。③历史因素，鸟类起源于南方热带森林，种群大量繁殖造成对食物需求量增加，使某些鸟类在夏季北方冰川退却的地方扩散，当冰川再来临时返回南方越冬，形成定期迁徙行为。

第23章 哺乳纲

进化地位：据现有资料显示，哺乳类（Mammalia）起源于古代爬行类中的兽孔类（Therapsids），在兽孔类的后裔中演化出了一支兽齿类（Theriodonts），兽齿类即是哺乳动物的祖先。它们身体被毛，体温恒定，具有乳腺并以母乳喂养幼崽，神经系统高度发达，社会行为独特而复杂，这使得它们在众多的羊膜动物中脱颖而出，顽强的适应能力更是让它们广泛分布于地球的各种生境。

哺乳动物的进步性特征（与爬行类比较）主要体现在：

• 体表被毛，皮肤腺发达。多数哺乳动物的毛形成一层隔热层，是其体温恒定的重要原因之一。皮肤腺发达与两栖类相似，而爬行类和鸟类的皮肤干燥。

• 有发达的运动器官，具有陆上快速运动的能力。

• 颅骨具有两个枕髁。下颌由单一齿骨构成，具有双平型锥体。两个枕髁的结构与两栖类相似，而与爬行类和鸟类不同。

• 出现口腔咀嚼和消化，大大提高了对能量的摄取。咀嚼肌、异型齿、颊、唾液腺、次生腭等结构，是对此功能的适应。

• 肺由大量反复分支的支气管及肺泡组成。有肌肉质的横膈，将体腔分为胸腔和腹腔。

• 心脏 4 室，左动脉弓存在。

• 具有高度发达的神经系统和感官。能协调复杂的机能活动和适应多变的环境条件。

• 具有高而恒定的体温，减少了对环境的依赖性。

• 胎生、哺乳，保证了后代有较高的成活率。

23.1 哺乳纲的主要特征

哺乳类和鸟类均起源于古代爬行动物，作为同时出现的 2 个类群，尽管在某些局部功能上（如运动、代谢方面）鸟类要高出些许，但综合来看，无论在整体机能还是在生态系统中，哺乳类的至尊地位都是不可动摇的。形成这种结局的根本原因，在于它们迥然不同的发展道路：选择树栖飞翔生活的鸟类，在摆脱了敌害的同时，也失去了大踏步进化发展的动力；而地栖生活的哺乳动物，则在残酷的竞争环境中百炼成钢。

23.1.1 外形

哺乳动物外形最显著的特点是体外被毛。身体分为头、颈、躯干、四肢和尾，尾大都趋于退化。哺乳动物因生活方式不同，形体和附肢发生了较大的适应性变化。陆生种类前肢的肘关节向后转、后肢的膝关节向前转，提高了支撑、奔跑和跳跃的能力，尾主要起平衡作用。水栖种类（如鲸）身体鱼形，附肢呈桨状，尾似鳍可划水。飞翔种类的前肢特化为翼状，具翼膜。

23.1.2 皮肤及其衍生物

皮肤为覆盖于体表、结构致密且直接与外界环境相接触的保护性结构。哺乳动物的皮肤及其衍生物具有保护身体、避免运动损伤、抵抗张力和有害物质侵入、防止水分散失、感受外界刺激、调节体温、分泌、排泄、储存营养等多种功能。皮肤的状态常反映动物身体的健康情况。

哺乳动物的皮肤在整个生命过程中是不断更新的，在不断的更新中保持相对稳定，使之具有一定的外廓。皮肤的质地、颜色、气味、温度以及其他特性，能够与环境条件相协调。这是物种的遗传特征，并在神经、内分泌系统的调节下来完成，以适应多变的外界条件。

23.1.2.1 皮肤

由表皮、真皮和皮下组织构成，其中表皮和真皮均加厚，角质层发达（图 23-1）。

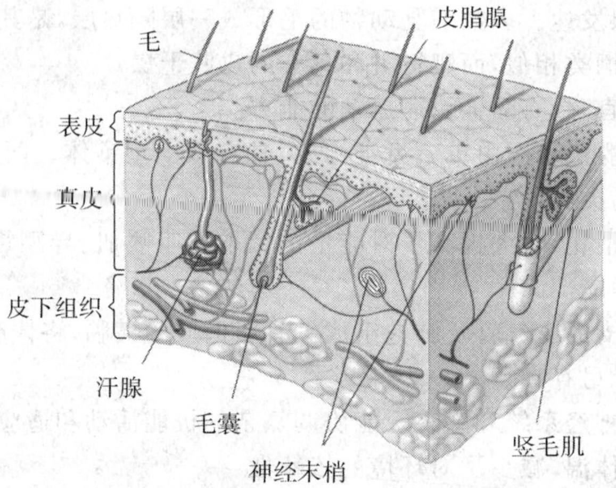

图 23-1 哺乳类皮肤（引自 Hickman）

1. 表皮

来源于外胚层。基部为生发层，细胞可不断分裂增生，新细胞将老细胞逐渐向上顶替。最外层为角质层，由下部细胞不断角质化而成，为扁平的死细胞，并不断脱落。不同的动物角质层厚度不同；如小鼠为几层细胞，人为几十层细胞，猪、象、犀牛和河马等为数百层细胞。

2. 真皮

真皮由致密的纤维性结缔组织构成，来源于中胚层。真皮层含有胶原纤维和弹性纤维及大量的血管、神经和感觉末梢，能感受温、压及痛觉。表皮及真皮内有黑色素细胞，能产生黑色素颗粒，使皮肤呈现黄、暗红、褐及黑色。

3. 皮下组织

由疏松结缔组织构成，可贮存丰富的脂肪形成皮下脂肪层，具有保温、隔热和贮存营养的功能，也是能量的贮备基地。

23.1.2.2　皮肤衍生物

哺乳动物的皮肤衍生物主要包括毛、爪、甲、蹄、角、鳞及皮肤腺。

1. 毛

毛为哺乳动物特有，是表皮角质化的产物。无毛是次生现象，毛的生长有一定的方向。毛可分为针毛、绒毛和触毛，主要有保护、保温和触觉作用。

哺乳动物的毛在一定季节脱落更换的现象叫换毛。换毛是动物对季节变化的适应，大多数动物一年换两次毛，春、秋各一次。

2. 爪、甲、蹄

爪、甲、蹄均为指(趾)端表皮衍生物。

爪为指(趾)端表皮角质化的产物，是陆栖步行时指(趾)端的保护器官。甲和蹄为爪的变形(图 23-2)。

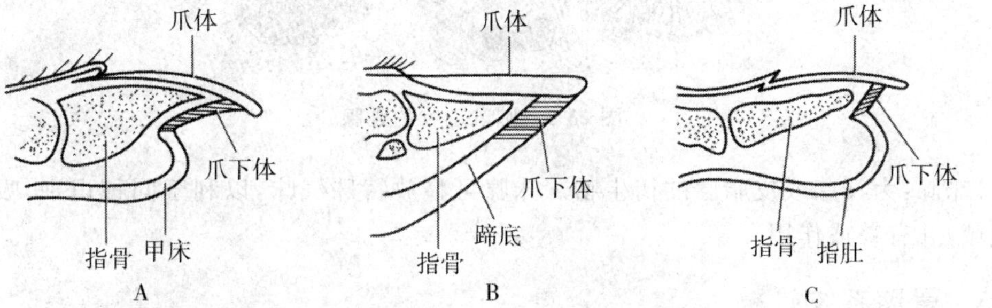

图 23-2　哺乳动物的爪(左)、蹄(中)和指甲(右)(引自刘凌云等)

A. 食肉类　B. 有蹄类　C. 猿猴类

3. 角

角为哺乳动物头部表皮及真皮部分特化的产物。哺乳动物的角可分为洞角、实角和表皮角。

(1)洞角：由头骨突起形成的中空骨质心和表皮形成的角质鞘构成。角无分叉，终生不换，如牛、羊的角。

(2)实角：由真皮形成的实心骨质角，角分叉，通常多为雄兽发达，且每年脱换一次。如鹿角，新形成的表皮表面有绒毛，血管丰富，叫鹿茸，表皮干枯后只留下骨质实角。

(3)表皮角：无骨质心，完全由表皮角质化形成，与毛形成相似，如犀牛角。

4. 鳞

啮齿类、食虫类、有袋类后肢及尾部有鳞。穿山甲体表有角质鳞，有利于其穴居生活。

5. 皮肤腺

哺乳动物的皮肤腺是表皮衍生物，来源于表皮的生发层，为多细胞腺体，种类繁多，功能各异。可分为 4 类：皮脂腺(sebaceous gland)、汗腺(sweat gland)、乳腺(mammary gland)和味腺(scent gland)。

(1)皮脂腺：泡状腺，分泌油脂，含不饱和甘油酯和胆固醇。

(2)汗腺：多细胞管状腺，血液中代谢废物可渗入汗腺管中，送至体表排出，具有调节体温和排泄功能。

(3)乳腺:哺乳动物特有的腺体,是变态的汗腺,是管状腺与泡状腺的复合体,借乳头开口于体表。不同的动物乳腺位置不同,乳头数目也不同(一般与产仔数有关),如家兔 3～6 对,牛、羊 2 对,猴、蝙蝠 1 对。

根据乳头的有无以及真假,乳腺可以分为 3 种类型:无乳头型、假乳头型和真乳头型。原兽亚纲的鸭嘴兽即为无乳头型,仅具乳腺,可以分泌乳汁,但不具乳头,乳腺分泌的乳汁沿毛流出,供幼兽舐吮。真兽亚纲的牛为假乳头型,即其乳腺管并没有直接开口在乳头表面,而是开口于乳管(乳头和乳腺管之间的空隙)。人为真乳头型,即乳腺管直接开口于乳头的表面(图 23-3)。

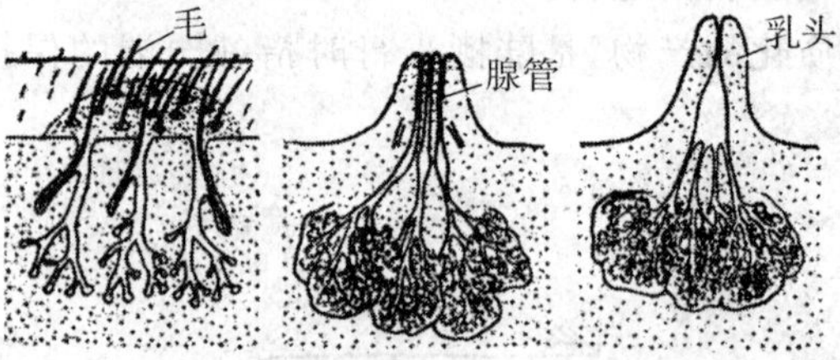

图 23-3　哺乳动物的乳腺

(4)味腺:为汗腺或皮脂腺的衍生物。味腺可释放特殊气味,以利于同种识别、吸引异性、标记领域,并有警戒作用。

23.1.3　骨骼系统

哺乳动物骨骼系统可分为中轴骨骼和附肢骨骼两部分。中轴骨骼包括头骨、脊柱、肋骨和胸骨;附肢骨骼包括肩带、腰带和前、后肢骨。

1. 头骨

头骨包括脑颅和面骨两部分。主要由扁骨和不规则骨构成。脑颅和鼻腔扩大为次生腭,顶部有明显的“脑勺”以容纳脑髓,枕骨大孔移至头骨的腹侧。头骨骨块的减少和愈合,是哺乳类的一个明显特征。下颌由单一的齿骨构成是哺乳类头骨的一个标志性特征。

2. 脊柱

哺乳类的脊椎骨为双平型椎体(amphiplatyan centrum),两椎体间有椎间盘相隔,椎间盘中央有残留脊索叫髓核。这种椎体类型提高了脊柱的负重能力。脊柱分为颈椎、胸椎、腰椎、荐椎及尾椎 5 部分。哺乳类的颈椎数目大多为 7 枚,这是哺乳类的重要特征之一。前 2 枚颈椎特化为寰椎和枢椎。胸椎 12～15 枚。荐椎多 3～5 枚,有愈合现象。尾椎数目不定而且退化(图 23-4)。

3. 肋骨和胸骨

胸椎、肋骨、胸骨借关节和韧带连接成胸廓,有保护作用和协助呼吸的功能。

4. 带骨和附肢骨

(1)肩带:肩带由肩胛骨、乌喙骨及锁骨构成。肩胛骨发达呈宽大的片状,乌喙骨多退化为喙突。锁骨多退化,仅前肢活动多样性的种类发达(如翼手类、灵长类)。

(2)腰带:腰带由髂骨、坐骨和耻骨构成。髂骨与荐骨相关节,左右坐骨与耻骨在腹中线缝合,构成关闭式骨盆。哺乳类的腰带愈合,加强了对后肢支持的牢固性。

(3)五指(趾)型附肢:哺乳动物为典型的五指(趾)型附肢。陆生种类由于适应不同的生活方式,在足型上有跖行式、趾行式和蹄行式。其中跖行式与地面接触面积最大,有利于直立行走,趾行式和蹄行式与地面接触面积小,适于快速奔跑。

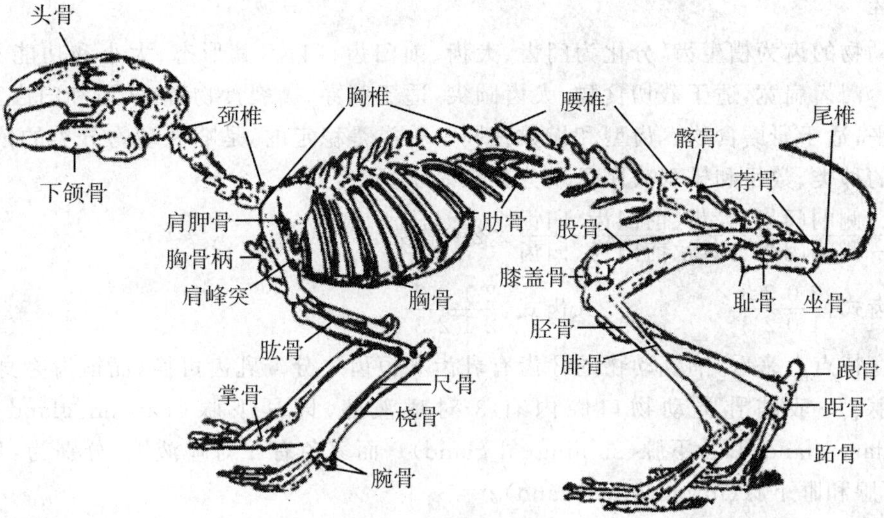

图 23-4　家兔的骨骼(引自刘凌云等)

23.1.4　肌肉系统

哺乳动物肌肉的分化基本上和爬行动物相似,原始分节现象极不明显,但在其基础上更加发达和复杂化。

1. 皮肤肌

最大的皮肤肌来自背阔肌和胸肌,受脊神经支配。表情肌、括约肌为头部皮肤肌,其中表情肌是灵长类特有的肌肉类型。皮肤肌收缩使皮肤抖动、毛竖立。

2. 咀嚼肌

咀嚼肌强大,包括颞肌和咬肌。

3. 膈肌

哺乳动物特有。膈肌将体腔分为胸腔和腹腔,在神经系统调节下产生运动,改变胸、腹腔容积,参与呼吸运动,此外还可以辅助排便。

23.1.5　消化系统

消化系统包括消化道和消化腺两大部分。

23.1.5.1　消化道

1. 口腔及口腔消化

肌肉质的唇为哺乳动物所特有,位于口缘,此外,哺乳动物还具有肉质的颊部,口裂缩小,适应吸吮乳汁和精确摄食、辅助咀嚼,草食类的唇发达以协助掠草。

颊:口腔两侧为颊,由颊肌构成,阻挡食物防止脱落。

腭:口腔顶壁为腭,前部为硬腭,后部为软腭(肌肉质)。

舌：肌肉质，能自由活动，与摄食、咀嚼时搅拌食物及吞咽动作有密切关系。舌表面分布有味觉感受器——味蕾。舌可辅助人发音。

牙齿：哺乳动物的齿与食性密切相关。牙齿数目、形态是分类依据。牙齿为真皮和表皮共同衍生形成，表面釉质由表皮形成，内部齿质由真皮形成，中央有髓腔，齿骨质在牙根外周与颌骨齿槽相连。

哺乳动物的齿为槽生齿，分化为门齿、犬齿、前臼齿、臼齿，其形态、大小和功能不相同，称为异型齿。门齿扁宽，适于截切食物；犬齿圆尖，适于刺穿、撕裂食物；前臼齿和臼齿宽阔，且齿面凹凸不平，适于研磨食物。齿型和齿数在同一种类是稳定的，是哺乳动物分类的依据。哺乳动物牙齿的种类、数目和排列次序可用分数来表示，称齿式：

$$\frac{\text{上颌一侧的门齿、犬齿、前臼齿、臼齿}}{\text{下颌一侧的门齿、犬齿、前臼齿、臼齿}}\times 2=\text{总数}$$

家兔齿式：$\frac{2\ 0\ 3\ 3}{1\ 0\ 2\ 3}$　　　人齿式：$\frac{2\ 1\ 2\ 3}{2\ 1\ 2\ 3}$

从发育特点上来看，哺乳动物的牙齿有乳齿和恒齿之分。乳齿可换，而恒齿终身不换。

口腔腺：一般哺乳类动物口腔内有 3 对唾液腺，即耳下腺（parotid gland）、颌下腺（submaxillary gland）和舌下腺（sublingual gland）。而家兔有 4 对唾液腺，分别为：耳下腺、颌下腺、舌下腺和眶下腺（infraorbital gland）。

口腔的消化方式共有两种：其一为机械消化，主要通过咀嚼动作完成。其二为化学消化，口腔腺发达（3～4 对）可分泌大量唾液，其中富含消化酶，可以消化食物中的淀粉。

2. 咽

咽位于口腔之后，系消化道和呼吸道的交叉点。

咽顶部有内鼻孔，咽壁两侧有耳咽管开口，耳咽管另一端通中耳腔，调整中耳室内气压，保护鼓膜。咽前侧方有扁桃体，属于淋巴器官。

3. 食道

食道为富有伸张力的简单肌肉管，经胸腔穿过膈进入腹腔，与胃相连。食道位于气管背方，食物通过咽时，会厌软骨会盖住喉头，防止食物进入气管。

4. 胃

哺乳动物胃的形态与食性有关。大多数哺乳动物为单胃，草食性动物中的反刍类为复胃。胃可分为贲门部（连接食道）、幽门部（连接十二指肠）和胃底（自贲门向左前方突出部分）。胃壁肌肉层很厚，通过蠕动行机械消化和搅拌功能。

反刍胃一般由 4 个室组成，分别是瘤胃、网胃（蜂巢胃）、瓣胃和皱胃。前 3 个胃是食道膨大形成的，不分泌消化液。瘤胃中含有大量的微生物，使植物纤维发酵分解。网胃壁有许多蜂窝状皱褶，将食物分成小团块继续发酵。粗糙食物上浮刺激瘤胃前庭和食道沟，引起逆呕反射，食物返回口中重新咀嚼，这个现象叫反刍。食物再次咽下经瓣胃进入皱胃。皱胃是分泌消化液的胃体。骆驼的瘤胃和网胃周围形成 20～30 个小囊，内贮水，囊口有括约肌封闭。

5. 肠

小肠高度分化，肠黏膜富有绒毛、血管和淋巴管，加强了对营养物质的吸收。小肠与大肠的交界处为盲肠，草食动物盲肠尤为发达，可帮助消化纤维素。大肠包括结肠和直肠，最终以肛门开口于体外（图 23-5）。

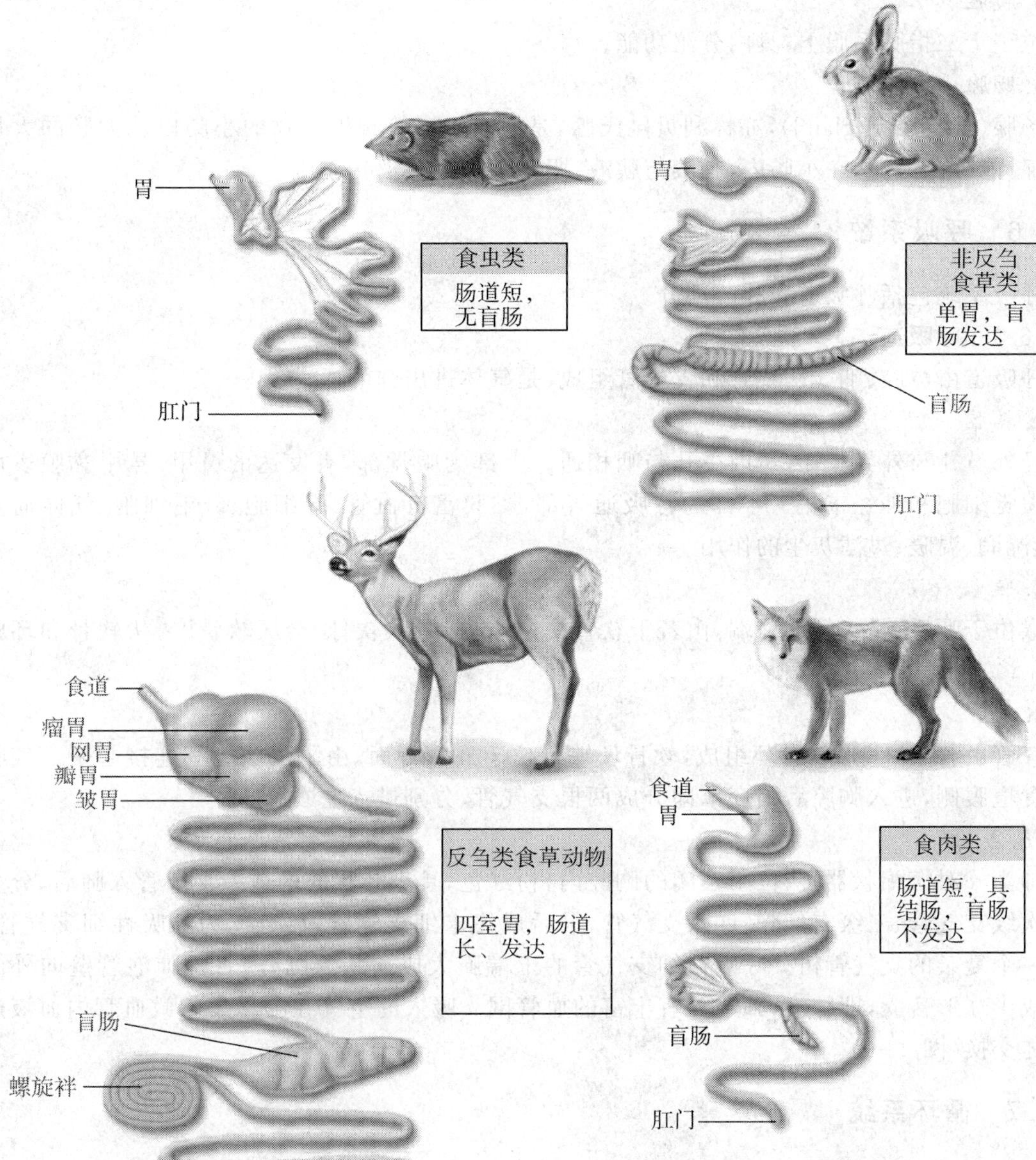

图 23-5　不同食性哺乳动物的消化道类型(引自 Hickman)

23.1.5.2　消化腺

1. 唾液腺

唾液腺发达，有 3～4 对。

2. 肝脏

肝脏功能主要有：分泌胆汁，消化脂肪；贮存肝糖；调节血糖；形成尿素；中和有毒物质；参与破坏红细胞、贮藏血液等。

3. 胰脏

位于十二指肠系膜上，具内分泌功能。

4. 肠腺

肠腺(intestinal gland)，亦称利贝昆氏腺，是散布于高等脊椎动物的小肠以及大肠的大量管状腺，能分泌肠液，在小肠内，肠液与胰液、胆汁共同完成消化作用。

23.1.6 呼吸系统

呼吸系统包括呼吸道和肺两部分。

23.1.6.1 呼吸道

呼吸道由鼻腔、咽、喉、气管和支气管组成，是气体进出肺的通道。

1. 鼻腔

经外鼻孔与外界相通，经内鼻孔与咽相通。上部为嗅觉部，有发达的鼻甲，鼻甲黏膜表面密布嗅觉细胞和神经末梢。下部为呼吸通气部，黏膜富有血管、腺细胞、纤毛细胞，气体通过时，起湿润、温暖、过滤灰尘的作用。

2. 喉

喉位于咽后，是气管的前端，由若干软骨支持，包括甲状软骨、会厌软骨、勺状软骨和环状软骨。

3. 气管

气管由若干“C”形软骨环组成，软骨环缺口位于气管背面，由平滑肌将其连接起来。气管位于食道腹侧，进入胸腔后稍变窄即分成两根支气管，分别进入左右肺。

23.1.6.2 肺

肺为一对海绵状器官，位于密闭的胸腔内，粉红色，具小叶状的构造。支气管入肺后，分支成为次级支气管、三级支气管、四级支气管，最后成终末细支气管，再分支为呼吸性细支气管，形成一个复杂的支气管树。呼吸性细支气管的末端膨大成囊状，称肺泡管。肺泡管壁向外凸出形成半球形盲囊，即肺泡，肺泡外有丰富的血管网。吸入的空气在肺泡处与微血管内血液进行气体交换(图 23-6)。

23.1.7 循环系统

哺乳动物为完全的双循环。哺乳动物的循环系统主要包括：血液循环和淋巴循环。

23.1.7.1 血液循环

1. 心脏

心脏位于心包膜内，分为四腔，即两心房两心室，在外部可见房室之间的冠状沟，其内有脂肪和冠状血管。

右侧心房、心室间有三尖瓣，左侧心房、心室间有二尖瓣。从心脏发出的大动脉基部内也有 3 个半月瓣。瓣膜是由心内膜构成的皱襞，有腱索与室壁乳突相连，防止瓣膜翻转血液倒流，以保证血液沿一个方向流动。

2. 动脉系

仅保留了左体动脉弓，右体动脉弓消失。

3. 静脉系

肾门静脉消失，使尾及后肢血液回心时，减少了一次通过微细血管的步骤，有助于加快血流速度和提高血压(图 23-7)。

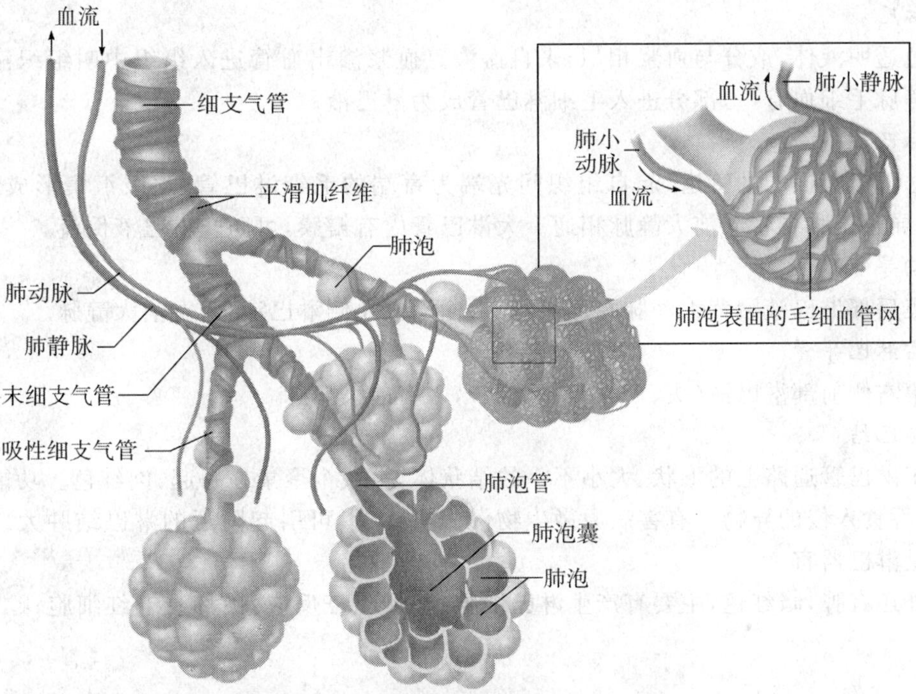

图 23-6　肺泡与肺毛细血管关系模式图

(仿 Shier et al., Hole's Human Anatomy and Physiology, 2004)

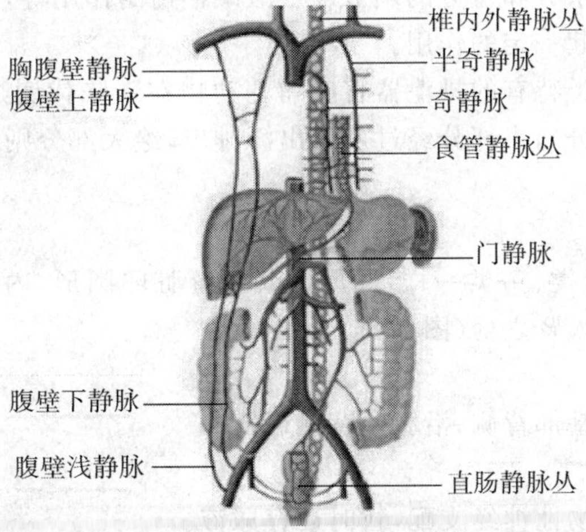

图 23-7　循环系统模式图

4. 血液

由血浆、红细胞(无核，呈双凹形，与其他脊椎动物不同)、白细胞、血小板等构成。血液总量占体重的7%～8%。

23.1.7.2 淋巴循环

哺乳动物的淋巴系统极为发达，并且遍布全身。淋巴系统辅助静脉系统送组织液回心，产生淋巴细胞、单核细胞，有免疫机能。

1. 淋巴液

无色透明液体，成分与血浆相似，来自血液。血浆渗出血管进入组织中叫组织液，一部分可返回静脉毛细血管，一部分进入毛细淋巴管成为淋巴液。

2. 淋巴管

输送淋巴液回心的管道，起自组织间先端为盲端的毛细淋巴管，逐级汇集形成集合淋巴管、淋巴导管至胸导管与前大静脉相通。大淋巴管内有瓣膜，可防止淋巴液倒流。

3. 胸导管

收集后部淋巴液沿背大动脉右侧前行，沿途汇入左侧淋巴液，入左前大静脉。

4. 右淋巴导管

收集右侧前部淋巴液(头、颈、胸、右前肢)，入右前大静脉。

5. 淋巴结

位于淋巴管通路上的形状、大小不一的结状体，常数个聚集在一起，肉红色。功能：制造淋巴细胞；吞食入侵的异物。有害病原微生物侵入机体后，可引起附近的淋巴结肿大。扁桃体、胸腺也是淋巴器官。

此外还有脾，暗红色，主要有产生淋巴细胞、参加免疫反应，破坏衰老红细胞，贮存血液的功能。

23.1.8 排泄系统

哺乳动物的排泄系统由肾脏(泌尿)、输尿管(导尿)、膀胱(贮尿)和尿道所组成。其功能除排泄代谢废物外，尚参与水分和盐分的调节以及酸碱平衡的作用等，故它在维持躯体内环境理化性质的稳定性方面，亦起一定的作用。

此外，皮肤也是哺乳类特有的排泄器官。哺乳动物在新陈代谢过程中所形成的代谢废物(如尿素、尿酸、铵盐和水分)，小部分经过皮肤出汗排出，绝大部分则是通过肾脏以泌尿的形式排出。

1. 肾脏

哺乳类的肾脏与爬行类、鸟类一样，同属后肾。肾脏卵圆形，内侧凹陷处叫肾门，为输尿管、血管、淋巴管、神经出入肾之处(图23-8)。

2. 输尿管

始于肾盂，终于膀胱基部背侧，沿腹腔背侧后行。

3. 膀胱

梨形的肌质囊，受植物性神经支配，暂时贮存尿液。

4. 尿道

起自膀胱，开口体表，雄性开口于阴茎头，雌性开口于前庭腹壁，经泄殖孔开口于体表。

5. 尿液

自肾小球滤出的尿称原尿，经肾小管重吸收后到达肾盂的尿叫终尿，原尿中的水经重吸收仅有1%进入终尿。

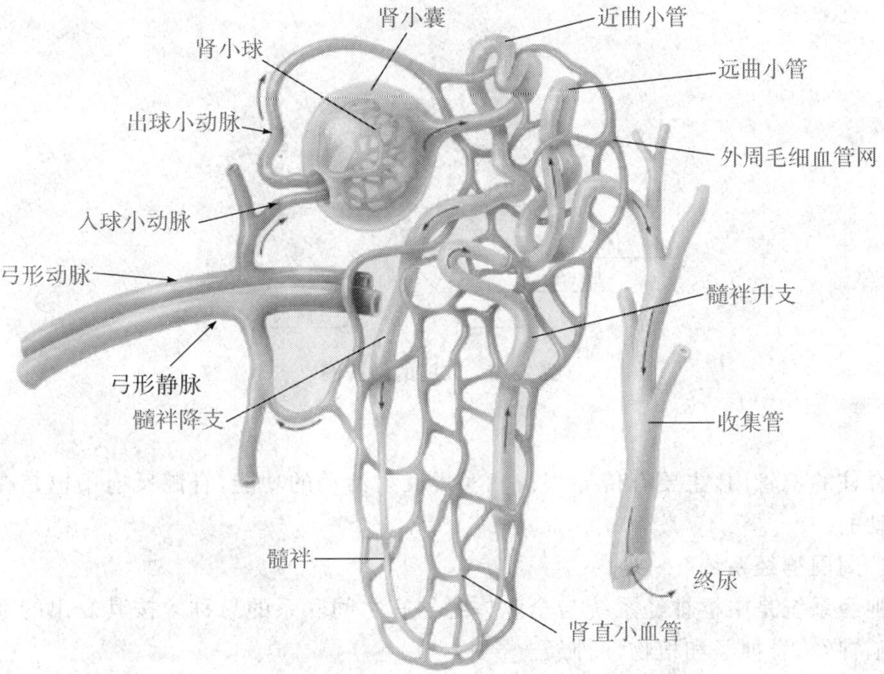

图 23-8　肾单位示意图(引自 McKinley et al.,2011)

23.1.9　神经系统

哺乳动物的神经系统高度发达,包括中枢神经系统和周围神经系统。

23.1.9.1　中枢神经系统

中枢神经系统包括脑和脊髓。

1. 大脑

体积增大,皮层高度发达。大脑表面形成沟回,增加了表面积(人:2 000 cm^2,平均厚2.5 cm,10亿神经元)。左右大脑半球之间有带状横行白色神经纤维连接叫胼胝体(corpus callosum),是哺乳动物特有的结构。

2. 间脑

由丘脑、丘脑上部、丘脑下部、第三脑室组成,其中大部分被大脑覆盖。

3. 中脑

背侧被大脑半球覆盖,包括四叠体和大脑脚。

4. 小脑

小脑极为发达,位于后脑的顶部,体积增大。小脑蚓部两侧发达形成小脑半球,半球两侧再分化出小脑卷,小脑半球是哺乳类所特有的结构。小脑有维持肌肉张力、保持身体正常平衡姿势、运动协调机能。

5. 延脑

位于脊髓之前,具有传导兴奋和反射活动功能。延脑内有许多内脏活动中枢,如消化、呼吸、汗腺分泌及防御反射(咳嗽、呕吐、眨眼)等,又称"活命中枢"(图 23-9)。

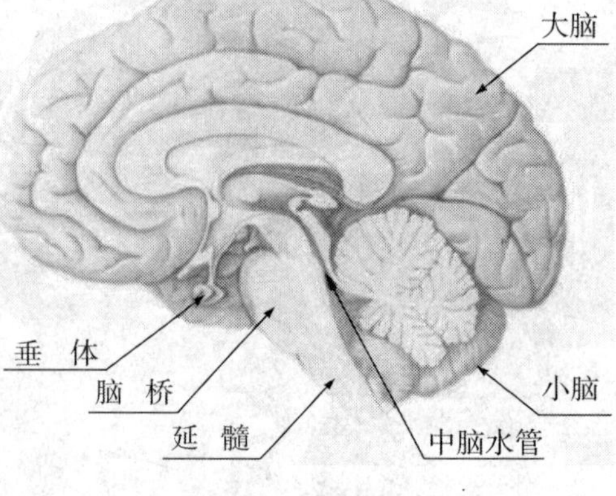

图 23-9 人脑的结构图

6. 脊髓

位于脊柱的椎管内，主要有传导兴奋和实现反射活动的功能，脊髓反射中枢是在高级中枢控制下活动的。

23.1.9.2 周围神经系统

周围神经系统是中枢神经系统与全躯体各器官之间联系的总称。按其发出的部位或功能性质分为脑神经、脊神经和植物性神经。

23.1.10 感觉器官

哺乳类的感觉器官十分发达，尤其在嗅觉和听觉方面高度灵敏。

1. 嗅觉

啮齿类、反刍类、食肉类嗅觉敏锐，水栖种类嗅觉退化。

2. 听觉

外耳：包括耳壳（耳郭）（转动收集声波）和外耳道（底部为中耳的鼓膜）。

中耳：由鼓膜、鼓室、听小骨（锤骨、砧骨和镫骨）、耳咽管组成。

鼓室：由第一咽腔发育而来，与鲨鱼喷水孔同源。鼓室外侧有鼓膜封闭，内侧有两个薄膜小窗（卵圆窗、正圆窗）与内耳相隔。

听小骨：锤骨来自关节骨，砧骨来自方骨，镫骨来自耳柱骨。锤骨与骨膜相连，镫骨与卵圆窗相连。声波振动鼓膜经锤、砧、镫骨传至卵圆窗使薄膜震动。

内耳：由 3 个半规管、椭圆囊、球囊、耳蜗管组成，具平衡作用（图 23-10）。

3. 视觉

哺乳类的视觉器官（眼球）与低等陆栖种类的结构无本质的差异。对光波的感觉灵敏，但夜间活动种类对色觉感受力差。灵长目辨色能力以及对物体大小和距离的判断均较准确（图 23-11）。

23.1.11 内分泌系统

哺乳类的内分泌系统极为发达，但内分泌腺的种类及基本功能与低等脊椎动物是相似的。内分泌系统对于调节有机体内环境的稳定、代谢、生长发育和行为等，都具有十分重要的意义。

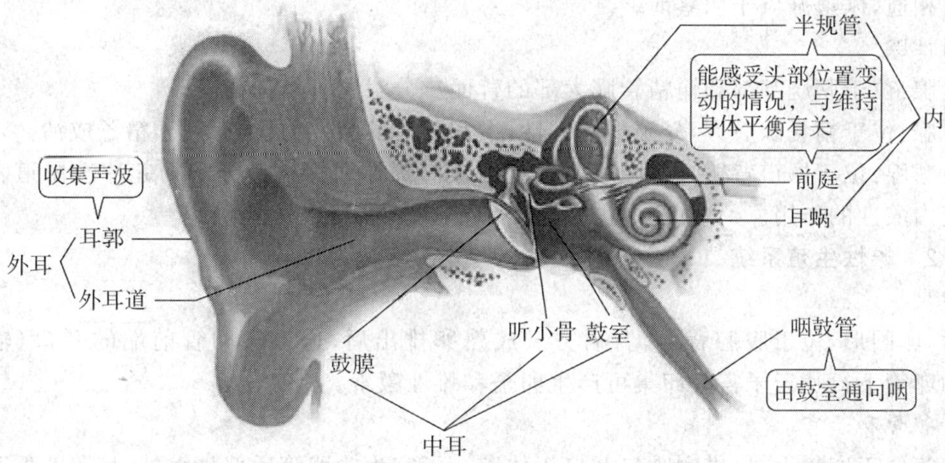

图 23-10　人耳的结构

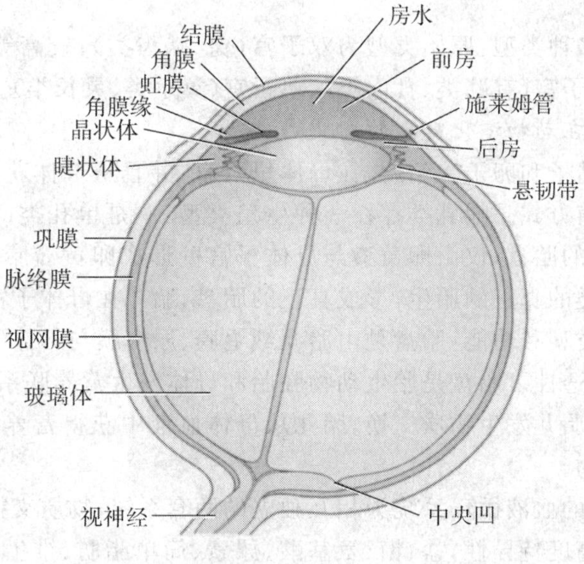

图 23-11　哺乳动物眼睛结构(引自梅岩艾)

23.1.12　生殖系统

23.1.12.1　雄性生殖系统

1. 精巢

一对精巢常位于阴囊内，由许多曲细精管(精小管)组成，能够产生精子和分泌雄性激素。一些动物无阴囊，精巢终生在体内，如单孔类、鳍脚类、鲸、象等。一些动物生殖季节睾丸降入阴囊，过后回到腹腔，如翼手类、多数啮齿类。阴囊中温度比腹腔低，有利于精子形成、存活。

2. 附睾和输精管

曲细精管经输出小管连通附睾，附睾是卷曲的管，精子在这里经过重要发育阶段而成熟。附睾管壁细胞分泌酸性物质，有利于精子存活并发育成熟。附睾末端与输精管相连，输精管末端与尿道相通，尿道开口于阴茎前端。

3. 副性腺

精囊腺：位于膀胱基部和输精管膨大部的背面。分泌物可稀释精液。

前列腺：位于精囊腺后方，分泌物呈碱性，中和阴道的酸性物质，有利于精子成活。

尿道球腺：位于尿道背壁，前列腺后方，表面被海绵体肌覆盖。分泌物起冲洗尿道、阴道、中和阴道内酸性的作用。

23.1.12.2 雌性生殖系统

1. 卵巢

一对，卵圆形，位于腹腔背侧，肾后方。成熟卵排出后，进入输卵管前端的开口（输卵管伞），沿输卵管下行达于子宫。卵巢可产生卵子和雌性激素。

2. 输卵管和子宫

输卵管位于卵巢上方，借喇叭口开口于体腔。子宫为输卵管后部膨大处，是胎儿发育的场所。受精作用发生于输卵管上段，已受精的卵附植于子宫壁上，在这里接受母体营养而发育。子宫经阴道开口于体外。

哺乳类的子宫有多种类型：原始类型为双子宫（兔、啮齿类）；较高等种类则为双分子宫又叫分隔子宫（猪），双角子宫（有蹄类、食肉类），单子宫（翼手类、灵长类）。

3. 胎生、哺乳及其在动物演化史上的意义

(1)胎生的概念：精子和卵子受精后，在母体里发育，并且从母体获得养料，直到形成幼仔后才从母体产出的生殖方式。哺乳类存在 3 种生殖类型：一是单孔类的产卵繁殖。二是有袋类的假胎生，没有真正的胎盘，仅由卵黄囊与母体子宫壁形成卵黄囊胎盘，母体提供胎儿极有限的营养。三是真兽类的真正的胎生，形成真正的胎盘，胎儿在母体子宫内发育完全后产出。

(2)胎盘的结构、类型和功能：胎盘是由胎儿绒毛膜、尿囊膜与母体子宫内膜结合形成的海绵状结构，具有选择通透性。胎盘是胎生动物胚胎和母体发生营养联系的器官。

通过胎盘，母体和胎儿发生物质交换，胎儿从母体血液中获得营养物质和氧气，同时输出二氧化碳和其他排泄物。

然而，胎儿和母体的血液循环系统为相互独立的两套系统，物质交换通过膜的渗透作用而实现。其渗透作用具高度特异性，盐、糖、氨基酸、尿素、简单脂肪、维生素和激素等允许通过，大分子蛋白质、红细胞和其他细胞等不能透过，氧气、二氧化碳和水能自由透过胎盘。

根据与子宫壁结合的紧密程度，胎盘可以分为以下两种：

无蜕膜胎盘：尿囊膜、绒毛膜与子宫内膜结合不紧密，分娩时不会对母体造成很大伤害，包括散布状和叶状胎盘。

蜕膜胎盘：尿囊膜、绒毛膜与子宫内膜结为一体，分娩时将子宫内膜一起撕下，对母体的伤害较大，包括环状和盘状胎盘。

(3)哺乳：母体具有乳腺和乳头，乳头的数量通常与一胎所产胎儿的数量相当。乳腺能够分泌乳汁，含有多种养料，营养全面，易被幼体吸收，使新生幼兽迅速生长。卵生的单孔目动物具乳腺但不具乳头，母兽孵化出的幼兽舔舐母兽腹部乳腺区分泌的乳汁。母兽对幼仔哺乳的同时，还对其进行多方面的保护，包括营造安全的巢穴。在哺乳期和其后的一段时间，母兽会维系母子间的社会联系，促进幼兽早期学习，使幼兽受到至少是母兽的捕食和社会行为的基础训练，直至幼兽独立生活。

(4)胎生、哺乳的意义:胎生使哺乳动物发育中的胚胎得到了有效的保护,同时胎儿生长发育所需要的营养物质及代谢废物的排出均可通过胎盘实现,直到胎儿产出为止。胎生为胚胎的发育提供了保护、营养以及稳定的恒温发育条件,是保证酶活动和代谢活动正常进行的有利因素,使外界环境条件对胚胎发育的不利影响减小到最低程度,由此,陆地繁殖得到了极大的发展和完善。

以乳汁哺育幼兽,是哺乳动物的特征,乳汁中含有丰富的营养并易于吸收,尤其是初乳中所含的抗体,使幼兽终生受益。此外,在哺乳期的幼兽形影不离地跟随在母兽身边,除了可以得到母兽的安全保护以外,还可以从母兽那里学习并获得生活的技能。因此,哺乳对于提高后代成活率及掌握生存技能同样具有重要意义。

23.2 哺乳纲的分类

现存的哺乳动物在全世界计有 4 180 种,我国计有 509 种,约占世界总种数的 12.2%(郑昌琳,1986)。分为 3 个亚纲:原兽亚纲(Prototheria)、后兽亚纲(Metatheria)和真兽亚纲(Eutheria)。

23.2.1 原兽亚纲

本亚纲包括现存哺乳类中最原始的类群,仍保留着许多近似爬行动物的原始特征,主要表现在:卵生,产带卵壳富含卵黄的卵,卵大,其直径达 14 mm(一般哺乳动物卵直径不超过 0.2 mm),母兽还有孵卵的习性(鸭嘴兽),或者把卵置入特殊的育儿袋内哺育(针鼹)。雄性的精巢位于体内,体外无阴囊。有泄殖腔,以单一的泄殖腔孔开口体外(故又名单孔类)。大脑皮层不发达,大脑半球之间尚无胼胝体。

另一方面,单孔类也具备了哺乳动物的特征,它们已经是原始的哺乳动物。例如,体表有毛,有乳腺,乳腺乃是一种特化的汗腺,不具乳头,乳腺管开口在腹壁的乳腺区,由仔兽舐吮乳汁。具肌肉质的横膈。仅具左体动脉弓。下颌由单一的齿骨组成。体温波动在 26~35℃之间,处于由变温向恒温过渡的阶段。

本亚纲只有一个目,即单孔目(Monotremata),仅分布于澳洲及其附近的岛屿上,分为鸭嘴兽科(Ornithorhynchidae)和针鼹科(Tachyglossidae)2 科。

23.2.1.1 鸭嘴兽科

现存的仅一属一种,即世界闻名的珍稀动物——鸭嘴兽(*Ornithorhynchus anatinus*)(图 23-12,见彩图)。

鸭嘴兽是一种半水栖的动物,具有一系列适应水栖的特征。体被短而浓密的褐色毛,长久在水中也不致浸透。嘴宽扁,无肉质唇而具有角质鞘,嘴两侧有缺刻,可过滤食物,形似鸭嘴,故名鸭嘴兽。尾扁阔,四趾间具蹼,前肢蹼特别发达,善于在水中游泳或潜水。以软体动物、甲壳类、蠕虫及水生昆虫为食。栖于河边,其洞穴的一端开口于水中,另一端在岸上扩大成巢。在水中交配,在巢中孵卵。人们直到 19 世纪才发现,原来这个扁嘴的小兽竟是生蛋的!它每窝产蛋两个,孵化期 14 d,孵化出来的小兽裸露无毛,靠吃奶长大,4 个月后营独立生活。鸭嘴兽代表着从爬行类到哺乳类的过渡阶段,是珍贵的"活化石"。

23.2.1.2 针鼹科

现存的有 2 属 3 种，即针鼹(图 23-12，见书后彩图 23-12)和两种原针鼹。

图 23-12 鸭嘴兽(左)与针鼹(右)(引自 baidu)

针鼹(*Tachyglossus aculeatus*)体表被针刺，刺间生有粗毛，腹面无刺仅有粗毛。外形很像刺猬，也能将身体蜷缩成球。具管状长吻，鼻孔开在吻端。上、下颌不具牙齿，有能伸缩的长舌，唾液腺很发达，用粘满唾液的长舌舐食蚂蚁和昆虫。眼小，不具外耳壳，尾短。前后肢各具五趾，爪尖锐，适于挖掘蚁巢。针鼹能以惊人的速度掘土为穴把自身埋在土中。每次产 1～2 枚带有革质壳的卵，母兽把卵置于腹部的皮肤囊内孵化，该囊是在繁殖期临时生出的，由腰带伸出，以上耻骨(袋骨)支持之。孵化期为 28 d，幼仔在发育很不完全的情况下孵出，在皮肤囊内舐食乳腺分泌的乳汁，继续完成发育。

原针鼹(*Zaglossus bruijnii*)产于新几内亚。形状似针鼹，但吻长而且向下弯曲，前后肢 5 趾中 3 趾极大，其他 2 趾退化。

23.2.2 后兽亚纲

后兽亚纲，又称有袋亚纲，在进化水平上为介于卵生的单孔类和高级的有胎盘类之间的哺乳动物。其主要特点是：胎生，但大多数无真正的胎盘，母兽具特殊的育儿袋。发育不完全的幼仔生下后还需在母体腹部育儿袋内继续完成发育。乳腺具乳头，乳头开口在育儿袋内。有袋类的幼仔，前肢发育得较好，和身体的其他部分相比，显得不成比例，幼仔用粗大的前肢爬行去寻找乳头。有袋类的大脑半球体积小，无沟回，也没有胼胝体。体温接近于恒温，在 33～35℃之间波动。雌性具双子宫、双阴道。与此相应，雄性阴茎的末端也分两个叉，交配时每一分叉进入一个阴道。雄性体外具阴囊。牙齿为异型齿，门齿数目较多且多变化。

本亚纲主要分布于澳洲及其附近的岛屿上，少数种类分布在南美和中美，仅一种分布在北美。现存的只有一个目，即有袋目(Marsupialia)。根据门齿数目的多少可分为 3 个亚目：多门齿亚目(Polyprotodontia)、新袋鼠亚目(Caenolestoidea)和双门齿亚目(Diprotodonta)。

23.2.3 真兽亚纲

真兽亚纲包括绝大多数种类(约 90%)的现存哺乳动物。本亚纲的主要特征是：有真正的胎盘，胎儿在子宫内发育完全后再产出。幼仔能自己吮吸乳汁。乳腺充分发育，具乳头。大脑皮层发达，两半球以胼胝体相连。乳齿与恒齿更换明显，异型齿，齿数趋于减少，门齿数目不超过5枚。肩带由单一的肩胛骨构成。调节体温的机制良好，体温一般恒定在37℃左右。

真兽亚纲由于有高等的构造和完善的神经活动，所以它们不仅能栖息在整个地球的陆地，而且像鲸目和鳍足目还遍布于全世界的海洋。真兽亚纲现存约4 000种，分别隶属17个目，其中分布在我国的有13个目，约450种。现就有药用价值的目、科简述如下。

23.2.3.1 食虫目

食虫目(Insetivora)为比较原始的有胎盘类。个体一般较小，吻部细尖，适于食虫。四肢多短小，指(趾)端具爪，适于掘土。体被绒毛或硬刺。牙齿结构比较原始，主要以昆虫及蠕虫为食，大多数为夜行性。常见代表种类有刺猬(*Erinaceus europaeus*)、鼩鼱(*Sorex araneus*)、缺齿鼹(*Mogera robusta*)等(图23-13，见书后彩图23-13)。

23.2.3.2 树鼩目

树鼩目(Scandentia)为小型树栖食虫的哺乳动物。仅有1科16种，均分布于东南亚热带森林内，外形略似松鼠。代表动物树鼩(*Tupaia glis*)分布于我国云南、广西及海南岛(图23-13)。

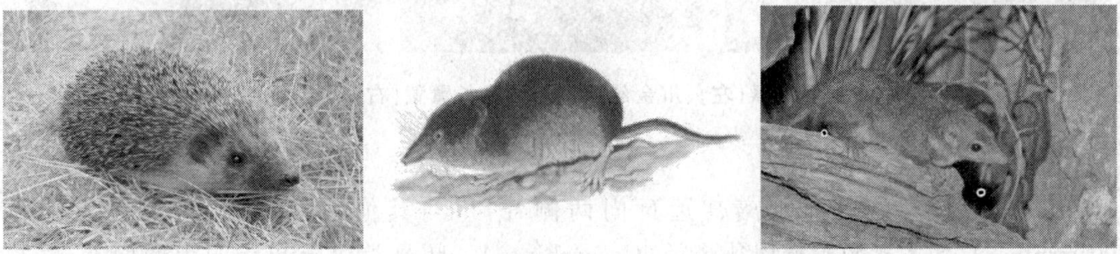

图23-13 刺猬(左)、鼩鼱(中)和树鼩(右)(引自baidu)

23.2.3.3 翼手目

翼手目(Chiroptera)为能飞翔的哺乳动物。前肢特化，具特别延长的指骨。由指骨末端至肱骨、体侧、后肢及尾间，着生有薄而柔韧的翼膜，借以飞翔。前肢仅第一或第一及第二指端具爪。后肢短小，具长而弯的钩爪，适于悬挂栖息。胸骨具胸骨突起，锁骨发达，均与特殊的运动方式有关。齿尖锐，适于食虫(少数种类以果实为主食)。夜行性。代表动物为蝙蝠(*Vespertilio superans*)(图23-14，见书后彩图23-14)。

图23-14 蝙蝠(左)和菊头蝠(右)(引自baidu)

蝙蝠适应于飞捕昆虫，能于飞行中发出高频声波，并借耳及颜面部的特殊感官收集从物体折回的声波(回声定位)，有些种类(如菊头蝠，图23-14)具有冬眠习性；因而它是研究动物定向、定位及休眠的重要对象。

23.2.3.4　**灵长目**

灵长目(Primates)为树栖生活类群。除少数种类外,拇指(趾)多能与它指(趾)相对,适于树栖攀缘及握物。大脑半球高度发达。眼眶周缘具骨,两眼前视,视觉发达,嗅觉退化。雌兽有月经。广泛分布于热带、亚热带和温带地区。群栖。杂食性。本目代表性种类有:

1. 懒猴科(Lorisidae)

体小,四肢细长,尾甚短。第二趾端尚具爪,为本科主要特征。我国云南所产的蜂猴(*Nycticebus bengalensis*)为本科代表,具有重要的科学研究价值(图 23-15,见书后彩图 23-15)。懒猴树栖性强,很少下地,昼伏夜出,行动迟缓。

图 23-15　蜂猴(左)、川金丝猴(中)和黑长臂猿(右)(引自 baidu)

2. 卷尾猴科(Cebidae)

鼻间隔宽阔,左右鼻孔距离甚远且向两侧开口,与其他猿猴不同,因而归入阔鼻类(Platyrrhines),而大多数猿猴属狭鼻类(Catarrhines)。阔鼻类仅分布于西半球南部,又称新大陆猴。狭鼻类分布于东半球,又称旧大陆猴。白喉卷尾猴(*Cebus capucinus*)产于南美,尾长具缠绕性,有"手"的功能。

3. 猴科(Cercopithecidae)

鼻间隔狭窄,鼻孔向下开口。脸部有裸区。后肢一般比前肢长。分布于南非及亚洲温热带地区。本科的代表种类为猕猴(*Macaca mulatta*),我国华南及西南盛产,为重要实验动物及观赏动物。集大群生活,在农作区有时造成危害。金丝猴(*Rhinopithecus roxellanae*)为我国特产珍贵动物,分布于川南、陕南、甘南以及湖北省神农架的高山上(图 23-15)。体被金黄色长毛(可达 23 cm),眼圈白色,尾长,无颊囊。以植物性食物为主食。

4. 长臂猿科(Hylobatidae)

具有狭鼻类的共同特征。臂特长,站立时手可及地。无尾,具小的臀胼胝。不具颊囊。我国广东、海南岛及云南南部的黑长臂猿(*Hylobates concolor*)可做本科代表(图 23-15)。

5. 猩猩科(Pongidae)

与长臂猿科类似,但体形较大,不具臀胼胝,前肢长可过膝,耳与脸部少毛。著名的黑猩猩(*Pans troglodytes*)、猩猩(*Pongo pygmaeus*)和大猩猩(*Gorilla gorilla*)均为本科代表。除猩猩产于加里曼丹、苏门答腊外,其余 2 种均在非洲热带雨林内分布。这些种类大脑发达,行为复杂,在分类地位上接近人类。

6. 人科(Hominidae)

尾退化,直立步行,臂不过膝,多数部位的体毛变短或变稀,但局部仍明显,头部、腋窝、耻部仍较发达。会使用火,会加工和制造各种工具,因直立行走和劳动而手足分工。大脑最发达，大脑的结构以及思维、语言和行为等最为复杂。目前地球上的人都属于同一个物种，即现代人（*Homo sapiens*），是已知生物中最高等的。

23.2.3.5 贫齿目

贫齿目（Edentata）为牙齿趋于退化的一支食虫哺乳动物。不具门牙和犬牙；臼齿存在时亦缺釉质，且均为单根齿。大脑几无沟回。后足 5 趾，前足仅有 2～3 个趾发达，具有利爪以掘穴。分布于中、南美的森林中。著名的代表动物有大食蚁兽（*Myrmecophaga tridactyla*）、三趾树懒（*Bradypus tridactylus*）和懒犰狳（*Tolypeutes matacus*）（图 23-16，见书后彩图 23-16）。

图 23-16 懒犰狳（左）、穿山甲（中）、达乌尔鼠兔（右）（上图）和草兔（左）、穴兔（中）、高原鼠兔（右）（下图）（引自 baidu）

23.2.3.6 鳞甲目

鳞甲目（Pholidota）体外覆有角质鳞甲，鳞片间杂有稀疏硬毛。吻尖，舌发达，不具齿。四肢粗短，前爪极长，适应于挖掘蚁穴、舐食蚁类等昆虫。多生活在山麓地带的草丛中或较潮湿的丘陵杂灌中。本目仅 1 科，即鲮鲤科，种类稀少，我国南方所产的穿山甲（*Manis pentadactyla*）可做代表（图 23-16）。穿山甲的肉和鳞片为中药原料。穿山甲数量少，繁殖率低，是国家二级保护动物，近年有人研究其饲养技术。

23.2.3.7 兔形目

兔形目（Lagomorpha）为中小型草食性动物，与啮齿目有较近的亲缘关系，二者也被合称为啮齿动物。上颌具有 2 对前后着生的门齿。无犬齿。上唇具有唇裂，也是对食草习性的适应。本目主要分布在北半球的草原及森林草原地带，包括两个科，即兔科（Leporidae）和鼠兔科（Ochotonidae）。常见代表有达乌尔鼠兔（*Ochotona daurica*）、草兔（*Lepus capensis*）。欧洲地中海周围地区的穴兔（*Oryctolagus cuniculus*）是所有家兔品种的原祖。鼠兔科的高原鼠兔（*Ochotona curzoniae*）为青藏高原特有物种（图 23-16）。

23.2.3.8 啮齿目

啮齿目（Rodentia）为哺乳类中种类及数量最多的一个类群（约占总数的 1/3），共 1 700 余种，我国180余种。适应于在多种生态环境中生活，遍布全球。主要特征为：体中、小型。上下颌各具1对门牙，仅前面被有釉质，呈凿状，终生生长，需经常磨牙。无犬牙，门牙与前臼齿间具有空隙。咀嚼肌特别发达，适于啮咬坚硬物质（如种子硬壳）。我国常见种类有：

1. 松鼠科（Sciuridae）

适应于树栖、半树栖及地栖等多种生活方式。代表性种类有松鼠（*Sciurus vulgaris*）、达乌尔黄鼠（*Spermophilus dauricus*）、草原旱獭（*Marmata bobak*）、大鼯鼠（*Petaurista petaurista*）、复齿鼯鼠（*Trogopterus xanthipes*）等（图23-17，见书后彩图23-17）。

图23-17　旱獭（左）、复齿鼯鼠（中）和河狸（右）（引自baidu）

2. 河狸科（Castoridae）

为半水栖的大型啮齿动物，体重可达30 kg，全世界仅1属2种，限在北半球北部水域分布。严格的植食性，代表动物如河狸（*Castor fiber*）等（图23-17）。河狸的中国亚种是中国最稀有和所知甚少的水生哺乳动物之一。

3. 仓鼠科（Cricetidae）

鼠形啮齿类，适应于多种生活方式，我国常见种类有黑线仓鼠（*Cricetulus barabensis*）、中华鼢鼠（*Myospalax fontanieri*）（图23-18，见书后彩图23-18）、高原鼢鼠（*M. baileyi*）、麝鼠（*Ondatra zibethica*）等。

图23-18　黑线仓鼠（左）、中华鼢鼠（中）和小家鼠（右）（引自baidu）

4. 鼠科（Muridae）

中小型鼠类，种类极多（全世界约450种），分布极广，繁殖及适应能力均强。常见种类有小家鼠（*Mus musculus*）（图23-18）、黄胸鼠（*Rattus flavipectus*）及褐家鼠（*Rattus norvegicus*）等。此外，本科很多物种因个体小、生活史短、种群数量高、易于室内繁殖等特点，成为行为学、遗传学及生态学的重要实验动物。

5. 跳鼠科(Dipodidae)

荒漠鼠类。后肢显著加长,跖骨及趾骨趋于愈合及减少,适于跳跃。代表动物有三趾跳鼠(*Dipus sagitta*)等。

23.2.3.9 鲸目

水栖兽类,适应于游泳。鲸目(Cetacea)可分为须鲸类(Mystacoceti)和齿鲸类(Odontoceti)。须鲸为现存最大的哺乳动物,约为最小的哺乳类(如鼩鼱)体重的 2 000 万倍。我国沿海所见的小鰛鲸(*Balaenoptera acutorostrata*)属此类。齿鲸类的代表有抹香鲸(*Physeter macrocephalus*)和白鳍豚(*Lipotes vexillifer*),后者为淡水鲸类,我国长江流域有分布。

23.2.3.10 食肉目

食肉目(Carnivora)动物为猛食性兽类。门牙小,犬牙强大而锐利,上颌最后一枚前臼齿和下颌第一枚臼齿的齿突如剪刀状相交,特化为裂齿(食肉齿)。指(趾)端常具利爪以撕捕食物。脑及感官发达。毛厚密而且多具色泽,为重要毛皮兽。我国常见代表有:

1. 犬科(Canidae)

体形类犬,颜面部长而突出,四肢适于奔跑,后足常具 4 趾,爪钝、不能伸缩。肉食性。我国习见的狼(*Canis lupus*)、赤狐(*Vulpes vulpes*)、貉(*Nyctereutes procyonoides*)、豺(*Cuon alpinus*)等为本科代表。狼为草原害兽,对畜牧业有严重危害。狐与貉的毛皮为上等毛裘,貉绒尤为名贵。豺在我国南方各省分布,危害家畜,它是我国特产珍贵动物大熊猫的主要天敌。

2. 熊科(Ursidae)

中大型兽类。体粗壮,头圆,颜面部长。具 5 指(趾),爪不能伸缩。尾短。裂齿不发达。代表种类为黑熊(*Ursus thibetanus*),体毛黑色,前胸具白色"V"形带。我国多数地区均有分布。我国名菜"熊掌"即趁黑熊冬眠期间采获,对黑熊数量的危害极大。熊胆可入药。由于资源破坏,已被列为国家二级重点保护动物,禁止任意捕猎。近年,考虑到资源的持续利用和保护,国内在有控制的条件下,开展了"活熊取胆"技术,不失为保护野生资源的一种途径,但囿于动物福利的原因,目前争议颇大。

3. 大熊猫科(Ailuropodidae)

体似熊但吻短。以竹叶为主食,为食肉目中的"素食者"。本科仅存一种,即我国特产大熊猫(*Ailuropoda melanoleuca*)。仅产于四川省西北部、甘肃省最南部以及陕西省秦岭南麓。栖息于海拔 1 500 m 以上的中、高山原始林内,以箭竹(松花竹)类的茎叶为主食。体躯大多为白色,耳壳、眼圈、肩及四肢黑色,为著名珍贵兽类,具有非常重要的科研价值。我国已划定许多保护区,将其列为国家一级重点保护动物。

4. 鼬科(Mustelidae)

中小型兽类。体形细长,腿短,具 5 指(趾),爪不能伸缩。多数种类在肛门附近有臭腺。紫貂(*Martes zibellina*)、黄鼬(黄鼠狼)(*Mustela sibirica*)、獾(*Meles meles*)和水獭(*Lutra lutra*)为本科著名种类。

5. 猫科(Felidae)

中大型兽类。头圆吻短,后足 4 趾,爪能伸缩,多数善于攀缘及跳跃,以伏击方式捕杀其他热血动物。裂齿及犬牙均发达。本科著名种类有狮(*Panthera leo*)、虎(*Panthera tigris*)、豹(*Panthera pardus*)和猞猁(*Lynx lynx*)等。

23.2.3.11 鳍脚目

鳍脚目(Pinnipedia)动物为海产兽类。四肢特化为鳍状,前肢鳍足大而无毛,后肢转向体后,以利于上陆爬行。不具裂齿。我国代表种类为斑海豹(*Phoca largha*)。体色灰黄具棕黑色斑,不具耳壳。皮张及油脂有一定的经济价值。

23.2.3.12 长鼻目

现存最大的陆栖动物。长鼻目(Proboscidea)现存1属2种。具长鼻,为延长的鼻与上唇所构成,受颜面肌节制,借以取食。上门牙特别发达,突出唇外,即通称的"象牙"。植食性。睾丸终生留于腹腔内。

我国云南南部所产的亚洲象(*Elephas maximus*)为国家一级重点保护动物。

23.2.3.13 奇蹄目

奇蹄目(Perissodactyla)动物为草原奔跑兽类。主要以第三指(趾)负重,其余各趾退化或消失。指(趾)端具蹄,有利于奔跑。门牙适于切草,犬牙退化,臼齿咀嚼面上有复杂的棱嵴。胃简单。

本目代表种类有:

1. 马科(Equidae)

马形兽类。仅第三指(趾)发达承重,其余各趾均退化。野马(*Equus caballus*)和野驴(*E. hemionus*)为本科代表。

2. 犀牛科(Rhinocerotidae)

体粗壮。前后足各具3个负重的趾。头顶具1~2个单角,由毛特化构成。腿短。亚洲犀(独角犀)(*Rhinoceros unicornis*)为本科代表。

23.2.3.14 偶蹄目

偶蹄目(Artiodactyla)动物第三、四指(趾)同等发育,以此负重,其余各指(趾)退化。具偶蹄。尾短。上门牙常退化或消失,臼齿结构复杂,适于草食。除澳洲外,遍布各地。代表性种类有:

1. 猪科(Suidae)

猪形。吻部延伸,在鼻孔处呈盘状,具门牙,犬牙在雄兽外凸成獠牙,臼齿具丘状突。杂食,胃简单。繁殖力强。我国常见种类野猪(*Sus scrofa*)为农作区害兽。野猪为家猪的原祖。

2. 河马科(Hippopotamidae)

中、大型兽类。体躯粗壮,营半水栖生活。眼凸出、位于背方,耳小。体毛稀缺。腿短,具4指(趾)。仅分布于非洲。河马(*Hippopotamus amphibius*)为本科代表。

3. 驼科(Camelidae)

头小、颈长,上唇延伸并有唇裂。足具2趾。适于在沙漠中行走。双峰驼(*Camelus bactrianus*)是本科代表,为国家一级重点保护动物。

4. 鹿科(Cervidae)

鹿形兽类。具4指(趾),中间一对较大。多数雄兽具有分叉的鹿角,鹿角的分叉数及结构为分类依据。代表种类有梅花鹿(*Cervus nippon*)、马鹿(*Cervus elaphus*)、麋鹿(四不像)(*Elaphurus davidianus*)和麝(香獐)(*Moschus moschiferus*)等。

5. 长颈鹿科(Giraffidae)

具长颈、长腿。头顶具2~3个不分叉并包有毛皮的角,终生不脱落。脚具2蹄。限产于非洲。代表种类为长颈鹿(*Giraffa camelopardalis*),栖于森林草原地区,以树叶及嫩枝为主食。

6. 牛科(Bovidae)

偶蹄。绝大多数雄兽具一对洞角(少数具 2 对)。代表种类有野牛(*Bos gaurus*)、黄羊(*Procapra gutturosa*)、羚牛(*Budorcas taxicolor*)及盘羊(*Ovis ammon*)等。

23.2.4 哺乳动物的起源和适应辐射

现今所知的古生物资料为人们揭示了从低等爬行动物向原始哺乳动物过渡的大量事实,使我们了解到这个过渡的大致情况。这个过渡绝不是从某一爬行动物到某一哺乳动物的直线进化,而是有着极端复杂的历史背景、走过极端曲折的道路才到达真正的哺乳动物的。

这一巨大的变革发生在古生代末期至中生代初期。

最早的两栖类出现在泥盆纪晚期。时隔不久即进入了石炭纪。早石炭纪时许多现在的陆地被海水淹没,迄今为止我们所知道的这一时期的化石资料大多数来自海相沉积、海生的无脊椎动物和海生的鱼类。因此关于那一时期最早爬行类的情况知道得很少。

到了上石炭纪,情况有所变化,海水从陆地上退出形成了广阔的沼泽低地。那时的地面上地势比较平坦,气候也比较一致,热带环境可以从赤道一直向南北方向扩展到高纬度地带。在湿润的气候下,原始的植物覆盖着大地,形成了茂密的森林。这是地史上重要的造煤时期,很多陆生脊椎动物,多数是两栖类,就是在含煤层或煤田里发现的。这种环境发展下去到了石炭纪末二叠纪初,地面逐渐升高,地势和气候开始分化,形成各种不同的环境:河川、沼泽、池塘、高地等,为爬行动物的早期辐射准备了客观条件。

有关石炭纪末和二叠纪初期陆生脊椎动物的资料大多来自北美。这一时期的爬行动物包括好几个类群,其中有属于下孔类的一个较为原始的门类——盘龙类。此时,盘龙类的各个门类均已出现。这些动物的头骨后部都有一对下颞孔,这是为安置颞肌所准备的。正是这个下颞孔使它们从原始的杯龙类中区别了出来,因为它们在很多方面还保持着共同的原始结构,如脑颅还很少变化,脑子仍然很小,头顶上还有很大的松果孔,四肢保留着向两侧伸出的姿势等。如果没有下颞孔,有的类型还很可能被归到最原始的无孔类爬行动物——杯龙类里去。

盘龙类虽然在这个时期内产生了大量的分化辐射,但它们之中绝大多数的生存时代都没有超过二叠纪早期,仅有少数延续到了这个纪的中期,然而它们却通过一个分支衍生出了繁荣的后裔——兽孔类。这便是楔齿蜥这个分支。为什么说楔齿蜥是承上启下的桥梁呢?这是因为这类动物具备着比其他盘龙类动物更多的进步性质。楔齿蜥是食肉动物,牙齿锐利,犬齿部位的牙齿有增大的趋势。尤其是下牙床隅骨后端有一个向下弯曲的突起,叫作隅骨翼,只见于兽孔类,在一般盘龙类里是没有的。隅骨翼的用途虽然还没有得到一致的解释,但却清楚地说明了楔齿蜥与兽孔类的亲缘关系。

二叠纪中期,原始的兽孔类出现了。它们的化石发现于欧洲和北美。这些动物与盘龙类还十分相似,但是已经把从楔齿蜥里孕育出来的新性质向前推进了一步。到了二叠纪晚期,兽孔类已经接替了早期盘龙类的位置,一举成为当代陆生脊椎动物中的优势类型,这种优势一直持续到三叠纪。

比起盘龙类,兽孔类的身体结构又进步了,各种哺乳动物的性质相继出现。次生腭产生了。脑颅基部和腭骨间的活动性减小或消失。松果孔也缩小而至消失。下颞孔不仅增大而且由头骨侧面向上移至头骨背部。下颌的齿骨已相当增大,其他成分则相对缩小。肢体的位置已开始向身体下方移动，说明行走姿势已开始改变……

这种种进步性质并不是在所有类型里同时并同样程度地出现的，在有的类型里可能出现这几种，有的可能出现另几种。某一性质在这一类型里出现轻微些，另一类型里则明显些。在整个兽孔类里，新性质的产生是参差不齐的，但是总的方面说来，它们已经在从爬行类到哺乳类的征途上前进了一大步，然而这些哺乳动物的候选者却不是都朝着同一目标前进的，它们之中又出现了各种分化，在发展过程中，它们根据自己身体的构造特点各自占领了一定的生态领域，开始了不同的发展史。

二叠纪晚期至三叠纪初期是兽孔类最繁盛的时期。到三叠纪后期，种类逐渐稀少，只有极少数生存到了侏罗纪初期。但是同样，它们之中的犬齿兽类，其代表动物是犬颌兽（中国云南的下氏兽就是其中的代表之一，但终因其下颌骨除齿骨外还有其他骨片残余而又划回爬行类中）却孕育出了更高水平的哺乳类。

犬齿兽类的进步性质包括齿骨十分增大，以至出现双关节、颌部开始有两侧动作发生、初生腭相当发育、寰椎枢椎的构造等。

根据目前资料，哺乳动物来自兽齿类爬行动物，但是要进一步确定是哪一类兽齿类则不是一件容易的事。因为在兽齿类动物里，进步性和原始性生物学特征交错存在，十分复杂。如早期兽齿类的很多特点都很原始，但颞孔却增大，而且已出现了2—3—3—3—3的哺乳动物式的齿式。三列齿兽已有很多进步性质，几乎可以把它放到哺乳动物中去，然而它却仍然保留着爬行动物的上下颌连接方式，即关节骨—方骨的连接。因此对哺乳动物的祖先曾作过种种推测，如犬齿兽类、包氏兽类、鼬龙类、三列齿兽类。目前比较一致的看法是哺乳动物的起源呈多源化，即认为绝大多数的哺乳动物（其中有胎盘类占主要地位）起源于犬齿兽类，但种类繁多的中生代哺乳动物也有起源于其他兽齿类的。自三叠纪晚期起，哺乳动物便开始登上大自然的历史舞台。

哺乳动物的历史经历了三个基本辐射阶段：①中生代侏罗纪。由三结节类演化出三个大支，其中两支不久灭绝，第三支古兽类得到蓬勃发展，即为真兽亚纲与后兽亚纲的祖先。②中生代末期。出现了有袋类和有胎盘类。多结节齿类尚存。③新生代。现存各目哺乳类得到空前发展，5 000 万年以来一直成为陆生占有优势的动物类群。多结节齿类在此灭绝，单孔类化石出现。

现代哺乳动物是在更新世及其以后建立起来的，它们在各大陆间进行迁徙混杂，地理的和生态的因子导致隔离而产生了适应于多种生活条件的动物群。

第24章

人类的进化

人类的进化无疑是地球上最重要的事件之一，与整个地球的历史相比甚至与其他动物的进化相比人类的出现时间真的很短，但就人类自身的进化而言，却经历了漫漫长路。200 000年前智人(*Homo sapiens*)出现了。

24.1　人的特征性起源

人类和猿有很多特征性差异。最为明显的是人直立双腿行走。人类的大脑容积更大，具有语言、抽象思维、艺术表达能力，并且人类还具有制造和使用工具的能力。人的颌骨和颌肌的数量与猿相比减少了，消化管道也明显变短。

人和黑猩猩在遗传水平上(基因组)仅有1%的不同，但这1%就有30亿个碱基对之多。因此可以这样说少量基因的变化在进化中可能会逐渐产生出巨大的差异。目前人和黑猩猩中至少发现有19个调节基因，它们的表达和功能上存在着显著差异，这些都是一些能开启或关闭其他基因转录或表达的重要基因。

24.2　最早的人类

研究人类起源的科学称为古人类学(paleoanthropology)。古人类学家目前已经发掘出近20种亲缘关系比黑猩猩更近似于人的已经灭绝物种的化石。这些物种被称为原始人类(hominins 或 hominid)。1994年发现了距今400万年前的4种原始人类化石。最早的原始人类 *Sahelanthropus tchadensis*(特征为：脑容量小、面孔突出、额头低、颈肌长)距今已6 500 000年了。

Sahelanthropus tchadensis 和其他早期原始人类与现今的人类具有一些共同的特征，如：犬牙变少了，有些化石表明他们的脸部相对扁平。表现出比猿类更多的直立双腿行走的特征。从其枕骨大孔(foramen magnum)(位于颅后窝枕骨底部正中央的开孔，是连接脑与脊髓的通道，也是颅底最大的开孔)来看该种能直立行走。猩猩属的枕骨大孔在脑颅骨靠后方，而早期的原始人类(包括人类)枕骨大孔的位置在脑颅骨的正下方。这样的位置允许我们的头颅位于躯体正上方，面向正前，早期的原始人类就进化出这样的骨骼结构。4 400 000年前的 *Ardipithecus ramidus* 的骨盆、腿骨和足骨的化石证据表明早期原始人类逐渐开始直立双腿行走。

早期原始人类的化石证据虽然表明其能双足直立行走，但是他们的脑容量还很小，大约为 300～450 cm^3，而智人的平均脑容量有 1 300 cm^3。最早的原始人类的体形也很小。比如 *A. ramidus* 人的体重估计只有 50 kg，其高颌骨和巨大的牙齿突出于脸前方。而人类和猩猩相比具有相对扁平的脸。

早期对原始人类的认知常常易犯两个概念性的错误。一是将早期原始人类认作猩猩或认为他们是猩猩演化而来。事实并非如此，猩猩和人具有共同的进化上的祖先，最后猩猩获得自身的演化特征，在进化树上单独分开，进化成为一支。另一个错误的概念是对于人类进化的思考，认为人直接来自祖猿，进化变为现在的智人。这些概念上的“错误”，尤其是来自早期原始人类的化石证据说明：早期人类其在漫漫历史长河中的演化和我们现今人类越来越接近了。如果说人类的进化是一场时间上“一维方向的游行”的话，那么这是一场没有秩序的“游行”，很多早期原始人类在进化的历史长河之路上先出现后又消失。有时数个早期原始人种同时在地球上存在，而根据这些原始人种的头骨形态、体形和来自于其牙齿化石的证据推测他们的食物类型都是不一样的。最终，仅有一支——智人（*Homo sapiens*）继续进化。从这些原始人类过去这 600 万年的进化史看，智人并不是人类从头至尾一直进化的“结果”，而不过是进化树上的一个较高分支。

24.3 南方古猿

化石证据表明早期原始人种在距今 400 万～200 万年前这段时间内呈现出一个显著多样性的特点。这一时期的很多原始人种的化石都被称为南方古猿。他们在分支进化树上的很多点的位置还具有很大争议，但是作为一群体，他们已经确定并被并于一系。

这群中最早的成员是生活在距今 4 200 000～3 900 000 年以前的 *Australopithecus anamensis*，这一时间和最古老的原始人类如 *Ardipithecus ramidus* 出现的时间很接近。

Australopiths 之名源于 1924 年在南非发现的 *Australopithecus africanus*（非洲的南方猿类）化石，该种生活在距今 3 000 000～2 400 000 年前。化石证据清晰地表明 *Australopithecus africanus* 能够直立双脚行走，并具有类似今天人类一样的牙齿和双手，然而其脑容量只有今天人类的 1/3 大小。

1974 年古人类学家在埃塞俄比亚的 Afar 地区发现了一具距今 3 200 000 年的 *Australopithecus* 的骨骼化石，该化石的 40%是完整的。其被叫作“Lucy”，她只有 1 m 高。基于 Lucy 和其他相似的化石，将此种称为 *Australopithecus afarensis*（Afar 地区发现的）。到 20 世纪 90 年代以前又陆续发现的化石证据表明 *Australopithecus afarensis* 作为一个种存活了至少 100 万年。

Lucy 的大脑和一个与 Lucy 体形类似的猩猩的脑子一样是球形的。*A. afarensis* 的头骨表明其具有一个长的较低的颌骨。*A. afarensis* 的骨架表明这些早期原始人类能够在森林中活动，其胳膊与体长之比比现今人类的这一比例相对要长。骨盆和头骨的残片表明 *A. afarensis* 是两腿直立行走的。以后来自于坦桑尼亚的 Laetoli 的脚印化石证据也支持那一时期的 *A. afarensis* 这些原始人类是直立行走的。

南方古猿中还有另一支称为“粗鲁”南方古猿。这些早期原始人类，如 *Paranthropus*

boisei,具有强健的头骨和有力的颌骨及巨大的牙齿,这样的结构适于研磨和咀嚼坚硬的食物。与包括 *A. africanus* 和 *A. afarensis* 这些具有较弱采食能力,只能吃一些较软食物的"纤弱"南方古猿相比,"粗鲁"南方古猿的食物范围增大了,采食的能力更强。

这一时期越来越多的化石证据表明原始人类开始具有两种进化趋势:双足直立行走和使用工具。

24.4 双脚行走

35 000 000～30 000 000 年以前的人类祖先还是树栖的。但是到 10 000 000 年以前地球印度板块和欧亚板块相互碰撞而出现喜马拉雅造山运动,地球气候发生巨大改变,非洲和亚洲变得越来越干燥,非洲和亚洲的森林面积逐步缩小,而稀树草原的面积逐步扩大。古人类学家很多年后才将因气候变化导致出现的稀树草原和远古人类的双脚直立行走联系在一起。根据这一假说,树栖原始人类因地球的这一变化不能在森林之间自由活动了,因此自然选择出了那些可以在陆地开阔区域活动更有效的种群来。事实如此:非人猿类很适于树间的攀爬,但是很不适应陆地上的穿行。例如,黑猩猩在陆地行走需要消耗比人类多 4 倍的能量。

这一假说仍需进一步验证。尽管目前所有发现的早期原始人类的化石证据都表明这些原始人类是双脚直立行走的,但是这些化石并不是在稀树草原这样的环境中被发现的。不仅如此,考古鉴定他们是生活在森林和稀树草原之间的过渡区。进一步而言,导致其双脚直立行走的选择压力并没有使原始人类进化出更加简单及线性的双足。地猿(*Ardipithecus*)的骨骼化石表明其既能双脚直立行走,也能够很好地攀爬树林。化石证据表明南方古猿具有多种运动体形,有些种更适合陆上活动。仅仅是到了 1 900 000 年以前原始人类才能依靠两只腿在陆地上进行远足。这些原始人类生活在更加干燥的地域,因双脚直立行走所消耗的能量比四肢共用一起运动少很多。

24.5 使用工具

从小我们就知道:人类能制造和使用工具。鉴定原始人类在进化中对工具的使用的起源对一个古人类学家而言是最难的挑战之一。其他的猿类也能使用工具,比如:猩猩能将树枝插入昆虫洞穴,以取食树枝上的昆虫。黑猩猩的这一技能更加熟练,而且它们还能利用石头砸开食物,甚至在脚上包上树叶通过荆棘之地。很有可能早期的原始人类也具有这种使用工具的能力,但是想在化石中找到他们使用过的被加工过的树枝或树叶几乎是不可能的。

最早发现原始人类使用工具的证据源于在埃塞俄比亚发现的距今 2 500 000 年历史的被砍削过的动物骨骼的研究。这些动物骨骼的砍削痕迹表明原始人类利用石质工具从猎捕的动物身上获取肉。有意思的是,这些原始人类骨骼化石表明他们的脑容量还是很小的。如果被称为 *Australopithecus garhi* 这样的种都能制造石质工具,那么就更有理由相信进化上再早一些的脑容量更大的早期原始人类也可以利用石质工具。

24.6 早期人类

古人类学家认定的最早的人属化石包括能人(*Homo habilis*)。这些化石的年代距今大约2 400 000~1 600 000 年之间,其脑颅特征的比较表明:原始人类的某些特征越来越明晰。与南方古猿相比,能人的颌骨较短小,脑容量更大,能人大约有 600~750 cm^3 的脑容量。能人化石发掘中也常常伴随着其使用过的尖利石质工具的发现。

化石证据表明 1 900 000~1 500 000 年以前的这段时间原始人类的进化出现了一个新的阶段。许多古人类学家认为东非直立人(*Homo ergaster*)化石的出现表明一个不同寻常的原始人类种的出现。东非直立人的脑容量(超过 900 cm^3)比能人的大很多,化石证据还表明他们的腿骨纤细,骨盆结构更加适合长距离行走。他们的手指相对短而直,可能是这些直立人并不像他们早期的原始人类祖先那样能爬树了。发现东非直立人化石的地域比更早期发现的原始人类生活的环境要干燥很多,而且还发现东非直立人能够制造更加精密的石质工具。东非直立人具有更小的牙齿,说明东非直立人要么所吃食物和南方古猿不同(南方古猿主要吃肉和少量的植物性食物),要么东非直立人在进食前对食物进行了加工,比如加热或者捣碎了再吃。

东非直立人的体形也出现了巨大的性别差异。灵长类动物,雌雄动物具有性二形性(sexual dimorphism)。一般而言,雄性大猩猩和雄性猩猩比它们同种的雌性动物体重大 2 倍多。雄性黑猩猩和倭黑猩猩比相应的雌性动物的体重平均多 1.35 倍。*Australopithecus afarensis* 雄性的体重比雌性体重大 1.5 倍。但是早期的人类性二形性却显著下降了,这种趋势连续出现到现代人类:男性比女性平均体重多大约 1.2 倍。

性二形性的减少可能可以用来解释某些灭绝了的原始人类社会。现存的灵长类动物,具有很大的性二形性,这是因为雄性和雄性之间需要激烈的竞争以获取与多个雌性交配的权利。某些物种如果是雌雄配对构建相对稳固的关系(包括我们人类自身),性二形性的表征就会显著下降。东非直立人的男性和女性之间可能比更早期的原始人类具有更多的这样的配偶绑定关系。这种关系可能和对后代的长期抚育有关。人类对婴儿的照顾时长要远远多于其他灵长类动物。

化石证据上一般认为东非直立人源于更早期的直立猿人(*Homo erectus*)。直立猿人起源自非洲,并且是第一个从非洲迁出的原始人类。最古老的原始人类从非洲迁出的化石证据是2000 年在格鲁吉亚被发现的,此化石距今有 1 800 000 年。直立猿人最终迁移远至印度尼西亚群岛。化石证据表明直立猿人在 200 000 年以前灭绝,其中的一群可能去了爪哇,直到50 000 年以前也灭绝了。

24.7 穴居人

1856 年德国的一些矿工在尼安德特山谷的一个洞穴中发现了一些神秘的人类化石。这些 40 000 年考古年龄的化石属于具有厚的骨骼和凸出前额的一种原始人种。这些原始人类被称作尼安德特人(*Homo neanderthalensis*),也称作穴居人。350 000 年以前穴居人就开始生活在欧洲了,后来迁移至近东、中亚和西伯利亚以南。他们的脑容量和现今的人类一样,他们可埋葬尸体，制作打猎的石质和木质工具。虽然尼安德特人有自己的文化并能够适应洞穴生活，但是大约在 28 000 年以前他们也灭绝了。

有一时期，古人类学家一致认为尼安德特人是直立猿人向智人进化的一个阶段。现在大部分古人类学家基于线粒体 DNA 研究的结果已经不再这样认为了。现代遗传学技术证明尼安德特人和智人之间基本上没有什么遗传上的关联。当然有些古人类学家基于这两种原始人类的化石证据并不认同这一观点。

24.8 智人

化石证据、考古研究和 DNA 分子遗传学研究得出一个强有力的关于我们自身——智人(*Homo sapiens*)起源和迁移到全世界的假说。

化石证据说明人类祖先起源于非洲。较早的原始人类(可能是东非直立人或直立猿人)进化出后来的原始人类种，就包括最终的智人。在埃塞俄比亚的两处考古发掘地址发现了距今最早的智人的化石和完整的骨骼标本，这些化石考古年龄是 195 000 和 160 000 年。这些早期智人的前额外缘比尼安德特人和直立猿人要小很多，其体形也比早期的原始人类要紧凑纤细得多。

于埃塞俄比亚的化石证据得出的推断得到了来自遗传分子生物学研究结果的支持。DNA 分析表明所有的现存人种的亲缘关系都远远大于尼安德特人的。其他的关于人类 DNA 的研究表明在人类系统进化树上，欧洲人和亚洲人具有一个亲缘上最近的共同祖先。最新的分子遗传学线粒体 DNA 和 Y 染色体的证据都表明所有人类都有一个来自非洲东非直立人起源的共同祖先。

最老的化石证据表明东非直立人走出非洲迁移到中东，时间可上溯到大约 115 000 年前。人类的 Y 染色体分子遗传学研究表明人类走出非洲可能不止一次，首先迁移到亚洲，然后又移至欧洲和澳洲。人类第一个到达“新世界”的时间还不能确定，但是一般科学家认为这一时间大约在 15 000 年以前。

新的发现和研究继续增加我们对东非直立人进化的认识。例如，2004 年科学家报道了一个令人震惊的发现：在印度尼西亚群岛的 Flores 岛的一个石灰石岩洞中发现一具距今 1 800 年以前的成年原始人类的骨骼化石，这是一个未知的原始人种，他们的大脑容积比东非直立人要小很多，身材也要矮很多，事实上像南方古猿更多些。关于这一原始人类的起源有很多争议，也有很多研究结果。

非洲智人的迁移使得智人得以快速扩展。很具说服力的证据之一是 2002 年在南非发现了一个距今 77 000 年的由赭石制造的具有几何图案的东非直立人的艺术品。2004 年，考古学家在南非和东非发现了一个由人工钻孔的蜗牛壳和一个鸵鸟蛋。36 000 年以前，人类已经能够画出壮观的洞穴岩画了。当然这些新发现能让我们更好地理解智人的迁徙，但是我们还是不清楚其他原始人类的灭绝是否和智人的进化有关。例如尼安德特人能够制造和使用复杂工具，并且考古研究表明其具有抽象思维的能力。但是尼安德特人的灭绝是不是因为和智人之间展开了残酷的竞争而导致的，目前还处于争论阶段。

无论怎样，智人的出现，逐渐加快改变着和地球表面的其他物种的关系，创造出属于自己的“文明”。

第三部分　动物体的生命活动

第25章 神经系统和感觉器官

动物从最简单的单细胞进化到多细胞的生命形式，出现了细胞间或器官间以及动物体与外界环境之间越来越复杂的相互交流的方式。神经依靠动作电位传导使信号在细胞膜之间能快速地进行传递来完成细胞间的信息交流。动物的神经系统从内外环境中获取信息然后再编码处理成机体可以识别的电信号，最终使动物表现出适宜的行为，调节和适应着内外环境的变化。

25.1 神经系统

25.1.1 神经元

神经系统由两种基本的细胞类型构成：一种是神经细胞或者叫作神经元(neuron)；另一种是神经胶质细胞(neuroglia)。神经元由轴突和树突以及胞体组成(图25-1)。神经元具有可兴奋性：它们可以产生和传递电信号，就是所谓的神经冲动——动作电位(action potential)。神经胶质细胞不能传导动作电位，它们起着营养、保护、支持神经元的作用。比如脊椎动物脑部发育中有一种神经胶质细胞叫作星形神经胶质细胞(astrocytes)，它除了具有支持、营养神经元以及储存离子的作用外，还在脑发育及脑内神经元的迁移和定位中具有重要作用。还有一种小神经胶质细胞(microglial cells)对于神经的再生具有重要作用。

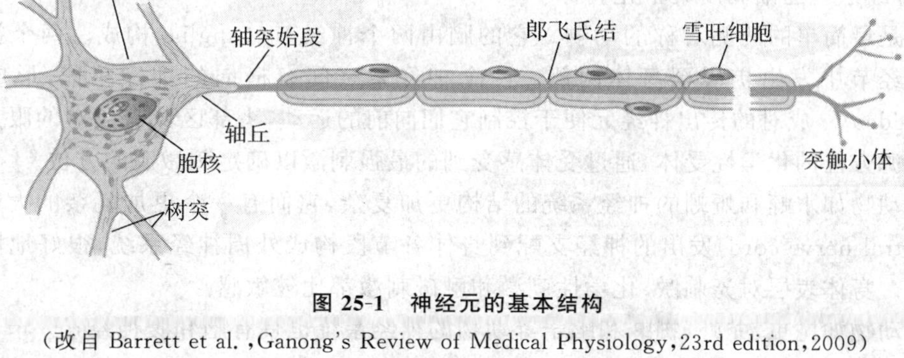

图25-1 神经元的基本结构

(改自Barrett et al.,Ganong's Review of Medical Physiology,23rd edition,2009)

脊椎动物和一些无脊椎动物中很多神经元具有长的轴突(axon)，并且长轴突由神经胶质细胞所包裹，形成髓鞘(myelin)，包裹住神经元的神经胶质细胞起着绝缘层的作用(类似电线外的绝缘层),可加快神经动作电位的传导速度。

脊椎动物外周神经系统中包裹神经元轴突的神经胶质细胞是雪旺细胞(Schwann cells);而中枢神经系统中包裹神经元轴突的神经胶质细胞是少突胶质细胞(oligodendrocytes)。神经胶质细胞并非将神经元的轴突完全包裹,而是在长轴突上留下了节段性的裂缝,此处无神经胶质细胞包裹,被称为郎飞氏结(nodes of Ranvier)。

多个神经元组成了神经网络(neural networks)以完成神经系统对信号的处理任务。神经网络中按照神经元的功能分为传入神经元(afferent neurons)、传出神经元(efferent neurons)和中间神经元(interneurons)三类。

传入神经元(也称为感觉神经元)是指将信号传递进入神经系统的神经元。感觉神经元(sensory neurons)能将内外环境多样的刺激(如光、热和压力等)转换成动作电位,然后传递进入神经系统。

传出神经元(也称为运动神经元)是指机体根据感觉传入信号的动作电位处理编码然后传出新的动作电位到效应器(effectors)如腺体或肌肉的神经元,以完成后期相应的生理反应和行为变化。

中间神经元能整合和储存信息,是介于传入神经元和传出神经元之间的起桥梁交流作用的神经元。

传入和传出神经元大部分在中枢神经系统(脑和脊髓)以外的外周神经系统中,而中间神经元大部分位于中枢神经系统,以人为例,99%的中间神经元位于中枢神经系统。

神经系统在动物中的变化很大,就前面所学门类学知识,我们知道神经系统的进化表现出越来越复杂的倾向。

25.1.2 无脊椎动物的神经系统

无脊椎动物中最简单的是水螅、水母和海葵的神经网神经系统,神经细胞相互连接,身体任何一点上的刺激会逐渐传遍全身。神经网受到刺激会接着刺激紧邻体表的肌肉细胞,使动物的触手收缩或开始游动。

刺胞动物是比较简单的辐射对称动物。随着两侧对称动物的出现,动物身体的一端(头部)开始接收来自环境的更多的感觉信息。神经组织开始逐渐向头部区域积聚,包括感觉器官的富集,神经系统逐渐高度集中化。

涡虫是最简单的两侧对称的动物。它的脑由两个神经节(ganglia)构成。两个神经索从这两个神经节中发出扩展至身体两侧。两个神经索之间有横向的神经相连,形成神经梯(nerve ladder)。成对的传出神经元便于控制它们向前的运动,头部区域有成对的眼点和能够感受刺激源方位的化学性受体,通过受体感受到的最强刺激以确定刺激源的方位。

环节动物如水蛭和蚯蚓的神经系统的结构更加复杂,它们有一个更加复杂的大脑。腹神经索(ventral nerve cord)发出的神经支配到身体各节段构成外周神经系统,很好地协调着动物的运动。身体表层对光刺激、化学性刺激和触碰刺激都比较敏感。

节肢动物如昆虫、龙虾、蜘蛛和蝎子等动物的神经系统也具有脑和腹神经索。节肢动物的感觉器官很发达,具有感受光、触碰、化学、声音和平衡等多种感觉。许多节肢动物具有非常复杂的行为,比如我们所熟知的蜜蜂通过圆圈舞来相互交流和告知食物的方位和距离。

无脊椎动物中以头足纲的章鱼和鱿鱼的神经系统最为发达。它们具有聪明的大脑、敏锐的视觉和敏感的触觉。

25.1.3 脊椎动物的神经系统

神经组织高度集中化的代表是脊椎动物的神经系统。脊椎动物的神经系统分为外周神经系统(peripheral nervous system)和中枢神经系统(central nervous system)。脊椎动物的中枢神经系统由包裹在硬化的骨骼内的脑(brain)和身体背部管状的脊髓(spinal cord)构成。鱼类或两栖类动物的大脑相对而言较小、较简单,而哺乳动物的大脑尤其是人类的大脑就非常复杂了,容量(大脑占身体比重)也相对大很多。

外周神经系统感受到机体内外的各种刺激(可能来自于皮肤、肌肉、骨骼及其他器官的感觉受体产生的动作电位),然后将刺激信息以动作电位形式通过感觉神经元传递到中枢神经系统,然后中枢神经系统发出指令通过运动神经元作用于肌肉或者腺体上,完成相应的生命活动。许多神经是由感觉神经纤维和运动神经纤维一起构成的混合神经。

外周神经系统的运动通路包括自主性(非随意)/植物性神经系统和躯体(随意)神经系统。躯体神经系统携带运动指令到达随意肌——骨骼肌,使得我们能骑车、握手或讲话等。植物性神经系统将神经冲动传递到平滑肌、心肌或腺体上,在无意识的情况下完成内在器官功能的执行。

自主性神经系统进一步分为交感神经系统(sympathetic nervous system)和副交感神经系统(parasympathetic nervous system)。在压力或应急情况下,交感神经系统处于支配地位,其结果是:增加心率和呼吸频率,使呼吸道扩张,便于气体的交换;减少肠道中的血液而转移至心脏、大脑和骨骼肌等处,以便于动物的“战斗或逃跑”(fight or flight)。当机体处于休息和“静止状态”,副交感神经系统的功能是使心率减慢,使呼吸放缓,消化功能恢复正常。

不管怎样,机体在没有自觉意识情况下交感和副交感神经系统都会作用于同一器官,产生相互拮抗的效应,共同维持着机体的稳态。

中枢神经系统解剖上可见明显的两类神经组织——灰质和白质。白质主要是由传递信息的包裹髓鞘的神经元轴突组成的,脊髓外周和大脑内部的大部分都是白质。灰质由神经元细胞的胞体和树突构成,大脑外层、大脑内部的一些核团以及脊髓的内部是灰质。

25.1.4 动作电位

感觉神经元、中间神经元以及运动神经元都是通过神经冲动——动作电位(action potential,AP)的方式传递信息的。

早期生理学家提出细胞在静息时细胞膜内外可能存在电位差(即细胞处于极化状态),即静息电位(resting potential)。细胞在安静状态下,膜内外电位稳定于某一数值的状态,称为极化状态。1939 年英国生理学家霍奇金(Hodgkin)和赫胥黎(Huxley)选用枪乌贼(squid)巨大神经纤维(其直径为 500~1 000 μm)为材料证明了上述猜想。

细胞膜内外的液体是由多种离子所组成的电解质溶液,重要的是存在于细胞膜内外的各种离子的浓度是不等的。在不同的生理情况下,细胞膜对不同的离子具有不同的通透性。静息状态下,细胞膜对钾离子的通透性较大,而对钠离子的通透性很低,对有机负离子则无通透性。

正是由于细胞膜内外这种差异的存在,在静息状态下,细胞膜内外存在钾离子的浓度差——浓度梯度(concentration gradient),而细胞膜又允许钾离子通过,因此钾离子顺浓度梯度移向膜外。由于细胞膜内有机负离子不能透过细胞膜而留在膜内,就造成了两种结果:一是由于钾离子的向外扩散,膜外增加了正电荷,膜内减少了正电荷而相对地有较多的负电离子,形成了膜外为正、膜内为负的局面;二是由于钾离子外流使膜内外形成的电位差(电位梯度,potential gradient),使得钾离子的外流受阻(因受到膜内负电荷的吸引和膜外正电荷的排斥)。当由浓度梯度促使钾离子外流的力量与由电位梯度促使钾离子内流的力量达到平衡时,钾离子进出细胞膜的净通量为零。于是细胞膜两侧的电位梯度即维持在某一稳定不变的数值,这一电位梯度就叫作钾离子的平衡电位。但静息电位并不等于钾离子的平衡电位,这是因为在静息条件下,细胞膜对钠离子和氯离子也有一定的通透性,这是造成静息电位与钾离子平衡电位不能完全相同的主要原因。

如果当神经细胞的某个部位受到刺激而兴奋时,就会在细胞膜静息电位的基础上发生一次短暂的电位变化。这种短暂的电位波动可以沿着细胞膜向周围扩布,使整个细胞膜都依次经历一次这样的电位波动,故称为动作电位。

动作电位产生时,膜内原有的负电位迅速消失,并进而转变为正电位,即由原来的－70～－90 mV转变为＋20～＋40 mV,出现了膜电位的倒转,变成膜内为正、膜外为负,幅度达90～130 mV的电位变化,构成了动作电位的上升支。这种膜电位的极性变化,称为去极化作用(depolarization)(图25-2)。

当动作电位的去极化过程到达顶点后,该电位随后迅速下降到接近静息电位的水平,动作电位下降,称为复极化作用(repolarization)。可见动作电位是在静息电位的基础上,膜两侧电位发生的一次快速波动或可逆性反转,其持续时间很短。通常所说的神经冲动或兴奋波就是指一个个沿着神经纤维传导的动作电位而言。

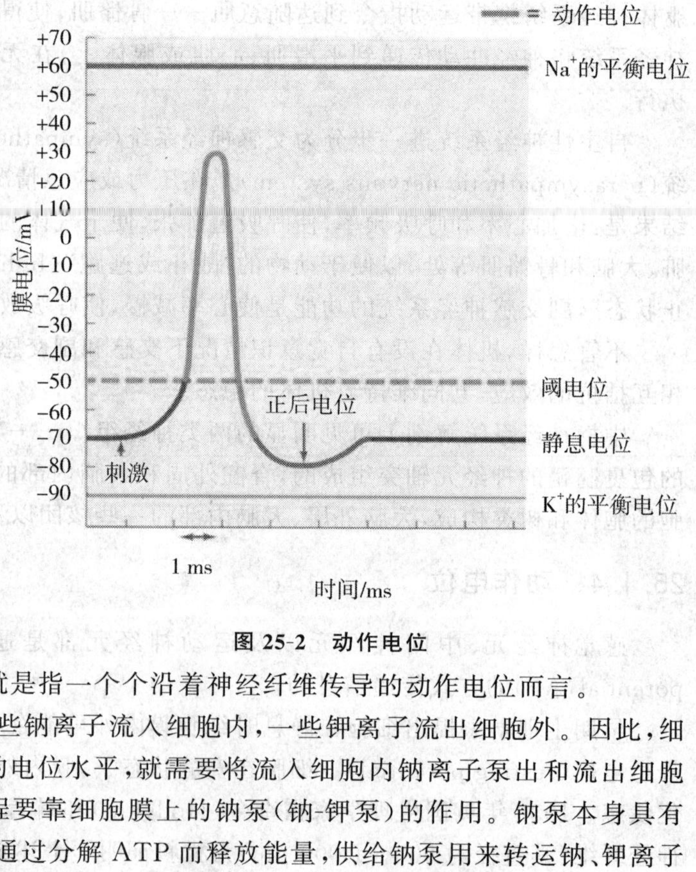

图 25-2 动作电位

每次动作电位发生后,都会有一些钠离子流入细胞内,一些钾离子流出细胞外。因此,细胞要完全恢复到原有的静息状态时的电位水平,就需要将流入细胞内钠离子泵出和流出细胞外的钾离子摄取回来。这种恢复过程要靠细胞膜上的钠泵(钠-钾泵)的作用。钠泵本身具有酶的功能(即所谓的钠-钾ATP酶),通过分解ATP而释放能量,供给钠泵用来转运钠、钾离子(每分子ATP可供钠泵向细胞外转出3个钠离子,而转入2个钾离子),故钠泵的功能主要与细胞膜内外阳离子正常浓度的维持有关。

用"静息电位"这个术语或许让人误解神经元此时消耗不了什么能量,实际上,"静息"时神经元消耗了大量的能量。可能神经元中3/4的能量都被用来维持静息电位,以便于神经元对各种刺激做出迅速的反应。

钠泵的活动要消耗 ATP，而 ATP 的产生要靠正常的新陈代谢。因此，低温、缺氧、使用某种代谢抑制物，都可使细胞内钾离子浓度降低，钠离子浓度升高，即可使细胞静息电位降低（负值变小）。从本质上讲，动作电位的传播不是初始动作电位在一点产生后沿着细胞膜传播下去，而是由于初始动作电位的刺激引起了相邻部位一个个新的动作电位的产生而传播下去的。

神经冲动通常在神经元的启动区出现，然后沿着轴突向突触末端传导。具有方向性而没有再次反向传回，是因为神经元细胞膜静息电位重建时有一个不应期，这个不应期将持续数毫秒，这时是不会再次产生一个新的动作电位的，因此神经冲动只能沿着轴突向下传导。

神经元轴突越粗其传导神经冲动的速度就越快。有髓鞘的神经元，髓鞘阻止了离子穿越细胞膜。似乎髓鞘阻止了动作电位的传导，实际上包裹神经元轴突的髓鞘并非完全将神经元彻底围住，因为存在郎飞氏结，离子在郎飞氏结处可以穿越细胞膜，此处具有高密度的钠离子通道。一郎飞氏结产生一动作电位，Na^+ 进入轴突扩散至下一个郎飞氏结处，刺激第二处的郎飞氏结的细胞膜去极化和钠离子通道的开放，在这里产生动作电位。通过这种方式，神经冲动沿着神经元的轴突，在郎飞氏结处“跳跃”传导。有髓神经纤维这种神经冲动的跳跃传导速度要比无髓神经的传导速度快 100 多倍。

神经元细胞传导动作电位到另一个神经元，可能是通过神经元细胞和另一个细胞建立的缝隙连接（gap junction）来完成的。缝隙连接是一类特殊的蛋白复合体，它在两个细胞质间提供了一个通道。在脊椎动物中，缝隙连接是由 Connexins 蛋白构成的复合体，而在无脊椎动物是由 Innexins 蛋白构成的。每个细胞膜形成半个通道复合体，两个紧密相连的细胞构成一个完整的通道复合体，这样水溶性的信使物质就可以通过这个通道从发出信使的细胞运输到相邻的细胞。但还有很多神经元相互之间并没有直接的连接，因此神经冲动不能直接从一个细胞进入另一个细胞，而是神经冲动到达突触末端，引起突触末端释放神经递质，然后此神经递质穿过神经元之间的小的缝隙到达下一个神经元，这就是所谓的突触传递。

25.1.5 突触的神经元交流

25.1.5.1 突触

突触（synapse）是一个神经元与另一个神经元或者肌肉细胞、腺体细胞进行交流而形成的特殊结构。神经元之间的突触可以由一个神经元的轴突与另一个神经元的轴突或者树突或者神经元胞体形成。

突触由三个基本部分组成：一个能够释放神经递质的突触前细胞（presynaptic cell）或称为突触前膜，一个能够接受神经递质的突触后细胞（postsynaptic cell）或称为突触后膜，以及这两个突触细胞之间的突触间隙（synaptic cleft）（图 25-3）。

电镜照片显示突触前细胞的轴突末梢最后分支变成末端膨大的圆丘状突触末梢（synaptic terminals）。膨大的圆丘状突触末梢含有很多小的囊泡，其中含有神经递质。突触后细胞的细胞膜上含有和神经递质结合的受体蛋白。

动作电位沿着轴突传导到突触前神经元的突触末梢细胞膜。突触末梢细胞膜去极化，离子通道开放，钙离子进入细胞内。钙离子流引发含有神经递质囊泡的胞吐作用，将神经递质释放入突触间隙。

神经递质在突触间隙中扩散，与突触后细胞的细胞膜上的受体结合。神经递质和受体结合改变细胞膜上受体的蛋白质构型。突触后膜离子通道开放，将会产生新的动作电位。

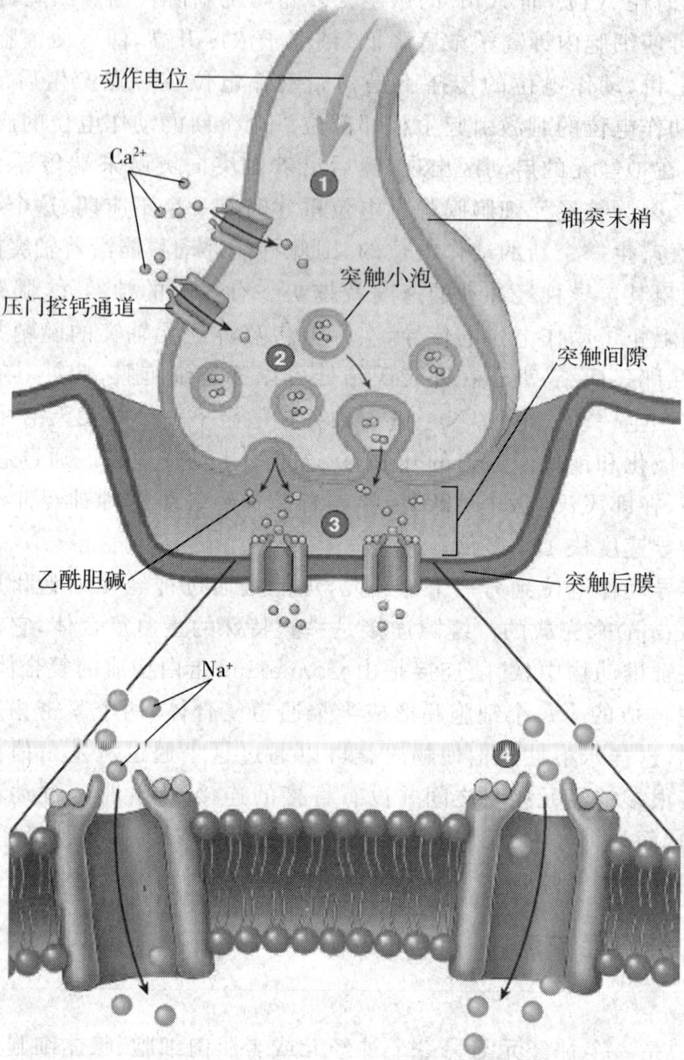

图 25-3　化学性神经突触的基本结构

(改自 Seeley et al.，Anatomy and Physiology，6 th edition，2006)

①前一个神经元的动作电位　②Ca^{2+}引起突触小泡内神经递质释放

③神经递质进入突触间隙　④乙酰胆碱与其受体结合使配体门控钠通道开放

神经递质和受体之间的作用可能是兴奋型的，意味着突触后膜可能会去极化，更易引发动作电位的出现，比如 Na^+ 通道的开放，Na^+ 进入突触后细胞内，就会导致新动作电位的出现；但也有可能神经递质和受体结合导致抑制性的作用，就是说突触后细胞内出现更多的负电荷，产生动作电位的可能性变小了。

人的大脑中至少有 100 种神经递质。最基本的两种递质是谷氨酸(glutamate)和 GABA(γ-氨基丁酸，gamma-aminobutyric acid)。其他的如 5-羟色胺/血清素(serotonin)、多巴胺(dopamine)、肾上腺素(epinephrine)、去甲肾上腺素(norepinephrine)和乙酰胆碱(acetylcholine)等也是体内非常重要的神经递质。

同一种神经递质可能会兴奋某些神经元，同时却会抑制另一些神经元。就突触后膜上的受体而言也是这样,同一受体可能对某些神经递质是兴奋性的,对其他递质是抑制性的。如许多谷氨酸受体就是兴奋性的,同样的运动神经元释放的乙酰胆碱也是兴奋性的,能够刺激肌肉细胞收缩;相反,大多数 GABA 受体都是抑制性的。

神经递质是如何完成其效应的呢?如果神经递质总是在突触间隙中,那么它诱导的效应就会一直持续,那样神经系统就会一直处于受刺激状态。事实上神经递质释放到突触间隙后能被一种酶破坏,或很快就会被突触前神经元的轴突所吸收摄取回。

要明白突触的这种兴奋冲动的传递是非对称的,就是神经冲动只能从突触前细胞传向突触后细胞,而并非相反。这种单向的信息传递和海葵动物的神经网的动作电位的传递不一样,海葵某一神经元受到刺激产生的动作电位能传遍全身,传导是多方向的。神经元之间的交流尤其是神经元和突触后细胞之间的交流被局限于特定的"固化的专用线路"之间,这种信息流的单向性所具有的物理结构上的进化对于动物适应多样的变化是至关重要的。随着进化,这种结构"专线"和动物的某些功能密切结合在一起,比如某些动物复杂的行为或特化的感觉器官的形成(包括脊椎动物的典型的特化感觉器官的出现)。

25.1.5.2 突触后细胞对突触信号的整合

目前介绍的基本上是一个突触上发生的事件。而人的大脑中有数十亿个神经元,每一个神经元能和成百上千个神经元形成多个突触结构和多样化的突触类型。如此多的突触都能产生动作电位,传导的信号可能就会自发产生障碍,那么一个神经元是如何决定要传导一个产生的神经冲动到另一个神经元的呢?

当然神经传递就是要神经元对这些产生的信号进行平衡,最终决定要传出哪些或哪个信号的过程。人体内的过多或过少的神经传递都会引发严重的疾病。很多药物都可以通过改变神经递质的活性来影响神经系统的功能。比如某些药物能和突触后膜的受体结合,从而阻止体内本应该和这些受体结合的神经递质的作用。还有可能药物改变了受体活性,引发新的动作电位出现。很多致瘾类药物的作用机理就是如此,如尼古丁、可卡因、海洛因等。

25.1.6 神经递质与相应疾病

很多神经递质与疾病密切相关,见表 25-1。

表 25-1 神经递质和相应疾病

疾病名称	大脑中神经递质失衡	表现症状
阿尔茨海默病(Alzheimer disease)	乙酰胆碱不足	失去记忆、抑郁、定向障碍、痴呆、幻觉、死亡
癫痫症(epilepsy)	脑内有过多的 GABA,导致去甲肾上腺素和多巴胺过多	突发性癫痫、失去意识
亨廷顿病(Huntington disease)	GABA 缺乏	多动症,痴呆,个性和行为发生变化,死亡
嗜睡(hypersomnia)	血清素过多	过度睡眠
严重失眠(insomnia)	血清素太少	难以入睡(有睡眠障碍)
肌无力(myasthenia)	运动神经元和肌肉细胞的突触上缺乏乙酰胆碱受体	渐进性肌肉萎缩
帕金森病(Parkinson disease)	多巴胺缺乏	手颤抖、运动缓慢、肌肉强直
精神分裂(schizophrenia)	GABA 缺乏导致多巴胺不足	不适宜的情绪反应、出现幻觉

25.1.7 脊髓在身体和大脑之间传递信息

脊髓由大脑基部发出沿着身体背侧向下扩展的神经组织构成。脊椎和颅骨包裹住中枢神经系，脊椎给脊髓提供物理上的“硬”保护。脊髓横切可见中心具 H 样的灰质及包裹住灰质的白质。脊髓背侧由携带感觉信息上传至大脑的神经元轴突束的白质构成，腹侧由传递大脑的运动信息到肌肉和腺体的下行的神经元轴突组成。

脊髓处理基本的反射不需要和大脑高级中枢相互作用即可完成。反射(reflex)是一个对于体内或体外的刺激进行的很快的无意识的反应。

有一系列神经元参与手碰触到尖物的缩手反射的整个过程。这些神经元构成反射弧，由感觉受体和效应器相连的神经通路组成。当手碰触到刺后，手指某部位产生动作电位，沿着神经元轴突传递。进入脊髓后和中间神经元的突触联系，再接着传导到运动神经元。运动神经元的轴突从脊髓发出，刺激骨骼肌细胞收缩。当大量的肌纤维收缩后，手自动远离尖物。脊髓的中间神经元还发出传递到大脑的动作电位，很可能还会出现伴随着疼痛而发出的大声尖叫。

25.1.8 大脑有多个结构和功能区域

以人为例：人大脑平均重量在 1.4～1.6 kg 之间；而且大脑随时消耗着身体的 20%的氧气和 15%的血糖。缺氧时长 5 min 就会对大脑造成永久性的损伤。

胚胎发育阶段，大脑从神经外胚层发育而来的神经管中分化出最初的三个部分：前脑、中脑和后脑，然后进一步发育出 5 个脑泡，即端脑、间脑、中脑、后脑和延脑。5 个脑泡继续分化，衍生出各种结构(表 25-2)。

表 25-2 大脑的分区和相关功能

三脑泡	五脑泡	衍生结构	功能
前脑	端脑	嗅叶	嗅觉
		海马	记忆存储
		大脑	智力
	间脑	视泡	视力
		上丘脑	形成松果体
		丘脑	视神经和听神经的中转中枢
		下丘脑	温度、睡眠
中脑	中脑	中脑	前后脑之间的纤维束、视叶
后脑	后脑	小脑	协调复杂的肌肉运动
		脑桥	大脑和小脑之间的纤维束
	延脑	延髓	不随意活动

中脑和后脑的一部分组成脑干(brain stem)。脑干调节着诸如呼吸和心跳等最基本的生命活动。除此以外，还发出 12 对脑神经，控制着眼睛、面部、颈部和嘴巴的运动以及味觉和听觉的传输。

脑干包括后脑的两个部分：脑桥和延髓。延髓和脊髓相连。延髓不仅调节呼吸运动、血压稳定和心率，而且调节呕吐反射、咳嗽、打喷嚏、排便反射、吞咽以及打嗝等基本生命活动。脑桥是延髓以上部分，其椭球形的白质连接着前脑和延髓以及小脑。

中脑也有脑干的一部分。中脑的一些区域控制意识，参与眼反射和听觉反射。另外控制随意运动功能的神经纤维穿越脑干到达前脑。中脑的某些神经元损伤坏死可能会导致帕金森病引发的不可控的颤抖行为。

后脑的最大部分是小脑(cerebellum)。小脑协调精细运动和调节肌紧张。

人脑最大的部分是前脑,这部分结构复杂,功能发达,调控诸如学习、记忆、语言、动机、情绪等功能。而前脑中有三个主要部分:丘脑、下丘脑和大脑。

丘脑(thalamus)的作用是感觉输入、输入信息的处理并将处理后的信息送至相应的大脑皮层区。下丘脑在丘脑以下,体积不到大脑的1%,其在调节神经和内分泌系统功能中具有非常重要的作用。下丘脑和垂体最为重要的中枢神经系统调控着全身的内分泌腺,协调着机体的稳态。总之来自于下丘脑的神经和激素信号调控如体温、心跳、水盐平衡、血压以及饥渴、睡眠和性唤起等诸多生命活动。

大脑和我们的性格、智力、知觉、学习和情绪等密切相关。人的大脑占脑容量的83%。高度发达的大脑分为两个半球(hemispheres)。左右大脑半球相互协作,由很厚的神经纤维束组成的胼胝体连在一起。左大脑半球一般控制身体右侧,右侧大脑半球控制身体左侧。大脑半球具有功能上的差异性,比如左侧大脑半球对演说、语言技能、数学和推理功能可能具有优势,右侧大脑半球对空间感、直觉、音乐和艺术天赋可能具优势,但是就整个大脑功能而言,离不开左右大脑半球之间的密切配合。

大脑的最外层是大脑皮质(cerebral cortex),是神经元富集而成的区域。人的大脑皮质只有几毫米厚,但是却具有上百亿的神经元形成的上万亿个突触连接。任何其他的大型哺乳动物的大脑都具有沟回结构,这增加了大脑皮层的面积,但是人类的沟回结构最为发达。

人的大脑皮质分为四个区域:额叶(frontal lobe)、顶叶(parietal lobe)、颞叶(temporal lobe)和枕叶(occipital lobe)。这些区域的功能有交叉。大脑皮层还有边缘系统(limbic system),有时又叫作大脑的情绪中心。丘脑和下丘脑以及颞叶边缘的两个区域——海马(hippocampus)和杏仁核(amygdaloid nucleus)都是边缘系统的一部分。海马对于长期记忆是必要的,杏仁核是调控诸如愉悦或恐惧等情绪的中心。

大脑的解剖结构很复杂,但是其功能更加复杂,人类对其了解只是刚开始,目前最为突出的科学研究就是美国和欧洲的"全球人类脑计划",该计划以探索人类大脑工作机制并绘制脑活动全图为目标。研究的新技术将打开探索大脑如何记录、处理、使用、存储、找回海量信息的"大门",加深对大脑功能和复杂行为的理解。该计划的实施将有助于加深对阿尔茨海默病、帕金森病等疾病的理解,并最终找到一系列神经疾病的新疗法。

25.2 感觉器官和感觉

动物依靠感觉系统感测内外环境的变化,依靠机体的反馈调节做出相应的调整,维持稳态。

内外环境的变化是以某种刺激形式作用于动物机体的。某种刺激其实是某一能量形式,如电刺激、机械刺激、化学刺激或辐射。感觉器官中感觉受体的作用就是将不同的刺激转换成神经系统的共同语言——神经动作电位。因此感觉器官是生物换能器,将不同的刺激转换成动作电位。不同的感觉器官对不同刺激的感受能力是不一样的。

25.2.1 感觉受体能产生动作电位对刺激做出应答

所有的感觉器官最终是从测度刺激的感觉受体细胞处获得信息。以人为例就包括多种感觉受体：机械性刺激感受器(mechanoreceptors)，因机械压力或变形而兴奋的感受器，例如对声、触觉和肌肉收缩起反应的感受器。温度感受器(thermo-receptors)对温度的变化做出反应。痛觉感受器(pain receptors)，能感受组织损伤、过热或超冷的变化以及损伤部位破损细胞释放的化学物质。本体感受器(proprioceptors)，能感受身体各部位的位置信息。光感受器(photoreceptors)能对光线刺激做出应答。化学感受器(chemoreceptors)能感受化学物质的变化。

一般而言，某一刺激改变了感觉受体细胞膜上包埋的蛋白质的构型，使得细胞膜对离子的通透性发生改变。离子的跨膜运动引发受体电位(receptor potential)。并非每一个受体电位都能诱发一个动作电位。只有受体电位超过阈电位的值，动作电位才能在感觉受体上产生。来自特殊受体产生的动作电位的频率变化传输到大脑中，会被大脑整合解析为刺激的类型和强度等相关信息。

25.2.2 连续刺激引起感觉适应

比如洗澡时水温相对较高而持续不变的情况下，人很快就会产生适应，并且能够忍受这一水温，并逐渐开始享受此过程。

这就是感觉适应的一个例子，即随着刺激作用时间的延长感觉变得相对不如原先那样敏锐了。其原因是感觉受体在那样的刺激下单位时间产生的动作电位越来越少。很多感觉受体都能很快地适应，但是痛觉受体的适应是很缓慢的，这是动物进化上的保护性适应机制，对动物而言具有重要意义。

感觉受体具有以下基本特征：

- 感觉受体含有敏感性的受体细胞或具有很好的外周分支的感觉神经末梢并能产生动作电位以对刺激做出反应。
- 其对某一刺激做出反应的解剖结构是特殊的。
- 受体细胞和传入神经纤维形成的突触具有向中枢神经系统传输的特殊神经通路。
- 中枢神经系统中这些传入的神经冲动被翻译成可识别的感觉如听觉或视觉等。

25.2.3 感受

25.2.3.1 化学感受

化学感受(chemoreception)是动物王国以及单细胞的真核动物中最古老和最普遍的感觉。靠这种感觉指导动物的行为在某种程度上远远多于其他感觉。单细胞动物利用接触性化学感受器(contact chemical receptors)来定位食物源和含氧量高的水并躲开有害物质。这些受体引发动物的一种方向性行为，即要么趋向化学源要么远离化学源，称为趋性(chemotaxis)。大部分动物具有距离性的化学感受器(distance chemical receptors)，或者说具有灵敏度非常高的感受器，这种距离性的化学感受一般称之为嗅觉(smell or olfaction)。这种感觉能指导大多数动物的食物行为、性选择和定位、领域行为、追踪和警告反应等多种行为。

所有脊椎动物和昆虫的嗅觉和味觉有明显的区分。尽管这两种感觉受体具有相似性，但嗅觉的敏感性要比味觉强一些，而且味觉需要对相应的化学物质接触才能产生感觉。中枢神经系统大脑也具有对嗅觉和味觉不同的定位区。

昆虫的化学感受器在昆虫的感觉毛上，称为感器(sensilla)。雌性昆虫的嘴部、附肢、翅缘及产卵器等处都具有味觉感器。它们的附肢末端有一个小孔，能感知四种基本的味觉：甜(吸引)、苦(排斥)、咸和水。昆虫头部两对嗅觉器官中触须和下颚须中都有嗅觉感器。这些嗅觉感器角质层具外孔，能够允许空气中的气味物质和信息素与嗅觉感器中的嗅觉受体神经元发生联系，产生动作电位。

社会类昆虫和其他动物，包括哺乳动物都能产生种属特异性的化合物——信息素(pheromones)。信息素是高度特化的动物物种间进行"通讯的语言"。释放出来的信息素能够影响同种其他个体的生理和行为变化。领域、社会等级、性和繁殖状态等的信息可通过信息素的相互交流的系统被同种动物所认知。蚂蚁体内有很多产生信息素的腺体，这些信息素包括：警戒信息素、示踪信息素、诱发信息素(可以改变蚂蚁群体内的内分泌和生殖性别决定的一种信息素)。

脊椎动物的味觉受体一般存在于口腔中，尤其是在动物的舌上，这样在动物采食时就可对食物进行感受甄别。味蕾(taste bud)的基本结构是由支持细胞包裹一簇味觉受体细胞组成的。味蕾有一小的外孔，这里有味觉感觉细胞特化的结构——微绒毛。化学物质和特异性受体位点的受体细胞微绒毛结合而被感受。基本味觉分为：甜、咸、酸、苦。尽管每种基本味觉产生的机制是不同的，但是基本过程都是特殊的化学物质使得受体细胞去极化产生动作电位，通过突触进入特异性的感觉神经元，然后沿着特异性的传导路线传导进入中枢神经系统(相应的脑区)，然后再对传入的信息进行加工分析。依靠脑部不同味觉受体亚型的活动来区分基本的味觉信息，这有点类似仅仅三种颜色的感光受体兴奋就能分出赤、橙、黄、绿、青、蓝、紫等颜色。由于味觉受体细胞受到食物摩擦而易受损，因此味蕾的生命周期较短(哺乳动物仅 5～10 d)，需要不断地更新。

味觉是许多动物常用以鉴定区分食物、配偶和天敌的基本感觉，在哺乳动物中这种感觉高度发达。虽然人类的嗅觉并非是哺乳动物中最发达的，但是也可以区分 20 000 种不同的气味。人的鼻子可以嗅出 1/2 500 000 mg 的硫醇味道，硫醇是臭鼬释放出的难闻的气味物质。即便如此，我们依然比那些依靠感觉存活的其他哺乳动物的嗅觉能力差很远。以犬为例，在新环境中我们用眼睛获取的信息可能最主动也最多，但犬却是用鼻子获取最丰富的信息。犬鼻子对同一微量物质的探测灵敏度可能比人要高百万倍，它贴着地面持续嗅闻来区分或跟踪那些遗留下的气味。

嗅觉的未知区域在鼻腔深部，此处表面的特化嗅上皮为很薄的一层黏膜，嗅上皮中包含几百万个嗅觉神经元，每个神经元的游离末端都特化伸出几个毛发样的纤毛(cilium)。进入鼻腔的嗅味分子与纤毛上的受体蛋白结合，产生的动作电位传导至大脑的嗅球。在此处嗅味信息又被传至大脑的嗅觉皮层，加工分析成嗅觉。嗅觉信息可被进一步投射到更高级的大脑中枢区域从而影响情绪、思想和动物的行为。

分子遗传学技术表明，哺乳动物中有一个大的基因家族负责嗅觉。来自这同一个基因大家族中的约 70 种基因也负责编码果蝇的嗅觉，其中的一些基因负责线虫的嗅觉。嗅觉基因家族在进化上是古老的和高度保守的。哺乳动物中每 1 000 左右的基因编码一种类型的嗅觉受体。由于哺乳动物能够区分 20 000 种嗅味，因此每一种嗅觉受体必定能和多个嗅味分子结合，一种嗅味分子也能和数个嗅觉受体结合。脑成像技术表明每一个嗅觉神经元都和大脑嗅球具有特征性的投射定位关系，此外表达同一种嗅觉受体基因的嗅觉神经元与大脑嗅球的神经联系是固定的，这就为嗅觉具有高度的敏感性提供了可能的神经解剖学的解释。投射到大脑的气味信息最后被鉴别成单一的感觉——嗅觉气味。

由于食物的风味要靠气味分子经吞咽通过喉部到达嗅上皮，因此味觉和嗅觉常混淆。除了最基本的酸、甜、苦、咸这些味觉外，所有的"味觉"都是食物中的风味分子到达了嗅上皮产生的。感冒时感到食物不香是因为鼻子不通气阻碍了风味分子从嘴中挥发到达嗅上皮和相应的嗅觉神经元结合而造成的。

很多具有领域行为的脊椎动物都具有一额外的嗅觉器官——犁鼻器（vomeronasal organ，VNO；or Jacobson's organ）。犁鼻器是一种化学感受器，能够感知食物以及信息素。在两栖类开始出现，在有尾两栖类中，犁鼻器是鼻囊腹外侧的一个深沟，在无足类和无尾类中则形成一个几乎完全与鼻囊分离的盲囊，但仍与鼻腔连通，而在爬行类中，犁鼻器和鼻腔分离，形成两个独立的囊，直接开口在口腔。由于它通常位于犁骨的上方，因而称为犁鼻器。爬行类的蜥蜴和蛇类的犁鼻器最发达（鳄和龟鳖类的犁鼻器退化）。其内壁具嗅黏膜，通过嗅神经与脑相连。由于犁鼻器不与外界相接相通，因此要靠舌的帮助。蛇的舌头有细长而分叉的舌尖，总是在不停地吞吐。当舌尖缩回口腔时，即进入犁鼻器的两个囊内，产生嗅觉，从而判断其所处的环境条件。鸟类犁鼻器退化。哺乳类在胚胎期也有犁鼻器，至成体大多退化，但在单孔类、有袋类、食虫类、啮齿类、兔形类及有蹄类的成体中仍存在。人类的犁鼻器虽然已经退化，但是同一宿舍的女性月经的同步化（synchronization）就是人类通过犁鼻器感受信息素进行交流的很好实证。

25.2.3.2 机械性感受

机械性感受（mechanoreception）对量化的外力诸如触碰、压迫、牵张、声音、震动和重力等很敏感。简而言之，机械性感受对运动起反应。动物时刻和环境相互作用，它们需要感受外界变化，维持正常的姿势，要走、要游泳或要飞翔都需要来自机械感受传来的稳固的信息流。

25.2.3.3 触觉

无脊椎动物，尤其是昆虫有多种敏感的触觉受体。昆虫的触觉受体触毛天生具有对碰触和震动很高的敏感性。脊椎动物的表层触觉受体分布于全身，富集在其与环境常常接触的区域。许多脊椎动物的这些部位就是脸部和四肢。人体表层有超过 50 万个触碰的敏感点，这些点大多在舌头和四肢的指/趾端。最简单的触觉受体是皮肤裸露处的神经末梢，但是触觉受体具有多种形态和类型。每一毛囊中都具有对触碰敏感的受体。

帕氏小体（Pacinian corpuscles）在哺乳动物皮肤中是相对大的对深度触碰和挤压起感受的机械受体。帕氏小体一般位于深层皮肤、围绕在肌肉和筋腱的结缔组织和腹部的肠系膜处。小体中心为一条棍状的圆柱体，周围为扁平的细胞与少量纤维组成的多层板层样被囊，各层之间充满胶样物质。有髓神经纤维从小体一端进入，在小体内尚有最后一节郎飞氏结，然后髓鞘及郎飞氏结消失，神经纤维轴柱进入被囊中轴的杆状圆柱体内，形成神经末梢。由于小体是饱满的和几乎不被压缩的，因此当一机械刺激施加于其表面时，就只能使神经末梢感受到小体成分的不同位移，从而获得压觉。这些机械受体具有感觉适应，因此早上我们穿上衣服和鞋袜的感觉很清楚，但是我们不会一天都提醒自己穿着衣服和鞋袜。

25.2.3.4 痛觉

痛觉(pain)受体是一些对机体组织具破坏性/损伤性的各种刺激起反应的相对非特化的神经纤维末梢。这些游离神经末梢也对其他的刺激诸如组织的机械运动和温度变化起反应。痛觉神经纤维对小肽类物质如P物质和受损细胞释放的血管缓激肽起反应。这样的反应是缓慢的痛觉(slow pain)。急痛(fast pain)反应(如扎刺或者过热和过冷刺激导致的)是神经纤维末梢对机械运动和温度刺激更为直接的反应。痛觉刺激的适应期很长,不会轻易适应,这是机体的一种进化上的适应性保护。

痛觉是一种危险迹象的表征,愉悦是另一种对环境的刺激发生的有用的感觉。愉悦感和中枢神经释放的内源性的阿片类物质有关。

25.2.3.5 鱼类和两栖类的侧线器官

侧线(lateral line)是鱼类和两栖类动物用来测定水波震动和水流变化的远距离探测器官(见图19-16)。侧线的神经受体细胞叫作神经丘(neuromaster),位于鱼类和水生两栖类动物的体表。很多鱼类的侧线在表皮下的一个联通的小沟槽中,沟槽是和外界水环境相通联的。神经丘是感觉神经元末梢的毛细胞(或是纤毛)聚集于胶样楔状的团块中。这个团块向侧线沟槽的中间凸出,对于流经身体表面的任何水的扰动都能起反应。侧线器官是鱼类运动、躲避天敌、捕食以及寻找性配偶等活动中最基本的感受系统之一。

无脊椎动物的平衡囊和脊椎动物感受平衡的前庭器官中都有毛细胞。

有些鱼类的侧线还具有感受其他动物因肌肉收缩产生的电信号的作用。有些鱼类,如鲨鱼的侧线和感受电信号的受体细胞距离非常近,且基本向头部区域集中。有些鱼除了能接收电信号,还能依靠自身的发电器官产生弱或强的电场,如电鳗或者淡水鲇鱼的尾部特化的肌肉或者海洋电鳐头部发电器官可生电。除了捕获猎物外,电场在鱼类还有种间交流和配偶选择等作用。

25.2.3.6 听觉

耳朵是用来测定环境声波的特殊感觉受体。声音的交流和接收是陆生脊椎动物生活中的一部分,也许我们会奇怪大部分的无脊椎动物习惯于沉寂无声的世界。只有某些节肢动物——甲壳纲、蜘蛛纲和昆虫纲具有真正的声觉受体器官。即便是在昆虫纲动物中,也仅有蝗虫、蝉、蟋蟀、蚱蜢和大多数的蛾类有听器,这些听器具有简单的结构:一对气囊,每个气囊由一个鼓膜封闭,鼓膜能将声音的变化传递到感觉细胞处。虽然简单,但是昆虫的听器对于探测潜在的交配配偶、某一竞争对手或者是掠食动物而言就是一个很完善的设计了。

有意思的是某些夜蛾能探测超声波。这些夜蛾能探测到正在靠近的蝙蝠,做出反应,从而减少成为蝙蝠晚餐的机会。每一个夜蛾的听器有两个感觉受体,称为A1和A2。夜蛾的A1受体对蝙蝠的超声尖叫起反应,这种超声波是蝙蝠远距离探测猎物时发出的。蝙蝠接近夜蛾时,这种超声波的强度增加,夜蛾的A1受体的反应越来越快,告知夜蛾蝙蝠逐渐靠近的信息。夜蛾有两个听器,其神经系统通过比较两个听器动作电位的发放频率可以测得蝙蝠的位置。在蝙蝠定位它之前夜蛾做出反应可逃走,但是如果蝙蝠靠得很近了,第二个受体A2开始工作,A2受体仅对很高强度的超声波有反应。夜蛾通常选择瞬时的逃避反应,直接掉进灌丛中或地面上,在这样的环境背景下蝙蝠是无法区分夜蛾的。

从进化上看,脊椎动物的耳朵起源于平衡器官,或者说迷路(labyrinth)。所有的有颌类脊椎动物,从鱼类到哺乳动物,迷路都具有相似的结构,具两个小室(叫作球囊和椭圆囊,saccule and utricle)和三个半规管(semicircular canal)。脊椎动物的进化中,在鱼类小囊的基础上进一步扩展成瓶状囊(lagena),发育为四足动物中的听觉受体。在鸟类和哺乳动物中随着进一步的发展,瓶状囊发展成为耳蜗结构(cochlea)。

以人的耳朵作为哺乳动物耳朵的代表为例(图 23-10)。

最外面是外耳。外耳是耳朵收集声波、传递声波通过孔道进入中耳或鼓膜(tympanic membrane)的结构。中耳是一个充满空气的气室,中间具有三块听小骨,根据其形态称之为锤骨(malleus)、砧骨(incus)和镫骨(stapes)。这三块听小骨是起杠杆传递能量的作用的。声波通过鼓膜再经听小骨的镫骨,最后作用到内耳的卵圆窗(oval window)上,此种传递使声音的能量放大了 90 多倍。听到巨大的噪声后附着在中耳听小骨的肌肉会收缩,提供某种程度的保护,避免内耳因噪声受到破坏。中耳与咽部有咽鼓管(eustachian tube)相连通。咽鼓管的作用是保证鼓膜两侧的气压平衡。鸟类、爬行类及其他非哺乳动物只有一个耳骨。化石证据和胚胎学证据表明哺乳动物中耳的三块听小骨是由无尾两栖类的下颌骨进化演变而来的。

内耳耳蜗才是真正的听觉器官。哺乳动物的耳蜗是螺旋形的,有两圈半的螺旋。耳蜗纵向上的解剖结构是三个相互平行的管道,即前庭阶、中阶和鼓阶。这些管道从基部到顶端逐渐变狭窄。前庭阶(vestibular canal)基部由卵圆窗封闭。鼓阶(tympanic canal)和前庭阶在耳蜗的末端相连通,其基部由正圆窗(round window)封闭。这两个通道之间的管道叫作耳蜗管(cochlear duct),其中含有真正的感受声音的装置——科尔蒂器(organ of Corti)。科尔蒂器中有很多与听觉神经元相连的毛细胞(hair cells),人耳朵中至少有 24 000 个毛细胞。毛细胞在基底膜(basilar membrane)上,基底膜将鼓阶和耳蜗管分开,基底膜上由盖膜(tectorial membrane)所覆盖(图 25-4)。

声波作用于耳朵,能量通过中耳的听小骨传递到卵圆窗上,随着听小骨前后位置的移动,推动着前庭阶和鼓阶中的液体运动。由于液体不能被压缩,因此卵圆窗朝内的相应运动会造成正圆窗与此相应的向外突出的运动。液体振动也引起了具有毛细胞的基底膜的同步振动。

不同位置的基底膜对于不同频率的声波反应性是不同的,因此对于每一声音频率,基底膜上都具有特殊的对应此频率反应的毛细胞的位置区域。频率不同时,行波所能到达的部位和最大行波振幅出现的部位有所不同(图 25-5)。高频率振动引起的基底膜振动只限于卵圆窗附近,不能传多远;频率越低的振动引起的行波传播越远,最大振幅出现的部位越靠近基底膜顶部。当基底膜振动时,由于基底膜和盖膜的支点位置不同,使科尔蒂器与盖膜之间发生相对位移,使毛细胞上的纤毛弯曲,引起毛细胞上的离子通透性发生改变,最终导致听神经上冲动的发放。基底膜最大位移处毛细胞收到的刺激最大,相连的听神经也会有更多的冲动发放。不同部位的听神经发放冲动会引起不同的音调感觉。耳蜗底部感受高音调,中部感受中等频率的声音,顶部感受低音调。音调中的音量是由受到刺激的毛细胞的数量决定的。音质是由毛细胞受到振动刺激的模式产生的。

很多最近的研究表明毛细胞和科尔蒂器之间的相互作用比原先所知道的复杂得多,科尔蒂器中的这些受体细胞的主动反应增加了对声音的敏感性和选择性。

25.2.3.7 平衡觉

无脊椎动物一般是用平衡囊(statocyst)来感受重力的变化和低频振动的变化。平衡囊中具有毛细胞和覆盖在毛细胞上的钙质结构的平衡石(statolith)。动物改变自身位置会导致平衡囊中平衡石的位置改变,相应压迫下面的毛发样丝状感觉细胞。许多无脊椎动物从刺胞动物到节肢动物都可在体内发现平衡囊，其感知平衡和位置信息的机制类似。

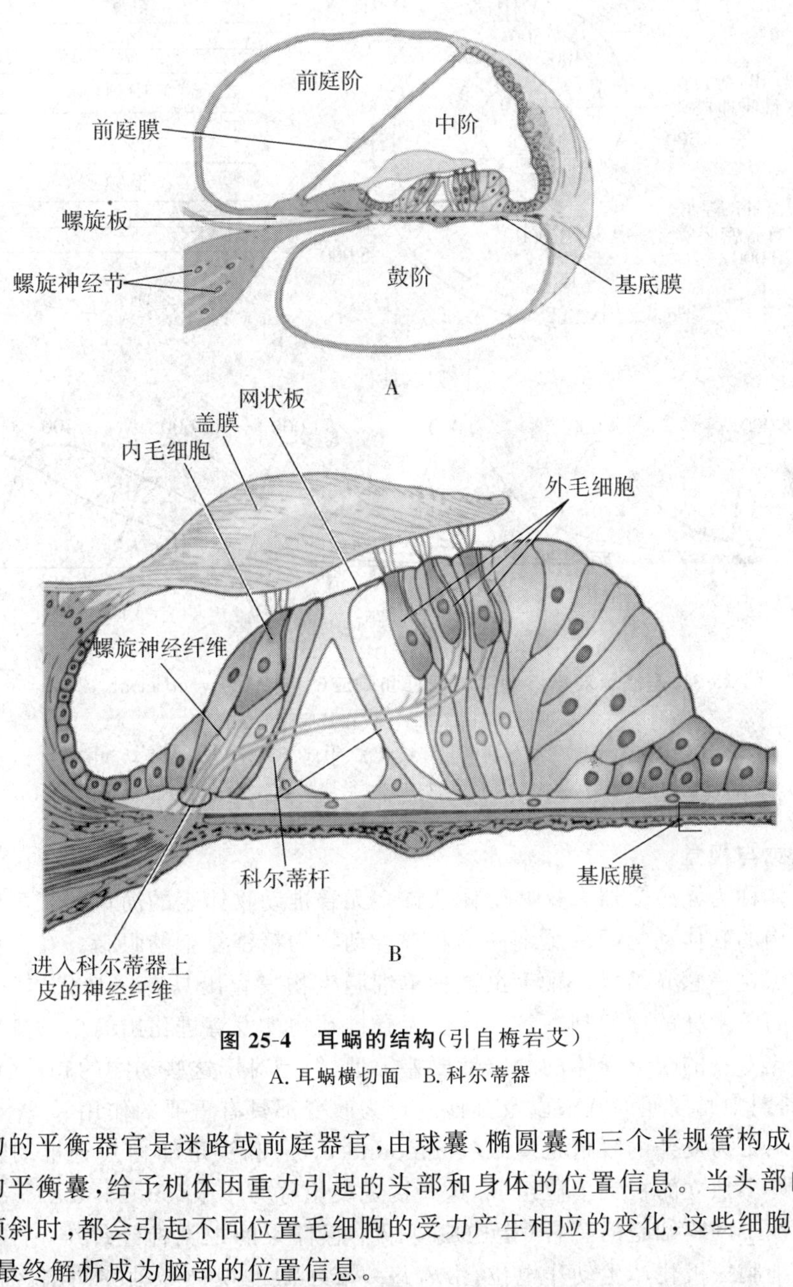

图 25-4　耳蜗的结构(引自梅岩艾)

A. 耳蜗横切面　B. 科尔蒂器

脊椎动物的平衡器官是迷路或前庭器官，由球囊、椭圆囊和三个半规管构成。椭圆囊类似无脊椎动物的平衡囊，给予机体因重力引起的头部和身体的位置信息。当头部向一侧倾斜或者向另一侧倾斜时，都会引起不同位置毛细胞的受力产生相应的变化，这些细胞产生动作电位传递到大脑，最终解析成为脑部的位置信息。

脊椎动物的半规管对动物的螺旋加速和线性加速的感受较强。这三个半规管呈三维互相垂直，每个都能感受一个方向上的旋转。半规管中充满了内淋巴液，半规管的基部是一个球状的扩大结构，称为壶腹(ampulla)，壶腹中有毛细胞。毛细胞被包埋在凝胶膜中，此凝胶膜称为吸盘/终帽(cupula)，在壶腹中凸出于内淋巴液中。吸盘和鱼类侧线系统的吸盘结构类似。头部旋转时半规管中的内淋巴液因为惯性的原因会保持不动。头部的运动至少会引起一个半规管中的内淋巴液的运动，使终帽偏转，刺激毛细胞。毛细胞释放的神经递质兴奋传入神经元，传入神经元发放神经冲动到大脑，告知身体和头部的旋转运动。

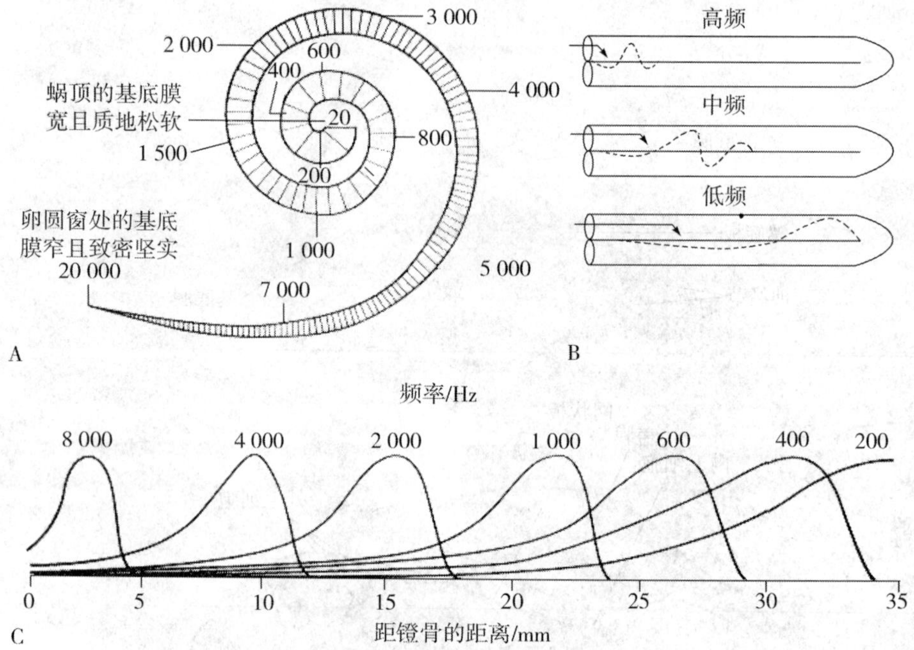

图 25-5　基底膜对声波频率的表征和响应(引自 Sherwood et al.,2005)

A. 不同频率(Hz)的声波在基底膜的表征

B. 高频、中频、低频声波分别引起耳蜗底部、中部、顶部产生最大振动和响应

C. 以镫骨(卵圆窗)为起始,不同频率的声波引起基底膜产生最大振动的部位与镫骨间的距离

25.2.3.8　光觉与视觉

光敏感受体称为光感受器。这些受体从许多无脊椎动物体表的简单的光敏感细胞进化到具有照相机结构的软体动物门头足纲动物和脊椎动物的精密复杂的眼睛。在一些单细胞动物中就出现了眼点这一感光结构。鞭毛虫这种单细胞生物发育出具有一晶状体、一个聚光室和一个感受光线的色素杯的原始"眼睛"。许多无脊椎动物都发育进化出简单的皮肤光受体。虽然皮肤光受体比专一的视觉受体的敏感性要差很远,但是对于这些动物的趋性、色素体中色素的分布、生殖周期中光周期的调整以及其他的行为改变都具有重要的作用。

动物进化出更为复杂的眼睛是复眼(compound eyes)和头足动物及脊椎动物的眼。节肢动物的复眼由许多独立的视觉单位组成,这些视觉单位称为小眼(ommatidia)。光从每一个角膜透镜进入并被小网膜细胞的感杆(指构成复眼中感杆束的视觉神经纤维)中的视色素所吸收。这些受体细胞去极化产生动作电位,沿着每一个小眼的视神经轴突向脑区传递。蜜蜂的复眼具有 15 000 个小眼,每个小眼单独成像,每个小眼成的像仅限视域中分离狭窄的区域。因此复眼成像形成的是一镶嵌(mosaic)图像。很多昆虫具颜色视觉,蜜蜂能看到紫外光照射下的花粉,这可以指导其采蜜。很多飞翔性昆虫能感受偏振光,并以此来导航。但是动物用复眼探物和脊椎动物的眼睛相比就差很远了。例如,一个果蝇只有和另一个果蝇之间的距离小于 3 cm 时才能互相发现(仅从视点角度而言)。但是复眼也具有优势,复眼对运动变化的感受能力很强。

某些环节动物、软体动物和所有的脊椎动物具有类似照相机样工作成像的眼睛。这样的眼睛在其前面具有光密封室和透镜系统，眼睛后面具有视网膜(retina)，能将聚焦的视域中的图像投射到视网膜上成像。

球形的眼睛有三层结构：①外层致密的巩膜(sclera)，给眼睛提供支持和保护；②中间一层的脉络膜(choroid coat)，容纳血管，为眼睛提供营养；③感光的视网膜层(图 23-11)。角膜(cornea)是能透射光线的巩膜的最前端。虹膜(iris)是具色素的"窗帘"，用来调节瞳孔(pupil)进光大小。脊椎动物的瞳孔通常是圆形或纵向垂直裂隙状开放的进光孔道，头足动物的瞳孔是水平裂隙状的，呈 W 形。虹膜后面是晶状体(lens)，一个能折光的圆形或椭圆形的具弹性圆盘，将光线汇聚到视网膜上成像。睫状肌(ciliary muscles)和晶状体相连，包绕着晶状体。脊椎动物能改变晶状体的曲率使光线偏折聚焦恰好位于视网膜上。头足动物的睫状肌能使晶状体在眼睛中移动，使其更靠近视网膜或远离视网膜，以此聚焦。实际上陆生脊椎动物光线进入眼睛角膜就开始折光，晶状体再进一步将近的或远的物象聚焦，使其落在视网膜上的像点清晰。在角膜和晶状体之间具有小室，称为外室(outer chamber)，外室中充满清澈水样的液体，称为房水(aqueous humor)；晶状体和视网膜之间具有更大的内室(inner chamber)，内室充盈着透明的胶样玻璃体液(vitreous humor)。

头足动物视网膜的光感受细胞排列在前，直接吸收进入的光线，而脊椎动物视网膜的光感受细胞排列在后，吸收光线产生动作电位后再反向传递进入视网膜中相应的其他细胞，进一步传导。最接近巩膜的最里层是色素视网膜或叫作色素细胞(chromatophores)，往外一层(神经层)(向着光线进入方向)是光感受器、视杆细胞(rods)和视锥细胞(cones)。人眼中大约有 125 000 000 个视杆细胞和 1 000 000 个视锥细胞。视锥细胞在光线充足时和颜色视觉相关，视杆细胞在弱光和微光时无颜色视觉。视网膜神经层再往外由中间神经元(水平神经元、双极神经元和无长突神经元)形成的神经网组成，这层神经元接续来自视锥细胞和视杆细胞的视觉信息并进一步处理传递给神经节细胞，多个神经节细胞的长轴突汇聚透过眼睛发出形成所谓的视神经(optic nerve)。中间神经元形成的这层神经网对来自视杆细胞的信号汇聚更多。动物适应弱光或黑暗环境表现在：来自数百个视杆细胞的信号能汇聚进入一个神经节细胞中，这极大地增强了弱光环境中的视杆细胞对光感受的有效性。中间神经元对视锥细胞的信号汇聚较少。动物通过协调不同神经节细胞之间以及调整双极神经元、水平神经元和无长突神经元细胞的敏感性来增强整体背景对比度和视觉图像的质量。

中央凹(fovea centralis)或视小凹(fovea)，是视网膜的视觉最敏感区域，其在视网膜的中央区域，与晶状体和角膜中心相对。这里只有视锥细胞，对于脊椎动物的白昼视觉是特化的区域。动物眼睛的敏锐度取决于中央凹的视锥细胞的密度。人中央凹的视锥细胞密度和狮子的接近，每平方毫米将近有 160 000 个视锥细胞。但是很多水生和陆生鸟类中央凹每平方毫米有 1 000 000 个视锥细胞，因此它们的双目视觉比人类的要高很多。

视网膜的外围只有视杆细胞，视杆细胞对弱光敏感。夜晚富含视锥细胞的中央凹对暗光和弱光不反应，因此那时我们基本上是色盲。夜行动物的视觉最发达的区域是其视网膜周围而不是中央凹。

1. 视觉的化学

视锥细胞和视杆细胞中有对光敏感的色素叫作视紫质(rhodopsins)。每个视紫质分子由一个大的视蛋白(opsin)分子和一个小的视黄醛(retinene)分子组成。视蛋白是一种酶(G 蛋白偶联受体，GPCR)，视黄醛源于维生素 A。光照射到感光色素分子上，视紫质分解为视蛋白和视黄醛，在暗处，视蛋白和视黄醛又重新合成视紫质。视黄醛在视紫质分解和合成过程中有一定消耗，因此视色素的再生需要供给维生素 A。视紫质分解后，视黄醛异构成为全反式视黄醛，视蛋白酶被激活，启动接下来的几步生化过程和细胞内的信号转导通路。其复杂的顺序行为是一个兴奋级联，极大地放大了单个光子的能量，引发视杆细胞或视锥细胞的超极化。超极化的信号通过中间神经元传递后导致神经节细胞出现去极化并产生动作电位。有趣的是在无脊椎动物眼中光感受器细胞产生去极化，而脊椎动物中相同的光线却产生超极化。

视网膜上完整的视紫质的量取决于进入眼睛中的光线密度。一个暗适应眼睛有更多的视紫质，对微弱的光线都很敏感；相反，一个亮适应眼睛视网膜上的大部分视紫质被分解成视蛋白和视黄醛。眼睛需近 30 min 才能完成对黑暗的感光适应，这期间视紫质的量逐渐增加。

2. 颜色视觉

视锥细胞的功能和颜色感受密切相关，视锥细胞需要的光刺激比视杆细胞所需的光强要高 50～100 倍。因此夜晚视觉基本上是视杆细胞完成的。有些脊椎动物和人类不同，具有黑夜和白昼视觉，而有些只具有白昼视觉或黑夜视觉。只具有白昼视觉的如普通的灰松鼠和某些鸟类，眼睛中只有视锥细胞，到了夜晚这些动物就变成“瞎子”了。

20 世纪 60 年代，科学家发现人类有 3 种视锥细胞，每一种视锥细胞对一特定波长的光波起反应。蓝色视锥细胞具吸收峰的光波波长是 420 nm，绿色视锥细胞是 530 nm，红色视锥细胞是 560 nm。色觉是比较这 3 种不同的视锥细胞的兴奋度而产生的。例如：540 nm 的光波可能使 95%的绿色视锥细胞、70%的红色视锥细胞兴奋，蓝色视锥细胞不兴奋。通过视网膜的神经回路和大脑视觉中枢的对比，大脑将信息整合成为绿色视觉。

脊椎动物中两栖类可能没有颜色视觉。硬骨鱼、爬行类和鸟类具有特别强的颜色视觉。但大部分哺乳动物却是色盲，只有灵长类动物和少数一些哺乳动物具颜色视觉，比如松鼠等。人眼中如果缺少某一种视锥细胞，就不能辨别某些颜色，称为色盲，这常常是 X 染色体的伴性遗传疾病，且多见红绿色盲。

第26章 动物的化学信号

神经和感觉器官一起参与信息的交流和对机体的调控，其特点是快速而准确，相比而言，动物体还有一套相对慢一些的进行信息交流和控制稳态的系统：内分泌系统及其化学信号。

这些化学信号物质有着共同的起源，那些对单细胞生物的生殖和摄食行为起协调作用的信号物质，在多细胞生物中也起着重要的作用；进化适应的结果是动物体内出现了新的信号物质，或者原先的一种激素在机体内出现某种新的功能。

26.1 化学信号

26.1.1 化学信号

化学信号是机体特殊细胞合成和分泌的用以完成诸如代谢、呼吸、排泄、运动、生殖及分化等机体发育各阶段生命过程的分子。

化学信号可分为：

(1)局部化学信使(local chemical messengers)：如某些自分泌(自己产生的激素作用到本体细胞的激素作用途径)和旁分泌(某些细胞分泌的激素作用到邻近细胞上的一种激素作用途径)的信号物质。比如肠腔内有很多用来调节消化的肠激素，受伤后主细胞产生的参与炎症反应的组胺类物质。

(2)神经递质(neurotransmitters)：神经分泌的信号物质，如乙酰胆碱。

(3)神经肽(neuropeptides)：有些特殊的神经细胞分泌的神经激素。比如，哺乳动物下丘脑合成的催产素，储存在垂体后叶，在生产时释放出来调节子宫肌的收缩。

(4)激素(hormones)：内分泌腺或者细胞分泌的特殊物质，进入血液循环系统，运输到全身细胞处，产生相应的生理作用。

(5)信息素(pheromones)：动物产生的释放到体外影响同种个体行为的信号物质。

总之，神经和内分泌系统相互配合、共同调节着机体的各种生命活动，因此也称之为神经-内分泌系统。在此系统中，长的、短的反馈系统调节着动物的机体功能，维持机体的稳态。

26.1.2 激素及其反馈系统

激素是内分泌腺或细胞产生和分泌的一类特殊的化学信使物质。内分泌腺及其激素作用的研究被称为内分泌学(endocrinology)。

激素分为蛋白类激素、氨基酸衍生物类激素及类固醇激素。比如，脊椎动物胰腺分泌的是蛋白类激素；甲状腺分泌的是氨基酸衍生物类激素；卵巢、睾丸和肾上腺皮质分泌的是类固醇激素。许多无脊椎动物神经分泌细胞产生多肽类的蛋白质激素，某些腺体产生类固醇类激素。

机体内激素有很少的量就能产生巨大的作用。激素作用于靶细胞，在三种途径上调控靶细胞的生化反应：①增强某种物质进出细胞的比率；②刺激靶细胞合成酶、蛋白质或其他物质；③促进靶细胞激活或者抑制靶细胞内已经存在的酶。

内分泌腺或者内分泌细胞分泌的激素并不总是连续不断的，而是与机体对稳态的调控所需相一致。动物体依靠反馈调节系统调节这一过程。负反馈系统指反应的结果会抑制起始的刺激，相反正反馈系统是加强其起始的刺激。动物体内的正反馈相对而言较少，因为正反馈会导致病理状态的出现和稳态失衡。动物的生产过程和哺乳是正反馈。

26.1.3 激素作用的机制

激素的作用与靶细胞上或者靶细胞中的受体密切相关。激素只能和相应靶细胞的自身受体结合才能进一步发挥其作用。如果细胞没有相应的受体，则激素对此细胞没有作用。激素必须通过与膜上的受体结合或者与细胞内的核受体结合发挥作用。

很多肽类激素和氨基酸衍生物类激素分子质量都很大、有极性，必须与靶细胞细胞膜上的跨膜蛋白质受体相结合。激素和受体形成复合物启动了细胞内一系列的分子级联事件，有的将其称为固定-膜-受体机制(fixed-membrane-receptor mechanism)。这样激素扮演第一信使的角色，启动细胞内第二信使的出现。比如细胞内出现的环腺苷酸(cAMP)、环鸟苷酸(cGMP)、Ca^{2+}/钙调蛋白、三磷酸肌醇(IP_3)、二酰基甘油(DAG)等都是第二信使。只有第二信使才能在细胞内继续发挥作用。cAMP是首个鉴定出来的第二信使。许多激素都能够在细胞中诱导出第二信使 cAMP，如甲状旁腺素、胰高血糖素(glucagon)、促肾上腺皮质激素(ACTH)、促甲状腺激素(TSH)、促黑激素(MSH)和抗利尿激素等。氨基酸衍生物肾上腺激素也诱导第二信使，发挥其激素的相应作用。很有可能同种激素作用于不同的靶细胞会产生不同的第二信使，因此一种激素的功能在机体内是多样的。

有些细胞膜上的受体本身就具有激酶活性，当激素与受体结合后启动了该酶的活性功能区，比如胰岛素和胰岛素样生长因子受体。

与这些分子质量大而不能穿越细胞膜的肽类激素或者肾上腺激素不同，类固醇激素(雄激素、雌激素和醛固酮等)能够穿越靶细胞的细胞膜进入细胞质内，和细胞内相应的受体(可能在细胞质中也可能在细胞核内)结合。这种激素受体复合物，称为基因调节蛋白，能激活或抑制特异性基因的转录，有的将此称为移动-受体-机制(mobile-receptor mechanism)。甲状腺激素和调节昆虫变态的激素蜕皮素(ecdysone)都是通过核受体发挥作用的。甲状腺激素首先需要和细胞膜上的跨膜转运蛋白相结合，消耗 ATP 才能进入细胞内，再与细胞内的受体进一步结合发挥作用。

最新的研究表明，雌激素除了有细胞内受体外，可能还具有膜受体，通过第二信使发挥多样的复杂的调控靶细胞的功能，这些都表明了激素作用机制的复杂性，也表明激素能够完成多种生理功能。

26.2 化学信号的演化及其作用

26.2.1 无脊椎动物的激素

动物王国中出现的第一个激素很可能是与动物的生长、成熟和生殖密切相关，而且第一个激素很可能是神经分泌的。无脊椎动物中只有很少的物种，如软体动物、节肢动物和棘皮动物等具有非神经分泌的激素，其他无脊椎动物的激素基本上是神经分泌的，称为神经肽（当然也存在固醇类激素和脂溶性有机分子）。无脊椎动物的激素调节动物体颜色的改变、生长、生殖、内稳态（如机体代谢、能量代谢水平和渗透压调节）等多种生命活动。

26.2.1.1 多孔动物

没有神经元，不具有神经分泌细胞，没有经典的内分泌腺，没有激素分泌。

26.2.1.2 刺胞动物

水螅的神经元细胞可分泌促生长激素（growth-promoting hormone），用于刺激水螅的出芽生殖、再生和生长。培养基中加入该激素能够加速刺激水螅节段的"头部"再生，这种能够刺激水螅头部再生的激素能促进水螅的有丝分裂。

26.2.1.3 扁形动物

30 多年前就在各种扁形虫体内发现了神经分泌细胞。其脑神经节和大神经索部位的神经分泌细胞分泌的神经活性肽可以促进再生、无性繁殖、性腺成熟。如有些绦虫和蛔虫头部的神经分泌细胞控制着节片的脱落或节裂的起始。

26.2.1.4 纽形动物

比扁形动物具有更大的头部神经元集中和更大的大脑，其大脑由背神经索和腹神经索在神经环（nerve ring）相连接后形成，神经节部位所释放的神经活性肽控制性腺的发育与水盐平衡。

26.2.1.5 线形动物

该门类虽然没有典型的内分泌腺，但是具有与中枢神经系统相连的神经分泌细胞，其释放的神经活性肽可以控制蜕皮。当新的表皮产生后，神经活性肽可以刺激外分泌腺在新表皮和旧表皮之间分泌一种酶——亮氨酸氨基肽酶（leucine aminopeptidase），该酶使新旧表皮之间充满液体，压力升高，使旧表皮破裂，实现蜕皮。

26.2.1.6 软体动物

神经环构成了软体动物的中枢神经系统，其中具有很多神经分泌细胞。这些神经分泌细胞产生的神经活性肽参与心率、水盐平衡和能量代谢等多种生理功能。某些腹足纲软体动物，如普通的陆生蜗牛产生的蜗牛螺旋素（land snail helix），可以刺激精子发生；产卵激素（egg-laying hormone）可以刺激卵的发育。卵巢和睾丸分泌的性激素可以刺激副性腺的发育。所有蜗牛的生长激素都能控制壳的生长。头足类软体动物，如章鱼（octopus）和鱿鱼（squid）的视腺（optic gland）可以分泌一种或数种刺激卵发育、精子增殖及副性腺特征发育的激素。

26.2.1.7 环节动物

环节动物具有发育很好的大脑系统和循环系统，有一个大的体腔，并且具有完善的内分泌系统，参与变态、发育、生长、再生和性腺成熟。

1. 多毛纲

如沙蚕分泌的保幼激素(juvenile hormone)可以抑制性腺活动，促进各体节生长与再生；促性腺激素(gonadotropin)可以刺激卵的发育。成年后，保幼激素分泌量减少，性腺的发育由于抑制因素的解除而成熟。幼年沙蚕的脑神经节能分泌促进再生的激素。后部体节切除的幼年沙蚕能重新长出体节，如果同时切除脑神经节，则不能长出新的体节。若此时将另一幼年沙蚕的脑神经节植入其体腔中，不与神经系统相连，沙蚕仍能恢复再生能力。若植入的神经节来自成年沙蚕，再生不能恢复。

2. 寡毛纲

如蚯蚓体内存在渗透压调节激素(osmoregulatory hormone)、高血糖激素(hyperglymeric hormone)。

3. 蛭纲

如水蛭所分泌的神经活性肽可以刺激配子的发育，诱发身体颜色的改变。蚂蟥的食道上和食道下神经以及腹神经索有两类神经分泌细胞，其中之一能产生肾上腺素类物质。

26.2.1.8 节肢动物

节肢动物中尤其是甲壳纲和昆虫纲的内分泌系统较为发达，对其研究和了解也是最多的。

1. 甲壳纲

如龙虾的内分泌系统参与蜕皮(ecdysis or molting)、性别决定及调节体色改变等生命活动。以龙虾的蜕皮为例：龙虾眼柄处有一些神经分泌组织形成的X器官(X-organ)，可以分泌蜕皮抑制激素(MIH)。与X器官相连的窦腺(sinus gland)可以储存和释放MIH，并沿窦腺神经细胞发出的轴突传递至龙虾小颚基部的Y器官，MIH抑制Y器官分泌蜕皮激素(ecdysone)，从而抑制龙虾蜕皮的发生。当中枢神经系统受到适宜的内外环境刺激时，MIH的释放被抑制，从而使Y器官分泌蜕皮激素增多，使龙虾出现阶段性的蜕皮现象。甲壳纲中还有心脏活性肽激素(cardioactive peptide)和甲壳动物高血糖激素(crustacean hyperglycaemic hormone)，前一激素可增强心率，后一激素可调节糖类、脂类和氨基酸的代谢，到节肢动物中此激素被称为脂酸释放激素(adipokinetic hormone)。

2. 昆虫纲

昆虫纲动物的蜕皮调节与甲壳纲类似，但是没有MIH的参与。英国生理学家Wigglesworth(剑桥大学)在20世纪30年代就吸血猎蝽的激素对其生长发育影响的研究奠定了该领域的基础性工作。昆虫大脑的视叶部位(脑间部)中存在一些神经分泌细胞，适宜刺激出现促使大脑视叶中枢神经系统的某些神经分泌细胞分泌促蜕皮素——脑激素(brain hormone，BH或PTTH)。脑激素被传递到前胸腺(prothoracic glands)并使其分泌和释放蜕皮激素(molting hormone，MH)，蜕皮激素专门诱导昆虫的蜕皮，能够促进某些旧表皮的重吸收和刺激生成新表皮。变态类昆虫在成虫期前胸腺退化，不再分泌蜕皮激素，羽化后成虫就不再蜕皮。在蜕皮过程中，昆虫大脑后侧有咽侧体(corpora allatum)，该腺体起源于外胚层，是由一对紧靠脑后并与心侧体相连的球状小体，其分泌保幼激素(juvenile hormone，JH)，使昆虫蜕皮后仍保持幼虫(larva)体态，延长幼虫阶段时间，抑制成虫器官芽的分化和发育。随着幼虫的不断蜕皮，个体不断增大的同时，咽侧体开始萎缩，咽侧体分泌JH减少，昆虫由幼虫转变成蛹(pupa)，外被茧(cocoon)以避环境刺激。在适度的环境条件刺激(春夏季节)下，蜕皮激素分泌增多,蛹蜕皮后羽化变成成虫(adult moth),实现完全变态。而无翅亚纲昆虫(如衣鱼)的前胸腺终生存在,性成熟后仍能蜕皮。这三种激素共同控制昆虫的生长、发育和变态。在幼虫期,保幼激素的浓度很高。在末龄幼虫期,保幼激素浓度降低,由脑激素刺激蜕皮激素分泌,使幼虫发生变态蜕皮而进入蛹期。蛹期保幼激素停止分泌,在蜕皮激素作用下,蛹变为成虫。

脑部其他神经分泌细胞和神经索能产生黏液素(bursicon)。这是一种能影响表皮角质外壳层的硬化及颜色变深的激素。昆虫的这种变化在蜕皮后几小时就开始了。

节肢动物中利尿激素(diuretic hormones)能刺激昆虫马氏管中的液体分泌。一个小神经肽家族中的叫作 FMRFF amide-related peptides(FaRPs)激素与动物的两侧对称发育密切相关,并且发现此激素在物种中具保守性。

26.2.1.9 棘皮动物

棘皮动物是后口动物,但是棘皮动物的内分泌腺和激素与脊索动物的差异很大,虽然从进化上棘皮动物更接近于脊索动物而不是原口的无脊椎动物。目前知道海星的辐射神经含有神经活性肽,称为性腺刺激物。用此激素给成年海星体内注射,会立即启动配子的排放、产卵行为及卵母细胞的减数分裂。此神经活性肽还能诱导一种叫作成熟诱导物质的激素的释放,成熟诱导物质在生殖系统中具有多种功能。

26.2.2 脊椎动物内分泌腺和激素

26.2.2.1 脊椎动物的内分泌腺

在长期进化过程中,动物内分泌细胞在形态上由分散的内分泌细胞发展为毛细血管分布丰富的腺体结构,在功能上从最原始的调节离子平衡发展到调节机体的生长、发育、生殖和消化代谢等几乎所有的生命活动。

脊椎动物有两种腺体:一种是外分泌腺(exocrine glands),如乳腺、唾液腺和汗腺。这类腺体有导管将分泌物排到体外或体腔内。另一种腺体是内分泌腺(endocrine glands),这类腺体没有导管,腺体细胞合成的物质称为激素,直接进入临近的细胞周围,然后再融入血液循环系统,被送至相应的靶细胞位置,发挥功效。

脊椎动物的内分泌腺具有三个特点:

• 不同物种中具有相同功能的激素(或神经肽)其结构也许很不同。

• 有确定功能的某激素具有物种特异性,换句话说就是,一个物种的这类激素在其他物种上可能具有另外一种功能。

• 某一物种中的某一激素作用到不同物种的同一类细胞或组织上可能会产生不同的反应。

从进化门类系统树上看,门类中似乎越低等的动物内分泌腺越简单。比如,鱼就没有哺乳动物含有的一些激素。鱼的大脑和脊髓是最重要的合成激素的场所。有颌鱼类有三个主要的分泌神经肽的地方。大脑中有两个,分别是上丘脑中的松果腺(pineal gland)和下丘脑中的视前核(preoptic nuclei)。松果腺受到光线刺激产生的神经肽会影响动物的色素沉积并明显抑制动物的生殖行为。松果腺产生特殊的激素——褪黑激素(melatonin),该激素对动物机体的代谢有着广泛影响,但是此激素合成受到光强和日照长短的刺激而存在相应的分泌节律性。下丘脑的视前核分泌多种神经活性肽,这些神经肽具有调节鱼生长、睡眠和运动等多种功能。鱼的尾垂体(urophysis)是第三个重要的产生功能性神经肽的场所。尾垂体是鱼脊索尾部的一个分泌性结构，其周围有毛细血管分布，组织结构与神经垂体极为相似。该区域分泌的神经肽能够调节鱼的水盐平衡、血压以及平滑肌收缩。其他脊椎动物的尾垂体所具有的功能和对该动物的生物学意义目前所知甚少。

动物的垂体（图 26-1）分泌促乳素（prolactin），该激素能刺激许多动物的生殖性迁移，如蝾螈的趋水运动（为繁殖做好准备），变态，某些鱼类的孵卵行为。尤其对于那些洄游到淡水中产卵的海洋鱼类如鲑鱼，此时该激素对鳃和肾的水盐平衡控制具有重要作用。此激素改变了两栖类动物皮肤渗透压调节的特性，能刺激雌性动物输卵管发育和排卵，还能控制某些两栖类动物性别特征的发育。鸟类中此激素能刺激营巢、孵卵行为和双亲的抚育行为。哺乳动物中此激素能刺激乳腺发育和乳汁产生，还与男性性行为的不应期和性满足感有关。因此说脊椎动物中的促乳素具有结构上的保守性（所有脊椎动物中的促乳素结构上都很相似）和功能上的多样性。

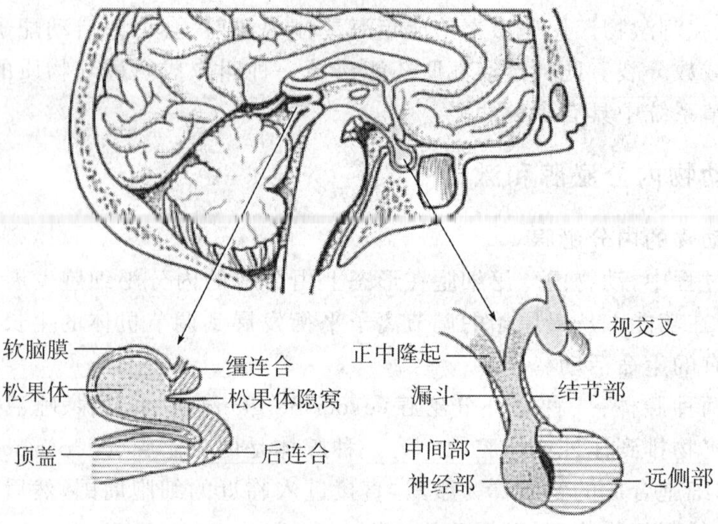

图 26-1　神经内分泌系统：垂体和松果体

从进化的角度上有证据显示最早的脊椎动物的甲状腺起源于动物消化管前末端一个携带食物的囊状结构。一般此腺体都位于脊椎动物颈部区域的咽腹侧。但是这个与食物消化密切相关的结构如何逐渐演变成内分泌腺的呢？有一种假说认为原先的这个和消化密切相关的囊，在进化过程中逐渐失去了和咽部的所有连接，变成了一个结构和功能都相对独立的腺体。结果是动物从一个体内“老”的结构中演化出和原先功能完全不相关的具新功能的结构。如 20 世纪初发现的小鼠调控甲状旁腺发育的 *Gcm-2* 基因，在鱼类中调控鳃的发育，而这两个器官具有共同的解剖起源。

脊椎动物间的甲状腺具有形态上的差异。很多种的鱼、爬行类以及一些种类的哺乳动物中，甲状腺具单一结构，但是有些物种中，甲状腺是分叶的。脊椎动物中该腺体分泌的甲状腺激素——四碘甲腺原氨酸（T_4）和三碘甲腺原氨酸（T_3），控制着动物的代谢率、生长和组织分化。一般在靶细胞中的脱碘酶作用下 T_4 转化为 T_3，虽然血液中的 T_4 浓度较高，但是由于 T_3 的活性比 T_4 强得多，因此 T_3 被认为是最主要的甲状腺激素。

正如上面讲到过的，不同脊椎动物的同一类激素对于不同的动物其功能可能是不同的。T_3、T_4 就是很好的例子。如 T_3、T_4 调节着许多脊椎动物的整体代谢率。但是两栖类动物中，T_3、T_4 还能调节两栖动物的变态。促乳素、T_3、T_4 在青蛙中的浓度变化很好地控制着青蛙的变态发育。蝌蚪体内低浓度的甲状腺激素及高浓度的促乳素控制着幼体的发育并抑制其变态发生。然而随着蝌蚪进一步发育，下丘脑和垂体释放更多的促甲状腺激素（TSH）和促乳素抑制激素（PIH），导致垂体合成更多的甲状腺激素，而促乳素逐渐减少。最终蝌蚪体内的 T_3、T_4 浓度达到一定量时引发变态。蝌蚪的尾巴被吸收，其余的变态发育继续完成。

有颌鱼类和原始四足动物体内食道区域的几个小的食道腹侧腺或后腮体分泌降钙素，降低血液的钙离子浓度，调节着血钙浓度的变化。

有些脊椎动物肾脏附近的特殊的内分泌腺细胞（嗜铬组织）或腺体（肾上腺）分泌的激素起到应激作用。这些组织和腺体产生两种激素（肾上腺素和去甲肾上腺素）。这两种激素可引起血管收缩，血压升高，心率加快，血糖升高，总之和动物的"战斗或逃跑"（fight or flight）行为密切相关。

26.2.2.2 鸟类和哺乳动物的内分泌腺

鸟类内分泌腺有：下丘脑（hypothalamus）、垂体（pituitary）、松果体（pineal）、甲状腺（thyroid）、甲状旁腺（parathyroid）、胸腺（thymus）、卵巢（ovary）、睾丸（testes）、肾上腺（adrenals）、胰岛（pancreas）、食道腹侧腺/腮后腺（ultimobranchial）。这些腺体分泌的激素及其功能和哺乳动物的类似。

有些鸟类，如鸽子其垂体分泌促乳素。促乳素刺激鸽子的嗉囊产生"鸽乳"。在促乳素和雌激素的共同刺激和调节下，鸽子表现出相应的孵卵和抚育行为，并且刺激身体孵卵斑位置的发育。孵卵斑是位于腹部和待孵化的卵接触的区域，在促乳素等激素的作用下，此处的羽毛褪去，皮肤下血管密布，此块区域肿大，这样孵卵斑可以使卵保持在 33～37℃之间，有利于卵的孵化和胚胎的发育。促乳素还调节着鸟类的脂肪代谢。

鸟类的甲状腺产生的甲状腺激素除了具有哺乳动物该类激素的相应功能外，还可以调节羽毛的正常发育和换毛周期，并且在启动鸟类的迁飞中具有重要作用。

雄鸟睾丸产生的雄性激素强烈地影响着雄鸟的第二性征，如鸟羽的颜色，鸟冠的有无，脚上的附趾等，而这些性状又强烈地影响着雄鸟的性行为。

鸟类的食道腹侧腺/腮后腺位于脖颈处恰在甲状旁腺下面，是成对的小腺体，此腺体分泌调节血钙浓度的降钙素（calcitonin）。

26.2.2.3 哺乳动物的激素

关于哺乳动物的内分泌腺（图 26-2）、相应的激素及其靶组织的研究是最多的（表 26-1）。

胸腺：胸腺离心脏很近。青春期的鸟类和哺乳动物中该腺体很大，很易在解剖上看到。随着年龄的增大，此腺体逐渐萎缩变小。胸腺主要分泌多肽类激素，如促胸腺生成素（thymopoietin）、α_1 和 β_4 胸腺素，这些激素对

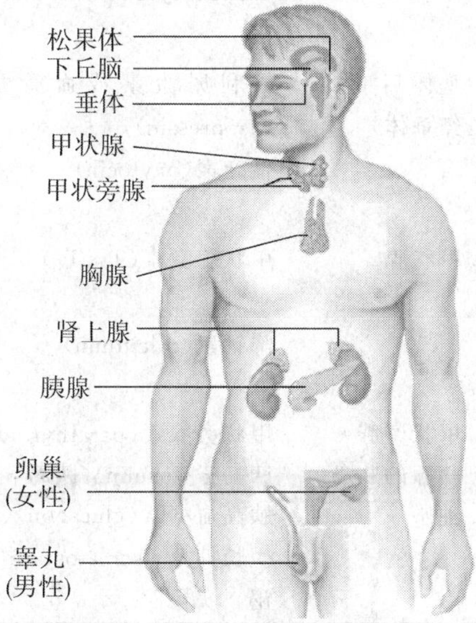

图 26-2 人体内的内分泌腺

于免疫系统的正常发育是必要的。

表 26-1 哺乳动物主要的内分泌腺及其分泌的激素和相关功能

腺体	激素	靶细胞和主要的功能
下丘脑	促甲状腺激素释放激素(thyrotropin-releasing hormone,TRH)	促进垂体前叶分泌的 TSH 的合成和释放
	促肾上腺皮质激素释放激素(corticotropin-releasing hormone,CRH)	促进垂体前叶分泌的 ACTH 的合成和释放
	促性腺激素释放激素(gonadotropin-releasing hormone,GnRH)	促进垂体前叶分泌的促性腺激素的合成和释放
	促乳素抑制因子(prolactin-inhibitory factor,PIF)	作用于垂体前叶,抑制促乳素的合成和释放
	生长抑素(somatostatin)	作用于垂体前叶,抑制生长激素的合成和释放
垂体前叶(腺垂体)	生长激素(somatotropin hormone,STH;or growth hormone,GH)	刺激骨骼和肌肉的生长;促进蛋白质的合成,影响脂肪和糖类的代谢;促进细胞有丝分裂
	促肾上腺皮质激素(adrenocorticotropic hormone,ACTH)	刺激肾上腺皮质激素的分泌,如皮质醇;与压力应激密切相关
	促甲状腺激素(thyrotropin or thyroid-stimulating hormone,TSH)	促进甲状腺合成和分泌 T_3 和 T_4,与动物的生长、发育和代谢率密切相关
	内啡肽(endorphins)	降低痛感
	促性腺激素(促黄体素或促卵泡素)(luteinizing,LH or follicle-stimulating hormone,FSH)	作用于性腺,刺激性腺的发育和性激素的分泌,调节性行为
	促乳素(prolactin,PRL)	促进哺乳动物乳汁合成,促进某些鸟类嗉囊分泌"嗉囊乳",调节鸟类的母性行为
垂体间叶或垂体后叶	促黑激素(melanocyte-stimulating hormone)	增加鱼类、两栖类和爬行类动物的黑素细胞数,减少虹细胞和黄色素细胞数;促进黑色素的合成,使皮肤颜色发暗
垂体后叶(神经垂体)	抗利尿激素或血管加压素(ADH or vasopressin)	作用于血管使血压升高;促进肾小管对水的重吸收
	催产素(oxytocin)	分娩时促进子宫收缩;产后作用于乳腺,引起排乳;可促进精子在雌性生殖道内的运行
甲状腺	甲状腺激素(T_3、T_4)	影响两栖动物的变态,影响动物的蜕皮或换羽,影响哺乳动物和鸟类的代谢、生长和发育
	降钙素(calcitonin)	抑制胃肠道对钙的吸收,抑制骨钙的溶解与再吸收,降低血钙水平
甲状旁腺	甲状旁腺素(parathyroid hormone)	升高钙浓度,激活维生素 D 的活性
胰腺的胰岛细胞	胰岛素(insulin)(胰岛 β 细胞分泌)	促进血糖的吸收和利用及糖原合成
	胰高血糖素(glucagon)(胰岛 α 细胞分泌)	刺激肝糖原分解和升高血糖浓度
	生长抑素(somatostatin)(胰岛 γ 细胞分泌)	抑制生长激素的分泌

续表 26-1

腺体	激素	靶细胞和主要的功能
肾上腺皮质	糖皮质激素(glucocorticoids)(如皮质醇)	促进碳水化合物的合成及蛋白质的分解;与抗炎症和抗过敏反应相关;调节压力应激
	盐皮质激素(mineralocorticoids)(如皮质酮)	调节肾脏的保钠排钾及水的平衡
	雄激素	与雌性的性激素和性欲相关
肾上腺髓质	肾上腺素(epinephrine or adrenaline)	动员葡萄糖的利用;增加流经骨骼肌的血液;增强氧耗;增强心率
	去甲肾上腺素(norepinephrine)	升高血压,使小动脉和小静脉收缩
睾丸	雄激素(androgens)(如雄酮、二氢雄酮等)	促进精子发生;维持雄性的性特征
卵巢	雌激素(estrogens)(如雌二醇等)	促进卵子发生;维持雌性的性特征
黄体	孕酮(progesterone)	维持妊娠;刺激哺乳动物乳腺发育
脂肪细胞	瘦素(leptin)	调控食欲、代谢和动物的生殖
消化道	胃泌素(gastrin)	控制胃肠的运动和相关激素的分泌
	促胰液素(secretin)	调节营养物质的消化和吸收
	胆囊收缩素(cholecystokinin,CCK)	调节营养物质的消化和吸收
	蠕动素(motilin)	调节营养物质的消化和吸收
心脏	心钠肽(atrial natriuretic peptide)	调节肾脏对钠离子的吸收;调节血压
肾脏	促红细胞生成素(erythropoietin)	促进骨髓中红细胞生成
	1,25-二羟维生素 D(1,25-dihydroxy vitamin D)	促进肠道对钙离子的吸收
	活性肽尾加压素(urotensin)	调控主要血管的收缩
松果体	褪黑激素(melatonin)	与性成熟相关;调控身体节律
胎盘	绒毛膜促性腺激素(chorionic gonadotropin)	与维持妊娠相关
	雌激素(estrogens)	促进卵子发生;维持雌性的性特征
	孕酮(progesterone)	推持妊娠;刺激哺乳动物乳腺发育
	胎盘促乳素(placental lactogen)	刺激乳腺发育
肝脏	胰岛素样生长因子(insulin-like growth factor)	调节细胞分化和增长
胸腺	促胸腺生成素(thymopoietin)和胸腺素(thymosin)	促进 T 淋巴细胞的功能

除此之外,哺乳动物体内还有很多激素并非内分泌腺产生的。比如心脏能产生心钠肽(atrial natriuretic peptide),此激素具有调节肾脏的水盐平衡的作用;肾脏产生促红细胞生成素(erythropoietin),能够刺激骨髓产生红细胞;体内的脂肪组织、肝脏、胃、胎盘和小肠等部位的相应组织或者细胞团都能分泌激素。

第27章 动物被覆物及动物的运动

动物体的基本特点之一就是能够运动。肌肉系统和骨骼系统一起构成运动系统。动物外被被覆物,丰富的动物世界也由动物多样化的被覆物得以初步呈现。

27.1 被覆物

动物的被覆物是动物身体最外层的覆盖物,包括皮肤和皮肤衍生结构。被覆物使动物保证自身内环境的稳定具备了最初的屏障系统。除了能很好地和外环境"隔绝",同时还使动物机体和外环境进行的排泄、呼吸、分泌、体温调节和各种感觉等相应功能得以实现。当然皮肤最基本的功能是保护身体,防止水分的过度蒸发或大量渗入,防止病原菌侵入,避免损伤或辐射等。

无脊椎动物身体外有一层表皮覆盖,有的在表皮外分泌非细胞结构的角质层、黏液、几丁质等物质来加强对身体的保护。节肢动物的"皮肤"也是其外骨骼,是无脊椎动物中最复杂的一类。脊椎动物皮肤由上皮组织的表皮和结缔组织的真皮组成。脊椎动物的皮肤随着动物环境从水生到陆生发生了相应的变化。水生鱼类表皮薄,皮肤富有单细胞黏液腺。两栖类动物皮肤裸露,富有腺体,陆生两栖类表皮开始出现角质化,目的是防止水分的散失。有些物种皮肤颜色鲜艳,变化很多,其皮肤腺体能分泌毒汁。爬行类动物的皮肤角质化,为了适应陆生、防止水分的散失,皮肤层加厚,甚至被鳞。鸟类具羽毛,皮肤薄具韧性,缺乏腺体。哺乳类动物的皮肤致密,身体表面的毛发是表皮角质化的产物,毛由露出皮肤外的毛干和包在真皮毛囊内的毛根组成,头部区域的尤其是嘴边、耳边等处的毛具有很强的感知能力。哺乳动物的皮肤腺发达。

皮肤具有多种衍生物,有表皮和真皮衍生物。真皮衍生物较少,如鱼类的硬鳞、骨鳞、鳍条,爬行类的骨板,哺乳动物的角等。而鱼类和两栖类的黏液腺、爬行类的角质鳞、鸟类的羽毛、爪,哺乳动物的毛、蹄、指甲、皮脂腺、汗腺、乳腺和气味腺等都是表皮衍生物。哺乳动物的牙齿是真皮和表皮的衍生物。

动物的颜色和动物皮肤衍生物中的色素细胞密切相关。被覆物的颜色通常是色素细胞中的色素产生的,但是许多昆虫和一些脊椎动物,尤其是鸟类,物理结构的皮肤表面组织能够反射某一特定波长的光而呈现出特有的颜色。动物常常利用皮肤层色素细胞中的色素富集程度来改变体色,如甲壳动物的色素细胞中的色素集中在色素细胞中间则动物的颜色变浅,扩展开来则身体颜色变深。有趣的是头足纲软体动物的体色变化机制和上面的不同,其色素细胞通过细胞内色素周围弹性囊外的肌肉纤维收缩来富集细胞内的色素,从而改变体色。这种收缩变化很快，使得章鱼或鱿鱼能很快改变自身颜色以适应环境变化。脊椎动物被覆物的颜色很多与色素细胞中的黑色素相关。黑色素存在于黑色素细胞中。脊椎动物具有的黄色和红色与黄色素细胞中的类胡萝卜素相关。大多数脊椎动物体内不能合成类胡萝卜素，而需要从食物中获得。很多动物在性选择中可以通过异性的这种颜色的强弱来判定潜在配偶的质量。身体内的黄色素和蓝色素重叠产生绿色。动物体被覆物中如果具有色素细胞，这种细胞中的鸟嘌呤或其他嘌呤较多时，通过反射光线能够产生银色或者金属色的体色。相比而言，哺乳动物的体色并不算“丰富多彩”，大多数动物显现较为“沉闷的”体色。但有些哺乳动物的皮肤具有鲜艳多彩的斑块，如山魈的面部等，灵长类动物因为具有颜色视觉，所以可以识别这种特有的颜色斑块，其实这样的斑块颜色也是由真皮中的黑色素细胞的黑色素沉积在增长的毛发中造成的。

27.2 骨骼系统

27.2.1 流体静力骨骼

流体静力骨骼(hydrostatic skeletons)又称流体骨骼。肌肉间的拮抗不依赖具有关节的骨骼系统，而是以体液、软组织、消化管内容物等的压力为媒介实现的，此时这些压力传导系统可以看作是机能上的骨骼。原生动物、蠕虫、刺胞动物(例如水母、珊瑚虫等)、软体动物和环节动物(例如水蛭)等具有流体静力骨骼，提供了极好的支持，如环节动物的充满液体的体腔；没有固定的形状，动物依赖体壁中的肌肉维持体形，而肌肉收缩的力量作用在充满液体的腔上；蠕虫体壁或脊椎动物消化管等的纵行肌与环行肌的拮抗，就是借助于由这些肌肉环绕而成的腔内压力进行的。具有流体静力骨骼的动物一般运动缓慢，并且有相对比较薄的体表覆盖物，水和空气可以透过这层覆盖物(因此很容易在陆地上失水，并受到擦伤和被捕食的危险)。因此流体静力骨骼对低等无脊椎动物的运动和体形的维持以及脊椎动物内脏平滑肌的活动等，都有很重要的作用。

27.2.1.1 流体静力骨骼的工作原理

在容积固定、封闭而有弹性的容器中，溶液不能压缩，但动物机体可变形(如假体腔或体腔)。体腔内部液体为身体提供支持力；肌肉收缩改变体腔的形状，体腔液便可以将肌肉产生的力传递到身体的其他部分。

体腔横向分节进一步影响身体控制。如蚯蚓的分节：身体的一部分能够与其他部分存在不同方向的运动。作用相反的肌肉，使身体容易变形，如环肌与纵肌(图 27-1)。即蚯蚓在运动时，当环肌收缩，纵肌因体内液体的压力而伸展，身体变长；然后纵肌和环肌交替收缩，身体向前运动(图 27-2)。

局部化的流体静力骨骼见于海星的管足，或存在于纽虫的吻和吻腔中，也见于雄性哺乳动物的阴茎勃起。

27.2.1.2 流体静力骨骼的特点

在封闭的充满液体的体腔内形成，无固定形态，维持体形和运动依赖体壁中的肌肉；具有大的肌肉束，并且通常没有杠杆作用使肌肉运动的速度或力被扩大。如果充满液体的腔被刺破，将会造成严重问题。

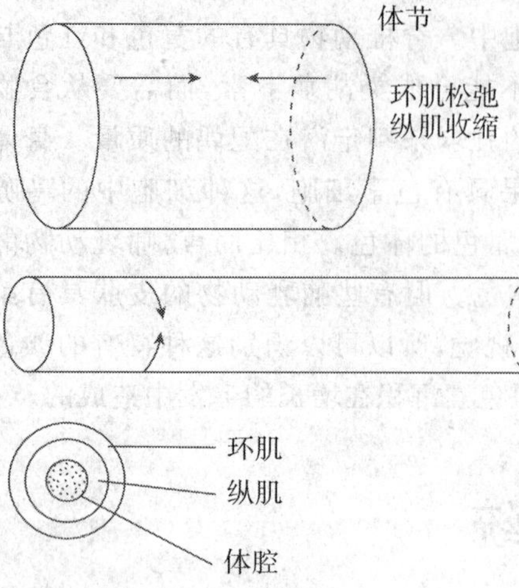

图 27-1　蚯蚓的流体静力骨骼与体壁的肌肉(引自蔡益鹏)

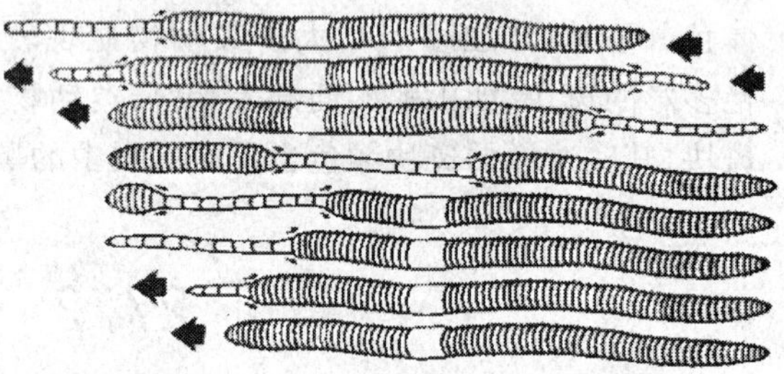

图 27-2　蚯蚓的运动(引自 Hickman)

27.2.2　外骨骼

外骨骼(exoskeleton)是一种能够对生物体柔软内部器官提供机械和物理保护作用的坚硬的外部结构(同时也用于支撑身体),因此外骨骼保护了动物的身体免被捕食和擦伤。无脊椎动物只有外骨骼(除了棘皮动物外),它是由上皮细胞分泌的角质层、珊瑚骨骼、几丁质骨骼、贝壳等,如软体动物的外套膜向外分泌形成碳酸钙成分的外壳,以及节肢动物如蜘蛛、甲壳动物、昆虫等以几丁质为主要成分的外骨骼(图 27-3),其厚度和坚硬度因动物而异;有时也指棘皮动物石灰质的板和棘。脊椎动物也有外骨骼的痕迹,如角质鳞、毛、羽、喙、爪、蹄、指甲、角、骨质鳞、鳍条、骨板等,是皮肤的衍生物。

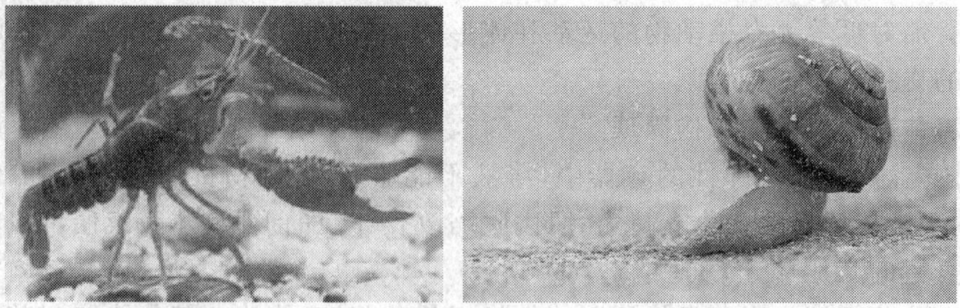

图 27-3　外骨骼动物(引自 baidu)

外骨骼通常由几丁质构成。几丁质是一种坚固而有弹性的多糖物质,并经过钙化变硬。但是由于外骨骼的发育使动物身体失去了柔软性,促使附肢进化成为运动的支点。肌肉变得更加分离,更加局限在某一区域。动物利用杠杆的作用来提高运动的速度和灵活性,并有利于身体的各部分按功能分区。体腔不再担负流体静力骨骼的功能,并因此退化。身体内部器官直接浸在充满血淋巴(hemolymph)的血腔中,血腔承担主体腔的作用。具有外骨骼的动物的肌肉附着在外骨骼的内表面。节肢动物是具有外骨骼的动物最典型的代表。它们具有坚硬、几丁质的、防水且不透气的外骨骼,通过肌肉连接附肢,附肢的关节处薄而柔韧,使附肢得以运动。

外骨骼限制了动物的无限生长。而且在陆地上，还需要支持动物外骨骼的重量，因此身体大的节肢动物显然不适宜。此外，外骨骼不利于动物的情况还表现为节肢动物的外骨骼是分节的、可活动的、不能随机体的生长而增大，而是通过不同的方式（例如石灰质、骨质）硬化（sclerotization）后成为坚硬的盔甲，这限制了动物的生长，必须定期蜕皮，经过蜕皮其支持力和身体体积都能增大，但是新的外骨骼还很柔软，不能起支持作用。因此在新的外骨骼变硬以前，节肢动物很容易被捕食。

27.2.3　内骨骼

内骨骼（endoskeleton）包括骨和软骨，由中胚层分化而来。它不仅支持、保护身体和内部器官，又是体内钙和磷的储藏库，骨髓腔中的红骨髓能制造红细胞。

内骨骼是脊椎动物的特征。随着动物的生长，体内的骨骼也生长，因此能够使动物具有更大的个体。外骨骼的支持和杠杆原理同样适用于内骨骼。为了防止干燥、温度、压力和捕食等不利因素，防水的皮肤可能还具有鳞、羽、皮毛或骨片。肌肉附着在内骨骼的外表面，骨骼和肌肉连同肌腱和关节协同产生运动；骨骼的骨松质中具有的大量腔隙，成为重要的造血器官。

27.2.3.1　脊椎动物骨骼的演变

原索动物的支持结构是脊索（notochord）。脊索是头索动物、尾索动物和脊椎动物幼体或胚胎期体内的半坚硬的棒状物，来源于内胚层。脊索内部由富有液泡的脊索泡状细胞组成，由于液泡的膨压使脊索具有一定的弹性和硬度。脊索外被由 1～2 层细胞组成的脊索鞘（notochordal sheath）（图 27-4）。在低等脊索动物，如文昌鱼、圆口类（七鳃鳗）的身体中脊索仍为主要支持结构。

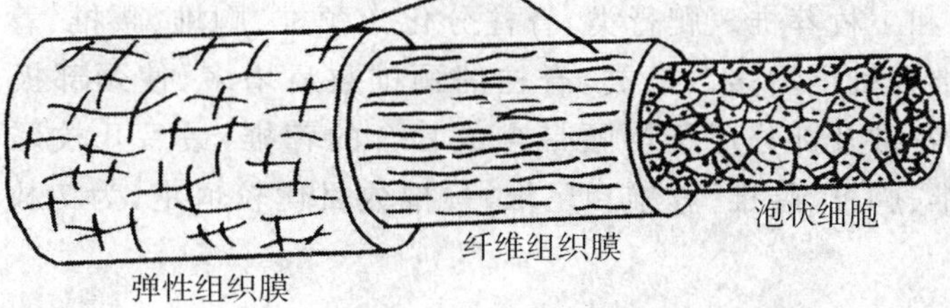

图 27-4　脊索及其外围的脊索鞘（引自 Hickman）

在低等脊椎动物中，软骨是主要的骨骼成分，柔软而具有弹性；在硬骨鱼类及更高等的脊椎动物中硬骨为主要支持结构。软骨和骨构成支持脊椎动物身体的骨骼系统。活的骨骼组织具有 3 个重要特征：不断生长且不停止功能的执行；有极好的修复能力；有惊人的适应环境能力，可缓慢改变结构和所含物质，以响应生理需求。这些特征保证了生命活动的持久性。

1. 头骨

脊椎动物在进化过程中，骨骼经历了范围广泛的改造。由水生到陆生，迫使动物的体形发生了巨大的变化，随着脑的集中和膨大，感觉器官、摄食器官等也配置在头部，头骨(skull)成为骨骼系统中最复杂的部分。脊椎动物的头骨，在软骨鱼类只有软骨颅，硬骨鱼才变为硬骨。低等种类比高等种类有更多的头骨，有的鱼类头骨数目可多到180余块。硬骨鱼类的头骨由许多分散的骨片组成，随着动物向陆上生活的进化，头骨的骨片逐渐发生愈合和简化。两栖类和爬行类为50～95块，到哺乳类减到35块，其结构更坚固；到人类只有29块。愈是高等的种类头骨中软骨成分愈少，逐渐为硬骨所代替。一些骨片退化消失，一些骨片愈合，骨与骨之间的连接由疏松到紧密进而彼此愈合。

脊椎动物的头骨位于脊柱的前端，和脊柱直接相连，通常分为脑颅(neurocranium)和咽颅(splanchnocranium)。脑颅是中轴骨骼延伸的最前部分，作用是包围和保护脑以及眼、鼻、耳等重要感觉器官。在低等鱼类(如软骨鱼类)，脑颅仅是一个简单的软骨脑箱，在硬骨鱼类及更高等的脊椎动物，软骨脑箱为硬骨所取代，出现了枕骨、前耳骨、基蝶骨、眶蝶骨、中筛骨等软骨性硬骨，组成脑颅底和保护感觉器官；脑的背方出现顶骨、额骨等膜性硬骨。咽颅围绕消化道前端和呼吸器官，又称内脏骨，由一系列咽弓(visceral arch)组成，一般7对，鱼类第一对咽弓称为颌弓(mandibular arch)，形成上下颌，第二对为舌弓(hyoid arch)，主要把颌弓的上半部与脑颅连接起来，其余5对为鳃弓(branchial arch)，支持鳃裂。水生种类咽弓发达，和脑颅关系不密切，仅以韧带与脑颅相连。陆栖种类鳃退化，以肺呼吸，故鳃弓退化，而支持口腔的颌弓及附在其上的膜质骨与脑颅紧密结合。

2. 脊柱

脊索在所有脊椎动物胚胎期中存在，在一些成体动物中仍留有残余。在以脊索为主要支持结构的圆口类出现了脊椎骨雏形。鱼类开始具有典型脊柱(vertebral column)(代替了脊索)，脊柱分躯椎(附有肋骨，保护内脏器官)和尾椎(运动用)两部分。从两栖类开始脊柱分化(图27-5)，脊柱分化为1枚颈椎、7枚躯椎和1枚荐椎，尾椎则愈合为尾杆骨，比鱼类多了1枚颈椎(寰椎)和1枚荐椎。爬行类，脊柱分化为颈椎、胸椎、腰椎、荐椎及尾椎，颈椎又多了1枚枢椎，荐椎数目也增多。鸟类，脊柱的颈椎数目增多，使颈部极为灵活；而胸椎互相愈合，全部腰椎、荐椎及部分尾椎与腰带合成复合的荐椎，最后几枚尾椎愈合为尾综骨。哺乳类，脊柱分颈椎、胸椎、腰椎、荐椎和尾椎，颈椎数目比较恒定，为7枚，其余区域的数目变化较大。

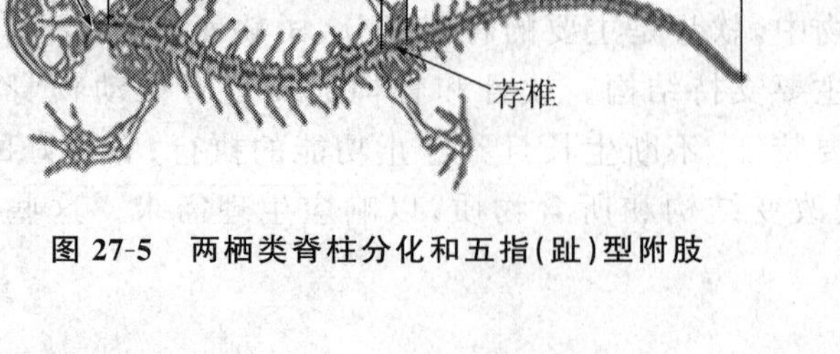

图27-5　两栖类脊柱分化和五指(趾)型附肢

脊柱位于身体背部中线，纵贯全身，由一块块的脊椎骨连接而成，为支持身体和保护脊髓的器官。典型的脊椎骨包含椎体、椎弓、椎棘、横突或脉弓等部分。根据椎体的形状，一般概括为五种类型，反映了脊索被脊柱代替的程度。脊柱代替脊索加强了支持身体的作用，增加了身体灵活弯曲活动。

(1)双凹型(amphicoelous)：椎体前后两端都内凹成弧形，椎体间保留念珠状退化的脊索，脊椎间无明显关节，因此缺乏局部运动能力(图 27-6)。鱼类、有尾两栖类和少数爬行类(楔齿蜥、守宫类)属此。

(2)前凹型(procoelous)：椎体前端凹入，后端凸出，因此前后两椎体构成关节，使身体动作灵活。脊索仍有部分残留，椎体间活动较双凹型灵活(图 27-7)。两栖类(无尾类)、多数爬行类和鸟类第一颈椎属此。

(3)后凹型(opisthocoelous)：椎体前端凸出，后端凹入(图 27-8)，前后椎体构成关节，也使身体动作灵活。无尾两栖类(负子蟾)、多数蝾螈和少数爬行类属此。

(4)异凹型(heterocoelous)：又称双凸型或马鞍型，形似横放的马鞍，椎体水平截面为“前凹后凸”，矢状截面为“前凸后凹”。马鞍型结构大大提高了脊椎间的灵活性。鸟类颈椎属此，是以灵活的颈部对鸟类的前肢变为翼和脊椎大多愈合加以补偿的特化结构。

(5)双平型(amphiplatyan)：椎体前后端扁平，椎体间有明显的关节，并垫有纤维性软骨构成的椎间盘(图 27-9)，以缓冲活动时的摩擦。椎间盘内仍保留少量脊索残余，称髓核(pulpy nucleus)。双平型为哺乳类特有的椎体类型。

图 27-6　双凹型椎体(引自陈小麟)

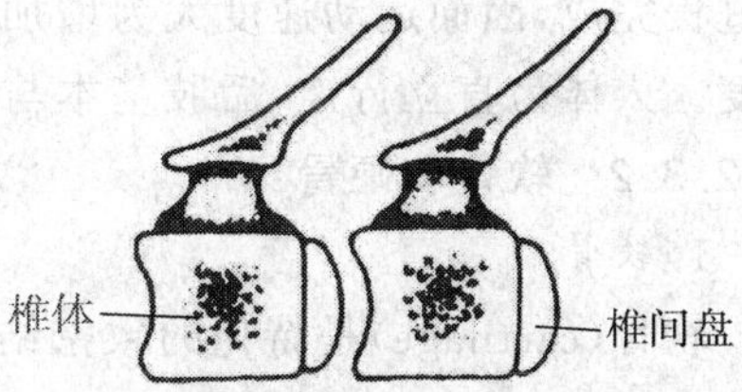

图 27-7　前凹型椎体(引自陈小麟)

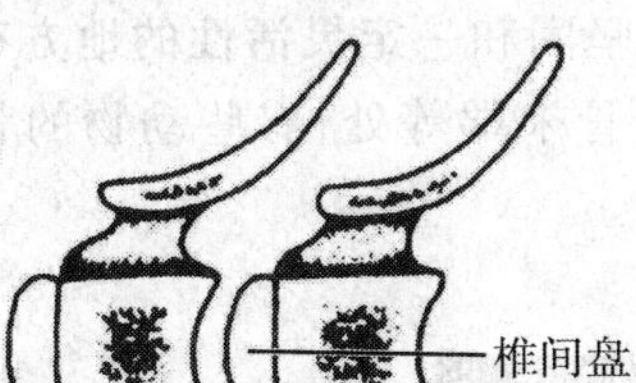

图 27-8　后凹型椎体(引自陈小麟)

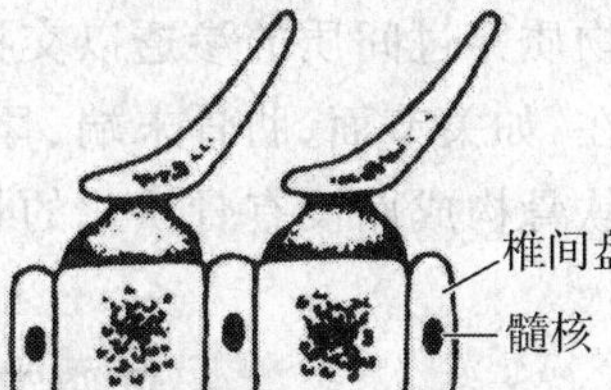

图 27-9　双平型椎体(引自陈小麟)

3. 胸骨和肋骨

胸骨(sternum)是位于胸部腹中线的一长列扁骨，是陆生四足类特有的。鱼类无胸骨，两栖类开始有胸骨出现，因两栖类无肋骨(rib)，胸骨只与肩带相连。爬行类、鸟类、哺乳类等羊膜类全部都有胸骨(龟、鳖、蛇除外)，胸骨既与肩带相连又与肋骨的腹端相连接，形成胸廓(thorax)(图 23-4)。胸廓是由胸椎、肋骨和胸骨，借关节、韧带连接而成，其作用除保护心、肺外，对肺呼吸有直接影响。鸟类胸骨发达，具有龙骨突。

肋骨是弧形骨，位于躯干前部，弯曲成弓形，一端连于躯干部脊椎骨两侧的横突上，沿体壁间向腹面弯曲；另一端有的为游离状态，如鱼类，有的连接胸骨而构成胸廓，以利于保护心、肺等器官和协助呼吸，如爬行类、鸟类、哺乳类。

4. 附肢骨

附肢骨(appendicular skeleton)包括带骨和肢骨，带骨在前肢部分称为肩带(pectoral girdles)，由肩胛骨、乌喙骨和锁骨组成，后肢部分称为腰带(pelvic girdles)，由肠骨(髂骨)、坐骨和耻骨组成。绝大多数脊椎动物，包括鱼类都具有成对的附肢，肩带和腰带都不与脊柱相接，末端为鳍条，称为胸鳍和腹鳍。从两栖类开始都有 2 对五指(趾)型附肢(pentadactyl)，肩带在腹中线上与胸骨相接，包括喙骨、前喙骨、肩胛骨和上肩胛骨；前肢由肱骨、尺骨、桡骨、腕骨、掌骨和指骨构成；腰带与脊柱相接，由髂骨、坐骨及耻骨组成；后肢由股骨、胫腓骨、跗骨、跖骨及趾骨组成。但由于生活环境不同，附肢常发生变态，且远端变化大。如鸟的翼，在胚胎具有 13 块腕骨(wrist)和手骨(腕骨及掌骨)，成体时减至 3 块，但鸟翼的近端骨(肱骨、桡骨和尺骨)变化小。哺乳类，腰带组成骨盆；肩带中的肩胛骨更为发达；锁骨变化多；肢骨的基本情况未变，唯腕骨数目减少。后肢承担了身体运动的很大载力，所以腰带大多固着在中轴骨骼上，而肩带较松弛地附在中轴骨骼上，使前肢的运动有较大的灵活性。

以人体为例，人的骨骼系统共有 206 块骨，分为中轴骨骼(axial skeleton)和附肢骨两部分。中轴骨骼形成身体的中轴，包括头骨、脊柱、肋骨和胸骨。附肢骨包括动物的四肢骨和带骨(即肩带和腰带)。陆生脊椎动物四肢经历了扭转的过程，将身体逐渐抬离地面，至哺乳类扭转过程完成，因而运动速度大为增加。但如果动物身体过于庞大，四肢为承重变得粗壮会失去速度。人体为直立行走，后肢基本与身体垂直。

27.2.3.2 软骨和硬骨

1. 软骨

软骨(cartilage)是特化的致密结缔组织，由软骨细胞、基质及纤维构成(图 27-10)，有较强的支持和保护作用。根据软骨组织所含纤维的不同，可将软骨分为透明软骨、纤维软骨和弹性软骨三种。其特点是细胞间质坚固而有弹性，有发达的胶原纤维；没有血管和神经，软骨细胞依赖物质穿过间质的渗透以交换营养和废物。在机体中需要坚固和一定灵活性的地方有软骨的存在，如关节面、肋骨末端、耳廓、鼻、喉、气管壁、椎间盘、长骨末端等处；有些动物的骨骼完全由软骨构成而没有骨质化的骨，例如鲨鱼。

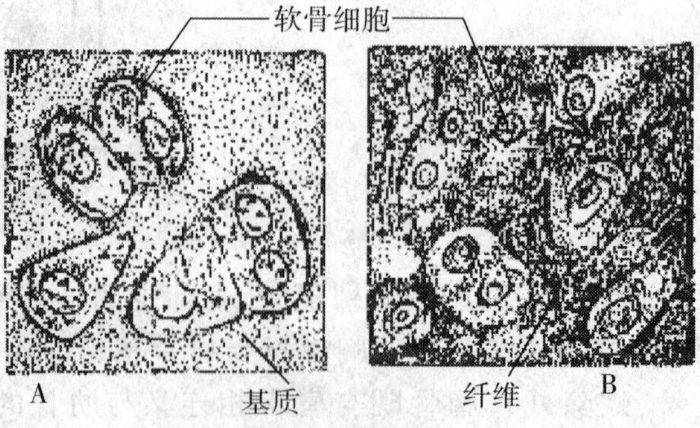

图 27-10 软骨组织(仿江静波)

A. 透明软骨 B. 纤维软骨

2. 硬骨

硬骨(bone)为体内最坚硬的结缔组织,成为机体的支架。硬骨由骨细胞和细胞间质组成,其细胞间质十分坚硬,主要成分是硫酸钙、磷酸钙等,重量约占骨骼全重的65%。细胞也只有一种,即骨细胞,分布在细胞间质之中。根据骨细胞和基质的区别,可分为松质骨(cancellous bone)和密质骨(compact bone)两种。在支持四肢的长骨中,长骨两端表面为较薄的密质骨,其内为松质骨,长骨干为较厚的密质骨。密质骨致密而坚固,主要由很多排列紧密的骨板和哈氏管组成的哈氏系统(Haversian system)——骨单位构成。哈氏管内有血管和神经,环绕哈氏管的是由无机盐钙化物组成的同心圆骨板,以及排列其间的一环一环的骨细胞,位于同心圆骨板中的黑色小点是含骨细胞的腔隙(图27-11)。密质骨表面光滑,为肌肉提供附着,骨干中央为骨髓腔。松质骨较轻,呈海绵状,由许多骨小梁构成,骨小梁沿着最主要的压力线或张力线排列,使骨在构造上既强壮又轻巧,其排列分布完全符合力学原理。小梁间腔隙中分布血管和有造血功能的红骨髓。骨表面有较厚的致密结缔组织膜即骨膜包被,骨膜内有神经和血管通过,并有分生出成骨细胞和破骨细胞的能力。

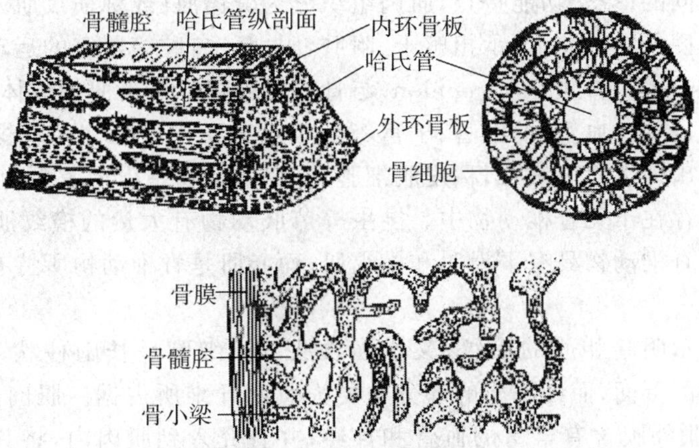

图27-11 密质骨(上)和松质骨(下)(仿江静波)

27.3 肌肉系统

27.3.1 肌肉组织的结构

脊椎动物的肌肉组织由特殊分化的肌细胞组成,一般细而长,呈纤维状,又称肌纤维(muscle fiber),胞质内含有大量能收缩的、沿细胞长轴排列的肌原纤维。相同功能的肌肉细胞集合在一起形成肌肉组织,每块肌肉由数千条肌纤维组成,每条肌纤维都有一个独立的细胞核(图27-12)。肌细胞的主要机能是将化学能转变为机械能,使肌纤维收缩,与骨骼配合,使机体进行各种运动。

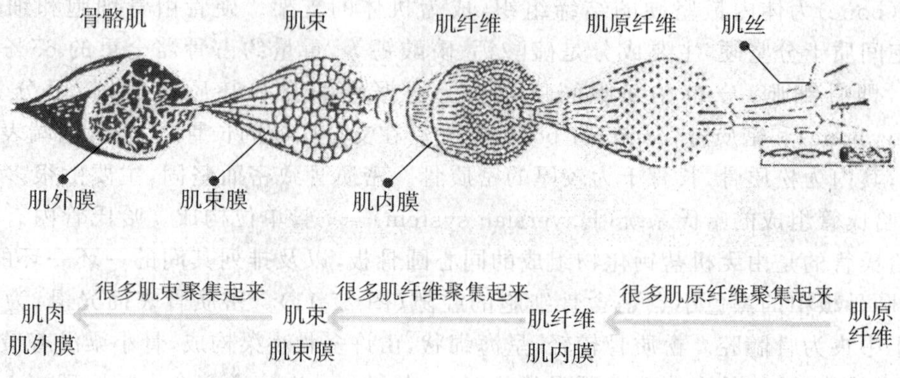

图 27-12 肌肉组织的结构

27.3.2 肌肉组织的类型

根据肌细胞不同的形态、功能特点，肌肉组织分为骨骼肌(或称横纹肌)、平滑肌、心肌和斜纹肌。骨骼肌一般固着在骨骼上，承担躯干、附肢、眼、鼻、口腔等器官的运动，常以结缔组织包裹成束状(肌束，fascicle)，并由肌腱(tendon)与骨骼相连接。平滑肌构成体内中空器官和管道的肌肉壁，如胃、肠、膀胱、血管、淋巴管、子宫等。心肌分布在心脏。无脊椎动物中，在刺胞动物的表皮细胞中已出现了肌原纤维，称皮肌细胞；在扁形动物中出现了更为复杂的皮肤肌肉囊结构。平滑肌广泛存在于无脊椎动物中。昆虫等节肢动物有大量的横纹肌，它们与脊椎动物肌肉的特点相似。脊椎动物具有平滑肌和横纹肌，而心肌是脊椎动物所特有的。

27.3.2.1 骨骼肌

因整个细胞显示明暗相间的横纹，又称横纹肌。肌细胞呈长圆柱状，多核(可达 100 多个)，核附在细胞膜的下面，而细胞质的部分主要为肌原纤维所占据。肌肉的外面是由结缔组织构成的肌外膜，肌外膜含有丰富的血管和神经，并且介入到肌肉内，将其分隔成若干肌束。血管和神经本身构成包裹肌束的肌束膜，并且介入到每条肌纤维的周围，构成富含毛细血管和神经纤维的肌内膜。肌纤维内含有许多与细胞长轴平行的肌原纤维。每条肌原纤维均由明带(I 带)或暗带(A 带)相间的结构构成，各条肌原纤维的明带和暗带又排列于同一水平面上，因而肌纤维出现明暗交替的横纹。在电子显微镜下，每一肌原纤维是由许多更细的肌丝组成的。肌丝有两种：粗的为肌球蛋白丝(myosin filament)，存在于暗带中；细的为肌动蛋白丝(actin filament)，存在于明带中(图 27-13)。肌肉的收缩与舒张一般认为是由于这两种肌丝相互滑动所形成的。骨骼肌收缩迅速、强劲有力，但持久性差，易产生疲劳。骨骼肌的收缩受意志支配，也称随意肌(voluntary muscle)，如支配四肢的运动等。

肌原纤维周围包有管状和囊状系统，称内膜系统或管系统(sarcotubular system，STS)。它包括横管系统(transverse tubular system)(或称 T 系)和纵管系统(又叫肌浆网，sarcoplasmic reticulum)(或称 SR 系)两部分。

横管系统是肌膜在 Z 线处(蛙)或在 A-I 带交界处(人)垂直凹陷而成。因它横贯穿入包绕每根肌原纤维，故称横管系统或 T 系。T 系起源于肌膜，是肌膜的延续，并开口于表面。

每块骨骼肌都由肌腹和肌腱两部分构成。肌腹主要由肌纤维构成，柔软而有收缩能力。肌腱由致密结缔组织构成，强韧而无收缩能力，位于肌腹的两端。肌腹以肌腱附着于长骨。

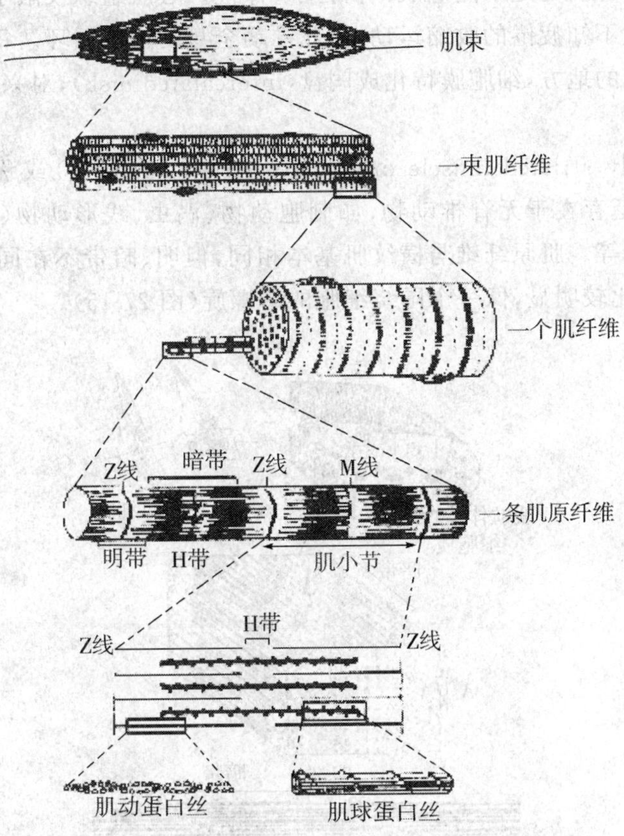

图 27-13　骨骼肌组织(从大体结构到微细结构)(仿 Hickman)

27.3.2.2　平滑肌

肌细胞呈梭形或具多个突起(图 27-14)。平滑肌的反应较慢，但能持久收缩，其收缩有一定节律性，一般不由意志所支配(受植物神经支配)，如消化道肌肉的蠕动，因此平滑肌是不随意肌(involuntary muscle)。肌原纤维无横纹。在电镜下，肌原纤维也由粗细不同的肌丝组成，但排列无定序，粗细也不均。

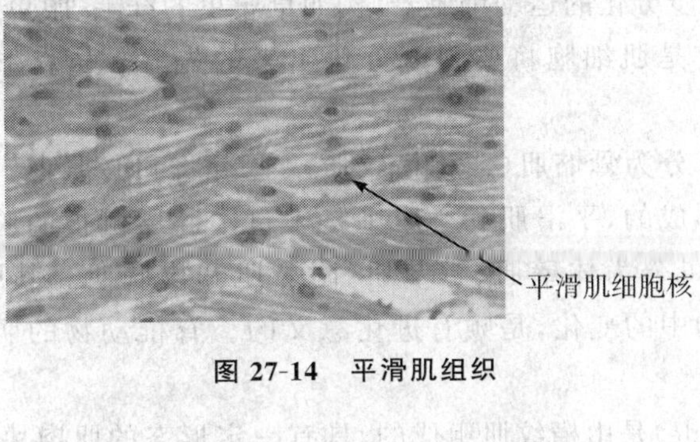

图 27-14　平滑肌组织

27.3.2.3　心肌

心肌纤维具有分支，分支相连成网；核椭圆形，有时可见双核（图 2-6）。心肌也有横纹，但不明显；受植物神经支配，也是不随意肌，有自主节律性。心肌组织仅限于心脏，终身都在进行着规律的自动的而且不知疲倦的收缩运动，借此推动全身的血液循环。每天的收缩在 10 万次左右。心肌细胞相接的地方，细胞膜特化成闰盘（intercalated disk），对兴奋传导有重要作用。

27.3.2.4　斜纹肌

斜纹肌（obliquely striated muscle or spirally striated muscle）或称螺旋纹肌（helically striated muscle），广泛存在于无脊椎动物，如刺胞动物、涡虫、线形动物（蛔虫）、环节动物（蚯蚓）、软体动物（乌贼）等。肌原纤维与横纹肌基本相同，但明、暗带不在同一水平面上，而是错开排列呈斜纹，暗带比较明显，像一个围绕细胞的暗螺旋（图 27-15）。

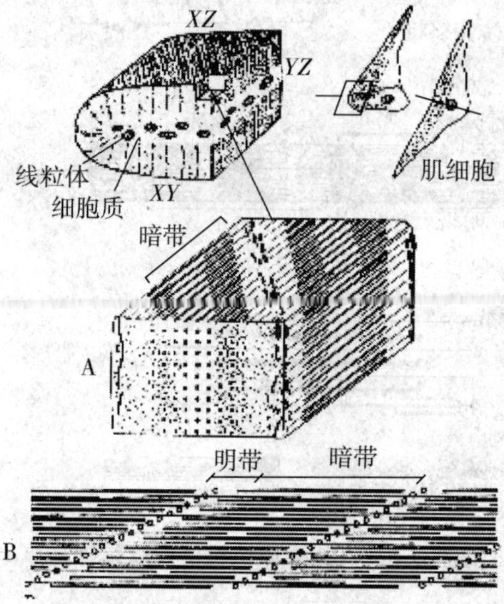

图 27-15　斜纹肌微细结构

A. 蛔虫斜纹肌 *XZ* 面斜纹明显　B. 蝗蚓的斜纹肌，示肌丝排列呈斜纹

27.3.3　动物肌肉系统的演化

在变形虫（amoeba）等低级的原生动物，只有一种极其简单的原生质运动，即变形运动。另一些原生动物则有初步分化的运动细胞器，例如草履虫的纤毛、眼虫的鞭毛等。到了刺胞动物，出现了皮肌细胞，它是肌细胞将要独立分化出来的先兆。从扁形动物起才有真正的肌细胞。

脊椎动物的肌肉可分为骨骼肌（或称横纹肌）、平滑肌和心肌三大类。骨骼肌是由中胚层的上板变成的肌节形成的，平滑肌和心肌则是来自中胚层侧板的脏壁中胚层。根据骨骼肌着生部位的不同，又可分为体壁肌、鳃节肌、附肢肌和皮肤肌。其中的体壁肌、鳃节肌和附肢肌在各纲脊椎动物中的变化，是颇有进化意义的。脊椎动物的肌肉系统一般分为体肌和脏肌两类。

体肌（somatic muscle）是由横纹肌组成的，具有一定形态的肌肉块，分布在皮肤下层躯干部的一定位置，附着在骨骼上，受运动神经的支配，又称骨骼肌，是肌肉系统的主要部分。脊索动物中头索类、圆口类和鱼类的体肌基本上保持了文昌鱼似的原始分节现象(图 27-16)，但鱼类已开始分化出背肌和侧肌(以后发展为腹肌)。背肌接受脊神经背支的支配，腹肌接受脊神经腹支的支配。这样的分化，大大提高了水生脊椎动物在水域内的运动能力。

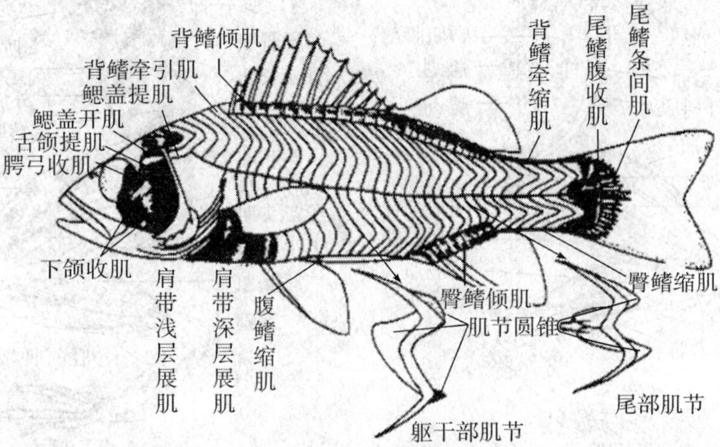

图 27-16　鲈鱼的肌肉系统

鱼纲动物的横纹肌根据来源不同分为体节肌和鳃节肌(颌弓、舌弓和鳃弓肌肉)。体节肌包括中轴肌和附肢肌，中轴肌又分为头部肌肉和躯干肌肉，附肢肌分为奇鳍肌和偶鳍肌。

从鱼纲动物开始有了上、下颌和鳃弧，相应出现了使上、下颌和鳃弧运动的鳃节肌。鳃节肌主要包括两大类：背环束肌和腹环束肌，它们也是由中胚层侧板的脏壁中胚层形成的，分别由三叉神经、面神经、舌咽神经和迷走神经支配。同样，自鱼纲动物起，伴随着附肢(胸鳍和腹鳍)的出现，开始有了附肢肌，但是却很原始，仅有伸肌和缩肌 2 种肌肉的分化。它们是由位于胸鳍和腹鳍背面的肌节所分离的肌芽形成的，受脊神经腹支的支配，而且在这些区域许多附肢中的神经结合成神经丛，以扩大和加强该区域的运动能力。

有些鱼类肌细胞特化成为电细胞，集合串联组合成发电器官，能贮电和放电，用于防御、攻击敌害、猎食和通讯，电压可达 500～600 V，其位置和电细胞数目的多少因种类不同而异，如电鳐的发电器位于胸鳍内侧靠近鳃处，而电鳗的发电器位于尾部。南美河流中的电鳗尾部有 6 000～8 000 个电细胞，放电总电压高达 800 V。

两栖纲有尾目动物的体壁肌还保持着分节的特性，背肌系开始退化，因而背部肌节变得很小。从陆生的两栖类动物开始，体肌的分化日趋复杂，开始出现四肢，提高了运动性能，导致大部分肌节发生移位、合并、分层等变化，体肌分节现象也趋消失(图 27-17)，变为纵行或斜行的长肌肉群，控制头骨及脊椎运动。腹侧肌多呈片状，并具分层现象，分有外斜肌、内斜肌和横肌。由于各肌纤维层的走向不同，使陆生四足动物的内脏得到了有力的支持。附肢肌肉很发达，分化成外来肌和内生肌 2 类。外来肌起于躯干部，止于四肢骨，内生肌的起点和止点都落在四肢骨上，两者各分离成许多条肌肉，以增强运动的功能。腹直肌位于腹中线的两侧，它们由结缔组织构成的腹白线相互联合。腹直肌上具横行的腱划，是分节现象的残迹。

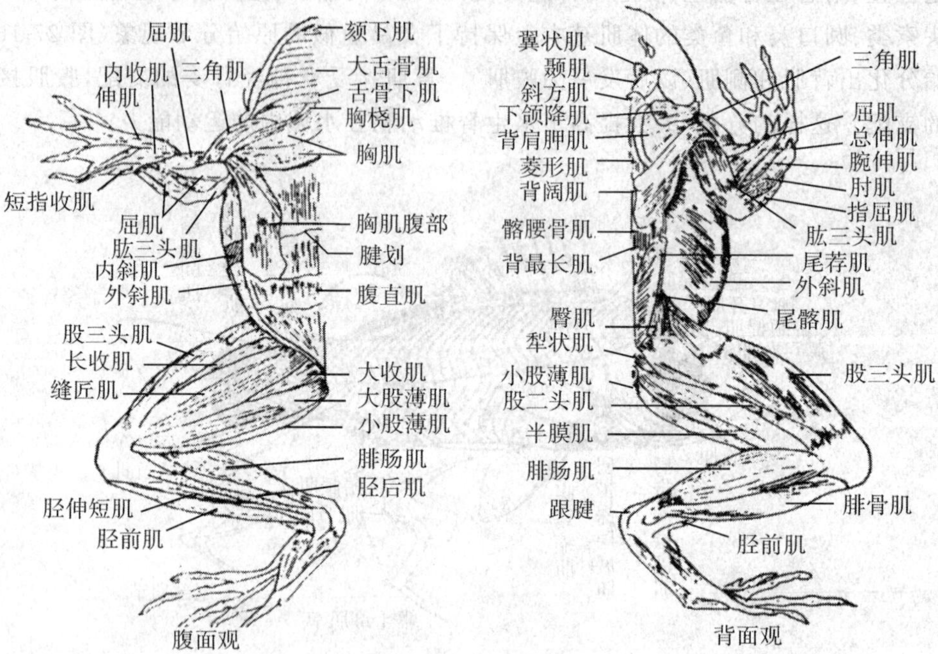

图 27-17 蛙的肌肉系统

陆生种类颌肌演变为咀嚼肌和颜面肌，鳃肌退化，舌下肌肉随着舌的发达而发展复杂。爬行类开始出现了陆栖动物所特有的皮肤肌和肋间肌。自爬行纲动物起，出现了使角质鳞活动的皮肤肌。皮肤肌能调节鳞片的活动，蛇的皮肤肌尤为发达，腹鳞在皮肤肌的调节下不断起伏，改变身体与地面的接触面积，从而完成特殊的蜿蜒运动。爬行类动物肌肉系统中最重要的变化是伴随着胸廓的出现，胸部的腹斜肌变成肋间肌，它能调节肋骨的升降，协同腹壁肌完成呼吸运动。

鸟类的肌肉系统分化明显，主要表现在胸肌发达，躯干部背侧肌肉不发达，腿部及皮肌发达。

哺乳类的皮肌最发达，牛、马借此可使皮肤颤动以驱逐蝇虻，猩猩和人则借此显示面部的各种表情(表情肌)。哺乳动物体内还出现了一种它们所特有的肌肉结构，即膈(diaphragma)，亦称膈肌(midriff)，由颈肌演变而来。这是一块圆形的肌肉，其显著的特点是肌腱位于肌肉的中央。膈把体腔分为胸腔和腹腔两部分，有食道和血管在它的上面穿过。膈具有两种作用：一种是参与呼吸活动，使胸腔扩大和缩小，从而加强肺脏的呼吸能力；另一种是与腹部肌肉协同动作，挤压腹部以助粪便的排出。

能引起相反运动的肌肉(例如屈肌和伸肌)，彼此都被称为对方的拮抗肌。

脊椎动物的肌肉系统，虽因运动方式和灵活程度不同而有繁简之别，但变动的总趋向则是由原来同形的、分节排列的状况逐渐演化为异形的、不分节的肌肉结构。

脏肌(visceral muscle)一般都是平滑肌，形成内脏器官的肌肉部分，大都无专门名称，凡肌纤维方向环行的统称环肌，肌纤维方向纵行的，则统称纵肌。

心脏的肌肉，虽然在组织学上与一般平滑肌不同，但心脏是一种内脏器官，所以心肌也可以列入脏肌之内。

脊椎动物头部的肌肉主要是脏肌，这里的体肌已经退化，只有眼肌、枕肌和舌下肌(即鳃下肌)。

27.3.4 运动方式

27.3.4.1 变形运动

变形运动指伪足(pseudopodium)的运动方式。伪足由原生质的流动而形成，可改变形状。伪足的形成由细胞质内微丝的排列决定，电子显微镜观察发现：变形虫内有粗、细 2 种微丝，类似脊椎动物横纹肌的肌球蛋白丝和肌动蛋白丝。伪足内微丝的滑动引起伪足的运动。

27.3.4.2 鞭毛与纤毛运动

鞭毛(flagellum)与纤毛(cillium)外面有一层膜，与细胞的原生质相连接，膜内共有 11 条纵行的轴丝。鞭毛长度可达 150 μm，数量较少，摆动是对称的，包括几个左右摆动的运动波；纤毛较短，平均长度为 5～10 μm，其运动呈波状依次进行(图 27-18)。原生动物的运动方式普遍属于鞭毛运动。

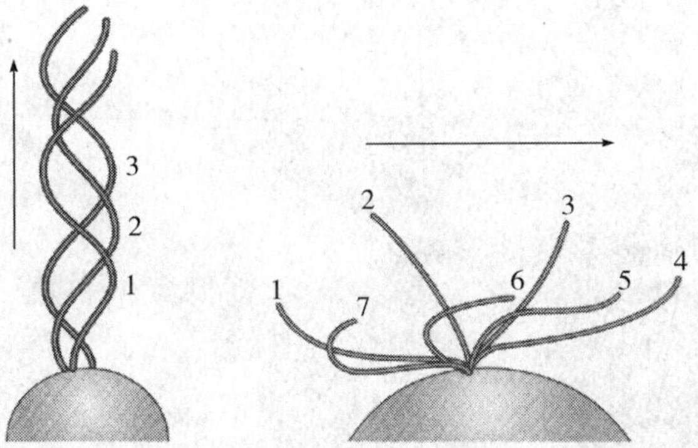

图 27-18 鞭毛(左)、纤毛(右)运动(引自陈小麟)

27.3.4.3 肌肉运动

肌肉运动指肌肉的收缩运动，是肌动蛋白丝在肌球蛋白丝之间主动地相对滑动的结果；或在其基础上的特定体位运动。后生动物几乎所有的运动都属于肌肉运动，可分为以下三种主要形式：

(1)肌肉实体的组织运动：扁形动物的躯体、软体动物的足和哺乳动物的舌等，由纵横交错的肌纤维构成的肌肉组织，即肌肉实体组织所引起的运动，可通过屈曲、伸展、扁平化等自由地变更体形。

(2)管状肌运动：为中空排列的肌肉组织即管状肌所进行的运动，如心脏的搏动以及水母、乌贼的游泳运动，是由于管状肌的快速收缩和舒张而产生的泵作用。棘皮动物的管足运动也属此种运动。

(3)骨骼肌运动：这是在外骨骼的内面或内骨骼的外面，通过跨越可动关节的肌肉的活动面产生的运动，包括基于躯干和附肢的杠杆作用而进行的各种局部运动和移动运动。

27.3.5 肌细胞的收缩

27.3.5.1 神经-肌肉接头处的兴奋传递

以骨骼肌为例。骨骼肌受神经支配，接受运动神经传来的信息而收缩。运动神经元的轴突伸入肌肉时，末梢伸出髓鞘之外而分成多支，每支的末梢与肌纤维以突触的形式相连，形成神经-肌肉接头(neuromuscular junction)，也称运动终板(motor endplate)。当神经冲动传到神经轴突末梢时，Ca^{2+}通道开放，Ca^{2+}内流增加，接头前膜内囊泡移动、融合、破裂，引起神经末梢释放神经递质(乙酰胆碱，Ach)，Ach与接头后膜(终板)上的受体(N_2受体)结合，激活了受体的离子通道，导致Na^+、K^+离子通道开放，正离子(尤其是Na^+)循电化学梯度从通道流入细胞，产生突触电流，形成终板电位(endplate potential，EPP)。终板电位超过阈电位则引发肌膜上的动作电位。动作电位沿着横管传到肌纤维深部，使肌质网释放Ca^{2+}，引起肌肉收缩(图27-19)。这一过程称为神经-肌肉兴奋过程。肌肉收缩所需能量的最终来源是糖及脂肪酸的氧化，而直接的能量供应来自ATP。

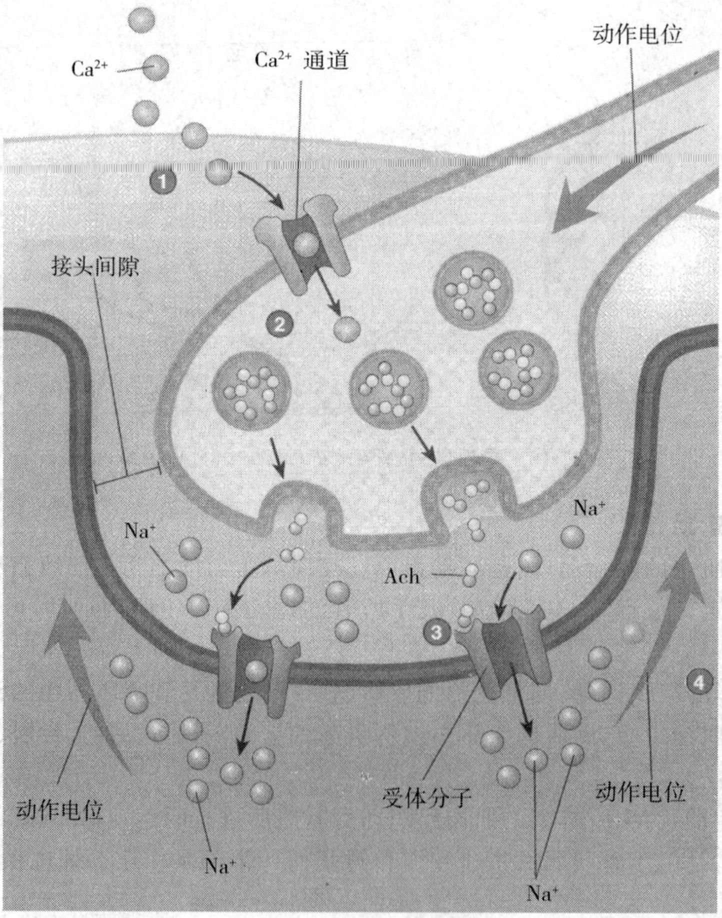

图 27-19 骨骼肌神经-肌肉接头处的兴奋传递

①Ca^{2+}释放 ②Ca^{2+}引起囊泡释放递质 ③递质与接头后膜上相应离子通道受体结合 ④Na^+内流诱发动作电位

神经-肌肉接头处的兴奋传递是有时效的；Ach 发挥作用后即被胆碱酯酶降解（水解成乙酸和胆碱），中止其作用。胆碱酯酶存在于接头间隙和接头后膜上，防止终板持续去极化，维持接头处的正常功能。一些因素可影响神经-肌肉接头处兴奋的传递，如：筒箭毒、α银环蛇毒、肌松剂（弛肌碘）等能与 Ach 竞争 N_2 受体，阻断 Ach 的作用；自身免疫性疾病，如重症肌无力（抗体破坏 Ach 受体），肌无力综合征（抗体破坏神经末梢 Ca^{2+} 通道）；肉毒杆菌中毒使接头前膜 Ach 释放减少（以上三种因素都可导致肌肉松弛）。有机磷酸酯类、新斯的明等能与胆碱酯酶结合使之失活，导致 Ach 堆积，引起骨骼肌持续收缩。

27.3.5.2　肌肉收缩的原理

骨骼肌的肌肉由许多单个肌纤维组成，肌纤维细长，直径 100～150 μm，几厘米长，每一肌纤维是一个多核细胞，每一细胞中有 1 000～2 000 条紧密平行排列的细丝，即肌原纤维。电子显微镜观察和生物化学研究提示，每一肌原纤维是由许多纵向、更细的肌丝（myofilaments）组成，即由粗肌丝（thick myofilament）和细肌丝（thin myofilament）组成的肌节（sarcomere）构成。肌节是肌细胞收缩、舒张的基本结构和功能单位，肌节长度＝1/2 明带＋暗带＋1/2 明带（即 2 条 Z 线间区域）。粗肌丝由肌球蛋白（myosin）组成，位于肌节的中部，整齐地平行排列，形成暗带（A 带），固定、静止。细肌丝主要由肌动蛋白（actin）组成，一端固定在肌节两端 Z 线上，另一端伸向肌节中部。两个相邻肌节的 A 带之间只有细肌丝，形成明带（I 带），长度可变（图 27-20）。A 带中部只有粗肌丝，比较明亮，称 H 带，在 H 带中部有 M 线。每条粗肌丝周围有 6 条细肌丝，每条细肌丝由 3 条粗肌丝包围。粗肌丝有突出的螺旋形排列的横桥（cross bridge），一圈 6 个，正好与 6 条细肌丝相接，横桥处有与 ATP 相结合的位点。

肌动蛋白单体为球形，称为 G-肌动蛋白，G-肌动蛋白形成两条单体链。两条单体链绞合成双螺旋结构，形成纤维型肌动蛋白，即 F-肌动蛋白。纤维状的原肌球蛋白分子（tropomyosin）首尾相接地嵌在两条单体链形成的凹槽中。每一个原肌球蛋白分子还与一个肌钙蛋白（troponin）复合体相连。沿细肌丝每隔 40 nm 有一个肌钙蛋白复合体。肌球蛋白分子平均长 150 nm，宽约 2 nm，一端形成双环球“头部”，厚约 4 nm，宽约 20 nm，肌球蛋白分子的细长部分又分为“颈部”与“尾部”。用胰蛋白酶处理肌球蛋白分子，可将其分解成轻型酶解肌球蛋白（light meromyosin，LMM）和重型酶解肌球蛋白（heavy meromyosin，HMM），LMM 构成“尾部”，HMM 包括球形“头部”和“颈部”。“头部”具有 ATP 分解酶的活性，还有与肌动蛋白结合的能力。肌球蛋白分子的“尾部”以“M”线为对称轴，聚集成束，“头部”分别朝向相反的方向突出，在粗肌丝的主干外面形成横桥。当肌肉安静时，横桥由粗肌丝表面突出约 6 nm，与主干方向垂直。用 X 射线衍射法的研究表明，横桥在粗肌丝表面的分布位置是十分规则的，即在粗肌丝的同一周径上只能有两个相互隔开 18 nm 的横桥伸出，每隔 14.3 nm 出现一对，但与前一对呈 6 nm 的夹角，到第四对时又与第一对相平行，且与第一对相距 42.9 nm。

神经冲动从神经-肌肉接头传到肌膜，引起肌膜去极化，产生动作电位，导致肌质网迅速释放大量 Ca^{2+}，Ca^{2+} 和肌钙蛋白结合而使肌钙蛋白构象发生变化，使原肌球蛋白移动位置，结果肌动蛋白分子上与肌球蛋白“头部”结合的位点暴露出来，使肌球蛋白的“头部”得以结合上去，横桥作用于肌动蛋白丝上所产生的力，即横桥的摆动将肌动蛋白丝划向肌节中心，使粗、细肌丝产生相对滑动，导致肌肉收缩（图 27-20）。在横桥与肌动蛋白结合、摆动、解离和再结合的周期性过程中，ATP 不断被消耗，要注意的是 ATP 并不是直接用于产生横桥力，而是先附着于肌球蛋白头部使之与肌动蛋白丝分离，ATP 水解产生的能量贮存在分离的肌球蛋白头部，然后肌球蛋白头部才能重新附着于肌动蛋白，利用这些能量重复这种周期性的活动，使粗细肌丝一小步一小步地产生主动滑动。

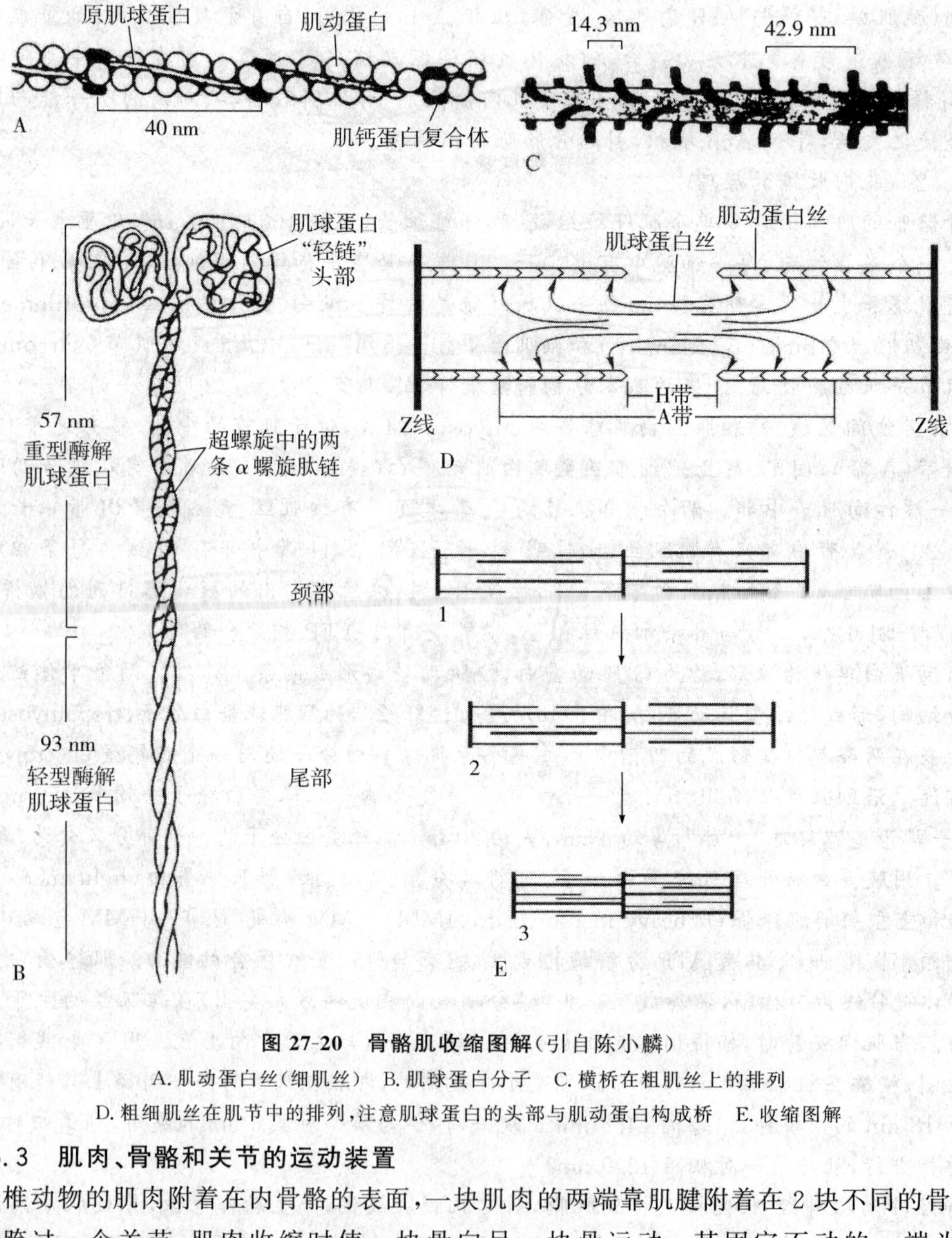

图 27-20　骨骼肌收缩图解(引自陈小麟)

A. 肌动蛋白丝(细肌丝)　B. 肌球蛋白分子　C. 横桥在粗肌丝上的排列

D. 粗细肌丝在肌节中的排列，注意肌球蛋白的头部与肌动蛋白构成桥　E. 收缩图解

27.3.5.3　肌肉、骨骼和关节的运动装置

脊椎动物的肌肉附着在内骨骼的表面，一块肌肉的两端靠肌腱附着在2块不同的骨上，中间至少跨过一个关节，肌肉收缩时使一块骨向另一块骨运动。其固定不动的一端为起点(origin，定点)，可动的一端为止点(insertion，动点)。起点(定点)和止点(动点)是相对的，在一定条件下两者可以互换。通常一个动作是由两组或多组作用相反的肌肉群共同完成的，它们称为拮抗肌(antagonistic muscles)，一块肌肉收缩，另一块即舒张，在神经系统支配下完成有规律的运动。拮抗肌有几种类型，如伸肌(extensors)和屈肌(flexors)，内收肌(adductors)和外展肌(abductors)等。哺乳类表情肌发达。

关节(joint)是两骨之间借结缔组织囊、韧带以及关节软骨连接在一起的结构。关节面上关节软骨的摩擦系数比最好的人工材料还要低许多倍。韧带(ligament)对关节处的连接起重要作用。而肌腱将肌肉连到骨骼上,同时把肌肉的拉力传到骨上使骨运动。

低等无脊椎动物的肌肉主要在表皮细胞之下,构成体壁,分为环肌和纵肌,它们的交替收缩完成向前的运动,如蚯蚓。双壳类软体动物的肌肉附着在壳内壁上,构成有力的闭壳肌。而节肢动物的肌肉无肌腱,直接附着在外骨骼的内表面。飞行肌连接胸侧和翅基部,其收缩引起翅的升降。

第28章 消化和营养

作为异养型(heterotroph)生物,动物自身无法通过光合作用合成有机物质来满足机体的各种营养需要。因此,在生命周期中,动物必须不断从外界环境中摄取食物以获得所需要的能量及各种营养物质,用于维持自身基本的生命活动、调节体温、修补损耗的或被破坏的组织、生长和繁殖等。

食物中的这些能够被动物利用以维持生命或生产产品的各种有效成分或化学物质即为营养物质或养分。食物中养分可以是简单的化学元素,如很多的矿物质元素 Ca、P、Na、K、Mg、Cl、S、Fe、Cu、Mn、Zn、Co、I、Se 等;也可以是复杂的化合物,如蛋白质、脂肪、淀粉、粗纤维和维生素等。通常,在动物机体消化代谢系统的调控下,这些营养物质在动物体内经分解、转运、再合成、吸收等一系列生理生化过程后被动物体利用,未经利用的养分和代谢废物通过消化道被排泄到体外。如果动物不能通过捕食或采食满足自身全部营养需要,基因决定的自身遗传潜力就无法充分表达而使动物的生命质量降低,生理状况下降,在生存竞争中处于不利地位,尤其是对很多畜养动物而言其生产效率会大为降低。

28.1 消化

新陈代谢是生物最基本的特征,包括同化和异化两个互相联系的部分。对于动物而言,同化作用是指动物体从外界获取营养物质,使之转化为自身组成成分并储存能量的过程。通常动物从外界获取的食物大多是结构复杂的大分子有机物,无法直接进入细胞内。因此,动物机体必须通过消化系统使食物中结构复杂的大分子物质分解为能被吸收的、结构简单的小分子化学物质,这一过程称之为消化(digestion)。食物中的营养物质及能量只有在动物体中经过一系列消化过程才能被吸收利用。

28.1.1 消化系统

消化系统的主要机能是摄取并分解食物,吸收营养物质,排出食物残渣。动物的消化系统构造不同,消化方式也不同。消化系统的进化水平直接关系动物的消化方式及能力。随着动物的进化,消化系统也经历了从简单到复杂,逐渐完善的过程,伴随着动物消化机能的逐渐加强,各消化器官的职能分工越来越细。

28.1.1.1 无脊椎动物的消化系统

原生动物为单细胞,可用伪足或胞口摄食,只有简单的细胞内消化;它们以食物泡的形式摄取食物,形成的食物泡在细胞内被消化为小分子而进入细胞质,食物残渣则从细胞表面排出

（图 28-1）。多孔动物靠领细胞(choanocyte)进行细胞内消化。

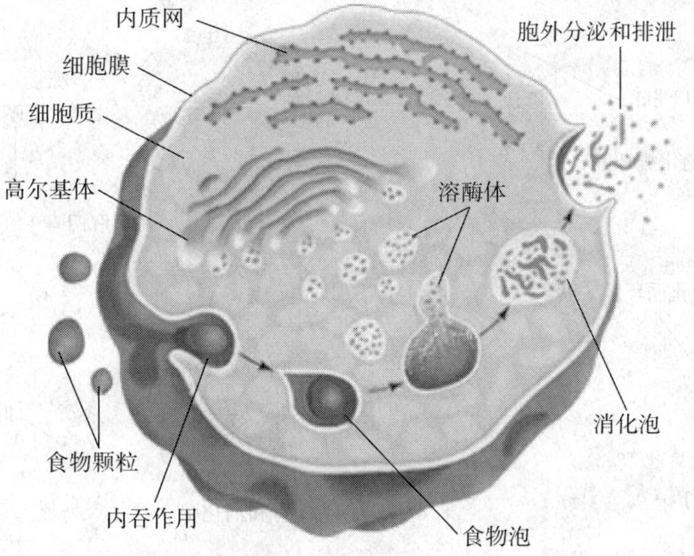

图 28-1 单细胞动物的消化(引自 Encyclopædia Britannica,2003)

真后生的多细胞动物则出现了或简单或复杂的消化腔。食物除了能够进行原始的细胞内消化外,还出现了细胞外消化。刺胞动物身体中央有一个称之为消化循环腔的大空腔,由胚胎发育时的原口及内胚层围成。内胚层有腺细胞,可以分泌消化酶,表现出部分细胞外消化功能及部分细胞内消化功能。但是刺胞动物没有肛门,消化循环腔只有一个开口,消化后的食物残渣也由口排出,故兼有口和肛门两种功能(图 28-2A)。例如水螅,食物由口进入消化循环腔,在腺细胞分泌酶的作用下进行细胞外消化;消化后的营养物质可储存在内胚层细胞或扩散到其他细胞被利用,食物残渣经口排出体外。扁形动物虽然具有三胚层,其消化系统有了进一步的分化,出现了口、咽、肠,但是由于没有肛门也属于不完全消化管;而且肠是由内胚层形成的盲管,亦无明显的消化腺(图 28-2B)。

从纽形动物开始出现了肛门,具有完全的消化系统,但肠仍为直管并且也没有发育出专门的消化腺。环节动物的消化道开始分化,分为前肠、中肠和后肠,出现了食道、嗉囊、砂囊、胃、肛门等,各有分工(图 28-2C);肠管具有肌肉壁,咽部和胃均发育出专门消化腺,盲肠也能分泌消化液,具有机械消化和化学消化两种机能。软体动物的消化管进一步分化,口腔内出现了切碎食物的齿舌等结构,出现了肝等消化腺。其中腹足类、多板类、头足类的口腔中具有齿舌,头足类还有鹦嘴颚,加上口腕及其上吸盘,捕食能力大为增强。节肢动物的消化管则更加复杂(图 28-2D),胃膨大,肠弯曲增长,消化腺成为独立的腺体。中肠部分常形成盲囊、腺体等,进一步加强了对食物的消化和吸收,而且出现了适应不同食物类型的各种口器。低等节肢动物如丰年虫、栉蚕等的消化系统与环节动物类似;高等甲壳类胃分化为贲门胃(cardia stomach)和幽门胃(pylorus stomach)。蛛形纲不直接吞食固体食物,而以中肠分泌的酶灌入被螯肢撕碎了的捕获物的组织中将其分解为液汁,再吸吮这些液汁为食,所以其食道后端扩大为吮吸胃;昆虫纲消化道变化很大,如蝗虫有嗉囊(crop),前胃有盲囊,胃和唾液腺能分泌消化酶。

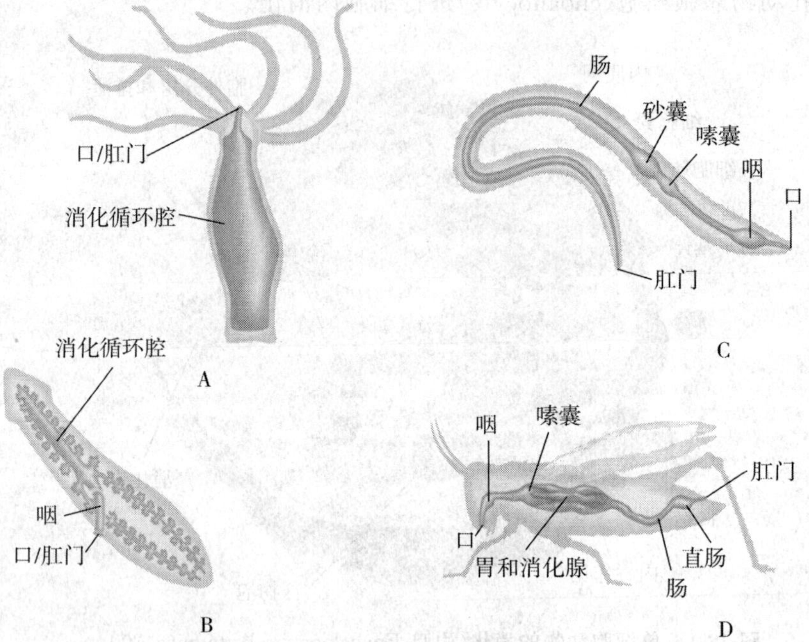

图 28-2　无脊椎动物的消化系统

A. 刺胞动物　B. 扁形动物　C. 环节动物　D. 节肢动物

28.1.1.2　脊椎动物的消化系统

在进化过程中,脊椎动物胚胎期的原肠(archenteron)及其突出部分明显地分化形成消化道和消化腺两部分(图 23-5)。成体脊椎动物的消化系统中发育进化出口腔、咽、食道、胃、肠和泄殖腔等,伴随着动物的进化,功能更加齐全,分工更加明确;这些消化道的平滑肌的不断收缩、蠕动推动了食物的移动,而且消化道上皮分泌各种消化液,促使食物软化,有利于机械性消化作用。消化道管壁的构造从内到外分为黏膜、黏膜下层、肌层和浆膜 4 层。消化道管壁最内层为黏膜,可形成皱襞、绒毛。在黏膜层中,胃部存在胃腺、小肠部存在小肠腺。黏膜下层由疏松结缔组织构成,其中富有血管、淋巴管、神经,有的还含腺体。肌层由内层环肌和外层纵肌(平滑肌)构成,肌层肌肉的交替收缩形成了消化道的蠕动节律。浆膜(serosa)是消化道最外层的包膜,为结缔组织,表层有一层扁平上皮,能分泌浆液。

牙齿是消化系统进化中的大事件,它为动物捕食或者采食提供了强有力的保障。就哺乳动物而言,其口腔中有牙齿、舌和唾液腺。唾液腺主要含有淀粉酶,可将淀粉分解成麦芽糖。哺乳动物的牙齿有的表面平而多嵴,适于研磨草料,如食草动物牛、羊等;有的尖锐,如肉食动物猫、犬、虎等,适于猎捉、撕裂食物。这些牙齿外形虽有不同,但是内部结构基本一样,它们的主要机能是压碎、研磨食物。另外,哺乳动物口腔内有味觉器官舌,能够辨别味道,还可以协助搅拌食物和辅助吞咽。食物在口腔的咀嚼过程中被充分研碎并与唾液混合、润湿、软化以形成食团,食团通过上咽括约肌进入食管后,食管产生蠕动推动食团前进。

食物经过食管进入胃。胃收缩能力很强,能对食物起到机械搅拌的作用。当咀嚼和吞咽时,食物刺激咽部和食管上的感受器反射性地引起胃的蠕动加强,促进食物与消化液的充分接触与混匀，并推动食物与胃液混合物进入小肠。同时胃内有腺体，能够分泌胃液(图 28-3，见书后彩图 28-3)。胃液除含有胃蛋白酶之外，还有胃酸。胃酸的成分是盐酸，使胃环境 pH 为 1.6～2.4，这为胃蛋白酶的作用提供了合适的 pH，并且强酸使食物蛋白质变性、易被消化。食物在胃内消化为粥样食糜后即进入小肠。

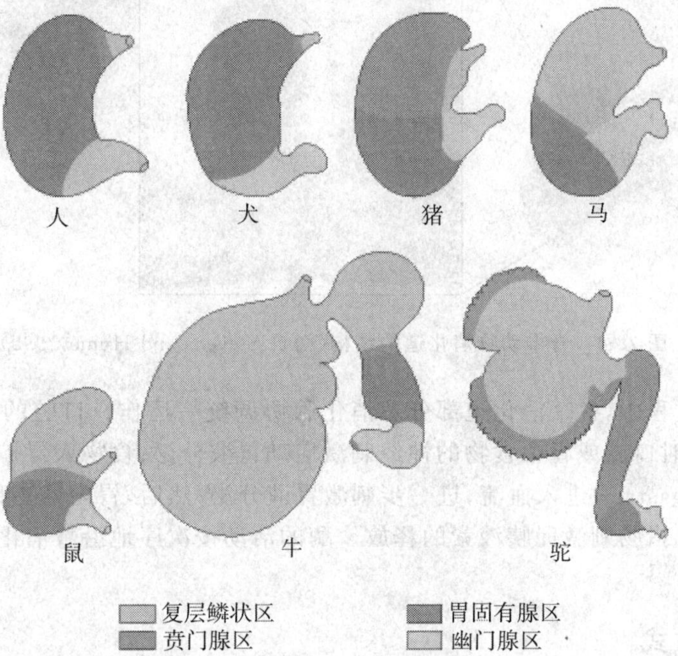

图 28-3　各种脊椎动物的胃(引自 Stevens and Hume，1995)

小肠是主要的消化和吸收器官，肌肉发达。小肠分为十二指肠、空肠、回肠三部分，能有节律地蠕动。小肠有节律的蠕动是一种以环行肌为主的、有节律的收缩和舒张的分节运动，使食物和消化液混匀并将消化后的残渣推向大肠。肝脏分泌的胆汁和胰腺分泌的多种消化酶进入小肠，伴随着小肠有节律的蠕动，不断对食物进行着消化吸收。小肠的黏膜有大量皱襞，含有大量绒毛，表面有一层柱状上皮细胞，在柱状上皮细胞的端部细胞膜突起形成许多微绒毛。小肠黏膜的皱襞、绒毛和微绒毛极大地增加了黏膜层与消化管内食物的接触面积，提高了小肠消化和吸收的效率(图 28-4)。

在小肠中被消化吸收利用后的食物残渣随着小肠蠕动进入大肠。大肠能重吸收食物残渣中的水分，这样既保持了体内水分的平衡，也使得粪便成形，并且通过大肠蠕动将粪便排出。大肠还能排除体内过剩的钙盐和铁盐。大肠中细菌极多，形成了一个微生态系统，多种维生素如核黄素、烟酸、维生素 B_{12}、维生素 K 等都是大肠细菌合成的。

另外，消化管中存在很多分泌消化液的腺体。这些消化腺分泌的消化液由导管输入消化道进行消化作用。脊椎动物的消化腺主要是胰脏和肝脏，其次是唾液腺、胃腺和肠腺。胰腺是双重性质的分泌腺，位于胃和十二指肠之间。一方面分泌含有多种酶的碱性胰液(经胰管通入十二指肠)起到消化作用；另一方面，胰腺部分细胞团(胰岛)分泌胰岛素等激素进入血液发挥生理调节功能。肝脏在分泌胆汁，调节血糖、脂肪的合成代谢、氨基酸脱氨，合成血浆蛋白，分解有毒物质等方面起到了重要作用。小肠腺是分散在小肠绒毛基部的消化腺,数量很多,能分泌消化蛋白质的酶和消化糖类的酶。此外,小肠腺还分泌多种其他肽链外切酶。

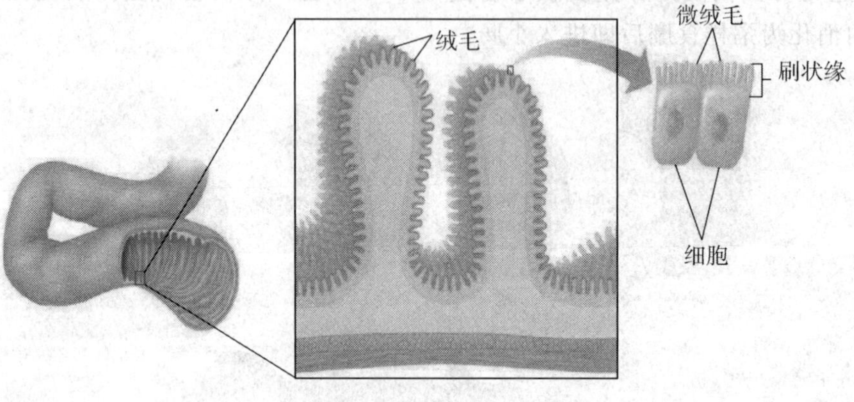

图 28-4　脊椎动物消化道的结构(引自 Stevens and Hume,1995)

在整个消化过程中,各个消化道部分及消化腺协调统一运作。口腔的食物、嗅觉、视觉等启动唾液分泌,同时口腔或胃中食物的神经刺激启动胃液分泌;食物入胃扩张胃窦使胃壁细胞分泌激素胃泌素(gastrin)进入血流,进一步刺激胃液分泌;然后,胃内容物释放入十二指肠,酸性的胃容物在十二指肠刺激促胰液素的释放。酶的活动按次序地沿着消化道在特定的部位进行分泌、激活。

28.1.2　消化方式

动物从细胞内消化到细胞外消化的进化过程中,消化管各部位不断发生分化,有的部位以物理性消化为主(如口腔、肌胃),有的部位用来贮存食物(如嗉囊),有的部位(如真胃和小肠)主要分泌消化液,进行酶的消化,有的部位(如小肠)主要用来吸收。因此,针对不同的消化道结构及其功能特征,不同动物有不同的消化方式。但是,无论无脊椎动物还是脊椎动物,一般都存在以下三种消化方式。

28.1.2.1　物理性消化

物理性消化主要靠动物口腔内牙齿和消化道管壁的肌肉运动把食物撕碎、磨烂、压扁,有利于其在消化道内形成多水的食糜。

对于无脊椎动物,从扁形动物发育出的口、咽,以及软体动物的口腔内切碎食物的齿舌等结构,都在物理性消化中起着重要作用。另外,为适应在土壤中生活,蚯蚓均具砂囊,砂囊腔内常存有砂粒。砂囊具有极发达的肌肉壁。砂囊肌肉强收缩、蠕动,加上坚硬砂粒的研磨,可使食物不断地受到挤压,逐渐变小、破碎,便于消化。

对于脊椎动物中的猪、牛、羊等哺乳动物,口腔是改变饲料粒度主要的物理性消化器官。而鸡、鸭、鹅等禽类,主要通过肌胃收缩的压力和饲料中的硬质物料(硬质沙石)的研磨,达到改变饲料粒度而进行物理性消化的目的。

28.1.2.2　化学性消化

动物对食物的化学性消化主要是指动物通过酶消化食物的消化方式。无脊椎动物中原生动物的消化属细胞内消化,如变形虫和草履虫吞噬食物后形成食物泡,再通过细胞中的溶酶体分泌的酶将食物颗粒分解。蚯蚓砂囊之后，便是一段狭长而多腺体的管道，称为胃。胃壁有腺体，能分泌淀粉酶和蛋白酶，故胃是蚯蚓重要的消化器官。胃后紧接一段膨大而长的肠，管壁较薄，可以分泌含有蛋白酶、淀粉酶、脂肪酶、纤维素酶、几丁质酶等多种酶类的消化液，并吸收消化后的营养。

高等动物消化系统分化更完全，酶的消化是主要的消化方式，是饲料变成动物能吸收的营养物质的一个过程。动物口腔分泌的唾液通常用来润湿食物，便于吞咽。不同动物唾液中所含酶类不同，唾液中的酶类主要有淀粉酶、麦芽糖酶、过氧化物酶、脂肪酶和磷酸酶等。唾液淀粉酶在动物口腔内消化活性很弱，在胃内还可以进一步发挥消化作用。除了唾液中的酶类，高等动物不同种类的消化腺分泌消化酶的种类、前体物、致活物和分解食物中营养物质的种类、终产物等见表 28-1。

表 28-1　消化道的主要酶类(引自杨凤，2001)

来源	酶	前体物	致活物	底物	终产物
唾液	唾液淀粉酶			淀粉	糊精、麦芽糖
胃液	胃蛋白酶	胃蛋白酶原	盐酸	蛋白质	肽
胃液	凝乳酶	凝乳酶原	盐酸、活化钙	乳中酪蛋白	凝结乳
胰液	胰蛋白酶	胰蛋白酶原	肠激酶	蛋白质	肽
胰液	糜蛋白酶	糜蛋白酶原	胰蛋白酶	蛋白质	肽
胰液	羧肽酶	羧肽酶原	胰蛋白酶	肽	氨基酸、小肽
胰液	氨肽酶	氨肽酶原		肽	氨基酸
胰液	胰脂酶			脂肪	甘油、脂肪酸
胰液	胰麦芽糖酶			麦芽糖	葡萄糖
胰液	蔗糖酶			蔗糖	葡萄糖、果糖
胰液	胰淀粉酶			淀粉	糊精、麦芽糖
胰液	胰核酸酶			核酸	核苷酸
肠液	氨肽酶			肽	氨基酸
肠液	双肽酶			肽	氨基酸
肠液	麦芽糖酶			麦芽糖	葡萄糖
肠液	乳糖酶			乳糖	葡萄糖、半乳糖
肠液	蔗糖酶			蔗糖	葡萄糖、果糖
肠液	核酸酶			核酸	核苷酸
肠液	核苷酸酶			核苷酸	核苷、磷酸

28.1.2.3　微生物消化

无脊椎动物中很多动物都与体内微生物存在共生关系。如水栖蚯蚓，消化道内共生多种有益微生物，而蚯蚓食道的钙腺，能维持消化系统的正常机能，稳定氢离子浓度，有助于消化酶和消化道内共生的有益微生物的活动，并且对体内二氧化碳的排出也有重要作用。

对于脊椎动物特别是对反刍动物和草食单胃动物，消化道微生物在动物消化过程中起着重要作用，是其能大量利用粗饲料的根本原因。反刍动物的微生物消化场所主要在瘤胃，其次在盲肠和大肠。草食单胃动物的微生物消化主要在盲肠和大肠。消化道微生物种类繁多，主要分为两大类群：一类是原生动物，如纤毛虫和鞭毛虫；另一类是细菌。这些微生物能分泌 α-淀粉酶、蔗糖酶、呋喃果聚糖酶、蛋白酶、胱氨酸酶、半纤维素酶和纤维素酶等，这些酶将饲料中糖类和蛋白质分解成挥发性脂肪酸、NH_3 等物质，一方面合成微生物蛋白，同时微生物发酵也产生 CH_4、CO_2、H_2、O_2、N_2 等气体。显然，微生物消化的最大特点是，可将大量不能被宿主动物直接利用的物质转化成能被畜主动物利用的高质量的营养素。但在微生物消化过程中，也有一定量能被宿主动物直接利用的营养物质首先被微生物利用或发酵损失，这种营养物质二次利用明显降低利用效率，特别是能量利用效率(杨凤，2001)。

28.1.3 营养物质的消化

无论无脊椎动物还是脊椎动物，在生命的全过程中，都需要消化利用蛋白质、脂肪、碳水化合物、矿物质、维生素和水等营养物质。这些营养物质消化后为动物提供能量以维持生命，或参与各种生理代谢活动，转化为体组织。任何一类营养物质缺乏，都会造成生命活动的紊乱，甚至引起死亡。

28.1.3.1 蛋白质的消化

通常情况下，食物中的蛋白质进入动物体后，在溶酶体(单细胞动物)或胃肠道中的蛋白分解酶作用下，降解为含氨基酸数目不等的各种多肽。随后在动物小肠中，将这些肽段再由胰分泌的羧肽酶和小肠上皮细胞分泌的氨肽酶、二肽酶分解成游离氨基酸。这些游离氨基酸被小肠上皮细胞吸收，扩散进入血液，经门静脉运送到肝脏，只有少量的氨基酸经淋巴系统转运。

对于反刍动物瘤胃或单胃草食动物大肠，蛋白质消化由于微生物消化而与其他动物差别较大。进入瘤胃或单胃草食动物大肠的蛋白质，经微生物的作用降解成肽和氨基酸，其中多数氨基酸又进一步降解为有机酸、氨和二氧化碳。所以，氨是蛋白质在微生物降解和合成过程中的重要中间产物，而不是氨基酸。微生物利用降解所产生的氨与一些简单的肽类和游离氨基酸，合成微生物蛋白质。对于反刍动物，瘤胃微生物蛋白进入小肠后在胰蛋白酶作用下分解为氨基酸而被动物吸收利用。瘤胃中多余的氨会被瘤胃壁吸收，经血液输送到肝脏，并在肝中转变成尿素。合成尿素的一小部分可经唾液和血液返回瘤胃再次被微生物利用合成微生物蛋白，称为瘤胃中的氮素循环。

另外，食物中的非蛋白氮包括游离氨基酸、酰胺类、含氮的糖苷和脂肪、生物碱、铵盐、硝酸盐、甜菜碱、胆碱、嘧啶和嘌呤等，能够被动物体中的共生微生物很好地利用合成微生物蛋白而部分被动物体利用。

动物年龄、种类、食物中纤维水平及蛋白酶抑制剂等都是影响蛋白质消化的重要因素。

28.1.3.2 碳水化合物的消化

非结构性碳水化合物主要在动物消化腺分泌的酶的作用下分解消化吸收，而结构性碳水化合物主要在消化道微生物作用下分解。

食物中的非结构性碳水化合物主要是淀粉，与唾液接触后，猪、兔、灵长目和人等哺乳动物唾液中含有 α-淀粉酶，在微碱性条件下能将淀粉分解成糊精和麦芽糖。但不是所有动物的唾液对饲料中碳水化合物都有化学性消化作用。禽类唾液分泌量少，α-淀粉酶的作用甚微。碳水化合物进入胃后，由于胃内无淀粉酶，所以胃中碳水化合物的消化甚微，但在胃内酸性条件下仍有小部分淀粉和部分半纤维素酸解。小肠特别是十二指肠是非结构性碳水化合物消化吸收的主要部位。食物淀粉在十二指肠与胰液、肠液、胆汁混合，并且在 α-淀粉酶的作用下继续分解成为麦芽糖和糊精，然后由肠黏膜产生的麦芽糖酶、蔗糖酶、乳糖酶等彻底分解成葡萄糖被动物吸收。葡萄糖吸收入血后，供全身组织细胞利用。

除了个别种类动物能够分泌消化纤维素的酶类外，如白蚁，大部分动物消化道不含纤维素消化酶，对结构性碳水化合物的消化取决于其共生的胃肠道微生物。这些结构性碳水化合物（纤维素、半纤维素、果胶）被动物胃肠道微生物分泌的酶水解为短链的低聚糖，主要是二糖（纤维二糖、麦芽糖、木二糖），部分糖继续水解为单糖。这些二糖和单糖被微生物摄取后，进一步在细胞内酶的作用下被迅速降解为乙酸、丙酸、丁酸等挥发性脂肪酸（volatile fatty acid，VFA）、二氧化碳和甲烷。部分挥发性脂肪酸通过肠壁扩散进入体内，而气体则主要由肛门逸出体外。吸收入血的丙酸在动物体内经糖原异生作用合成葡萄糖，乙酸、丁酸等则可以被动物体合成脂肪而进一步被动物体利用。

28.1.3.3 脂肪的消化

由于脂类的非极性特征，不能与水混溶，所以脂肪的消化必须先使其形成一种能溶于水的乳糜微粒才能被动物消化吸收。胃脂肪酶和幼小动物口腔的脂肪酶对脂类的消化作用甚小，因此大多数脂肪主要是在小肠胰脂酶的作用下被消化。在小肠中，肝分泌的胆汁使脂肪乳化，增加脂滴的表面积，使水溶性的胰脂酶易于作用。在胰脂酶作用下，脂肪被分解成游离脂肪酸、甘油一酯和极少量的游离甘油。甘油一酯、脂肪酸和胆酸均具有极性和非极性基团，三者可聚合在一起形成水溶性的适于吸收的混合乳糜微粒。磷脂由磷脂酶水解成溶血性卵磷脂，胆固醇酯由胆固醇酯水解酶水解成胆固醇和脂肪酸。固醇、脂溶性维生素、类胡萝卜素等被混合乳糜微粒大量携带，当混合乳糜微粒与肠绒毛膜接触时即破裂，所释放出的脂类水解产物主要在十二指肠和空肠上段被吸收，并且在肠黏膜上皮细胞中，这些吸收的脂类水解产物重新合成甘油三酯、磷脂、固醇后进入血液循环并由脂蛋白转运供全身组织细胞利用。

需要特别说明的是，对于反刍动物尽管胃脂肪酶对脂类的消化作用甚小，但是由于瘤胃微生物的作用，食物中的大部分不饱和脂肪酸经微生物氢化作用变成饱和脂肪酸，必需脂肪酸减少；而且由于脂类中的甘油在瘤胃中被大量转化为挥发性脂肪酸，所以反刍动物十二指肠中缺乏甘油一酯。

28.1.4 消化率

食物被动物摄取后一部分在动物体内被消化吸收，而无法消化的食物残渣将被排出体外。食物中可消化养分部分占食入养分总量的百分率即为消化率，计算公式如下：

$$消化率=\frac{食入养分-排出残渣量}{食入养分}\times 100\%$$

凡是影响动物消化生理、消化道结构及机能和食物性质的因素，都会影响消化率。不同种类的动物，由于消化道的结构、功能、长度和容积不同，消化率差异较大。动物从幼年到成年，消化器官和机能发育的完善程度不同，消化力强弱不同。对于同种动物，不同种类和来源的食物因养分含量及性质的不同，消化率不同。特别是食物中粗蛋白质和粗纤维对消化率影响最大。饲料中粗蛋白质愈多，消化率愈高；粗纤维愈多，则消化率愈低。而且，有些食物中还含有抗营养物质，它们是饲料本身含有，或从外界进入食物中的阻碍养分消化的微量成分。如影响蛋白质消化的抗营养物质或营养抑制因子有蛋白质酶抑制剂、凝结素、皂素（皂苷）、单宁、胀气因子等。

28.1.5 消化后营养物质的吸收

食物分解后的营养物质经消化管上皮细胞进入血液和淋巴的过程称为吸收。通常将食物中消化吸收了的营养物质视为可消化营养物质。营养物质的吸收主要在小肠。小肠的黏膜形成皱襞、绒毛、微绒毛，使小肠的吸收面积增加600倍以上，而且小肠内壁的绒毛含有毛细血管网和毛细淋巴管网。食物被分解后形成的氨基酸、单糖、脂肪酸、甘油、维生素和水等均先通过肠黏膜上皮细胞，然后再进入毛细血管和淋巴管。

动物吸收营养物质的方式有三种：

1. 胞饮吸收

胞饮吸收是细胞通过伸出伪足或与物质接触处的膜内陷，从而将这些物质包入细胞内。以这种方式吸收的物质，可以是分子形式，也可以是团块或聚集物形式。初生哺乳动物对初乳中免疫球蛋白的吸收是胞饮吸收，这对初生动物获取完整抗体具有十分重要的意义(杨凤，2001)。

2. 被动吸收

被动吸收是利用消化营养物质浓度梯度差通过滤过、渗透、简单扩散和易化扩散(需要载体)等几种形式，将其吸收进入血液和淋巴系统的过程，如简单多肽、各种离子、电解质和水等的吸收即为被动吸收，这种吸收形式不需要消耗机体能量。

3. 主动吸收

主动吸收是高等动物吸收营养物质的主要方式。与被动吸收相反，主动吸收是动物必须依靠细胞壁“泵蛋白”来将营养物质由低浓度向高浓度转运的一种逆电化学梯度的物质转运形式，这一过程动物必须消耗机体能量完成。

28.2 食物能量和必需营养物质

作为动物生命活动的物质基础，动物食物中的营养成分包括水分、蛋白质、碳水化合物(糖)、脂类、维生素、纤维素和矿物质等。国际上通常采用德国 Hanneberg(1864)提出的概略养分分析方案(Proximate Analysis)，将食物中的养分大概分为六大类(图 28-5)，包括水分、粗蛋白、粗脂肪、粗纤维、粗灰分及无氮浸出物。该分析方案概括性强，简单、实用，尽管粗纤维分析尚待改进，存在一些不足，但目前世界各国仍在采用。

28.2.1 必需营养物质

28.2.1.1 水分

水和空气一样，是动物必不可少的一种物质。食物中均含有水分，但水分含量从5%到95%不等，差异较大。

食物中的水分通常有两种存在状态：一种是存在于细胞间、与细胞结合不紧密而易挥发的水，称为游离水或自由水；另一种是存在于细胞内与细胞内胶体物质紧密结合并形成胶体水膜的水，这种水难以挥发，称之为结合水或吸附水。

无论动物或植物，都不能离开水而存活。水作为动物机体的重要组成成分，是动物机体细胞的主要结构物质之一。动物生命活动过程中许多生理功能都有赖于水的存在。

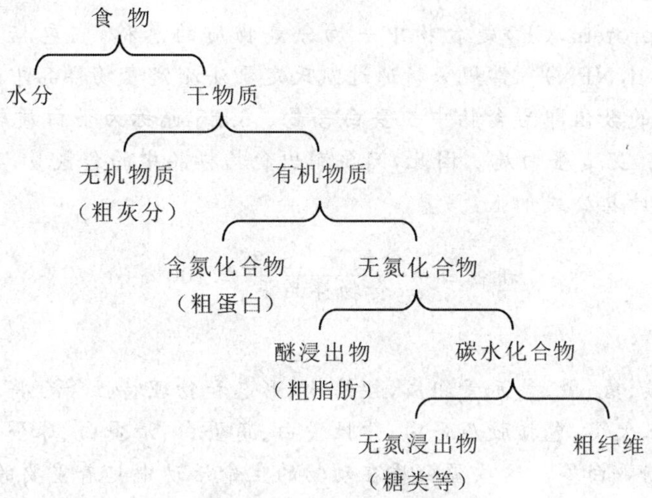

图 28-5　食物组成的概略养分分析

首先，水作为动物细胞的一种主要结构物质是动物机体的主要组成成分。通常，发育早期胎儿的含水量高达 90%以上，初生时达 80%左右，成年动物一般为 50%～60%。动物机体水分含量随年龄和体重的增加而逐步减少。

其次，水是一切化学反应的介质。动物体中水解、水合、氧化还原、有机化合物的合成和细胞的呼吸过程等多种生物化学反应都需要水的参与。

再次，各种营养物质在动物体内的吸收、转运和代谢废物的排出需溶于水后才能进行。而水在动物胃肠道中可作为转运食糜的中间媒介，还可作为血液、组织液、细胞及分泌物、排泄物等的载体。

最后，水还可以调节体温并起到润滑作用。水的蒸发散热对具有汗腺的动物尤为重要。另外，动物体关节囊内、体腔内和各器官间的组织液中的水，可以减少关节和器官间的摩擦力，起到润滑作用。

动物体获得水分的来源一般包括三种：饮水、食物水和代谢水。对于动物而言，饮水为水的主要来源。代谢水是动物体细胞中有机物质氧化分解或合成过程中所产生的水。通常每 100 g 淀粉、蛋白质和脂肪产生的代谢水分别为 60、42 和 100 g。代谢水的重要性因动物种类不同而有差异。有汗腺的动物以及蛋白质代谢终产物为尿素的动物，体内营养素氧化生成的代谢水明显不能满足失水的需要。蛋白质代谢终产物的排泄以尿酸或氨为主的动物，代谢水已基本能满足需要。通过鳃排泄氨的鱼类，需水量亦很少。袋鼠仅利用代谢水就能生存和繁殖。沙漠之舟的骆驼也可以依靠驼峰中的代谢水而存活。

动物体水分可以通过粪、尿排泄。在呼吸循环中水分可以通过肺脏以水蒸气形式呼出，而且水分也可以通过皮肤排汗失水或者经过简单地扩散到皮肤表面蒸发而排出体外。另外，在动物生产过程中，动物输出的产品也是水分排出的重要途径，如牛奶、鸡蛋等。每千克牛奶中含 870 g 水。每枚 60 g 重的鸡蛋含水 42 g 以上，因此产蛋家禽缺水，产蛋率明显下降。

28.2.1.2 粗蛋白

1.粗蛋白的定义

粗蛋白(crude protein,CP)是食物中一切含氮物质的总称,它包括真蛋白和非蛋白氮(non-protein nitrogen,NPN)。常规分析通过凯氏定氮法测定食物样品中的平均含氮量后,再乘以6.25计算而得的数值即为食物中粗蛋白含量。6.25也称为蛋白质转换系数,指食物样品中每克氮相当于6.25 g蛋白质。因此,只要测出食物样品中的含氮量,再乘以系数6.25即可得出粗蛋白含量,计算公式如下:

$$粗蛋白=\frac{含氮量\times 6.25}{食物样品重}\times 100\%$$

2.真蛋白

真蛋白主要由碳、氢、氧、氮元素组成,按结构、形态和物理特性等可将其分为纤维蛋白、球状蛋白和结合蛋白三大类,包括胶原蛋白、弹性蛋白、角蛋白、清蛋白、球蛋白、组蛋白、核蛋白、金属蛋白、脂蛋白、糖蛋白等。这些蛋白质在动物的生命活动中起着重要的生理作用。

3.非蛋白氮

食物中的含氮物质除了真蛋白外,还有非蛋白氮(NPN)。比如尿素能被反刍动物瘤胃微生物利用而合成微生物蛋白,在反刍动物蛋白质营养中发挥重要作用。

4.氨基酸营养

氨基酸为蛋白质的基本组成单位。食物中的蛋白质必须在消化系统中被降解为氨基酸才能被动物体吸收利用。可以认为动物体蛋白质的营养实际就是氨基酸的营养。因此,食物中蛋白质品质的好坏,取决于它所含氨基酸的组成状况。组成食物蛋白质的氨基酸有20多种,对动物来说都是必不可少的,但并非都需由食物直接提供。那些在动物体内不能被合成或合成的量不能满足动物的需要,必须由食物提供的氨基酸称为必需氨基酸;动物体内的合成完全可以满足自身需要而不需要由食物提供的氨基酸称为非必需氨基酸。而且,动物对各种必需氨基酸的需要量有一定的比例,但不同种类、不同生理状态等情况下所需要的比例不同。通常食物中缺乏一种或几种必需氨基酸时,会限制其他氨基酸的利用,致使整个食物的蛋白质利用率下降,这类必需氨基酸称为该食物的限制性氨基酸。因此,畜牧生产中以生长、泌乳、妊娠、产蛋等的氨基酸需要为理想比例,开发出氨基酸平衡的蛋白质,即各种必需氨基酸之间及必需氨基酸总量与非必需氨基酸总量之间具有最佳比例的"理想蛋白质",对动物的生产具有重要意义。

28.2.1.3 粗脂肪

粗脂肪是食物中不溶于水、但溶于乙醚等有机溶剂的物质。常规分析中一般使用乙醚浸提样品,因此也称之为乙醚浸出物(ether extract,EE)。

$$粗脂肪=\frac{乙醚浸出物重}{食物样品重}\times 100\%$$

粗脂肪能量价值高,种类繁多,化学组成各异,是动物营养中一类重要的营养素和能量源。

1.粗脂肪的分类

粗脂肪中主要包含真脂肪和类脂肪两大类。食物中真脂肪主要是指不含N的甘油三酯;而粗脂肪中除了真脂肪外,还包括磷脂、蜡质、叶绿素、胡萝卜素、有机酸、固醇、树脂、脂溶性维生素等溶于乙醚的其他有机物质，这些物质被称为类脂肪。磷脂是动植物细胞的结构物质，其中以卵磷脂、脑磷脂和神经磷脂最为重要。蜡质由高级脂肪酸与高级一元醇形成，不易水解，主要存在于植物表面和动物羽、毛表面，起保护、防水作用。某些海生动物体内也沉积蜡质。固醇是一类环戊烷多氢菲衍生物，是由四个环组成的一元醇，其中最重要的是胆固醇和麦角固醇。胆固醇是甲壳类动物必需的营养素。蜕皮激素的合成需要胆固醇，而甲壳类动物包括虾，体内不能合成胆固醇，需要由食物供给。虾体内的胆固醇有助于转化合成维生素D、性激素、胆酸、蜕皮素和维持细胞膜结构的完整性，促进虾的正常蜕皮、消化、生长和繁殖(杨凤，2003)。

2.脂类的营养生理作用

• 脂类是动物体重要的能量物质。生理条件下，脂类含能是蛋白质和碳水化合物的2.25倍左右。不管是直接来自食物或体内代谢产生的游离脂肪酸、甘油酯，都是动物维持和生产的重要能量来源。鱼、虾类等水生动物由于对碳水化合物特别是多糖利用率低，故脂肪作为能源物质的作用显得特别重要(杨凤，2003)。

• 脂肪是动物体主要的能量贮备形式。动物体摄入多余的能量一般会以脂肪的形式贮存在体内，以备在特殊条件下动员供能，以维持动物的基本能量需要及体温恒定。这对于动物在逆境等特殊环境下的生存具有重要意义。

• 脂类是机体重要的组成成分并且参与细胞内的多种生理活动。动物细胞膜并非完全由蛋白质所组成，而是由蛋白质和脂肪按一定比例所组成，其中磷脂和糖脂是细胞膜的重要组成成分。糖脂可能在细胞膜传递信息的活动中起着载体和受体作用。

• 脂类是脂溶性营养素的溶剂。如脂溶性维生素(维生素A、维生素D、维生素E、维生素K)只有溶于脂肪中才能被消化吸收。另外，磷脂分子中含有的疏水的脂肪酸链，可促进消化道内乳化环境的形成，对脂质的运输以及脂溶性营养素的跨膜转运等具有重要作用，可促进食物中脂肪和脂溶性营养物质消化率的提高。因此，脂类对脂溶性营养素或脂溶性物质的消化吸收极为重要。

• 脂类能够起到防护和保温作用。沉积于高等哺乳动物皮下的脂肪具有良好的绝热作用，可防止体热散失过快；而且动物机体中的脂类对内脏器官有一定的固定保护作用。

• 脂类也是动物必需脂肪酸的重要来源。动物体内有几种多不饱和脂肪酸不能合成而必须由食物供给，这些不饱和脂肪酸称为必需脂肪酸(essential fatty acids，EFA)。通常动物的必需脂肪酸是指亚油酸、α-亚麻油酸和花生四烯酸。亚油酸和α-亚麻油酸动物体内不能直接合成，而花生四烯酸尽管在动物体内可由特定的前体(亚油酸)合成，但合成的量少，不足以满足动物的营养需要。鼠、猪、鸡、鱼、幼年反刍动物机体一旦EFA缺乏，会表现出一系列的病理变化，如皮肤出现角质鳞片，免疫力下降，生长受阻，繁殖力下降，甚至死亡。

由于脂类物质具有水解、氧化酸败和氢化等特性，储存不当极易导致其营养品质降低。

28.2.1.4 粗灰分

粗灰分(ash)是食物样品在550～600℃高温炉中高温氧化后剩余的残渣。在此条件下食物中有机物质全部氧化逸出，剩余的残渣主要为矿物质氧化物或盐类等无机物质，有时还含有少量泥沙，故称粗灰分。

$$粗灰分=\frac{灰分重}{食物样品重}\times 100\%$$

粗灰分中的矿物元素是动物必需的一大类无机营养素。动物体中已确认存在的矿物元素大约有40多种，其中，钙、磷、钠、钾、氯、镁、硫、铁、铜、锰、锌、碘、硒、钼、钴、铬、氟、硅、硼等19种是动物生理过程和体内代谢必不可少的必需矿物元素。

1.必需矿物元素的定义

必需矿物元素是指在动物生理代谢过程中必不可少、一旦缺乏可引起动物生理功能和结构异常，并发生某种病变或疾病的元素；而非必需矿物元素是指动物虽缺乏亦不会引起生理功能和结构异常而发生病变或疾病的一类元素。但是，营养学的必需矿物元素是相对于有毒有害元素而言的，在体内的分布和数量由其生理功能决定，一旦过量就可能成为有毒有害元素。

2.必需矿物元素的分类

必需矿物元素按动物体内含量或需要不同分成常量矿物元素和微量矿物元素两大类。食物中含量在百分之几至百分之几十，或占动物体重0.01%以上的元素称常量元素。常量元素可占到矿物元素总量的99.95%，主要包括7种元素：Ca、P、Na、K、S、Cl、Mg。食物中含量在十万分之几至千万分之几，或占动物体重0.01%以下的元素称微量元素。微量元素仅占到矿物元素总量的0.05%左右，主要包括12种元素：Fe、Cu、Mn、Zn、Co、I、Se、Cr、Mo、Si、F、B。

3.必需矿物元素的营养作用

必需矿物元素在动物体内参与体组织的结构组成，如钙、磷、镁是动物骨骼和牙齿的重要组成部分。其中，钙与磷是动物体内含量最多的矿物质，约占畜体内矿物质总量的65%～70%。钙、磷长期缺乏会导致脊椎动物骨生长发育异常，灰分降低，骨软化，不能维持正常的形态。农业生产中典型的钙、磷缺乏症有佝偻病、骨质疏松和产后瘫痪。佝偻病是幼龄动物典型的钙磷缺乏症。佝偻病动物表现出明显的骨骼生长发育畸形，骨中矿物质含量减少，长骨末端肿大，行走时步态僵硬或脚跛。产后瘫痪（又名产乳热）是高产奶牛分娩后产奶对钙的需要激增，而机体缺钙引发的一种常见疾病。磷元素作为遗传物质DNA、RNA的结构成分，参与许多生命活动过程，而且磷脂作为细胞膜的重要成分在保证细胞膜的完整性中起到了重要作用。

必需矿物元素在动物体内是多种酶的组成成分和激活剂。如铁参与细胞色素氧化酶、过氧化物酶、过氧化氢酶等的组成；锌、锰、铜是超氧化物歧化酶(SOD)的重要组分；硒参与谷胱甘肽过氧化物酶的组成；镁、氯等可以作为酶的激活剂而发挥功能。

必需矿物元素在动物体内参与激素的组成，如碘构成的甲状腺激素等参与体内多种生命活动的调节。

必需矿物元素维持动物体内电解质平衡和酸碱平衡，如Na^+、K^+、Cl^-等在动物体内以离子的形式存在，在调节机体的电解质平衡和酸碱平衡中起到了重要作用。

必需矿物元素可以控制神经递质的释放，调节神经兴奋性，如钙、镁等元素。

28.2.1.5 碳水化合物

碳水化合物(carbohydrates)在常规营养分析中含无氮浸出物和粗纤维，是多羟基醛、酮或其简单衍生物及能水解产生上述产物的化合物的总称。这类营养素是动物的主要能量来源。

1.粗纤维

粗纤维(crude fiber, CF)主要包括纤维素、半纤维素、木质素等，是植物细胞壁的主要组成成分。其中纤维素是由葡萄糖以β-1,4-糖苷键聚合而成的同质多糖；半纤维素是葡萄糖、果糖、木糖、甘露糖和阿拉伯糖等聚合而成的异质多糖；木质素则是一种苯丙基衍生物的聚合物，本质上并不属于碳水化合物类，由于木质素与纤维素、半纤维素难以分离所以归为粗纤维。常规分析中将食物样品经1.25%酸、碱各煮沸30 min后，所剩余的未溶解碳水化合物部分即为粗纤维。在分析过程中，有部分半纤维素和纤维素溶解于酸、碱中，使测定的纤维含量偏低，同时又增加了可溶解碳水化合物的计算误差，所以得出的纤维含量称为粗纤维。

2. 无氮浸出物

常规分析中将食物样品经酸、碱处理后可溶性碳水化合物部分即为无氮浸出物(nitrogen free extract，NFE)，主要由易被动物利用的糖类等组成。但是，常规食物分析不能直接测出无氮浸出物含量，而是通过计算公式求得：

无氮浸出物＝100%－(水分－粗灰分－粗蛋白－粗脂肪－粗纤维)

植物中无氮浸出物含量高，适口性好，消化率高，是动物能量的主要来源。特别是植物籽实和块根块茎食物中含量高达70%～85%。无氮浸出物中除碳水化合物外，还包括水溶性维生素等其他成分。

3. 碳水化合物的营养生理作用

• 碳水化合物是动物体组织必不可少的构成物质。例如，戊糖是构成遗传物质DNA、RNA的重要组分，糖蛋白是细胞膜的组成成分等。

• 碳水化合物是重要的供能物质。碳水化合物，特别是葡萄糖是供给动物生命活动能量的重要营养素。葡萄糖是神经系统、肌肉、脂肪组织、胎儿生长发育、乳腺等代谢的主要能源。

• 碳水化合物除了直接氧化供能外，也可以转变成糖原和脂肪贮存，这对于动物在特殊环境及逆境下的生存至关重要。

• 碳水化合物是合成乳脂和乳糖的重要原料。哺乳动物乳腺需要利用食物中的碳水化合物合成乳汁中的乳糖和乳脂。

• 粗纤维和某些寡糖具有特殊的营养作用。粗纤维在动物体中一般难以消化，但是一定量的粗纤维可通过机械作用而刺激肠道蠕动，对维持动物胃肠道畅通有一定的作用。另外，一些研究表明：动物摄入甘露寡糖、果寡糖后，寡糖会结合胃肠道中的致病菌，使其无法在肠壁定殖而排出体外，避免了这些致病菌的侵害。

28.2.1.6 维生素

常规分析中除了上述营养物质外，在粗脂肪和无氮浸出物中溶解的维生素类也是一类重要的营养物质。维生素既不是形成机体各种组织器官的原料，也不是能源物质，但它是一类动物代谢所必需而需要量极少的低分子有机化合物，体内一般不能合成，必须由食物提供，主要以辅酶和催化剂的形式参与体内的多种生命活动，从而保证机体组织器官的细胞结构和功能正常，以维持动物的健康和各种生理活动。维生素缺乏可引起机体代谢紊乱，产生一系列缺乏症，影响动物健康和机能，严重时可导致动物死亡(杨凤，2003)。目前已确定的维生素有14种，按其溶解性可分为脂溶性维生素和水溶性维生素两大类。

脂溶性维生素包括维生素A、维生素D、维生素E和维生素K。粗脂肪中包括的维生素就是这类维生素。其中，维生素A与视觉、上皮组织、繁殖、骨骼的生长发育等关系密切；维生素D为骨骼正常钙化所必需；维生素E具有生物抗氧化作用，对促进动物的生长发育、繁殖有重要作用；维生素K主要参与凝血活动，是凝血酶原(因子Ⅱ)、因子Ⅹ和血浆促凝血酶原激酶(因子Ⅸ)激活所必需的。

水溶性维生素主要包括B族维生素和维生素C，无氮浸出物中包括的维生素就是该类维生素。水溶性维生素可从食物的水溶物中获得,所有水溶性维生素都为代谢所必需。其中,B族维生素主要作为辅酶,催化碳水化合物、脂肪和蛋白质代谢中的各种反应;维生素C最主要的功能是参与胶原蛋白合成。

28.2.2 能量

自然界中任何生物机体的生命活动过程均需要能量。物质是能量的载体。能量不是一种营养素,而是能产生能量的营养素在代谢过程中能被氧化的一种特性。食物中营养物质包含的能量是食物的重要组成部分,起着决定动物采食量的重要作用。在营养学上,食物中的能量可通过其养分在弹式测热计(Bomb Calorimeter)中氧化燃烧释放的热量来测定,并以热量单位来表示。传统的热量单位为"cal",国际上确定以J作为统一使用的能量单位,换算关系:1 cal=4.184 J。

食物中的能量主要来源于碳水化合物、脂肪和蛋白质。动物采食后,这三大养分通过消化代谢进入体内后,经糖酵解、三羧酸循环或氧化磷酸化过程释放出其化学键中贮存的化学能,最终以ATP的形式满足机体需要。在此过程中,食物能量发生一系列转化,并相应划分成若干部分,每部分的能值可根据能量守恒和转化定律进行测定和计算(图28-6)。因此,动物只有通过降解三大养分才能获得能量,能量转换和物质代谢密不可分。然而,食物中的能量并不能完全被动物机体所利用,其中相当一部分会以热的形式或随消化代谢废物排出体外。其中,留在动物体内被动物利用的能量称为有效能,它也从另一方面反映了食物能量的营养价值。

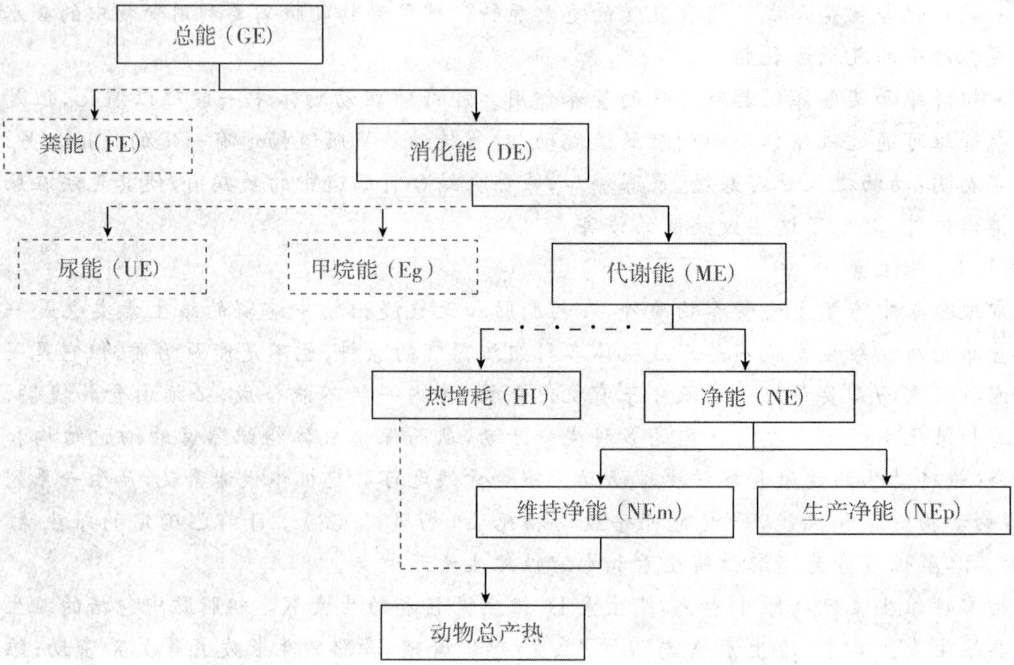

图28-6 食物能量在动物体内的分配(引自杨凤,2003)

------表示不可用能量 ——表示可用能量 —·—·—表示在冷应激情况下有用

28.2.2.1 总能

总能(gross energy,GE)是指食物中有机物质,主要为碳水化合物、粗蛋白和粗脂肪,完全氧化燃烧生成二氧化碳、水和其他氧化物时释放的全部能量的总和,也叫燃烧热或粗能。三大养分的平均能量含量分别为17.5、23.64、39.54 kJ/g。能值以碳水化合物最低,蛋白质居中,脂肪约为碳水化合物的2.25倍,最高。因此,食物的总能主要取决于其碳水化合物、脂肪和蛋白质含量。

28.2.2.2 消化能

食物进入动物体经消化道消化后未被消化的部分会以粪便的形式排出体外,粪便燃烧所产生的能量为粪能(FE)。食物中可消化养分所含的能量,称为消化能(digestible energy,DE),是动物摄入总能与粪能之差,即

$$DE = GE - FE$$

因此,凡是影响食物在动物体内消化的因素都会不同程度地影响消化能,如食物种类及组成、动物生理状况等。通常,粪能是食物能量中损失最大的部分。

28.2.2.3 代谢能

食物中可消化的营养物质在动物体中经过一系列代谢活动后,代谢废物会以气体或尿的形式排出体外。食物中被代谢利用的养分含有的能量,称为代谢能(metabolizable energy,ME)。因此,食物消化能减去尿能(energy in urine,UE)及消化道可燃气体的能量(energy in gaseous products of digestion,Eg)后剩余的能量即为代谢能。

$$ME = DE - (UE + Eg) = GE - FE - UE - Eg$$

尿能是尿中有机物所含的总能,主要来自于蛋白质的代谢产物,如尿素、尿酸、肌酐等。尿氮在哺乳动物中主要来源于尿素,禽类主要来于尿酸。气体能主要来自动物消化道微生物发酵产生的气体,主要是甲烷。这些气体经肛门、口腔和鼻孔排出(杨凤,2003)。食物的营养物质含量特别是蛋白质水平及氨基酸平衡状况是影响尿能的重要因素。高蛋白食物,或不平衡氨基酸的组成将导致部分氨基酸脱氨供能等,尿氮排泄量增加,尿能损失增多,代谢能值降低。另外,气体能损失在单胃动物中可忽略不计,而对于反刍动物,气体能损失大,而且气体能的损失量与饲料性质及饲养水平有关,低质饲料所产甲烷量较大。

28.2.2.4 净能

代谢的食物在动物体内被利用的过程中,一部分会以热的形式散发出去,剩余的那部分真正用于动物维持生命和生产产品的能量称为净能(net energy,NE)。以热的形式散发的能量称为体增热或热增耗(heat increment,HI),是指绝食动物在采食饲料后短时间内,体内产热高于绝食代谢产热的那部分热能。它主要是由于食物在消化代谢过程中释放的能量不能全部被动物利用而部分以热的形式散失掉,以及动物消化代谢相关器官做功产热等。在寒冷条件下,体增热对于动物维持体温具有重要意义。因此,NE是食物的代谢能扣去体增热后剩余的那部分能量,分为维持净能(net energy for maintenance,NEm)和生产净能(net energy for production,NEp)两部分。

$$NE = ME - HI = GE - DE - UE - Eg - HI$$

维持净能指食物能量用于维持生命活动、适度随意运动和体温恒定的部分,而生产净能指

食物能量用于沉积到产品中的部分，包括劳役。因动物种类和饲养目的不同，生产净能的表现形式也不同，例如：产奶增重净能、产奶净能、产毛净能、产蛋净能和使役净能等。

食物的净能受多种因素的影响，凡是影响代谢能、热增耗以及环境温度等的因素，如动物种类、饲料组成、环境温度等都会对净能产生影响。

28.2.3 采食量

各种高等动物的采食量是受多种调节机制控制的复杂过程，某个单一机制难以解释采食量调节的全部。其中反刍动物和单胃动物采食活动的调控均由中枢神经系统(CNS)统一控制，在这一点上，二者没有本质的差异。但它们生理结构不同，食物或饲料供给形式差别极大，导致单胃动物和反刍动物的采食调控方式各具特点。

28.2.3.1 单胃动物采食量的调控特点

"为能而食"是单胃动物和家禽的生理特性。尽管体脂稳恒理论对单胃动物采食量的长期调控有作用，但其作用并不具有决定意义，只在一定范围内有效。

单胃动物采食量的调控主要以化学调控为主。刺激单胃动物采食行为发生变化的主要化学调节因素是葡萄糖，其次是氨基酸、矿物质元素、渗透压、pH，还有激素。这些物质通过消化道和其他部位的受体作用于下丘脑的摄食中枢，或通过改变内分泌和贮存的能量间接地作用于中枢神经系统。猪是典型的贪食者，在很大程度上，食欲决定猪的采食量，对能量平衡和脂平衡机制反应不敏感，过食现象严重，化学调节和负反馈调节可以抑制猪的过食现象。猪的味觉较好，喜欢甜味，故在开食料中加蔗糖可促进断奶仔猪采食。猪的采食行为具有社会性，群饲可增加采食量。生产上，对种禽和产蛋禽类应用多种限饲措施，避免过肥造成生产性能的下降(陈代文，2005)。

28.2.3.2 反刍动物采食量的调控特点

当提供足量的饲料时，反刍动物的随意采食量通常受消化道容量与消化道中饲料残余量之差的剩余容量(常称之为物理平衡)的限制。这些物理性限制主要是因胃肠段容纳静态残余物的容量(即静态容量)和通过化学消化和翻转流动排出饲料残余物的能力(即动态容量)有限而产生的。

反刍动物对采食量的调控以物理性填充调控为主。反刍动物由于其独特的营养生理特点，可以大量采食粗饲料。当反刍动物日粮中粗饲料比例过大时，瘤网胃的物理填充机制开始起作用。这种方式有利于提高饲草残余物的静态容量和最大限度地延长饲草残余物的滞留时间，从而最大限度提高不易消化实体如细胞壁的消化程度。这种静态容量的提高，是通过限制前胃动态容量来实现的。但是，当日粮中性洗涤纤维(NDF)下降到一定程度或能量浓度超过一定阈值时，物理填充机制作用下降，采食量随能量浓度增加而降低。化学调节机制对反刍动物的采食量调节，不是基于血糖而是基于挥发性脂肪酸，特别是乙酸和丙酸。丁酸经瘤胃上皮作用可代谢生成乙酰乙酸和β-羟丁酸，因而其对反刍动物采食量的调控并不重要(陈代文，2005)。与猪和肉禽相比，反刍动物的过食现象不明显。

非反刍的草食动物，尤其是结肠发酵型动物，也进化和完善了其消化系统与采食方式，这种消化系统和采食方式有利于增加其动态容量，以满足其所需要的养分流量。有限的资料表明，结肠发酵型动物对动态容量的提高幅度比反刍动物大得多。

第29章 动物的免疫和防御

动物的免疫系统随着动物的进化越来越复杂，越来越精密，并且和动物血液循环系统密切合作，共同维护着动物的健康。

29.1 无脊椎动物的免疫

无脊椎动物组织识别自己和异己的能力可以通过移植同种组织块(allograft)或者异种组织块(xenograft)，然后观察宿主(host)的反应来判定。如果宿主没有对移植物进行排斥，或者宿主认为移植物是自身的一部分，则移植物会在宿主内生长；但是如果发现其排斥移植物，说明宿主具有免疫识别能力。

很多无脊椎动物，即使是最简单的海绵也具有免疫识别的能力。有些甚至对小块的同种移植物也会发生免疫排斥反应。比如身体结构相当松散的海绵和海葵等动物都会排斥同种移植物。但有趣的是，纽虫动物和软体动物似乎不会排斥同种移植物。更有意思的是，海绵、海葵、环节动物和昆虫都会对再次暴露接触到的同种移植物发生更加迅速的免疫排斥反应，表明这些动物至少具有短期的免疫记忆。

软体动物的血细胞在发生吞噬作用时能够释放降解酶，很多无脊椎动物体液中都有这种抗外源微生物的物质。如环节动物、昆虫、甲壳动物、棘皮动物和软体动物中都有免疫物质调理素(opsonins)，该物质发挥着非特异性免疫的作用。

细菌、病毒和真菌感染某些昆虫，能刺激昆虫体内产生抗菌肽，这些抗菌肽显示出广谱性的抗微生物作用而不仅是专一性抗某种病原。而且在桡足动物和美洲大蠊所做的免疫试验表明，可能在无脊椎动物中也具有原先认为只有脊椎动物才有的获得性免疫反应。给对虾注射一种病毒的衣壳蛋白，对虾能产生免疫反应，产生物质包裹住此病毒的衣壳蛋白。另外，对水蚤和大黄蜂的免疫试验得出这些动物能将对某些外源物产生的免疫传递给下一代。

蜗牛(宿主)对吸虫(如肝蛭)的易感性很大程度上取决于蜗牛的基因型。给正常蜗牛接种受感染蜗牛分泌物会很快增强正常蜗牛的免疫防御能力，时间可持续几周甚至数月。肝蛭的分泌物会刺激具抗性的蜗牛血细胞的运动吞噬能力，但是会抑制易感宿主蜗牛血细胞的这种能力。具抗性蜗牛血细胞通过吞噬作用包裹住肝蛭幼虫，释放出超氧化物和 H_2O_2 来杀死和破坏寄生虫。抗性蜗牛体内还出现能够激发血细胞免疫反应的白介素-1(interleukin-1)。

越来越多的关于无脊椎动物先天性免疫的研究已经使获得性免疫和先天性免疫之间的认识界限出现模糊。尽管这两种免疫的机制相差很大，但是在无脊椎动物中所表现的免疫记忆及特异性免疫反应和脊椎动物的很类似。因为免疫记忆和特异性免疫排斥是区分获得性免疫和先天性免疫的基本标准。

29.2 脊椎动物的免疫

脊椎动物的免疫系统由特异性和非特异性免疫系统组成。非特异性免疫系统中,动物完整的被覆物为最初的屏障系统,担负着保护机体的任务,比如:两栖动物有自己的一套先天性免疫系统,其核心是抗菌肽,两栖动物皮肤被公认为是生物活性多肽的储存库。抗菌肽对多种细菌,如对耐甲氧西林凝固酶阴性葡萄球菌、耐甲氧西林金黄色葡萄球菌和金黄色葡萄球菌等几种常见的耐药菌具有很好的抗性。

动物的眼睛、呼吸道以及消化道,最有可能接触到外在微生物。机体在这些位置也有自身的防御机制,比如:泪水中有溶菌酶;唾液中也有溶菌酶;胃液的酸性环境(pH 可达到 2)可以将大部分微生物杀死,肠道中也有消化酶;呼吸道中有物理性的纤毛运动(运动的方向是一致的朝向口部),还有黏液分泌,包裹灰尘和微生物,向口腔方向运动,最终以痰的形式咳出或者吞咽进入消化系统。

尽管如此,还可能有一部分微生物或者寄生虫侵入机体,这时体内依然还有非特异性的吞噬细胞和化学性防御启动发挥作用。例如:①白细胞中的嗜酸性粒细胞和嗜碱性粒细胞,以及自然杀伤细胞和巨噬细胞等,发挥非特异性地吞噬进入机体内的异物的作用。②体内特殊的蛋白质杀死侵入机体的微生物。③炎症反应加速防御细胞到达受侵入部位,发挥相应的防御作用。④温度升高以减缓入侵微生物的增长繁殖。

高等哺乳动物中上述功能和淋巴循环密切相关。而且这四种非特异性的防御机制之间也是相互配合、共同执行着机体的免疫防御作用的。比如,体内特殊的蛋白质中有干扰素 α、干扰素 β 和干扰素 γ,这些多肽能保护细胞免受病毒的感染。除此之外,体内还有一些蛋白质构成补体系统(complement system)。补体系统中有近 20 种蛋白质在循环系统中流动,一旦接触到细菌或者真菌,补体蛋白可聚合形成一个“膜攻击复合物”,在外源性微生物的膜上插上一个孔洞,水进入细胞,引发细胞膨胀最终破裂,有点类似穿孔素(perforin)的作用。只不过穿孔素作用于受感染的宿主细胞,而补体蛋白直接作用于微生物。不仅如此,补体系统的蛋白,有些能刺激组胺(histamine)释放,增强炎症反应;有些能吸引巨噬细胞到受感染的区域发挥作用;有些直接包裹住外源性微生物,从而有利于巨噬细胞的非特异性吞噬作用。

但不管怎样,还是有细菌或者病毒等外源性微生物能够逃脱机体非特异性免疫系统的进攻。如果动物体内这样的事件发生了,机体内的最后一道防线就要发挥作用了,这道防线就是体内的特异性免疫系统。

特异性免疫系统,以人为例,有 T 细胞免疫系统和 B 细胞免疫系统。两大系统互相配合,共同担负着消灭特异性病原菌等异物的作用,保证机体的健康和内环境的稳定性。而 B 细胞和 T 细胞免疫系统之间的关系很复杂,并且各具有自身的特殊性。B 淋巴细胞和 T 淋巴细胞是在骨髓中发生,T 淋巴细胞迁移出骨髓,在血液循环系统中流动,迁移到胸腺后进一步分化成熟,担负细胞免疫的重任;B 淋巴细胞遇到抗原,分化生成浆细胞,浆细胞产生抗体,抗原和抗体特异性结合,起到体液免疫的作用。抗体的种类多样,比如人有五种抗体蛋白:IgM、IgG、IgD、IgA 和 IgE 等。这些抗体各具有不同的结构和功能。胸腺是非常重要的淋巴器官,随着年龄的增大,该器官会萎缩,机体的免疫力随之下降。T 淋巴细胞在血液循环系统中成熟分化,分化出多种 T 淋巴细胞亚型,如辅助性 T 淋巴细胞、杀伤性 T 淋巴细胞等,无论是 T 淋巴细胞还是 B 淋巴细胞在第一次接触到抗原后,都会分化出一部分免疫记忆细胞,分别叫作记忆性 T 淋巴细胞和记忆性 B 淋巴细胞,当机体内再次出现该抗原时,会刺激 T 或 B 淋巴记忆细胞的快速增殖和分化,因此机体能够迅速地对抗原做出应答。T 淋巴细胞释放多种细胞因子,如白介素等,担负特异性的细胞免疫的作用。

身体细胞的表面携带着特异的标志性蛋白,称为主要组织相容性蛋白(major histocompatibility proteins,MHC proteins)。和指纹一样,每个个体的 MHC 都是不一样的,但是一个个体内的所有细胞上的 MHC 是一致的,因此 MHC 是免疫系统识别细胞是自体还是异体的标识,例如,外源性微生物特殊性的表面蛋白会被机体的免疫系统识别为抗原(antigens)。

当外源微生物感染机体后,机体内的细胞将微生物抗原处理并将其带到细胞膜表面。这样的细胞称为抗原呈递细胞(antigen-presenting cells),一般体内是由巨噬细胞来完成上述任务的。在细胞膜上,处理后的抗原和 MHC 蛋白组成复合物。这对于 T 细胞发挥免疫功能非常重要,T 细胞受体只有和这样的抗原结合才能发挥 T 淋巴细胞的作用。而 B 淋巴细胞可以和游离的抗原直接作用。

巨噬细胞吞噬细菌或者吞噬受到病毒感染的体细胞后释放化学性的警告信号——白介素-1。该蛋白刺激辅助性 T 淋巴细胞(helper T cells)。受到白介素-1 刺激的辅助性 T 淋巴细胞同时启动两个不同而平行的特异性免疫防御系统:T 淋巴细胞参与的细胞免疫和 B 淋巴细胞参与的抗体或体液免疫。

事实上细胞免疫和体液免疫在体内是同步发生的,互相协调,一起来完成机体的特异性免疫反应。比如:病毒侵入机体后,病毒蛋白在受感染的细胞表面出现。病毒和受感染的细胞被巨噬细胞吞噬,病毒的蛋白被巨噬细胞呈递到细胞膜表面,与巨噬细胞的 MHC 蛋白附着。这刺激了巨噬细胞释放白介素-1。白介素-1 作为一个警告信号又继续刺激辅助性 T 淋巴细胞。激活后的辅助性 T 淋巴细胞释放白介素-2,启动整个细胞免疫和体液免疫。这其中有些激活的 T 淋巴细胞变成记忆性 T 淋巴细胞,这种细胞依旧在机体内循环(在血液或淋巴中),并且在下一次受到此病毒的感染时,能够更加迅速地启动特异性免疫反应。白介素-2 激活了细胞毒性 T 淋巴细胞。细胞毒性 T 淋巴细胞结合到受感染的携带病毒抗原的体细胞上并杀死此细胞。白介素-2 也激活 B 淋巴细胞。其中有一部分转变成记忆性 B 淋巴细胞,另一部分激活的 B 淋巴细胞转化为浆细胞,浆细胞产生抗体,抗体和抗原发生特异性结合。被抗体标记的细胞或病毒被吞噬细胞所吞噬。因此,B 淋巴细胞的体液免疫和 T 淋巴细胞的细胞免疫密切配合,共同消灭进入机体的外源性异物。

29.3 免疫缺陷

尽管免疫系统是体内最复杂精准的系统,但是其仍然不是十全十美的。比如,自身免疫缺陷疾病以及过敏反应,都是机体免疫系统的相关疾病。

机体免疫系统中的 B 淋巴细胞和 T 淋巴细胞具有识别自体细胞的能力,这是确保机体特异性免疫防御能力的基础，但是如果这些淋巴细胞的识别能力发生变化，竟然对“自身细胞”发生免疫应答反应，开始攻击“自身”，这样的疾病就称作自身免疫疾病(autoimmune diseases)。

多发性硬化症(神经系统的一种疾病)就是一种自身免疫疾病，20～40岁年龄段的人多发此病。发生这种疾病时，机体的免疫系统攻击和破坏髓鞘，它是神经纤维的外保护层和绝缘层，最终神经纤维不能再传导神经冲动，导致机体最终的麻痹和死亡。Ⅰ型糖尿病也是自身免疫疾病，原因是自身的免疫系统攻击胰腺上能够分泌胰岛素的细胞，最终使得胰岛不能够产生足够的胰岛素。类风湿性关节炎(免疫系统攻击机体的关节组织)、红斑狼疮(免疫系统攻击结缔组织和肾脏组织)以及甲亢等疾病也属自身免疫疾病。

机体免疫系统对于入侵的真菌、细菌、病毒和寄生虫具有很好的免疫排斥作用，但有时候这种免疫反应过强，超过了机体所需。这时候的抗原被称为过敏原(allergen)，这样的免疫反应称为过敏反应(allergy)。花粉热，就是对于少量甚至是微量的植物花粉过敏的典型例子。有些人对坚果、鸡蛋、牛奶过敏，有些人对于房屋内尘螨的分泌和排出物过敏。过敏反应很强时人体感到很不舒服，有时甚至是危险的。机体内的肥大细胞(mast cell)在这个过程中扮演重要角色。它起始炎症反应，释放组胺以及其他的化学性物质引起毛细血管的通透性增大。很多抗过敏药物就是通过阻碍组胺发挥作用来减缓或减轻过敏反应的。哮喘(asthma)是另一种组胺引起的呼吸道狭窄的过敏反应。当病人遇到过敏原时会引发呼吸性障碍。

第30章 循 环

循环系统是动物的体液(包括血液、淋巴和组织液)及其循环流动的管道组成的系统。循环系统是生物体内的运输系统,它将消化道吸收的营养物质和由鳃或肺吸入的氧气输送到各器官组织,并将各组织器官的代谢产物通过同样的途径输入血液,经肺、肾等处排出。它还输送热量到身体各部以保持体温,输送激素到靶器官以调节其功能。高等动物的循环系统还有附加的功能:如机体的保护作用;将血液运送到受伤或感染部位,包括白细胞和免疫球蛋白(抗体)、凝血物质(在受伤部位形成纤维蛋白网),从而阻止外源微生物等有害物进入体内,起到保护作用。

30.1 循环系统的演化

单细胞原生生物以扩散的方式从外部液体环境中直接获取氧气和养分,即依靠细胞质的流动来完成循环过程。刺胞动物(如水螅)的体壁只有两层,每层体壁都直接与外环境接触,形成消化循环腔。这样的消化循环腔同时具有循环功能(图 30-1)。

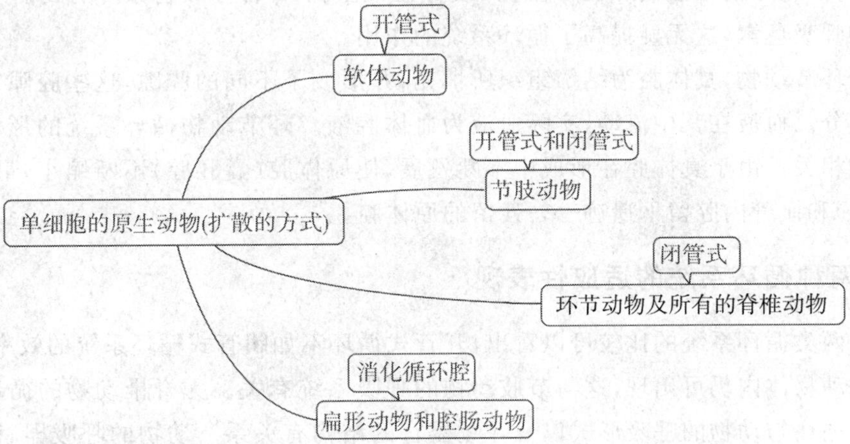

图 30-1 循环系统的演化模式图

30.1.1 开管式和闭管式循环系统

动物在进化中出现了两种循环系统:开管式循环系统和闭管式循环系统。

30.1.1.1 开管式循环系统

软体动物和节肢动物一般为开管式循环系统(open circulatory system),由血管、心脏、血窦及血液组成。

软体动物的血液一般无色,内含变形细胞,尽管血红蛋白的携氧能力为血蓝蛋白的5～10倍,但是大多数种类的血浆的呼吸色素仍为血蓝蛋白,少数种类为血红蛋白。血蓝蛋白含铜离子,氧化时为淡蓝色,还原时无色,所以多数软体动物的血液呈淡蓝色或无色。其心脏一般位于内脏团背侧围心腔内,由心耳和心室构成。心室一个,壁厚,能搏动,为血循环的动力;心耳一个或成对,心耳与心室间有防止血液逆流的瓣膜。血窦为组织之间不规则的空隙,无血管壁包围,大的血窦存在于足、内脏团等器官之内。血液循环的形式为:心脏—动脉—血窦—静脉—心脏。开管式循环血压低、血流速度慢,运送氧气和营养物质的效率相对较低。在昆虫体内,心脏是一个肌肉管,它将血液和淋巴液泵至身体的网状管道及体腔中,然后再泵回到围心腔内。

30.1.1.2 闭管式循环系统

在闭管式循环系统(closed circulatory system)中,循环液即血液总是在血管中往复流动,它们由心脏泵出,随后又回到心脏内。环节动物及所有脊椎动物的循环系统都是闭管式的。血液始终在血管内流动,不流入组织间的空隙中,故称闭管式循环。在环节动物中,闭管式循环系统结构复杂,由纵行血管和环形血管及其分支血管以及与各血管相连的微血管网组成。以蚯蚓为例,背血管有节奏地收缩,类似泵的作用。血液先经五个相连的小动脉(同样起着泵的作用)到达腹血管,然后向后流动,再重新回到背血管中。从各支动脉分出的小血管遍布各组织,给蚯蚓提供了氧气和养分,同时也运走代谢废物。血流有一定方向,流速较恒定,有效地提高了营养物与代谢废物的运输及携气机能。一般环节动物(除了最原始的种类外)的血浆中含有血红蛋白、蚯蚓血红蛋白和血绿蛋白(或称血氯蛋白)3种呼吸色素。有的种类同时具有一种或两种呼吸色素,这无疑提高了循环系统的作用。

有一些环节动物,真体腔为结缔组织所填充,并形成了不同的腔隙,这些腔隙成为血循环系统的一部分。血液在其中流动,实际血液为血体腔液。环节动物循环系统的形成与真体腔的发生密切相关。由于真体腔在形成中不断发展,使原体腔(囊胚腔)不断缩小,最后只在"心脏"(动脉弧)和血管内腔留下遗迹——残留的原体腔。

30.1.2 两种循环系统的适应性表现

从以上两类循环系统的比较可以看出,开管式循环不如闭管式循环系统的效率高,但是在高等的节肢动物体内仍可出现,这与节肢动物的呼吸系统有关。无脊椎动物的循环系统结构复杂的程度往往与动物的呼吸形式以及呼吸器官的结构有关系。动物的呼吸器官比较集中,比如具有发达的鳃呼吸的动物,它们的循环系统就相对复杂。同是节肢动物,像甲壳纲动物对虾的鳃就集中在头胸部,它的循环系统比呼吸器官分散在全身的、用气管呼吸的昆虫复杂得多。至于有些身体微小、生活在水中的小型甲壳动物则完全用体表呼吸,它们的循环系统退化或只有心脏没有血管;或完全消失,如一些桡足类。

可得出结论:各个系统发达程度在进化中是相关联的。无论某个系统是高等还是低等,只要能满足机体需要，即使低等的也可在进化中保留下来。作为一个整体的生命体，各部分器官系统应该是高度协调的，达到尽可能高效的目的，只有如此才可能不被自然界所淘汰，所以存在这样的现象，虽然某一部件看来是退化了，但实际上却能更好地适应其生存环境。

30.2 脊椎动物循环系统的进化

30.2.1 脊椎动物的心脏的进化

30.2.1.1 鱼类

作为脊椎动物进化的前身，脊索动物的典型代表——文昌鱼而言，心脏仅仅是腹动脉特化的区域，与动脉的其他区域相比，附着了较多的肌肉，却只能做简单的蠕状波动。因为血管舒张部分的直径大于血管收缩部分的直径，血液流动受到的阻力较小，所以泵血作用得以实现。圆口纲动物心脏具有1心房、1心室和1静脉窦，没有动脉圆锥。而对鱼类而言，鱼鳃的进化是需要更为有效的泵血作用的。软骨鱼类的心脏便在进化中形成了多个室组成的心脏泵血系统，该系统是一条特化的、由4个连续排列的小室组成的管道。前两个室——静脉窦(sinus venosus)和心房(atrium)用于血液收集，另外两个室——心室(ventricle)和动脉圆锥(conus arteriosus)是泵血室。硬骨鱼的动脉球不属于心脏结构，无搏动功能(图19-12)。

鱼类心搏的顺序呈蠕动状从后部开始向前传递。4个室中先收缩的是静脉窦，随后依次是心房、心室，最后是动脉圆锥。尽管之后的进化中，脊椎动物心脏各室的相对位置有一些变化，但这种心搏顺序在所有脊椎动物中都被保留了下来。不同的是，引起鱼类心脏肌肉收缩的电冲动始于静脉窦，其他脊椎动物的电冲动产生于类似静脉窦的结构。

鱼类的心脏与其特殊的呼吸器官鳃是高度协调的，以适应水生环境，这是脊椎动物进化中一项重大的"突破"。心脏与鳃的高度适应性使得流经鳃的血液在流至组织之前充分含氧。血液流动的通路是：血液从动脉圆锥泵出，流过鳃时携带了氧气，从鳃又流向身体的所有动脉网络，然后再通过静脉返回心脏。但这种路径有一个最大的缺陷，即血液流经鳃部毛细血管时，由心脏收缩产生的血压大大下降，以致经鳃之后到全身的血液循环变得较为滞缓，这种特性限制了氧气向身体各部位的运输速度。

30.2.1.2 两栖类和爬行类

肺的出现是血液循环系统进化中的另一个重要变化，也是两栖类和爬行类血液循环进化中的突出表现。有肺参与的循环过程变为血液从心脏泵入肺动脉进入肺后，不直接流向身体的组织，而是从肺静脉流回了心脏。于是就产生了双循环系统：一个是心脏和肺之间的肺循环(pulmonary circulation)，另一个是心脏与身体其他部分之间的体循环(systemic circulation)。

如果心脏的结构不发生变化，从肺流出的含氧血会与从体循环回流至心脏中的缺氧血混合，进而心脏将会把混合了的血泵出，而不是完全的含氧血。因此，从进化的角度来看，两栖类的心脏发生了两个有助于减小混合的结构变化。首先，心房分成了左右两个室：右心房接受体循环流回的缺氧血，左心房接受肺循环流回的含氧血，这样，这两个心房储备的血液就不会混合。只有当血液从两个心房流入同一个心室时，才会发生少部分混合。第二，动脉圆锥被一个分隔壁部分隔开，引导缺氧血经肺动脉进入肺部，含氧血进入主动脉，从主动脉泵至全身。

由于两栖类只有一个心室，肺循环、体循环没有完全分离开(图 20-7)，所以，两栖类动物可以在水中长时间停留，通过皮肤获得额外的氧气，这一过程叫皮肤呼吸(cutaneous respiration)，用来补充血液中的含氧量。这也是两栖类在进化中另一个突出的特征。

爬行类还有一个将心室部分分开的隔膜，它使含氧血与缺氧血在心脏更进一步地分开了，这就进一步降低了血液在心脏中混合的程度(图 21-11)。特殊地，这种分隔在爬行动物鳄鱼中是完全的，隔膜把心室分成了完全独立的左右两个心室，因此，鳄鱼有完全分离的肺循环和体循环。另外，爬行类血液循环将动脉圆锥并入了心脏发出的大动脉干中，也是一项重要的进化特征。

30.2.1.3 鸟类和哺乳类

鳄鱼、鸟类和哺乳类，有 4 室心脏，即 2 个心房和 2 个心室(图 30-2)。

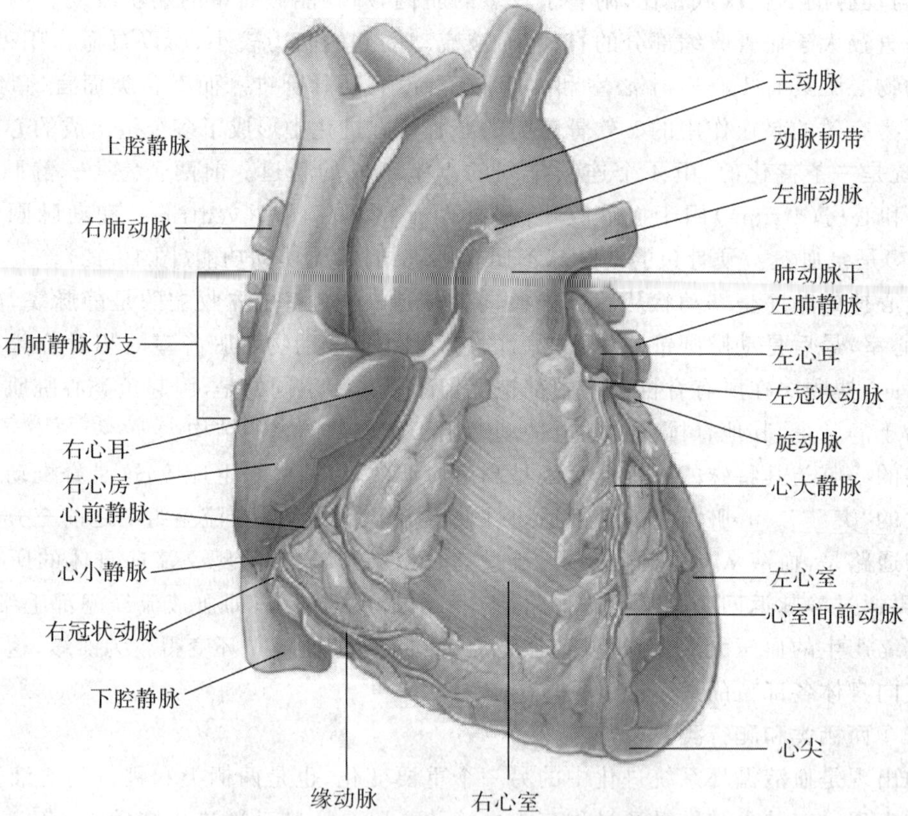

图 30-2　人的心脏及心脏血管分布示意图

(仿 Widmaier et al.,Vander's Human Physiology,2003)

以人为例，血液由左心室射出，经主动脉及其各级分支流到全身的毛细血管，在此与组织液进行物质交换，供给组织细胞氧和营养物质，运走二氧化碳和代谢产物，动脉血变为静脉血，再汇合成上、下腔静脉流回右心房，这一循环为体循环。血液由右心室射出，经肺动脉流到肺毛细血管，在此与肺泡气进行气体交换，吸收氧并排出二氧化碳，静脉血变为动脉血，然后经肺静脉流回左心房，这一循环为肺循环。

完整的双循环是由两个周期泵驱动的，两个心房都在充入血液后同时收缩，将血液压入心室。两心室同时收缩，推动血液同时进入体循环和肺循环。双循环系统这样的高效性为哺乳类和鸟类进化为恒温动物提供了可能，因为更为发达有效的循环系统是支持高新陈代谢所必需的。

左、右心室每次收缩都必须保证泵出同样量的血液，这是因为如果一个心室的出血量和另一个不同，血流就会积累，血压在一个循环中升高，导致毛细血管血液渗出，引起浮肿（如充血性心脏病）。虽然两个心室泵出的血液体积一样，但血压却是不同的。左心室从更高血液阻力的系统路径泵血，更厚的肌肉层，所以比右心室产生更高的血压。

在脊椎动物整个进化历程中，静脉窦是起搏点，是心搏的发源地，在鱼类心脏中是主室，占据着重要的地位，但在两栖类中它已缩小，而在爬行类中进一步缩小，在哺乳类和鸟类中，静脉窦已经不再是独立的室，但它没有完全消失，它的一些组织仍然在右心房壁上，接近体静脉与心房连通之处，被称作窦房结（sinus node），仍然是心搏开始的地方。

30.2.2 脊椎动物血管和淋巴系统的进化

30.2.2.1 动脉系统

动脉是将心脏搏出的血液输送到全身各部分的血管（即离心的血管），管壁厚而富有弹性，反复分支成小动脉，直至毛细血管。动脉系统基本模式包括，腹大动脉 1 支，由心脏发出，在消化道腹面向后延伸。背大动脉 1 对，位于消化道背面，向后汇合为 1 条，分支到全身。动脉弓是连接腹大动脉和背大动脉的弓形血管，胚胎期一般为 6 对。上述基本模式在所有脊椎动物中大致相同，发生演变的部分主要在动脉弓。

由于以鳃呼吸，鱼类的动脉弓在鳃部断开为两部分，即入鳃动脉和出鳃动脉，中间以毛细血管联系，以进行气体交换。软骨鱼类保留第 2～6 对动脉弓，硬骨鱼类保留第 3～6 对动脉弓，其余退化。两栖类以上脊椎动物，成体因是肺呼吸，动脉弓不再断开，并只保留第 3、4、6 对动脉弓：第 3 对为颈动脉，分布于头部和脑；第 4 对为体动脉，左右体动脉汇合成背大动脉；第 6 对为肺动脉。两栖类幼体营鳃呼吸，动脉弓与鱼类相似；成体由于皮肤是重要的呼吸器官，其第 6 对动脉弓为肺皮动脉，分支达于肺脏和皮肤。鸟类成体的左体动脉弓退化，仅留右体动脉弓；哺乳类则保留左体动脉弓（图 30-3）。

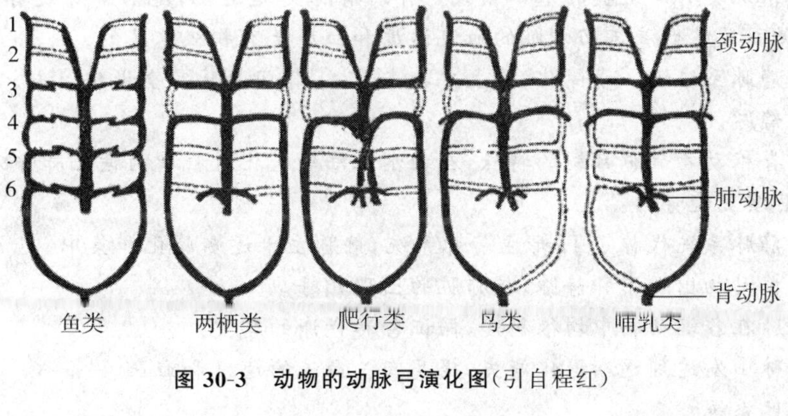

图 30-3 动物的动脉弓演化图（引自程红）

30.2.2.2　静脉系统

静脉收集全身血液运回心脏，即回心血管，常与相应的动脉伴行。管壁薄，弹性较小。管腔内多有瓣膜，以防止血液倒流。

鱼类(包括软骨鱼和硬骨鱼类)具有脊椎动物原始的静脉系统模式。①H 形主静脉系统：一对前主静脉，收集来自头部的血液；一对后主静脉，收集身体后部体壁、性腺和肾脏的血液；前、后主静脉在心脏两侧相遇，共同汇入一对短的总主静脉，最后汇入静脉窦。②门静脉系统：门静脉是两端均为毛细血管、管腔内无瓣膜的一段血管，包括汇集消化道的血液流入肝脏的肝门静脉、汇集尾部的血液进入肾脏的肾门静脉和垂体门脉系统。

两栖类的静脉系统(主要是无尾两栖类具有)出现了 Y 形大静脉(或腔静脉)系统和肺静脉。Y 形大静脉系统代替 H 形主静脉系统。总主静脉和前主静脉合并为 1 对前大静脉，1 对后主静脉被 1 条后大静脉代替。随着肺的出现相应地出现了肺静脉。肺静脉直接进入左心房，这对于心房的分隔和血液双循环路线的出现具有决定性的作用(图 30-4)。

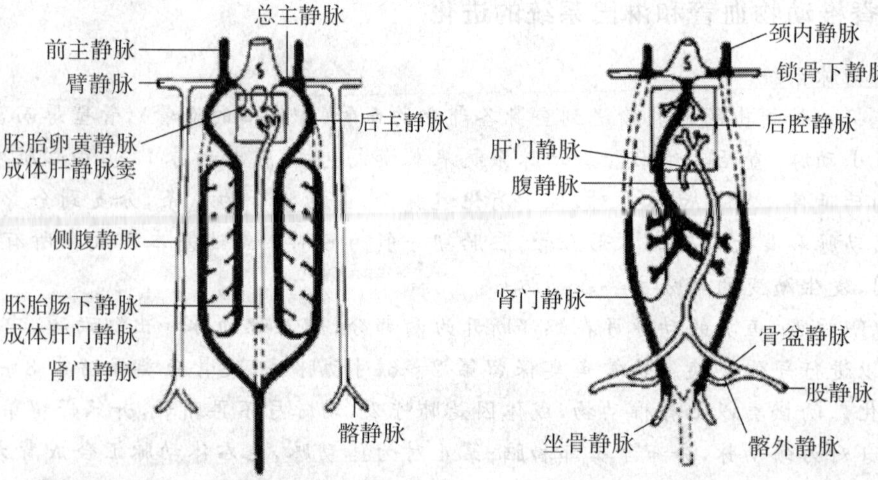

图 30-4　鲨鱼(左)和成体无尾类(右)静脉系统模式图(引自程红)

对于爬行类而言，基本上与无尾两栖类相似，但肾门静脉趋于退化。

鸟类静脉系统具有四足类的基本模式。肾门静脉更趋退化，尾静脉穿过肾脏直接汇入髂总静脉，这对提高后肢血液流回心脏的血流速度和血压是有积极意义的。

哺乳类的静脉系统进一步简化，其主要特点为：①肾门静脉完全退化消失。②多数哺乳类仅保留右前大静脉。

综观各纲脊椎动物静脉系统的特点，在由水上陆的进化过程中为适应肺呼吸的出现、运动速度的加快，其演变趋势为：

- Y 形大静脉系统代替了 H 形主静脉系统，静脉主干逐渐简化和集中。
- 陆生脊椎动物出现了肺静脉，与肺脏的出现相呼应。
- 肝门静脉在各纲动物中均很稳定，保证营养代谢的需要。
- 肾门静脉由发达到逐渐退化消失，提高回心血流的速度和血压。

30.2.2.3　淋巴系统

心血管系统是封闭的循环系统，没有开放端的出现。但在血管中被运输的有些水分和溶质会从毛细血管中渗出，形成组织液(interstitial fluid)，组织液中的水和代谢产物也会回到毛细血管，这两个生理过程前者叫组织液的生成，后者叫组织液的回流。组织液的生成与回流决定于液体通过毛细血管壁滤过和重吸收力量之差，称之为有效滤过压(effective filtration pressure)(图 30-5)。

有效滤过压＝(毛细血管血压＋组织液胶体渗透压)－(血浆胶体渗透压＋组织液静水压)

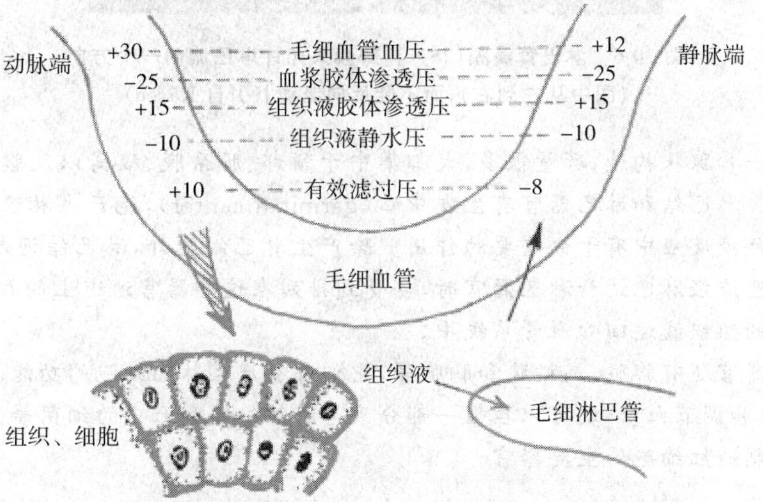

图 30-5　组织液生成与回流示意图(单位：mmHg)

＋代表使液体滤出毛细血管的力量　－代表使液体吸收回毛细血管的力量

毛细血管血压和组织液胶体渗透压是促使液体由毛细血管内向外过滤的力量；血浆胶体渗透压和组织液静水压是将液体从血管外重吸收入毛细血管内的力量。因此，有效滤过压值为正值，则组织液生成，反之则回流。在毛细血管的动脉端，因为毛细血管血压较高，所以有效滤过压是正值，利于组织液的生成；在毛细血管的静脉端，因为毛细血管血压较低，所以有效滤过压是负值，组织液便回流入血。但即使在正常情况下，渗出毛细血管的液体也会多于流回的。回流入血的占组织液生成的 90%，剩余的液体最终通过开放式循环——淋巴系统(lymphatic system)，回到心血管系统中。

淋巴系统由毛细淋巴管、淋巴管、淋巴结及淋巴器官(脾和胸腺)组成。组织中多余的液体穿过通透性很高的毛细淋巴管的管壁流入毛细淋巴管的盲端，此时的液体就叫作淋巴液(lymph)，然后逐渐流入较大的淋巴管。所以淋巴的组成基本和血浆相同。

淋巴管与静脉类似，也具有单向的瓣膜(图 30-6)。动物中淋巴的流动类似于静脉血的流动，也是在肌肉的驱动下完成的。某些情况下，淋巴管也能有节奏地收缩。两栖类、爬行类及少数鱼类和鸟类，还具有一种称为淋巴心的结构，由淋巴管演变而来，能搏动而促进淋巴的循环。

淋巴有一定的循环途径。由毛细淋巴管逐级汇合成较大的淋巴管。这些淋巴管，在羊膜动物中最后汇成胸导管和右淋巴导管，与颈部的大静脉相连，淋巴由此注入血液，形成淋巴循环。

图 30-6　淋巴管瓣膜(25×)[瓣膜只允许淋巴流向一个方向(图中从左到右),而不能反向流动](引自 Raven)

淋巴结是一种腺状构造,数量很多,大都集中于颈部、肠系膜、腋窝以及腹股沟等处,与淋巴管联系起来。淋巴结和淋巴器官有生发中心(germinal center),能产生淋巴细胞(白细胞的一种),它们在免疫反应中有十分重要的作用。除产生淋巴细胞外,淋巴结还起着消除有害物质的作用。淋巴流经淋巴结和淋巴器官时,会受到排列在这些器官通道上的吞噬细胞的调节。淋巴管将过多的组织液运回心血管系统中。

其他免疫器官还有脾脏、扁桃腺和胸腺等,它们都有产生淋巴细胞的功能。脾脏又是一个血库,可以贮藏和调节血量,还可以吞噬一部分衰老的红细胞和血中的细菌等。许多鱼类和两栖类的脾脏是制造红细胞的主要器官。

30.2.3　脊椎动物循环系统的功能

循环系统可以是开管式的,也可以是闭管式的。所有的脊椎动物都是闭管式循环系统,其特点是血液循环由动脉离开心脏,由静脉回到心脏。循环系统有许多功能,包括运输、调节以及保护。

30.2.3.1　运输

血液运输是机体转运物质的主要手段。一是为组织细胞运送氧气。在肺或鳃的毛细血管中,氧气结合到红细胞的血红蛋白中,后者将氧气运至细胞,用来进行有氧呼吸。细胞呼吸的副产物 CO_2 则由血液带至肺或者鳃,再排出体外。二是运输营养物质。消化系统负责将食物分解成分子,以便养分通过小肠壁吸收进入血管中,进入循环系统中。然后,血液便携带着这些养分通过肝脏到达体内的细胞。三是运输代谢废物等。代谢废物、多余的水分以及离子,还有血液中一些其他分子,在经过肾脏毛细血管时被过滤掉,以尿的形式排出。

30.2.3.2　调节

调节作用主要是指通过激素起调节作用和血液对体温的调节作用。

(1)激素传递:内分泌腺或者内分泌细胞分泌的激素通过血液运往全身并作用于相应的靶细胞而发挥作用。

(2)体温调节:对于恒温动物(endotherm)来说,正是通过表皮下血管的扩张与紧缩来实现对体温的实时调节。

30.2.3.3　保护

循环系统可以治愈伤口。凝固机制使血管在破裂时,血液不至于过多地流失。另外也有免疫防御的作用,可以阻止外源微生物及有毒物进入体内。血液中的白细胞可以对外来的细菌、异物和体内的坏死组织起分解吞噬的作用，血浆中的抗毒素和溶血素也能对抗外来的细菌和毒素。

30.2.4 血液

30.2.4.1 血浆

血浆是血液的液体部分，含有许多不同类型的蛋白质、离子、代谢产物、废物和激素。血浆及来源于血浆的其他液体为大多数体细胞提供了一个胞外环境。血浆包括以下成分：

1. 代谢产物、废物和激素

细胞新陈代谢所需的物质全都溶解在血浆中，包括葡萄糖、氨基酸及维生素。血浆中还有调节细胞活性的激素及代谢废物，如含氮化合物、细胞代谢产生的二氧化碳。血浆中胆固醇和甘油三酯含量过高会形成高脂血症。二氧化碳在血液中以碳酸氢盐的形式运输，因为游离的二氧化碳会降低血液的 pH。

2. 无机盐

血浆也是一个稀释了的盐溶液。血浆中的主要离子有：钠离子、氯离子和碳酸氢根离子。此外，还有一些其他的离子，如钙离子、镁离子、铜离子、钾离子及锌离子。这些无机离子在维持血浆的酸碱平衡和血浆晶体渗透压方面起到了重要作用，为生命的正常活动提供了适宜的环境。

3. 蛋白质

血浆蛋白质分为白蛋白(albumin)、球蛋白(globulin)和纤维蛋白原(fibrinogen)三类。白蛋白由肝脏合成，是血浆蛋白的主要成分。它是机体内蛋白质的主要储存库，可以转化为组织蛋白，供组织生长和破损修复；决定血浆胶体渗透压，用于维持血管内外的水平衡。α 球蛋白和 β 球蛋白为脂和固醇类激素的载体，由肝脏合成，γ 球蛋白来自淋巴结、脾脏。γ 球蛋白又称为免疫球蛋白，包括 IgM、IgG、IgA、IgD 和 IgE 五种。除了灵长类和啮齿类，大多数新生动物的血浆中几乎都不含有 γ 球蛋白，只能靠吸吮初乳来被动获得。纤维蛋白原也由肝脏产生，为凝血过程中所必需的物质。血管破裂之后，血小板会释放出许多凝血因子(蛋白质)到血液中，纤维蛋白原便被转变为不溶的线状纤维蛋白(fibrin)，纤维蛋白聚集便形成了凝块。去除了纤维蛋白原的血浆称为血清(serum)。

30.2.4.2 血细胞

血细胞包括红细胞、白细胞和血小板(表 30-1)。红细胞中有血红蛋白，能够运送氧气；不同的白细胞有各自特殊的功能，保护机体免受病原的侵害；血小板参与血液凝固过程。

1. 红细胞与氧气运输

每立方毫米血液含 500 万个红细胞(red blood cell 或 erythrocyte)，是脊椎动物血液中数量最多的血细胞。鱼类、两栖类、爬行类和鸟类等脊椎动物的红细胞呈卵圆形，有细胞核。与所有其他脊椎动物的成熟红细胞不同(其他的都有核)，哺乳动物成熟的红细胞没有细胞核，呈两面凹的圆饼状(骆驼和鹿科呈卵圆形)。当哺乳动物的红细胞衰老时，它们就被脾脏、骨髓和肝中的吞噬细胞所清除，同时骨髓会立即产生新的红细胞来维持平衡。

红细胞内没有线粒体，通过厌氧代谢产生 ATP 供能，所以在运输氧气的过程中不耗氧，这样就提高了运输氧的效率。这种机能是靠血红蛋白(hemoglobin，Hb)实现的，它是结合和运输氧气的色素，脊椎动物的血红蛋白只存在于红细胞中。无脊椎动物中结合氧的色素(不总在血红蛋白中)也存在于血浆中。

表 30-1 血细胞的种类(红细胞是红色的血细胞;血小板来自于骨髓细胞;剩下的是不同类型的白细胞)

血细胞		寿命	功能
红细胞		120 d	运输 O_2 和 CO_2
中性粒细胞	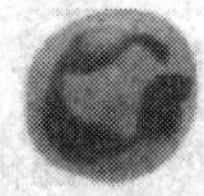	7 h	免疫防御
嗜酸性粒细胞		未知	免疫,抗过敏
嗜碱性粒细胞	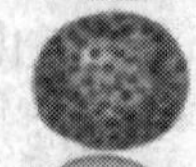	未知	引发过敏,参与体内脂肪代谢
单核细胞	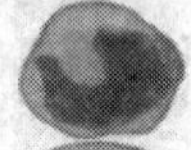	3 d	吞噬,免疫防御
B淋巴细胞		未知	体液免疫
T淋巴细胞		未知	细胞免疫
血小板	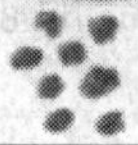	7～8 d	凝血止血

红细胞由未分化的造血干细胞发育而来。当血浆含氧量下降时,肾将血浆蛋白转化为激素——促红细胞生成素(erythropoietin),刺激骨髓中红细胞的生成,这个过程称为红细胞再生(erythropoiesis)。

2.白细胞保护机体

人的血液中,白细胞不足1%。白细胞(white blood cell 或 leukocyte)比红细胞大,有核,而且白细胞不像红细胞那样必须在血液中,它可以从毛细血管迁移出来进入组织液。白细胞有几种,它们都在保护机体、抵御细菌和异物入侵的过程中发挥了特定的作用。有粒白细胞(granular leukocyte)包括中性粒细胞(neutrophil)、嗜酸性粒细胞(eosinophil)和嗜碱性粒细胞(basophil),这是按照其细胞质中颗粒的染色性质而命名的。无粒白细胞(nongranular leukocyte)包括单核细胞(monocyte)和淋巴细胞(lymphocyte)。中性粒细胞是白细胞中数目最多的,其次是淋巴细胞、单核细胞、嗜酸性粒细胞和嗜碱性粒细胞。

3.血小板有助于血液凝固

巨核细胞(megakaryocyte)是存在于骨髓中的大细胞,其脱落的细胞质碎片形成血小板(platelet)。血小板在血液凝固过程中起着重要的作用。当血管破损时,管壁的平滑肌收缩,压缩血管,这时血小板聚集在伤口处,相互交连,附着在其他组织上形成血栓。血栓还能吸附一些红细胞,这样,便在伤口处形成了一个凝块,堵住了伤口。血管破裂之后,血小板会释放出许多凝血因子(蛋白质)到血液中,纤维蛋白原便被转变为不溶的线状纤维蛋白,纤维蛋白聚集便形成了凝块。

30.2.4.5 心动周期

人的心脏类似于哺乳类和鸟类的心脏,一个器官中同时运行着两套独立的泵血系统,右侧泵血到肺,左侧泵血到全身。

心脏有两对瓣膜：一对是房室瓣(atrio-ventricular valve，AV)，负责心房、心室的相通，右侧的房室瓣是三尖瓣(tricuspid valve)，左侧的房室瓣是二尖瓣或叫僧帽瓣(bicuspid or mitral valve)；另一对瓣膜统称为半月瓣(semilunar valve)，位于心室出口进入动脉处。肺动脉瓣(pulmonary valve)位于右心室出口处，主动脉瓣(aortic valve)位于左心室出口处。这些瓣膜在心动周期(cardiac cycle)的收缩和舒张过程中开启和关闭，瓣膜关闭的声音产生了心音，用听诊器可以听到。

血液从静脉回流至舒张的心脏，进入左右心房。当心房充血时，内部血压上升，房室瓣开启，血液进入心室，心室会充满容量的80%。当心房收缩时，另外20%的血液(心室总容量约80 mL)被压入心室，以上是在心室舒张时进行的，叫作心室舒张期(diastole)。仅稍作停留后，心室就收缩，叫作心室收缩期(systole)。每个心室收缩都增加了腔内压力，迫使房室瓣闭合("扑"声)，从而阻止血液流回心房。在房室瓣关闭以后，心室中的压力立即迫使半月瓣打开，血液被推入动脉系统中。在心室舒张时，半月瓣关闭阻止了血液倒流("噗"声)。左右肺动脉(pulmonary artery)运输缺氧血流入左右肺，再由肺静脉(pulmonary vein)回流左心房。主动脉(aorta)及其所有分支都是体动脉，携带含氧血从左心室流向身体其他部分。冠状动脉(coronary artery)是主动脉的第一个分支，它向心肌供血。从主动脉还分出了其他的系统动脉，主动脉像弓一样从心脏上方跨过，下行横穿了胸、腹腔。这些分支提供含氧血给所有的内脏器官，从器官中流回的血液成为缺氧血，由静脉回到心脏。最终血液进入两大主静脉：汇集上部身体静脉血的上腔静脉(superior vena cava)，汇集下部身体静脉血的下腔静脉(inferior vena cava)。这些静脉将血液排空进入右心房，就完成了整个体循环。

第31章 呼　吸

动物机体在新陈代谢过程中，需要不断消耗氧气并产生二氧化碳。氧的摄入及二氧化碳的排出要依靠呼吸系统发挥正常的生理功能。机体与外界环境之间以及体内各部所进行的这种气体交换和细胞内部的氧化分解过程，统称为呼吸(respiration)。

31.1 呼吸面

很多动物的呼吸系统是和其循环系统合作共同完成相关功能的。动物和外界环境进行呼吸交换的身体表面称为呼吸面(respiratory surface)。很多陆生动物的呼吸面是肺，当然有些动物还具有其他的呼吸面，比如气管等。不论这些呼吸面的形式如何，其都具备如下特征：

• 呼吸面必须有相对大的表面积。大的呼吸面表面积除了可以满足动物对 O_2 的需要外，还能尽快地将代谢产生的 CO_2 排出体外。

• 动物的呼吸面与空气或水这样的介质紧密相连。

水和空气这样的介质能够容纳 O_2 和 CO_2。一般空气中的氧含量要比水中高很多，CO_2 扩散进入空气中的速度也要比水中快很多，除此之外，空气要比水轻很多。15℃，与空气平衡的 1 L 纯水约含 7 cm^3 的氧。温暖或含盐量高的水(如海水)氧含量低，而冷水含氧量较高。15℃时，水的质量是其溶解氧质量的 10 万倍。空气中含 20.93%的氧。此外，水的密度是空气密度的 1 000 倍，黏滞性约是空气的 100 倍。因此。欲获得一个单位质量的氧，动物就必须要移动 105 倍质量的水或 3.5 倍质量的空气。为了节省能量，水中呼吸的动物多采用单向水流通过其呼吸面，而获得相应量的氧气陆生动物就比水中动物消耗能量要少。

• 呼吸面必须是潮湿的。这样有利于 O_2 和 CO_2 在呼吸面和环境间进行交换。当然也有不利的一面：陆生动物的呼吸面暴露于空气中又出现水分散失的问题。

许多小型动物，气体交换通过空气或水等介质，经体表膜直接与组织进行，但对于体形较大的或不具有通透性体表的动物，情况较为复杂。

小的或扁平的动物或小且扁平的动物，气体交换在体表完成，气体通过简单的扩散得以和外环境交换。如水螅和海葵，扩展的身体具有较大的表面积，利于气体的交换。蚯蚓的体形细长，体表面下有丰富的血管网络，呼吸可以在浅层地表潮湿的土壤中顺利完成。还有些动物有特殊的气管系统(tracheae system)。气管(tracheae)是胚胎发育时外胚层沿体壁内陷形成的盲管。

大型动物，身体外表面进行的气体交换不能够满足机体深层众多细胞对氧气吸入和 CO_2 排出的需求。脊椎动物用肺呼吸，这些动物机体的循环系统参与运输气体，满足机体所需。随着生物进化的进程，动物机体的呼吸方式也不断进化。

31.2 动物的呼吸

本节简要介绍无脊椎动物的呼吸器官(气管系统)以及脊椎动物鱼类、两栖类和鸟类的呼吸。

31.2.1 节肢动物的气管呼吸

节肢动物的呼吸器官有气管、书肺、鳃、书鳃。这些器官都是节肢动物演化出来的特殊呼吸界面的表现形式。以气管为例加以说明。气管是具有几丁质外壳的小管，节肢动物的气管在外表皮有开孔，有的开孔位置甚至有覆膜，来调节开口的进气，然后这样的气管逐渐越分越细，最后进入到身体内部，直接到细胞处，细胞外围有体液，气体就在细胞外的体液中进行交换。这样的气管实际上很长，就动物机体的横截面而言，气管的总直径也很大，因此能够有效地完成机体对气体交换的生理需要，而且节肢动物一般都不很大，这样的呼吸器官能够很好地满足动物对氧气的需要，并能够很快地排出二氧化碳。同时这样的气管结构对于机体保水也具有调节作用。

不同昆虫体内气管的连锁网有一定差异，但大致都可分为主气管、支气管和微气管。主气管又称初级气管，起始于气门，有一定分支，大都分布在肌肉或组织的表面，或贯穿组织内部；支气管又分为二级气管和三级气管，它们是由主气管不断分支形成的，多分布在组织内或肌纤维之间；三级气管再通过端细胞伸出直径 1 μm 以下的细支，称为微气管。气管的组织学和理化性状与其相连的体壁相似，只是层次内外相反。管腔表面有一层疏水性物质(相当于上表皮)，可以减少水分蒸发。气管内膜以局部加厚的方式形成紧密排列的环状的连续或不连续的内脊，称为螺旋丝，以增强气管的强度和弹性，经受气流和血液的压力，使气管始终保持圆筒状，保证气体的畅通。在很多有翅亚纲昆虫中，初级气管和二级气管可局部膨大成囊状构造，称为气囊。气囊的壁强度减少，内膜的螺旋丝不发达，因而很容易受气管内气压或血压的变化，或体躯的弯曲动作等影响而胀缩。气囊有节奏地胀缩，可以大大提高气管的通风作用；同时还可促进血液循环，有助于飞行肌的呼吸代谢和提高燃料化合物的供应效率；对于飞翔力强的昆虫和水生昆虫，气囊多少还具有增加浮力的作用；某些在肌肉表面和组织内的二级气管膨大形成的气囊，可大大增加气管与肌肉的接触面，从而为气体的交换提供另一条有效途径。昆虫和许多其他节肢动物的循环系统在气体运输中所起的作用较小。气管呼吸可能也是限制节肢动物昆虫体形的因素之一，目前已知最大的昆虫体长仅 15 cm 左右，大部分昆虫都比这小很多。

31.2.2 鱼类的呼吸

鳃是鱼类的呼吸器官。软骨鱼的鳃裂直接开口于咽部两侧。在硬骨鱼头部两侧各有 4 条鳃弓，外有鳃盖保护。鳃弓前面为口腔，后为鳃腔。每一鳃弓上有两行鳃丝，每一鳃丝的腹面和背面各有一行鳃瓣。鳃瓣中的血流方向与水流方向相反，形成逆流交换系统(图 19-8)，利于气体交换过程。鱼的呼吸运动是一系列的通水活动。首先由于肌肉收缩使口腔底部下降，口腔扩大，口腔内压力低于外界，水流入口腔，这时鳃盖关闭。接着口关闭，口腔瓣膜阻止口中水倒流，同时鳃盖骨向外扩张，使鳃腔的压力低于口腔，水从口腔进入鳃腔，然后口腔的肌肉收缩，口腔底部上抬，口腔内压力上升，仍高于鳃腔内压力，水继续流向鳃腔。最后鳃盖骨内陷，使鳃腔内压力升高，当压力大于外界水压时鳃盖膜被冲开，水从鳃裂流出。因此，在鱼类的呼吸运动过程中，其口腔、鳃盖的开闭是间断的，但流经鳃瓣的水却是连续的，从而保证不断供给鳃瓣以含氧的新鲜水流，而鳃瓣中的血液正对着水流的方向流过鳃瓣中的毛细血管，水中的氧扩散入血，血液中的二氧化碳扩散进入水中。这种逆流交换系统的效率是很高的，它可从水中吸走 80%的氧。鳃血管既受交感神经支配，也受副交感神经支配。交感神经释放去甲肾上腺素，增加流经鳃瓣的血流；副交感神经释放乙酰胆碱，减少鳃瓣的血流。

31.2.3　两栖类动物的呼吸

两栖无尾类动物（如青蛙和蟾蜍）的幼体通过鳃和皮肤进行呼吸，成年后改用皮肤和肺呼吸。此外，口腔黏膜也有交换气体的功能。由于空气中的氧气必须先溶解在水中才能扩散入血液，因此两栖类的皮肤必须保持湿润才能交换气体。

两栖类的肺结构较简单，为一对中空半透明、富有弹性的薄壁囊状结构，肺内被网状隔膜分隔成许多小室，称为肺泡，蛙的肺泡直径比哺乳动物大，因此，其肺中单位容积的呼吸面比哺乳动物的呼吸面小，如人的单位容积呼吸面为 300 cm^2/cm^3，而蛙肺单位容积呼吸面仅为 20 cm^2/cm^3。肺泡壁密布着肺动脉和肺静脉，可使气体交换得以顺利进行。

31.2.4　鸟类的呼吸

鸟类的呼吸系统由呼吸道和肺两部分组成。呼吸道包括鼻、咽、喉头、气管、鸣管、支气管及其分支、气囊及某些骨骼中的气腔。

在呼吸时，鸟类肺的体积变化很小，而气囊的体积却有明显的变化。气囊体积的变化是由胸骨对脊柱的运动和后肋骨的侧向运动扩大或缩小体腔所引起的。吸气时，胸前胸后气囊扩大，空气经气管、支气管进入胸后气囊，同时一小部分空气也通过支气管进入肺内，而此时肺内原来的气体则进入胸前气囊。呼气时，胸后气囊缩小将其中的气体压入肺内，在下一个呼吸周期进入胸前气囊。胸前气囊也缩小。其中，前一个呼吸周期吸入的气体则经支气管、气管排出体外。因此，需要两个呼吸周期才能使呼吸气体流过全部通道。在吸气和呼气时都有新鲜空气单方向地流经肺的副支气管。这种呼吸气体流经气体交换区的方式与哺乳动物的肺大不相同(图 31-1)。

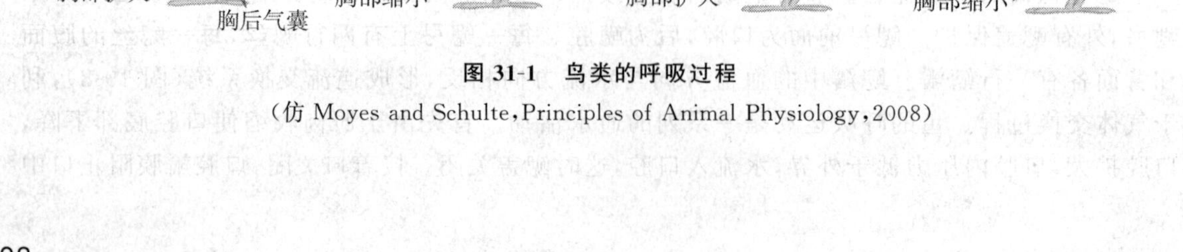

图 31-1　鸟类的呼吸过程

(仿 Moyes and Schulte，Principles of Animal Physiology，2008)

31.3 人类的呼吸

在高等哺乳动物和人体，呼吸的全过程包括肺呼吸、气体运输和组织呼吸三个连续阶段（图 31-2）。肺呼吸（pulmonary respiration）是机体与外环境之间进行气体交换的过程，通常又叫外呼吸（external respiration）。它包括两个过程，其一为肺内气体与外环境中的空气进行气体交换，称为肺通气（pulmonary ventilation）；另一个是肺泡内气体与血液中的气体进行交换，称为肺换气（pulmonary gas exchange）。肺通气依靠呼吸运动中气体在呼吸道中的流动完成。肺通气量主要决定于呼吸运动的频率和强度，以及呼吸道对气体流动的阻力。肺换气依靠气体扩散通过肺泡壁和毛细血管壁完成。肺换气量主要决定于肺泡气和血液两者之间的 O_2 和 CO_2 浓度差，以及红细胞的数量、质量，还决定于肺循环的情况和肺泡壁与毛细血管壁的功能状态。气体运输依靠血液循环完成。它包括血液把氧从肺部运送到全身各组织，把二氧化碳从全身组织运送到肺部，以及在气体运输过程中所发生的一系列生化反应。组织呼吸又叫细胞呼吸或内呼吸。它包括组织换气和生物氧化两个过程。组织换气的原理与肺换气基本相同，它依靠气体扩散通过毛细血管壁和细胞膜完成。组织换气量主要决定于血液与组织液之间的 O_2 和 CO_2 浓度差，以及局部组织的微循环情况。生物氧化过程包括糖、脂类和蛋白质在体内进行氧化分解的全部生化过程。

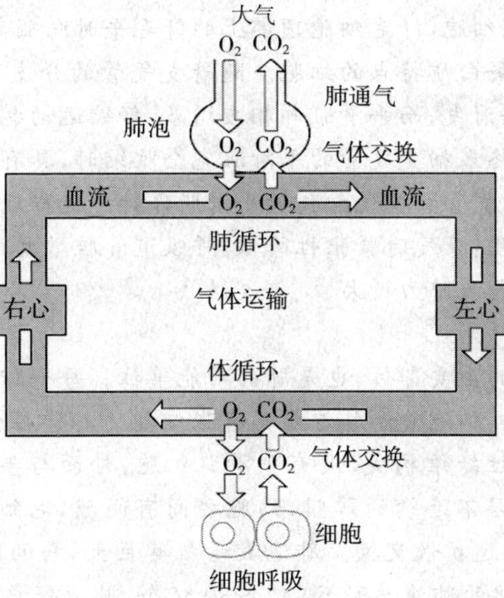

图 31-2　呼吸的全过程（仿 Widmaier et al.，Vander's Human Physiology，2003）

从呼吸的全部过程可以看出，血液循环对于完成呼吸功能起着重要的中间环节作用。所以呼吸与血液循环是互相联系、紧密配合的。在正常情况下，这两种生理活动通过神经和体液调节经常保持高度协调。

31.3.1 肺通气

呼吸运动中气体出入肺脏的过程叫肺通气。这是血液与肺泡之间进行气体交换的前提，也是呼吸过程的第一步。因此，肺的通气能力是肺的最重要的功能指标之一。肺通气是整个呼吸过程的基础，狭义的呼吸通常仅指呼吸运动。

31.3.1.1 呼吸器官

1.呼吸道

呼吸道是气体出入肺脏的通道。它由鼻腔、咽、喉、气管、支气管和细支气管联合构成。前三部分统称为上呼吸道，后三部分统称为下呼吸道。鼻腔接近鼻孔的部分叫鼻前庭区，中央的大部分是呼吸区，深部是嗅区。鼻腔呼吸区的黏膜覆盖着一层纤毛柱状上皮细胞和分散排列的杯状细胞。黏膜下层有丰富的浆液腺、黏液腺、血管和吻合支极多的静脉丛。空气进入鼻腔后，浆液腺的分泌物能湿润吸入的气体，黏液腺的分泌物能阻留混在空气内的尘埃和其他杂质微粒，起着清滤作用，纤毛上皮能使阻留的尘埃或杂质微粒排出。

气管由许多不完全闭合的软骨环、平滑肌和弹性纤维共同组成。它的前端连接喉头，后端在胸腔内分为左右两根支气管。每根支气管伸进同侧肺脏后，一再分支，形成许多细支气管，最后成为终末细支气管。在马、牛、羊、猪等动物中，支气管反复分支可达16次。尽管下一级的口径变小，但由于分支管道数目成倍增加，因而，呼吸道的总横截面积逐级增大，气流阻力逐级递减。从支气管直到终末细支气管的一系列树枝状的分支管道系统，叫支气管树(图31-3)。它们是单纯的气体出入通道，没有气体交换功能。气管和支气管树的黏膜都覆盖着假复层柱状纤毛上皮，夹有杯状细胞，纤毛细胞顶部上的纤毛平时向咽部颤动，以清除尘埃和异物。杯状细胞是一种具有分泌蛋白质特点的细胞。随着支气管的分支越来越细，软骨组织逐渐减少，在终末细支气管部完全消失，而平滑肌却相应增多，舒缩运动也表现得越来越明显，成为影响气流阻力的主要部位。终末细支气管的平滑肌完全收缩时，具有类似括约肌的作用，可使管腔完全闭合。正常情况下，气管和支气管树的平滑肌保持一定程度的紧张性。在呼吸周期中，这种紧张性发生节律性变化：吸气时紧张性降低，呼吸道管腔增大，气流阻力减小；呼气时紧张性增大，呼吸道管腔缩小，气流阻力增大。

2.肺的功能单位

肺泡是肺部气体交换的主要部位，也是肺的功能单位。每个肺泡囊壁中有若干个小凹窝，每个小凹窝就是一个肺泡。肺泡囊和肺泡是具有张缩能力的弹性囊状结构，囊壁由一层很薄的扁平上皮和少量网状弹性纤维构成，没有平滑肌细胞，外面与丰富的毛细血管网紧密相贴(图23-6)。肺泡上皮是一层不连续的薄膜，细胞之间有间隙，毛细血管内皮在某些部位直接与肺泡气接触，使气体能迅速扩散交换。肺泡数量极其巨大，马的肺泡总数可达500亿个，肺泡壁总面积可达500 m^2，猪的肺泡总数50亿～80亿个，肺泡壁总面积50～80 m^2，都比体表面积大几十倍。肺泡与肺泡之间的组织结构称为肺泡隔，隔内有丰富的毛细血管网、弹力纤维及少量的胶原纤维等，使肺具有一定的弹性。肺泡气体与肺毛细血管之间进行气体交换所通过的组织结构，称为呼吸膜(respiratory membrane)。呼吸膜由六层结构组成(图31-4)，即含肺泡表面活性物质的液体分子层、肺泡上皮细胞层、肺泡上皮细胞基底膜、肺泡与毛细血管之间的间隙(弹力纤维和胶原纤维)、毛细血管基膜层、毛细血管内皮细胞层。六层结构的总厚度仅为0.2～1 μm，通透性大，气体容易扩散通过。

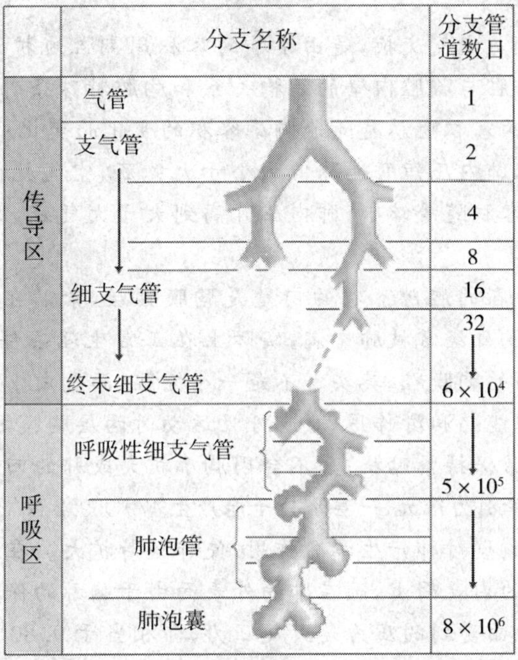

图 31-3 气管支气管树分级示意图

(仿 Widmaier et al. ,Vander's Human Physiology,2006)

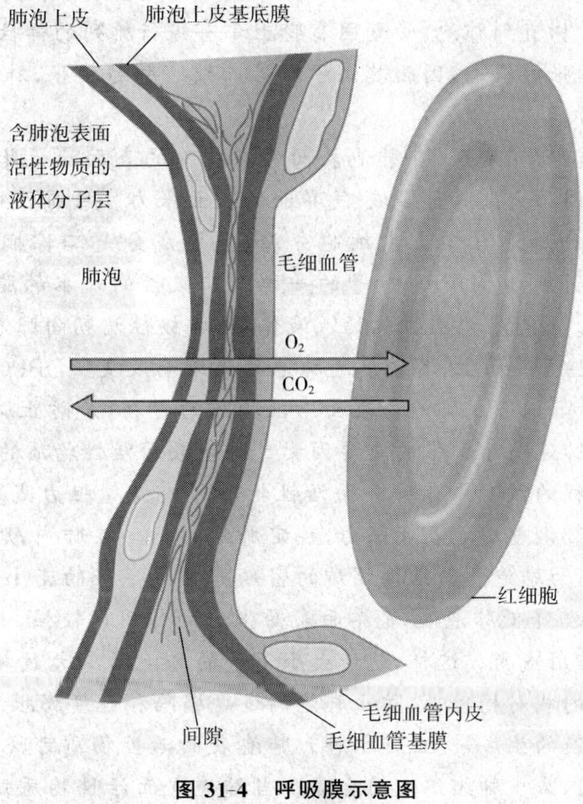

图 31-4 呼吸膜示意图

(仿 Guyton and Hall,Textbook of Medical Physiology,2006)

31.3.1.2 肺通气的力学

肺泡内气体之所以能与空气交换，是由于肺的容积周期性地扩大和缩小。肺容积的改变是一种被动活动。由于肺脏与胸腔内壁的结构关系和胸腔特殊条件所产生的物理力量，肺脏总是完全充满于胸腔，肺的容积也总是随着胸廓容积的变化而变化；当胸廓容积因吸气运动而扩大时，肺容积随着扩大，肺内压短暂地降低到小于大气压，空气就被吸进肺内。当胸廓容积因呼气运动而缩小时，肺容积随着缩小，肺内压升高到大于大气压，肺内的一部分气体就被呼出体外。

胸腔是一个密闭的潜在的腔隙。它的内壁是胸膜脏层，紧贴在肺的表面，外壁是胸膜壁层，紧贴于胸壁内侧面。胸廓经常被肺充满，实际上在正常生理条件下并不存在真正的空腔。位于胸膜脏层与壁层之间的胸膜腔，其实也不是一个空腔，而是由少量浆液把两层胸膜黏附在一起。这一薄层浆液不但能起润滑作用，减少呼吸运动时两层胸膜之间的摩擦，而且由于分子的内聚力，使两层胸膜经常保持紧贴状态，不会因胸廓扩大或肺的回缩而分开。两层胸膜之间的水分子内聚力所产生的牵引力很大，一层水分子能产生479 959.2 N/cm^2(3 600 $mmHg/cm^2$)的牵引力。所以胸廓扩张时，胸壁对肺产生牵引作用，使肺随着扩大。在胸廓保持自然容积的条件下，大气压力只作用于肺的内表面上，而在肺的外表面由于胸廓的保护并不受大气压力或其他力量的影响。这时肺内表面受到的压力是大气压力，即相当于 9.806 65 N/cm^2(1 kg/cm^2)的压力，而肺外面受到的压力等于零。因此，肺被牵张，以致完全充满胸腔。

肺回缩力：正常时，肺经常保持着进一步缩小的回缩力，即使在深呼气末肺的容积达到很小程度时，回缩力仍不会完全消失。肺之所以会产生回缩力，有两个主要原因：第一是肺的弹性回缩。因为从支气管树直到肺泡，管壁固有膜上都有纵行排列的弹性纤维和胶原纤维，而且这些纤维始终处在被牵张的状态，因而趋向于弹性回缩。肺越扩张，肺的弹性回缩力就越大。第二是肺泡的表面张力。

肺泡表面活性物质：研究发现，在肺泡表面存在特殊的表面活性物质(surfactant)。它稀释了表层的液体分子，因而大大降低了液-气界面的表面张力。目前已知肺泡表面活性物质是复杂的脂蛋白复合物，由肺泡Ⅱ型上皮细胞分泌，主要成分是二棕榈酰卵磷脂(dipalmitoyl phosphatidyl choline，DPPC)。DPPC分子的一端是非极性的疏水的脂肪酸，不溶于水，另一端是极性的，易溶于水。DPPC以极性端插入液体层，非极性端朝向肺泡腔，形成厚约5 nm的单分子层分布在肺泡液-气界面上，其密度随肺泡的张缩而改变。DPPC可使肺泡内的表面张力降低到只有原来的1/5以下。肺泡内表面活性物质的存在，是防止肺泡不会因回缩力过大而塌陷，并在吸气时使肺泡易于扩张的重要因素。肺泡表面活性物质的主要功能是：①增加肺的顺应性，减少吸气过程的做功量。肺表面活性物质可使吸气阻力减少80%～90%，使肺顺应性增大，吸气省力。②调整肺泡表面张力，稳定肺泡内压。在肺内，肺泡表面张力随着肺泡的扩大而相应增大。因为肺泡表面活性物质的密度随肺泡半径的变小而增大，小肺泡表面活性物质的相对浓度较大，降低肺泡液-气界面表面张力的作用也较强，而较大肺泡由于表面活性物质相对稀薄而使作用减弱。这样，就使大小不一的肺泡具有大致相等的内部压力或回缩力，从而都能保持容量的相对稳定性，防止肺泡的过度塌陷和过度膨胀。③防止血浆从毛细血管内渗出，减少肺组织液的生成，防止肺水肿。肺泡表面活性物质可降低表面张力，从而减弱对肺泡间质的抽吸作用，减少肺组织液的生成。当肺泡表面活性物质缺乏时，肺回缩力增大，对间质的抽吸作用增大，使组织间隙的静水压降低，有效滤过压增大，可以引起肺水肿。

31.3.1.3 呼吸运动

呼吸运动(respiratory movement)是指由肋间肌和膈等呼吸肌群收缩和舒张引起的胸廓的节律性的扩张和缩小的运动。胸廓扩张的运动称为吸气运动(inspiratory movement),胸廓缩小的运动称为呼气运动(expiratory movement)。由于肺本身缺乏主动扩大和缩小的能力,在呼吸运动中肺的扩张和缩小完全依赖于胸廓的扩大与缩小。因此,呼吸运动是肺通气的原动力。只有通过呼吸运动,肺才能被动地扩张和缩小,并由此实现吸气(inspiration)和呼气(expiration)的肺通气功能。在平静呼吸时,一般是吸气肌收缩引起吸气过程,吸气肌舒张时胸廓发生弹性回位,完成呼气过程。故在平静呼吸时呼气过程不依赖于呼气肌的收缩,而是一个被动弹性回缩的过程。

1. 呼吸运动的过程和特征

(1)吸气运动:吸气运动主要由肋骨和膈两方面的配合运动来完成。吸气时,胸廓容积向纵、横两个方向扩张。胸廓容积向纵向扩张,即由前向后扩张(在人体中为由上向下),是依靠膈肌收缩实现的。吸气时,膈中央的腱质部的位置保持不变,而膈周边的肌质部则因收缩而拉直,并向后退缩(在人体中为向下),使膈由圆凸变成漏斗状,因而胸廓容积由前向后扩大(在人体中为由上向下)。同时,膈后退(在人体中为向下)使腹腔容积减小,腹壁受到腹部内脏挤压而向外突出。

胸廓容积向其他方向扩张,主要依靠肋间外肌收缩而实现。吸气时,肋间外肌收缩。

胸廓是一个前窄后宽的圆锥形腔。背面是椎骨,腹面是胸骨,两侧是成对的肋骨。肋骨的椎骨端借可动关节与胸椎相连,弧形的肋骨体由胸椎两侧斜向后下方。肋骨之间有肋间肌。肋间外肌的纤维由前一肋骨后缘起,向后下方斜行,附着在后一肋骨前缘。肋间内肌的纤维正好与肋间外肌相反,由后一肋骨前缘向前下方斜行,附着在前一肋骨后缘。

由于第一肋骨被斜角肌固定,第二肋骨以后的各个肋骨就受到肋间外肌的向前方移动的牵引力。但由于真肋的两端都被固定在关节内,向前移动受到限制,结果使肋骨以椎骨端的可动关节为圆心,以弧形的肋骨体为半径,沿着弧形线向前移动,从而使胸廓腹背方向的直径增大。同时,肋骨还进行翻转运动。当胸廓处在呼气运动时,肋骨弓的方向是向后的,而在吸气时,肋骨弓向外侧翻转,使胸廓左右方向的横径也增大。

平静吸气时,只有肋间外肌和膈肌进行收缩。膈肌收缩所引起的胸廓容积增大约占60%,而肋间外肌收缩所引起的胸廓容积增大约占40%。深吸气时,斜角肌、肋提肌、吸气上锯肌等吸气肌(这些统称为辅助吸气肌)也参加收缩,甚至面部、颈部、胸腰部和腹部的许多肌群也参与。

(2)呼气运动:平静呼气时,不需要特殊的肌肉参与收缩。只要肋间外肌和膈肌一开始舒张,呼气运动就立即发生。当肋间外肌舒张时,被扭转的肋骨依靠软骨端和韧带的弹性恢复原位。膈肌舒张时,腹腔脏器的挤压作用驱使膈向前移动而复位。因此,平静呼气是一种被动和较为缓慢的过程。深呼气运动时,肋间内肌、呼气上锯肌、腰肋肌和胸腰肌等辅助呼气肌主动收缩,使胸廓进一步缩小;这时呼气运动就成为主动的过程。腹壁肌肉是实现主动呼气的主要肌群。腹肌收缩时,腹部内脏被压向胸腔,推动膈向前(人体为向上)移,同时使肋骨向后(人体为向下)退缩和胸骨向脊柱靠近。这时胸廓容积在所有各个方向都缩小。

2. 呼吸的频率和深度

呼吸的频率和深度，经常随着机体内外环境条件的变化而改变。静息状态下，呼吸运动平静而均匀，称为平静呼吸。动物平静呼吸的正常频率一般比较稳定(表 31-1)，但可因年龄、性别、妊娠、消化道充盈程度、环境温度、情绪等因素而发生一定程度的变化。当机体活动增强时，或吸入气中 CO_2 含量增加而 O_2 含量减少时，或通气阻力增高时，呼吸运动就加深加快。这种深而快的呼吸叫深呼吸或用力呼吸。当严重缺氧或二氧化碳增多时，不但呼吸频率和深度提高，呼吸节律也会发生不规则的改变。这种节律不规则的深而快的呼吸，称为呼吸困难。外界气温升高时，动物常出现频率很快而深度很小的呼吸运动，借以促进散热，这种浅而快的特殊呼吸叫喘息。

表 31-1　正常动物平静呼吸频率　　次/min

动物	频率	动物	频率
马	6～16	鹿	8～16
牛	10～30	犬	10～30
绵羊	10～20	猫	10～25
山羊	10～16	兔	10～15
猪	8～18	鸡	22～25
骆驼	6～12	鸽子	60～70

31.3.1.4　呼吸时肺容积的变化

引起肺通气的直接原因，是呼吸时肺容积变化所产生的肺内外压力差。保证肺通气的主动力量是呼吸肌运动所引起的胸廓容积变化。吸气时，胸廓前后、左右、腹背各个方向的直径虽然都有所增大，但这种增大在各方面是不相等的。胸廓前后直径的增大主要依靠膈肌的运动，因此胸廓前部容积的增大比靠近膈的后部小得多。胸廓腹背直径的增大主要依靠肋骨向腹面扩张。由于脊柱比较固定，所以胸廓背面容积的增大比腹面小得多。

胸廓不均等地增大使肺各部也不均等地扩张。平静吸气时，靠近膈的肺后区(即膈叶)扩张得最大，靠近胸廓腹面的肺周围区也明显扩张。支气管、血管和淋巴管出入的肺根区、位置接近心包和纵隔的纵隔区以及紧贴胸廓背面的部位，几乎不扩张。肺尖叶的扩张程度也很小。这些扩张程度很小的部位，由于通气很少，气体更新只能间接地进行，即主要靠它们与肺的通气较好的部位之间的压力差缓慢地进行。

平静呼吸时，肺的容积变化不大，通气量也不多。这时，并不是所有肺泡都参与通气过程，而是有相当一部分肺泡处在静息状态。只有加强呼吸时，肺内才有更多的肺泡参与通气过程。因此在肺内，如同血管系统中的毛细血管一样，当活动水平较低时，各个呼吸单位(原肺小叶)轮流地参与通气过程。这种轮流通气由终末细支气管的舒缩活动调节，当一些终末细支气管的平滑肌收缩时，另一些终末细支气管就处于舒张状态。

了解肺通气量的简单方法是用肺量计记录进出肺的气量。图 31-5 所示为呼吸时肺容量变化的曲线。肺容积和肺容量是评价肺通气功能的基础。

1. 肺容积

肺容积(pulmonary volume)是指肺内气体的容积。在呼吸运动过程中，肺容积呈周期性变化。通常将肺容积分为潮气量、补吸气量、补呼气量和余气量 4 种互不重叠的基本肺容积(图 31-5)。

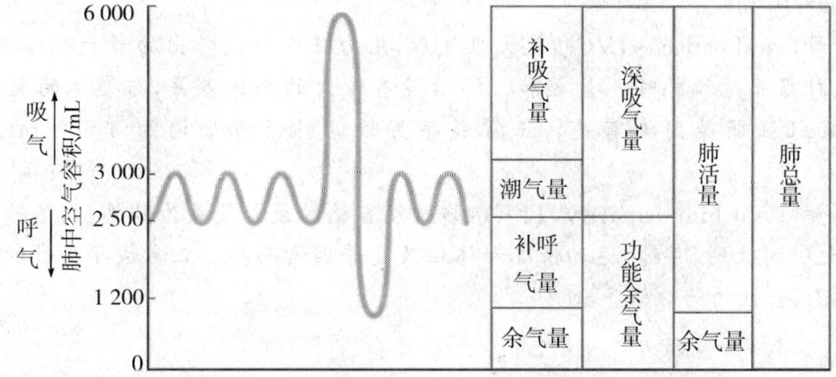

图 31-5 肺容量示意图(仿 Widmaier et al.,Vander's Human Physiology,2003)

(1)潮气量(tidal volume,TV):指平静呼吸时每次吸入或呼出的气体量。因这种节律性进行的定量通气过程,像海潮涨落一样,故称潮气。各种成年动物的潮气量约为:马 6 000 mL;奶牛躺卧时 3 100 mL,站立时 3 800 mL;山羊 310 mL;绵羊 260 mL;猪 300～500 mL。正常成人 400～600 mL。运动时潮气量增大。潮气量的大小取决于呼吸中枢所控制的呼吸肌收缩的强度和胸廓、肺的机械特性。

(2)补吸气量(inspiratory reserve volume,IRV)或吸气贮备量:指平静吸气末,再尽力吸气所能吸入的气体量。马约为 12 L,正常成人为 1 500～2 000 mL。补吸气量可反映吸气的贮备量。

(3)补呼气量(expiratory reserve volume,ERV)或呼气贮备量:指平静呼气末,再尽力呼气所能呼出的气量。马的补呼气量约为 12 L,正常成人为 900～1 200 mL。补呼气量可反映呼气的贮备量。补呼气量的个体差异较大,也因体位的不同而变化。

(4)余气量或残气量(residual volume,RV):指最大呼气末尚存留于肺中不能再被呼出的气体量。余气量无论如何用力也无法将其呼出,只能用间接方法测定。马的余气量约为12 L,正常成人的余气量为 1 000～1 500 mL。余气量的存在可避免肺泡在低肺容积条件下发生塌陷。罹患支气管哮喘和肺气肿的动物余气量增加。

2. 肺容量

肺容量(pulmonary capacity)是指基本肺容积中两项或两项以上的联合气体量,包括深吸气量、功能余(残)气量、肺活量和肺总量(图 31-5)。

(1)深吸气量:从平静呼气末做最大吸气时所能吸入的气体量为深吸气量(inspiratory capacity,IC),等于潮气量和补吸气量之和,是衡量最大通气潜力的一个重要指标。胸廓、胸膜、肺组织和呼吸肌等的病变,可使深吸气量减少,最大通气潜力降低。

(2)功能余气量(functional residual capacity,FRC):平静呼气末肺内存留的气量为功能余气量,是余气量和补呼气量之和。正常成人的功能余气量约为 2 500 mL。功能余气量的生理意义是缓冲呼吸过程中肺泡 O_2 和 CO_2 分压(P_{O_2} 和 P_{CO_2})的急剧变化。由于功能余气量的缓冲作用,吸气时,肺内 P_{O_2} 不至突然升得太高,P_{CO_2} 不致降得太低,呼气时,肺内 P_{O_2} 则不会降得太低,P_{CO_2} 不致升得太高;从而使肺泡气和动脉血液的 P_{O_2} 和 P_{CO_2} 不会随呼吸而发生大幅度的波动,以利于气体交换。生理条件下,功能余气量约为潮气量的 4 倍,动物每千克体重的功能余气量为 8～10 mL。

(3)肺活量(vital capacity,VC):最大吸气后,用力呼气所能呼出的最大气量称作肺活量,它是潮气量、补吸气量和补呼气量之和。肺活量有较大的个体差异,与躯体的大小、性别、年龄、体征、呼吸肌强弱等因素有关。正常成年男性的肺活量平均约 3 500 mL,女性约为 2 500 mL。

(4)肺总量(total lung capacity,TLC):肺所能容纳的最大气量为肺总量,是肺活量和余气量之和。其大小因性别、年龄、运动情况和体位改变等因素而异。正常成年男性的肺总量平均约为 5 000 mL,女性约为 3 500 mL。

31.3.2 气体交换

通过呼吸运动进入到肺泡内的新鲜空气,透过呼吸膜与流经肺泡的毛细血管中的血液进行气体交换;随后,组织毛细血管血液与组织细胞之间也会发生气体交换过程。上述两个过程分别称为肺换气和组织换气,都是通过气体以单纯扩散的方式跨越呼吸膜和毛细血管壁的转运而实现的。气体分子运动时会从压力高处向压力低处移动,最终使得各处的气体分子平均分布,压力相等,此过程称为扩散。扩散的动力源于两处的压力差,压力差越大,单位时间内气体分子的扩散量越大。O_2 由肺泡向静脉血扩散;而 CO_2 由肺动脉毛细血管中静脉血向肺泡扩散,从而完成肺换气的过程,使含 CO_2 多而含 O_2 少的静脉血变成含 O_2 多而含 CO_2 少的动脉血。由于组织细胞的新陈代谢,不断消耗 O_2 并产生 CO_2;所以,组织内 P_{O_2} 低于动脉血的 P_{O_2},而其 P_{CO_2} 高于动脉血的 P_{CO_2}。O_2 便顺分压差由血液向细胞扩散,CO_2 则由细胞向血液扩散,从而完成组织细胞与血液间的气体交换。组织细胞得到 O_2,排出 CO_2;动脉血因得到 CO_2 和失去 O_2 变成静脉血,CO_2 经循环运送至肺而排出体外。

31.3.3 血液中的气体运输

通过肺呼吸被吸收进血液的氧,必须依靠血液运输才能到达全身各组织,供给组织生物氧化的需要。全身各组织通过生物氧化产生的二氧化碳,也必须依靠血液运输才能到达肺部而被呼出。因此,血液中的气体运输是呼吸活动的重要中间环节。O_2 和 CO_2 在血液中的运输形式有两种,即物理溶解和化学结合。进入血液的 O_2 和 CO_2 均是先溶解,提高其分压,再进行化学结合。O_2 和 CO_2 从血液释放到组织中和肺泡中时,也是物理溶解的先逸出,分压下降,化学结合的再分离出来,补充所失去的溶解的气体。血液中的 O_2 和 CO_2 绝大部分是以化学结合形式运输的。气体的物理溶解量取决于气体的溶解度与分压。O_2 和 CO_2 的物理溶解量虽少,却是化学结合的前提,化学结合与物理溶解状态之间时刻保持着动态平衡。

31.3.3.1 O_2 在血液中的运输

1. O_2 在血液中的存在形式和血液的氧容量

(1)O_2 在血液中的存在形式:O_2 在血液中以物理溶解状态和与血红蛋白化学结合两种形式存在。O_2 在血液中的溶解度很小。在正常动物的动脉血中,以物理溶解状态存在的氧,大约占含氧总量的 1.5%,其余 98.5%的 O_2 都以与血红蛋白结合的状态存在。

(2)血液的氧容量:当血液与空气接触,并吸收空气中的氧达到饱和程度时,每 100 mL 血液中所含的氧的最大容量,叫血液的氧容量(oxygen capacity)。氧容量是在生理情况下所含的物理溶解和化学结合的氧的总量。由于血液中物理溶解的氧只占氧容量的 1.5%,所以氧容量实际上决定于血红蛋白所能结合的氧量[通常称为氧含量(oxygen content)],习惯上也常用氧含量代表氧容量。

2.氧合血红蛋白的生成和解离

血液中的氧主要以氧合血红蛋白(oxyhemoglobin)的形式存在。每个血红蛋白分子由1个珠蛋白和4个血红素组成。每个血红素含有一个能与 O_2 结合的亚铁离子(Fe^{2+})(图31-6)。当氧气进入血液与红细胞Hb中的 Fe^{2+} 结合后,Fe^{2+} 仍然是二价铁,没有电子的转移,因此未发生氧化反应,是一种疏松的结合,称为"氧合"(oxygenation)。结合了 O_2 的Hb称为氧合血红蛋白。同样,氧合血红蛋白释放 O_2 的过程是去氧(deoxygenation)过程,而非还原(reduction)反应。这种结合非常快速(<0.01 s),既易结合又易分离,不需要酶的催化,主要受 P_{O_2} 的影响。当血液流经肺毛细血管与肺泡交换气体后,血液中 P_{O_2} 升高,Hb与氧结合,生成氧合血红蛋白(HbO_2);当 HbO_2 经由血液运送到组织毛细血管时,由于组织代谢耗氧,组织内 P_{O_2} 低,于是 HbO_2 便解离为脱氧血红蛋白,释放出的氧供组织代谢需要。

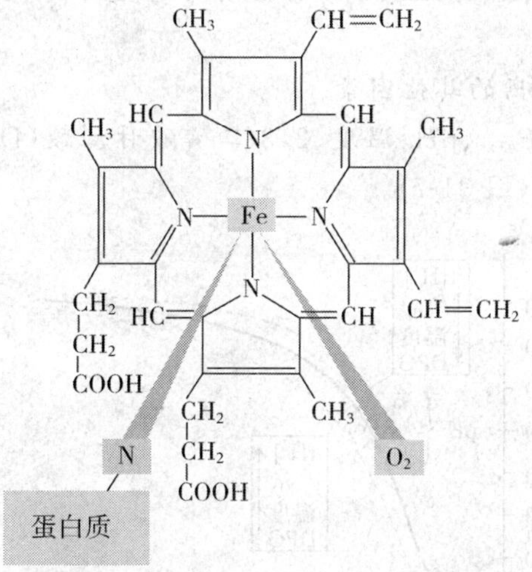

图31-6　血红素的结构

(仿Widmaier et al.,Vander's Human Physiology,2003)

HbO_2 吸收短波光线(如蓝光)的能力较强,而去氧Hb吸收长波光线(如红光)的能力较强。因此,HbO_2 呈鲜红色,去氧Hb呈暗紫色,动脉血液因含 HbO_2 较多而呈红色,静脉血则因含去氧Hb较多而呈暗紫色。

3.氧合血红蛋白解离曲线

HbO_2 的生成和解离,与氧分压的高低并不呈直线的比例关系。如果以氧分压为横坐标,血液中 HbO_2 含量百分比为纵坐标,就可得到一种被称为氧合血红蛋白解离曲线的S形曲线,简称为氧离曲线(oxygen-hemoglobin dissociation curve)(图31-7)。氧离曲线表示不同 P_{O_2} 时,O_2 与Hb的结合情况,具有重要的生理意义。

(1)氧离曲线上段:当 P_{O_2} 在60~100 mmHg范围内变动时,Hb与 O_2 结合的特点是曲线较为平坦,表明 P_{O_2} 在这段范围内发生变化时对Hb氧饱和度的影响不大,显示出动物对空气中氧含量降低或呼吸性缺氧有很大的耐受能力。如在高山呼吸或处于不太严重的呼吸困难时,只要 P_{O_2} 不低于60 mmHg,血氧饱和度仍能保持在90%以上,这时血液中的氧足以供应代谢需要，不至于发生缺氧。可见，Hb 对血液氧含量具有缓冲作用，从而有助于稳定组织中的 P_{O_2} 和向组织供 O_2。

(2)氧离曲线中段：相当于 P_{O_2} 变动于 40～60 mmHg 范围，这段曲线是反映 HbO_2 易于释放 O_2 的部分，其特点是曲线走势较陡。P_{O_2} 轻度变化可使 O_2 饱和度发生较大变化，在组织细胞，虽然 P_{O_2} 较低，但仍可释放大量 O_2 供组织细胞利用，以此满足安静状态下组织的氧需要。氧解离曲线中段反映了机体在安静状态下血液 Hb 对组织的供氧情况。

(3)氧离曲线下段：相当于 P_{O_2} 在 15～40 mmHg 范围内变动，这是曲线中最为陡峭的部分，反映了动物在运动或紧急状态下可大量释放氧的特点。在此范围内 P_{O_2} 稍有变化，Hb 氧饱和度就会有很大的改变，因此可释放出更多的氧气供组织利用。当组织活动加强时，耗氧量剧增，P_{O_2} 明显下降，甚至可低至 15 mmHg，血液流经这样的组织时，氧饱和度可降到 20%以下，血氧含量只达 4.4 mL，亦即每 100 mL 血液释放的氧量可达 15 mL 之多。这表明血液在流过氧分压较低的组织时，能促进 HbO_2 大量解离，迅速释放出血液中的氧，供组织利用。因此该段曲线反映了 Hb 对组织 P_{O_2} 的波动具有缓冲作用，对组织供 O_2 具有很强的贮备能力。

4. 影响氧合血红蛋白解离的其他因素

除氧分压外，血液中的 P_{CO_2}、pH、温度、2,3-二磷酸甘油酸(DPG)的浓度等，对 Hb 与 O_2 的结合和解离都有明显影响(图 31-7)。

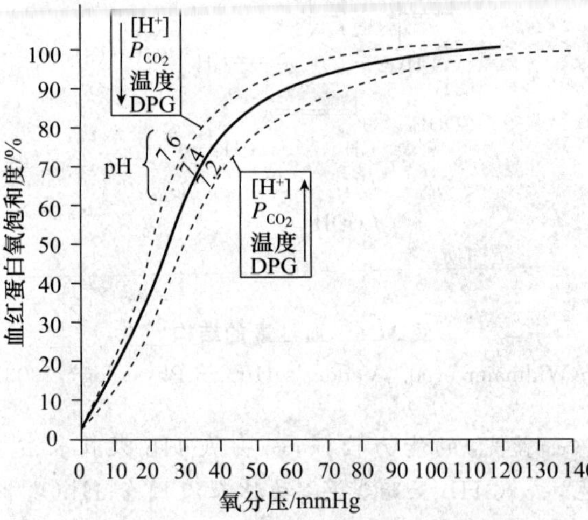

图 31-7　氧离曲线及其影响因素

(仿 Guyton and Hall, Textbook of Medical Physiology, 2006)

(1) P_{CO_2} 的影响：血液中 CO_2 分压增大时，血红蛋白与氧的结合能力减弱，即 HbO_2 解离放出 O_2 的能力增强，血液氧饱和度下降，氧离曲线右移；相反，血液中 P_{CO_2} 降低时，氧离曲线左移。当血液流经组织时，CO_2 大量从组织进入血液而使血液中 P_{CO_2} 明显升高，因而减弱 Hb 与 O_2 结合的能力，促进 HbO_2 解离，有利于对组织供氧。当血液流经肺泡时，CO_2 经肺排出，血液中 P_{CO_2} 下降，促使 Hb 与 O_2 结合。

(2)血液 pH 的影响：血液 pH 降低时，氧离曲线右移，HbO_2 的解离加速；血液 pH 升高时，氧离曲线左移，即促进 Hb 与 O_2 结合。pH 对 HbO_2 饱和度的这种影响被称为 Bohr 效应。其机制是 pH 的改变造成 Hb 构型变化。Bohr 效应具有重要的生理意义:它既可促进肺毛血管血液的氧合,又有利于组织毛细血管血液释放 O_2。

(3)温度的影响:温度升高使氧离曲线右移,有利于 HbO_2 解离,而温度降低使曲线左移,促进 Hb 与 O_2 结合。当血液流经剧烈活动的组织时,由于局部温度升高,促使 HbO_2 解离,有助于组织获得较多的氧。

(4)2,3-二磷酸甘油酸(2,3-diphosphoglycerate,2,3-DPG)的影响:2,3-DPG 是红细胞内糖酵解的中间产物。它是一种能与血红蛋白发生可逆结合的配体。当氧合血红蛋白与 2,3-DPG 结合后就失去与氧结合的能力。DPG 浓度增高时,上述反应的平衡向右移动,促使 HbO_2 解离而放出 O_2,因而氧离曲线右移。正常红细胞中,每克血红蛋白大约含有 15 μmol 的 2,3-DPG。慢性缺氧、贫血、高原低 O_2 等情况下,红细胞中 2,3-DPG 浓度升高。当红细胞内 2,3-DPG 生成增多时,还可以提高细胞内的 H^+ 浓度,通过 Bohr 效应而降低 Hb 对 O_2 的亲和力。

31.3.3.2 CO_2 在血液中的运输

1. CO_2 在血液中的存在形式

动物机体代谢过程产生的 CO_2,经组织换气扩散进入血液后,以物理溶解和化学结合两种方式运输。其中以物理溶解形式运输的量仅占血液二氧化碳总运输量的 5%,而以化学结合形式运输的量则高达 95%(其中以碳酸氢盐形式的占 88%,以氨基甲酸血红蛋白形式的占 7%)。

CO_2 从组织进入血液后,只有少量能与水结合成碳酸(H_2CO_3),大部分 CO_2 进入红细胞,在红细胞中碳酸酐酶(carbonic anhydrase)的作用下,与 H_2O 结合大量生成 H_2CO_3。与此同时,由于组织中氧分压较低,红细胞中的 $KHbO_2$ 有一部分解离而放出 O_2,并生成还原血红蛋白(H·Hb)。H·Hb 酸性较弱,它与 K^+ 的结合能力也较弱,使一部分原来与 HbO_2 结合的 K^+ 释放出来,并与 H_2CO_3 起中和作用,生成 $KHCO_3$。此外,红细胞中的磷酸盐缓冲系统(即 K_2HPO_4 和 KH_2PO_4)也能中和一部分 H_2CO_3,生成 $KHCO_3$。随着红细胞内 $KHCO_3$ 的不断迅速生成,红细胞内 HCO_3^- 的浓度不断增加,并大于血浆中的 HCO_3^- 浓度。这时一部分 HCO_3^- 顺着浓度差从红细胞扩散进入血浆,并与血浆中的 Na^+ 结合生成 $NaHCO_3$。当 HCO_3^- 从红细胞扩散进入血浆时,K^+ 由于不能透过红细胞膜,所以不能随 HCO_3^- 扩散进入血浆。这时血浆中的 Cl^- 受到红细胞内阳离子的静电吸引,就等物质的量地从血浆透进红细胞,并取代 $KHCO_3$ 分子中的 HCO_3^-,与 K^+ 结合生成 KCl。这种 Cl^- 与 HCO_3^- 在血浆与红细胞之间的交换过程,称为氯离子转移(chloride shift)。由于碳酸酐酶只存在于红细胞中,所以血液中 H_2CO_3 的生成和分解主要在红细胞内进行。

此外,进入红细胞的 CO_2 还有小部分直接与 Hb 分子中的游离氨基结合,生成氨基甲酸血红蛋白,并能迅速解离。这一反应很迅速,无须酶的参与。

血浆内三种形式的 CO_2(物理溶解、碳酸氢盐、氨基甲酸血红蛋白)之间的平衡,靠它们与红细胞之间的互相交换而实现。每当血液中 CO_2 含量增多时,上述可逆反应的平衡点向右移动;相反,血液 CO_2 含量降低时,反应平衡点向左移动。

2. 影响 CO_2 运输的主要因素

血液中 CO_2 的运输量直接决定于 P_{CO_2},CO_2 分压增高,运输量也相应增多,两者呈现明显的正相关,表示两者之间这种关系的曲线,叫二氧化碳解离曲线(carbon dioxide dissociation curve,图 31-8)。当 P_{CO_2} 增大到 30～50 mmHg 以上时,CO_2 解离曲线几乎呈一直线。血液中的 O_2 分压对 CO_2 运输也有明显影响。当 O_2 分压升高而使 HbO_2 含量增多时,CO_2 解离曲线右移,促使碳酸血红蛋白解离并释放 CO_2,当 O_2 分压下降而使 HbO_2 含量减少时,曲线左移,促使 $HbCO_2$ 生成,并运输更多的 CO_2。O_2 与 Hb 结合可促使 CO_2 的释放,而去氧 Hb 则容易与 CO_2 结合,这一现象称为 Haldane 效应。

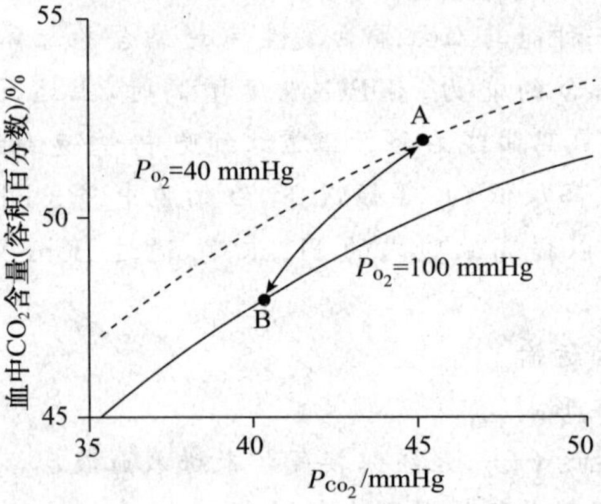

图 31-8　CO_2 解离曲线

A. 静脉血　B. 动脉血

31.3.4　呼吸的调节

正常机体的呼吸活动会随着机体内外环境的变化而发生相应改变,使肺的通气量与机体的代谢水平相适应。呼吸活动之所以能经常适应机体的情况,有赖于神经和体液因素不断对呼吸运动的强度和频率进行调控。参与呼吸运动的肌肉都是骨骼肌。它们与心肌和平滑肌不同,没有自动产生节律性收缩的能力。呼吸运动所以能有节律地进行,完全依靠呼吸中枢的节律性兴奋对呼吸肌的调控。在中枢神经系统内,产生和调节呼吸运动的神经细胞群称为呼吸中枢(respiratory center)。它们分散地分布在大脑皮层、间脑、脑桥、延髓、脊髓等部位。上述各个部位对呼吸的调节作用不同,机体正常呼吸运动有赖于各部之间的相互协调,以及对各种传入冲动的整合。

第32章 内环境的稳定

动物要维持稳态，就必须对体液和体温进行调节，体液和体温的相对恒定对于动物保持新陈代谢的稳定性和生理机能的正常执行尤为重要。

32.1 渗透压的稳定

32.1.1 动物体液的水盐调节

动物必须对体液的组成进行调节以维持稳态。细胞内外的水和水中溶质的平衡对于动物是至关重要的。在陆生干旱的条件下，动物会想办法保水；相反，江河湖海中动物处于水环境，对于动物细胞而言就面临着如何调节进入机体内过多水的问题了，进入的水过多会导致细胞膨胀甚至破裂。除了水以外，溶解在水中的 Na^+、Cl^-、H^+、K^+、Mg^{2+}、Ca^{2+} 等离子对于生命活动也是非常重要的，细胞内外这些离子需要有适宜浓度的控制。

地球上的环境复杂多样，因而动物可能时刻要进行渗透压调节(osmoregulation)。渗透压调节需要动物很好地调控进出机体细胞的水和上述阴阳离子的浓度。

渗透是指水总是有穿过半透膜向溶解在水中的具有最高浓度溶质一侧运动的趋势。如果细胞外的盐浓度高于细胞内的，水会渗透出细胞；相反，水会进入细胞内。

和水进出细胞不同，很多离子是通过细胞膜上的蛋白通道进出细胞的。渗透压调节通常是主动运输过程，即要消耗能量。

生活在海水和淡水中的硬骨鱼在渗透压调节上面临着不同的挑战。海水咸，盐浓度比细胞的要高，动物大多是在鳃部位置因体液低渗而失水。因此，海洋鱼类喝海水，排很少的尿，靠鳃部特殊的泌盐细胞主动向海水中排出体内过多的盐离子来保障机体的渗透平衡。相反，淡水的渗透压比淡水鱼体液要低很多。因此，水有通过鱼的鳃部和皮肤源源不断地进入鱼体内趋势，为了维持水盐平衡，淡水鱼会排出大量稀释的尿液，并且其鳃部细胞能主动从外界水环境中摄入盐离子(图 19-14)。

海生爬行类，如 Galapagos 的大蜥蜴(iguana)、鳄龟和海蛇，喝海水，尿液比海水低渗，体内大量的盐由鼻腔的盐腺分泌排出。所有的鸟都有成对的盐腺，海生鸟类鼻盐腺发达，间隙性地向外分泌高渗 NaCl 溶液。海洋哺乳动物喝海水，排高渗尿液。

陆生动物需要主动获取水，并且要能保留住体内的水(大多排出高渗尿液)。有些动物靠主动饮水或者从食物中获取水，有些动物比如沙漠中的更格卢鼠(desert kangaroo rat)能够从氧化食物中获得代谢水(尤其是细胞呼吸)，排出高渗尿液，排干燥粪便。很多沙漠中生活的动物如有些爬行类或者哺乳动物(骆驼等)能够耐受血液中电解质浓度的巨大波动。

陆生动物体内的水由呼吸蒸发(如肺部)、皮肤表面、粪便及尿液丧失到体外。如何调节这些部位或粪尿中的水丧失或再获取,不同栖息环境中的动物所用的策略是很不一样的。

32.1.2 含氮废物氨、尿素和尿酸的排出

动物产生两种主要的废物。消化后的终产物——粪便和代谢废物——CO_2 和因蛋白质分解代谢产生的含氮废物。蛋白质是由氨基酸组成的。氨基酸经过脱氨形成酮酸和氨。氨易溶于水,结合 H^+ 形成 NH_4^+,其毒性很大,动物必须用大量稀释的液体来排出这种代谢废物。所以代谢废物是氨的水生无脊椎动物、大部分硬骨鱼类、蝌蚪、蝾螈等基本上是在水生环境中生活的物种。

动物将氨解毒产生尿素,可节省约90%用于消除1 g氮的水。氨进一步代谢产生尿酸,这样排出1 g氮只需要不到10 mL水。而且尿素和尿酸比氨的毒性小很多。但是代谢产生尿酸需要消耗更高的能量。陆生动物主要排尿素和尿酸两种废物。哺乳动物、青蛙、蟾蜍、软骨板鳃鱼(鲨鱼和鳐)主要的代谢废物是尿素;陆生蜗牛、节肢动物昆虫纲、爬行类和鸟类主要代谢含氮废物是尿酸,有些动物几乎排出固体尿酸,这样机体丧失的水达到最少。鲨鱼和鳐体液中含有高浓度的尿素和氧化三甲基胺(TMAO),使体液与海水保持渗透平衡。鲨鱼的肾脏可以将尿素重吸收,其血浆的尿素浓度是哺乳动物的100倍,多余的盐经肛门腺排泄进入消化道。鸟类的含氮代谢废物尿酸和未完全消化的食物残渣混合为鸟粪排出。昆虫和蜘蛛体腔内有马氏管,该管的数量因物种差异很大,它能够主动运输尿酸和一些离子(如 K^+),最后从马氏管出来的液体进入中后肠,在直肠对大部分水和 K^+ 进行重吸收,尿酸和未消化的食物混合经肛门排出体外。

32.1.3 动物的排泄器官

从低等动物到高等动物,排泄器官也是多样的。草履虫(*Paramecium* sp.)每一端有一伸缩泡作为排泄“器官”;中生动物依靠扩散作用排出代谢废物,许多动物都具有称为肾管(nephridia)的排泄小管;扁虫和有些海生环节动物有原肾管(protonephridia);软体动物和很多环节动物有后肾管(metanephridia);甲壳动物有触角绿腺(green gland);昆虫与蜘蛛有马氏管。这些排泄器官的结构逐渐变得复杂,排泄功能越来越强大。

脊椎动物的排泄器官是肾脏。大多数脊椎动物肾脏的工作原理是对高压封闭的血液系统中的血浆进行超滤(ultrafiltration)(只留下血细胞和大分子物质),在肾脏内的管道中对原尿的溶质成分和水进行重吸收(resorption),最后还要分泌(secretion)一些物质进入相应的肾小管中,最终形成终尿(urine),排入尿液的贮存器官或排入泄殖腔与粪便混合直接排出体外。

以人为例,人的肾脏由数百万个肾单位构成,每个肾单位包含肾小球和肾小管。超滤是在肾小囊或鲍曼氏囊(Bowman's capsule)[一个由肾小管终端包被一个毛细血管球(肾小球)]中完成的(图23-8)。过滤液下行进入近曲小管,绕过髓袢,经过远曲小管,进入集合管,最后各集合管汇入肾盂,再经与肾盂相连的输尿管流出,暂存于膀胱中。

超滤液中的葡萄糖在近曲小管被主动吸收(近曲小管重吸收葡萄糖的能力是有限度的,进入滤过液中的过多的葡萄糖因不能被完全重吸收会随着尿液排出体外),盐随着水被重吸收。哺乳动物的肾单位有长袢也有短袢。Na^+ 在袢中被收集与浓缩,达到越来越高的浓度。浓缩

Na^+ 和 Cl^- 的能力与袢的长度相关。沙漠动物的肾单位就只有长袢(比如更格卢鼠),水生动物(如海狸)主要为短袢。滤液在袢中经逆流倍增(countercurrent multiplier system),然后经集合管成为高渗的终尿。

肾小管分泌指肾小管周围的毛细血管网能主动地将血液中的尿酸、氨、H^+、肌酐、组胺、盘尼西林及其他的抗生素等解毒产物再分泌进入小管中排出。

垂体后叶释放的抗利尿激素(ADH)能使集合管对水的重吸收增加,产生较为浓缩的尿液。肾上腺皮质分泌的醛固酮促使肾脏对 Na^+ 的回收。低血压引起肾素/血管紧张素释放,使血管收缩,维持滤过率。

脊椎动物的肾脏发育逐渐出现和生殖系统的结合,俗称泌尿生殖系统,换句话说,大多数两栖类和鱼类原肾管已成为输尿管和输精管;爬行类、鸟类和哺乳类有次生、非节段性带有自己的输尿管的后肾,雄性动物的原肾管变为输精管。羊膜动物的胚胎发育过程中,肾脏发生在中胚层的前部和中部,存有过渡的原肾和中肾。发育后期肾脏原基位置靠下的大部分发育成为后肾。

32.2 温度和体温调控

地球表面不同地域的温差变化非常大,比如地热温泉及南北两极的温度变化。但是对于构成动物机体的细胞而言只有在一个相对狭窄的温度范围内才能执行生理功能。温度在 0℃ 以下动物细胞内会形成冰晶,冰晶会破坏细胞的结构。有些动物的机体中有抗冻分子(比如甘油、山梨醇或者抗冻性的糖蛋白),当环境温度较低时能阻止细胞内出现冰晶。如生活在南极洲海洋的冰鱼体内就有上述抗冻分子,它们可以在温度低于冰点以下的 −2℃ 的水中自由生活(这一海域的海水温度夏天大约是 1.5℃,冬天大约是 −1.8℃)。但无论如何,动物细胞一般需要在 0℃ 以上才能执行其功能,温度过低会使细胞膜的流动性大大降低,从而影响许多细胞事件,比如细胞膜上的离子泵的主动转运等。

动物的许多细胞其温度耐受上限一般在 45℃ 左右(虽然有些特殊的藻类能够在 70℃ 的热泉中生活,甚至有些能够在近 100℃ 的热泉中存活),但一般而言温度到 40℃ 以上,蛋白质会变性并失去活性功能。因此,对于执行功能的细胞而言温度限制范围在 0~40℃,这也是动物保持其活跃状态的适宜温度范围。一些特殊的物种则具有更狭窄的温度适应范围。在这个温度范围区间动物可以进行体温的调节以适应环境,动物这种对温热的耐受性也决定了它们在地球上的分布。比如,热带两栖类动物的量就相应比哺乳动物的量多很多;相反,从温带到极地,内温动物因具有高的代谢率和很好的绝缘保温的被覆层而具有领域进化选择优势,因而在这一地域它们的种类相对其他变温的脊椎动物更多些。所以说温度对所有动物而言都是很强的选择压力。

32.2.1 测定动物对温度敏感性的指标:Q_{10}

温度即使从 0℃ 到 40℃ 出现波动变化对动物而言也是一个巨大的挑战。因为许多动物体内的生理过程由一系列生化反应构成,生化反应都是温度敏感性的,温度越高反应越快。用专有名词 Q_{10} 来描述一个生化反应或生理过程的温度敏感性。在某一温度下的生化反应或生理

过程的速率是 R_t，温度下降10℃的反应速率是 R_{t-10}，那么：

$$Q_{10}=R_t/R_{t-10}$$

如果某一生化反应或生理过程不是温度敏感性的，那么 Q_{10} 是1。大多数生物的 Q_{10} 值介于2～3。如果 Q_{10} 为2，是指温度升高10℃，反应速率加倍；Q_{10} 为3，是指温度升高10℃，反应速率是原先的3倍。

构成动物代谢的生化反应的 Q_{10} 并非完全一致，因此体温的变化会影响到动物的生理过程。机体内的生化反应呈网络化级联。一个反应的产物是另一个反应的底物。因此，不同的反应具有不同的 Q_{10} 值，机体组织的温度变化会影响很多机体内的生化反应速率，导致体内的整体生化网络也会受到影响。为维持稳态，动物必须有能力在体温发生变化时阻止机体内出现这种变化或主动补偿机体内的这种变化。

32.2.2 动物对季节性温度变化的适应

有些动物的体温(尤其是水生动物)是和环境温度一致的。如池塘里鱼的体温，冬季时可能是4℃，而夏季时可能是24℃。鱼的体温和其生活的水温几乎一致。夏季捕获的鱼如果将它们带进实验室测定其在不同水温下(人为制造)的代谢率，会得到相应的 Q_{10} 数据，以此可以预测冬季池塘中鱼的代谢率。但是如果是冬季捕获的鱼，带进实验室以冬季水温的条件来测定鱼的代谢率，就会发现：这时测定的代谢率比原先预测(夏季捕获做出的对冬季预测)的要高。自然中鱼的生化和生理已经开始适应水温的季节性变化，因此鱼能在冬季水温的环境中保持其活性。例如，鱼体内的生化变化是能够在不同的水温下表达出最适宜此温度的酶。变温动物鱼代谢功能的这种适应能力，意味着鱼对温度的长期变化没有对温度的短期变化敏感。

动物能对季节性的温度变化产生习服(acclimatization)，并且动物对高温或者低温的耐受性差异也很大。糠蚊(*Chironomus*)的幼虫能耐受反复冻融，即使温度低到－25℃，这对于其生活在极地海洋冬季的潮间带具有重要的意义。但是北极的气温对热带动物正如热带气温对于极地动物一样，具致死性。

动物是受其所在环境温度影响的，那么动物是如何控制和调节体温来适应环境的呢？

32.2.2.1 动物的自身调节以及与环境的热交换

将动物的体温和我们人类自身的体温做一个比较，就会得出：某些动物是"冷血动物"，而某些动物是"热血动物"。例如，我们知道鸟类和哺乳动物是"热血动物"。这种简单的划分不是很科学，至少某些冬眠的哺乳动物体温很低，而有些爬行类动物和昆虫在行为活动中体温是很高的。

生理学家根据动物是否有持续的体温，还是有变动的体温将动物分为恒温动物和变温动物。一般而言，鸟类和哺乳动物是恒温动物，其他动物是变温动物。但是某些深海鱼类也有一个相对持续恒定的体温。如果仅根据这一点将它们划分成哺乳动物显然太不合适。

体温划分体系是根据决定动物体温的最主要热原是来自于什么来划分的，这样就可以避免出现上述的不符合常识性的结论。外温动物是指体温主要由外在环境的热原决定的动物。一般而言，无脊椎动物、鱼类、两栖类和爬行类动物是外温动物。这些动物倾向于找到一个对它们有最小的冷热压力的环境来栖息。内温动物是指那些可以依靠代谢来产热或通过主动调节热散失来调节体温的动物。大多数哺乳动物和鸟类大部分时间都是内温动物，其体核温度

(相对于体表温度而言)基本上是连续和稳定的，一般能利用代谢热维持35～42℃的体温。动物这种通过体温调节(或者是热调节)来控制体温的能力与动物的神经系统、内分泌系统、呼吸系统和循环系统功能的执行密切相关。

这种恒温动物/变温动物的划分，或是内温动物/外温动物的划分是有其局限性的，不是一种完美的划分方法。因此，有异温动物，是指某一动物一段时间内是内温动物而另一时间段是外温动物，其体温是变化的。如冬眠的哺乳动物，夏季是典型的内温动物，但是到冬季开始冬眠，机体代谢变缓，代谢产热下降，体温下降很大，这时更像一个外温动物。有时候某些外温动物可以通过代谢产热，其行为类似内温动物。

32.2.2.2 外温动物和内温动物对环境温度变化的反应差异

比较两个大小类似的动物——一个蜥蜴(外温动物)和一只老鼠(内温动物)对于温度变化的反应。将这两种动物关进封闭的小室中，将小室的温度从0℃升高到37℃，或者倒过来从37℃降到0℃，测定这两个动物的体温和代谢率的变化。

蜥蜴的体温和小室内的温度变化一致，而小鼠的体温维持稳定。小室温度降低后蜥蜴的代谢率(比小鼠的代谢率低得多)下降很多。相反，当小室的温度低于25℃后小鼠的代谢率增强了。小鼠代谢率增加可产生足够多的热以阻止小鼠体温的下降。换句话说，小鼠可以通过增强代谢率来调节体温，而蜥蜴却不能。

此实验似乎可以得出外温动物不能够调节它们的体温的结论，但是对蜥蜴的野外观察试验表明上述说法不成立。野外的情况和实验室不同，蜥蜴的体温有时和环境温度相差很大。沙漠中生活的蜥蜴，白天某一段时间内体温可以在40℃上下变化。蜥蜴白天依靠自身行为的改变和与环境进行热交换以维持一个相对稳定的体温。其行为的变化包括在巢穴中躲藏，晒太阳，躲藏在阴影中，爬到一株植被下，改变自身与太阳辐射的方向。因而蜥蜴能通过自身的行为机制很好地调节体温，而不是依靠内在代谢产热来进行体温调节。

无脊椎动物能通过行为的改变来调节体温，比如蜻蜓和蝴蝶通过改变身体和阳光的入射角度，展翅或者收翅等来调节吸收热量的多少从而调节体温。还有很多节肢动物，如很多昆虫、甲壳动物以及蚤等具有追踪环境温度变化的能力，通过追踪周围具有较高体温的脊椎动物，并寄生于这些动物体内或体表来调节体温。自然界中的一个有趣现象:清晨那些黑色甲虫因为被覆物颜色能吸收更多的辐射热，就比那些白色甲虫具有更早的、更多的活跃度。

行为上的体温调节自然并非外温动物所独有。内温动物通常选择具有最适宜的环境温度的区间进行领域生活。内温动物也可能通过改变姿势，改变身体朝向，与入射光成某一角度，晒太阳或躲在阴凉处，在静止的或者流动的介质中(水或空气中)运动来调节体温。动物有很多复杂的通过行为来调节体温的例子，包括巢穴的营建和社群行为，如聚群。其实很多脊椎动物也通过群聚保温。人类可以穿衣服或者脱去衣服，并且还能利用能源燃烧来产热或制冷进行温度调节，以获得进行适宜生理活动的温度环境。

32.2.3 能量收支反映出动物体温调节的适应能力

内温动物和外温动物都可以靠改变它们身体的热代谢以及和环境的热交换来影响体温。动物有四种基本的和环境进行热交换的物理方式，即辐射(radiation)、传导(conduction)、对流(convection)和蒸发(evaporation)。

32.2.3.1 辐射

热从高温物体通过红外电磁辐射向低温物体转移(如站在火前的感受)。热原与承受者之间无直接的接触。温度在绝对零度以上的所有物体都能发射红外线。两种物体间的温差越大,从高温物体辐射传递给低温物体的热量就越多。环境温度较低时(例如20℃),辐射是动物散热的主要方式,通过辐射散失的热量可占总散热量的70%。当环境温度升高到接近或超过皮肤温度时(例如35℃),动物不但不能通过辐射散热,而且还会接受外来的辐射热。因此,辐射散热首先决定于皮肤与环境之间的温差。其次,由于辐射必须通过体表进行,动物的有效体表面积就成为决定辐射散热的另一个主要因素。例如,动物采取蜷缩姿势时,有效体表面积比伸展姿势要小得多,辐射散热量也明显减少。皮肤和被毛的颜色一般对辐射散热没有影响。因为动物皮肤发射出来的辐射热全部在电磁波的红外线区内,它与颜色无关。但动物在吸收太阳辐射热时,却在一定程度上决定于皮肤和被毛的颜色。因为太阳辐射大约有50%在可见光谱内,而体表的不同颜色对可见光谱有不同的吸收率。例如,白色表面能吸收可见光谱的20%,而黑色表面可吸收100%。太阳光谱中的另一半热量含在不可见的红外线内,各种颜色表面都能100%地吸收。

32.2.3.2 传导

当两个温度不同的物体接触在一起时热直接从高温区向低温区转移(如坐在冰凉的大理石上)。传导与辐射的条件基本相同,即首先决定于皮肤与周围环境的温差,其次决定于有效体表面积。它与辐射的区别,是热传递时必须要有热的导体直接接触。正常时,传导散热的导体是空气,导热性很小,所以这种散热方式在非蒸发散热中只占极小比重(1%~2%)。

32.2.3.3 对流

当空气或液体作为介质包围在机体表面时体内的热转移到周围介质中,或相反,介质的热进入机体(如风寒、风热等)。对流可以是自由的(即由于介质密度的改变,热空气上升)或强制的(如大象的扇耳)。当有风时,由于空气流动较快,体表热量能较多和较快地通过流动的空气带走,散热效应增强。因此,影响对流散热的主要因素是空气流动的速度,即风速。风速越大,对流散热量越多。

32.2.3.4 蒸发

水从机体表面蒸发,即从液态转化为气态,热被带走(如出汗),仅适用于陆生动物。蒸发是动物散热的重要方式之一。环境温度升高到接近体温时,非蒸发散热不能有效进行,蒸发散热成为动物散热的唯一方式。在32℃时,每克水蒸发可带走2.43 kJ(0.58 kcal)热能。决定蒸发散热的主要条件是周围环境,特别是空气的湿度。空气越干燥,蒸发散热越强烈。蒸发散热通过不感蒸发(insensible perspiration)和出汗(sweating)两种方式进行。不感蒸发是指有少量水分经常从皮肤表面、呼吸道和口腔黏膜等部扩散和蒸发。静息状态的哺乳动物在中等温度和湿度条件下,有20%~25%的热量通过这种方式散失,其中通过皮肤蒸发的占60%~70%,通过呼吸道蒸发的占30%~40%。动物通过这种方式散失的热量较少,平均约占总散热量的17%。在基础代谢条件下,皮肤和呼吸器官的不感蒸发是相对恒定的。出汗在汗腺发达的家畜(如马)中,是气温升高时加强蒸发散热的最有效方式。犬、羊、鸡等出汗能力很低的畜禽中,加强蒸发散热的主要方式是喘息和分泌,使较多水分在口腔黏膜、舌面和呼吸器官中蒸发。有些动物能在肢体上抹唾液,有些在污泥中打滚,用以调节体温。

热产生和热交换的总平衡可以用能量收支表述,这是基于动物的体温如果能够维持不变,那么进入体内的热量和机体散失的热量必定是相等的这一简单的事实。进入机体的热通常来自代谢和太阳辐射(R_{abs}指辐射吸收)。机体的热损失(散热)包括上述四种物理过程:辐射释放(R_{out})、对流、传导和蒸发。能量收支可以用如下公式表示:

$$热_{进入}=热_{散失}$$

因此

$$动物体温=代谢产热+R_{abs}-热_{散失}$$

$$动物体温=代谢产热+R_{abs}-(R_{out}+对流+传导+蒸发)$$

穿越过酷热沙漠的人知道,热可以通过对流和传导进入机体。这种情况下能量收支公式右边因子的值是负的,所以机体感觉难受。

能量收支等式能够有效反映动物适应热环境能力。能量收支使我们可以对热的变化进行定量并对动物的温热适应能力进行比较。有趣的是,在能量收支等式右侧的所有组成,换句话说,即热散失一侧,取决于动物的体表温度。改变流经体表的血流是动物用来控制体表温度以进行热调节的一种有效办法。

32.2.4 外温动物和内温动物对流经体表血液的调控

32.2.4.1 动物体表血液流动的调控

动物的皮肤和动物体内环境发生热交换很大部分通过血流完成。比如动物因运动体温升高,流向皮肤的血液增加,皮肤表面变热。从身体核心处通过血液循环带到皮肤的热,经上述四种机制得以散失进入周围环境中,使得动物体温保持正常。相反,动物体温过低或环境过冷,动物皮肤处的血管收缩,流经此处的血液减少,就会减少热散失。

控制血液流向皮肤是外温动物如加拉帕格斯群岛海鬣蜥一种重要的体温调节适应能力。加拉帕格斯群岛位于地球赤道位置,它是由火山岩组成的群岛,但流过此处的海水是海洋冷流。海鬣蜥在海岛晒热的黑色火山岩石上晒太阳,然后进入冰凉的海水中取食海藻。采食时海鬣蜥的体温降到和海水一致的温度。它们的机体代谢率降低得也很快,其行动缓慢,这时很容易被其他掠食动物所攻击,吃进的食物也因温度太低而不易消化。它们采食结束后就回到温热的礁岩上晒太阳以快速升高体温。海鬣蜥重复着上述过程,使得海鬣蜥游泳时就可以尽可能长时间地保持相对高一点的体温,上岸后尽可能快地通过晒太阳来加热体温。当然这些爬行类动物体内的甲状腺激素和肾上腺激素也能增加这些动物的产热。海鬣蜥能够通过改变它们的心率和流向皮肤的血流量来很好地完成上述活动,热可以很好地在机体内进行交换。

32.2.4.2 某些鱼通过提高体温来保存体内的代谢热

活跃型鱼类能够通过肌肉运动产生大量的代谢热,但是对于这些鱼来说保存这样的热是很难的。血液收集肌肉活动产生的热,当血液流经鳃部进行气体交换时,热又散失到水环境中去了。有些游速很快的大型鱼类,如蓝鳍金枪鱼、剑鱼以及大白鲨,令人吃惊的是其体温比周围水环境温度要高近10~15℃。高体温来自于它们强健的游泳肌活动产生的代谢热,并且其体内血管有特殊的解剖构成——奇网(rete mirabile),使得这些"热"鱼能够保留住肌肉产生的代谢热。与此相对,所谓的"冷"鱼的循环系统中,从鳃部来的含氧血进入背部大血管——背主动脉;这条分布在鱼背侧正中的血管将从鳃部来的含氧的"冷"血带入全身的器官和肌肉。"热"鱼有比较小的中间背主动脉,大部分的含氧血由皮肤下的大血管所运输。来自鳃部的温度较低的血液尽可能地分布在鱼的身体浅表层。这些运送较低温度血液的较小的动脉血管和进入肌肉块然后从肌肉块出来的运送较热血液回心的静脉血管内的血液流向相反。这些运送来自鳃部较低温度的血液进入肌肉的血管和运输肌肉活动产热而有较高温度的回心血液的血管解剖位置靠得很紧密,因此依靠热传导尽可能地将热保留在肌肉区域。

因为这两种进行热交换的血管内的血流方向是相反的,因此这样的血管系统被称作"逆流热交换器"。由于可以将热保存在肌肉区,就使得这些鱼有一个比周围水环境温度要高的内核体温。保留这样的高体温对于这些鱼有什么好处呢?实验表明,体温升高 10℃,鱼的肌肉能够增加近 3 倍的动力输出,会使这些鱼的游速更快、运动能力更强,因此这些鱼的捕食范围更大,而不太受水深和水温的限制。

32.2.4.3 昆虫的调节

有些大型的飞翔昆虫,能通过血淋巴循环将飞翔时产生的过多的热从胸部带到腹部区以辐射形式散失出去。有一种生活在美国西南部 Sonoran 沙漠中的蝉,当环境温度太高时,它们能主动将血淋巴中的水分通过体内的管道运送到体表,经汗孔排出蒸发以降温,这和脊椎动物机体用蒸发来调节体温的机制一样,换句话说,就是这些蝉能出汗。

32.2.4.4 哺乳动物的调节

有皮毛的哺乳动物是如何完成体温调节的呢?动物的皮毛及皮肤下层的脂肪层是动物用于保持体温的"绝缘保温层",它可以使动物生活在非常寒冷的气候区域或冰冷的水里。但动物开始活动后,它们就必须将此时产生的过多的热散失出去,而将这些需要排出体外的热带回毛发丛生的皮肤下可不是什么好事。所以北极熊很少飞快地跑动,而常常是缓慢运动。哺乳动物具有特殊的将这些热运送到皮肤表层没有毛发丛生区域的血管。比如,生活在美国西部和墨西哥的羚兔(*Lepus alleni*)生有一对巨大的血管丰富而薄的耳朵,用来降温,以适应那里干旱燥热的环境。非洲象也具有一对用以降温的大耳朵。通过开放或关闭这些特殊的血管就可以很好地完成这些皮肤区域对热散失的调节。许多动物能在夏季寻找阴凉场所,减少吸收太阳辐射热。在炎热和潮湿环境中,动物常伸展肢体,伏卧不动,尽量减少肌肉运动和降低代谢率。热应激时,动物食欲减退,生产力明显下降。寒冷的时候,流向我们手和脚处的血液减少,此处会感到冰凉,但是如果我们身体开始活动,这些位置很快就会感觉变热。

32.2.5 动物的产热调节

32.2.5.1 某些外温动物产热的调节

有些外温动物靠产热来升高体温。例如,许多昆虫(如大型蛾类、大黄蜂等)的飞翔肌温度必须达到 35~40℃才能够开始飞行,飞翔过程中肌肉必须保持这样的高温。就如同哺乳动物的震颤产热一样,这些昆虫通过收缩飞翔肌产热来升高体温。昆虫的这种产热能力是相当强的。最突出的例子是生活在美国加州洛杉矶北部山脉地底下的圣甲虫(金龟子科)。交配季节,这些甲虫爬上地面,雄虫飞翔着寻找雌性。它们的交配一般是在冬季暴风雪的夜晚完成。当然在过热空气活动的有些昆虫,飞翔时产生的热需要及时散失,这时昆虫会主动关闭胸部的"逆流热交换系统",而更多地使热经血淋巴循环带到腹部区域散出去。

蜜蜂运用群体力量来调节体温。蜂群中一般有一只蜂王和众多喂养幼蜂的雌性工蜂。冬季,工蜂群聚包裹在幼蜂外侧。这些工蜂调节着自身的代谢产热,群聚在一起,使得蜂巢外近乎冰点的情况下,蜂巢内仍然能够保持近 34℃的恒定室温。很多高等脊椎动物也有群聚调节体温现象。

32.2.5.2 内温动物的代谢产热

能量从食物中来，然后转换成 ATP，ATP 为机体的各种活动所利用，其中一部分以热的形式散失。内温动物和外温动物都是这样，那为什么只有内温动物产生如此高的热呢？答案是内温动物的细胞对热利用效率比外温动物的细胞要低。

一个处于休息静止的内温动物，体内的大部分能量用来使离子进出细胞膜。K^+ 是细胞内优势化的阳离子，Na^+ 是细胞外优势化的阳离子。在某种允许的程度上，这些离子顺着离子浓度梯度在细胞膜内外扩散。但是为维持其在细胞膜内外适宜的浓度，这些离子还必须要被运回原地，并且还要达到适宜的浓度，这些都是需要消耗能量的。内温动物和外温动物都一样，但内温动物的细胞比外温动物的细胞有更多的离子漏出倾向。这样内温动物就需要比外温动物消耗更多的能量（因此而释放更多的热）来维持细胞膜内外的离子浓度梯度。

动物的这种突变表面上看似乎有缺陷，但是可漏出的离子通道反而可能导致了内温动物的进化。事实上，很多动物学家相信动物的这种能够维持连续的相对较高体温的能力是其进化成功的一个主要原因。太阳落山后在较长时间内小的外温动物的此种突变可使机体产生足够多的热来维持体温，以保障"外温"动物具有较高的机能活性。对于具有同样体形大小的外温动物而言，在一个完全黑暗的世界中，第一个这样的"内温"动物的竞争对手会非常少，因此这些动物获得了更多的生态上优势机会。内温动物和外温动物最主要的差异是它们的静止代谢率（指机体在静止期所有能量消耗的总和）以及对于环境温度变化做出的反应。

32.2.6 哺乳动物对体温的调节

内温动物通过改变自身的代谢率适应环境温度的变化，以达到调节体温的目的。生理学家通过测定动物消耗的 O_2 和产生的 CO_2 来研究其代谢率。在一个环境温度变化范围内，即使外界温度变化，动物的代谢率并不变化，这一温度范围称为热中性温度区（thermoneutral zone）或等热区。在等热区的某一温度，静止动物的代谢率被称作基础代谢率（basal metabolic rate，BMR）。一般而言，基础代谢率的测定是在动物休息但清醒时，动物的能量没有用做消化、生殖和生长等机能活动的条件下测定的。因此，BMR 就是静止休息的动物用来保证最基本的生理功能最适宜所需的能量。

32.2.6.1 基础代谢率与动物体形大小及环境温度相关

一般都会认为一头大象的基础代谢率比一只小鼠的要高很多，毕竟大象比小鼠大 100 000 倍。然而大象的 BMR 只比小鼠的高 7 000 倍。这就意味着小鼠每克体重所消耗的能量是大象每克体重所消耗能量的 15 倍。在所有的内温动物中，动物越小其每克体重的 BMR 越高。

为什么会存在这种比例上的巨大差异？大动物有较小的体表面积和体积的比。动物的体积或者动物的重量和动物的产热是相关的，但是动物的散热和动物的体表面积相关（动物体产生的热转移到环境以前必须先传输到体表，因此体表的温度总是比体核的温度低），大动物具有较低的代谢率以避免机体因体表面积散热效率相对较低而过热。身体构筑相同的大动物比小动物更能有效地保暖，卷成一个球或缩成一团能有效地减少体表面积。但是这种解释并不是很充分，因为很多小的动物和外温动物也具有这种体重和代谢率之间的关系，但是它们并没有显示出过热的体温。其他的假说还需进一步证实。例如，大动物需要更大的支持组织，这部分代谢活性较低，原因可能很多。

等热区内，内温动物的温度调节适应并不需要更多的能量，这样的适应包括改变姿势，竖毛，控制流经皮肤的血液量。等热区以外，内温动物的体温调节是主动的。低于最低临界温度(lower critical temperature)或超过最高临界温度(upper critical temperature)，动物的代谢率都会上升。

32.2.6.2 内温动物对冷的适应是通过产生更多的热和减少热散失来完成的

环境温度下降低于等热区，内温动物必须靠产热来弥补散失于环境中的热。哺乳动物可以依靠颤抖或非颤抖性产热(激素诱导的产热，如甲状腺激素引发的细胞内外 Na^+ 的变化，导致 ATP 水解而产热)两种方式产热。鸟类仅靠颤抖来产热。

颤抖通过骨骼肌的收缩机制消耗 ATP 而没有引发大的运动。颤抖肌相互牵拉但是并没有运动。能量从 ATP 到 ADP 转换的过程中以热的形式被释放出来。颤抖产热可能还不够，增加肌肉的强健度和身体的运动在寒冷环境中也被用以增强产热。

许多非颤抖性产热是在被称为褐脂(brown fat)的脂肪组织中发生的。此脂肪组织由于富含含铁细胞色素的线粒体和具有丰富的血液供给从外表看为棕褐色。褐脂通过线粒体解偶联蛋白 1 的作用，以热的形式消散化学能。结果是消耗了能量却没有产生 ATP，热还被释放出来。为了帮助动物在冷环境中维持体温，神经系统通过激活脂肪细胞中的 β-肾上腺素受体，从而在褐脂中刺激产热或生热作用。褐脂存在于许多新生哺乳动物体内，比如新生的人肋骨和肩胛骨靠近心脏的位置较集中，有些小型的成年哺乳动物和生活在寒区的哺乳动物以及所有的冬眠动物体内都有。

尽管内温动物具有产热能力，但是生活在寒冷地域的内温动物还需通过尽量减少热量散失使自身体温尽可能保留在等热区来完成对寒冷环境的适应。热是从体表散失的，寒区动物在解剖上具有比温区动物更小的体表面积和体积比的适应。这就是动物具有圆球形的身姿和小型的附肢。

降低热散失最好的方法是增加“绝缘保温层”。适应寒区的动物具有比温区动物更多、更厚的毛发和羽毛以及脂肪。毛发和羽毛是很好的绝缘保温层，它们能够在体表维系一层暖和的空气。毛羽竖立后，毛丛中形成一层热绝缘性极高的静止空气层，能有效地防止传导散热。如果这层空气被水所替代，绝缘保温效果显著下降。许多动物物种的毛发和羽毛上分泌着很多的油脂用以隔绝潮湿，维持动物较高的绝缘保温水平。

寒区动物减少流向皮肤的血液是很重要的温度调节适应。皮肤下的血管收缩，尤其是附肢中的血管收缩会显著增强动物对于体热的保留能力。内温动物附肢中的“逆流热交换系统”也是一种重要的冷适应机制。动物皮肤中有极其丰富的血管，其中的动脉丛和静脉丛总是互相平行排列，而且较大的皮肤动脉常有两条平行静脉，深部动脉与静脉紧密贴近。当机体需要保持热能时，皮肤浅表静脉和毛细血管收缩，动静脉吻合支开放，使浅表血液循环形成短路。同时，深部的平行动静脉进行逆流热交换。结果静脉血温升高，动脉血温相应降低。这样，动脉血散失的大部分热量又重新由静脉血带回体内，减少热能耗散。当机体需要加强散热时，浅表静脉和毛细血管大量舒张，大部分动静脉吻合支关闭，动脉血中的热量传递给皮肤表面，使皮肤温度升高，加强散热。这时从皮肤返回心脏的血液主要由浅表静脉输送，深部动静脉之间的逆流热交换大大减弱。北极寒区狼和北极狐的脚爪、北美驯鹿的肢蹄(还有尾部、耳朵及鼻等位置)以及极地水鸟都具有这种“逆流热交换的血管”。代谢热被回心血带回，使得动物的核心体温保持相对较高水平。

32.2.6.3 水蒸发散热，但是对动物而言代价不菲

内温动物在等热区内当环境温度升高时，动物主要依靠增加流向皮肤的血流来散热。即便是在环境温度较低的情况下，剧烈运动的动物的体温还会过高，更不用说当温度超过等热区上限时，过高的体热对动物而言可就不是好事了。大型哺乳动物尤其是生活在热带的如大象、犀牛和水牛等动物，没有或很少具有绝缘保温的毛发，在空气温度很高的情况下就必须找到水源，它们需饮水、在水塘中打滚来降温。皮肤上的水蒸发后可以极大地带走体内的热量，这是因为水的热吸收能力要比空气大许多。

通过体表的水蒸发和体内的出汗以及喘息都可以有效地降低内温动物的体温。1 g 水蒸发大约吸收 2 426.72 J(580 cal)的热。如果是皮肤表层的水蒸发，来自于皮肤及深层的血液中绝大部分的热被带走。身体分泌的汗液和唾液挥发并没有给身体带来更多的降温，而需要最大限度地散热时，来自于动物内环境的水的蒸发并不会给机体带走更多的热，这就可能致使体内因水蒸发而导致水浪费。水对生命活动非常重要，很多动物没有能力携带充分的水。因此有些生活在沙漠中的甲虫，机体能分泌蜡质到外骨骼上，以此来避免因蒸发导致的体内水分的散失。很多热环境同时也是干旱的环境，在既热又干燥的栖息地，出汗和喘息降温的方式是动物选择利用的最后手段。

动物的出汗和喘息是消耗代谢能量的主动过程。这就是温度超过动物的等热区上限动物的代谢率反而上升的原因。一个用出汗和喘息来降温的动物如果此时还在进一步产热，对动物而言绝不是好事。

32.2.6.4 哺乳动物靠信息反馈进行恒温调节

哺乳动物的温控调节机制和适应是基于机体的反馈信息，机理与空调的恒温调解器类似。

下丘脑是所有脊椎动物体内许多调节系统的关键组成部分，其中包括动物的体温调控。哺乳动物主要的温控调节整合中心在大脑底部区域的下丘脑处。

许多脊椎动物以及所有的哺乳动物，下丘脑的温度调控主要依靠负反馈信号，下丘脑的损坏会致使温度调控失败。下丘脑产生温度调控的调定点。当下丘脑的温度超过或者低于这个调定点时，温度调节反应(控制系统)会主动逆转体温原先改变的趋势或方向。

实验表明，对于许多哺乳动物，直接冷却下丘脑会增强机体的代谢产热，刺激流向皮肤的血管收缩，引起体温升高；相反，缓慢地加热下丘脑会刺激流向皮肤处的血管扩张，强烈地加热下丘脑会刺激机体出汗及喘息。因此，加热下丘脑会引起机体整体的体温下降。

哺乳动物的温控调节系统除了可以调节体温调定点以外，还可以整合下丘脑的温度信息资源。例如，皮肤中的温度感觉器传递环境的温度信息，皮肤温度的改变通过反馈信息依靠温度调控反应转换下丘脑的体温调定点的改变。皮肤感觉冷时下丘脑的体温调定点允许机体代谢产热增加，皮肤感到热时则相反。

下丘脑的调定点活性在清醒时较高，睡眠时活性下降。即便在白天或夜晚，动物都清醒的情况下，下丘脑的调定点仍然是白昼节律的活性高于休眠节律的。即使内温动物生活在相对稳定的环境条件下，其体温仍然有一个日周期的节律性变化，这是动物内在生理节律控制的周期。

总之，鸟类和哺乳动物具有高水平的代谢产热和有效的散热机制，它们利用进化上发达的神经系统、循环系统、内分泌系统、被覆物和泌尿系统及行为上的调节很好地控制着自身体温的恒定。有些动物甚至还出现迁徙或冬眠这样的复杂行为。

32.2.7 发热有益于机体抵抗疾病感染

发热是机体抵抗病原菌的一种适应性反应。发热是机体对致热原分子做出的引起体温升高的反应。外源性的致热原来自如侵入机体的细菌或者病毒等外源物质。内源性的致热原是机体对感染做出应答后免疫系统细胞的产物。

机体有致热原后导致下丘脑升高体温调定点,引发了体内的代谢产热反应,结果,身体出现颤抖。当感觉冷时你会穿上羊毛衫或蜷缩在被子里,这样使体温逐渐升高到下丘脑调定的新体温调定点为止。体温升高,不再觉得冷,当然也没感觉热,碰触额头明白体温比正常时是要高很多。服用阿司匹林以降低下丘脑的体温调定点,使体温恢复正常。然后又会让你感到热,于是你脱去外套,身体甚至开始出汗,最终体温恢复正常。尽管适度发热有益于机体抵抗病菌感染,但是高热对身体是有损伤的,甚至是危险的,急迫时需要服用退烧药进行人为干预。

32.2.8 体温调定点的下调

体温过低(hypothermia),是指比正常的体温要低。体温过低可能是因为长期饥饿(缺少代谢能源),长时暴露于极寒的条件下,严重的疾病或麻醉状态导致的。上述情况下,体温下降而没有上调。然而很多鸟类和哺乳动物在食物匮乏或者寒冷的时期能够主动下调自身体温,这种适应被称作"可调节的体温过低"(regulated hypothermia)。

蜂鸟是一种具有很高代谢率的很小型的内温动物。一天不进食就会耗尽这种鸟的能量贮备。蜂鸟和其他小型的内温动物(如山雀、蝙蝠等)都能在食物匮乏的夜晚主动降低体温,使机体进入非活跃的类似于睡眠状态来存活。这时这种体温过低的适应被称为蛰伏(daily torpor)。蛰伏期动物体温下降可达 10~25℃,动物机体代谢活性较低(氧耗可降到正常的2.5%),心率极度变慢,以此来节约能量,减少对食物的需求,此时这些动物对外界的刺激反应也很低。

可调节的体温过低有些动物可持续几天甚至几周,这时体温下降接近于环境温度,称作冬眠(hibernation)。不少哺乳动物,如蝙蝠、熊、土拨鼠、金花鼠和地松鼠都有冬眠现象,鸟类中只有弱夜鹰这一种发现有冬眠现象。动物维持冬眠所需的机体代谢率仅有其基础代谢率的1/50,很多动物的体温(更准确地说是体表温度)这时接近冰点,体内能量基本用于基础心率和呼吸频率的维持。这些动物会在冬眠前随着日照时间的变短而大量地储备好体内的能量物质和更换冬季皮毛。冬眠哺乳动物的唤醒也是由下丘脑调定点回调到正常水平开始的。

有些动物,比如獾、熊、负鼠、浣熊和臭鼬等冬季会出现睡眠延长的现象,但是其体温依旧保持在正常水平,这其实不是真正的冬眠。另外有些脊椎动物,如沙龟、地松鼠等,夏季当其周围的环境温度很高,食物匮乏或面临着脱水的困境时,动物的代谢率和呼吸频率下降,这一时期会进入另一种休眠状态,称为夏眠(estivation)。陆生蜗牛、蓝色陆蟹、非洲肺鱼和沙漠陆龟等动物都有夏眠现象。荒漠鹿鼠(cactus mouse)在冬季寒冷和食物匮乏的时候开始冬眠,夏季食物缺乏和难以找到饮用水时开始夏眠。

第33章 生殖和发育

为了使种群延续，动物生长到一定阶段，需通过生殖产生与自身相似的新一代个体，动物个体再不断地重演新生、成长、衰老和死亡的全过程。新生个体的成长是一个相对“缓慢”渐变的过程。发育是指动物从受精卵开始到成长为成熟个体直至衰老死亡所经历的一系列复杂的变化过程。

33.1 生殖的进化

动物能否繁衍后代，取决于该物种是否能产生更具适应能力的新个体，否则就会因为不适应环境而遭到淘汰。新个体的产生，通过动物的生殖来完成，因此物种的进化与动物的生殖是密不可分的。

生殖方式有无性生殖和有性生殖两种。无性生殖是指不经过两性生殖细胞（配子）的结合，由母体直接产生不改变遗传性状的新个体，其类型主要分为分裂生殖、出芽生殖、孢子生殖、营养生殖和断裂生殖。有性生殖是指由亲本产生的有性生殖细胞（配子），经过两性生殖细胞（例如精子和卵细胞）的结合，成为受精卵，再由受精卵发育成为新个体的生殖方式，包括接合生殖和配子生殖。

33.1.1 无脊椎动物生殖的进化（从原生动物到节肢动物）

单细胞的原生动物没有专门的生殖结构，其无性生殖方式有二分裂和出芽生殖，有性生殖包括受精（孢子虫等）和接合（纤毛虫）。多细胞动物中，只有两层的多孔动物的生殖是靠中胶层内未分化的原细胞来完成的。原细胞除了吞噬和消化食物外，还可以转化成具有生殖机能的生殖细胞，形成精子和卵子。卵在中胶层里，精子不直接进入卵，而是由领细胞吞食精子后，失去鞭毛和领，成为变形虫状，将精子带入卵，进行受精，这是一种特殊的受精形式。

刺胞动物中多数会出现无性的出芽生殖和有性生殖世代交替的现象。因为没有中胚层，生殖腺的发生并不固定。性细胞多由间细胞形成，有的种类生殖腺起源于外胚层，有的种类生殖腺起源于内胚层。

扁形动物开始，随着中胚层的出现，生殖系统趋于复杂。雄性生殖器包括身体两侧的精囊、输精管、贮精囊和阴茎。雌性生殖器包括卵巢、输卵管、卵黄腺。原始种类雄性生殖细胞经管道由生殖孔排出，但是因为没有雌性生殖细胞的排出管道，交配时双方阴茎直接经对方的体壁插入，将精子排到实质中，受精卵从体壁直接排出。

对软体动物而言，雌雄同体的个体其生殖系统包括精巢、卵巢、输卵管、交配囊、阴道、输精管、阴茎,生殖管开口于身体右前端。头足类为雌雄异体,雄性除上述生殖系统的结构外,还有摄护腺、精囊、精荚囊;雌性还有一对缠卵腺和一对副缠卵腺,作用是分泌黏液,将卵子黏成卵群。

自环节动物以后,生殖腺都是由体腔上皮发生形成的,生殖管起源于体腔膜向外突出的体腔管,通过生殖管与外界相通。

节肢动物一般都是雌雄异体,而且往往表现出雌雄异形,其生殖系统较为复杂。它们的生殖腺来源于残存的体腔囊,体腔管形成生殖导管。陆生种类都是体内受精,水生种类多为体外受精,一些特化的附肢形成外生殖器。

33.1.2 脊椎动物生殖的进化

33.1.2.1 受精与早期发育方式

脊椎动物在从水生到登陆之前出现有性生殖的进化。雌性鱼产出的大量的卵以及雄性释放的精子都释放到水中,精卵自由结合。这个过程称为体外受精(external fertilization)。在水生环境中,为了提高受精成功率,雌、雄性动物需要同时或先后在相对小的水域空间中释放出自己的精子与卵子,因此大多数海鱼的排精与产卵只在某一短暂的时期内完成。有一些动物一年只有一次生殖活动,海洋环境的一些周期性变化就被动物当作同步生殖的"信号",其中利用最普遍的信号是月亮周期。月亮离地球最近的时候,月地间的吸引力达到最大,发生涨潮现象。许多海里的生物对潮汐的变化非常敏感,其配子的产生及释放与月亮运行周期一致。

动物登陆之后,其繁殖面临的一个巨大挑战是陆地上干燥的环境。排放出来的配子在陆地上很快就会死亡,所以自然选择迫使陆生动物开始采取一种新的受精方式——体内受精(internal fertilization),就是直接把雄性配子输入雌性个体的生殖道内。

大多数鱼类行体外受精,而其他大多数脊椎动物都采取体内受精的方式。根据胎儿发育与母体及卵的关系,那些行体内受精的脊椎动物可以分为卵生、卵胎生和胎生。

卵生(oviparity):少数硬骨鱼类、大多数爬行动物,还有一些软骨鱼类、两栖类动物,所有的鸟类以及少数哺乳动物(代表动物如鸭嘴兽、针鼹)采取这种方式。在体内完成受精的卵被母体产出体外,完成整个发育过程。

卵胎生(ovoviviparity):动物的受精卵在母体内完成发育,形成新的个体后才从母体产出。但其发育时所需营养,仍依靠卵自身所贮存的卵黄,与母体没有物质交换关系,或只在胚胎发育的后期才与母体进行气体交换和建立营养联系。这是介于卵生和胎生之间一种。某些硬骨鱼类(如虹鳉和食蚊鱼)、软骨鱼类以及许多爬行动物(如蝮蛇、海蛇)和胎生蜥都采取这种方式。

胎生(viviparity):动物的受精卵在动物体内的子宫里发育,并由母体供应营养的一种生殖方式。幼体在母体内发育,营养直接从母体的血液里获取,而不是从卵黄中吸取。大多数软骨鱼类、一些两栖类动物、少数爬行动物和几乎所有的哺乳动物都采取这种方式。

33.1.2.2 从鱼类到哺乳动物生殖的进化

正如前面提到过的,鱼类和两栖类大都采取体外受精的方式进行生殖。

1. 鱼类

大多数硬骨鱼采取体外受精的方式,其卵细胞中含有充足的卵黄,足以维持胚胎在一段时间内发育所需要的营养。当卵黄内最初的营养物质耗尽之后,幼鱼在周围的水环境中寻找食物。其发育的速度很快,那些幸存的幼鱼迅速长大成熟。尽管一次交配中有成千上万个卵子受精,但有很多幼体因为微生物的感染或被其他动物吞食而死亡,只剩下一小部分幼鱼能长大成熟。

大多数软骨鱼类与硬骨鱼类完全不同的是实行体内受精。雄鱼通过特化的腹鳍将精子注入雌鱼的体内。

2. 两栖类

两栖类动物登上陆地，但却没有完全适应陆上干燥的环境，它们的生活周期离不开水环境。与硬骨鱼类相同，大多数两栖动物体外受精。雄性与雌性的配子都通过泄殖腔排出体外。青蛙与蟾蜍的雄性抱住雌性的身体，释放出含有精子的液体，释放到已经排放入水的卵上。尽管大多数两栖类动物的卵在水中发育，但还有一些例外。例如有一青蛙种类，它们的卵在声囊中发育，幼体从雄蛙的口里产出；还有一种青蛙，它们的卵在雌蛙的胃中发育，幼体稍大后从雌蛙的口里产出，这些都是很有趣的生殖表现。

两栖类动物的发育时间要比鱼类长得多，但是它们卵中含有的卵黄却并不比鱼类的多。大多数两栖类动物的发育过程分成胚胎期、幼体期和成体 3 个阶段，这类似于昆虫的生活史。胚胎在卵中发育，从卵黄中吸取营养。孵化出来后，水生幼体可以自由游动并觅食，这段生活时间通常较长。幼体迅速长大，比如青蛙和蟾蜍的幼体——蝌蚪——只需要几周时间就可以从铅笔尖大小长成与金鱼等体积的个体。当幼体长到足够大的时候，需经历一个变态的过程，变成陆栖的成体。

3. 爬行动物和鸟类

与大多数脊椎动物一样，爬行动物采取体内受精的方式，雄性通过一个管状阴茎将精子射入雌性体内。阴茎具有可以勃起的组织，交配过程中能够变得非常硬挺，插入雌性的生殖道内。大多数爬行动物和所有的鸟类都是卵生，卵在体内受精后产出。大多数爬行动物产下卵之后便不再过问。这些卵由坚韧的外壳包裹着，从产卵管（由卵巢引出的生殖道的一部分）中产出。有一小部分爬行动物是卵胎生或胎生，卵在母体内发育成胚胎。

大多数雄鸟都没有阴茎，但鸟类依然采取体内受精的方式。有一些个体较大的鸟类（如天鹅、鹅和鸵鸟以及鸭等），它们雄鸟的泄殖腔延长形成假阴茎。雌鸟的卵沿着输卵管前进时，腺体分泌出清蛋白和硬的含钙质的壳，这一点与爬行动物的卵有区别。大多数鸟类在产下卵后为了保持卵的温度要进行孵化，只是孵化的形式和时间因鸟而异，比如某些种类的鸟类可能是雄鸟孵化。大多数鸟类孵化出的幼体不能独立生存，晚成鸟幼鸟由亲鸟喂养，逐渐地成熟到独立。

大多数爬行动物和所有的鸟类是卵生。爬行动物和鸟类具带壳的卵是这些脊椎动物对于陆地生活最重要的一种适应，因为带壳的卵可以产在相对干燥的地方。胚胎在膜包裹着的充满液体的羊膜腔内完成发育，所以这种卵被称为羊膜卵（amniotic egg）。羊膜是一种胚外膜，是由胚胎细胞产生的，但是却存在于胚胎的外面。羊膜卵还包含其他一些胚外膜，例如位于卵壳内面的绒毛膜、卵黄囊和尿囊膜。相反，鱼类和两栖类的卵只含有一种胚外膜——卵黄囊。胎生的哺乳类动物，包括人在内，也具胚外膜。

4. 哺乳动物

有些哺乳动物的繁殖是季节性的，它们一般一年只繁殖一次。雌性哺乳动物通常要经历一个生殖周期，但雄性的生殖行为持续时间要久一些。雌性的生殖周期体现在周期性地从卵巢中释放出成熟的卵子，这个过程叫作排卵（ovulation）。大多数雌性哺乳动物只在排卵期能够接受雄性性行为。这段接受性行为的时期称为发情期（estrus），因此生殖周期也被称作发情周期(estrous cycle)。雌性的这种周期可持续到怀孕。

在大多数哺乳动物的发情期里,脑垂体前叶分泌的促卵泡素(FSH)和促黄体素(LH)水平的变化呈周期性,与卵巢中卵细胞的发育水平和激素分泌水平的变相协调一致。就周期性的激素分泌和排卵而言,人和类人猿的月经周期与其他哺乳动物的发情周期非常相似。但是,女性和雌猿的子宫内膜在脱落的时候会出血。

兔和猫与其他大多数哺乳动物不同,它们属于诱导排卵动物。雌性只在交配以后受 LH 的刺激而排卵,而其他动物无论有没有性行为都可以进行周期性排卵。

最原始的哺乳动物——单孔类动物(monotreme)(包括鸭嘴兽和针鼹),与它们的祖先爬行类动物一样是卵生的,卵在巢穴中或在特有的卵袋中孵化。这类动物通常没有乳头,孵化出的幼体通过舔母亲乳腺区的皮肤得到乳汁。除此之外,其他的哺乳动物都是胎生的,并且根据它们哺育幼崽的方式而分为两个亚类:有袋类动物(marsupial),包括负鼠和袋鼠,它们产下的胎儿未发育完全,要在母亲育儿袋中继续完成发育,它们吮吸母亲的乳头,从乳腺中吸取乳汁;胎盘类哺乳动物(placental mammal),幼体要在母亲的子宫中呆较长的时间进行发育,通过胎盘(由胚外膜绒毛膜与母体的子宫内膜共同组成)从母体获取营养。

33.2 哺乳动物及人类的生殖系统

33.2.1 雄性生殖系统的结构和功能

雄性动物的生殖器官包括睾丸、附睾、输精管、尿道、阴茎、包皮和副性腺。其中副性腺又包括精囊腺、前列腺和尿道球腺。

在胚胎发育早期,未分化的性腺在外观形态方面没有性别差异,都具有分化成睾丸或卵巢的双向潜能。如果胚胎含有 Y 染色体,Y 染色体的某个基因的表达产物能够促使未分化的性腺发育为睾丸;同样,如果胚胎是雌性,则不含有 Y 染色体以及 Y 染色体所携带的基因及其编码的蛋白质,所以性腺将发育成为卵巢。这个性别决定基因被称为“SRY”(代表“Y”染色体的性别决定区域)。一旦睾丸在胚胎的发育过程中形成,就开始分泌睾酮和其他激素,以促进雄性外生殖器以及其他附属性器官的发育。

成年人的睾丸主要由许多高度缠绕的生精小管构成。尽管睾丸是在腹腔内形成的,但在胎儿出生后的前一段时期,睾丸便从腹股沟管口下沉进入阴囊,悬挂在腹腔外。有些哺乳动物的睾丸只有在生殖交配季节才从腹腔中下降到阴囊处。阴囊使得睾丸的温度保持在 34℃左右,比正常的体温(37℃)稍低,此温度有利于精子的发生。

33.2.1.1 精子的产生

睾丸是雄性动物最重要的生殖器官,主要包括生精小管和间质(图 33-1)。生精小管由支持细胞和各级生精细胞(germinal cell)构成。支持细胞为发育中的精子提供营养,并且分泌精子发生所需要的激素,同时还通过吞噬掉多余的细胞质使精细胞转变为精子(spermatozoa)。各级生精细胞包括:精原细胞、初级精母细胞、次级精母细胞、精子细胞和精子,它们是精子发生过程中不同阶段的形态。

精子的产生是一个复杂而有规律的细胞分化过程。这个过程大致分成三个阶段:①精原细胞的有丝分裂;②精母细胞的减数分裂;③精子的形成。

睾丸内部的生精小管是产生精子的地方,生精小管中的生发细胞通过减数分裂产生精子。生精小管壁中的支持细胞不属于生发细胞,它们在许多方面帮助精子生成,例如促进精细胞转变成精子。那些将要经历减数分裂的二倍体的子细胞被称为初级精母细胞(primary spermatocyte)(图 33-1)。它含有23对同源染色体(人类),每一条染色体加倍,具有2条染色单体(chromatid)。第一次减数分裂将同源染色体分开,形成2个单倍体的次级精母细胞(secondary spermatocyte)。但是每条染色体仍然含有2个完全相同的染色单体。然后这些细胞经历第二次减数分裂,将染色单体分开,产生2个单倍体细胞——精细胞(spermatid)。因此,一个初级精母细胞总共产生4个单倍体的精细胞。所有的这些细胞构成了生精小管的生殖上皮,从而产生配子,最后是精子分化变态的过程。

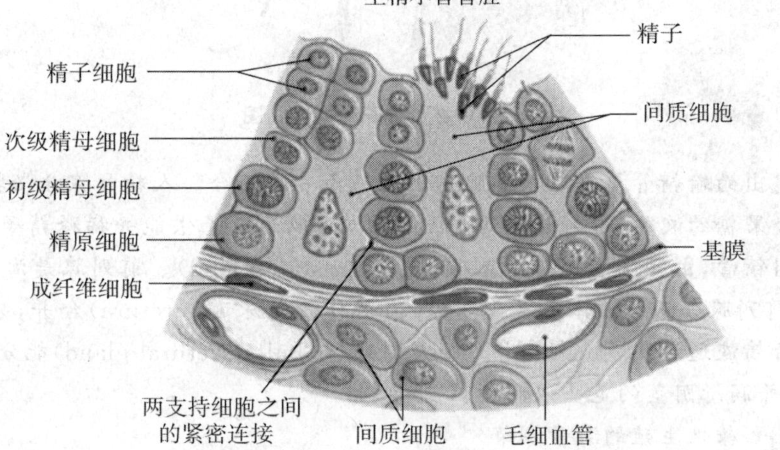

图 33-1 精子发生过程(引自 Silverthorn,2009)

精子是一种相对简单的细胞,由头部、体部和尾部组成(图 33-2)。头部主要由细胞核和顶体构成。头部中致密的细胞核被称为顶体的囊泡(来自于高尔基体)所覆盖。顶体为囊泡状结构,位于质膜与核膜之间。与核膜贴近的一层顶体膜被称为顶体内膜,与质膜贴近的一层顶体膜被称为顶体外膜。顶体的顶段依物种的不同而千差万别,因此顶段的特殊性可以作为鉴定种的特征。在顶体内外膜之间有个腔,其中含有多种水解酶,另外还有一种特殊的蛋白,被称为顶体素。它们在精子获能和顶体反应中起着很重要的作用,可以帮助精子穿透卵子周围的保护层。精子体和尾部具有一个推动机制:尾部是鞭毛,精子体内有中心粒和线粒体。前者作为鞭毛运动的基体,后者为鞭毛运动供能。在某个精子穿透卵细胞之前,一些精子的顶体需要与卵细胞相互作用。

正常男性的每毫升精液中精子的含量不少于2亿个,否则该男性不具有生育能力。精液包括睾丸产生的精子、精囊分泌的液体以及前列腺分泌的液体。尽管精子的数量很大,但它只占射出精液体积的1%。

33.2.1.2 男性附属性器官

精子在生精小管中生成之后进入附睾(epididymis)内。附睾主要由输出小管(ductuli efferentes)和附睾管(ductus epididymidis)组成。精子到达附睾后必须停留至少18 h以便获得运动能力。精子由附睾叉进入另一条长管道——输精管(vas deferens)中,输精管是附睾管的延伸,输精管再经腹股沟进入腹腔内。

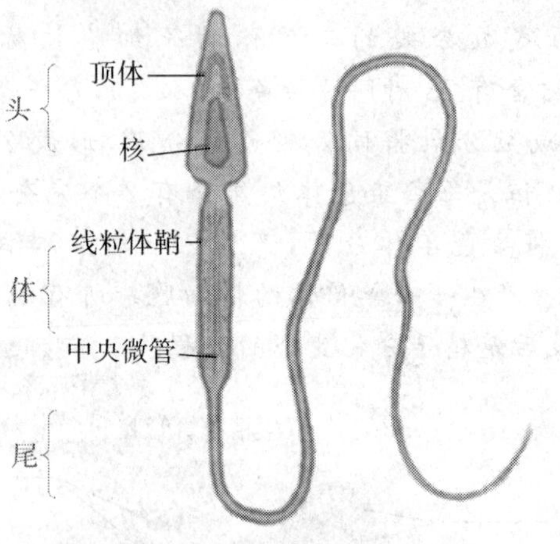

图 33-2 精子结构模式图

从每个睾丸发出的输精管与一对精囊腺发出的一条管道汇合。人精囊腺分泌物为白色或黄白色、胶状、富含果糖的液体,占射精量的30%左右,可以为精子供能并稀释精子。在此处,输精管继续作为射精管,由膀胱的底部进入前列腺(prostate gland)。前列腺是海绵状的腺体,精液的60%为前列腺分泌的液体。在前列腺内,射精管与尿道(urethra)合并,尿道又与膀胱相通。尿道载着精液通过阴茎头射出体外。尿道球腺(bulbourethral gland)能分泌一种液体,使得尿道伸直,并润滑阴茎的龟头以利于性活动。

33.2.1.3 雄性生殖的激素调节

睾丸中主要包括3种细胞:支持细胞、间质细胞及生精细胞。生精细胞与生精有关;间质细胞分泌雄激素;而支持细胞主要维持睾丸曲细精管的结构、维持血睾屏障的完整性以及对生精细胞及间质细胞功能进行调控。

雄性动物垂体前叶分泌的FSH和LH,起着调节雄性生殖功能的作用(表33-1)。在男性体内,FSH刺激支持细胞、促进精子的生成,而LH则刺激间质细胞分泌睾酮。

表 33-1 哺乳动物的性激素及相关作用

激 素	作 用
雄性	
促卵泡素(FSH)	刺激精子生成
促黄体素(LH)	刺激间质细胞分泌睾酮
睾酮	刺激雄性第二性征以及附属性器官的形成,并维持性状
雌性	
促卵泡素(FSH)	刺激卵泡的生长和雌激素的分泌
促黄体素(LH)	刺激排卵,促进卵泡转变成黄体,并激发黄体分泌孕酮和雌激素
雌激素	刺激雌性第二性征的形成,并维持性状,每月定期刺激子宫为怀孕做准备
孕酮	完成子宫的怀孕准备,帮助雌性维持第二性征
催产素	刺激子宫收缩和诱导泌乳反射
促乳素	刺激乳汁的产生

下丘脑分泌的促性腺激素释放激素(GnRH)刺激垂体前叶分泌 FSH 和 LH。FSH 促使支持细胞分泌一种肽类激素——抑制素(inhibin),它可以特异性地抑制 FSH 的分泌。同样,LH 促进睾酮的分泌,但睾酮的分泌又反过来特异性地抑制 LH 的分泌。这两种调节都是直接通过垂体前叶并间接通过减少 GnRH 的释放而实现的。负反馈抑制的重要性可以通过去势试验得到验证。当缺少了睾酮和抑制素之后,垂体前叶分泌的 FSH 和 LH 的量明显提高。

33.2.2 雌性生殖系统的结构和功能

33.2.2.1 雌性生殖系统的结构

雌性生殖器官包括卵巢、输卵管、子宫、阴道、前庭、阴门和有关腺体。雌性生殖器官是卵子发生、成熟、运输、受精和妊娠的场所。

女性卵巢是位于子宫两侧的一对卵圆形的生殖器官。它的外表有一层上皮组织,其下方有薄层结缔组织。卵巢的内部结构可分为皮质和髓质。皮质位于卵巢的周围部分,主要由卵泡和结缔组织构成;髓质位于中央,由疏松结缔组织构成,其中有许多血管、淋巴管和神经。

与雄性睾丸发育的速度相比,卵巢发育的速度要慢得多。卵巢有一种微结构,叫作卵泡(ovarian follicle),每个卵泡中都含有一个卵细胞和一些较小的颗粒细胞(granulose cell)。在青春期,颗粒细胞开始分泌女性性激素——雌二醇(estradiol,也叫雌激素),引发月经初潮(menarche),也就是月经周期的开始。雌激素同时也刺激了女性第二性征(female secondary sexual characteristics)的发育,包括乳房的发育和阴毛的生长。除此之外,雌激素和另一种类固醇激素——孕酮(progesterone)参与了女性附属生殖器官输卵管、子宫和阴道的形成,并维持其结构和功能。

根据发育时期或生理状态,卵泡分为原始卵泡(primordial follicle)、生长卵泡(growing follicle)和成熟卵泡(mature follicle)(图 33-3)。

(1)原始卵泡:靠近白膜,中央有一个卵细胞,其外周有一层扁平的卵泡细胞。

(2)生长卵泡:①初级卵泡:一层或多层立方形卵泡细胞,卵细胞与卵泡细胞之间出现红染的透明带,卵泡外围出现结缔组织的卵泡膜。②次级卵泡:卵泡细胞之间出现卵泡腔,有的卵泡腔很大,形成卵丘。位于卵泡内壁上的卵泡细胞密集排列成数层,称为颗粒层。卵泡膜可分出内膜及外膜两层。

(3)成熟卵泡:又称三级卵泡。卵泡腔很大,卵丘很明显。卵泡内膜细胞紧靠卵泡颗粒层,与颗粒层细胞之间有一层基膜相隔,内膜细胞呈多边形,胞质清亮,胞核圆形,细胞间可见许多毛细血管,外膜细胞位于最外层,多呈梭形,与周围结缔组织分界不明显。

33.2.2.2 女性附属生殖器官

输卵管(fallopian tube, uterine tube, oviduct)的作用是将卵子从卵巢运送到子宫(uterus),由明显的三部分组成:起始处是一个较大的漏斗状结构,被称为输卵管伞;输卵管后部的延伸是壶腹部,最后与子宫相连的狭窄管道被称作峡部。子宫是梨形的肌肉组织,一端变窄形成子宫颈,伸向阴道。

子宫由子宫内膜(endometrium)、子宫肌层(myometrium)和子宫外膜(perimetrium)构成。子宫内膜位于子宫腔的一面,由上皮和固有层构成。固有层的浅层是功能层,深部较薄的是基底层。在月经周期,功能层部分或全部脱落,基底层部分则不脱落,并准备在下个周期中形成新的表层。

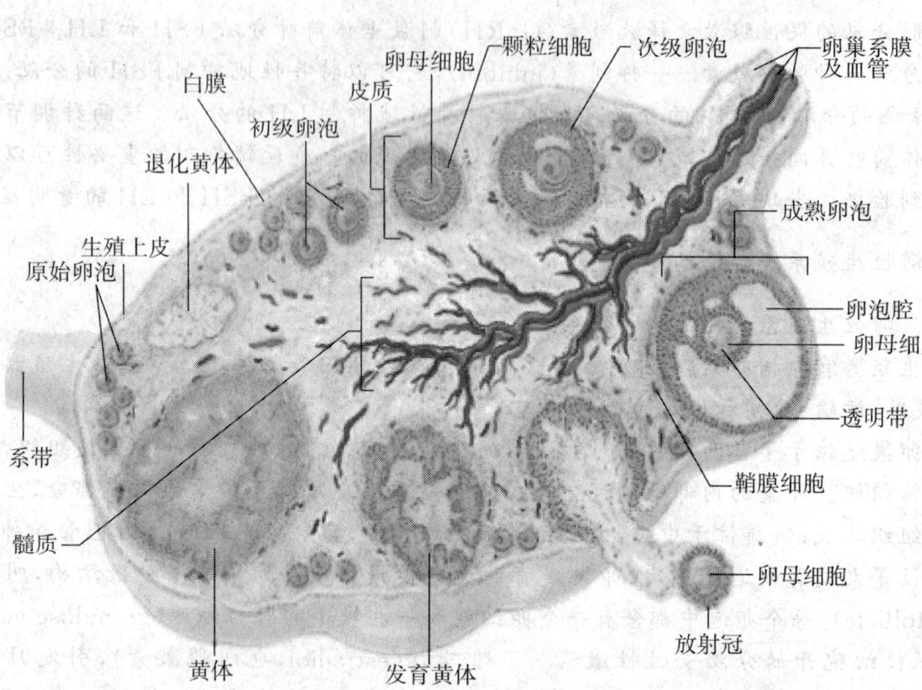

图 33-3　卵巢的结构

33.3.3.3　月经和发情周期

出生时，女性的卵巢中含有大约 200 万个卵泡，每个卵泡都含有一个处于第一次减数分裂前期的卵细胞。在这个阶段的卵细胞被称为初级卵母细胞。在每一个月经周期中都会有一些含有初级卵母细胞的卵泡被刺激继续发育。人的月经周期(menstrual cycle)大约为 1 个月(平均为 28 d)。按照卵巢的变化，可以将月经周期分为卵泡期、排卵期和黄体期。

1. 卵泡期

在卵泡期(follicular phase)，一些卵泡受 FSH 刺激开始生长，但只有一个卵泡能发育成完全成熟的三级卵泡(tertiary follicle)或成熟卵泡(图 33-4)。

这种卵泡在卵巢表面形成一个薄壁的小泡。在卵泡期，初级卵母细胞在成熟卵泡内完成第一次减数分裂。然而，分裂后却没有形成 2 个同样大小的子细胞，而是形成一个稍大的次级卵母细胞和一个极小的子细胞，叫作极体(polar body)。次级卵母细胞因此获得了初级卵母细胞中几乎所有的细胞质，而极体通常最后就消失了。然后，次级卵母细胞开始第二次减数分裂，并停止在中期Ⅱ。卵细胞就是以这种形式从卵巢的卵泡结构中排出，直到其在输卵管中受精之后才真正完成第二次减数分裂。

2. 排卵期

在卵泡期，血液中的雌激素水平不断增长，刺激脑垂体前叶分泌 LH，LH 的突然分泌高峰使得发育完全的成熟卵泡在排卵过程中破裂，释放出次级卵母细胞。释放出的次级卵母细胞在输卵管伞部(围绕输卵管开口处的羽毛状突出物)附近进入输卵管。输卵管内壁的纤毛状上皮细胞推动卵母细胞从输卵管向子宫移动。如果次级卵母细胞没有受精，在排卵后的 1 d 内分解消失；如果受精了，则会刺激次级卵母细胞完成第二次减数分裂，并形成另一个极体。精子和卵子的核融合在一起，形成了一个二倍体的合子。

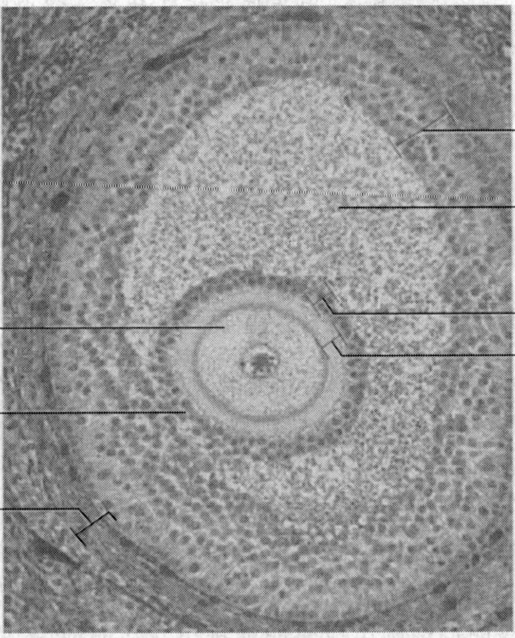

图 33-4　成熟卵泡的结构(引自 Fox,2010)

3. 黄体期

排卵以后,LH 刺激排空的成熟卵泡发育成黄体(corpus luteum),因此这一时期被称为黄体期(luteal phase)。黄体可以分泌两种激素:雌激素和另一种类固醇激素——孕酮。在黄体期,血液里有大量的雌激素和孕酮,对脑垂体前叶分泌的 FSH 和 LH 发挥负反馈抑制效应。黄体期的这种抑制作用与月经中期雌激素对 LH 分泌的刺激作用正好相反,而 LH 的分泌导致了排卵。排卵后,雌激素和孕酮对 FSH 和 LH 的抑制作用正是一种生理上的避孕机制,既阻止了其他卵泡的发育,也使得排卵无法继续进行。

在卵泡期,颗粒细胞分泌的雌激素逐渐增多,刺激了子宫内膜的生长。因此,月经周期的这个阶段也称子宫内膜的增生期(proliferative phase)。在黄体期里,雌激素与孕酮的共同作用使得子宫内膜充满了血管和腺体,并且富含糖原。因为子宫内膜中充满腺体,所以月经周期的这个阶段也称子宫内膜的分泌期(secretory phase)。

如果次级卵母细胞没有受精,黄体发生自身萎缩或退化,黄体期因而结束。许多哺乳动物黄体的萎缩是在黄体溶解素(luteolysin,一种旁分泌调节素,属于前列腺素)的帮助下完成的。在黄体期的末期,黄体的消失导致血液中雌激素与孕酮的含量急剧减少,这使得增生的子宫内膜脱落,并伴随着出血。这个过程就叫作月经。月经周期的这个阶段也因此称为子宫内膜的月经期(menstrual phase)。

如果排出的次级卵母细胞受精,就不会出现黄体的衰退以及随后的月经。这和人绒毛膜促性腺激素(hCG)的功能密切相关。绒毛膜促性腺激素是一种类似于促黄体素的激素,由胚胎的绒毛膜产生。hCG 通过维持黄体存在而保持了雌激素与孕酮的较高含量,因而也抑制了终止怀孕的月经的产生。因为 hCG 来自于胚胎的绒毛膜而不是母体,所以,妊娠试验都要检测这种激素。

有些发情期的哺乳动物没有月经，因为这些哺乳动物子宫内膜的细胞虽然周期性脱落，但整个过程并不伴随着出血。发情期分为4个阶段：发情前期、发情期、发情后期和间情期。这4个阶段分别与月经周期中的子宫内膜的增生期、排卵期、分泌期和月经期相对应。

33.3 动物的发育

33.3.1 受精是发育过程中的第一个重要事件

与所有进行有性生殖的动物一样，脊椎动物个体发育的第一件事就是雌雄配子的结合，即受精(fertilization)作用。鱼类和两栖类是典型的体外受精的物种，动物需要在水中完成生殖过程，而其他脊椎动物则多采取体内受精的方式。体内受精过程中，很小的、能运动的精子进入雌性生殖道内。精子沿着雌性生殖道向上游动，直到在输卵管中遇到一个成熟的卵子或一个次级卵母细胞为止。受精过程包括3个阶段：穿透、激活和核融合。

33.3.1.1 精子穿透

在排卵期，一个次级卵母细胞由成熟卵泡排出。在卵泡内，它被个体较小的颗粒细胞包围。在颗粒细胞和卵细胞质膜之间有一层被称为透明带(zona pellucida)的糖蛋白层。精子头部的顶体(acrosome)内含有大量的糖蛋白水解酶(糖苷酶和蛋白酶)。精子开始穿过颗粒细胞层时，这些水解酶释放出来，其作用是在透明带上形成一个通道，便于精子穿过并最终到达卵细胞的质膜(图 33-5)。海胆卵子的细胞质在精子进入处凸起，并把精子的头部全部吞入，使精子的核进入卵细胞的细胞质中。

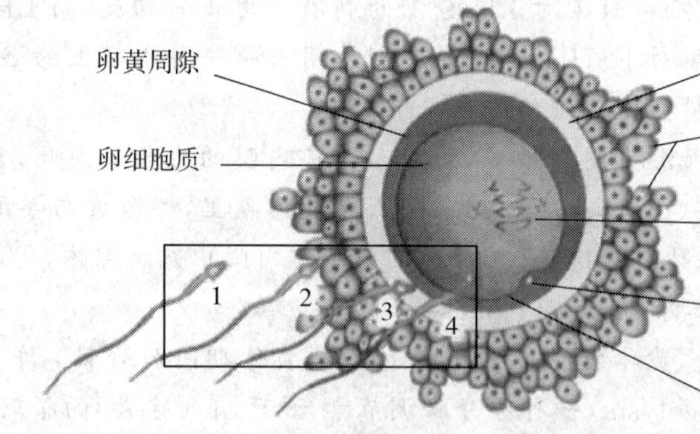

图 33-5 精子穿透的模式图

33.3.1.2 卵子激活

由精子穿透过程而引发的一系列连续的事件，可以统称为卵子的激活(egg activation)。卵子激活过程依次发生透明带反应和卵黄膜反应，以阻止多精子受精。哺乳动物的卵子正常受精时，只有1个精子进入卵内，很少有2个以上的精子进入卵内。多精子受精卵将变成多倍体，而且此受精卵发育到一定阶段将会死亡。比如女性自然流产的62%是染色体异常，其中多倍体原因导致的流产占20%。实验室研究表明，局部加热输卵管、延迟受精、推迟排卵以及体外受精时，都可增加多精子受精率。人多精受精的原因，有人认为是由于排卵受阻，卵子在卵泡内过度成熟(老化)，使透明带和卵膜发生变化，其防止多精受精的防御机构被破坏所致。

精子进入卵子后，卵子浅层细胞质内的皮质颗粒立即释放溶酶体酶样物质，使透明带结构发生变化，这一反应叫透明带反应(zona reaction)。对于大鼠、小鼠和猪等动物，由于透明带反应较慢，有时会有几个精子同时进入透明带，但只要有一个精子进入卵黄膜，卵黄体便发生紧缩，卵黄膜增厚，释放液体到周围，阻止其他精子进入，这个反应叫卵黄膜反应(vitelline membrane reaction)。一般认为，人和仓鼠卵子防止多精受精的机制主要是依赖于透明带反应，兔的卵子主要依赖于卵黄膜的阻止作用。虽然小白鼠和大白鼠的卵子主要依赖于透明带反应，但是卵黄膜的阻止也起到一定的作用。

另外，精子和卵细胞接触之后，卵子质膜的膜电位将很快发生改变，从而进一步阻止其他精子与卵细胞的细胞膜相接触和融合。

33.3.1.3 核融合

受精的第三个阶段是进入卵子的精子核与单倍体的卵子核融合在一起，形成一个二倍体的合子核。这个融合过程是由卵子激活所触发的。如果一个精子核经显微注射注入未激活的卵子内，那么两个单倍体核将不会发生融合。对这种信号传递的本质，包括两个原核之间互换的信号，或从一个核传递到另一个核的信号，目前所知甚少。

33.3.2 动物胚层和胚体的建立

33.3.2.1 卵裂和囊胚的形成为后期的发育奠定了基础

卵裂：早期胚胎的发育是在透明带内进行的，细胞数量不断增加，但细胞质量没有增加，且有减少的趋势。这种细胞分裂称为卵裂。卵裂所产生的子细胞称为卵裂球。

卵裂的特点：

- 有丝分裂，DNA 复制迅速；
- 卵裂球的数量增加，原生质总量不增加；
- 发育所需的营养主要来自输卵管和子宫；
- 胚胎发育最早在透明带内进行。

受精后胚胎细胞的分裂增殖多数是成倍的，故早期的胚胎细胞数是 2、4、8、16、32，也有可能胚胎细胞的分裂不同步，胚胎的细胞数是奇数。

当胚胎的卵裂球达到 16～32 个细胞时，细胞间紧密连接，形成致密的细胞团，形似桑葚，称为桑葚胚(morula)。

桑葚胚中的每一个单独的细胞，称为卵裂球(blastomere)。随着卵裂球的继续分裂，它们向桑葚胚的中央分泌一种液体，最后形成一个 500～2 000 个细胞组成的中空的球体——囊胚(blastula)。一部分细胞渐变为扁平状并围在囊胚腔的四周，最后这部分将发育成为胚胎的滋养组织，另一部分细胞集聚成团(称为内细胞团，ICM)，将发育成胚胎。囊胚内充满液体的腔，称为囊胚腔(blastocoel)。哺乳动物的囊胚，也称为胚泡(blastocyst，BL)。

在卵裂球分化和囊胚形成之后，滋养层细胞高度变薄，变成单层鳞状上皮，即滋养层，并不断从子宫内环境吸收有机物、无机物和水进入囊胚腔。囊胚腔一旦形成便持续扩张，引起囊胚体积增加。之后透明带破裂，胚泡即孵出。在它们植入母体子宫之前的很短的时间内，哺乳动物胚泡的细胞可以发育形成构成躯体的 200 多种不同类型的细胞。

33.3.2.2 胚泡的附植

早期发育中的胚胎依靠输卵管肌肉收缩，经 2～6 d 运行到子宫，最初是在子宫中游离，之后随着囊胚的扩张，逐渐在子宫腔中的某一位置固定下来，囊胚的滋养层与母体子宫内膜逐渐发生了联系。这一过程称为附植(implantation)，又称为植入、附着、着床(图 33-6)。

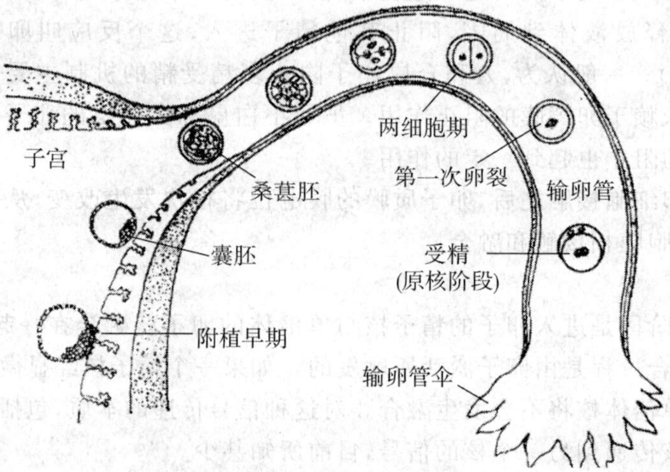

图 33-6 胚胎的附植

附植之前，胚胎所需的营养来自卵细胞质、输卵管和子宫腺体的分泌物，胚胎要发育成为足月胎儿，单独依赖卵细胞质和分泌物是远远不够的。因此，胚泡必须及时附植，否则就会迅速死亡。附植以后，建立胎盘血液循环，胚胎就可以从母体血液中获得生长发育所需的各种足够的营养物质，使代谢产物通过母体血液排出体外。胚胎附植部位一般在子宫的大弯上，因这个部位血管分布稠密，营养供应充分。

33.3.2.3 原肠胚的形成

之后，胚泡进一步发育，出现内胚层，某些类群的细胞协调有序地从囊胚的表面内陷(invaginate)(向内凹陷)或内卷(involute)(向内翻卷)，这一过程称为原肠胚形成(gastrulation)。原肠胚的形成决定了脊椎动物胚胎的基本发育模式。在原肠胚形成的末期，胚胎细胞重新排列，形成了 3 个原始的胚层(germ layers)：外胚层(ectoderm)、中胚层(mesoderm)和内胚层(endoderm)。

鸟类、爬行类的胚盘以及哺乳动物的内细胞团，其发育中的胚胎只是细胞组成的帽状结构，而不是一个细胞球，没有卵黄把胚胎从两侧分开，因此，下层的细胞可以直接分化为内胚层，上层的细胞则分化为外胚层，而无须细胞的迁移运动。当内、外胚层形成之后，中胚层马上由上层的细胞以内卷或内陷的方式生成。表面的细胞开始移向中线并内卷，再向两侧迁移，在内外胚层之间形成中胚层。沿着胚胎纵向中线的沟标志着内卷的位置。这条沟类似于一个延长的胚孔，特称原条(primitive streak)。与此同时，滋养层开始更加远离胚胎，在胎盘形成过程中发挥作用。

33.3.2.4 神经胚的形成

神经胚形成(neurulation)包括两个过程，一是中胚层出现，胚胎出现三胚层结构，二是神经管的形成。这两个过程发生虽然有先后，但又相互交叉进行。对不同动物，原肠胚细胞经不同运动方式离开所在胚层迁移到内外胚层之间,形成一层新的细胞,即中胚层。在中胚层尚未完全形成的时候,胚胎背中部外胚层细胞增加,加厚形成神经板(neural plate),后者两侧卷起成神经褶。两侧神经褶在中间汇合形成闭合的神经管(neural tube)。这时的胚胎叫作神经胚(neurula)。

33.3.2.5 组织器官发生

众所周知,高等动物机体由数种组织和器官构成。例如:皮肤、皮下结缔组织、肌肉和肠壁等。所有这些组织和器官都来源于前面提到的三个原始胚层。一般来说,外胚层主要产生皮肤的表皮和神经系统,中胚层产生肌肉、心血管系统、次级体腔的间皮和泌尿生殖器官等,内胚层分化成呼吸上皮和消化管上皮及其腺体等。

33.3.3 胚外膜

作为对陆地生活的适应,爬行类、鸟类和哺乳动物的胚胎在一个充满液体的羊膜(amniotic membrane)中发育。羊膜和其他一些膜是由胚胎细胞形成的,但是它们位于胚胎的外部,因此,称为胚外膜(extraembryonic membrane)。胚外膜将来形成胎膜(fetal membrane),包括羊膜、绒毛膜、卵黄囊和尿囊。鸟类的羊膜(amnion)和绒毛膜(chorion)完全包围胚胎。羊膜是胚胎的内层膜结构,里面充满的液体叫羊水(amniotic fluid),其作用是模拟一个类似早期动物进化起源发育的水环境。绒毛膜紧挨着卵壳,和其他的胚外膜之间通过一个腔隔开,这个腔称为胚外体腔。卵黄囊(yolk sac)在为爬行类和鸟类胚胎提供营养方面起着重要的作用。在哺乳动物的胚胎中,卵黄囊仍然存在,尽管它不再起营养胚胎的作用。鸟类的尿囊(allantois)的作用是储存排泄物——尿酸。在发育的过程中,鸟类胚胎的尿囊延伸扩展形成一个囊状结构,最终和位于尿囊膜上的绒毛膜在卵壳的下面融合在一起。尿囊和绒毛膜的融合形成了一个功能单位,在此进入尿囊的血管可以和多孔的卵壳之间完成气体交换。因此,尿囊是鸟类胚胎的"肺"。

哺乳动物中,胚胎细胞形成了内细胞团和外围细胞层,其中内细胞团会发育成胚胎的本体,外围细胞层特称为滋养层(trophoblast)。滋养层植入母体子宫内膜并且形成绒毛膜。绒毛膜的一部分和母体子宫内膜共同形成胎盘(placenta)。哺乳动物的尿囊和血管参与脐带(umbilical cord)的形成,从而把胎儿的血液运送到胎盘进行气体交换。

第四部分　动物与环境

所有动物的生存都有一定的要求。为满足这些要求，动物与其他生物及它们所处的环境相接触，这些接触产生了影响所有生物的各种相互作用关系。动物生活在环境中，甚至能改变环境。动物生态学是研究动物和环境及其他生物之间关系的学科。了解基本的生态原则有助于我们理解为什么动物生活在某些特定的地方，为什么动物吃某些特定的食物，以及为什么动物以特定的方式与其他生物相互作用。这也是了解人类活动如何危害动物种群以及我们必须行动起来保护动物资源的关键。

生态学研究包括从分子到整个地球生物圈的广泛内容，可以根据生态学涉及的主要问题归纳为不同的组织层次(Molles，2007)：

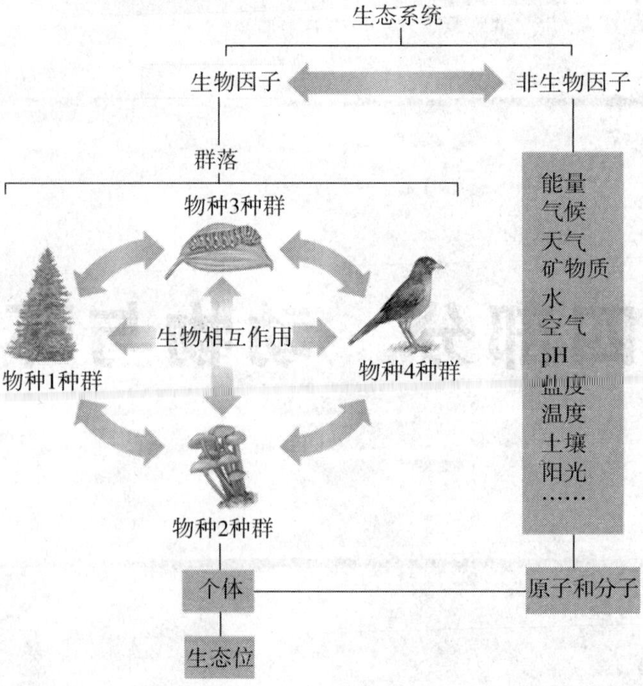

这一部分主要介绍其中个体、种群、群落及生态系统 4 个层次的内容，探讨影响动物个体的环境因子到整个生态系统的一系列问题。

第34章 个体及种群生态学

个体生态学(autecology)是研究一个生物种的单一个体或许多个体与环境因子之间关系的学科。种群生态学(population ecology)是研究同种的个体或亲缘关系较近的少数几种个体与环境之间相互关系的学科。

34.1 个体生态学

34.1.1 生态因子的分类及其作用的一般特征

34.1.1.1 一些概念

环境(environment)和环境因子(environmental factors):环境是指某一特定生物体或生物群体以外的空间,以及直接、间接影响该生物体或生物群体生存的一切事物的总和,由许多环境要素构成,这些环境要素称环境因子。

生境(habitat)是不同于环境的另一个重要的生态学概念。生境又称栖息地,是生物生活的空间和其中全部生态因素的综合体,即生物生活的具体场所。因此,相对于一般“环境”而言,生境对生物具有更实际的意义。

条件(conditions)和资源(resources):环境因子可分为条件和资源两类,不可消耗的称条件,可被消耗的称资源。

生态因子(ecological factors):环境中对生物的生长、发育、生殖、行为和分布有着直接或间接影响的环境要素。生态因子是环境中对生物起作用的因子,而环境因子则是指生物体外部的全部要素。

34.1.1.2 生态因子及其作用

生态因子的类型多种多样,分类方法也不统一。简单、传统的方法是把生态因子分为生物因子和非生物因子。前者包括生物种内和种间的相互关系;后者则包括气候、土壤、地形等。Begon 等将非生物因子分为条件和资源两类,条件包括温度、湿度、pH 等;资源包括营养物质、水、辐射能等。Simith 等将生态因子分成密度制约因子(density dependent factors)(如食物、天敌等生物因子)和非密度制约因子(density independent factors)(如温度、降水、气候等环境因子)。Мончадский(蒙恰斯基)将生态因子分为稳定因子(steady factors)(如地心引力、地磁、太阳辐射常数等长年恒定的因子)和变动因子(variable factors)(如春夏秋冬、潮汐涨落等周期性变动的因子和风、降水、捕食等非周期性变动的因子)。

生态因子的作用有如下特点:①综合性。每个生态因子都是在与其他因子的相互影响、相互制约中起作用的，任何因子的变化都会在不同程度上引起其他因子的变化。例如，光照强度的变化必然会引起大气和土壤温度和湿度的改变，这就是生态因子的综合作用。②非等价性。对生物起作用的诸多因子是非等价的，其中有1～2个是起主要作用的主导因子。主导因子的改变常会引起其他生态因子发生明显变化或使生物的生长发育发生明显变化，如光周期现象中的日照时间就是主导因子。③不可替代性和可调剂性。生态因子虽非等价，但都不可缺少，一个因子的缺失不能由另一个因子来代替。但某一因子的数量不足，有时可以由其他因子来补偿。④阶段性和限制性。生物在生长发育的不同阶段往往需要不同的生态因子或生态因子的不同强度。

谢尔福德(Shelford)指出："生物的生存需要依赖环境中的多种条件，而且生物有机体对环境因子的耐受性有一个上限和下限，任何因子不足或过多，接近或超过了某种生物的耐受限度，该种生物的生存就会受到影响，甚至灭绝。"这就是谢尔福德耐受定律(Shelford's law of tolerance)(图34-1)。后来的研究对谢尔福德耐受定律进行了补充：每种生物对每个生态因子都有一个耐受范围，耐受范围有宽有窄；对所有因子耐受范围都很宽的生物，一般分布很广；生物在整个发育过程中，耐受性不同，繁殖期通常是一个敏感期；在一个因子处在不适状态时，对另一个因子的耐受能力可能下降；生物实际上并不在某一特定环境因子最适的范围内生活，可能是因为有其他更重要的因子在起作用。

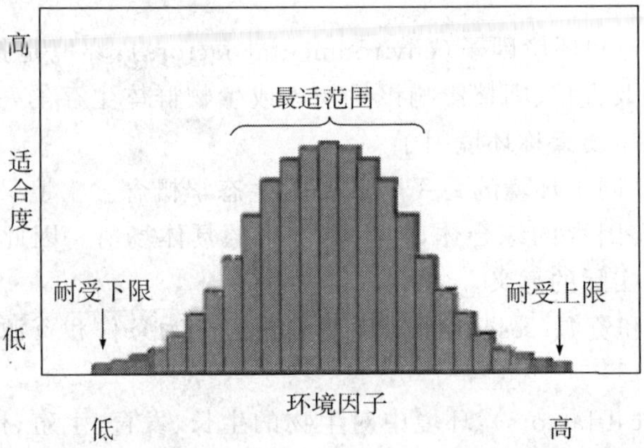

图34-1 谢尔福德耐受定律(引自Molles)

34.1.2 影响动物生活的部分生态因子

34.1.2.1 太阳辐射对动物的影响

光照强度影响动物的行为，昼行性动物在白天强光下活动，夜行性动物在夜晚或弱光下活动。动物光周期现象(photoperiodism)是动物对自然界昼夜长短规律性变化的反应，例如鸟类的季节性迁徙。根据光照对动物繁殖的影响可以分为长日照动物(long-day animals)和短日照动物(short-day animals)。在温带和高纬度地区，许多鸟兽在春夏之际白昼逐渐延长的季节繁殖后代，称长日照动物；与此相反，一些动物只有在白昼逐步缩短的秋冬之际才开始性腺发育和进行繁殖，称短日照动物。前者如雪貂、野兔、刺猬；后者如绵羊、山羊和鹿等。

34.1.2.2 环境温度对动物的影响

温度是最重要的生态因子之一,参与生命活动的各种酶都有其最低、最适和最高温度,即三基点温度。不同生物的三基点不同,在一定温度范围内,生物生长的速率与温度成正比。环境的季节性变化引起变温动物生长加速和减弱的交替,形成年轮。

温度低于临界(下限)温度,生物便会因低温而遭受寒害和冻害。温度超过临界(上限)温度,对生物产生有害作用,如蛋白质变性、酶失活、破坏水分平衡、氧供应不足、神经系统麻痹等。动物可以通过一系列形态、生理、行为的变化适应低温或高温胁迫。

动物对低温的形态学适应包括:阿伦规律(Allen's rule):寒冷地区的内温动物较温暖地区内温动物外露部分(如四肢、尾、耳朵及鼻)有明显趋于缩小的现象,称阿伦规律,是减少散热的适应;贝格曼规律(Bergman's rule):生活在寒冷气候中的内温动物的身体比生活在温暖气候中的同类个体更大,是减少散热的适应,称贝格曼规律,例如,在所有虎的亚种中,东北虎的体形最大;约旦规律(Jordan's rule):低温水域鱼类的脊椎骨数目比在温暖水域的多。动物对低温的生理学适应有超冷和耐受冻结,当环境温度偏离热中性区增加体内产热,维持体温恒定,局部异温等;动物对低温的行为适应有迁移和冬眠/休眠等。高温环境下,动物体形变小,外露部分增大;腿加长将身体抬离地面;背部具厚的脂肪隔热层等;行为方面有休眠,穴居,昼伏夜出等。

34.1.3 动物的生态适应及对环境的影响

34.1.3.1 动物的生态适应

动物在与环境长期的相互作用中,形成了一些具有生存意义的特征。依靠这些特征,生物能免受各种环境因素的不利影响和伤害,同时还能有效地从其生境获取所需的物质、能量,以确保个体发育的正常进行。自然界的这种现象称为"生态适应"(ecological adaptation)。生态适应是生物界中极为普遍的现象,一般区分为趋同适应和趋异适应两类。

趋同(convergent)适应是指不同种类的生物,由于长期生活在相同或相似的环境条件下,通过变异、选择和适应,在形态、生理、发育以及适应方式和途径等方面表现出相似性的现象。蝙蝠与鸟类,鲸与鱼类等是动物趋同适应的典型例子。趋异(divergent)适应是指亲缘关系相近的同种生物,长期生活在不同的环境条件下,形成了不同的形态结构、生理特性、适应方式和途径等。趋异适应的结果是使同一类群的生物产生多样化,以占据和适应不同的空间,减少竞争,充分利用环境资源。

34.1.3.2 动物对环境的影响

在动物与环境的相互关系中,由于环境的复杂多变,动物似乎总是处于从属、被支配的地位,只能被动地去适应、逃避。事实上,这只是二者关系的一个方面。生命作为一个整体,不仅能够被动地适应环境,而且还能主动地影响环境,改造环境,使环境保持相对稳定,向有利于动物生存的方向发展。

34.2 种群生态学

种群(population)是在同一时期内占有一定空间的同种生物个体的集合。自然种群具有三个特征：①空间特征：种群具有一定的分布区域和分布形式。②数量特征：每单位面积(或空间)上的个体数量(即密度)将随时间而发生变动。③遗传特征：种群具有一定的基因组成，即系一个基因库，以区别于其他物种，但基因组成同样是处于变动之中的。

34.2.1 种群的数量统计

种群密度(population density)就是单位空间中的种群大小，通常以个体数目或生物量来表示。每平方米土壤中的节肢动物可达数十万，每平方米土壤中的田鼠只有数只，而鹿等大型哺乳类可能平均每平方千米只有几头。这说明种群数量在数量级上变动的范围很大，在很多情况下，我们难以确定种群的绝对密度(absolute density)(单位面积或空间上的个体数目)，往往以种群的相对密度(relative density)(表示动物数量多少的相对指标)来代替。相对密度测定的不是绝对数量值，而是表示种群数量多少的丰盛度指数(index of abundance)。这类方法很多，例如，散放于田野的捕鼠夹；诱捕飞行昆虫的黑光灯；捕捉地面动物的陷阱；浮游生物等。因为这些捕捉方法所获得的动物数量，不仅取决于种群密度，并且随它们的活动性、运动范围等而变化，所以只能从其结果得到一个有关丰盛度的大略概念。

34.2.2 种群中个体的空间分布型

由于自然环境的多样性，以及种内种间个体之间的竞争，每一种群在一定空间中都会呈现出特有的分布形式。种群的分布形态和形式可以分为三种类型：随机(random)分布；均匀(uniform)分布；聚集(clumped)分布(图 34-2)。

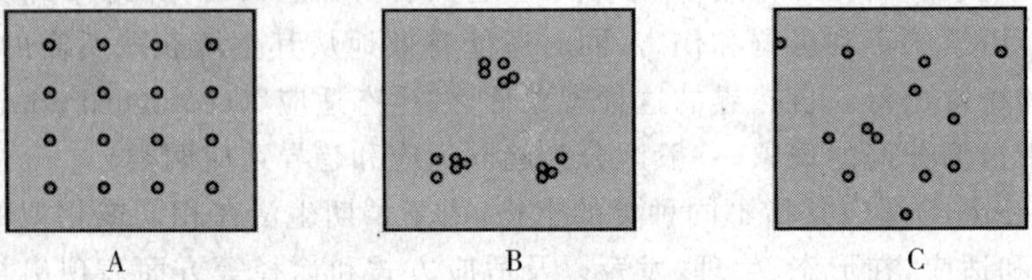

图 34-2 种群空间分布类型

A. 均匀分布 B. 聚集分布 C. 随机分布

34.2.3 种群的年龄结构和性比

年龄结构(age ratio)：各个年龄级的个体数目与种群个体总数的比例。种群的年龄结构与出生率、死亡率密切相关。通常，如果其他条件相等，种群中具有繁殖能力年龄的成体比例较大，种群的出生率就越高；而种群中缺乏繁殖能力的年老个体比例越大，种群的死亡率就越高。

年龄锥体(age pyramid)是用从下到上的一列不同宽度的横柱做成的图，横柱的宽度表示各个年龄组的个体数或百分比(图 34-3)，表示种群的年龄结构分布(population age distribution)。利用年龄锥体能预测未来种群的动态(图 34-4)。肯尼亚是增长型种群，其年龄锥体呈典型的金字塔形，基部宽阔而顶部狭窄，表示种群中有大量的幼体，而年老的个体很少。这样的种群出生率大于死亡率，是迅速增长的种群。意大利是稳定种群，其年龄锥体大致呈钟形，说明种群中幼年个体和老年个体数量大致相等，其出生率和死亡率也大致平衡，种群数量稳定。美国的人口结构介于上述两国之间,属于缓慢增长的相对稳定的年龄结构。

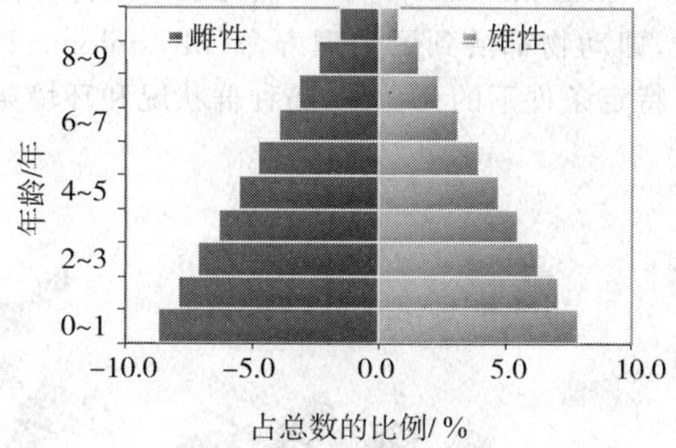

图 34-3　年龄锥体

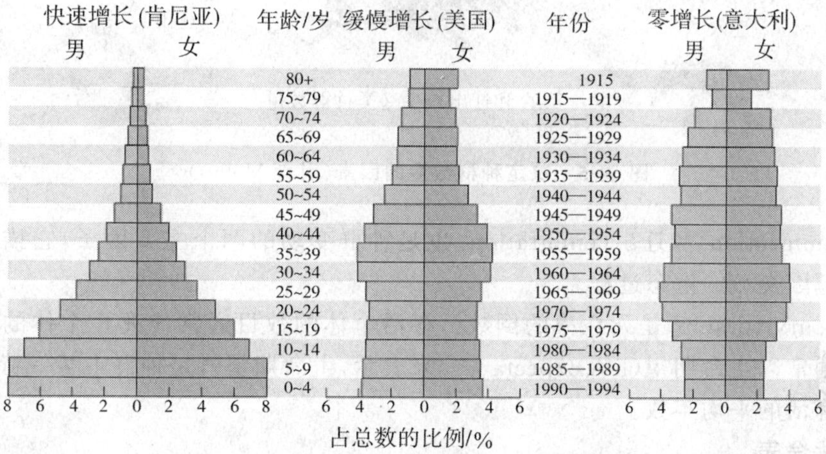

图 34-4　3 种不同增长趋势的年龄锥体(引自 Molles)

性比(sex ratio)是反映种群中雄性个体(♂)和雌性个体(♀)比例的参数。受精卵的♂与♀比例,大致是 50∶50,这是第一性比,幼体成长到性成熟这段时间里,由于种种原因,♂与♀的比例变化,至个体开始性成熟为止,♂与♀的比例叫作第二性比,此后,还会有成熟的个体性比叫第三性比。

34.2.4　种群动态

种群的数量是有变动的,在条件合适时,种群数量增加,条件不适时,种群数量减少。出生和死亡,迁入和迁出这两组对立的过程决定了种群的数量变动(图 34-5)。

34.2.4.1　种群的统计特征

出生率(natality)是一个广义的术语,泛指任何生物产生新个体的能力。出生率常分为最大出生率(maximum natality)和实际出生率(realized natality)。最大出生率是在埋想条件下即无任何生态因子限制,繁殖只受生理因素限制时一段时间内理论上可产生新个体的最大数量。实际出生率表示种群在某个真实的或特定的环境条件下一段时间内产生新个体的数量。它随种群的组成和大小,物理环境条件而变化。死亡率(mortality)是在一定时间内死亡个体的数量除以该时间段内种群的平均大小。死亡率分为最低死亡率(minimum mortality)和实际死亡率[生态死亡率(ecological mortality)]。最低死亡率是种群在最适环境条件下,种群中的个体都是因年老而死亡,即动物都活到了生理寿命(physiological longevity)后才死亡的死亡率。实际死亡率是在某特定条件下的死亡率,随种群状况和环境条件而改变。

图 34-5 决定种群数量的因素(引自 Molles)

迁入(immigration)和迁出(emigration)也是种群变动的两个主要因子,它描述各地方种群之间进行基因交流的生态过程。

存活率(survivorship)是死亡率的倒数。存活个体的数目通常比死亡个体的数目更有意义。死亡率通常以生命期望(life expectancy)来表示,生命期望就是种群中某一特定年龄的个体在未来能存活的平均年数。

34.2.4.2 生命表

生命表分为两种类型:动态生命表和静态生命表。

动态生命表(dynamic life cycle)是用观察同一时间出生的生物的死亡或动态过程而获得的数据所做的生命表,例如藤壶(*Babnus glandula*)的生命表(表 34-1)。生命表有若干栏,每栏以符号代表,这些符号在生态学中已成为习惯用法,含义如下:x=按年龄的分段;n_x=在 x 期开始时的存活数目;l_x=在 x 期开始时的存活分数;d_x=从 x 到 $x+1$ 期的死亡数目;q_x=从 x 到 $x+1$ 期的死亡率;e_x=在 x 期开始时的平均生命期望。

$$n_{x+1}=n_x-d_x \quad q_x=d_x/n_x \quad l_x=n_x/n_0$$

静态生态表(static life table)是根据某一特定时间对种群作一个年龄结构调查,并根据调查结果而编制的生命表(表 34-2)。

34.2.4.3 存活曲线

对一个特定的种群,存活数据通常以存活曲线(survivorship curve)表示。存活曲线以对数的形式表示在每一生活阶段存活个体的比例。迪维(Deevey)以相对年龄(即以最大寿命的百分比表示年龄,记作 X)为横坐标,l_x(在 x 期开始时的存活分数)的对数为纵坐标,画成存活曲线图,从而能够比较不同寿命的动物。三种理想化的存活曲线模式可以图示之(图 34-6)。

表 34-1 藤壶的生命表

x	n_x	l_x	d_x	q_x	e_x
0	142	1.000	80	0.563	1.58
1	62	0.437	28	0.452	1.97
2	34	0.239	14	0.412	2.18
3	20	0.141	4.5	0.225	2.35
4	15.5	0.109	4.5	0.290	1.89
5	11	0.077	4.5	0.409	1.45
6	6.5	0.046	4.5	0.692	1.12
7	2	0.014	0	0.000	1.50
8	2	0.014	2	1.000	0.50
9	0	0	—	—	—

* 对 1959 年固着的种群进行逐年观察，到 1968 年全部死亡，资料根据康内尔(Conell,1970)(引自 Krebs,1978)。

表 34-2 马鹿的特定时间生命表

(数据采自 Lowe,1969;引自 Smith,1974)

x	n_x	d_x(♂)	q_x	e_x	x	n_x	d_x(♀)	q_x	e_x
1	1 000	282	282.0	5.81	1	1 000	1.37	137.0	5.19
2	718	7	9.8	6.89	2	863	85	97.3	4.94
3	711	7	9.8	5.95	3	778	84	107.8	4.42
4	704	7	9.9	5.01	4	694	84	120.8	3.89
5	697	7	10.0	4.05	5	610	84	137.4	3.36
6	690	7	10.1	3.09	6	526	84	159.3	2.82
7	684	182	266.0	2.11	7	442	85	189.5	2.26
8	502	253	504.0	1.70	8	357	176	501.6	1.67
9	249	157	630.6	1.91	9	181	122	672.7	1.82
10	92	1	152.1	3.31	10	59	8	141.2	3.54
11	78	14	179.4	2.81	11	51	9	164.6	3.00
12	64	14	218.7	2.31	12	42	8	197.5	2.55
13	50	14	279.9	1.82	13	34	9	246.8	2.03
14	36	14	388.9	1.33	14	25	8	328.8	1.56
15	22	14	636.3	0.85	15	17	8	492.4	1.06
16	8	8	100.0	0.50	16	9	9	100.0	0.50

Ⅰ型为凸型的存活曲线，表示种群在接近于生理寿命之前，只有个别的死亡，即几乎所有的个体都能达到生理寿命，例如人类。Ⅱ型呈对角线的存活曲线，表示个体各时期的死亡率是相等的，例如松鼠。Ⅲ型为凹型的存活曲线，表示幼体的死亡率很高，以后的死亡率低而稳定，例如藤壶。

34.2.5 种群增长

自然条件下的任何动物种群，与群落中的其他生物密切相关，不能从中孤立出来。虽然单种种群仅在实验室内才可能存在，但是我们可以从分析单种种群开始，了解种群的增长与动态规律。

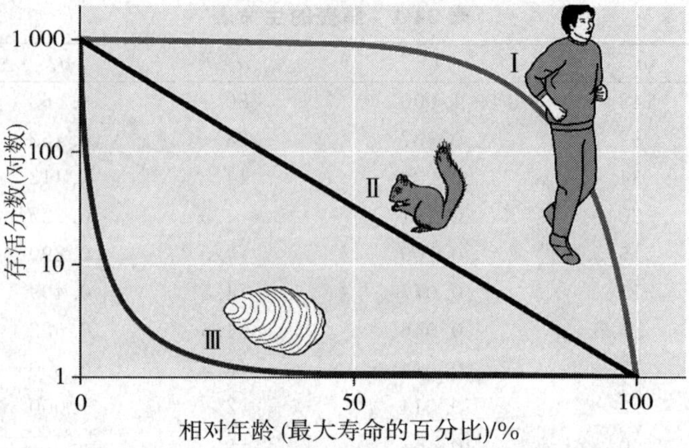

图 34-6 存活曲线(引自 Molles)

34.2.5.1 内禀增长能力

内禀增长能力(innate capacity of increase)或内禀增长率(intrinsic or innate rate of increase)是指在种群不受限制的条件下(即能够排除不利的天气条件,提供理想的食物条件,排除捕食者和疾病),我们能够观察到的种群的最大增长能力(r_m)。r_m 即最大的瞬时增长率或内禀增长能力。

生命表可用于估计种群的净繁殖率(R_0)、世代时间(T)、内禀增长能力(r_m)、周限增长率(λ)。

净繁殖率(net reproductive rate)(R_0):种群每个个体平均产生的后代数量。

$$R_0 = \sum l_x m_x$$

式中:m_x 为特定年龄出生率。

世代时间(generation time)(T):从上一代到下一代,如卵到卵,种子到种子所需的平均时间。

$$T = \sum x l_x m_x / R_0$$

内禀增长能力:$r_m = \ln(R_0/T)$。

周限增长率(finite rate of increase)(λ):时间轴上两点间种群数量的比率,又称几何增长率(geometric rate of increase)。

$$\lambda = e^{r_m}$$

内禀增长能力可以敏感地反映出环境的细微变化,是特定种群对于环境质量反应的一个优良指标;是自然现象的抽象,它能作为一个模型,可以与自然界观察到的实际增长率进行比较。

34.2.5.2 种群在无限环境中的指数增长

在讨论现实种群在有限环境中的增长过程之前,首先研究一个理想种群在无限环境中的增长模型。假定一个物种一年繁殖一次且寿命只有一年,则其世代是不重叠的,种群增长是不连续的,同时假定没有迁入和迁出。

假设 N_0 为初始种群数量，N_t 和 N_{t-1} 分别为第 t 年和第 $t-1$ 年种群数量，周限增长率

$$\lambda = N_t / N_{t-1},$$

则 $N_t = N_0 \lambda^t$，种群呈几何级数式增长或指数增长，种群的增长曲线为"J"形，又称"J"形增长（图 34-7）。如果世代之间有重叠，种群数量以连续的范式改变，通常用微分方程来描述。对于无限环境，瞬时增长率不变化，种群仍旧表现为指数增长过程，即

$$\frac{dN}{dt} = rN$$

其积分式为

$$N_t = N_0 e^{rt}$$

式中：N 为种群数量；r 为种群的瞬时增长率。

指数增长模型的一个显著特点是：种群数量翻一番所需的时间是固定的。令种群数量翻一番所需的时间为 T，则有：

$$2N_0 = N_0 e^{rT}$$

$$T = \frac{\ln 2}{r}$$

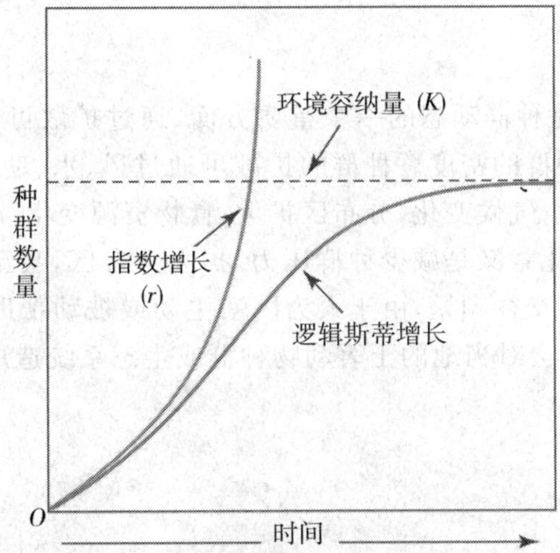

图 34-7　种群的指数增长和逻辑斯蒂增长（引自 Molles）

34.2.5.3　种群在有限环境中的逻辑斯蒂增长

由于空间和资源都是有限的，不可能供养无限增长的种群个体，当种群数量过多时，由于个体平均资源占有率的下降及环境恶化、疾病增多等原因，出生率将降低而死亡率却会提高，从而降低种群的实际增长率。设环境条件能供养的种群数量的上界为环境容纳量或负荷量（carrying capacity），通常用 K 表示。当种群大小达到 K 值时，种群不再增长。N 表示当前的种群数量，$K-N$ 恰为环境还能供养的种群数量。此外，还假设密度与增长率的关系是随种群密度增加，种群增长率所受的影响逐渐地、按比例地增加。此时得到微分方程：

$$\frac{dN}{dt}=r\left(1-\frac{N}{K}\right)N$$

其积分式为

$$N_t=K/(1+Ce^{-rt})$$

其中 C 为常数，与 K 及起始数量 N_0 有关。

$$C=\frac{K-N_0}{N_0}$$

种群的增长表现为“S”形（图 34-7）。“S”形曲线和指数增长曲线的区别是：①“S”形曲线不超过某个最大值水平（K）；②“S”形曲线在达到最大值附近是平滑的，而不是骤然的。该曲线在 $N=K/2$ 处有一个拐点，在拐点上，dN/dt 最大，在拐点前，dN/dt 随种群增加而上升，在拐点后，dN/dt 随种群增加而下降，因此，曲线可划分为：开始期（潜伏期）（$N\rightarrow 0$）、加速期（$N\rightarrow K/2$）、转折期（$N=K/2$）、减速期（$N\rightarrow K$）、饱和期（$N=K$）五个阶段。

种群逻辑斯蒂（Logistic）增长模型是在理想情况下的数学模型，在现实世界中，动物种群常会短期突破 K，但由于难以为继而很快衰退，最终表现为在 K 附近上下波动。种群逻辑斯蒂增长模型是两个相互作用种群增长模型的基础，也是渔业、林业、农业等实践领域中确定最大持续产量的主要模型。模型中的两个参数 K 和 r 已成为生物进化对策理论中的重要概念。

34.2.6　种群扩散

种群扩散（dispersal）是种群动态的一个重要方面，通过扩散可以使种群的个体迁入或迁出，从而增加或降低当地种群的密度。种群的扩散可通过风、水、动物等途径。种群扩散的原因有多种，如集群和扩散性；气候变化，分布区扩大；食物资源变化；河流和洋流的作用；人为因素等。自然种群扩散的进化意义是减少种群压力，扩大分布区，甚至形成新种。然而，目前由于交通便利，世界各地之间交往频繁，由于人为因素主动或被动帮助动物扩散，导致生物入侵（biological invasion），有时会对当地的土著动物种群或生态系统造成严重后果，成为全球关注的热点问题之一。

第35章 群落及生态系统

群落生态学(community ecology)是研究生物群落与环境之间相互关系的学科。生态系统生态学(ecosystem ecology)是研究生物及其环境通过能量流动和物质循环联系起来的相互作用的学科。两者各有侧重,群落偏重于物种组成、结构和多样性;生态系统偏重于物种功能与作用(营养关系)。

35.1 群落

35.1.1 群落的概念

群落(community)的概念来源于植物生态研究。1807 年,近代植物地理学的创始人 Alexander Humboldt 首先注意到自然界植物的分布不是零乱无章的,而是遵循一定的规律而集合成群落,并指出每个群落都有其特定的外貌,它是群落对生境因素的综合反应。从上述定义中可知,一个生物群落具有下列基本特征:①具有一定的种类组成;②不同物种之间的相互影响;③形成群落环境;④具有一定的结构;⑤具有一定的动态特征;⑥具有一定的分布范围。

目前对群落的性质存在两种对立观点。机体论学派(organismic school)认为群落是客观存在的实体,是一个有组织的生物系统,像有机体与种群那样。个体论学派(individualistic school)认为群落是生态学家为了便于研究,从一个连续变化着的植被连续体中人为确定的一组物种的组合(图 35-1)。

35.1.2 群落结构

35.1.2.1 群落的物种构成

对群落结构和群落环境的形成有明显控制作用的物种称为优势种(dominant species),对于植物群落来说,它们通常是那些个体数量多、投影盖度大、生物量高、体积大、生活能力强,即优势度较大的种;植物群落中,处于优势层的优势种称建群种(constructive species)。亚优势种(subdominant species)指个体数量与作用都次于优势种,但在决定群落性质和控制群落环境方面仍起着一定作用的物种。伴生种(companion species)为群落的常见物种,它与优势种相伴存在,但不起主要作用。偶见种或罕见种(rare species)是那些在群落中出现频率很低的种类,往往是由于种群自身数量稀少的缘故。偶见种可能是偶然的机会由人带入或伴随着某种条件改变而侵入,也可能是衰退中的残遗种。

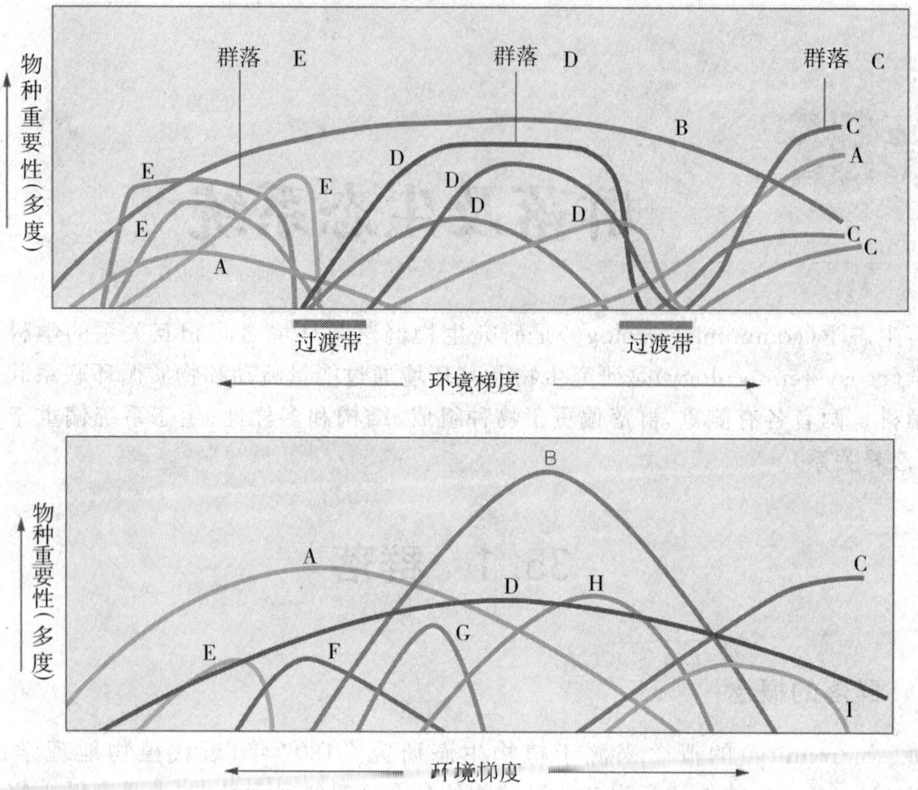

图 35-1　群落概念的两种对立观点:机体论(上图)和个体论(下图)(引自 Molles)

35.1.2.2　生态位

生态位(niche):物种在生物群落或生态系统中的地位和作用。

多维生态位空间(multidimensional niche space):影响有机体的环境变量作为一系列维,多维变量便是 n-维空间,称多维生态位空间,或 n-维超体积(n-dimensional hypervolume)生态位(图 35-2)。

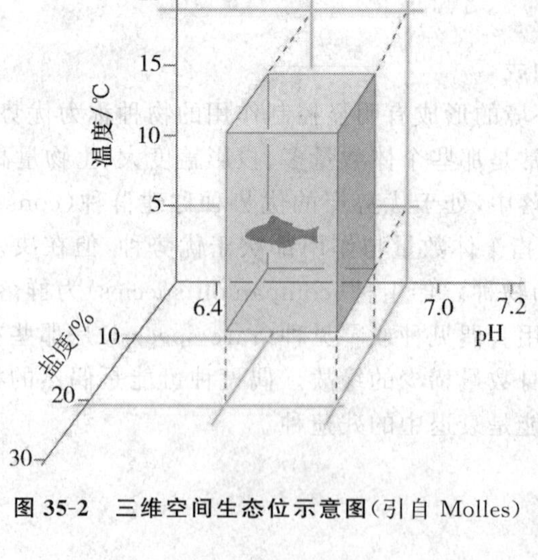

图 35-2　三维空间生态位示意图(引自 Molles)

基础生态位(fundamental niche):生物群落中,某一物种所栖息的理论上的最大空间,称为基础生态位。

实际生态位(realized niche):生物群落中物种实际占有的生态位空间称实际生态位。

竞争排斥(competitive exclusion)原理:高斯(Gause)认为共存只能出现在物种生态位分化的稳定、均匀的环境中,因为,如果两物种具有同样的需要,一物种就会处于主导地位而排斥另一物种。

35.1.2.3 群落的时间格局

光、温度和湿度等许多环境因子有明显的时间节律(如昼夜节律、季节节律),受这些因子的影响,群落的组成与结构也随时间序列发生有规律的变化,这就是群落的时间格局。植物群落表现最明显的就是季相,如温带草原外貌一年四季的变化。动物群落时间格局主要表现为:①群落中动物的季节变化。如鸟类的迁徙;变温动物的休眠和苏醒;鱼类的洄游;等等。②群落的昼夜变化。如群落中昆虫、鸟类等种类的昼夜变化。

35.1.3 群落的物种多样性

物种多样性是物种数量及其相对丰富度的综合。物种多样性受两方面因素的影响:①群落中物种的数目,即物种丰富度(species richness);②物种的相对密度,即物种均匀度(species evenness)。物种数目越多,多样性越丰富,物种数目相同时,每个物种的个体数越平均,则多样性越丰富。图 35-3 中,两个群落的物种数(2)和总个体数(100)均相等,群落 2 的多样性比群落 1 丰富。

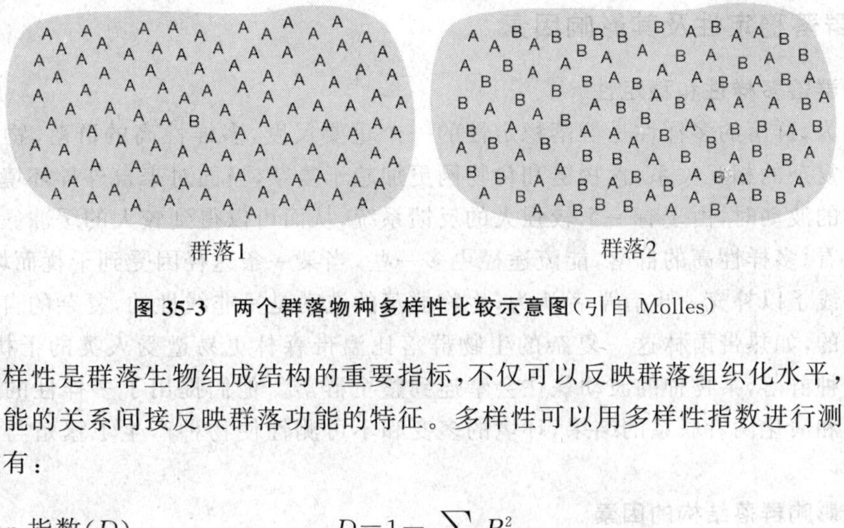

图 35-3 两个群落物种多样性比较示意图(引自 Molles)

物种多样性是群落生物组成结构的重要指标,不仅可以反映群落组织化水平,而且可以通过结构与功能的关系间接反映群落功能的特征。多样性可以用多样性指数进行测度。常见的多样性指数有:

Simpson 指数(D) $D=1-\sum P_i^2$

式中,P_i 为种的个体数(N_i)占群落中总个体数(N)的比例。

Shannon-Wiener 指数(H) $H=-\sum P_i \ln P_i$

Pielou 均匀度指数(E) $E=H/H_{max}$

式中：H 为实际观察的物种多样性指数；H_{max} 为最大的物种多样性指数，$H_{max}=\ln S$（S 为群落中的总物种数）。

例如，设有 A、B、C 三个群落，各由两个物种组成，其中各种个体数组成如下。

群落	物种甲	物种乙
A	100(1.0)	0(0)
B	50(0.5)	50(0.5)
C	99(0.99)	1(0.01)

Simpson 指数：

$D_A=1-\sum P_i^2=1-\sum (N_i/N)^2=1-[(100/100)^2+(0/100)^2]=0$

$D_B=1-[(50/100)^2+(50/100)^2]=0.500\ 0$

$D_C=1-[(99/100)^2+(1/100)^2]=0.019\ 8$

Shannon-Wiener 指数：

$H_A=-\sum (N_i/N)\ln(N_i/N)=-(1\times\ln1+0\times\ln0)=0$

$H_B=-(0.50\times\ln0.50+0.50\times\ln0.50)=0.69$

$H_C=-(0.99\times\ln0.99+0.01\times\ln0.01)=0.056$

Pielou 均匀度指数：

$H_{max}=\ln S=\ln2=0.69$

$E_A=H_A/H_{max}=0/0.69=0$

$E_B=0.69/0.69=1$

$E_C=0.056/0.69=0.081$

35.1.4 群落稳定性及其影响因素

35.1.4.1 群落多样性和稳定性

一般认为，群落的多样性是群落稳定性的一个重要尺度，多样性高的群落，物种之间往往形成了比较复杂的相互关系，食物链和食物网更加趋于复杂，当面对来自外界环境的变化或群落内部种群的波动时，由于有一个较强大的反馈系统，从而可以得到较大的缓冲。从群落能量学的角度来看，多样性高的群落，能流途径更多一些，当某一条途径因受到干扰而堵塞不通时，有其他的路线予以补充。也有学者认为，生物群落的波动是呈非线性的，复杂的自然生物群落常常是脆弱的，如热带雨林这一复杂的生物群落比温带森林更易遭受人类的干扰而不稳定。共栖的多物种群落，某物种的波动往往会牵连到整个群落。他们提出了多样性的产生是由于自然的扰动和演化两者联系的结果，环境的多变和不可测性使物种产生了繁殖与生活型的多样化。

35.1.4.2 影响群落结构的因素

竞争(competition)的结果常引起种间的生态位的分化，将使群落中物种多样性增加。竞争在形成群落结构上的作用可通过在自然群落中进行引种或去除试验，观察其他物种的反应。生物群落中，以同一方式利用共同资源的物种集合，即占据相似生态位的物种集合，称为同资源种团(集团)(guild)。

捕食(predation)对群落结构的影响有两个方面，如果捕食者喜食的是群落中的优势种，则捕食可以提高多样性，如捕食者喜食的是竞争上占劣势的种类，则捕食会降低多样性。

干扰(disturbance)往往会使陆地生物群落形成断层(gap)，断层对于群落物种多样性的维持和持续发展，起了很重要的作用。不同程度的干扰，对群落物种多样性的影响是不同的，Conell 等提出的中等干扰假说(Intermediate Disturbance Hypothesis)认为，群落在中等程度的干扰水平能维持高多样性(图 35-4)。其理由是：①在一次干扰后少数先锋种入侵断层，如果干扰频繁，则先锋种不能发展到演替中期，使多样性较低(A)；②如果干扰间隔时间长，使演替能够发展到顶级期，则多样性也不很高(C)；③只有中等程度的干扰，才能使群落多样性维持最高水平，它允许更多物种入侵和定居(B)。

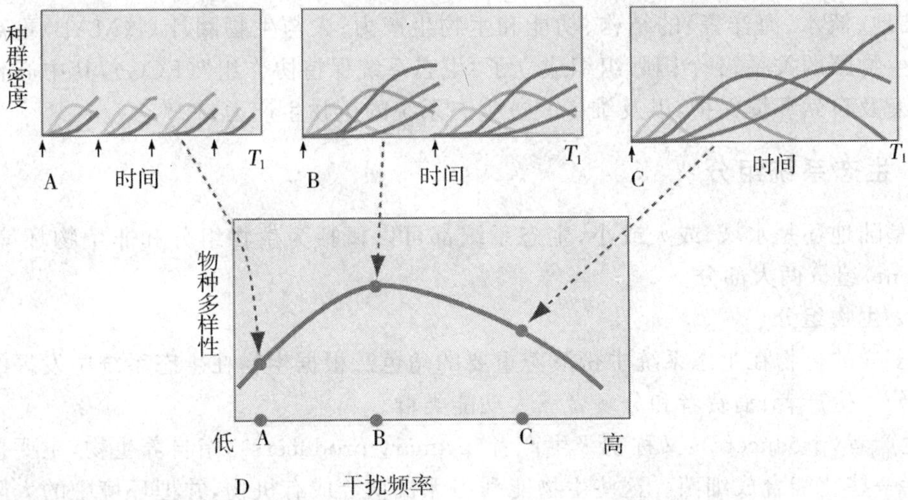

图 35-4　中度干扰假说示意图(引自 Molles)

在生物群落中不同物种的作用是有差别的。其中有一些物种的作用是至关重要的，它们的存在与否会影响到整个生物群落的结构和功能，这样的物种称为关键种(keystone species)或关键种组(keystone group)。

关键种的作用可能是直接的，也可能是间接的；可能是常见的，也可能是稀有的；可能是特异性(特化)的，也可能是普适性的。依功能或作用不同，可将关键种分为 7 类(表 35-1)。

表 35-1　关键种的分类(引自 Bond，1993)

类型	作用方式	实例
捕食者	抑制竞争者	海洋：海獭、海胆 陆地：依大小选择性采食种子的动物
食草动物	抑制竞争者	大象、兔
病原体和寄生物	抑制捕食者、食草动物竞争者	黏液瘤菌、采采蝇
竞争者	抑制竞争者	演替中的物种更替，如森林中的优势树种和杂草
共生种	有效的繁殖	关键的共生种依赖的植物资源传粉者、传播者
掘土者	物理干扰	兔、地鼠、白蚁、河狸、河马
系统过程调控者	影响养分传输速率	固氮菌、菌根真菌分解者

35.2 生态系统

生物群落与其生存环境之间，以及生物种群相互之间密切联系、相互作用，通过物质交换、能量转换和信息传递，成为占据一定空间、具有一定结构、执行一定功能的动态平衡整体，称为生态系统(ecosystem)。

生态系统是现代生态学的重要研究对象，20 世纪 60 年代以来，许多生态学的国际研究计划均把焦点放在生态系统，如国际生物学研究计划(IBP)的中心研究内容是全球主要生态系统(包括陆地、淡水、海洋等)的结构、功能和生物生产力；人与生物圈计划(MAB)重点研究人类活动与生物圈的关系；4 个国际组织成立了“生态系统保持协作组”(ECG)，其中心任务是研究生态平衡及自然环境保护，以及维持改进生态系统的生物生产力。

35.2.1 生态系统组分

不论是陆地还是水域，或大或小，生态系统都可以概括为生物组分和非生物环境(abiotic environment)组分两大部分。

35.2.1.1 生物组分

多种多样的生物在生态系统中扮演着重要的角色。根据生物在生态系统中发挥的作用和地位将其分为生产者、消费者和分解者三大功能类群。

(1)生产者(producers)：又称初级生产者(primary producers)，指自养生物，主要指绿色植物，也包括一些化能合成细菌。这些生物能利用无机物合成有机物，并把环境中的太阳能以生物化学能的形式第一次固定到生物有机体中。初级生产者也是自然界生命系统中唯一能将太阳能转化为生物化学能的媒介。

(2)大型消费者(macro-consumers)：指以初级生产的产物为食物的大型异养生物，主要是动物。大型消费者按照营养方式的不同又可以分为：①食草动物(herbivores)，即直接以植物体为营养的动物；②食肉动物(carnivores)，以食草动物为食的动物。

(3)分解者(composers)：指利用动植物残体及其他有机物为食的小型异养生物，主要有真菌、细菌、放线菌等微生物。小型消费者使构成有机成分的元素和贮备的能量通过分解作用又释放到无机环境中。

35.2.1.2 非生物环境组分

生态系统中非生物环境组分包括：

(1)辐射：其中来自太阳的直射辐射和散射辐射是最重要的辐射成分，通常称短波辐射。辐射成分里还有来自各种物体的热辐射，称长波辐射。

(2)大气：空气中的二氧化碳和氧气与生物的光合和呼吸关系密切，氮气与生物固氮有关。

(3)水体：环境中的水体可能存在形式有湖泊、溪流、海洋等，也可以地下水、降水的形式出现。水蒸气弥漫在空中，水分也渗透在土壤之中。

(4)土体：泛指自然环境中以土壤为主体的固体成分，其中土壤是植物生长的最重要基质，也是众多微生物和小动物的栖息场所。

非生物环境组分通过其物理状况(如辐射强度、温度、湿度、压力、风速等)和化学状况(如酸碱度、氧化还原电位、阳离子、阴离子等)对生物的生命活动产生综合影响。

35.2.2 生态系统的食物链和食物网

35.2.2.1 食物链

生态系统中贮存于有机物中的化学能,通过一系列的吃与被吃的关系,把生物与生物紧密地联系起来,这种生物成员之间以食物营养关系彼此联系起来的序列,称为食物链(food chain),食物链中每一个生物成员称为营养级(trophic level)。

按照生物与生物之间的关系可将食物链分成四种类型:①捕食食物链,指一种活的生物取食另一种活的生物所构成的食物链。捕食食物链都以生产者为食物链的起点。如植物—植食性动物—肉食性动物。这种食物链既存在于水域,也存在于陆地环境。如草原上的青草—野兔—狐狸—狼;在湖泊中,藻类—甲壳类—小鱼—大鱼。②碎食食物链,指以碎食物(植物的枯枝落叶等)为食物链的起点的食物链,其构成方式为:碎食物—碎食物消费者—小型肉食性动物—大型肉食性动物。在森林中,有90%的净生产是以食物碎食方式被消耗的。③寄生性食物链,由宿主和寄生物构成。它以大型动物为食物链的起点,继之以小型动物、微型动物、细菌和病毒。后者与前者是寄生性关系。如哺乳动物或鸟类—跳蚤—细菌—病毒。④腐生性食物链,以动植物的遗体为食物链的起点,腐烂的动植物遗体被土壤或水体中的微生物分解利用,后者与前者是腐生性关系。

在生态系统中各类食物链具有以下特点:①在同一个食物链中,常包含有食性和其他生活习性极不相同的多种生物。②在同一个生态系统中,可能有多条食物链,它们的长短不同,营养级数目不等。由于在一系列取食与被取食的过程中,每一次转化都将有大量化学能变为热能消散,因此自然生态系统中营养级的数目是有限的。如果把通过各营养级的能流量绘成图,就成为一个金字塔形,称为能量金字塔(pyramid of energy)。类似的,如果以生物量或个体数目表示,相应得到生物量金字塔(pyramid of biomass)和数量金字塔(pyramid of numbers)(图35-5)。一般而言,能量金字塔最能保持典型的金字塔形,而生物量和数量金字塔有时有倒置的情况。在人工生态系统中,食物链的长度可以人为调节。③在不同的生态系统中,各类食物链的比重不同。④在任一生态系统中,各类食物链总是协同起作用。

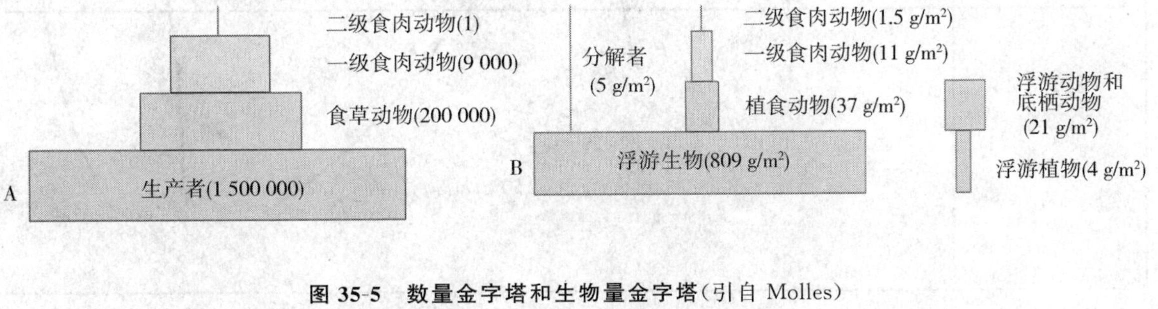

图 35-5 数量金字塔和生物量金字塔(引自 Molles)

A. 数量金字塔(草地) B. 生物量金字塔(水生生态系统)

35.2.2.2 食物网

生态系统中的食物营养关系是很复杂的。由于一种生物常常以多种食物为食,而同一种食物又常常为多种消费者取食,于是食物链交错起来,多条食物链相连,形成了食物网(food web)(图 35-6)。食物网不仅维持着生态系统的相对平衡,还推动着生物的进化,成为自然界发展演变的动力。这种以营养为纽带,把生物与环境、生物与生物紧密联系起来的结构,称为生态系统的营养结构。

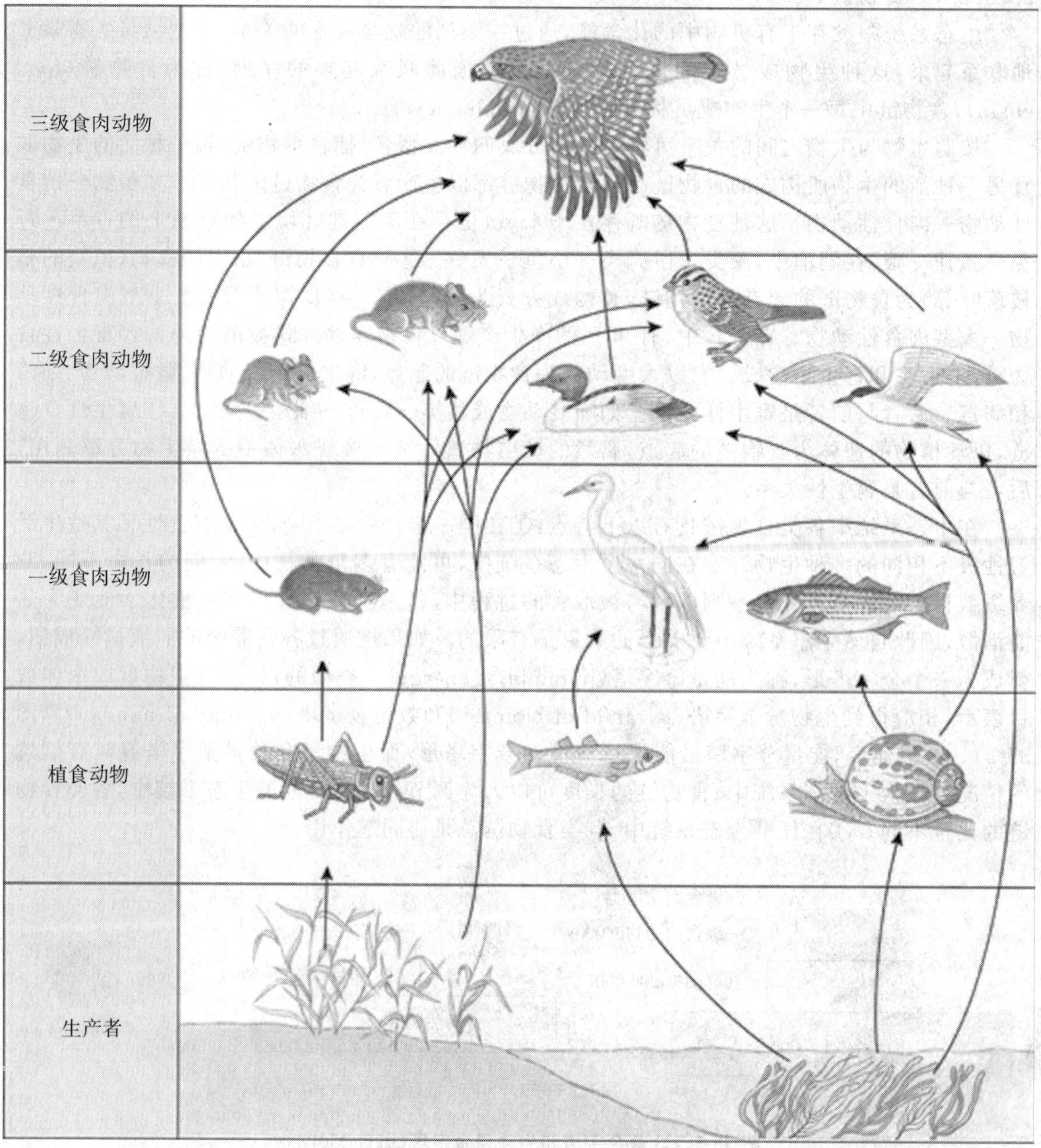

图 35-6　食物网(引自 Molles)

35.2.3　生态系统中的能源和能流路径

太阳辐射能是生态系统中能量最主要的来源。太阳辐射中的红外线的主要作用是产生热效应,形成生物的热环境;紫外线具有消毒灭菌和促进维生素 D 生成的生物学效应;可见光为植物光合作用提供能源。除太阳辐射外,对生态系统发生作用的一切其他形式的能量统称为辅助能。辅助能不能直接转换为生物化学潜能,但可以促进辐射能的转化,对生态系统中光合产物的形成、物质循环、生物的生存和繁殖起着极大的辅助作用。辅助能分为自然辅助能(如潮汐作用、风力作用、降水和蒸发作用)和人工辅助能(如施肥、灌溉等)。

生态系统中能量流动的主要路径为,能量以日光(sunlight)形式进入生态系统,以植物物质形式贮存起来的能量,沿着食物链和食物网流动通过生态系统,以动物、植物物质中的化学潜能形式贮存在系统中,或作为产品输出,离开生态系统,或经消费者和分解者呼吸释放的热能从系统中丢失。生态系统是开放的系统,某些物质还可通过系统的边界输入,如动物迁移,水流携带,人为补充等。生态系统能量的流动是单一方向的(one way flow of energy)。能量以光能的状态进入生态系统后,就不能再以光的形式存在,而是以热的形式不断地逸散于环境中。能量在生态系统中的流动,很大部分被各个营养级的生物利用,通过呼吸作用以热的形式散失。散失到空间的热能不能再回到生态系统参与流动,因为至今尚未发现以热能作为能源合成有机物的生物。

35.2.4 生态系统物质循环

35.2.4.1 生物地球化学循环

生物地球化学循环(biogeochemical cycle)是各种化学元素在不同层次、不同大小的生态系统内,乃至生物圈里,沿着特定的途径从环境到生物体,又从生物体再回归到环境,不断地进行着流动和循环的过程。根据物质在循环时所经历的路径不同,从整个生物圈的观点出发,并根据物质循环过程中是否有气相的存在,生物地球化学循环可分为气相型和沉积型两个基本类型。

(1)气相型(gaseous type):其贮存库是大气和海洋。气相循环将大气和海洋相联系,具有明显的全球性。元素或化合物可以转化为气体形式,通过大气进行扩散,弥漫于陆地或海洋上空,在很短的时间内可以为植物重新利用,循环比较迅速,例如 CO_2、N_2、O_2 等,水实际上也属于这种类型。由于有巨大的大气贮存库,故对干扰能相当快地进行自我调节。因此,从地球意义上看,这类循环是比较完全的循环。值得指出的是,气相循环与全球性三个环境问题(温室效应,酸雨、酸雾,臭氧层破坏)密切相关。

碳循环是典型的气相型循环(图 35-7)。环境中的 CO_2 通过光合作用被固定在有机物质中,然后通过食物链的传递,在生态系统中进行循环。其循环途径有:①在光合作用和呼吸作用之间的细胞水平上的循环;②大气 CO_2 和植物体之间的个体水平上的循环;③大气 CO_2—植物—动物—微生物之间的食物链水平上的循环。这些循环均属于生物小循环。此外,碳以动植物有机体形式深埋地下,在还原条件下,形成化石燃料,于是碳便进入了地质大循环。当人们开采利用这些化石燃料时,CO_2 再次被释放进入大气。

(2)沉积型(sedimentary type):许多矿物元素的贮存库在地壳里。经过自然风化和人类的开采冶炼,从陆地岩石中释放出来,为植物所吸收,参与生命物质的形成,并沿食物链转移,然后,由动植物残体或排泄物经微生物的分解作用,将元素返回环境。除一部分保留在土壤中供植物吸收利用外,一部分以溶液或沉积物状态随流水进入江河,汇入海洋,经过沉降、淀积和成岩作用变成岩石,当岩石被抬升并遭受风化作用时,该循环才算完成。这类循环是缓慢的,并且容易受到干扰,成为“不完全”的循环。沉积循环一般情况下没有气相出现,因而通常没有全球性的影响。

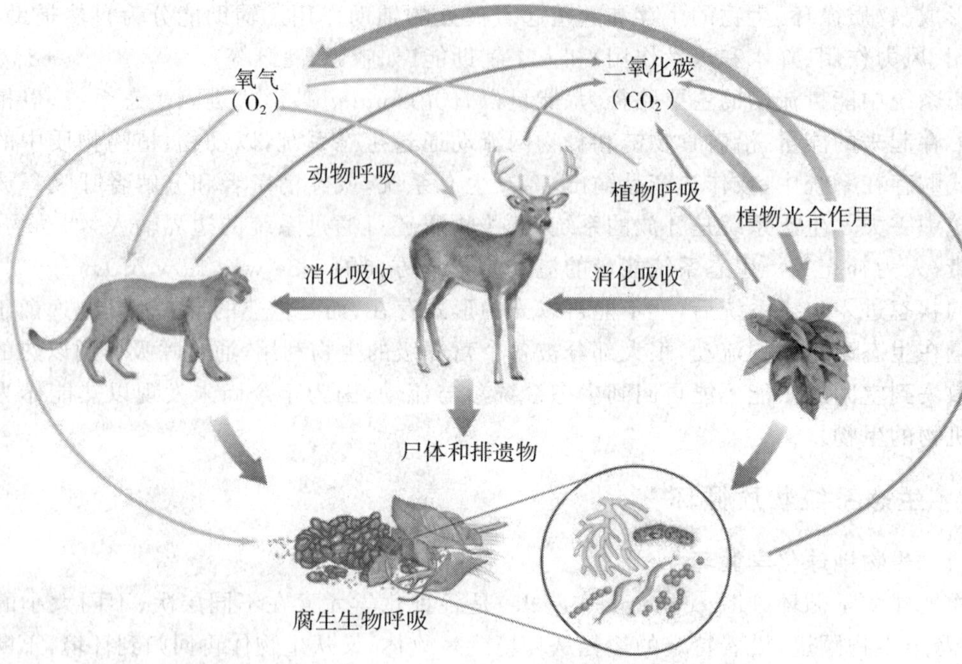

图 35-7 碳循环示意图(引自 Molles)

35.2.4.2 几个重要概念

生物积累(bioaccumulation):生态系统中生物个体不断进行新陈代谢的过程中,体内来自环境的元素或难分解化合物的浓缩系数不断增加的现象。

生物浓缩(bioconcentration):生态系统中同一营养级上的许多生物种群或者生物个体,从周围环境中蓄积某种元素或难分解的化合物,使生物体内该物质的浓度超过环境中的浓度的现象,又称为生物富集(biological enrichment)。

生物放大(biomagnification):在生态系统的食物链上,高营养级生物以低营养级生物为食,某种元素或难分解化合物在生物体中浓度随着营养级的提高而逐渐增大的现象(图 35-8,见书后彩图 35-8)。

某种物质进入生态系统后在一定时间内直接或间接地有害于人或生物时,就称为有毒物质或污染物。有毒物质种类繁多,包括有机的如酚类和有机氯农药等,无机的如重金属、氟化物和氰化物等。它们进入生态系统的途径也是多种多样的,有些被人们直接抛弃到环境中,有的通过冶炼、加工制造、化学品的贮存与运输以及日常生活、农事操作等过程而进入生态系统。有毒物质进入生态系统后,会沿着食物链在生物体内富集浓缩,愈是上面的营养级,生物体内有毒物质的残留浓度愈高。因此,应尽可能避免有毒物质进入食物链。

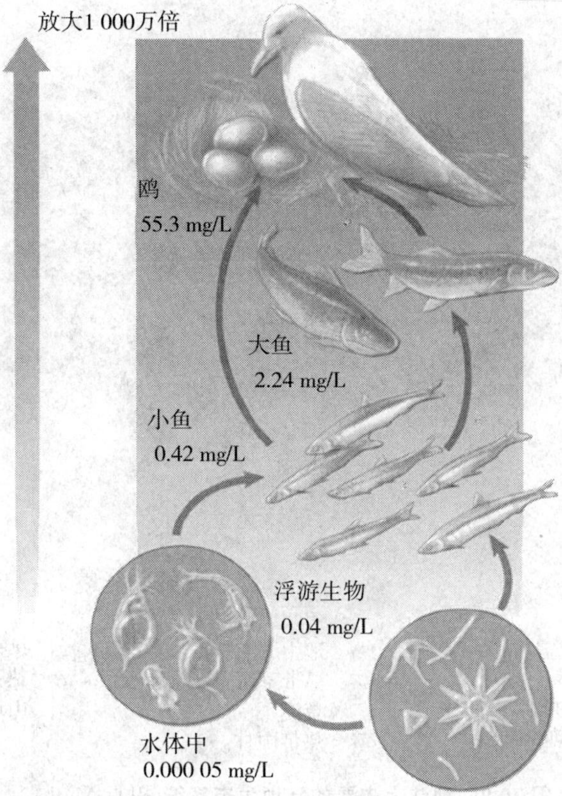

图 35-8　DDT 在食物链中的生物放大(引自 Molles)

35.3　主要的生态系统

因受地理位置、气候、地形、土壤等因素的影响，地球上的生态系统是多种多样的。生态系统类型众多，一般可分为自然生态系统和人工生态系统。自然生态系统还可进一步分为水域生态系统和陆地生态系统，人工生态系统则可以分为农田、城市等生态系统。

35.3.1　自然生态系统

以陆地生态系统为例。

陆地生态系统的划分是以植被的分类为基础的，地球上的植被类型虽然很复杂，但在陆地上呈大面积分布的地带性生态系统主要有以下几类(图 35-9)：

(1)热带雨林(tropical rain forest)：是指分布于赤道附近的南北纬 10°之间的低海拔高温多湿地区，由热带种类所组成的高大繁茂、终年常绿的森林群落，为地球表面最为繁茂的植被类型。种类组成特别丰富，结构复杂，层次多而分层不明显，乔木高大挺直，分枝少，多具板状根、气生根、老茎生花等现象，附寄生植物发达，富有粗大的木质藤本和绞杀植物。动物种类很多，但个体数量较少，且特化种类较多。动物的活动性低，很少有季节性的迁移现象，其生殖活动和数量变动受季节性的影响不明显。

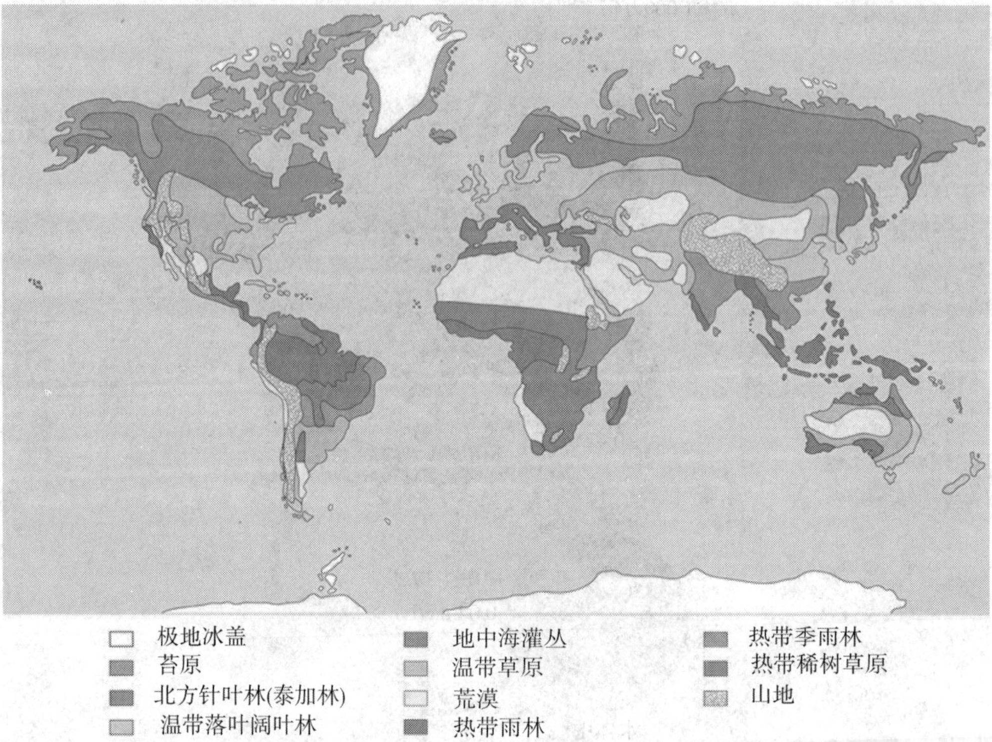

图 35-9　地球上主要的陆地生态系统(引自 Molles)

(2)热带季雨林(tropical monsoon forest):指分布于热带有周期性干湿交替地区的,由热带种类所组成的森林群落。旱季乔木树种部分或全部落叶,季相变化明显;种类组成、结构、高度等均不及雨林发达。一方面与热带常绿雨林相毗邻,另一方面又与热带稀树草原相接壤,因此其动物区系具有明显的过渡区或群落交错区的特征。

(3)热带稀树草原(savanna):指分布于热带干燥地区,以喜高温、旱生的多年生草本植物占优势,并稀疏散布有耐旱、矮生乔木的植物群落。散生在草原背景中的乔木矮生且多分枝,具大而扁平的伞形树冠,叶片坚硬,具典型旱生结构。草本层以高约 1 m 的禾本科植物占优势,亦具典型旱生结构。藤本植物非常稀少,附生植物不存在。

(4)荒漠和半荒漠(desert and semi-desert):分布在亚热带和温带(纬度 30°～40°)的副热带无风地区,包括北非的撒哈拉沙漠、阿拉伯沙漠、中国的塔克拉玛干沙漠等。荒漠和半荒漠的年平均降雨量低于 250 mm,季节性明显。在荒漠群落中,植物是一些特别耐旱的超旱生植物,它们从生理和形态结构上适应旱生环境,叶面缩小或退化,以小枝和茎代行光合作用。荒漠中的动物,多数有冬季和夏季休眠以及贮存大量食物以备越冬的习性。夜出性的种类所占比例较高。

(5)亚热带常绿阔叶林(subtropical evergreen broad-leaved forest):是指分布在亚热带大陆东岸湿润地区的,由常绿的双子叶植物所构成的森林群落。区系成分极其丰富,地理成分复杂,富有起源古老的孑遗植物,或系统进化上原始或孤立的科属及特有植物;乔木层树种具有樟科月桂树叶子的特征:小型叶、渐尖、革质、光亮、无茸毛、排列方向与光线垂直等,林相整齐,季相变化不明显;林木层、下木层均有亚层次的分化,草本层以蕨类植物为主;藤本植物较为丰富,但多为革质或木质小藤,板根、茎花、叶面附生现象大大减少,附生植物中很少有被子植物。亚热带常绿阔叶林内动物种类较为丰富,主要的哺乳动物是猴类和鹿类,而澳大利亚的众多有袋动物都是独特的动物类群。

(6)地中海灌丛(Mediterranean shrubland):指分布于亚热带大陆西岸地中海式气候地区的,由硬叶常绿阔叶林树种所构成的森林群落。其叶片具典型的旱生结构,坚硬革质,小型叶为主,被茸毛,无光泽,气孔深陷,排列与光线成锐角,或叶片退化,甚至呈刺状,植株与花具强烈挥发油香味;森林群落上层稀疏,树木较矮小,群落下层较为繁茂、密闭;无附生植物,藤本植物很少,多年生草本植物尤以具鳞、球、根茎的地下芽植物特别丰富。

(7)温带落叶阔叶林(temperature deciduous forest):指分布于温带湿润海洋地区的,由落叶双子叶植物所构成的落叶森林群落。季相更替现象十分明显为其外貌的显著特征;中生性植物特别丰富,乔木层有阔叶叶片、草质、柔软、无毛,生活型以地面芽和地下芽植物占优势,其次是高位芽植物;结构简单,分层清楚,夏季林相郁闭,冬季林内明亮干燥;层间植物在群落中作用不明显。动物种类各有其特色,净初级生产量仅养活小量的动物,而动物的生物量又集中在土壤动物上。

(8)温带草原(grassland):出现于中等程度干燥、较冷的大陆性气候地区。植被分层简单,以多年生的禾本科草类占优势,有明显的季相变化,代表动物有有蹄类和啮齿类等。

(9)北方针叶林(northern coniferous forest,taiga):冬季严寒,夏季温暖湿润,年温差较大。林冠一般不茂密,林下灌木、苔藓、地衣较多。代表动物有驼鹿、猞猁、紫貂、雪兔、狼獾、林莺、松鸡等,大部分有季节迁徙现象。

(10)苔原(tundra):又称冻原,出现在高纬度和高海拔的寒冷地区。苔原的优势植物是多年生灌木、苔草、禾草、苔藓和地衣,植被的高度一般只有几厘米,典型动物有驯鹿、旅鼠、北极狐、北极黄鼠等。

35.3.2 人工生态系统

人工生态系统有一些十分鲜明的特点:动植物种类稀少,人类活动的作用十分明显,对自然生态系统存在依赖和干扰。人工生态系统也可以看成是自然生态系统与人类社会的经济系统复合而成的复杂生态系统。

(1)农田生态系统特点:人的作用突出,群落结构单一,主要成分是农作物。

(2)城市生态系统特点:具有很大的依赖性,它所需的物质和能量,大多从其他生态系统人为地输入。产生的废物大多输送到其他生态系统中分解和再利用,对其他生态系统会造成冲击和干扰。

第36章 动物的行为和环境

动物行为(animal behavior)是动物对体内、外界条件变化所做的有规律的、成系统的适应性活动。尽管行为大多数是可以观察到的各种运动,但它也包括对外部刺激所做出的适应性的内部反应。动物行为是一切可观察到的动物对身体内部状态或外部环境变化产生反应的过程,包括我们直接观察到的动物的一切状态。它不仅指动物躯体的动态现象,如奔跑、爬行、游泳、飞行,以及身体局部的微细动作,如竖起耳朵、发出声音、改变体色等,还包括动物日常生活活动,如摄食、呼吸、排泄、生殖等,同时也指动物的静态现象,如身体姿势以及在外表上可辨认的一些变化。

动物行为一般具有以下特点:①动物行为是一种运动、变化的动态过程。②动物行为与生存环境相适应。动物的行为都是在长期进化过程中通过自然选择形成的,因此,它对动物的生存环境具有良好的适应性。③动物行为的产生具有一定的遗传基础和生理基础。通过研究行为的遗传方式,应用遗传学方法,可以推断行为的遗传基础。动物行为的生理基础与神经系统、内分泌系统、感觉系统和运动系统有关。动物的行为必须要有神经系统、感觉器官的参与。外界的刺激被感受器感受并转化为神经冲动,神经冲动传入中枢神经系统,在中枢神经系统的协调下,体内各种组织器官的活动达到一致,从而控制动物行为的产生(图36-1)。动物的许多行为也受激素的调控,特别是那些变化缓慢的生理活动和行为。

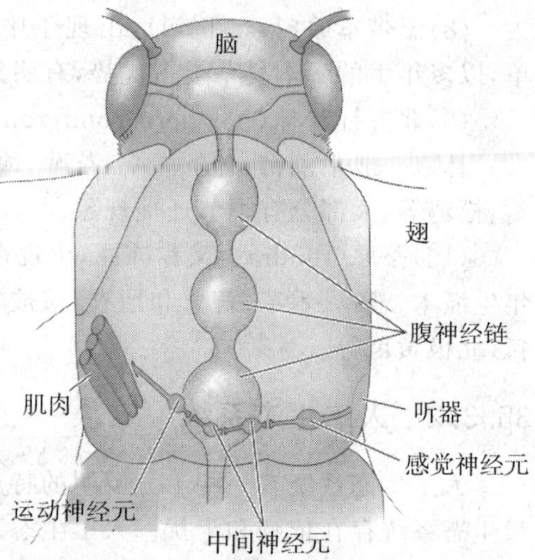

图 36-1 反射弧示意图(引自 Alock)

当动物进行一系列的活动时,我们并不能确定它到底想要什么。不管其本质如何,动物行为内在推动的强度就是“动机”(drive)。行为学(ethology)从进化的观点比较动物的行为,经常研究与摄食、性、育幼等行为有关的动机问题。这些动机显然起源于对动物内部平衡的干扰,并受内外环境因素的共同作用。动机有时被称为“本能”(instincts)。

36.1 动物行为的遗传决定

行为的产生具有遗传基础,通过研究行为的遗传方式,应用遗传学方法,可以推断行为的遗传基础。行为和遗传学结合形成了行为遗传学这一新的学科。

36.1.1 动物行为遗传分析

36.1.1.1 行为遗传涉及的主要问题

研究行为和遗传涉及的基本问题是基因如何影响和控制行为。例如,同一物种中不同个体的行为特征有差别吗?这些行为的种内变异是否受基因控制?有多少基因参与了对某一行为的影响?基因是如何影响各种行为类型的发育的?种内行为变异受遗传和环境影响的程度如何?等等。

36.1.1.2 研究行为遗传决定的方法

研究行为的遗传学决定有两种策略:①保持环境不变,探讨遗传因素的影响;②保持遗传因素不变,研究环境的影响。简单以公式概括如下:

$$V_T = V_G + V_E + V_I$$

式中:V_T 为种群中某一行为特征观察到的表现型总变异量;V_G 为总变异量中的基因型成分;V_E 为总变异量中的环境成分;V_I 为总变异量中的基因型和环境之间相互作用所引起的变异量。即表现型变异等于基因型、环境和两者相互作用力之和。

保持遗传因素不变的试验有:

(1)近交试验:采取近亲繁殖或在很多世代中使同胞兄妹进行婚配以获得遗传纯合性(genetic homozygosity)。在近亲交配的动物品系中,所有个体的基因型相同,即 V_G 和 V_I 等于 0,则 $V_T = V_E$。此时,可以通过操纵环境因素变化,来评价环境对行为的影响。

(2)品系差异试验:研究同一环境条件下同一物种的两个或多个遗传同型的近亲繁殖系的行为差异。试验结果表明小鼠行为差异和大脑在学习辨认地点能力上的遗传差异有关。

(3)交叉养育试验:在同一物种或同一品系内将两个家庭的子代交换位置抚养。如果遗传相似的动物养育在不同家庭环境中行为依然相似,则行为主要受遗传控制,如果行为差别很大时,则推测行为主要受环境影响。用具有高排粪率和低排粪率的两个小鼠品系进行交叉养育试验的结果是子代小鼠的排粪率和亲生父母相同,表明排粪率由遗传因素决定。

36.1.1.3 杂交育种试验

蜜蜂亲代抚育行为的遗传基础可以用双基因杂种遗传说明。亲代抚育行为是指工蜂把死于蜂房中的幼虫叼走的行为。有两个自交纯合品系——非卫生蜂(nonhygienic,*UURR*)和卫生蜂(hygienic,*uurr*)的蜜蜂,二者在行为上不同。卫生蜂具有打开蜂室和移走感病致死幼虫两种行为;非卫生蜂没有这两种行为。将两个品系的蜜蜂杂交,F_1 表现型均为非卫生型。F_1 和纯的卫生型回交时,得到 4 种不同的表现型,除了卫生蜂和非卫生蜂外,还产生了两个新的行为型:一种是可以打开蜂室但不会把死的幼虫叼走;另外一种不会打开蜂室,但是如果人为帮助打开蜂室,它会把死的幼虫叼走。这 4 种行为型的频率大致相等(图 36-2)。这些表现型的比例符合孟德尔的两对相对性状杂交的遗传规律,因此可以推断,有两个基因控制卫生—不卫生的行为表现型:打开蜂室和叼走幼虫的行为分别由两个基因控制,且均为隐性,只有两对等位基因均为隐性时才会表现出完全的卫生行为。

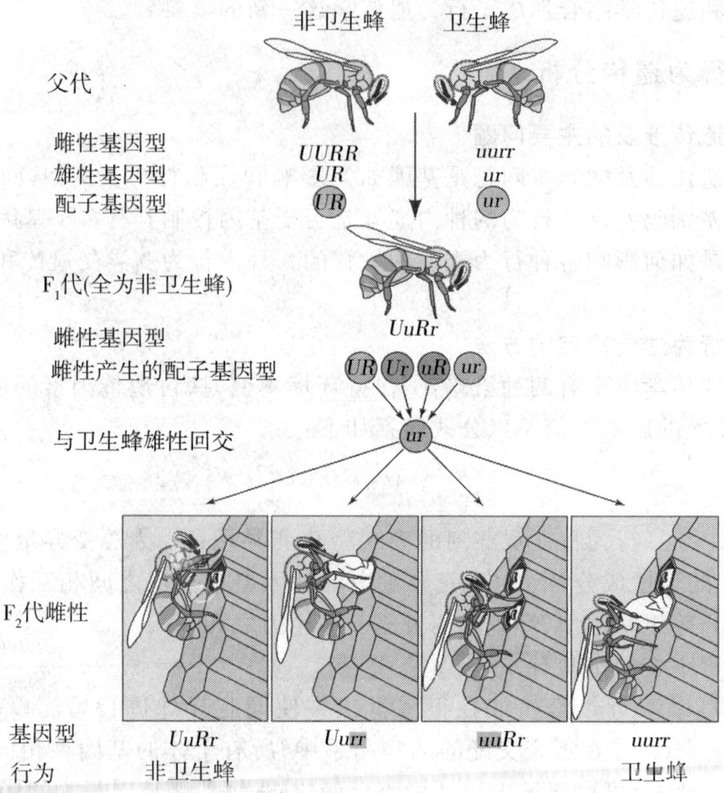

图 36-2　卫生蜂和非卫生蜂杂交的基因型分析(引自 Alock)

36.1.2　基因与动物行为

基因与动物行为之间的关系是复杂而间接的,这种关系对动物的行为既有近期的影响也有远期影响。为了解动物行为表现的近期机制,首先需要了解动物各器官系统的发育,它们决定了行为的产生。从远期影响看,除非动物个体间存在异常差异,否则行为不可能进化,因为个体的遗传差异影响着个体的行为和生殖成功率。个体间行为存在差异的原因来自于遗传差异。

生活在不同地区的黑顶莺存在行为差异。德国繁殖的黑顶莺每年进行两次长距离迁徙,在欧洲和非洲之间进行;而生活在非洲西海岸佛得角群岛上的个体是不迁徙的。Pterer Berthold 等将德国和佛得角两地捕捉的黑顶莺在实验室内杂交,并分别测定亲鸟和杂交后代的迁徙行为。结果表明杂交后代的迁徙倾向介于两个亲本之间,表明黑顶莺的迁徙倾向受遗传影响。此外,黑顶莺在迁徙时,两个不同种群的路线不同。德国种群先朝西南方向飞到西班牙,再飞到非洲;奥地利的种群则先朝东南方向经土耳其飞到黎巴嫩和以色列,然后朝南飞到埃塞俄比亚和肯尼亚。Andreas Helbig 研究了遗传差异对黑顶莺不同迁徙路线的影响。首先繁育出德国黑顶莺和奥地利黑顶莺的杂交后代。然后用专门的漏斗箱测定亲鸟和杂交后代的迁徙方向。结果表明,杂交后代的选择方向恰好位于两个亲本的中间位置(图 36-3,见书后彩图 36-3)。黑顶莺的遗传差异影响了迁徙方向的选择,而杂交后代分别接受了亲代一半的遗传物质,导致在迁徙方向上的折中选择。

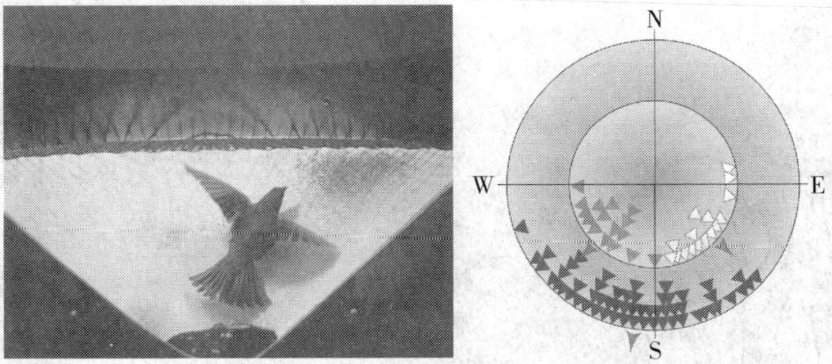

图 36-3 黑顶莺遗传差异对迁徙路线的影响(示漏斗箱和迁徙方向)(引自 Alock)
(内圈的褐色三角代表向西南方向迁徙的德国种群,白色三角代表向东南方向迁徙的奥地利种群,外圈的蓝色三角代表杂交后代的迁徙方向)

36.2 动物的学习和行为

学习(learning)的概念包括能够使动物的行为对特定的环境条件发生适应性变化的所有过程,也可以说学习是动物通过生活经历和经验使自身的行为发生适应性变化的过程,这种变化与感觉适应(例如疲劳)和神经系统发育无关。

36.2.1 条件反射

条件反射(conditioning)也称联想学习。动物受到某一条件(第一刺激)刺激产生自然(无条件)反应,然后用第二刺激和第一刺激同时进行,多次后仅用第二刺激也能达到第一刺激效果的状况,称为条件反射。条件反射涉及将无关刺激与能诱发机械反应的自然的初级刺激相联系的过程,最终动物对相关刺激做出条件性的反应,好像这些相关刺激就是自然刺激。固定动作模式或本能反应与这种新的信号刺激之间的联系增强了有机体对环境变化做出适当反应的能力,因为条件化消除了对释放行为信号的依赖。

36.2.1.1 经典条件反射

经典条件反射(classical conditioning)指的是当条件刺激和无条件刺激一起重复发生时,动物能学会对一个新的条件刺激做出反应。条件刺激必须先于无条件刺激。如果条件刺激多次出现而没有无条件刺激出现,动物对新刺激的反应就会逐渐消失,称为消退(extinction)。

Ivan Pavlov 最早阐明了经典条件反射的原理。Pavlov 研究了犬的唾液分泌和各种刺激之间的关系,实验方法是将一条饥饿的犬固定在试验台上并给以各种刺激(图 36-4)。其中一个刺激是食物,当看见食物时就会分泌唾液(图 36-5A),接着在提供食物之前先给予一个不会引起唾液分泌的刺激,如铃声(图 36-5B),相隔几天后再给予这两种刺激,先给铃声再提供食物,然后再只提供铃声时看犬是否分泌唾液。经过一段时间后,只有铃声刺激也会引发唾液分泌(图 36-5C)。

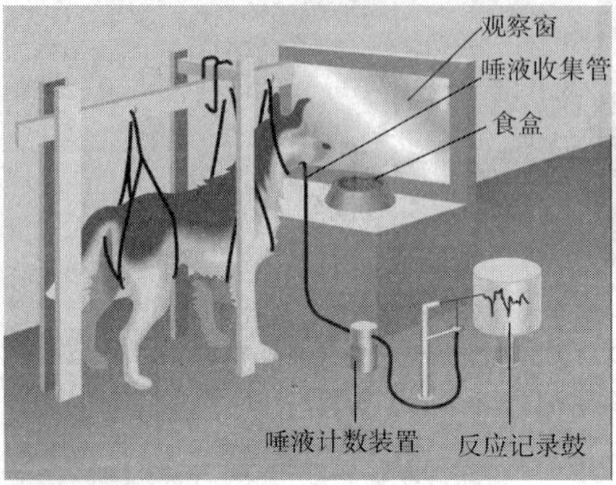

图 36-4　研究犬条件反射的实验装置(引自 Alock)

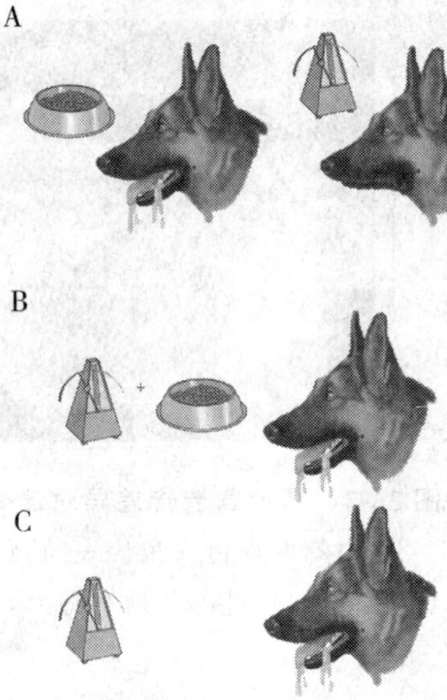

图 36-5　犬的条件反射形成过程(引自 Alock)

A. 条件反射建立前　B. 条件刺激　C. 条件反射建立后

36.2.1.2　操作条件反射

操作条件反射(operant conditioning)是哈佛大学心理学家斯金纳(B. F. Skinner)进行过大量研究并展示的一个行为过程。在实验室中操作条件反射策略涉及连续监视动物活动,如果行为合适就进行奖励,对不合适的行为就惩罚。这样做的最终结果是形成了完整的行为模式,例如,走出迷宫以获得奖励。当训练者在被训练动物的旁边时,动作条件化能从随机运动中迅速形成一系列富有成果的步骤。操作条件反射同经典条件反射有几点重要区别,它是动物的一种随意活动(voluntary action),而且是欲求的结果;此外,在操作条件反射建立的过程中,刺激和反应都必须先于报偿。

操作条件反射建立的基本过程是让动物根据某一信号(无条件刺激)必须做一件事才能得到报偿。操作条件反射的研究主要是在迷宫和斯金纳箱(Skinner boxes)中进行的(图 36-6)。迷宫是一个道路系统,每个岔路口都只有一个正确选择可以通向最终目标,只有到达最终目标才能获得食物(报偿)。斯金纳箱内可放置实验动物,并包含一个操纵装置和一个自动供食装置(提供报偿以鼓励学习)。利用操作条件反射可以训练动物学会各种新的甚至是很复杂的技能。

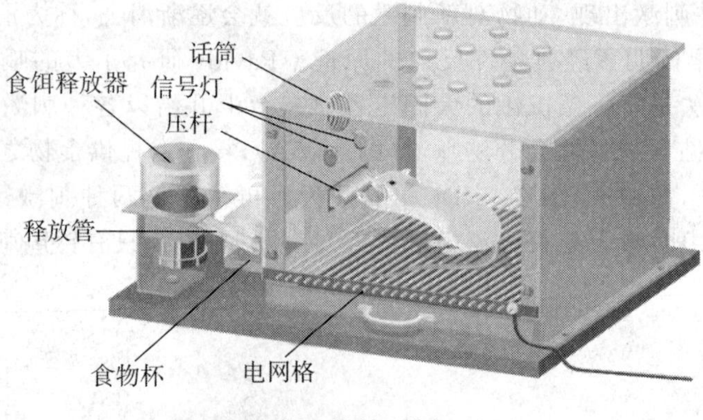

图 36-6　斯金纳箱(引自 Alock)

36.2.2 印记

印记(imprinting)指在行为发育的关键期中,由于特定的经历或联系(association)而永久性地影响未来的天性或学习行为。Lorenz 首次研究了雏鹅的印记效应,以后的研究证明了印记适合于各类行为。Lorenz 使用"印记"这个词,是因为这个现象代表了特定联系在脑中所留下的永久性的印痕。

Lorenz 发现,当他把小鹅与其父母分离,并让小鹅与模仿亲鹅鸣叫的人(Lorenz 本人)在一起时,小鹅就会跟随人,仿佛这个人就是它们的亲父母(图 36-7A)。这个现象称为"父母印记"(parental imprinting),仅发生于孵化后的前 2 d。动物对印记刺激敏感的短暂时期称为"关键期"(critical period),关键期常发生于生命早期,某些类型的印记也见于成熟期。父母印记也见于自然状况中的其他物种。哺乳动物嗅觉刺激比视觉刺激更能与父母印记相联系,而在鸟类中则相反。

A

B

图 36-7 印记(引自 Alock)

性印记的结果就是把同种个体作为繁殖伙伴。Lorenz 发现他喂养的小鹅在长大后不仅跟随他,而且在成熟后还试图与他交配。在某些种类的鸟中,印记也涉及学习雄鸟鸣声中的某些特征,听到这种鸣声甚至听到这种鸣声的几个音节都能够启动幼鸟掌握这种鸣声的能力。因为某些鸟在隔离状况下能学会鸣唱,所以印记不是形成鸣唱的普遍性机制。

一些珍稀濒危鸟类采用监禁繁殖的方式成功孵化出幼鸟,但丧失了许多行为,其中之一就是迁徙行为,可以采用印记方式建立幼鸟和滑翔机的紧密联系,待幼鸟长大后随滑翔机学习迁徙(图 36-7B)。

36.2.3 习惯化

习惯化(habituation)是通过减少对重复刺激的反应对行为进行修饰的过程。减少对重复刺激的感受性有助于防止在小事情上的能量消耗。啮齿类动物对同群个体的警戒声做出反应，但是如果警戒声持续不断而且没有出现危险，就会忽略其后的警戒声。

习惯化是一种最简单的学习，实际上是刺激特异性疲劳。当一种刺激重复进行时，动物的自然反应逐渐减弱，最后完全消失。动物对既无积极意义又无消极影响的无关刺激不予反应称为习惯化。如田野中置一稻草人，开始时，小鸟对稻草人的晃动十分害怕，但久而久之，它们就不害怕稻草人，甚至有时还落在其上休息。习惯化的意义是使动物放弃一些对其生活无意义的反应。习惯化可以减少动物能量的消耗，这是一种有利的学习。

36.2.4 顿悟学习

行为修饰的一个极端例证是动物将洞察或推理应用于新情况。如果动物能控制自己的行为以解决它从来没有经历过的问题，那么就涉及了推理。人类中的推理看起来涉及重塑想象中的外部情形，并形成新的概念，以找出适合于新形势的答案。然而，在其他灵长类动物中也能发现洞察或推理现象。

顿悟学习(insight learning)是动物行为的最高级形式，是利用经验去解决问题，因而是高等动物具有的能力。最著名的例子是黑猩猩的行为。如把黑猩猩放入笼子中，笼子顶上悬挂着一个水果，但是这个黑猩猩够不着水果。饲养员把不同大小的盒子放到笼子中。经过短时间的抓耳挠腮后，这个大猩猩把最大的盒子搬到水果的正下方，并把较小的盒子依次放到大盒子上，一直到能抓到水果为止。

36.3 行为形成的进化压力

行为生态学特别重视对动物行为功能的研究，并试图了解动物的行为是如何适应它们的生存环境的。大量的研究已经表明，个体间的遗传差异可以导致行为的差异，包括交配行为、学习行为、鸣叫发声、觅食行为和迁移行为等。与此同时，行为也是表型中最容易随着环境变化而发生改变的部分，如果选择压力发生了变化，通常是行为先出现变化，然后才是形态结构发生变化。行为是进化的产物，只有根据行为对动物存活和繁殖所起的作用才能充分地了解行为。

36.3.1 行为进化的原理

在行为和进化的关系方面，目前已知有三个主要原理：①在进化期间，自然选择将有利于个体采取如下的生活史对策，即能使其基因最大限度地对未来世代做出贡献；②成年动物的最优生存和生殖方式将决定于生态学、生活环境、食物条件以及同它有关的竞争者和捕食者等；③由于一个个体的生存和生殖成功主要依赖于它的行为，因此，自然选择总是倾向于使动物具有最大的捕食效率、采取最有效的交配对策和能够最成功地逃避捕食者等。至于什么是“最优”和“最有效”，则要看对几种可替代行为的选择结果，而这种选择又是在各种生态和生理压力下进行的。

36.3.2 行为适应的产生和进化

36.3.2.1 行为适应

行为适应是指这样一些行为特征的形成，会对个体带来基因传递上的好处。适应性的行为特征要比其他现存的行为特征更好，更有助于传递自身的基因，通常是借助生殖传递基因。如果某一行为特征经过自然选择的作用而在种群中得到了广泛的散布或被自然选择保存了下来，那么这个行为特征就必然有适应意义。

36.3.2.2 行为的进化特征

行为的进化特征涉及动物形态和生理的各个方面。行为的趋同进化包括亲代抚育、学习行为、不同动物类群进化出的滑翔行为等。很多行为都表现出多态性(polymorphism)，即同一物种的不同个体有不同的行为表现，这是一种行为表型(phenotypes)的不同。

仪式化(ritualization)是行为进化的一个重要方面。一个特定的行为一经仪式化就会背离它原来的功能而去执行另一个功能，通常与个体之间的通讯和信息传递有关。与仪式化有关的另一个行为进化特征是夸张(exaggeration)，如色彩、结构和运动方式上的夸张等。仪式化和夸张最常见的实例是鸡形目鸟类的求偶炫耀。水鸟中的鸭类也有一系列固定的仪式化求偶行为(图 36-8)。

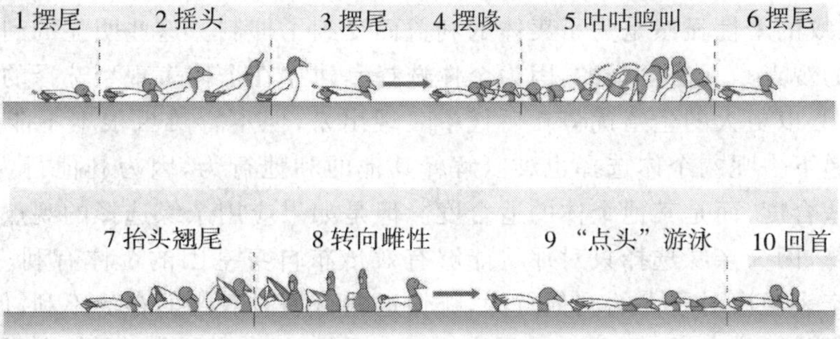

图 36-8 鸭类的仪式化求偶(引自 Alock)

动物的很多行为很容易在进化过程中被仪式化或夸张，常见的有：①热调节行为，包括毛和羽毛的竖起和血液的分布；②运动前的意向性动作，如鸟类起飞前的身体前倾和下蹲；③保护性动作，如面部表情变化；④取食和梳理羽毛的动作等。

36.3.2.3 个体适合度和广义适合度

适合度包括个体适合度(individual fitness)和广义适合度(inclusive fitness)两个概念。在自然种群中一个遗传特征的传递依靠亲代个体的成功繁殖，而该特征的价值就在于它能使动物克服各种自然风险，如食物短缺、天敌捕食和配偶竞争等。在这些环境压力下形成的行为特征就会使动物更好地适应环境。一个个体的适合度简单地说就是产生后代的数量，数量越多，适合度越大。适合度的大小取决于其存活至生殖年龄的能力、配对后的生育力和其后代存活到生殖年龄的概率。

在考虑基因库中某一特定基因的存活时，可以将适合度的概念应用到各个基因。如果一个基因能增加携带此基因动物的生殖成功率，同时也会增加该基因的表达。这个基因可能会影响动物的形态或生理，以使动物在不利环境条件下存活，也可能影响动物的行为，使其更有可能获得求偶和育幼的成功。一个特殊的情况是一个对动物有害的基因却会增加该动物后代的存活机会。例如很多动物的双亲为保护自己的后代都会甘冒生命危险，这就是基因支配的利他行为(altruism)。亲缘选择(kin selection)是指对有亲缘关系的一个家族或家庭中的成员所起的自然选择作用。亲缘选择主要是对支配行为的基因起作用，因此，它所增进的不是个体的适合度，而是个体的广义适合度，也就是说一个动物的适合度不仅取决于自身生殖，还取决于其亲属的生殖。一个动物的广义适合度既同它的后代存活有关，也与它的亲属的后代存活有关。

对倾向于利他行为的个体进行的研究表明，许多物种中的利他行为通常涉及与利他者有共同基因的近亲。这增强了同族或亲属之间总体的繁殖成功率。正是将有亲缘关系个体的适合度一起考虑，而不是集中在个体上的广义适合度概念的兴起，才解释了持续存在的利他行为现象——利他者可能牺牲，但是携带相似基因，包括利他行为基因的个体能更好地生存并扩散其基因。众所周知的是，利他行为在动物界是普遍存在的，母爱就是突出的一例，双亲辛勤地工作不是为了自己，而是为了养育和保卫自己的后代，甚至为了子女的安全，不惜把捕食动物的注意力引向自己；鸟类和哺乳动物的报警鸣叫增加了自己的危险，但却换取了同群其他个体的安全；在蜜蜂、蚂蚁等社会性昆虫中，不育的雌虫自己不产卵生殖，但却全力以赴地帮助蜂后(或蚁后)喂养自己的同母弟妹；工蜂的自杀性蜇刺也显然是为了全群的利益；在蜜罐蚁的群体中，有些工蚁整天吊在巢顶，腹部膨大得惊人，里面塞满了食物，其他工蚁把它们当作食品贮存器使用，这些工蚁的个性显然是为了集体的利益而受到了抑制。这些明显的利他行为，用达尔文的个体选择的观点是无法解释的，因为个体选择是建立在个体表现型选择的基础上，这些特性一经选择，势必以更大的生殖优势在后代中表现出来，但不育雌虫根本不能生殖，又如何能将这些性状传递下去呢？个体选择也难以解释其他的利他行为，因为利他行为所增进的不是行为者自己的适合度，而是其他个体的适合度。但是如果应用亲缘选择的观点，利他行为便能得到科学的解释，因为亲缘选择只对那些能够有效传布自身基因的个体有利。假如有一个基因碰巧能使双亲表现出对子女的利他行为，哪怕这些行为对双亲的存活不利，但只要这些行为能导致足够数量的子代存活，那么这个利他基因在子代基因库中的频率就会增加，因为子代总是复制与父母相同的基因。社会性昆虫中的不育性雌虫(工蜂和工蚁)也是这样，例如一只工蜂，它同自己的姐妹(同群中的其他工蜂)之间有75%的基因是完全相同的(其中的25%来自二倍体的母亲，50%来自单倍体的父亲)，因此，虽然它自己不生殖，但它帮助母亲(蜂后)喂养自己的同胞弟妹比自己养育子女的广义适合度更大，因为母女之间只有50%的基因是相同的。

为了更深入地理解这些问题，有必要把亲子之间或亲属之间的亲缘关系定量化。大家都知道，配子形成时，减数分裂使任何一个特定基因都有50%的机会参与精子或卵子的形成。(同源染色体上的等位基因也同样有50%的机会参与配子的形成)，因此，总会有一半的精子或卵子复制某一特定基因，而另一半则不复制。可见，对一个二倍体物种来说，亲代与子代共同具有某一特定基因的概率恰好是0.5，也就是说，亲代与子代之间的亲缘系数(the coefficient of relatedness)等于0.5，即$r=0.5$。

$$\text{亲缘系数}=\sum 0.5L$$

式中：L为相隔代数；$\sum$为两个个体之间所有可能的亲缘关系联系。

但是，亲代与子代占有共同基因并不排斥其他与之有亲缘关系的个体也占有同一基因，只是亲缘关系越远，占有同一基因的概率就越小，即亲缘系数 r 值越小。通过计算可以知道，任一个体内的任一基因在其兄弟姐妹中出现的概率是 0.5（即 $r=0.5$），在其子女中出现的概率也是 0.5（$r=0.5$），在其孙辈个体中出现的概率是 0.25（$r=0.25$），在其表（堂）兄弟姐妹中出现的概率是 0.125（$r=0.125$）（表 36-1）。由于同一亲缘群中的个体不同程度地占有共同基因，因此，从亲缘选择的观点看，如果一个个体对同一家族群中的其他个体表现出利他行为，也就不足为奇了，因为它们之间具有共同的基因利益，利他行为多多少少都对利他主义者传递自身基因有利。

表 36-1　直系和非直系亲属的亲缘系数

亲缘系数	直系亲属	非直系亲属
0.5	子代	同父同母的兄弟姐妹
0.25	孙代	同父异母或同母异父的兄弟姐妹，侄子和侄女
0.125	曾孙代	表兄弟姐妹

在什么前提条件下，利他行为才会被自然选择所保存呢？假如有一个利他主义者用自身的死亡换取了 2 个以上兄弟姐妹的存活，或者 4 个以上孙辈个体的存活，或者 8 个以上曾孙辈个体或表（堂）兄弟姐妹的存活，那么因利他主义者死亡而损失的基因，就会由于有足够数量的亲缘个体存活而得到完全的补偿，而且还会使该利他基因在种群基因库中的频率有所增加，也就是说，只有受益的亲缘个体所得到的基因利益按亲缘系数的倒数（即按 $1/r$）超过利他主义者因死亡所受到的基因损失时，才能增进利他主义者的广义适合度，因而这种利他行为也才能被自然选择所保存并得以进化。

36.3.3　通讯信号的起源和进化

36.3.3.1　动物通讯

在动物的生活中，一个个体发出刺激信号，引起接受个体产生行为反应，称为动物通讯（animal communication）。通讯行为是动物社会中行动协调一致的保证。这种社会通讯可能包括鸣叫、面部特征、姿势状态或运动方式。某些情形下产生“合作”活动（cooperation activity），另一些情形下则有“对抗性”（agonistic）（竞争）相互作用。

36.3.3.2　通讯的作用

通过社会成员之间连续的相互作用，社会得以维持。这些相互作用涉及将信息在个体之间传递的通讯（communication）。这些信息可能涉及侵犯性的反应、性的接受状态、附近稀有资源是否存在或更微妙的感情或欲望等。通讯可能使用视觉上的展示、声音、嗅觉甚至味觉。昆虫中甚至脊椎动物中的许多行为反应都涉及能诱导特定行为的化学反应。

蜜蜂的采食效益部分地取决于“侦察兵”返回蜂巢的能力，以及通过“舞蹈”指示食物资源方向和距离的能力。回巢蜜蜂的摇摆舞（waggle-taggle dance）是由 Karl von Frisch 发现的。这种舞蹈为食物的位置提供了详细的信息。食物的性质由携带蜂蜜返回蜂巢的蜜蜂“告诉”外出的成员（图 36-9）。

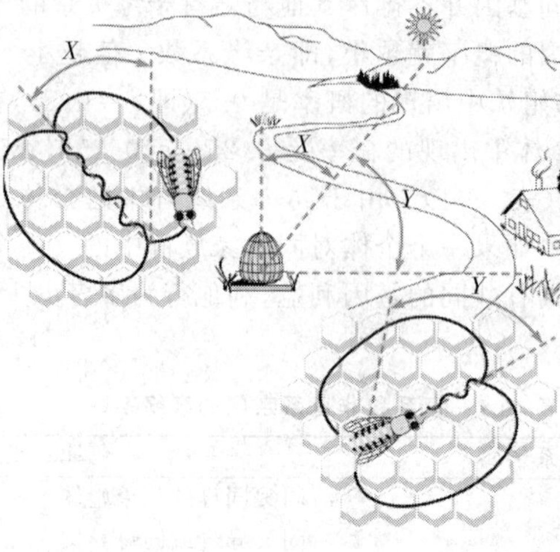

图 36-9 蜜蜂的摇摆舞(引自 Alock)

连续的通讯为社会结构的状态提供了一种检测方法,并使成员能调整行为以保持社会稳定。在蜜蜂中,工蜂感受到蜂巢内温度增加后,便在巢内猛烈扇动翅膀,结果导致温度降低。这种原始的空气调节机制只有当温度状态被成员广泛感知的条件下才能有效。

36.3.3.3 激素在通讯中的作用

激素通过对信号形成的影响或对其结构的修饰而在通讯中发挥作用。通过增强产生拥有重要通讯成分的行为的动机,激素在通讯中发挥重要作用,可以诱导形成动机和行为释放器的结构。这在性发育的情况下特别明显。随着激素变化,充当求偶释放器的结构出现了,诱发交配活动,并有助于形成抚幼行为。异性之间的性活动依赖于参加者之间连续的信息交换。例如,春天雄性刺鱼能分泌某些激素,使其身体腹部变为鲜红色。在这些激素持续作用下,当雄鱼在浅水区寻找可筑巢的地点时,由于鲜红体色吸引了雌鱼,雄鱼就成为雌鱼的追逐目标。反过来,由于卵充满了身体,雌鱼也受到雄鱼的注意,雄鱼的求偶舞蹈(游泳)确保了雌鱼将卵产在巢内。当雌鱼离开巢时,雄鱼释放出精子,并在附近照料将要孵出的年轻一代(图 36-10,见书后彩图 36-10)。在这种情况下,激素产生了能控制求偶和交配的视觉信号。

图 36-10 刺鱼的繁殖(引自 Alock)

36.3.3.4 信息素

信息素(pheromone)是非常有效的化学通讯方式,被称为社会激素(social hormone)。正如激素在人体内循环对内部功能产生综合性的调节作用,种群内个体之间传递的信息素能产生综合性的行为。

首先发现的信息素之一是某些雌蛾产生的性引诱剂,它能将雄蛾吸引到雌蛾身边。如同所有信息素那样,性引诱剂是数量相对较少、在空气中传播的有机分子,很少数量的性引诱剂就能产生极端有效的结果。在吉卜赛蛾(gypsy moth)中,雌蛾释放的几个分子就能吸引1.609 km(一英里)之外的雄蛾(图36-11)。信息素的有效性依赖于目标动物的嗅觉敏感程度。

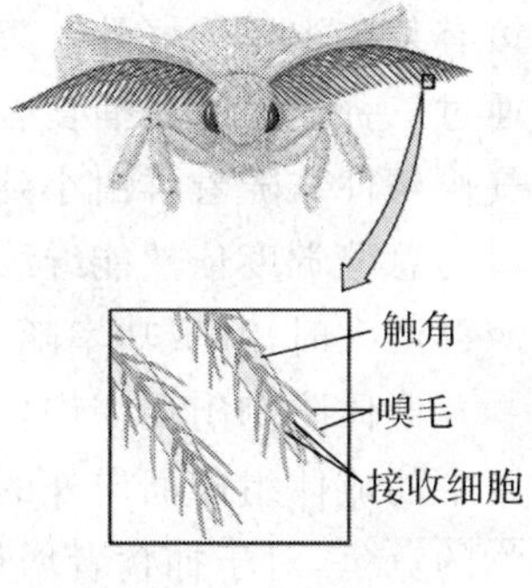

图36-11 蛾的性吸引

研究表明,昆虫中的信息素能起到领域标记物、显示危险以及调节社会等级集团的作用。信息素研究中特别有趣的一个例子是为死亡或将要死亡的蚂蚁举行“葬礼”的信息。这种信息动员附近的工蚁将死去的蚂蚁清除出去,这种行为对于保持群体健康和清洁很有用。将这种葬礼信息素分离出来并涂到健康的工蚁身上时,其同伴排斥它并将它拖出蚁山之外。当它返回后,又立即被推出去。几次反复后,它放弃了回去的努力。

36.4 社会行为

动物的社会行为(social behavior)是指同种生物个体之间除繁殖行为以外的一切形式的联系,又叫社群行为、群体行为。没有一种动物能够单独生活下去,在它的一生中总要同它的同种个体发生这样或那样的联系,以求得个体的生存和种族的延续。物种成员之间互相作用的程度变异很大,从某些蟋蟀完全独居的生活方式到蚂蚁和人类的复杂社会。

36.4.1 社会行为的形式和意义

社会行为最简单的形式是同种个体的集结和共同行动,没有分工和地位的差异。如集群迁飞的蝗虫,结队而游的鱼,成群觅食的麻雀。这种集群的特点是:只是同种个体的集结;集群成员中不表现地位的差异和分工;集群成员必须通过联系达到行动的统一。

社会行为的高级形式是集群的成员出现地位的差异和彼此的分工合作,其特点是:群体不是由同种的许多个体简单地聚集在一起,而是群体中的成员有明确的不同职能。如一个蜂群,有蜂王、雄蜂和工蜂之分,不仅形态不同、分工不同,在群体中的地位也不同。这种差异保证了种族的繁荣和发展,是长期自然选择的结果。

社会行为的生物学意义:①保护群体成员免遭捕食或伤害。在某一空间内的一定数量的个体集群后,被捕食者捕食的几率会降低(稀释效应);相反,对于群体中的每一个成员来说,发现捕食者的几率会大大提高,并能合力对付捕食者。②提高获取食物的可能性,增加捕获率。

36.4.2 社会行为的类型

36.4.2.1 集群

动物界中有这么多营社会群体生活的，例如雁群或角马群，这个事实使人们相信，集群对策有某些重要的好处。集群的好处主要是逃避捕食和搜索食物。在动物群体中的个体，可以通过三种途径逃避捕食者：①增加总的警觉程度；②稀释效应或利己群；③群体防御；④改善小气候条件。随着群由小到大，每个个体花在警戒上的时间可能减少（从而使觅食时间增加），但群的总警觉度依然能继续提高。苍鹰在飞捕孤鸽时成功率很高，达80%的攻击成功率；但当鸽群增大时，其成功率随之下降；当鸽群为50只或更大时，成功率下降到低于10%。

群体防御出现在许多物种的集群中，常见于成群的小鸟围攻捕食者。当群狼威胁麝牛时，麝牛的成体组成面向外的圈，把幼麝牛围于其中。作为群体的一员也有缺点，特别是增加对食物的竞争，对于捕食者增加显眼性，增加疾病感染的风险。

36.4.2.2 竞争

多种行为涉及个体之间为各种资源如食物、配偶或建筑材料而进行的斗争。由于一个物种的成员有相似的需求，它们更有可能为获得稀少资源而进行竞争，很少有真正的打斗。种内竞争的实质是为了将遗传物质传递给后代和个体的生存，表现的行为有威胁、攻击、屈服、逃避，这些是非杀伤性的，但也有杀伤性的。野猪在产下幼仔时，最后出生的那只常常被母野猪吃掉。这种杀伤性的竞争往往是幼体发育不全或食物不足而致。

竞争通常涉及高度程序化的、力量的展示，在展示中，竞争者（agonists）用各种侵犯性姿势如龇牙、怒吠或假装攻击对方以互相威胁。这种仅是象征性的力量的展示称为“仪式”（rituals）。固定化仪式的发展避免了实际的流血，对于人类社会而言也是个客观教训。在仪式化竞争中，一方很快就表现出屈从（submission）行为，承认失败。例如，狼在与同伴打斗时，常竖立其背部的毛、直视对手、咆哮并露出牙齿并猛然冲向对方，认输一方尾巴下垂、背部的毛平滑向后甚至将最容易受伤的喉部暴露出来。这种竞争的仪式避免了直接打斗，使双方都保持合适状态，从而有机会进一步繁殖。

竞争行为涉及建立优势等级（dominance hierarchy）或啄序（pecking order），这基本上是社会状态的安排。在这种安排中，等级起源于随机侵犯。在首先进行研究的鸡中，最高等级的母鸡（α个体）能征服种群中其他所有的成员并能控制接近配偶和食物的顺序。次优势的母鸡（β个体）能控制比它地位低的成员，这种顺序依次降低到最低等的个体，它没有可以支配的成员。优势序位对于一个种群中所有的成员都很有用，因为它们无须每次都进行打斗就能加快相互之间的行为反应。优势等级发生于具有严格性成员关系的社会动物中，如社会性昆虫和一些以家庭式成员组成的哺乳动物社会中。等级的顺序一般是上下垂直式的。如蜂群，蜂王有支配控制工蜂的权力，有选择雄蜂交配的权利，对于食物、居住条件也有优先权。

决定等级的方式可通过成员间的竞争或智力的高低来决定。如猴群中猴王的确定是通过体力的强弱和竞争来决定的。猩猩是智力较发达的动物，它们中有时是用智力来决定等级的。

领域性（territoriality）是另一个类型的竞争性相互反应的形式，涉及一个个体在相当一个时期内有一个比较固定的地盘。领域是进行多数生命功能的角斗场，通常都对其进行激烈防卫。领域性是保证最适应个体获得稀有资源的重要机制，次适应个体不能获得并防卫领域。

36.4.2.3 动物社会

在许多物种中,成员之间亲密关系的交流以及适应性的合作关系通过形成称之为“社会”(societies)的永久性结构而得到发展。复杂社会更常见于昆虫和脊椎动物,特别是具有高度发达脑的脊椎动物。在昆虫中,社会稳定性的基础是功能上严格的分工。存在严格的具有不同地位的集团,集团中的每一个成员都展示出受内在基因成分控制的行为,几乎没有发现同一集团内成员之间的任务有什么变化,行为的整合通过群内成员之间的化学通讯进行。在蜜蜂中,多达10万个蜜蜂共同生活于同一个蜂巢中,几乎所有的成员都是雌性,少数几个雄性个体,称为“雄蜂”(drone),除了在蜂后(queen bee)孵化后与其交配外没有其他作用。除了蜂后和少数几个雄蜂外,蜜蜂的群体由成千上万个雌性工蜂(workers)组成。群体中有抚养蜂后产卵孵化出后代的保姆蜂(nurse worker)、有照料蜡质蜂巢并防范捕食者的管家蜂(house keeper)、有离开蜂巢出外为群体采食的采食工蜂(food gatherer)。虽然工蜂的寿命少于2个月,但它们都经历过这几个“职业”时期。

在脊椎动物社会中,个体的行为比无脊椎动物社会中的成员更独立。具有优势序位,而不是具有不同地位的集团,是脊椎动物社会的特点。序位中的α个体和β个体不仅享受对配偶和食物的优先权,而且当有外来危险的时候具有保护自己和低序位成员的责任。很清楚,这些社会需要高度复杂的机制进行通讯,通讯是将个体需要和行为整合为超结构的能力,是确保社会在世代之间存在的手段。

参 考 文 献

[1]Alberts B,et al. Molecular biology of the cell. 5th ed. New York:Garland Publishing, 2008.

[2]Alcock J. Animal behavior:an evolutionary approach. 9th ed. U. S. Sinauer Associates Inc. ,2009.

[3]Arthur G H,Noakes D E,Pearson H. Veterinary reproduction and obstetrics. 7th ed. WB London:Saunders Company Limited,1996.

[4]Austin C R,Short R V. Reproduction in mammals. Vol 1,Germ cells and fertilization. 2nd ed. Cambridge:Cambridge University Press,1982.

[5]Barrett K E,Barman S M,Boitano S,et al. Ganong's review of medical physiology. 23rd ed. New York:McGraw-Hill Medical,2009.

[6] Bogh I B, Baltsen M, Byskov A G, et al. Testicular concentration of meiosis — activating sterol is associated with normal testicular descent. Theriogenology,2001, 55(4):983-992.

[7] HickmanP, et al. Animal diversity. 5th ed. San Francisco: McGraw-Hill Science, 2008.

[8]Belk C,Maier V B. Biology:science for life,with physiology. 4th ed. Pearson,2011.

[9]Solomon E P,Berg L R,Martin D W. Biology. 8th ed. Thomson Higher Education, 2008.

[10] Fishe D S. A review of a few key factors regulating voluntary feed intake in ruminants. Crop Sci. ,2002,42:1651-1655.

[11] Foebes J M. Integration of regulatory signals controlling forage intake in ruminants. J. Anim. Sci. ,1996,74:3029-3035.

[12]Foebes J M. The multifactorial nature of food intake control. J. Anim. Sci. ,2003, 81:E139-E144.

[13] Foebes J M. The voluntary feed intake of farm animals. Farm Animals Butterworths,1984.

[14]Johnson G B,Losos J. The living world. 6th ed. McGraw-Hill,2012.

[15] Cooper G M, Hausman R E. The cell: a molecular approach. 5th ed. Sinauer Associates,2009.

[16] Gilbert S F. Developmental biology. 9th ed. Sunderland: Sinauer Associates, Inc. ,2010.

[17] Guyton A C, Hall J E. Textbook of medical physiology. 11th ed. Philadelphia: Elsevier Saunders,2006.

[18]Hickman C P,Roberts L S,Larson A. Integrated principles of zoology. McGraw-Hill Science,2008.

[19]Hill R W,Wyse G A,Anderson M. Animal physiology. 2nd ed. Sunderland:Sinauer Associates Inc. ,2008.

[20] Reece I B, Taylor M R, Simon E J, et al. Campbell biology: concepts and connections. 7th ed. Benjamin Cummings,2011.

[21] Bradbury J W, Vehrencamp S L. Principles of animal communication. 2nd ed. Sunderland:Sinauer Associates Inc. ,2011.

[22]Reece J B. Campbell biology. 9th ed. Benjamin Cummings,2010.

[23]Bolhuis J J,Verhulst S. Tinbergen's legacy:function and mechanism in behavioral biology. Cambridge University Press,2008.

[24]Jr. Clevel. Integrated principles of zoology. 15th ed. McGraw-Hill Companies,2010.

[25]Kenneth V. Vertebrates. Kardong,McGraw-Hill Companies,Inc. ,2000.

[26]Lodish H,et al. Molecular cell biology. 4th ed. New York Freeman,2000.

[27]Hoefnagels M. Biology:concepts and investigations. 2nd ed. San Francisco:McGraw-Hill Science,2010.

[28] McKinley M,O'Loughlin V. Human anatomy. 3rd ed. New York: McGraw-Hill Science,2011.

[29]Molles M. Ecology:concepts and applications. 4th ed. McGraw-Hill Ryerson Higher Education,2007.

[30]Moyes C D,Schulte P M. Principles of animal physiology. 2nd ed. San Francisco: Benjamin Cummings,2008.

[31] Nelson R J. An introduction to behavioral endocrinology. 4th ed. Sunderland: Sinauer Associates Inc. ,2011.

[32] Willmer P,Stone G,Ian Johnston. Environmental physiology of animals. 2nd ed. Blackwell Pub. ,c. ,2005.

[33]Raven P H,Johnson G B. 生物学:英文版. 北京:清华大学出版社,2002.

[34]Peter Kappeler. Animal behaviour:evolution and mechanisms. Springer,2010.

[35]Jurd R D. 蔡益鹏,等译. 动物生物学. 北京:科学出版社,2000.

[36]Randall D,Burggren W,French W H. Eckert animal physiology. 5th ed. New York: Freeman,2001.

[37] Reece W O. Dukes' Physiology of domestic animals. 12th ed. Ithaca: Cornell University Press,2004.

[38]Hill R W,Wyse G A,Anderson M. Animal physiology. 2nd ed. Sinauer Associates, c,2008.

[39]Jurd R D. 动物生物学:影印版(中、英). 北京:科学出版社,2003.

[40]Sadava,Life:the science of biology. 9th ed. Palgrave Macmillan,2011.

[41]Schmidt-Nielsen K. Animal physiology:adaptation and environment. 5th ed. New York:Cambridge University Press,1997.

[42]Seeley R R,Stephens T D,Tate P. Essentials of anatomy and physiology. 6th ed. Boston:McGraw-Hill Science,2006.

[43]Sherwood L,Klandorf H,Yancey P. Animal physiology:from genes to organisms. Belmont:Thomson Leaning,2005.
[44]Shier D,Butler J,Lewis R. Hole's human anatomy and physiology. 10th ed. Boston: McGraw Hill,2004.
[45]Miller S,Harley J. Zoology. 8th ed. McGraw-Hill Companies,2011.
[46]Stevens C E,Hume I D. Comparative physiology of the vertebrate digestive system. 2nd ed. Cambridge University Press,1995.
[47]Mader S S. Concepts of biology. 2nd ed. San Francisco:McGraw-Hill Science,2010.
[48]Fox S I. Human physiology. 12th ed. New York:McGraw-Hill Science,2010.
[49]Silverthorn D U. Human physiology:an integrated approach. 5th ed. San Francisco: Benjamin Cummings,2009.
[50]Widmaier E P,Raff H,Strang K T. Vander's human physiology:the mechanisms of body function. 9th ed. New York:McGraw-Hill,2003.
[51]Widmaier E P,Raff H,Strang K T. Vander's human physiology:the mechanisms of body function. 10th ed. New York:McGraw-Hill,2006.
[52]Widmaier E,Raff H,Strang K T. Vander's human physiology:the mechanisms of body function. 12th ed. New York:McGraw-Hill,2010.
[53]布鲁斯·艾伯茨,丹尼斯·布雷,亚历山大·约翰逊,等.赵寿元,金承志,丁小燕,等译.基础细胞生物学.上海:上海科学技术出版社,2002.
[54]蔡益鹏,等译.动物生物学.北京:科学出版社,2000.
[55]曹玉萍.动物学.北京:清华大学出版社,2008.
[56]陈大元,孙青原,李光鹏.受精生物学——受精机制与生殖工程.北京:科学出版社,2002.
[57]陈代文.动物营养与饲料学.北京:中国农业出版社,2005.
[58]陈杰.家畜生理学.4版.北京:中国农业出版社,2003.
[59]陈品健.动物生物学.2版.北京:科学出版社,2005.
[60]陈品健.动物生物学.北京:科学出版社,2001.
[61]陈诗书,汤雪明.医学细胞与分子生物学.北京:科学出版社,2004.
[62]陈守良.动物生理学.3版.北京:北京大学出版社,2005.
[63]陈小麟.动物生物学.3版.北京:高等教育出版社,2006.
[64]程红.脊椎动物循环系统的比较.生物学通报,2000(8):16-18.
[65]冯仰廉.反刍动物营养学.北京:科学出版社,2004.
[66]韩正康.家畜营养生理学.北京:中国农业出版社,1993.
[67]侯林,吴孝兵.普通动物学.北京:科学出版社,2007.
[68]胡玉佳.现代生物学.高等教育出版社-施普林格出版社,1999.
[69]江静波.无脊椎动物学.3版.北京:高等教育出版社,1995.
[70]姜乃澄,丁平.动物学.杭州:浙江大学出版社,2007.
[71]姜云垒,冯江.动物学.北京:高等教育出版社,2006.
[72]李云龙,刘春巧.动物发育生物学.济南:山东科学技术出版社,2001.

[73]刘凌云,郑光美.普通动物学.3版.北京:高等教育出版社,1997.
[74]卢德勋.系统动物营养学导论.北京:中国农业出版社,2004.
[75]孟庆翔.奶牛的营养需要.北京:中国农业出版社,2001.
[76]梅岩艾,王建军.生理学原理.北京:高等教育出版社,2011.
[77]欧阳五庆.动物生理学.北京:高等教育出版社,2007.
[78]秦鹏春.哺乳动物胚胎学.北京:科学出版社,2001.
[79]任淑仙.无脊椎动物学.2版.北京:北京大学出版社,2007.
[80]赛道建.普通动物学.北京:科学出版社,2008.
[81]尚玉昌.动物行为学.北京:北京大学出版社,2005.
[82]尚玉昌.行为生态学.北京:北京大学出版社,1998.
[83]沈银珠.进化生物学.北京:高等教育出版社,2002.
[84]沈韫芬,章宗涉.微型生物监测新技术.北京:中国建筑工业出版社,1990.
[85]孙濡泳.动物生态学原理.3版.北京:北京师范大学出版社,2001.
[86]田清涞.普通动物学.北京:海洋出版社,2000.
[87]王宝青.动物学.2版.北京:中国农业大学出版社,2009.
[88]王慧,崔淑贞.动物学.北京:中国农业大学出版社,2008.
[89]吴相钰,等.陈阅增普通生物学.北京:高等教育出版社,2005.
[90]许崇任,程红.动物生物学.2版.北京:高等教育出版社,2008.
[91]杨安峰.脊椎动物学.北京:北京大学出版社,1992.
[92]杨凤.动物营养学.2版.北京:中国农业出版社,2002.
[93]尤永隆,林丹军,张彦定.发育生物学.北京:科学出版社,2011.
[94]张玺,齐钟彦.贝类学纲要.北京:科学出版社,1961.
[95]张训蒲,朱伟义.普通动物学.北京:中国农业出版社,2000.
[96]张昀.前寒武纪生命演化与化石记录.北京:北京大学出版社,1989.
[97]周道玮,孙哲,译.绵羊营养.北京:中国农业出版社,2005.
[98]周永红,丁春邦.普通生物学.北京:高等教育出版社,2007.
[99]周正西,王宝青.动物学.北京:中国农业大学出版社,1999.
[100]左仰贤.动物生物学教程.北京:高等教育出版社;海德堡:施普林格出版社,2001.

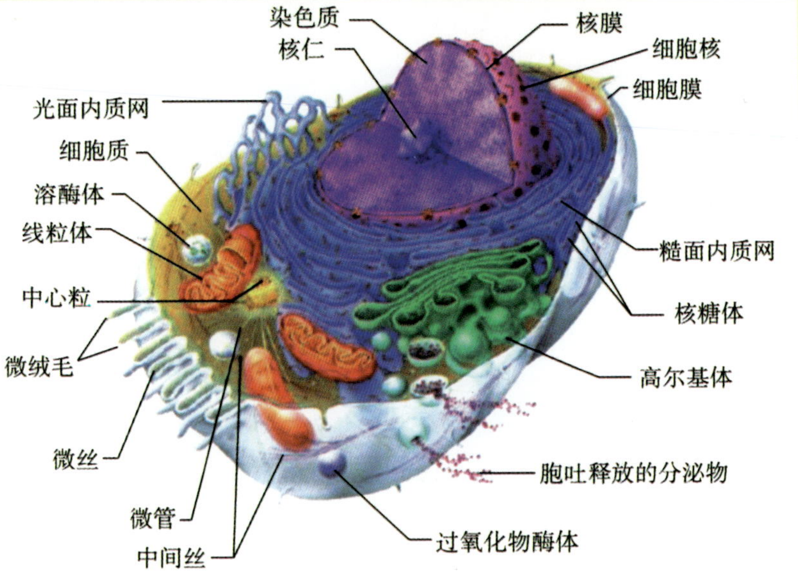

图 2-1　细胞结构和细胞器

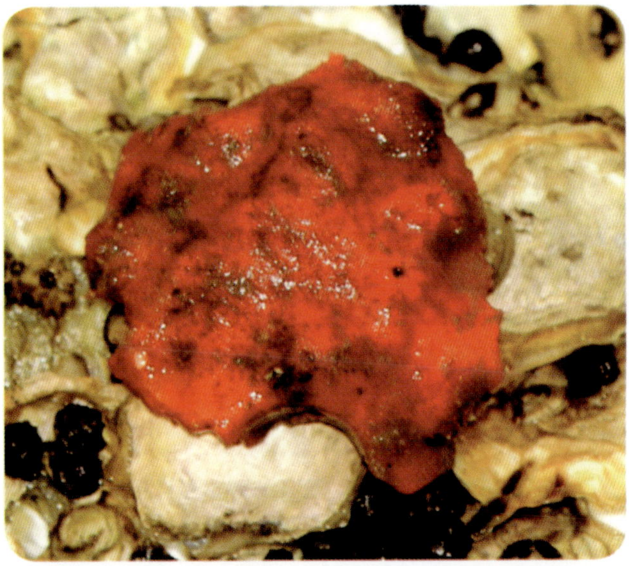

图 7-1　日本矶海绵(*Reniera japonica*)(王宝青摄)

图 8-1　绿疣海葵(*Anthopleura midori*)(王宝青摄)

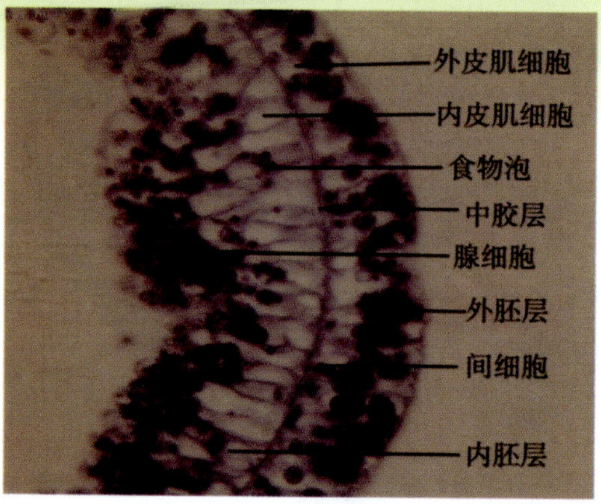

图 8-3　水螅体壁横切（王宝青摄）

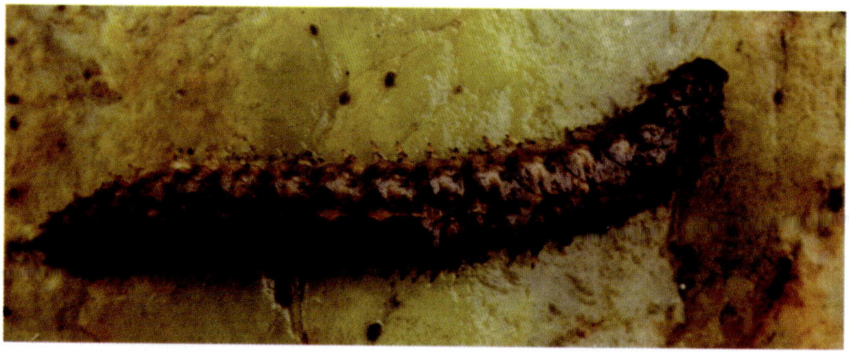

图 12-1　短毛海鳞虫（*Halosydna brevisetosa*）（王宝青摄）

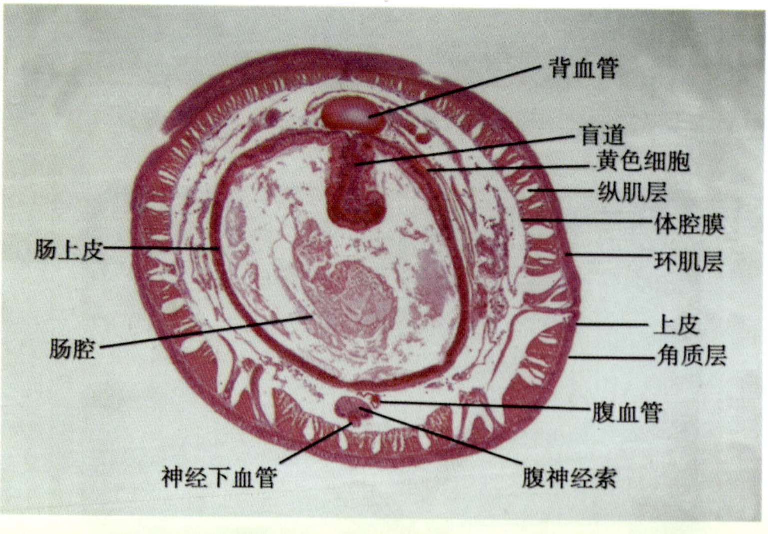

图 12-2　蚯蚓横切（王宝青摄）

图 16-3　柄海鞘(王宝青摄)

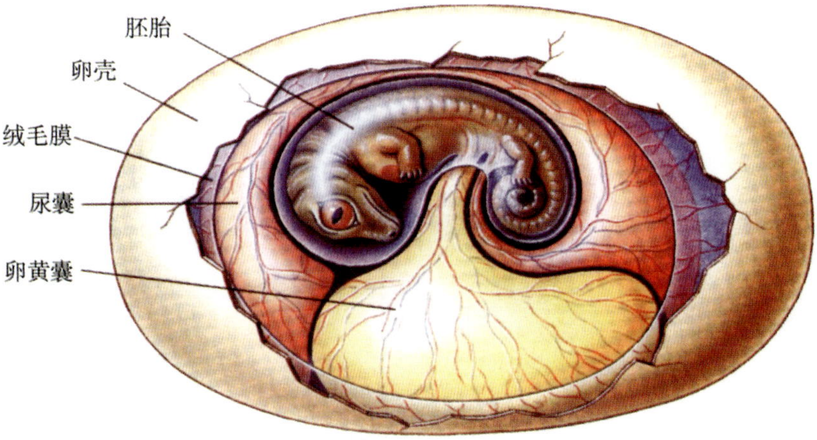

图 21-2　羊膜卵的结构(引自 Hickman)

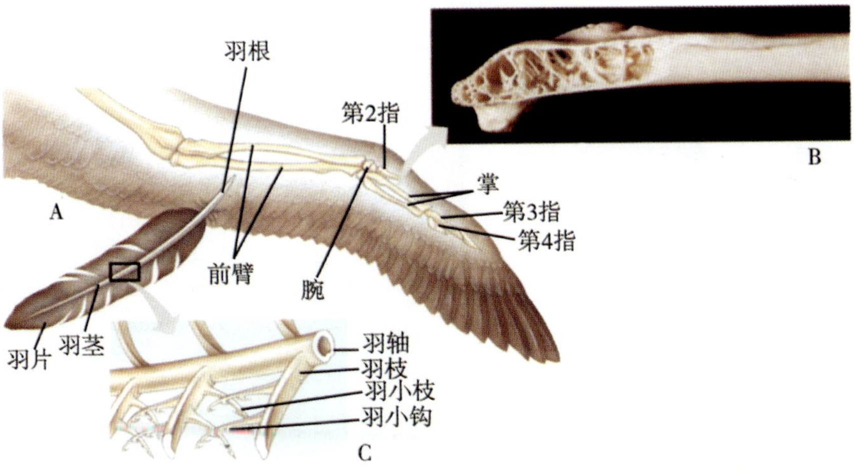

图 22-2　鸟类翅、羽和骨的结构(引自 Hickman)

A. 翅　B. 骨的结构　C. 羽的结构

图 23-12　鸭嘴兽（左）与针鼹（右）（引自 baidu）

图 23-13　刺猬（左）、鼩鼱（中）和树鼩（右）（引自 baidu）

图 23-14　蝙蝠（左）和菊头蝠（右）（引自 baidu）

图 23-15　蜂猴(左)、川金丝猴(中)和黑长臂猿(右)(引自 baidu)

图 23-16　懒犰狳(左)、穿山甲(中)、达乌尔鼠兔(右)(上图)
和草兔(左)、穴兔(中)、高原鼠兔(右)(下图)(引自 baidu)

图 23-17　旱獭(左)复齿鼯鼠(中)和河狸(右)(引自 baidu)

图 23-18 黑线仓鼠(左)、中华鼢鼠(中)和小家鼠(右)(引自 baidu)

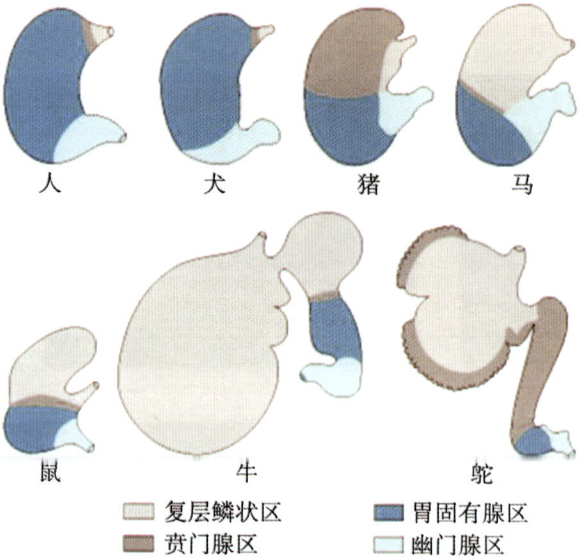

图 28-3 各种脊椎动物的胃(引自 Stevens and Hume,1995)

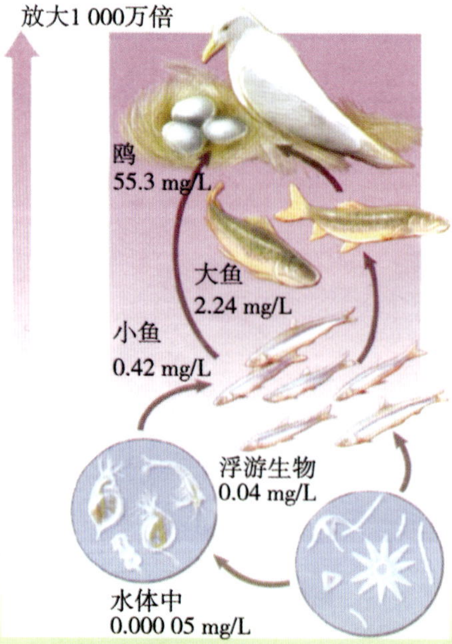

图 35-8 水体中 DDT 在食物链中的生物放大(引自 Molles)

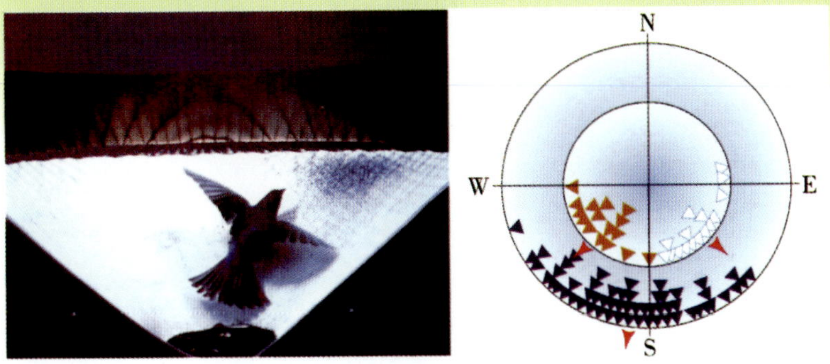

图 36-32　黑顶莺遗传差异对迁徙路线的影响(示漏斗箱和迁徙方向)(引自 Alock)
(内圈的褐色三角代表向西南方向迁徙的德国种群,白色三角代表向东南方向迁徙的奥地利种群,外圈的蓝色三角代表杂交后代的迁徙方向)

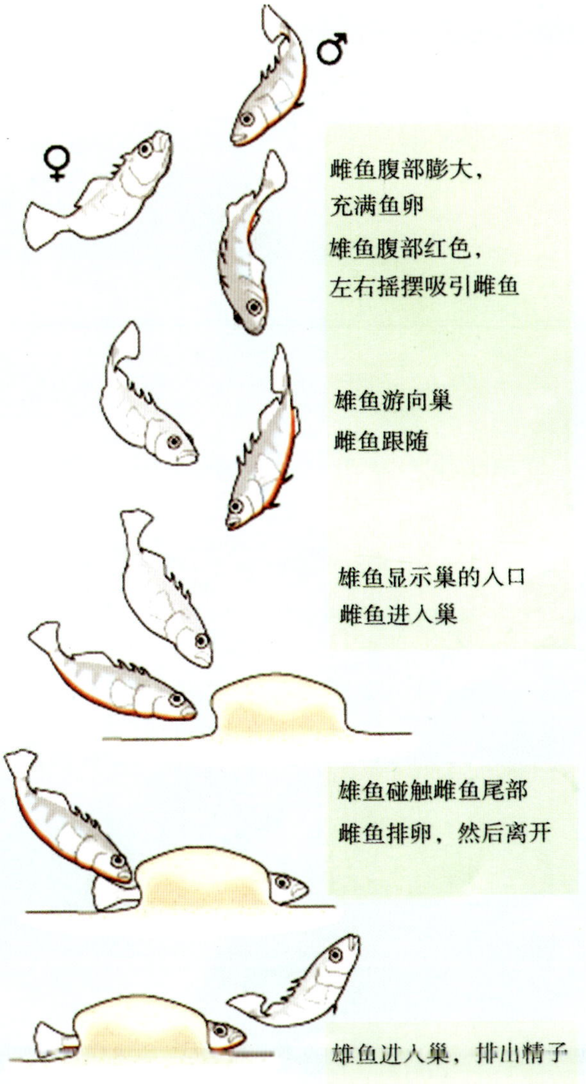

图 36-10　刺鱼的繁殖(引自 Alock)